第二届中国陆相页岩油勘探开发关键技术与管理研讨会论文集

（下册）

孟思炜　李斌会　陶嘉平　梁立豪　等主编

石油工业出版社

内 容 提 要

本书通过对2024年第二届中国陆相页岩油勘探开发关键技术与管理研讨会征文精选，汇集成册，共收录论文88篇。内容涵盖了陆相页岩油基础地质理论、地质勘探、钻完井、增产改造、采油工程、提高采收率、CO_2资源化利用与埋存等领域的关键技术，以及全生命周期管理等方面的新理论、新方法、新技术、新成果。上册包括地质和开发2个部分共计41篇文章，下册包括工程和综合2个部分共计47篇文章。

本书适用于陆相页岩油勘探开发人员阅读，也可供石油院校相关专业师生参考使用。

图书在版编目（CIP）数据

第二届中国陆相页岩油勘探开发关键技术与管理研讨会论文集 . 下册 / 孟思炜等主编 . -- 北京：石油工业出版社，2024. 11. -- ISBN 978-7-5183-6980-5

Ⅰ. P618.130.8-53

中国国家版本馆 CIP 数据核字第 2024RR3118 号

出版发行：石油工业出版社

（北京安定门外安华里2区1号　100011）

网　　址：www.petropub.com

编辑部：（010）64523829　　图书营销中心：（010）64523633

经　　销：全国新华书店

印　　刷：北京中石油彩色印刷有限责任公司

2024年11月第1版　2024年11月第1次印刷

787×1092毫米　开本：1/16　印张：30

字数：760千字

定价：70.00元

（如出现印装质量问题，我社图书营销中心负责调换）

版权所有，翻印必究

前　言

我国陆相页岩油资源丰富，是现阶段我国油气增储上产的重要接替领域，实现页岩油规模化效益开发将为我国原油自给供应的长期安全提供强有力支撑。近年来，我国在页岩油基础研究、开发认识、工程技术、管理创新上取得了一系列重要进展，鄂尔多斯盆地、准噶尔盆地、松辽盆地、渤海湾盆地、北部湾盆地、柴达木盆地等地区页岩油勘探开发相继取得了重大突破，证实了陆相页岩油巨大的资源潜力。然而，相较于北美海相页岩体系形成的页岩油，我国陆相页岩油地质条件更为复杂，非均质性更强，不同盆地乃至同一盆地不同层位间的开发效果存在显著差异，因此亟须攻克陆相页岩油勘探开发的关键技术和管理制度。

为了进一步促进页岩油基础地质理论、勘探开发技术与管理理论交流，助推中国页岩油资源规模效益开发，中国石油学会石油工程专业委员会和多资源协同陆相页岩油绿色开采全国重点实验室联合大庆油田有限责任公司、中国石油勘探开发研究院和低渗透油气田勘探开发国家工程实验室，组织召开了中国陆相页岩油勘探开发关键技术与管理研讨会（以下简称大会）。大会以"多资源协同，加速实现页岩油革命"为主题，就我国陆相页岩油开发关键技术与管理制度进行了深入研讨与交流。在各相关单位的精心组织下，技术人员和院所师生踊跃投稿。大会组委会从本次研讨会征集的论文中精选出88篇优秀论文，并征得作者同意，汇编成册。这些论文涵盖了陆相页岩油基础地质理论、地质勘探、钻完井、增产改造、采油工程、提高采收率、CO_2资源化利用与埋存等领域的关键技术，以及全生命周期管理等方面的新理论、新技术、新方法、新成果。我们相信，通过此次会议的交流与探讨，将进一步推动相关领域的技术进步，加快我国陆相页岩油实现规模效益开发的步伐。

本书为中国石油勘探开发研究院出版物，希望本书能够为广大从事相关领域研究和实践的科技工作者提供有益的参考和借鉴。

中国石油学会石油工程专业委员会

2024 年 11 月

目 录

上 册

地 质

超压下黏土矿物的演化及其对油气的指示作用——以古龙凹陷青山口组页岩为例
.... 康 缘 刘扣其 吴松涛 等（3）
鄂尔多斯盆地延长组长 7$_3$ 亚段页岩纹层结构及成因 ... 冯胜斌 牛小兵 辛红刚 等（17）
深盆湖相区页岩型页岩油中源、高储、优保富集规律研究——以黄骅坳陷古近系为例
.... 蒲秀刚 时战楠 韩文中 等（29）
松北陆相页岩有机黏土复合体微观表征及研究......... 王永超 王 括 赵 威 等（38）
松辽盆地古龙页岩形成环境及其控有机质富集作用...... 付秀丽 李军辉 崔坤宁 等（43）
松辽盆地北部古龙页岩油分布特征及潜力分析.......... 陆加敏 林铁锋 刘 鑫 等（51）
基于改进简化局域密度模型的黏土矿物表面气体吸附模拟研究
.... 吴 刚 付晓飞 王 璐 等（62）
轨道强迫的松辽盆地青山口组页岩有机质富集和页岩油聚集
.... 王华建 张水昌 柳宇柯 等（71）
松辽盆地青山口组页岩层系非均质地质特征与页岩油"甜点"评价
.... 白 斌 戴朝成 侯秀林 等（79）
柴达木盆地下干柴沟组上段混积型页岩物源体系研究... 伍坤宇 张博策 尹志昊 等（91）
三塘湖盆地二叠系芦草沟组页岩油勘探潜力分析...... 梁 辉 范谭广 刘文辉 等（103）
裂缝对页岩油藏产量及成藏模式的控制作用——以准噶尔盆地乌夏断裂带风城组为例
.... 王苏天 杨 果 郑永中 等（112）
水体深度与封闭性对陆相页岩有机质富集的控制作用......... 毛小平 李 振 李书现（122）

北部湾盆地涠西南凹陷流沙港组二段页岩油储层精细表征
....范彩伟　高永德　陈　鸣　等（128）
吉林油田陆相页岩油评价的关键问题................王永成　菅红军　宋宝良　等（143）

开　发

页岩油水平井全油藏立体开发理念及庆城油田大平台实践
....梁晓伟　冯立勇　曹玉顺　等（151）
庆城油田页岩油超大平台高效开发技术探索............郭晨光　柴慧强　蒋勇鹏　等（163）
基于产液剖面测试的水平井渗流规律研究..............冯立勇　贾剑波　赵　晖　等（174）
庆城油田长7页岩油储层特征及精细化闷井制度优化
....曹鹏福　韩子阔　方泽昕　等（184）
页岩油低产水平井产能恢复技术探索与实践............岳渊洲　黄战卫　马红星　等（198）
庆城油田页岩油采油工艺关键技术研究及应用..........张　鑫　黄战卫　刘环宇　等（208）
陇东页岩油蜡垢生成机理及长效防治技术研究..........邓泽鲲　甘庆明　郑　刚　等（225）
大港页岩油CO_2吞吐增产技术研究与现场试验........王海峰　章　杨　张　可　等（234）
川渝地区页岩油井产能预测研究..姚德松（242）
页岩油水平井基于裂缝监测及大数据分析的层间暂堵优化
....赵星烁　唐鹏飞　邓大伟　等（251）
古龙页岩微纳米孔缝渗流数学模型及页岩油产能影响因素分析
....王青振　曲方春　李斌会　等（261）
页岩油注CO_2吞吐微观作用机理及注入参数优化......曲方春　王青振　佟斯琴　等（269）
古龙页岩油生产初期见油规律与生产特征研究..........孙美凤　郭志强　沙宗伦　等（276）
页岩裂缝中气液两相流动相对渗透率模型..............庞　鸿　王　铎　吴　桐　等（287）
页岩油注二氧化碳早期补能提高采收率方式............雷征东　陈哲伟　彭颖锋　等（299）
干柴沟页岩油压裂液返排重复利用可行性研究..........张成娟　赵文凯　赵　健　等（308）
干柴沟页岩油长水平段油基钻井液技术研究与应用......郝少军　邢　星　安小絮　等（318）
中—低成熟度页岩油原位改质加热技术研究............李　源　钟安海　杨　峰　等（327）
济阳页岩油渗流机理及立体开发优化设计..............张世明　杨　勇　孙红霞　等（335）
吉木萨尔页岩油区块油基钻井液技术研究..............房炎伟　房晓伟　吴义成　等（344）
生物藻协同陆相页岩原位催化转化绿色开采技术........李晶晶　李川东　马新军　等（349）

吉木萨尔页岩油藏 CO_2 吞吐机理及动用界限研究 …… 王丹翎　汪周华　王　健　等（356）
吉木萨尔页岩油 CO_2—驱油剂复合吞吐提高采收率实验研究
　　…………………………………………………………… 李海福　张利伟　易勇刚　等（367）
页岩储层自发渗吸微观孔隙空间流体赋存特征……… 常家靖　宋兆杰　范昭宇　等（375）
分子扩散对页岩储层 CO_2 吞吐增产—埋存规律研究 … 刘峻嵘　余龙辉　李航宇　等（387）
基于核磁共振的页岩储层逆向渗吸实验研究………… 郭亚兵　伦增珉　牛　骏　等（398）

下　册

工　程

庆城油田页岩油水平井无杆举升工艺改进及规模应用…… 刘小欢　黄战卫　马红星　等（3）
分布式光纤传感技术在页岩油井压裂中的应用………… 刘江波　王尚卫　任国富　等（15）
鄂尔多斯盆地陇东页岩油大平台长水平井钻完井关键技术及实践
　　………………………………………………………… 陆红军　宫臣兴　欧阳勇　等（24）
长庆页岩油 CO_2 区域增能体积压裂技术研究与实践 … 陶　亮　齐　银　薛小佳　等（39）
长庆油田可开关滑套+光纤监测技术研究现状与展望 … 赵　硕　王尚卫　任国富　等（51）
大港油田泥纹型页岩油压裂技术进展与成效 …………… 刘学伟　田福春　赵　涛　等（59）
大庆古龙页岩油 X 井区水平井井身结构优化研究 …… 王洪英　常　雷　李继丰　等（66）
基于温度补偿的电泵井电加热清防蜡技术研究与应用… 孙延安　郑东志　钱　坤　等（73）
松北古龙页岩油采油工程一体化方案设计探索与实践… 马蔚东　冯　立　蒋国斌　等（79）
动态负压射孔作用机理分析及可靠实现………………… 刘　桥　刘　琳　刘向京　等（86）
古龙页岩油水平井固井提质技术研究…………………… 齐　悦　姜　涛　杨秀天　等（96）
DQXZX-241 旋转造斜工具研制与试验 ………………… 赵　毅　刘海波　杨志坚　等（110）
DQBYM194-80 型保压取心工具在 SY1H 井中的应用… 李春林　程百慧　张绍先　等（117）
岩屑称重系统的技术现状及发现前景…………………… 孟宇阁　赵志学　马晓伟　等（123）
页岩油水平钻井优快提速技术分析与展望……………… 梁　斌　马晓伟　赵志学　等（126）
钻井用旋转总成下旋转筒的校核与改进………………… 郭　建　刘鹏骋　于成龙　等（131）
小直径高效洗井一体化分注工艺技术研究…………………………………… 王　括（135）
大情字地区夹层型页岩油可压性评价及水力裂缝穿层扩展规律研究
　　………………………………………………………… 索　彧　苏显薷　何文渊　等（142）

基于地质工程一体化的页岩裂缝扩展规律研究……………… 郭　壮　董康兴　郭　政　等（164）
基于划痕实验的自编码卷积神经网络岩性识别……………… 任智慧　王素玲　董康兴　等（177）
基于耦合分析的页岩油井筒温度压力分布预测……………… 郭书魁　董康兴　赵鑫瑞　等（190）
支撑剂段塞泵注方案可视化试验研究……………………… 王　铎　刘光棚　王　祥　等（203）
基于磁通门的耐175℃随钻方位测量系统研制……………… 吕海川　陈必武　谢　夏　等（214）
中—低成熟度页岩油小井距磁导向钻井技术……………… 孙润轩　乔　磊　车　阳　等（229）
中国陆相页岩油钻完井工程技术现状及发展建议……… 汪海阁　乔　磊　刘奕杉　等（239）
陆相高黏土页岩储层水平井井壁稳定技术研究………… 邹灵战　汪海阁　李吉军　等（249）
页岩油宽幅电泵结构设计与优化………………………… 周雨田　高　扬　赵晓洁　等（256）
柴达木盆地页岩储层大斜度井体积压裂技术探索与实践
　　……………………………………………………… 谢贵琪　林　海　刘世铎　等（275）
济阳页岩油压裂关键技术研究与实践…………………… 张　峰　鲁明晶　钟安海　等（289）
基于有限元方法的页岩油藏水平井同步压裂施工参数优化方法研究
　　……………………………………………………… 包劲青　张轩哲　陈　凯　（297）
吉木萨尔页岩油低成本高效体积压裂技术……………… 鲍　黎　张永国　鲍　磊　等（307）
页岩油分段多簇压裂水平井簇开启监测新技术………… 封　猛　宋志同　王　倩　等（317）
吉木萨尔页岩油水平井基于物质点法压前模拟研究探索
　　……………………………………………………… 王　磊　盛志民　徐传友　等（326）
立体全支撑缝网压裂技术在吉木萨尔芦草沟组页岩油藏开发中的研究与应用
　　……………………………………………………… 肖　雷　徐传友　梁跃斌　等（333）
页岩水平井分段压裂套管变形影响研究——以井研区块为例… 冯欣雨　邓　燕　金浩增（343）
页岩油井套管基于应变强度设计完整性研究…………………………… 张　智　冯潇霄（358）
吉木萨尔深层页岩油水平井钻完井技术创新与实践…… 刘可成　陈　昊　刘颖彪　等（369）
广域电磁法在苏北盆地页岩油压裂监测中的应用……… 贾金赟　刘　音　范江涛　等（378）

综　合

非常规高效开发关键技术支撑庆城整装页岩油产量突破200万吨
　　……………………………………………………… 党永潮　梁晓伟　罗锦昌　等（389）
庆城油田页岩油智能化建设实践与创新………………… 黄战卫　贾志鹏　宋　创　等（398）
庆城页岩油"四新三高"开发管理创新与实践…………… 马立军　张西军　王骁睿　等（406）

大庆西部页岩油效益开发管理探索与实践……………………………………王新强　邹兰涛（416）
古龙页岩油区带级模型表征及地质—工程"双甜点"综合评价研究
　　……………………………………………………………向传刚　迟　博　王　瑞　等（423）
辽河坳陷页岩油"甜点"叠前地震预测方法及应用 ……董德胜　邹启伟　郭彦民　等（432）
柴达木盆地英雄岭页岩油地质工程一体化研究与实践…张庆辉　林　海　伍坤宇　等（440）
页岩油勘探开发管理创新……………………………………尹志昊　陈晓冬　郭睿婷（451）
"一全六化"系统工程方法论在吉木萨尔国家级陆相页岩油示范区建设中的管理实践
　　………………………………………………………………汤　涛　王明星　朱靖生　等（457）

工 程

庆城油田页岩油水平井无杆举升工艺改进及规模应用

刘小欢[1,2]，黄战卫[1,2]，马红星[1,2]，岳渊洲[1,2]，张 鑫[1,2]，王一航[1,2]

（1.中国石油长庆油田页岩油开发分公司；2.低渗透油气田勘探开发国家工程实验室）

摘　要：庆城油田是近年来国内探明的首个 $10×10^8$ t 级整装页岩油田，实现规模效益开发对保障国家能源安全具有重要的战略意义。页岩油大平台多井丛三维布井模式造成井眼轨迹复杂，常规有杆举升管杆偏磨矛盾突出，检泵周期不足 200d，且难以满足开发初期快速排液需求，基于"井筒高效举升、全生命周期排采、数智化转型"的需求，通过对电潜螺杆泵无杆举升开展泵型优化、强度提升、配套工艺改进 3 大类工作，极大提升了电潜螺杆泵工艺适应性，同时建立了 5 类电潜螺杆泵常见故障诊断模板，形成了适合庆城页岩油水平井的无杆举升技术系列，实现了无杆采油规模化应用。

关键词：庆城油田；页岩油水平井；无杆采油；电潜螺杆泵

页岩油主力层位长 7 储层渗透率 0.11~0.14mD，孔隙度 8%~12%[1]。近年来，以"长水平井体积压裂、多层系立体开发"为理念，采用大平台多井丛三维布井模式[2-3]，实现了页岩油的规模化开发。但大偏移距三维水平井井眼轨迹复杂[4]，全生命周期液量变化范围大[5]，常规有杆泵举升生产初期难以达到排采需求、杆管偏磨严重[6-7]。

针对水平井井眼轨迹复杂、产液量变化范围大等特点，引入了无杆举升工艺。无杆采油工艺类型主要有电潜离心泵、电潜螺杆泵、电潜柱塞泵、电潜隔膜泵等，目前结合长庆油田原油特征及产量特征，主要应用了电潜螺杆泵工艺。无杆采油工艺由于没有抽油杆机构，能够完全消除管杆偏磨问题、排量可调范围大、智能化程度高，是解决大斜度井偏磨问题的有效技术手段[7-10]。本文从庆城页岩油电潜螺杆泵举升工艺应用过程中出现的问题着手，归纳了电潜螺杆泵的故障类型及故障原因，对机组作了适应性改进，建立了故障识别模板，最终形成了适合庆城页岩油水平井的无杆举升技术系列，实现了无杆采油规模化应用。

1　无杆举升工艺原理

目前长庆油田主要推广电潜螺杆泵无杆举升技术应用，电潜螺杆泵系统主要包括了潜油电机、传动机构（保护器、联轴器等）、潜油螺杆泵、传输电缆、地面控制系统等部件，还包括了扶正器、传感器等附属配件[11]。地面控制柜通电后，电流通过电缆传送到潜油电机，潜油电机通过保护器、联轴器驱动螺杆泵转子转动[12]，实现井下液体的加压最终举升至地面，无杆采油工艺管柱如图 1 所示。

第一作者简介：刘小欢（1994—），2020 年毕业于西南石油大学油气田开发工程专业，现就职于中国石油长庆油田页岩油开发分公司，从事油气田开发工程相关工作，工程师。通讯地址：甘肃省庆阳市西峰区陇东生产指挥中心，邮编：745000，E-mail：liuxiaohuan_cq@petrochina.com.cn

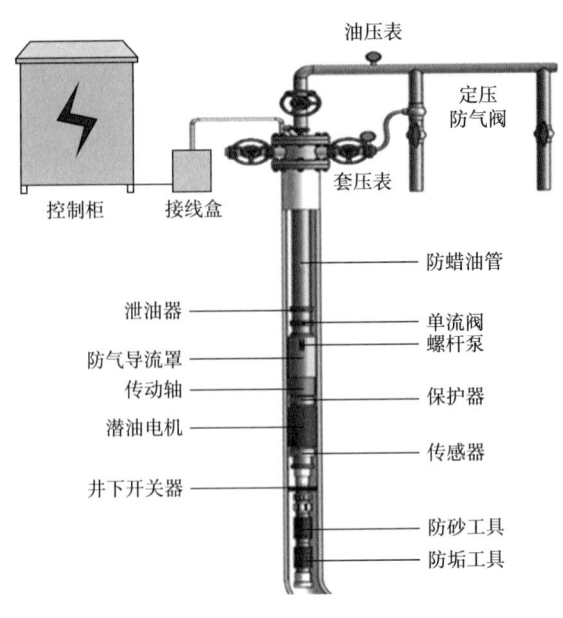

图 1　无杆采油井下工艺示意图

2　无杆采油现场应用

2021年以来，页岩油已累计应用无杆举升工艺140余口井，以17%的井数贡献了23%的产量，实现了无杆举升工艺的规模化应用。但使用过程中过载停机等故障频发，试验初期作业频次达到2.52次/（口·年），平均检泵周期仅150d，有效采油时率仅97.8%。

页岩油井原始气油比高达107.2m³/t，产出介质复杂。无杆采油应用过程中主要表现出卡阻、憋堵两大类故障，井筒出砂、结垢导致的下部进液通道堵塞造成泵内不进液，定转子干磨最终导致泵故障，上部油管及流程结蜡导致的憋堵使得螺杆泵过载无法开机，试验初期由于定子橡胶在芳香烃作用下过度溶胀常导致螺杆泵卡死，部分井卡阻强启导致机组受力过大断裂落井，电潜螺杆泵故障类型及占比如图2所示。

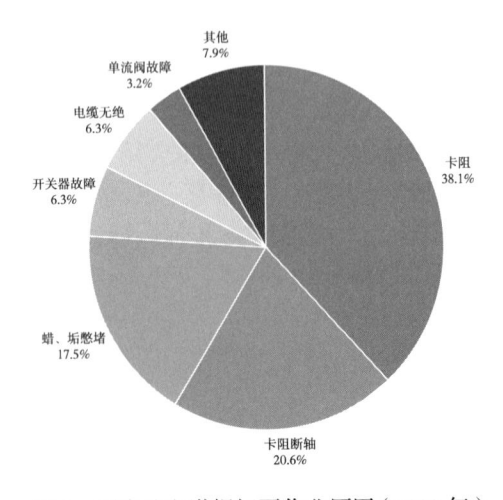

图 2　页岩油电潜螺杆泵作业原因（2022年）

3 改进措施

针对无杆采油系统易受结蜡、出砂、结垢、气体影响导致运行稳定性不足及故障率高的问题，重点从机组适应性、工艺配套方面改进，提升电潜螺杆泵工艺适应性。

3.1 设备改进

3.1.1 螺杆泵定转子改进

针对页岩油初期排采介质复杂易卡阻、高气油比高芳香烃含量易引起定子橡胶过度溶胀的问题，开展橡胶类型优选、配合间隙优化工作。

（1）定子橡胶优选。

实验发现高丙烯腈丁腈橡胶渗透性低，具有更好的耐气性能，随丙烯腈含量升高溶胀率会显著下降[13]，实验结果如图3所示。通过优选高丙烯腈橡胶作为主体定子橡胶进行配套，消除了橡胶过度溶胀导致的卡阻问题。

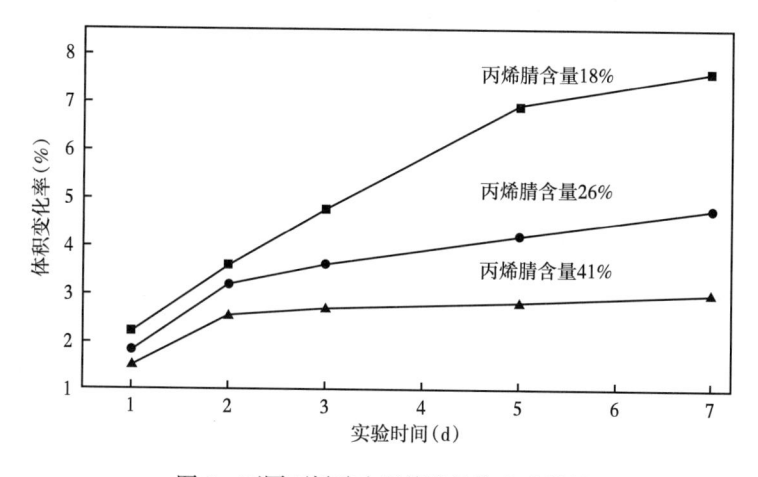

图3 不同丙烯腈含量橡胶溶胀实验结果

（2）定转子间隙优化。

选择更低过盈量的定转子配合，预留定子橡胶溶胀量空间防止卡阻。通过将定转子间隙由3U调大至5U（0.4mm提高至1.2mm），同时将扬程由原来的2400m升高至2700m，进一步降低过盈量，减小启动扭矩，因间隙增大后泵漏失加大，导致泵效下降，初期需要以高转速满足液量需求，待橡胶溶胀到位后根据动态变化调整转速。通过持续优化机组配套，目前选用泵型15m³/d，转速100r/min，理论排量9~60m³/d，改进前后性能参数见表1。

表1 螺杆泵定转子优化

压力(MPa)	转子型号3U（3倍间隙）					转子型号5U（5倍间隙）			
	扭矩(N·m)	150r/min		300r/min		扭矩(N·m)	150r/min		300r/min	
		流量(m³/d)	泵效(%)	流量(m³/d)	泵效(%)		流量(m³/d)	泵效(%)	流量(m³/d)	泵效(%)
0	44.7	22.83	101.5	45.7	101.6	13.5	22.95	102.0	45.9	102.0
6	123.3	15.65	69.6	38.5	85.6	115.1	5.75	25.6	28.7	63.8

3.1.2 螺杆泵强度改进

电潜螺杆泵在庆城页岩油井应用初期，受产出流体特性影响频繁过载，加之机组部件结构强度不足、材质适应性不佳等问题，应力薄弱部位在高强度反复冲击下发生断裂，管串落井造成大修，断裂位置及形态如图4所示。通过提升材料性能，大幅提升了关键部件的可靠性，机组断裂类故障率34.1%下降至8.5%。

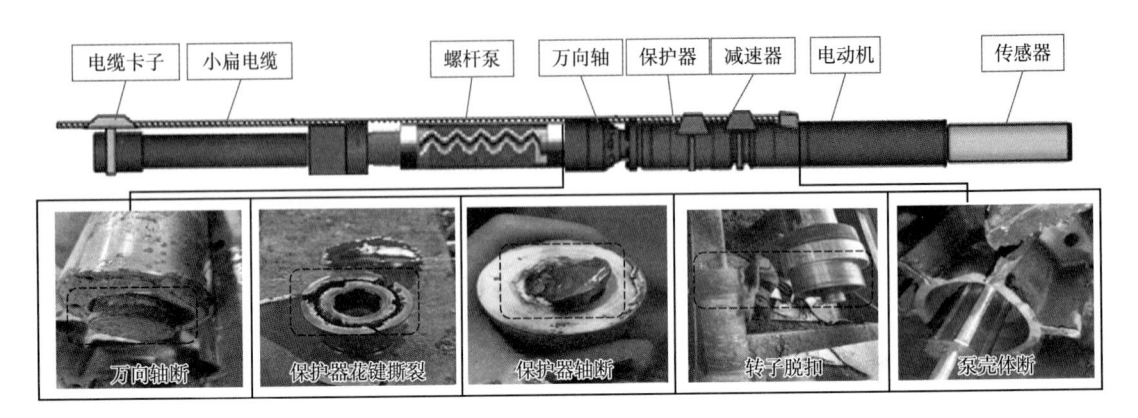

图 4 电潜螺杆泵机组断裂部位

（1）万向轴的改进。

通过对轴的结构性能、材料力学性能、断轴处的腐蚀特征等进行分析，确定万向联轴器断裂的主要原因为轴系腐蚀后应力集中导致的疲劳断裂。为解决腐蚀导致的断轴问题，将合金钢35CrMo改为沉淀硬化不锈钢630（17-4PH），大幅度提升抗腐蚀性能，屈服强度由835MPa提升至1000MPa，疲劳扭转测试符合使用要求，现场使用未出现万向轴断裂的问题。

（2）保护器改进。

①保护器轴改进。

受力分析表明保护器轴传递扭矩从570N·m上升900N·m时，安全系数快速由1.76下降至1.13，传递扭矩进一步上升至1200N·m时即发生断裂。如图5所示，通过观察断面微观形貌特征，判断属疲劳断裂失效，分析为卡泵后大载荷与频繁启停冲击导致保护器断轴。

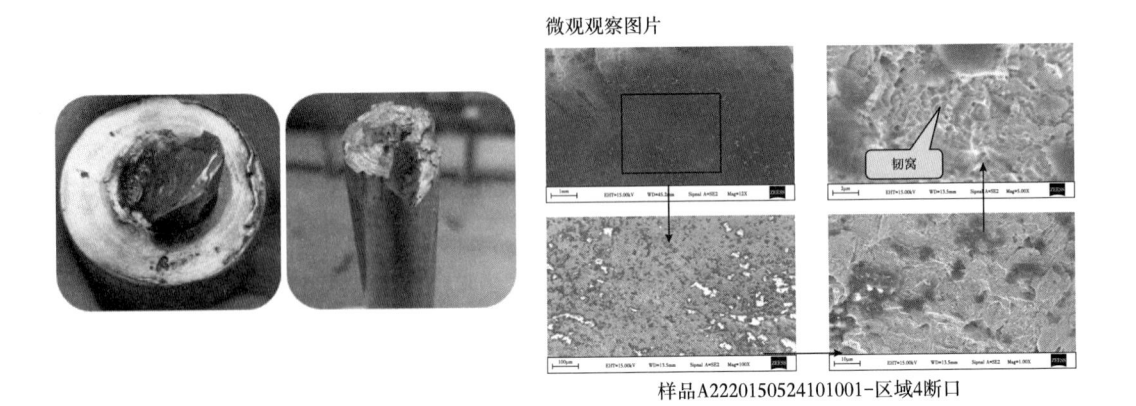

样品A2220150524101001-区域4断口

图 5 保护器断轴界面及微观分析

为提升保护器轴的抗疲劳强度,将保护器轴直径由 22.2mm 提升至 30mm,承载扭矩 1200N·m 时安全系数达到 1.68,疲劳扭转测试 3600 次无异常,极限静态扭转达到 3200N·m,强度模拟结果见图 6,保护器轴机械性能大幅度提高,改进后保护器未再出现断裂情况。

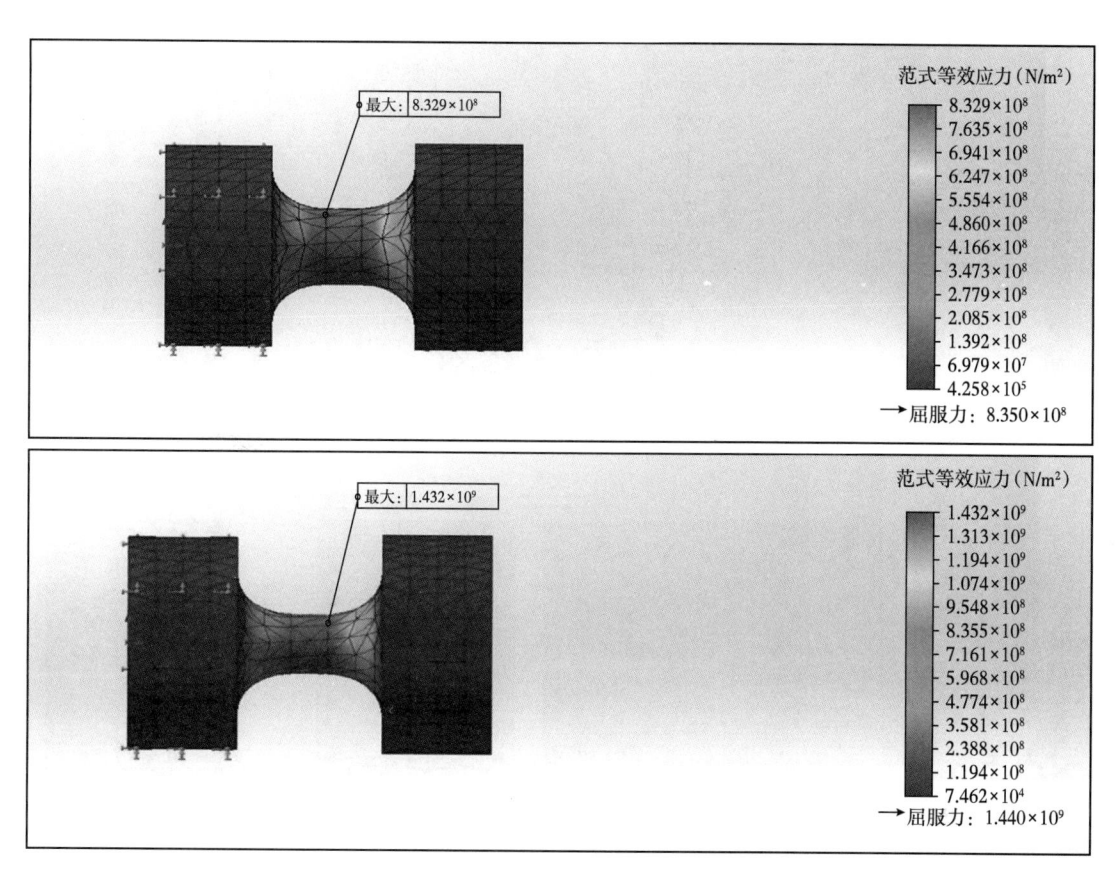

图 6 保护器轴优化前后力学性能分析

②保护器花键改进。

拆检发现花键联轴器断裂主要表现为外套破损、销键断裂,分析主要因联轴器花键机械性能不足影响,在高载荷反复冲击下疲劳撕裂。将材质从 2Cr13(屈服强度不小于 625MPa)提升为 42CrMo(屈服强度不小于 930MPa),性能提升 1.5 倍。同时将结构由分体式改为一体式,如图 7 所示,经过静态扭转和疲劳扭转强度达到 1200N·m。

(3)机组壳体强度升级。

分析万向轴壳体的断裂接口发现,机组在下入及上提时速度较快时,遇狗腿度较大的位置时机组壳体易发生应力形变,抗拉能力降低,另外当有异物落井时机组遇卡,拉伸负荷过大时极易发生机组断裂落井的情况。

为提升机组整体的抗拉伸性能,改进机组材质,同时改进万向轴壳体加工工艺,提高万向壳体机械性能,并对防护壳外径进行局部加粗,增加截面积,如图 8 所示,改进后抗拉强度提高 1 倍,有效避免了万向轴壳体、泵壳体等位置的断裂导致机组落井的问题。

图 7　保护器花键改进及力学分析

图 8　机组的断裂及改进

3.2 电潜螺杆泵井筒配套工艺优化

长庆超低渗致密储层油井普遍井筒状况复杂，特别是页岩油气油比高（107.2m³/t），生产过程中结蜡、结垢、出砂矛盾突出。为保障电潜螺杆泵在复杂井况下的稳定运行，针对页岩油原油含蜡量高、含气量大、出砂严重，严重影响油井日常生产的特点，系统优化了防蜡、防气和防砂工具，有效改善了井筒环境，保障电潜螺杆泵正常运转。

3.2.1 无杆泵防蜡工艺

（1）前端防蜡。

页岩油油井结蜡现象普遍，结蜡井占比达到65%，页岩油蜡质组分含量26.3%，以C_{19}—C_{25}的低碳粗晶蜡为主，析蜡点23℃，原油中含砂、黏土矿物等交互作用下井筒结蜡严重。水平井产液量20m³/d以上，井筒蜡质析出量为常规油井4~5倍。且结蜡以蜡质组分与非蜡组分共生，常规热洗清理难度大。内涂层防蜡油管降低表面能、抑制蜡晶析出，为防止页岩油有机无机组分交织附着，确定了全井段防蜡油管技术对策，根据应用看，能有效抑制蜡晶附着，结蜡速率由1mm下降至0.2mm，防蜡效果良好。

（2）后端防蜡。

运行中受气温影响，因井口及地面流程冻堵，高回压运行导致螺杆泵憋停。通过安装原井液自能热洗撬，定期热洗地面管线和高电流无杆采油井超前预防热洗；持续探索"井筒—井口—地面"一体化高效防蜡技术，开展"电加热油管、加热电缆"试验前后出液温度由19~26℃上升到38~42℃，提高井口产液温度15~20℃，有效解决了井筒及后端流程结蜡问题。

3.2.2 无杆泵防气工艺

页岩油液体上升过程中脱气严重，呈气液段塞流特征，采用井口定压放气阀与井下螺杆泵导流罩组合防气工艺，减少气体进泵。

在螺杆泵泵筒外侧覆盖导流罩制造流通腔道，井筒流体由导流罩上部下行后再进入螺杆泵进液口，使得油气在重力作用下实现分离，且可根据气体影响程度的大小改变导流罩长度，从而满足各种气体影响状况。通过配套防气导流罩，改变液体流动方向，利用重力实现井下气液分离，同时井口配套定压放气阀，实现压差控制下的套管气产出。防气导流罩结构及原理如图9所示，防气效果如图10所示，相近产液量对比结果表明，泵效可提高5%~10%。

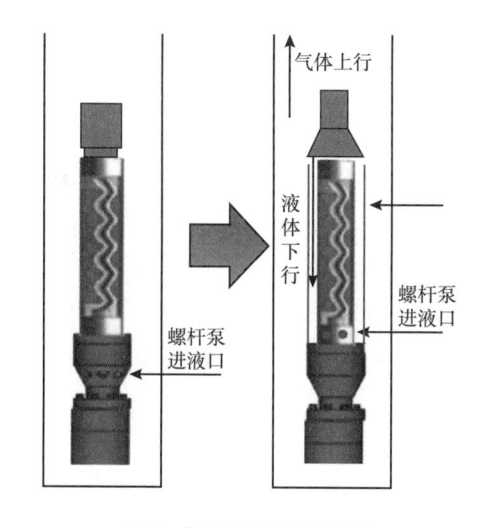

图 9 倒置型防气导流罩

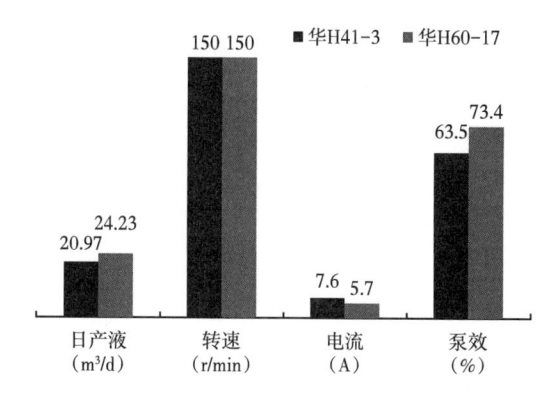

图 10 导流罩防气效果对比

3.2.3 无杆泵防砂工艺

页岩油水平井大规模压裂后，部分井受井眼轨迹、返排不连续等因素影响，地层易出砂。尤其在生产初期油泥、粉砂等杂质含量大，影响电潜泵运行。结合压裂用砂粒径组合，优化 125~150μm 不锈钢精密滤砂管,减少了地层出砂对电泵稳定生产的影响,配套管柱如图 11 所示。

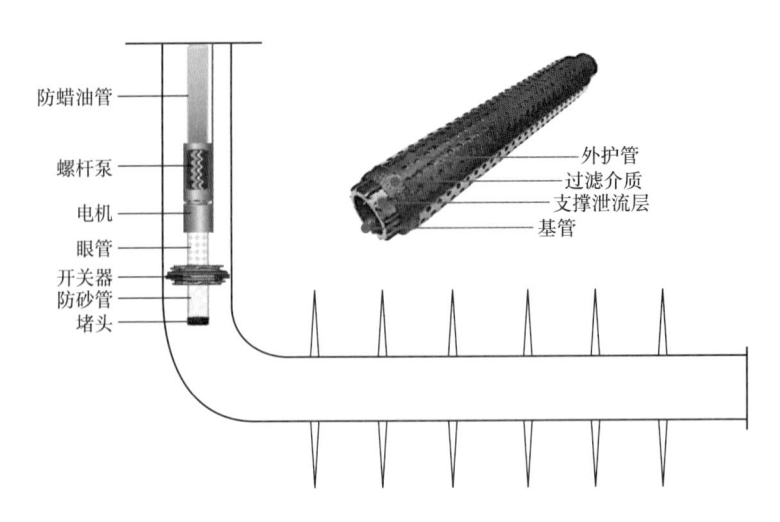

图 11 页岩油水平井无杆采油防砂管柱优化

3.2.4 无杆泵防垢工艺

针对入井液与地层水、矿物质反应结垢,采用超前预防、过程防治、后端治理的对策。超前预防:已应用压裂前置液体阻垢剂 173 口 4670 段,入地液量 $463 \times 10^4 m^3$,过程防治:配套井下长效缓释阻垢工具,解决无杆采油机组及油套管结垢。后端治理:开展井筒阻垢剂投加,实现长效防垢,同时对结垢严重井开展冲砂酸化治理。

3.3 故障诊断及处置方案

螺杆泵系统配套了井下泵入口压力、电机及泵温度、转速、电流、电压及地面油套压等传感器,监控参数较多。井下工况复杂,多因素影响导致多参数波动,辨识难度增大,需确定关键参数,减小故障辨识难度[14]。关键参数见表 2。

表 2 无杆采油故障识别关键参数

泵型	参数	工况指示
电潜螺杆泵	电流(A)	负载
	泵入口压力(MPa)	动液面
	油压(MPa)	泵扬程
	套压(MPa)	动液面
	转速(r/min)	排量
	电机温度(℃)	排量、气体

电潜螺杆泵稳定运行主要受沉没度、气体、结蜡等因素影响,主要通过运行负载体现,另外,液面过低时会导致泵体无法冷却导致温度上升,分析明确了故障识别关键参数,形成了故障特征曲线,可辅助故障辨识。目前核实的故障主要有蜡憋堵、卡阻、断轴、绝缘缺失、进气烧泵等故障类型。

3.3.1 油管憋堵

油管憋堵类故障出现较多，无杆泵试验初期该类故障占到总故障井次的60%以上，部分因为流程结蜡导致，少部分因为流程倒改问题导致流程不畅。结蜡导致的憋堵特征曲线如图12所示，结蜡会导致油管缩颈，初期影响不大，表现为电流缓慢上升，当油管缩颈至一定程度后举升阻力急剧上升导致短时间内过流停机，结蜡憋堵故障可分为流程结蜡憋堵和井下油管憋堵。流程憋堵较易判断，主要是油压迅速上涨导致无法正常运行。井下油管憋堵较难判断，与卡阻故障较难区分，但一般反转启泵顺利但正转运行短时内会再次停机，泵出口压力显示泵举升扬程正常。

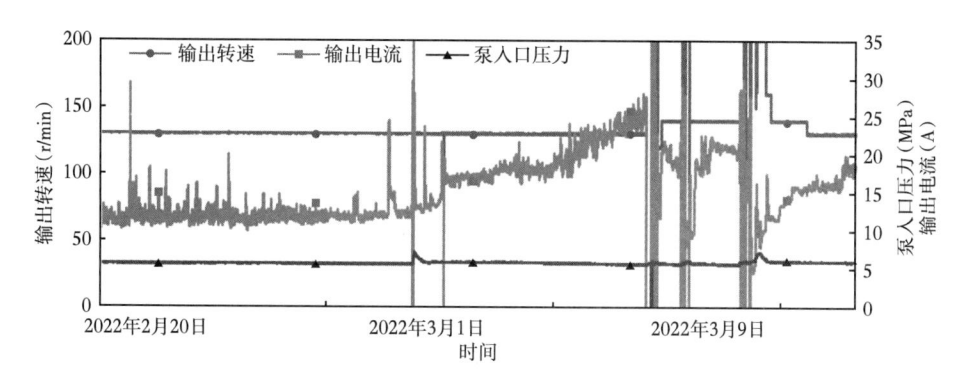

图 12 油管憋堵运行曲线特征及处理后效果

油管憋堵故障处置需要核实生产流程，确认无误后核查油压是否正常，若油压过高井口放空出液正常则表明井口流程有堵塞情况，需要清理流程恢复生产。若排除地面流程堵塞问题，则需通过热洗井筒疏通堵塞油管，现场实践发现，热洗时放空接油会取得更好效果。

3.3.2 螺杆泵卡阻

卡阻故障主要因泵定子橡胶故障及井下砂粒、垢粒等导致，表现为瞬间卡死过载停机，特征曲线如图13所示，运行电流呈尖峰状上升，正反转开机均较为困难，电流较高。杂质卡泵后将螺杆泵倒反转可将杂质排出泵筒后，再倒回正转恢复生产，部分井卡死后需实施检泵恢复生产。

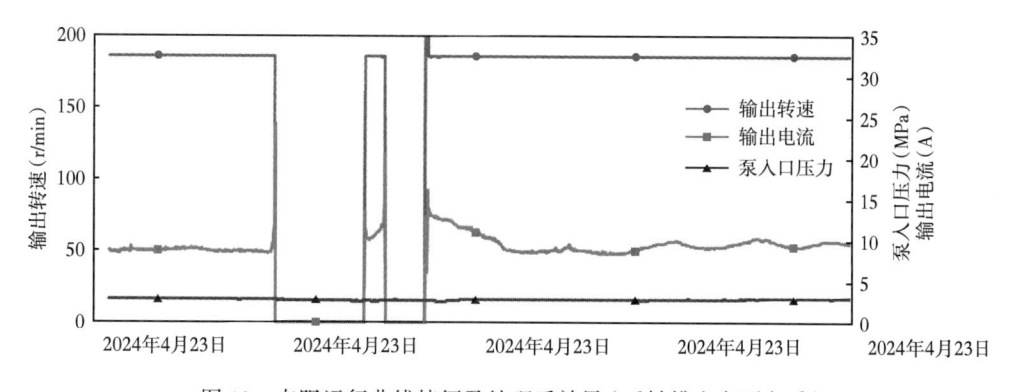

图 13 卡阻运行曲线特征及处理后效果（反转排出卡泵杂质）

3.3.3 螺杆泵断轴

断轴故障主要因过载、腐蚀等因素导致传动轴断裂导致，特征曲线如图14所示，主要

— 11 —

表现为电流瞬时下降,电机空载(2.0A以下),正反转运行电流不变,井口持续放空不出液,泵吸入口压力持续上升,表现出泵不工作的特征,一般在反复过载强启后最易出现断轴故障,断轴故障需要检泵作业恢复正常生产。

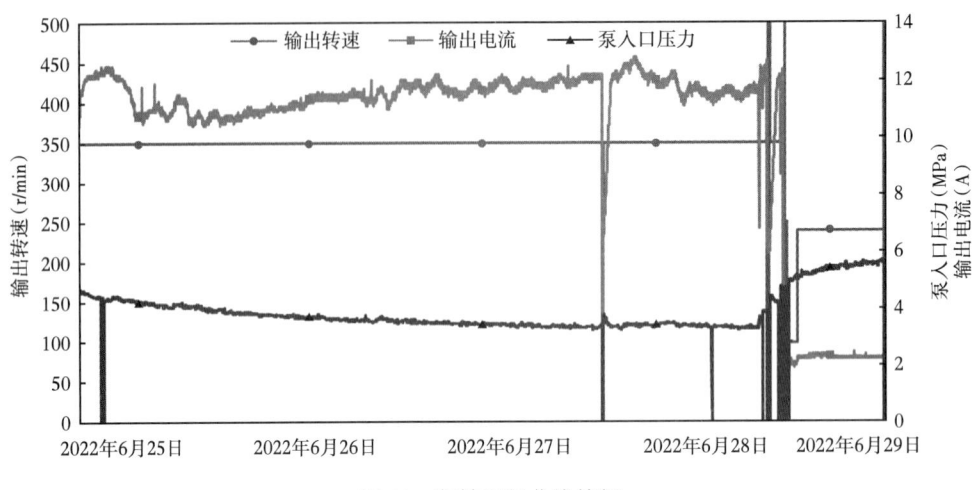

图 14 断轴运行曲线特征

3.3.4 进气螺杆泵烧

沉没度不足时极易导致螺杆泵进气,长时间空抽运行后螺杆泵定子橡胶发热烧毁,造成泵漏失无法举升。日常运行过程中必须严格管理油套压,尤其是套管压力不宜过高,沉没度至少需要保持100m以上(泵入口压力—套压不小于1.0MPa),避免螺杆泵空抽。螺杆泵烧毁或漏失后主要表现为电流逐步下降,泵入口压力逐步上升,特征曲线如图15所示,井口液量减少或不出,憋压不起压或起压缓慢且压力偏低。

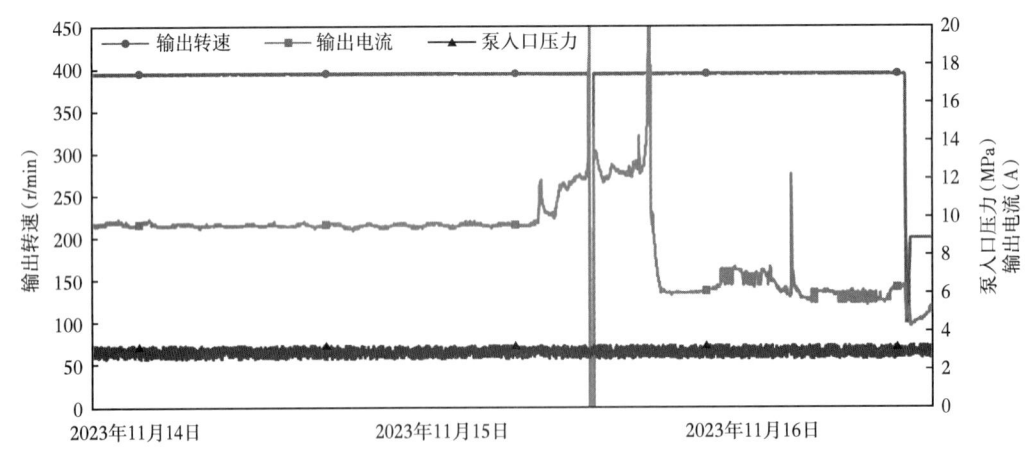

图 15 泵漏失/烧泵曲线特征

3.3.5 绝缘缺失

因铠装电缆腐蚀、磕碰等因素导致电缆绝缘不良,出现短路故障,表现为无法正常开机,测试无绝缘。可分为地面电缆故障、井下电缆故障、电机烧毁等故障类型。出现绝缘缺失故障时,首先要核实故障位置,从井口处剪断电缆核查地面还是井下电缆故障,若排除地面电缆故障则需要检泵核实具体故障位置并排除。随着生产时间的延长，电缆绝缘缺失已逐步成为电潜螺杆泵的主要故障类型。

3.4 智能化升级

探索形成了沉没压力与电机转速自适应控制方法，由中控模块向变频器发送调节指令，通过系统的自适应调整转速，控制合理流压，最终实现生产参数与地层供液动态平衡，具体逻辑如图16所示，控制效果如图17所示。111平台整体应用智能排采控制技术，高液面井快排、低液面井慢排，基本实现了平台均衡泄压与动态平衡采油。

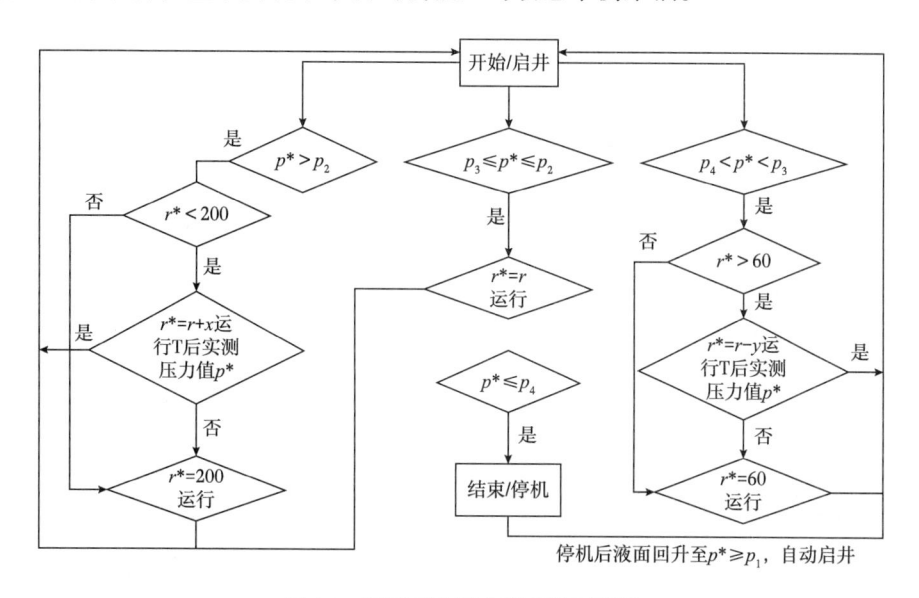

图 16 无杆采油恒动液面控制逻辑

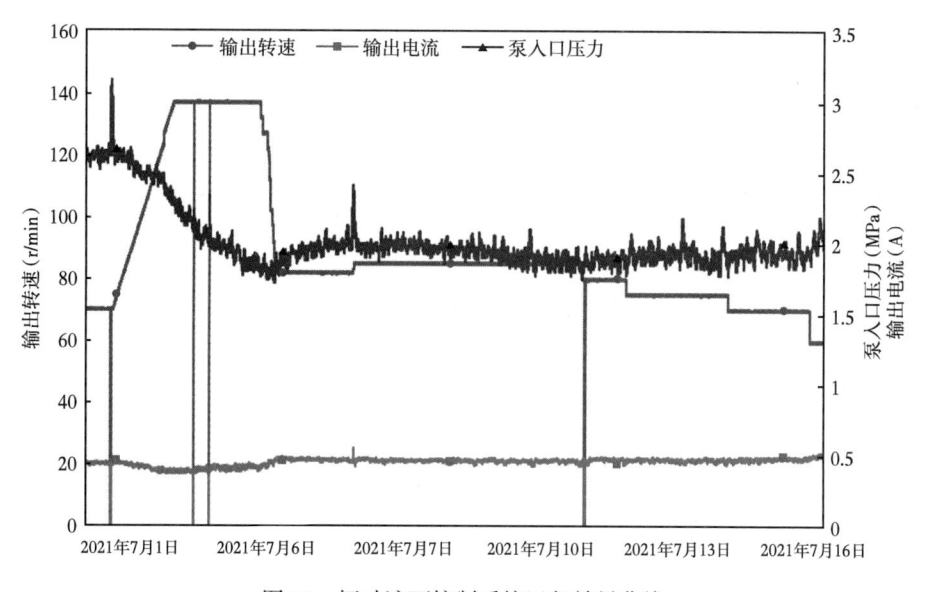

图 17 恒动液面控制系统运行效果曲线

通过电潜螺杆泵工艺改进、配套工艺优化，工艺适应性得到极大提升，维护性作业频次已由2021年的2.52次/（口·年）下降至目前的0.80次/（口·年）左右，采油时率由97.8%

提升至99.0%左右，平均检泵周期延长至431d，逐步向抽油机举升工艺看齐。

4 结论及建议

（1）无杆举升工艺在立体式、大平台开采模式中具有广阔的应用前景，能有效解决杆管偏磨的问题，且具备高度智能化的优势。

（2）通过设备改进与工艺优化，电潜螺杆泵采油工艺适应性获得大幅提升，形成了适合于长庆页岩油砂、蜡、气、垢复杂井况的无杆采油工艺体系，实现了规模化应用，无杆采油故障诊断、智能化调控技术不断完善。

参 考 文 献

[1] 付金华,刘显阳,李士祥,等.鄂尔多斯盆地三叠系延长组长7段页岩油勘探发现与资源潜力[J].中国石油勘探,2021,26（5）：1-11.

[2] 何永宏,薛婷,李桢,等.鄂尔多斯盆地长7页岩油开发技术实践——以庆城油田为例[J].油勘探与开发,2023,50（6）：245-1258.

[3] 刘斌.我国陆相页岩油效益开发对策与思考[J].石油科技论坛,2024,43（2）：46-57.

[4] 赵廷峰,叶雨晨,席传明,等.七段式三维水平井井眼轨道设计方法[J].石油钻采工艺,2023,45（1）：25-30.

[5] 冯立勇,郭晨光,冯三勇.庆城油田西区长7油藏差异性及稳产对策研究[J].石油化工应用,2023,42（7）：74-78.

[6] 王治磊.水平井偏磨井段研究及应用[J].石化技术,2017,24（3）：286.

[7] 鹿艳民.水平井偏磨作业原因及治理对策[J].化学工程与装备,2021（6）：80-81,96.

[8] 黄伟,甘庆明,邓泽鲲,等.无杆举升装备技术研究进展及应用展望[J].石油管材与仪器,2023,9（3）：1-7.

[9] 王金刚.电潜螺杆泵无杆采油技术在长庆页岩油的应用[C]//中国石油新疆油田分公司（新疆砾岩油藏实验室）,西安石油大学,陕西省石油学会.2022油气田勘探与开发国际会议论文集.2022：7.

[10] 王小江,王惠清,闫婷婷,等.无杆泵采油平台智能控制系统在吉7井区的应用[J].新疆石油天然气,2021,17（2）：6,92-96.

[11] 邹伟.潜油螺杆泵工作特性分析及在线故障诊断研究[D].西安：西安石油大学,2015.

[12] 董晴.潜油直驱螺杆泵系统分析与优化[D].北京：中国石油大学（北京）,2021.

[13] 郭靖,甘庆明,魏韦,等.陇东页岩油水平井智能无杆举升工艺实践与认识[C].中国石油学会,中国陆相页岩油勘探开发关键技术与管理研讨会,2023：3.

[14] 谢建勇,程辉,褚艳杰,等.电潜螺杆泵过程控制故障模型与智能诊断方法[J].石油机械,2023,51（1）：116-121.

分布式光纤传感技术在页岩油井压裂中的应用

刘江波[1,2]，王尚卫[1,2]，任国富[1,2]，杨义兴[1,2]，张 昊[3]，付彦丽[1,2]

(1.中国石油长庆油田公司油气工艺研究院；2.低渗透油气田勘探开发国家工程实验室；
3.东方物探中油奥博(成都)科技有限公司)

摘 要：页岩油井的生产开发都需经过水力压裂进行改造从而获得更高产量，改造结果的好坏直接决定了页岩油井的产量。因此对于压裂效果的评价是非常有必要的，目前光纤作为全井段的高精度信号接收的载体，能精确地实时监测井筒中的声波、温度和应变等信息，综合评价压裂改造效果评价。本文主要介绍了在页岩油井中应用分布式光纤开展水平井压裂改造效果评价研究，基于井筒温度、声波、压裂施工曲线多参数等数据，通过建立解释模型，应用声波和温度迭代反演、计算输出水平段的压裂级实际携砂进液量，实现套外光纤储层改造实时监测与处理解释，后期开展了返排监测，定量分析水平井生产过程中各段(簇)的产出动态，为页岩油水平井生产开发提供重要的依据。

关键词：分布式声波传感器；水力压裂；油气井实时监测；石油工程

近年来，随着油气地质理论的突破创新和工程技术的进步，中国陆相页岩油气和致密油气勘探开发取得了重大突破。储层改造技术在获得成功方面扮演着关键角色。我国目前已形成以"长井段水平井完井"为基础的多簇射孔、滑溜水携砂、分段压裂的主体改造技术，依托地质工程一体化储层改造模式，采用低成本材料技术和大平台立体开发方式，在页岩油气开发方面发挥了重要作用。然而，在对非常规油气储层进行压裂改造的过程中，非常规储层地层应力状态复杂多变，岩石力学性质各向异性和非均质性强，天然裂缝发育状况不明确，人工裂缝之间存在严重相互干扰等问题，实际形成的水力裂缝与设计方案相比，其分布位置、裂缝长度、形状以及支撑剂填充情况往往存在巨大差异。水平井多级多簇压裂形成的人工裂缝均匀性较差，往往只有部分射孔簇能得到有效改造，而压裂冲击现象难以预测，对邻井产能造成影响且难以恢复。传统的水力压裂机理模型与预测方法不适用于非常规储层，提高水力压裂效果评价的准确性成为解决非常规资源开发瓶颈问题的关键技术，因此，采用分布式光纤监测技术来对于鄂尔多斯盆地的页岩油井开展试验，形成页岩油固井滑套光纤压裂监测特色技术，以适用于长庆油田。

本文是应用分布式光纤传感系统在长庆油田页岩油井储层压裂改造的应用性研究的最新成果。通过DTS监测全井筒的声波和温度响应，定性分析水平井压裂段(簇)的温度异常，进而建立解释模型，迭代反演、计算输出，通过建立解释模型，应用声波和温度迭代反演、计算输出水平段的压裂级实际携砂进液量，实现套外光纤储层改造实时监测与处理解释，此外，案例中的试验井后期开展了返排监测，定量分析水平井生产过程中各段(簇)的产出动

第一作者简介：刘江波(1982—)，男，2007年毕业于西安石油大学机械制造及其自动化专业，获硕士学位，就业于中国石油长庆油田分公司油气工艺研究院、低渗透油气田勘探开发国家工程实验室，采油高级工程师，主要从事采油工艺配套技术、光电油气测井与检测技术、井下作业技术研究工作。通讯地址：陕西省西安市未央区明光路长庆油田新技术开发中心，邮编：710021，E-mail：ljb100_cq@petrochina.com.cn

态，为页岩油水平井生产开发提供重要的依据。

1 分布式光纤传感压裂监测技术

1.1 光纤压裂监测技术现状

水力压裂实时监测技术可以确保水力压裂效果评价的准确性。目前应用于水力压裂监测的主要技术包括压裂过程的压力曲线分析等间接诊断方法；示踪剂、测斜仪、井下成像等近井直接诊断方法；井下微地震等远井直接诊断方法。从国际技术发展趋势来看，分布式光纤传感监测已成为水力压裂监测的最新技术，在美国页岩气开发中展现出重要作用。2022年Jacobs将该技术作为压裂改造效果评价、人工裂缝形态和几何参数获取以及暂堵转向压裂效果评价的首选方法。

分布式光纤传感技术作为一种新兴的监测手段，已经在水力压裂和生产监测中得到广泛应用，其具有体积小、耐高温耐高压、抗腐蚀、光学损失小、无电磁干扰、无迟滞性等特性，使用光纤进行井下水力压裂或酸化改造评价具有无可比拟的优势。此外，相比于传统电法测井方法分布式光纤测井具有全井筒覆盖、即时测量、解释成果清晰等优势，并可实现对井筒的全天不间断监测。从国际最新技术发展应用趋势来看，分布式光纤传感监测已成为油气田勘探及开发的最新技术手段[1]。至今，光纤压裂监测的经验大多数来源于北美页岩气井，还没有在页岩油井中进行应用。因此，开展页岩油井压裂监测和储层改造光纤监测先导试验是非常必要的。

目前应用于水力压裂监测的分布式光纤传感器主要有三种类型：分布式温度传感（Distributed Temperature Sensing，DTS）、分布式声波传感（Distributed Acoustic Sensing，DAS）和基于瑞利频移的分布式应变传感（Distributed Strain Sensing via Rayleigh Frequency Shift，DSS-RFS）。DTS在油气井中的应用已经有十余年，井筒温度被广泛应用于评价产出动态、压裂改造、完井效果以及诊断井筒完整性等，其技术已较为成熟[2]。其对于压裂改造效果的评价可利用井筒温度曲线进行定性解释[3]，其原理是基于温度剖面在压裂改造前后具有明显的不同特征，其剖面上的异常往往用于对井下情况的解释分析[4]。而DAS是光纤传感在油气领域的最新应用成果，其能够测量井筒的声波（震动）信号来判断井下的情况，近两年来，在国内各大油田开展了水力压裂与油气井生产监测试验[5]。DSS-RFS是在2021年北美开展的压裂现场试验HTFS的第三期才投入使用的，目前国内没有开展过相关的监测在油气井中的试验与成功应用案例[1, 5]。

1.2 分布式温度传感器DTS原理

分布式温度传感器的物理原理是应用拉曼散射。拉曼散射是一种非弹性散射，散射过程中入射光子的能量发生了变化，即在与物质发生作用后失去或吸收了能量，导致散射光相比于入射光的波长产生了位移。经典理论的定性解释自发拉曼散射现象为：在入射光功率较低的情况中，入射光所经过的介质不是完全均匀的，光与分子内部的振动发生作用[6]。在这些拉曼活性分子中，介质的不均匀性存在于远小于入射光波长的尺度上，分子振动在振动频率处引起极化率的局部变化，这种波动导致与介质中的其他部分呈周期性的差异，从而引起散射[7]。散射过程中，最常见的情况是入射光子激发分子振动，并以一个声子的形式向介质释放能量，因此散射光子携带的能量减少，频率减少，波长增加，这就是斯托克斯拉曼散射；相反地，振动能量传递给散射的光子，这个过程称为反斯托克斯拉曼散射，由此产生较短波长的散射光。从量子理论出发解释，自发拉曼散射是入射光子和介质中的分子发生非弹性碰撞而产生的[8-9]。

井中流体的温度求解是几个参数共同决定的函数，例如流体本身的固有热性质、岩石、井筒尺寸、流量以及自开始生产以来的时间。石油和天然气领域井筒温度预测最著名的初步研究之一可追溯到1962年，Ramey等研究了井筒中注入流体的温度为深度和时间的数学模型[10]，假设流体是在已知的速率和温度下注入井筒的，他们也并提供了几种情况的应用，比如冷水、热水注入以及空气注入等。然而Ramey等的研究具有一定的局限性，该模型只适用于单相流体，忽略了摩擦力及井眼的尺寸。Hasan和Kabir后来提出了多相流理论模型[11]。Sagar等又提出多相流的简化模型，将井的尺寸考虑在内，假设动能和焦耳—汤姆逊效应的影响相对较小，也使用了相关性来进行模型的解释[12]。Hasan和Kabir后来的研究进一步完善了模型，提供了多个解决方案，采取对流，考虑了热传导和热交换等。水平井产出剖面解释模型建立的前提是必须通过油气藏渗流模型及热学模型，热学模型的建立还必须考虑焦耳—汤姆逊、热对流、热传导、黏性耗散和热膨胀等多种微热效应的影响，通过与井筒模型的耦合求解才能得出最终的水平井产出剖面。在压裂过程中，主要通过压裂液由井筒进入到地层中冷却效应，实时对近井筒的压裂效果进行直接评价，然后通过压后压裂级位置附近的深度进行回温分析，进而综合评价储层改造效果。

1.3 分布式声波传感器DAS原理

DAS是一种可以对不同位置、同时发生的振动进行定位，且可以定量地获取这些振动信号的传感系统，其应用的物理原理是基于瑞利背向散射光的相位敏感光时域反射仪（ϕ-OTDR）的系统结构。这种DAS的系统结构简单、成本低廉，解调算法简单高效，而且传感光纤可以单端布设、无须环形布设，应变分辨率往往优于微应变量级。由于瑞利散射的相位变化量与振动引起光纤应变的幅度是线性的，所以提取瑞利散射的相位就可以线性解调振动信号。根据提取瑞利散射相位方法的不同，目前这种基于ϕ-OTDR和相位解调法的DAS已经在产液剖面和压裂现场取得成功应用。

基于DAS流动监测的基本原理，在水力压裂作业过程中，DAS监测的主要应用之一是在作业过程中帮助了解压裂注入剖面分布情况，即了解各压裂级和射孔簇的进液和支撑剂脱砂的情况，并由此对压裂作业进行初步评价和调整，在压裂作业完成后了解生产剖面，即了解各压裂层段生产情况，进行压后效果评价。

从水力压裂DAS监测技术发展之初，人们就将压裂过程中沿井筒各位置声能的分布和随时间变化生成瀑布图（图1）。并由此对活跃压裂级或射孔簇进行观察。这种定性的DAS声波信号分析方法认为较强的声信号与活跃压裂级或射孔簇存在对应关系。同时也代表该位置裂缝正在起裂或扩展，可以由此判断该位置压裂效果较好[13-15]。

Pakhotina等根据前期理论实验结果，证明了声波能量或声压级和流速立方的对数存在以下线性关系式：

$$\lg(q^3) = A \cdot \mathrm{LSP} + B \tag{1}$$

式中：q为流速，m³/s；LSP为声压级；A，B为常数。

根据这一关系，Pakhotina等将现场压裂作业原始DAS数据转化为频带能量（frequency band energy，FBE）实时分布，并结合压裂施工数据求解各位置进液量随时间的变化。但是应用 DAS 进行压后生产剖面解释时情况可能更为复杂，2019 年，Cerrahoglu 等对非常规储层的一口水平气井进行多级压裂压后评估，DAS 数据显示井口产气量与活跃射孔簇数量具有正相关性，但不存在线性关系，个别射孔簇在低流量和关井时刻出现活跃声信号，但是井口产量大时声信号消失，可能是由于低压裂缝窜流引起。

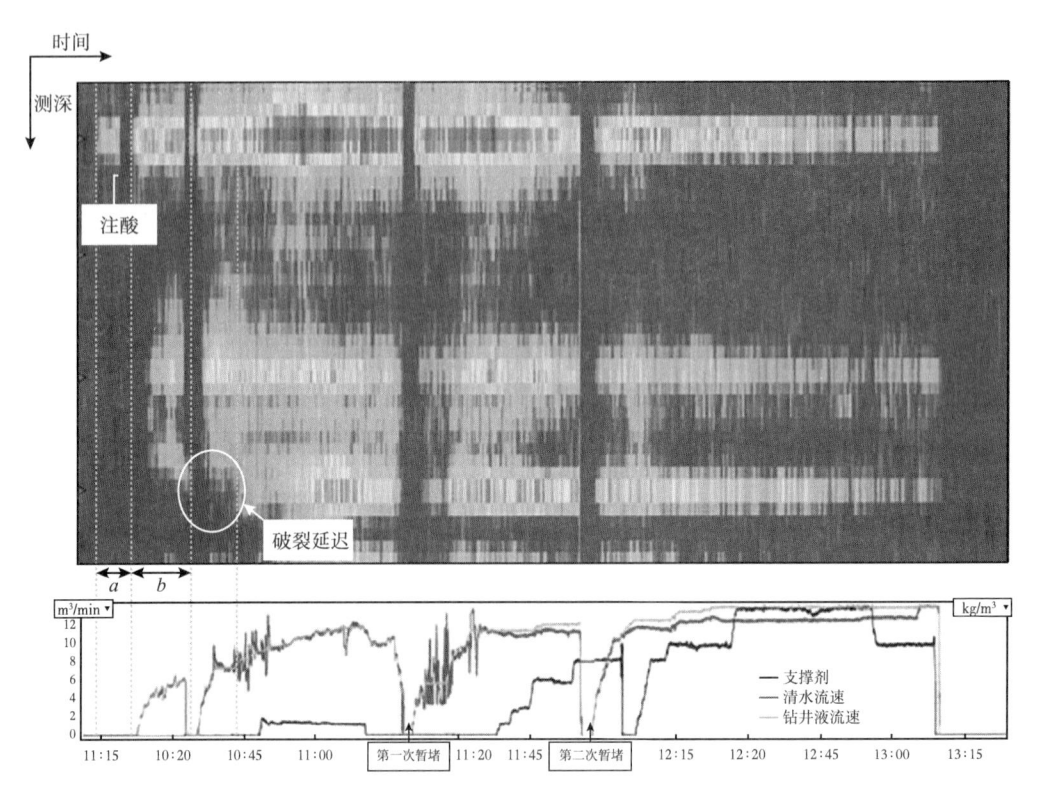

图 1　水平井限流压裂 DAS 监测获得的声能数据

DAS 监测在使用限流法进行直井和水平井多级压裂作业中也发挥了重要作用，根据 DAS 数据可以对比不同射孔簇之间流量的实时变化并分析原因，保证在持续增大排量维持井下流压足够高，使所有射孔处较均匀进液。比较早期的应用如 2014 年，Warpinski 等对直井采取限流压裂时发现相邻的射孔簇在压裂的大部分时间均有相似的声响应，即限制入口压裂的效果很好，但是在压裂末期发现顶端的射孔簇声强减少，底端的射孔簇的声强增加，代表有少量压裂液在压裂后期由顶端射孔簇泄漏到底端射孔簇。

近期更典型的应用如 2017 年，Somanchi 等展示的一项水平井限流压裂作业中，DAS 声信号显示随着压裂液不断泵入，初始阶段三个射孔簇均被压开并进液，流体分布均匀；后续阶段趾端位置射孔簇声信号消失，该位置裂缝不再吸收流体，没有达到均匀压开三个裂缝的目的。Somanchi 等认为这是由于后期没有及时有效地增大排量保证支撑剂冲击射孔孔眼形成有效摩阻以建立井筒回压，造成了限流压裂的失败。同年，Shen 等通过 DAS 监测一口水平井限流压裂作业，提出了相同观点并计算了压裂前后射孔孔眼直径变化结果对此进行解释。该研究通过流体进入射孔簇引起的湍流噪声求出压裂段的流体和支撑剂的分布；从 DAS 获得的实时流量与支撑剂分布中观察到趾端射孔簇位置的声信号仅持续了一小段时间便消失。通过计算压裂前后射孔孔眼直径变化情况，发现跟端射孔簇孔眼直径增加近一半而趾端的射孔簇孔眼直径几乎没变化，压裂液进液量和支撑剂的分布结果与受支撑剂侵蚀导致射孔簇直径的变化的结果一致[13-14]。

2019年，Cramer等应用DAS和井下成像、施工压力曲线分析三种方法对页岩储层一口水平井的限流压裂作业进行了监测[16]，从DAS监测数据可以清晰地看出，5个射孔簇在压降测试阶段均有明显声信号，表明有压裂液进入；在正式压裂阶段靠近趾端的两个射孔簇提前脱砂，声信号消失，这一现象也被另外两种方法所验证。该研究通过DAS等三种方法联合监测提出了改进限流压裂效果的重要措施包括保证前期的射孔孔眼尺寸，增加趾端射孔簇射孔孔眼数目，同时减少跟端射孔簇的射孔孔眼数目等，以平衡压裂液在不同位置的进液情况。

2 光纤压裂监测技术在长庆油田的应用与进展

长庆油田的光纤压裂监测开展较早，在近些年取得了较大进展，鄂尔多斯盆地的页岩油水平井多位于注水开发叠合区，区域改造见水风险大，生产见水后找堵水难。一口水平井的钻井成本较大，且压裂改造规模较大，有形成规模经济效益的需求，因此，开展套管外光纤压裂监测与后期的生产动态监测不仅在压裂改造增长上有很大潜力，在后期的水平井找水堵水综合治理上也有很大的应用前景。因此长庆油田创新地开展国内首口全自主"可开关固井滑套+套管外光纤"试验，探索叠合区储量动用技术方向，应用了国产先进的东方物探中油奥博分布式光纤传感 uDAS® 系统，创新地形成长庆油田特色分布式光纤监测技术，"因地制宜"开展了对叠合区注水开发低孔低渗油藏的光纤智能化解决方案。其具体表现在下井工艺与光纤传感器采集系统上的创新与升级。

首先，套外光纤传感技术受限于储层改造压裂射孔等作业。传统的储层改造为大扇面多相位射孔，然而光纤监测需要保持光缆的完整性，限相位的定性射孔技术配合光缆定位系统，才能保证在储层改造作业中光缆的安全与完整。但是，取决于现有光纤定位技术的局限性与定性射孔技术的不确定性，光缆避射存在一定的风险。长庆油田油气院采用了固井滑套配合光纤套外完井技术，能够实现避免光缆被射孔射断的问题，真正意义上了解决套外光纤压裂监测的技术难点。此外，该项技术也应用到新一代 uDAS® 3.0 的监测系统，在压裂监测的深度空间分辨率与灵敏度均有所提高，为精准储层改造技术的推广起到了积极作用，此外更有利于低孔低渗页岩油油气藏的后期的生产动态监测的应用，为解释叠合区开发的复杂条件奠定了基础。

3 长庆油田压裂现场试验

3.1 现场试验井的基本情况

试验井A井位于鄂尔多斯盆地伊陕斜坡，是油藏评价井，该井主力层长7_3层，井深3411.00m，水平段长1076.1m（图2）。该井采用可开关固井滑套和套外光纤安置，连续油管分段压裂工艺，设计压裂设计26滑套，总入地液量12235.2m³，加砂量1125.0m³，排量3.2~4.6m³/min，平均砂比19.19%，单段平均入地液量470.6m³，平均加砂量43.3m³。

3.2 分布式光纤压裂监测结果

该水平井所有26级滑套均打开并完成压裂，光纤全程进行实时监测，实时监测过程中无底封漏液的压裂级、监测沟通天然裂缝若干级，其余段压裂级的光纤监测显示正常（图3）。

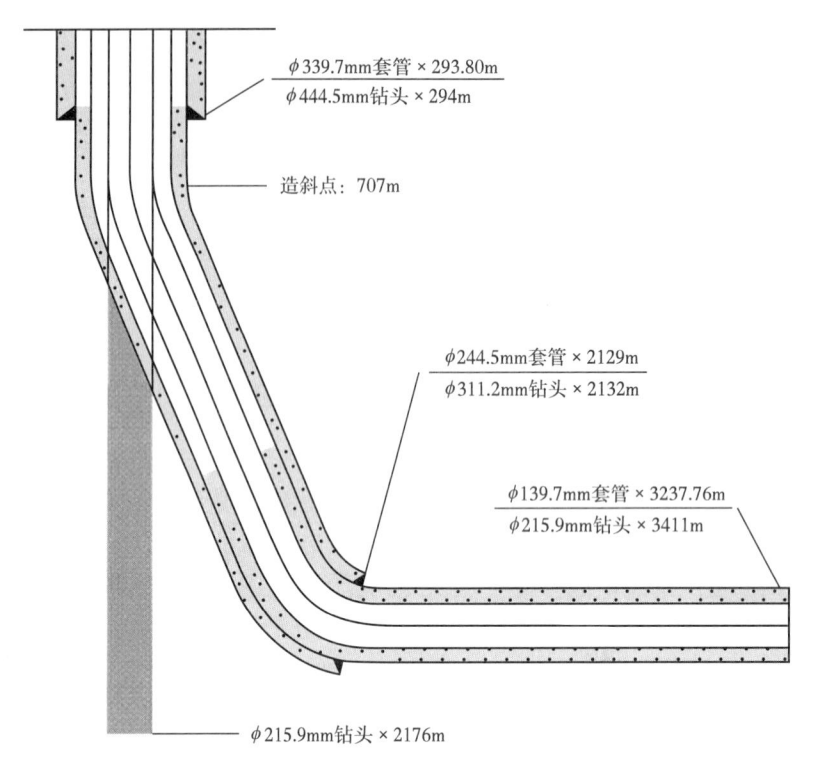

图 2　试验井 A 井深结构示意图

图 3　试验井 A 井光纤监测 DAS 与 DTS 瀑布图

如 3 图是所有的光纤 DAS 与 DTS 监测结果，本文中仅对压裂过程中异常的事件进行单独分析与结果展示。在 A 井压裂 4 级、8 级、21 级在压裂初期沟通天然裂缝，从压裂曲线上表现为排量到位后地层无明显破压，注入井口套压较低，暂堵后伴随大幅升压。从 DAS 上看，压裂级下部常有规律声波能量，从 DTS 上看，压裂级下部常伴随温度降低，且降温区域与压裂位置有高温夹层。如图 4 所示，第 4 段 DAS 监测：在前置液阶段发现 2 级、3 级滑套位置出现声波能量，结合 DTS 温度降低判断此时压裂液与地层天然裂缝有沟通，前置暂堵剂到位后升压 43.8MPa；堵住原有天然裂缝，2 级、3 级滑套位置能量消失，地层正常破

— 20 —

压,正常压裂,段塞砂到位后裂缝往远端延伸,滑套位置能量减弱,2—3段位置有零散声波能量。第4段DTS监测:在前置液阶段发现2级、3级滑套位置出现温度降低,但3级、4级滑套之间温度无降低,说明封隔器完好,结合DAS判断串层原因为近井天然裂缝,前置暂堵剂到位后升压43.8MPa;堵住原有天然裂缝,2级、3级滑套位置温度逐渐回升,地层正常破压,正常压裂,压裂温度降低范围约3~4m。

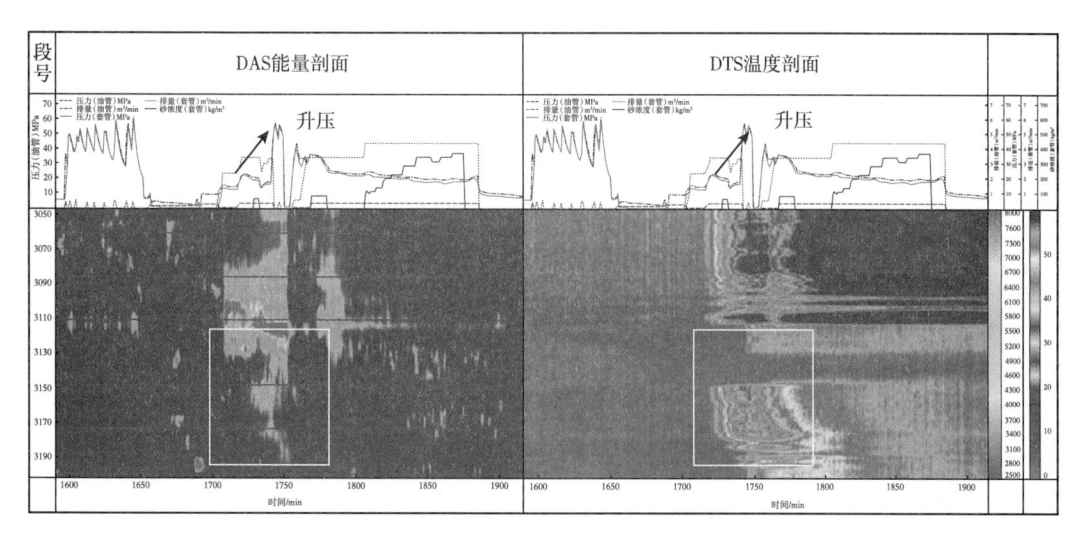

图4 试验井A井第4级光纤监测DAS与DTS瀑布图

井压裂过程中,17段、18段、19段出现不同程度窜层,从压裂曲线上表现不明显,判断依据为压裂前期降温区域集中在压裂级附近,然而压裂中(暂堵后出现)在压裂级下部出现明显条带状降温,当窜层流量较大的段,在DAS剖面上有微弱响应。如图5所示,第17段DAS声波监测:前置液阶段,DAS能量很强且集中在第17级滑套位置,前期进液较为困

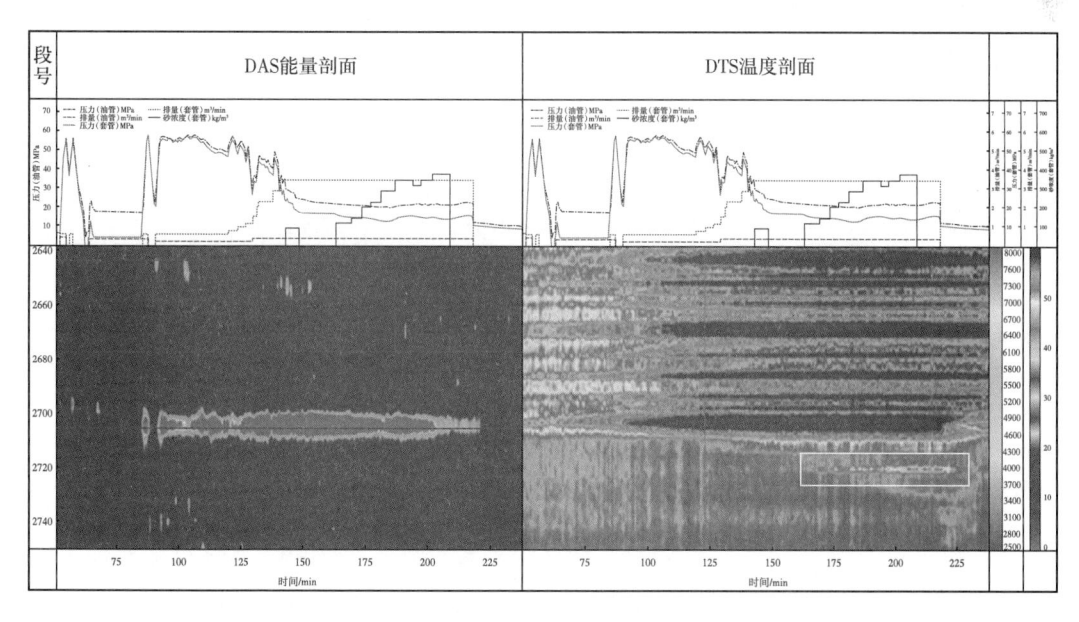

图5 试验井A井第4级光纤监测DAS与DTS瀑布图

难，多次破压后DAS能量强度仍不变，阻力大裂缝向远端延伸较为困难。携砂液阶段，携砂进液情况正常。第17段DTS温度监测：进液显示为压裂液集中在第17级滑套位置，温度降低范围为井深2698~2700.5m，改造范围2.5m，封隔器坐封良好，无漏液现象。

4 结论与建议

分布式光纤传感技术在水力压裂监测中的应用取得了显著进展。该技术利用光纤作为传感器，能够实现全井筒覆盖的实时监测，具有体积小、耐高温高压、抗腐蚀等特点。通过分布式光纤监测，我们可以定性分析水平井压裂段的温度异常，声波响应的异常，从而分析压裂过程中窜层或者沟通天然裂缝的事件等，这种实时的监测非常规水平井页岩油压裂指导具有显著的意见。在此基础上，通过实时算法解释可以实现定量评价压裂改造效果，由于单一压裂级，仅仅存在漏失问题，不需要考虑分段各簇的流量与砂量分配问题，故本文中没有展示其结果。最后，通过在非常规油气田的压裂过程中，分布式光纤传感监测显示出独特的优势，成为油气田勘探及开发的重要技术手段，这一技术的发展趋势将进一步推动非常规油气开发的效率和可持续性。

参 考 文 献

[1] 隋微波，温长云，孙文常，等．水力压裂分布式光纤传感联合监测技术研究进展[J]．天然气工业，2023，43（2）：87-103．

[2] KUROSAWA I, GROOT M. A comparison of microseismic responseand hydraulic fracture monitoring through DAS：A case study fromMontney：Presented at GeoConvention[C]．2018．

[3] BROWN G A, KENNEDY B. Using fiber-optic distributed temperature measurements to provide real-time reservoir monitoring data on Wytch farm horizontal extension-reach wells[C]. Presented at the SPE Annual Technical Conference and Exhibition in Dallas，1-4 October. SPE-62952-MS．

[4] CUI J, ZHU D, JIN M. Diagnosis of Production Performance Afiter Multistage Fracture Stimulation in Horizontal Wells by Downhole Temperature Measurements[J].SPE Prod & Oner 31（4）：280-288．

[5] SUI W B, LIU R Q, CUI K. Application and research progress of distributed optical fiber acoustic sensing monitoring for hydraulic fracturing（in Chinese）[J]. Sci. Sin. Tech．，2020．

[6] LONG D A. The Raman effect：A unified treatment of the theory of Raman scattering by molecules[M]. Chichester：John Wiley and Sons，2002．

[7] 贾东方，于震虹．非线性光学原理及应用[M]．北京：电子工业出版社，2002．

[8] 张在宣，刘天夫．激光拉曼型分布光纤温度传感器系统[J]．光学学报，1995，11：1586．

[9] LONG D A. The Raman effect：A unified treatment of the theory of Raman scattering by molecules[M]. Chichester：John Wiley and Sons，2002．

[10] RAMEY H J. Wellbore Heat Transmission[C]. Paper SPE- 96，Journal of Petroleum Technology，14（4）：427-435．

[11] HASAN A R, KABIR C S. Fluid Flow and Heat Transfer in Wellbores[C]. Society of Petroleum Engineers. ISBN：978-1-5563-094-2. 2002．

[12] SAGAR R, DOTY D R, SCHMIDT Z. Predicting Temperature Profies in a Flowing Well[J]. SPE Production Engineering，1991，6（4）．

[13] 李海涛，罗红文，向雨行，等．基于DTS的页岩气水平井人工裂缝识别与产出剖面解释方法[J]．天然气工业，2021，41（5）：10．

[14] XIAO W, ZHANG D, LI H, et al. Difference Analysis on Sandstone Permeability After Treatment at Different Temperatures During the Failure Process: A Case Study of Sandstone in Chongqing, China[J]. Pure and Applied Geophysics, 2021: 1-18.

[15] 罗红文, 李海涛, 刘会斌, 等. 低渗气藏两相渗流压裂水平井温度剖面预测[J]. 天然气地球科学, 2019, 30（3）: 89-99.

[16] LUO H, JIANG B, LI H, et al. Correction to Flow Rate Profile Interpretation for a Two-Phase Flow in Multistage Fractured Horizontal Wells by Inversion of DTS Data[J]. ACS Omega, 2020, 5（41）: 26955-26955.

鄂尔多斯盆地陇东页岩油大平台长水平井钻完井关键技术及实践

陆红军[1,2]，宫臣兴[1,2]，欧阳勇[1,2]，艾 磊[1,2]，辛庆庆[1,2]

（1.中国石油长庆油田公司油气工艺研究院；
2.中国石油长庆油田公司低渗透油气田勘探开发国家工程实验室）

摘 要：鄂尔多斯盆地长7页岩油资源丰富，主要分布于华池、合水、姬塬、靖安等区域，构造上主体位于天环坳陷东部和伊陕斜坡西部，储层岩石类型以岩屑长石砂岩和长石碎屑砂岩为主，是长庆油田持续增储上产的重要接替领域。与北美海相页岩油不同，长7页岩油为陆相湖盆沉积体系，储层连续性差，非均质性强，且地处沟壑纵横的黄土塬地貌，开发过程中面临井场建设困难、钻井成本高、单井累计产量低等诸多技术挑战。长庆油田以"大井丛+水平井"为总体技术思路，按照"工厂化、低成本、动用高、更优化"的工作方针，通过开展大偏移距井身剖面优化设计、强抑制复合盐防塌钻井液、水平井快速钻井配套工艺等技术攻关，配套应用旋转导向、高效耐磨PDC钻头、新型水力振荡器等关键提速工具，持续深化试验内容，创新形成页岩油大井丛水平井钻完井技术，有效解决黄土塬地貌钻完井施工难题，实现了页岩油开发方式的转变，构建了规模经济高效开发新模式，为页岩油快速高效建产提供了坚实的技术支撑与保障，为其他油田页岩油开发提供了经验技术借鉴。

关键词：页岩油；大平台；三维水平井；偏移距；长水平段

随着非常规油气资源开发力度持续加大，采用常规单井或"小井丛+短水平井"的开发方式，主要面临储量动用面积小、产量低等问题，难以适应长庆油田低成本、高效益开发需求。因此，长庆油田于2017年在陇东成立页岩油示范区，积极探索大井丛水平井布井及工厂化作业模式，逐步进行大偏移距长水平井钻完井技术攻关试验，通过集成应用井身结构优化、低摩阻安全钻井液及降摩减阻工具等配套技术，攻克了大井丛水平井防碰绕障难度大、钻井摩阻扭矩高及多断裂带防漏治漏等多项"卡脖子"技术，单平台完钻水平井井数逐年提高，实现了多层系、纵向上储量一次有效动用。2018年在示范区全面推广"大井丛、水平井、工厂化、立体式"建产模式，提高井场组合井数，大幅节约了土地资源与井场建设成本，经济效益显著，并在国内创造了单平台完钻水平井最多（31口）、实施水平段最长（5060m）等一系列钻井工程纪录，使我国页岩油水平井大平台钻井水平迈上了新台阶，助推我国非常规油藏勘探开发实现革命性突破。

基金项目：中国石油天然气股份有限公司勘探工程技术攻关项目"钻完井关键技术研究与现场试验"（编号：2022KT16）。

第一作者简介：陆红军（1972—），高级工程师，中国石油长庆油田公司油气工艺研究院院长，2000年毕业于在西安石油学院油气田开发工程专业，获硕士学位，现从事低渗及非常规油气藏钻完井和提高单井产量技术研究。通讯地址：陕西省西安市未央区明光路油气工艺研究院，邮编：710018，E-mail：lhj1_cq@petrochina.com.cn

1 长庆页岩油水平井钻完井技术难点

1.1 大井丛平台整体优化设计难度大

受黄土塬地貌及地形自然条件因素影响，井场征地面积受限，要实现单平台多层系开发，钻井过程中井口位置选择、地面与空间布局优化、整体防碰设计、钻机施工顺序等一体化设计难度加大。

1.2 三维井段钻井摩阻扭矩大、轨迹控制难度大

与二维水平井相比，三维水平井剖面既要增井斜，又要扭方位，对"螺杆+PDC"钻头钻具组合的增斜能力要求较高，造成三维水平井斜井段摩阻与扭矩均较大。施工过程中，要保证井眼轨迹平滑，钻井液要具备较好的降摩减阻能力，否则容易造成后期施工摩阻与扭矩过大，严重时导致无法钻完下部井段。

1.3 井漏与坍塌风险共存，安全钻井施工难度大

区块漏失层主要为黄土层和洛河层，直井段钻进过程易出现漏失，同时，延长组长7段地层泥岩含量普遍为10%~20%，含量最高达40%，斜井段、水平段钻进过程中，钻井液长时间浸泡、冲刷，井壁稳定性变差，易发生失稳垮塌、掉块卡钻等情况，给下部井段的安全钻进和完井管柱的顺利下入带来风险。

1.4 大规模体积压裂改造作业对水泥环质量要求提高

大偏移距长水平井井眼轨迹变化率大，采用常规螺杆钻具导致井眼轨迹不光滑，易出现台阶，导致下套管困难，而长水平段体积压裂改造施工压力普遍较高，对水泥环完整性及水泥石的质量的要求提高，常规水泥浆体系无法满足大规模体积压裂压裂要求。

2 立体式大平台水平井钻完井技术

2.1 大井丛平台整体优化

2.1.1 平台布井优化

大井丛水平井组钻井可以有效节约钻井成本，减少土地和道路征用、修井场、搬迁等费用，实现钻井、改造工厂化作业，利于后期管理，如图1所示。以"水平井大井丛工厂化"理念，采用多钻机、集群式钻井，在有限的平台范围内，实现储量最大化动用，如图2所示。针对长7页岩油藏储层发育特征，结合井场大小、井距、偏移距等因素，设计形成3种大井丛水平井布井模式，偏移距在0~1200m之间，水平段长主体1500~2000m。单层系部署4~6口水平井，双层系部署6~12口水平井，多层系部署10~20口水平井，实现纵向上多个小层的动用，大幅度提高储量控制程度，如图3所示。

2.1.2 井场布局模式

以节约用地面积、快速安全施工为前提，结合井场布井井数，征用井场面积大小及施工节点要求等因素，综合钻井施工难度及经济性，设计形成四种井场平面布局模式：（1）单钻机常规布局，适用于布井数小于4口，或井场规格不超过120m×60m的多井布井方式；（2）单钻机分区作业布局，适用于布井数介于4~8口之间，且要求井场规格超过120m×60m；（3）双钻机一字型布局及双钻机双排布局，适用于布井数大于8口，且要求井场规格超过180m×60m（或100m×120m）。根据后期压裂及采油要求，井口间距以6m为

主,可采用 8m、10m、12m;分区隔离间距不小于 20m,最小排距不小于 30m,如图 4 至图 7 所示。

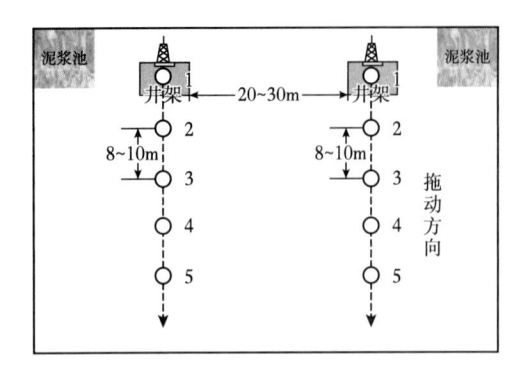

图 1 大井丛平台布井优化

图 2 工厂化布井示意图

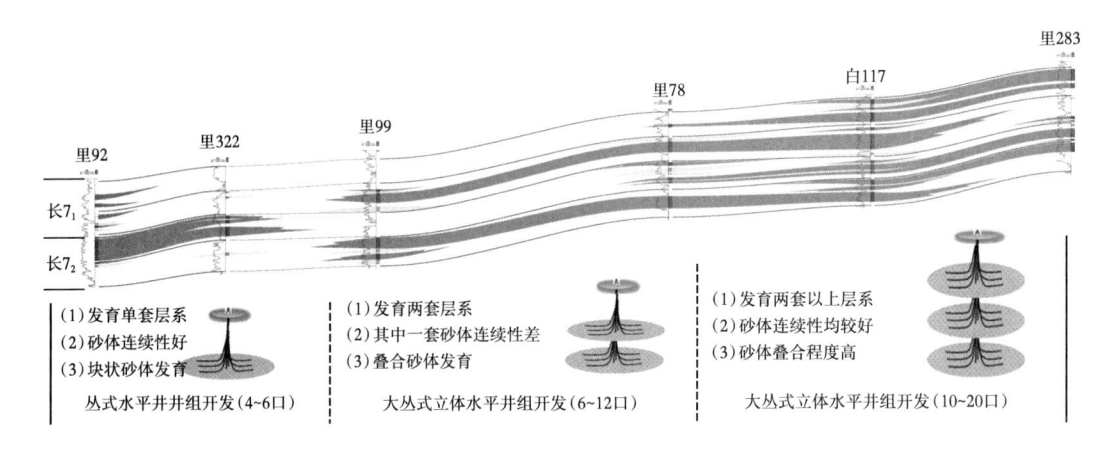

图 3 长庆陇东页岩油大井丛水平井布井模式

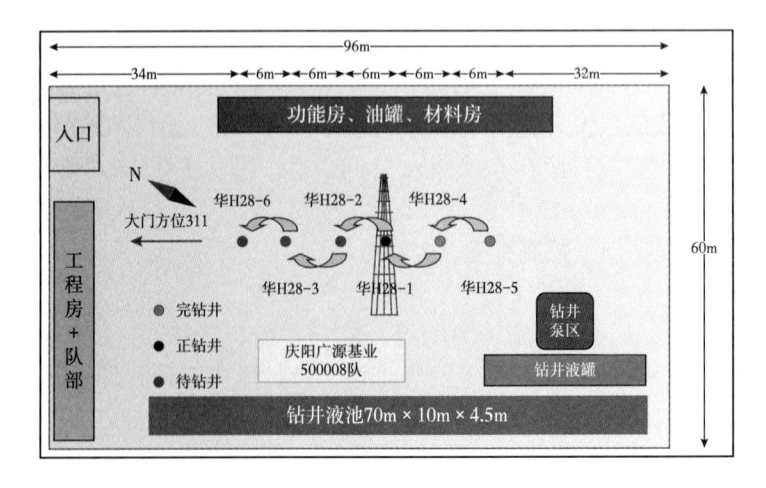

图 4 单钻机常规布局示意图

— 26 —

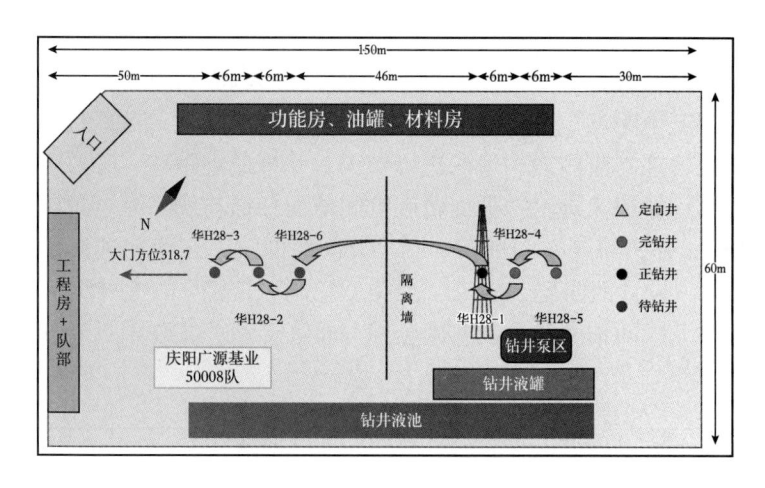

图 5　单钻机分区作业示意图

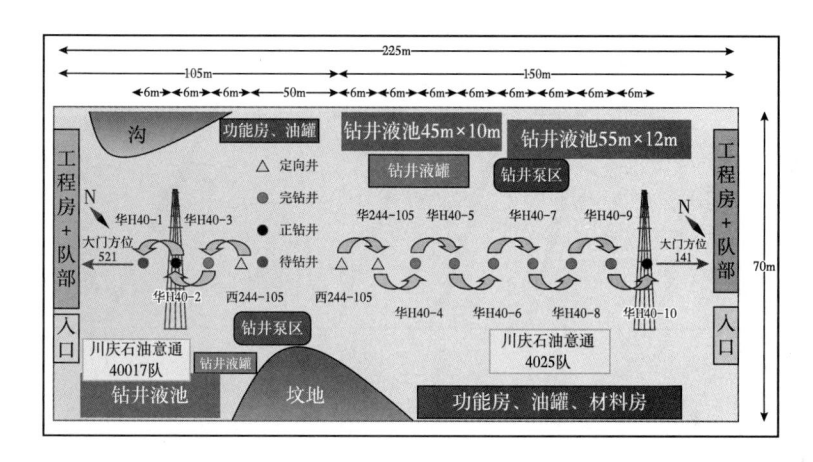

图 6　双钻机"一"字形示意图

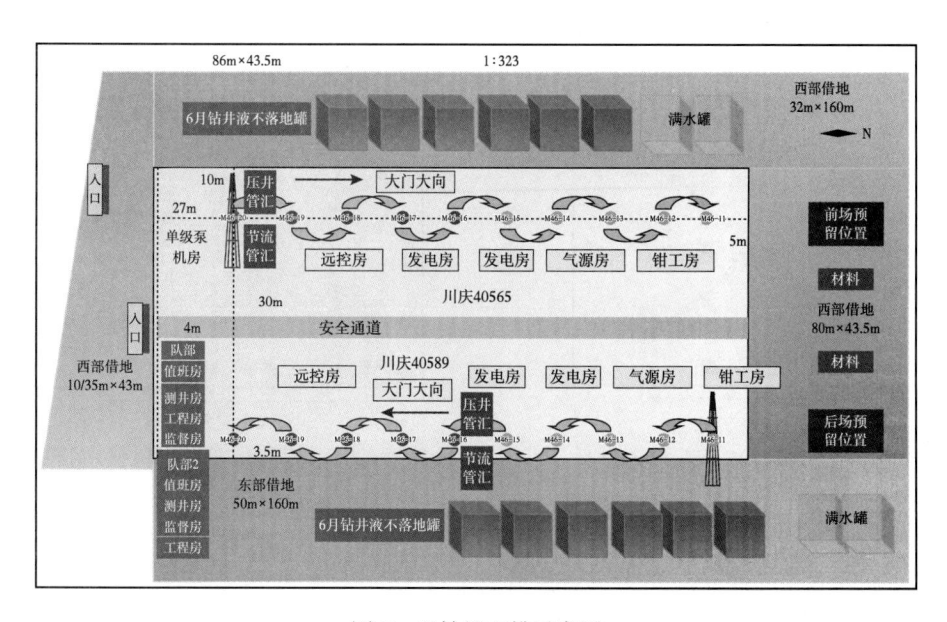

图 7　双钻机双排示意图

— 27 —

2.1.3 大井丛防碰绕障

针对大井丛水平井井数多、防碰井段长、轨迹设计影响因素复杂等情况，采用控制井身轨迹，保证两井之间安全距离，防止套管相交、相碰事故的发生。钻井过程中，采用防碰扫描针对施工井与邻井轨迹当前测深、垂深进行扫描，计算最近距离，必要时需对多口邻井同时进行防碰扫描计算，如图8所示。根据轨迹空间球面扫描与绕障综合逻辑参数，分析地层自然增（降）斜规律、井身轨迹空间展布、安全井间距曲线，在前期理论研究和后期现场试验的基础上，形成了"设计四防碰、施工三预防、空间三绕障"的大井组丛式井防碰绕障技术理论体系，并通过无线随钻测量系统实施监控井轨迹走向，实现了页岩油大井丛快速、安全钻完井。

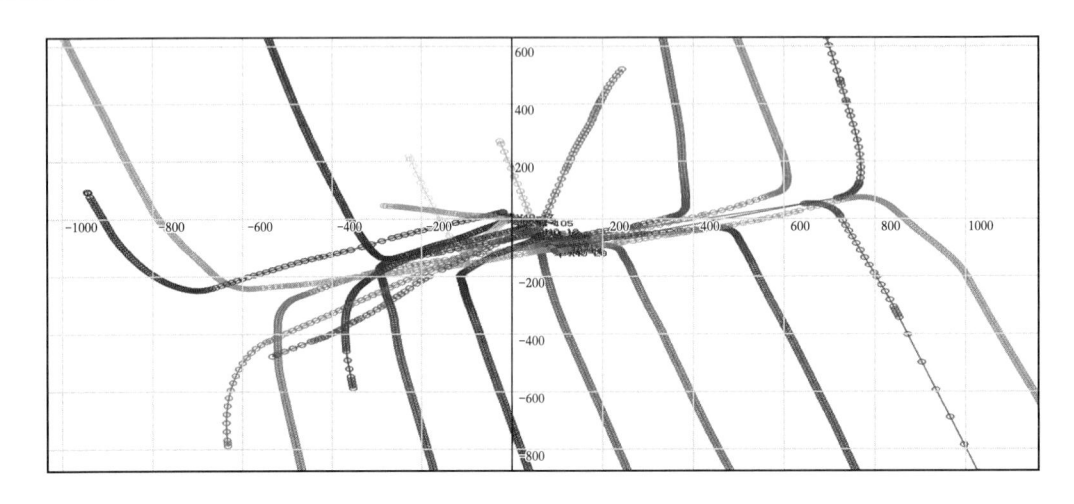

图8 HH60平台（22口井）整体防碰设计

2.2 三维水平井剖面优化设计

为满足页岩储层有效压裂与开发，"米"字形［图9（a）］大井丛的水平段无法满足同步有效压裂改造要求，需要开展水平段平行分布的丛式三维水平井钻井技术试验［图9（b）］。

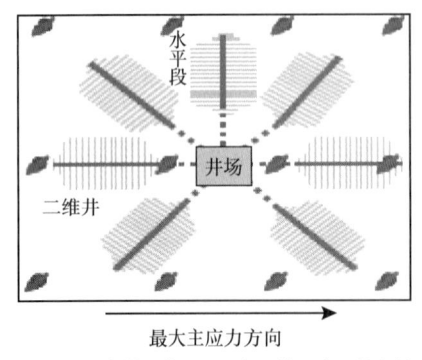

（a）"米形布井"井网不配套、储层动用程度低　　（b）"平行布井"井网配套、有利于提高储层动用程度

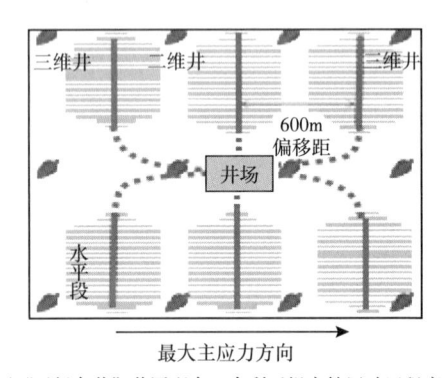

图9 丛式水平井井网匹配开发示意图

常规二维水平井，井口与水平段投影在同一条直线上［图10（a）］，钻井过程中只增井斜、方位不变，属二维剖面设计，钻井摩阻扭矩变化影响因素较少，设计难度相对较低；

— 28 —

而三维水平井由于井口与水平段投影存在一定的偏移距［图10（b）］，从造斜点到入窗点三维空间的钻井过程中既要增井斜、又要扭方位，钻井摩阻扭矩大、轨迹控制困难。国外一般采用旋转导向钻井技术，费用高昂，而国内普遍采用螺杆钻井工具有利于节约钻成本，但国内尚无成熟的与之配套的三维水平井井身剖面设计方法，三维水平井安全钻井面临技术挑战。

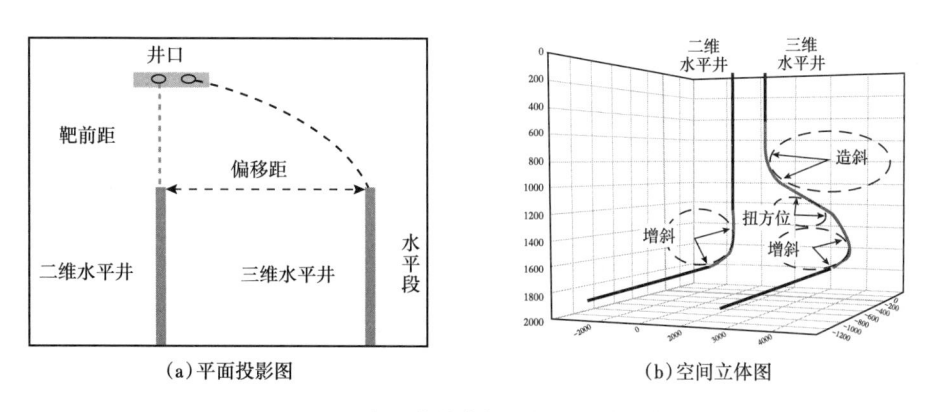

图10 三维水平井井身剖面优化设计示意图

基于三维剖面设方法，结合实钻地层井斜、方位、自然漂移规律与摩阻扭矩分析（图11），优选具体的造斜点、扭方位点以及造斜率等实钻参数（表1），形成三维水平井单井面优化设计。

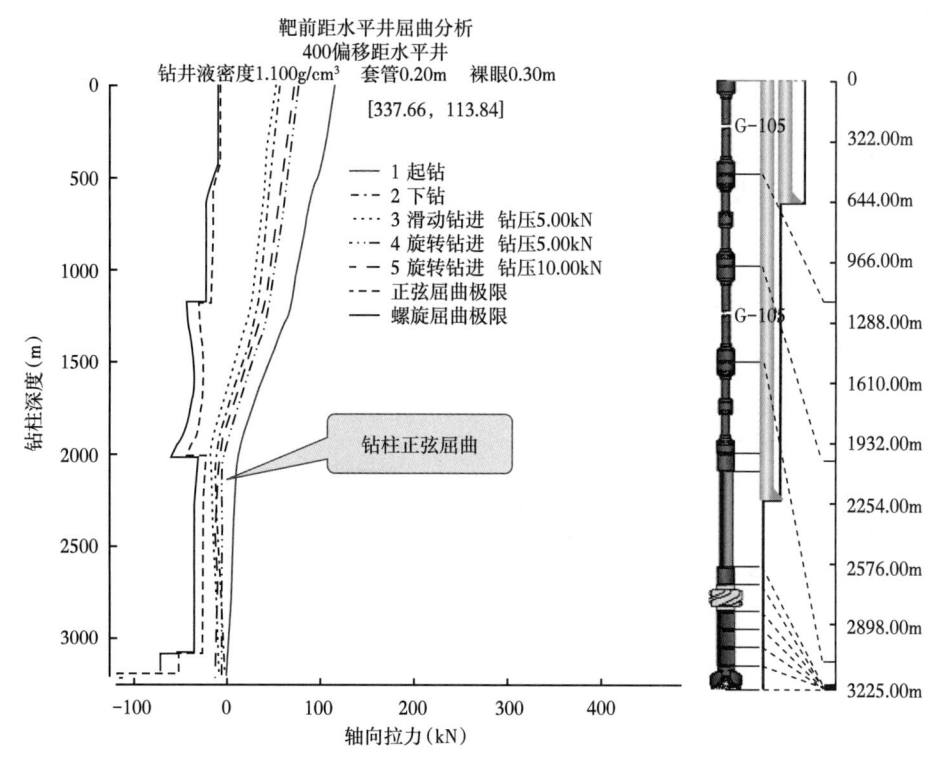

图11 三维水平井钻柱力学分析

表 1 三维水平井剖面设计参数

井段	设计参数	优选值
直井段	防斜打直	0~800m
造斜段	造斜点	400~800m
	第一增斜率[(°)/30m]	2~3.5
扭方位段	扭方位点	1300~1500m
	第二增斜率[(°)/30m]	3.2~6
增斜段	增斜点	1600~1700m
	第三增斜率[(°)/30m]	4.5~6.5
水平段	稳斜	0~1500m

采用三维水平井剖面设计方法，累计在页岩油示范区共完成了856口井现场试验，国内首次实现了页岩油藏1266m最大偏移距三维水平井的安全钻完井，钻井摩阻扭矩、钻井周期与同区块常规二维水平井相当（表2），提速提效效果显著。

表 2 三维水平井钻井指标对比

区块	水平井井型	应用井数（口）	平均垂深（m）	平均靶前距（m）	最大偏移距（m）	平均水平段长（m）	钻井摩阻（kN）	扭矩（kN·m）	钻井周期（d）
页岩油藏	三维	503	1957.1	550.8	1266	1701.9	296	15.4	18.5
	常规二维	204	2004.2	324.2	—	1066.8	283	13.2	29.1

2.3 实钻轨迹精细控制

2.3.1 关键工具优选

（1）提速工具。

通过钻头切削能力与水力学参数优化设计，提高钻头抗冲击性，延长钻头寿命，提高钻井进尺。结合实钻井斜及地层自然漂移规律，斜井段优选19mm复合片、6刀翼、浅内锥高效PDC钻头，该钻头工具面稳定，定向钻进效率高，水平段优选出16mm复合片、5刀翼、强耐磨高效PDC钻头，提高钻遇砂泥岩交错和普遍含有硬夹层的地层中钻头的攻击性。二开直井段—斜井段钻具组合将原来3~5柱加重钻杆增加至6~8柱，提高造斜段工具面的稳定性，螺杆钻具选择7LZ172（或165）×1.5°（稳定器212mm），由3级升级为5级172mm螺杆，强化压差至3.5MPa，提高螺杆输出功率（图12）。

(a) 斜井段PDC钻头　　(b) 水平段PDC钻头　　(c) 大功率螺杆

图 12 分井段PDC钻头优选

（2）降摩减阻工具。

①二代水力振荡器：通过应用自研"轴向+径向"新型水力振荡器（图13），通过变流阀

产生液压带动工具往复振动,有效解决了滑动钻进加压困难,平均机械钻速提高15%以上,水平段钻进能力明显提升。

②套管漂浮接箍:水平段超过2000m使用漂浮下套管技术,有效降低下套管过程摩阻,确保大偏移距、长水平井套管安全下入。

(a) "Ⅰ型+Ⅱ型"水力振荡器　　　　(b) 盲板式漂浮接箍

图13　降摩减阻新工具

2.3.2　实钻轨迹控制模式

(1) 优化钻具组合。

为解决三维井段螺杆钻具造斜率较低、实钻轨迹控制效果不理想的问题,优选球形扶正器替代原来的螺旋扶正器(图14),降低摩阻,优选低速大扭矩螺杆,提高扭矩输出,将短钻铤2m延长至3m,增加平衡杠杆作用,提高增斜效率、降低实钻摩阻扭矩(图15)。钻具组合的增斜能力从原来的3°/30m提高到7°/30m,有效提高三维斜井段轨迹控制能力。

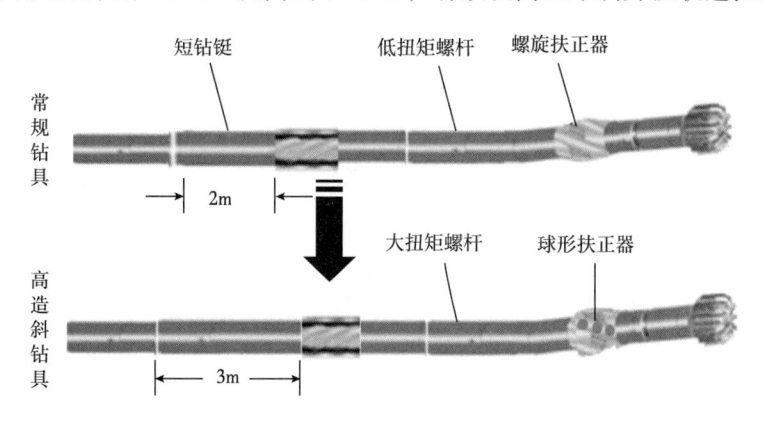

图14　钻具组合优化

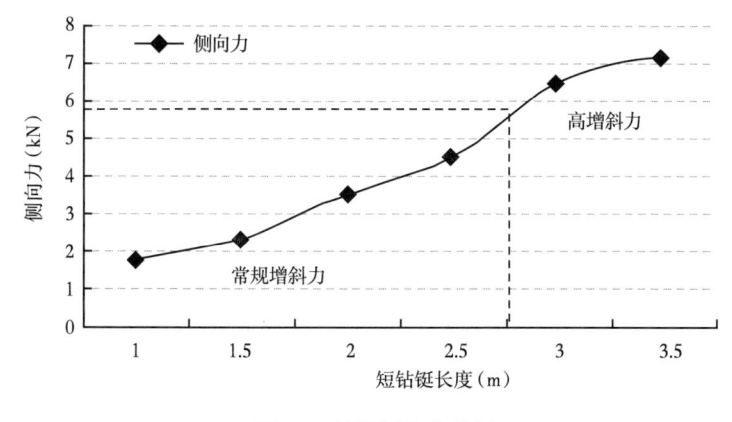

图15　钻具侧向力分析

(2)三维井段轨迹控制模式。

根据三维井段钻井特点,结合剖面设计方法,创新形成了"小井斜走偏移距—稳井斜扭方位—增井斜入窗"的"三步走"实钻轨迹控制模式,降低现场施工难度。

①小井斜走偏移距:以偏移角度75°~90°的方向,采用小井斜(小于30°)钻进,消除大部分偏移距;

②稳井斜扭方位:采用(4°~6°)/30m增斜率扭方位至设计方位要求,同时消除剩余偏移距;

③增井斜入窗:优化增斜(45°~87°),控制好方位,增斜入窗。

2.4 强抑制防塌复合盐钻井液体系

2.4.1 基本配方及性能

在"5%WJ-1+0.8%YJ-A+1.5%YJ-B"主配方基础上,开展流型调节剂、提黏剂、聚磺处理剂、润滑剂等处理剂筛选,通过大量的配伍试验研发强抑制性有机—无机盐低伤害钻井(完井)液体系的基本配方:

"5%~7%WJ-1+0.8%~1.0%YJ-A+1%~2%YJ-B"主配方+0.2%~0.3%G310-DQT2+~3%G309-JLS+1%~3%G301-SJS+3%~5%G302-SZD+0.1%~0.3%FW-134+1%~3%G303-WYR,配方性能见表3。

表3 基本配方性能

序号	性能名称	常温指标	热滚后指标(120℃,16h)
1	密度(g/cm³)	1.05~1.35	1.05~1.35
2	漏斗黏度(s)	45~85	40~70
3	API FL(mL)	2.0~4.0	3.0~5.0
4	滤饼(mm)	0.2~0.5	0.2~0.5
5	PV(mPa·s)	15~30	10~25
6	YP(Pa)	7~25	6~20
7	静切力(Pa)	2~8	1~6

2.4.2 抑制性防塌性能评价

通过泥岩膨胀率试验,称取10g干燥后的钠膨润土,采用NP-01型泥岩膨胀仪测定不同钻井液体系滤液的膨胀量,测试结果(图16),从图上可以看出,强抑制有机—无机盐低伤害体系抑制黏土水化分散能力较聚合醇体系、氯化钾体系和聚磺体系强,其泥岩膨胀曲线比较平缓,抑制性很强。

2.4.3 体系润滑性能评价

在基本配方中加入自主研发的G303-WYR润滑剂,改变润滑剂G303-WYR的加量,该防塌钻井液体系润滑性的试验结果(图17),从图上可以看出,G303-WYR可有效降低基浆的润滑系数R值,加量1.5%时润滑系数降低率可达79%以上,极压润滑系数可降低至0.03。数据还说明是该润滑剂在热滚试验后,润滑系数进一步降低,说明体系经井下循环温度升高后润滑性增强,对现场施工有利。

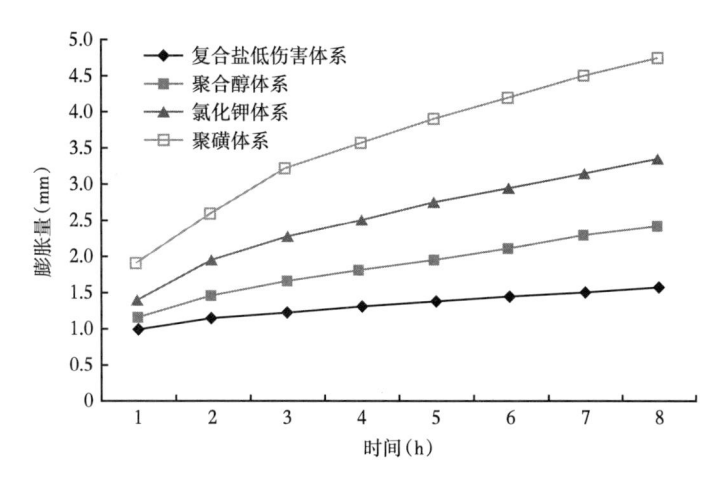

图 16 不同体系页岩膨胀曲线

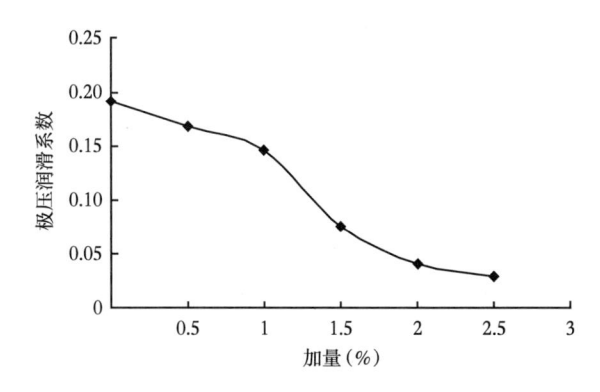

图 17 体系润滑系数变化情况

2.4.4 体系降失水试验评价

井底温达 60~110℃，选取了 G301-SJS 和 SMP-1 作为抗温降失水剂，测试 120℃条件下钻井液的 HTHP 滤失，室内评价结果（表4）。

表 4 体系失水试验数据

序号	试验配方	密度（g/cm³）	失水（mL）	HTHP（100℃/mL）	pH 值	PV（mPa·s）	YP（Pa）
1	5%WJ-1+0.5%YJ-A+1%PAC-L+0.3%G310-DQT+3%G309-JLS+1%G301-SJS	1.06	5.6	18	11	39	13.5
	120℃, 16h 热滚后	1.05	4.2	19	11	26	11.5
2	7%WJ-1+0.3% YJ-A +1%PAC-L+0.3%G310-DQT+2%G309-JLS+2% G301-SJS	1.07	5.4	16	11	39	14
	120℃, 16h 热滚后	1.07	4.6	16	11	25	6
3	9%WJ-1+0.4% YJ-A+1%PAC-L+0.3%G310-DQT+1%G309-JLS+3%G301-SJS	1.10	5.2	12	12	41	15.5
	热滚后（120℃, 16h）	1.10	4.4	15	11	34	15

由表 4 试验数据可知，当体系中 2%~3% G301-SJS 和 2%~3% G309-JLS 时，100℃条件下体系的 HTHP 失水控制在 15mL/30min 以内，滤饼光滑有韧性，已能够满足要求。

2.4.5 体系加重试验评价

考虑到大斜度井段井壁稳定的要求，进行了钻井液加重试验，主要观察钻井液加重后，体系的性能变化情况，实验结果见表 5。

表 5 加重试验数据

配方	ρ（g/cm³）	FL（mL）	K（mm）	PV（mPa·s）	YP（Pa）
基浆	1.05	4.0	0.3	18	10
基浆密度提升到 1.20g/cm³	1.20	4.6	0.5	25	16
热滚后（120℃，16h，1.20g/cm³）	1.21	4.2	0.5	20	11
基浆密度提升到 1.30g/cm³	1.40	4.4	0.5	30	21
热滚后（120℃，16h，1.20g/cm³）	1.40	3.8	0.5	24	13

从表 5 可以看出，将基本配方用重晶石/石灰粉加重后，中压失水没有出现剧增，塑性黏度 PV 和动切力 YP 有一定程度增加，但仍然满足现场施工要求。加重后的钻井液热滚后，开罐时罐底未发现沉淀，无异味，表明体系加重后性能稳定，满足钻井液加重的要求。

2.4.6 体系储层保护试验评价

为了观察岩心微观状态下的现象，对岩心进行了 SEM 分析。分别对 1#、3#、4# 岩心伤害端（正向）、中部、尾端（反向）进行 SEM 扫描，放大 3000 倍后的岩心图片（图 18）。

图 18 放大 3000 倍的岩心 SEM 扫描图片

从图 18 中 SEM 扫描图片可以看出，所有孔喉非常清晰和干净，岩心内很难发现固体桥塞粒子，几乎所有黏土矿物粒子为高岭土，很少伊/蒙混合层和伊利石粒子，也证实了岩心被低摩阻高润滑钻井液完井液体系轻微伤害。伤害很小，基本接近无伤害，非常利于长时间保护储层。同时该体系具有强抑制、强封堵、低滤失、低黏度、低伤害及润滑性好等特性，有效提高了机械钻速，解决了井壁坍塌及地层造浆等问题，保障了示范区 5000m 裸眼井段水平井的井壁稳定，其中华 H50-7 井钻遇 200m 以上泥岩均未发生井下复杂。

3 现场应用

3.1 华 H100 超大平台实施情况

华 H100 平台共完钻 31 口水平井，该平台采用五钻机同时作业，全部采用二开井身结构

（图 19 和图 20），水平段长度 1335~2596m、平均 2008m，平均钻井周期 17.1d，最短钻井周期仅 7.67d（水平段 1573m），最大偏移距达到 1266m，创造亚太陆上单平台完钻水平井井数最多纪录，使我国具备超大平台安全钻井施工能力，为非常规油藏规模效益开发奠定基础。

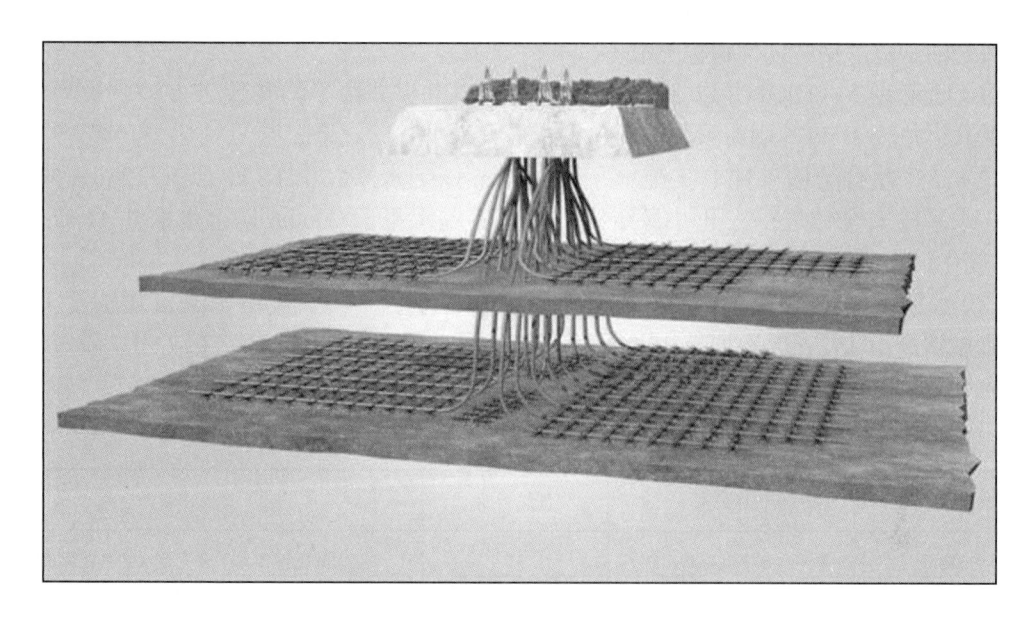

图 19　华 H100 平台井眼轨迹设计图

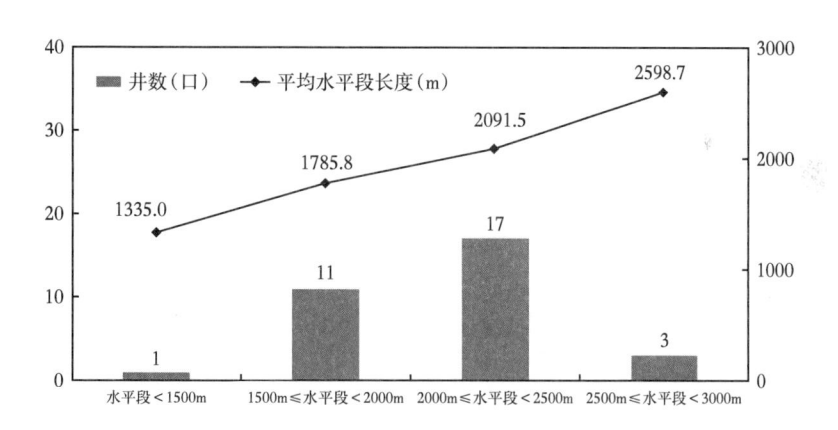

图 20　华 H100 平台水平井分类统计图

3.2　示范区应用效果

2018—2023 年，累计在长庆陇东页岩油实施水平井组 185 个，856 口井水平井，节约井场 671 个，井组平均井数 4.6 口，平台最大井数 31 口，最大偏移距 1266m，偏移距不小于 500m 的三维水平井 273 口，最大平台控制储量由 180 增加到 $1000×10^4$t，共节约土地面积 3441.6 亩，实现了规模高效钻井。

大平台产量效果：在华 H40 平台、华 H60 平台试验示范以"多簇射孔密布缝 + 可溶球座硬封隔 + 暂堵转向软分簇"为核心的细分切割体积压裂技术；在华 H100 平台试验连续油管精准分段压裂工艺。平台整体裂缝覆盖程度增加 20%，作业时效提高 30%，最高日产油超 450t，年产超 15×10^4t。2022 年，针对林缘、水源区一次动用扇形井网，在合 H9 平台、合 H60 平台创新提出"变井距 + 变角度"分区精准改造模式，对布缝与强度分区差异化设计，配套缝内暂堵，促进裂缝转向。平均单井初期产量超 15t/d，平台 2.5 年累计产油超 12×10^4t。

页岩油示范区钻井创优指标见表 6。

（1）已完钻 20 口水平井以上井组 5 个，119 口井，井组平均井数 23.8 口，最大平台完钻水平井组井数 31 口，刷新国内油田单平台最大水平井数纪录。

（2）二开井身结构条件下实施水平段 2000m 以上水平井 121 口，实现 1266m 偏移距、1335m 水平段安全钻进；三开井身结构条件下实施水平段 2000m 以上水平井 41 口，实现 903m 偏移距、2682m 水平段安全钻进。

（3）水平段钻进能力由 1000m 提升至 5000m 以上，平均长度由 1053m 增加至 1792m，平均机械钻速由 15.7m/h 增加至 19.2m/h，平均钻井周期由 29.6d 缩短到 17.8d，最短钻井周期仅为 7.76d（1595m）。

表 6　近年长庆页岩油示范区钻井创优指标

平台号/井号	指标类型	创优指标	指标水平
华 H100	单平台水平井井数（口）	31	亚太陆上油田单平台完钻水平井井数最多
华 H90-3	水平段长度（m）	5060	亚太陆上油田水平井水平段最长
华 H100-29	偏移距（m）	1265.9	亚太陆上油田水平井偏移距最大
华 H100-30	钻井周期（d）	7.67	国内页岩油水平井钻井周期最短
庆 H22-9	"一趟钻"进尺（m）	3395	二开全井段"一趟钻"

4　结论

（1）创新形成的页岩油大井丛水平井关键钻完井技术，解决了页岩油储层井网、改造与地面限制条件下大井丛钻井技术难题，大幅减少井场建设数量、节约土地资源、保护自然环境，实现了水平井由单井单井场到多井大井丛开发方式的转变，大大提高了施工效率，缩短平台建产周期。

（2）创新三维水平井剖面设计方法，结合"小井斜走偏移距—稳井斜扭方位—增井斜入窗"实钻轨迹控制模式，满足了不同偏移距、靶前距条件下丛式三维水平井安全快速钻井要求，解决了三维井段摩阻扭矩大、轨迹控制难的问题，使我国具备了水平段 5000m 以上三维水平井安全施工能力，实现了超长水平井钻井技术突破。

（3）研发形成的强抑制复合盐防塌钻井液，有效提高钻井液的抑制性与井壁稳定，泥岩段坍塌周期由原来的 20d 延长至 40d 以上，能有效防止长水平段井壁坍塌，实现快速安全钻井。

（4）陇东页岩油大平台长水平井钻完井关键技术对鄂尔多斯盆地页岩油资源规模高效开发奠定了基础。

参 考 文 献

[1] 韩志勇.定向井设计与计算[M].北京：石油工业出版社，1990.
[2] 高德利.油气钻探技术[M].北京：石油工业出版社，1998.
[3] 孙振纯，许岱文.国内外水平井技术现状初探[J].石油钻采工艺，1997，19（4）：6-13.
[4] 葛云华，苏义脑.中半径水平井井眼轨迹控制方案设计[J].石油钻采工艺，1993，15（2）：1-7.
[5] 王爱国，王敏生，唐志军，等.深部薄油层双阶梯水平井钻井技术[J].石油钻采工艺，2003，31（3）：13-15.
[6] 田树林.薄油层水平井钻井技术研究与应用[J].钻采工艺，2004，27（3）：9-11.
[7] 冯志明，颉金玲.阶梯水平井钻井技术[J].石油钻采工艺，2000，22（5）：22-26.
[8] 吴敬涛，王振光，崔洪祥.两口阶梯式水平井的设计与施工[J].石油钻探技术，1997，25（2）：2-4.
[9] 帅健，吕英明.建立在钻柱受力变形分析基础之上的钻柱摩阻分析[J].石油钻采工艺，1994，16（2）：25-29.
[10] 王建军.水平井钻柱接触摩擦阻力解析分析[J].石油机械，1995，23（4）：44-50.
[11] 郭永峰，吕英明.水平井钻柱摩阻力几何非线性分析研究[J].石油钻采工艺，1996，18（2）：14-17.
[12] 刘修善.井眼轨迹的平均井眼曲率计算[J].石油钻采工艺，2005，27（5）：11-15.
[13] 王礼学，陈卫东，贾昭清.井眼轨迹计算新方法[J].天然气工业，2003，23（Z）：57-59.
[14] 谢学明，崔云海.三维"Z"形斜面圆弧井眼轨迹控制技术[J].江汉石油职工大学学报，2007，20（2）：39-41.
[15] 刘巨保，罗敏.井筒内旋转管柱动力学分析[J].力学与实践，2005，27（4）：39-41.
[16] 于振东，李艳.试油测试射孔管柱的间隙元分析[J].应用力学学报，2003，20（1）：73-77.
[17] 干洪.梁的弹塑性大挠度数值分析[J].应用数学和力学，2000，21（6）：633-639.
[18] 魏建东.预应力钢桁架结构分析中的摩擦滑移索单元[J].计算力学学报2006，2（36）：800-805.
[19] 陈勇，练章华，易浩，等.套管钻井中套管屈曲变形的有限元分析[J].石油机械，2006，34（9）：22-24.
[20] 刘永辉，付建红，林元华，等.弯外壳螺杆钻具在套管内通过能力的有限元分析[J].钻采工艺，2006，29（6）：8-9.
[21] 陈庭根，管志川.钻井工程理论与技术[M]，东营：石油大学出版社，2000.
[22] 张东海，杨瑞民，刘翠红.TK112H深层水平井固井技术[J].断块油气田，2004，11（3）：73-74.
[23] 廖华林，丁岗.大位移井套管柱摩阻模型的建立及其应用[J].石油大学学报（自然科学版），2002，26（1）：29-38.
[24] 徐苏欣，段勇，雒维国.大位移井下套管受力分析和计算[J].西安石油学院学报（自然科学版），2001，16（4）：72-88.
[25] 齐月魁，徐学军，李洪俊，等.BPX3X1大位移井下套管摩阻预测[J].石油钻采工艺，2005，27（Z）：11-13.
[26] 高德利，覃成锦，李文勇.南海西江大位移井摩阻和扭矩数值分析研究[J].石油钻采工艺，2003，25（5）：7-12.
[27] 王珊，刘修善，周大千.井眼轨迹的空间挠曲形态[J].大庆石油学院学报，1993，17（3）：32-36.
[28] 周继坤，王红，刘俊，等.单弯滑动导向钻井的几个重要问题[J].石油钻采技术，2002，30（4）：12-14.
[29] 欧阳勇，吴学升，高云文，刘艳红.苏里格气田PDC钻头的优选与应用[J].钻采工艺，2008，31（2）：13-15.
[30] 王爱江，潘信众.采用PDC钻头技术提高鄂北气田的钻井速度[J].内江科技，2008，（1）：111-112.
[31] 苏义脑.螺杆钻具研究及应用[M].北京：石油工业出版社，2001.

[32] 赵更富,赵金海,耿应春,等.提高导向钻具旋转钻进稳斜能力的研究与实践[J].西部探矿工程,2002,(5):60-62.

[33] 宋执武,高德利,李瑞营.大位移井轨道设计方法总数及曲线优选[J].石油钻探技术,2006,(5):24-25.

[34] 管志川,史玉才,黄根炉,等.涠西南井眼轨迹优化设计技术及平台位置优选与涠西南油群井壁稳定的相关技术研究(研究报告)[R].青岛:中国石油大学(华东),2007.

[35] BURAK Yeten. Optimization of Nonconventional Well Type[J]. Location, and Trajectory. SPE86880.

[36] 狄勤丰.滑动式导向钻具组合复合钻井时导向力计算分析[J].石油钻采工艺,2000,22(1):14-16.

[37] BARR J D. Steerable Rotary Drilling with an Experimental System[J]. SPE 29382.

长庆页岩油 CO_2 区域增能体积压裂技术研究与实践

陶 亮，齐 银，薛小佳，赵国翔，

陈 强，鲜 晟，王泫懿，曹 炜

（中国石油长庆油田公司油气工艺技术研究院）

摘 要：针对鄂尔多斯盆地页岩油低压储层流体流动阻力大和增能效率低等难题，提出了 CO_2 区域增能体积压裂新理念。本文首先开展了不同注入介质压裂物模实验，利用高能CT扫描实现了 CO_2 压裂裂缝动态扩展在线可视化监测，揭示了 CO_2 压裂裂缝扩展规律，评价形成复杂缝网可行性；其次采用油藏数值模拟方法，优化了 CO_2 注入关键参数，形成了 CO_2 区域增能体积压裂技术模式。研究表明：前置 CO_2 压裂可提高长7页岩油裂缝复杂程度，裂缝沿层理弱面扩展并纵向穿层形成缝网；增能理念由单井段间交替增能向平台化整体注入实现井间、段间协同一体化增能转变，优化增能模式为全井段注入，可实现缝控区域全覆盖，优化单段注入排量 $4\sim6m^3/min$，液态 CO_2 注入量为 $300m^3$，闷井时间为5d。在庆城油田开辟页岩油 CO_2 区域增能体积压裂示范平台，试验井井均压力保持程度提高2.1倍，单井初期产油量由19.6t/d提高到23.3t/d，展现出较好的提产潜力，研究成果可为其他同类型页岩油藏高效开发提供新思路。

关键词：庆城油田；页岩油；CO_2 区域增能；增能模式；闷井时间

中国页岩油资源丰富，技术可采资源量为 145×10^8t，是最具有战略性的石油接替资源，成为中国"十四五"时期原油增储上产的主力军[1-2]，其中鄂尔多斯盆地庆城油田为我国发现的首个 10×10^8t 级页岩油大油田[3-4]，经过多年技术攻关，形成了水平井细分切割体积压裂主体技术[5-10]，单井产量大幅度提升。然而随着产建区域扩大，储层地质特征认识逐渐加深，盆地页岩油部分区域存在砂泥薄互层交互、低压、黏度相对较高特征[11-13]，现有体积压裂技术与储层匹配性面临巨大挑战，矿场微地震监测显示庆城油田页岩油体积改造裂缝总体呈现主裂缝为主、分支缝为辅的条带状缝网形态，形似"仙人掌"[14-15]，同时现有滑溜水增能方式相对较单一，压裂液向多尺度微纳米孔隙扩散难度大，能量波及范围有限[16-19]，导致单井产量下降快、稳产期短，亟须探索提产新方向，进一步提高单井产量。

在国家"十四五"时期"双碳"目标大背景下，近年 CO_2 因具有黏度低易注入、扩散系数高、溶解性能强、增能效果明显、节约水资源等独特优势，在各大油田广泛应用[20-22]。CO_2 增产机理研究与应用在非常规页岩油气开发领域一直被广泛关注，国内外学者主要采用实验与数值模拟手段聚焦 CO_2 压裂裂缝扩展规律、CO_2 增产影响因素分析、矿场应用3个方面的研究[23-26]。目前我国陆相页岩油前置 CO_2 体积压裂还处于矿场探索试验阶段[27]，CO_2 注入工艺、关键施工参数、压后返排制度等方面大多依靠矿场施工能力与经验实施，缺乏相

基金项目：国家科技重大专项《鄂尔多斯盆地致密油开发示范工程》（2017ZX05069）；中国石油天然气股份有限公司重大专项"鄂尔多斯盆地页岩油勘探开发理论与关键技术研究"（2021DJ1806）。

第一作者简介：陶亮（1986—），男，重庆石柱人，2020年毕业于西南石油大学油气田开发工程专业，博士学位，工程师，现就职于中石油长庆油田分公司油气工艺研究院，主要从事非常规页岩油气储层改造方面的研究工作。E-mail：taoliangyouxiang@163.com

关技术支撑。因此，本文以庆城油田长7页岩油为研究对象，采用物模实验与数值模拟方法，评价CO_2在长7页岩油提高缝网复杂度可行性，优化形成适合目标区块CO_2体积压裂高效施工模式，助力$10×10^8$t级页岩油庆城油田高效开发。

1 长7页岩油地质力学特征

鄂尔多斯盆地晚三叠世发育典型的大型内陆坳陷湖盆，庆城油田位于盆地南部，主要含油层系为延长组，自上而下划分为长1—长10共10个含油层组[4-5]，长7为最大湖泛期，沉积了一套广覆式富有机质泥页岩与细粒砂质沉积，自生自储、源内成藏，为典型的陆相页岩油［图1（a）］。长7自上而下划分为长7_1、长7_2、长7_3共3个亚段，主要以半深湖—深湖亚相沉积为主［图1（b）］。

(a) 长7沉积相平面分布图　　(b) 长7岩性综合柱状图

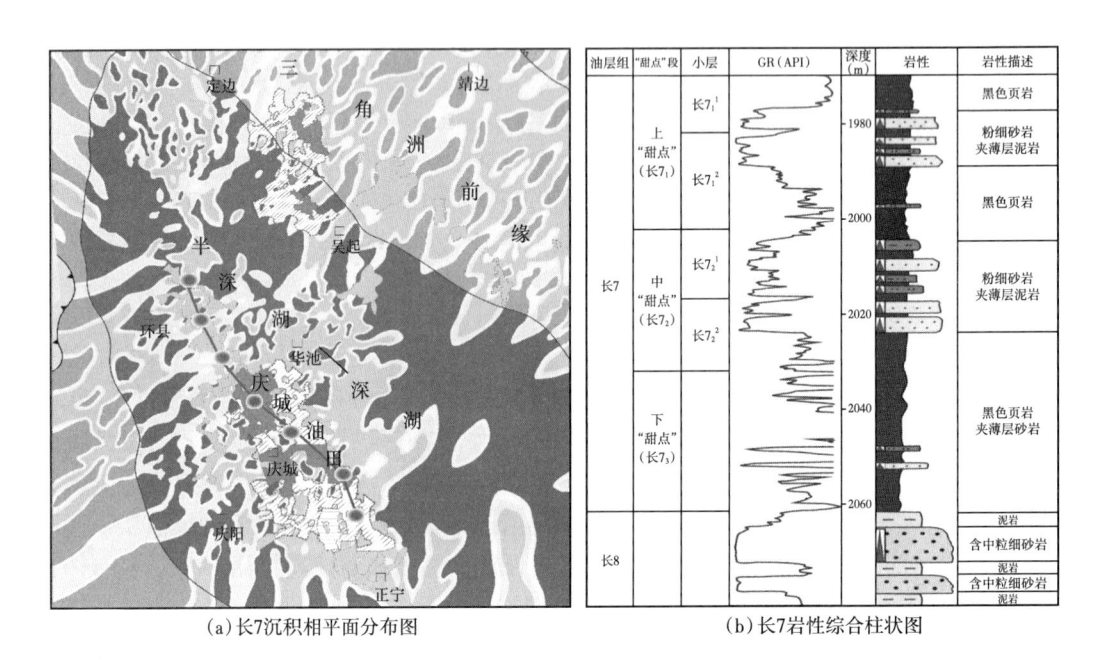

图1 鄂尔多斯盆地延长组长7沉积相平面分布与岩性综合柱状图

盆地页岩储层埋深1600~2200m，基质渗透率0.11~0.14mD，孔隙度6%~12%，含油饱和度67.7%~72.4%，压力系数0.77~0.84。通过对盆地360块井下岩心232组岩石力学参数测试实验和80组地应力测试实验得出，研究区块页岩油样品脆性指数主要介于35%~45%，平均值为43.3%，水平应力差主要介于4~6MPa，平均值为5.1MPa。对比北美二叠盆地和国内页岩油[15]，盆地页岩油具有岩石脆性指数低、水平应力差相对较高、地层压力系数低等特点（表1）。

表1 鄂尔多斯盆地页岩油与国内外页岩油特征参数对比表

特征参数	鄂尔多斯盆地	国内			国外
		准噶尔芦草沟组	三塘湖条湖组	松辽白垩系	北美二叠盆地
沉积环境	湖相	湖相	湖相	湖相	浅海相
埋深（m）	1600~2200	2700~3900	2000~2800	1700~2200	2134~2895

续表

特征参数	鄂尔多斯盆地	国内			国外
		准噶尔芦草沟组	三塘湖条湖组	松辽白垩系	北美二叠盆地
油层厚度（m）	5~15	10~13	5~20	10~30	400~600
孔隙度（%）	6~11	8~14.6	8~18	5~18	8~12
渗透率（mD）	0.11~0.14	0.01~0.012	0.1~0.5	0.02~0.5	0.01~1.0
含油饱和度（%）	67.7~72.4	78~80	55~76.5	48~55	75~88
油气比（m³/t）	75~122	18~22	—	—	50~140
原油黏度（mPa·s）	1.2~2.4	11.7~21.5	58~83	4.0~8.0	0.15~0.53
压力系数	0.77~0.84	1.2~1.6	0.9	1.1~1.32	1.05~1.5
水平应力差（MPa）	4~6	5~9	1~5	3~6	1~3
脆性指数（%）	35~45	50~51	31~54	—	45~60

长 7 页岩油储层发育微纳米孔隙，以溶孔、粒间孔组合为主，面孔率低，平均 1.74%，孔隙半径主要集中在 2~8μm，喉道一般为 20~100nm。粒间孔含量相对较低，中值半径相对较小，排驱压力相对较高，两区渗流阻力相对较大。

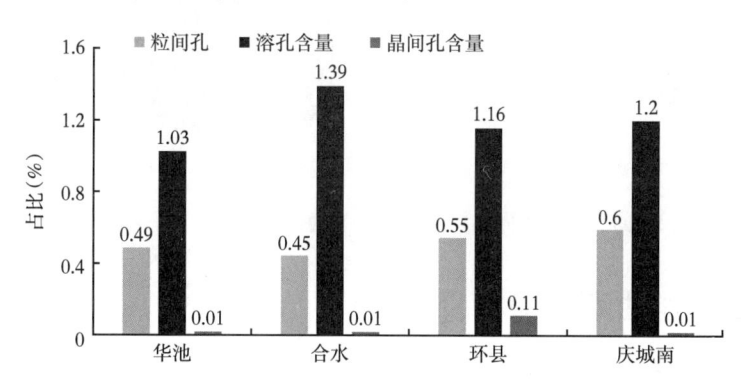

图 2 不同区带不同孔隙类型占比图

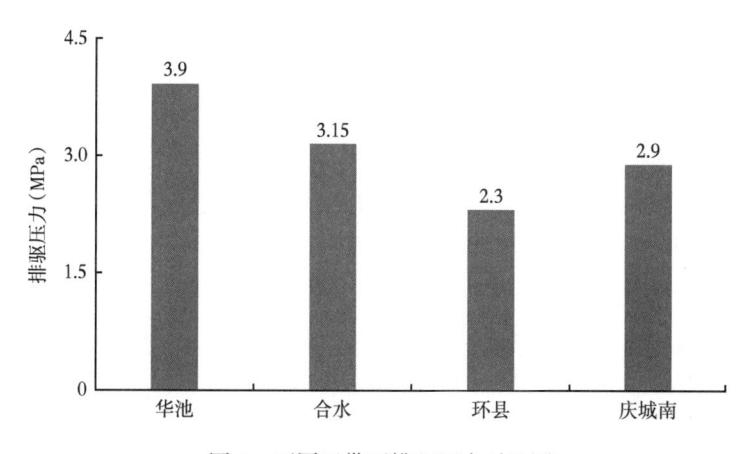

图 3 不同区带不排驱压力对比图

2 长7页岩油 CO_2 压裂裂缝特征

为了刻化盆地页岩油前置 CO_2 体积压裂缝网形态与扩展机制，开展不同注入介质拟三轴压裂物模实验（图4），获取了长7页岩油储层露头，加工成尺寸50mm×100mm圆柱岩样，为了模拟地层压裂过程，在岩样中心钻取直径8mm、深度45mm的圆柱形孔眼，用于固结模拟井筒。根据长7页岩油储层实测地应力加载实验应力，并利用相似原理，由矿场施工排量计算实验注入排量，对比分析滑溜水和 CO_2 裂缝起裂与扩展规律，采用高能CT对裂缝起裂动态监测和缝网形态精细刻画（图4），从图中可以看出 CO_2 压裂裂缝更复杂，沿层理弱面扩展并纵向穿层形成缝网，诱导裂缝面积和裂缝体积均较大，实验证实 CO_2 压裂可提高长7页岩油储层缝网复杂程度与改造体积。

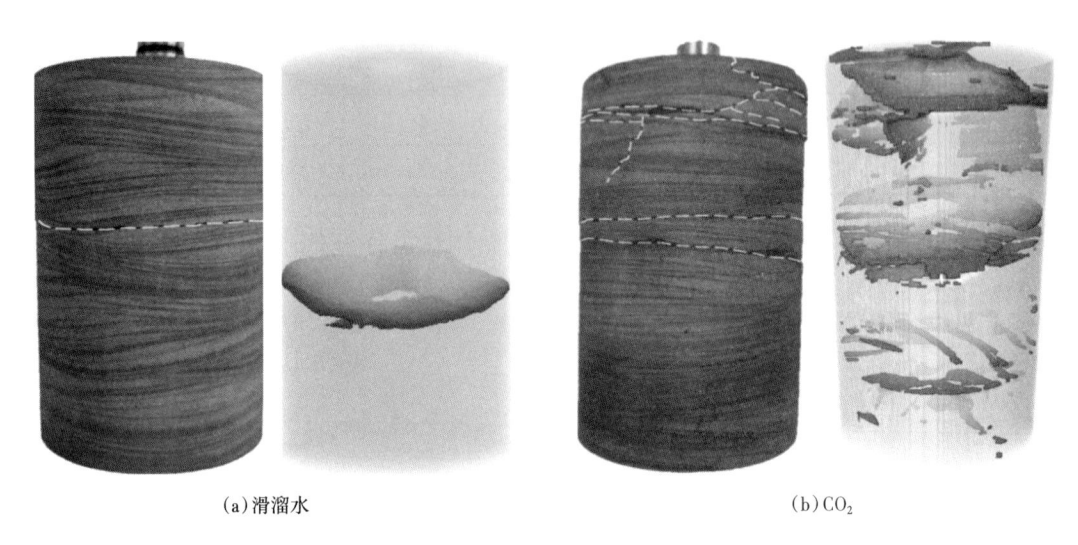

(a)滑溜水　　　　　　　　　　(b) CO_2

图4　长7露头岩心不同注入介质压裂裂缝扩展实验实物图和CT扫描图

3　CO_2 区域增能油藏数值模拟研究

3.1　CO_2 组分模型建立

获取研究区块储层地质力学参数，油藏埋深2000m，平均油层厚度12m，孔隙度8.6%，渗透率0.12mD，原始地层压力15.8MPa，地温梯度2.76℃/100m，压力系数0.81，油藏温度60℃。采用CMG软件的三维三相组分模型（GEM模块）进行数值模拟，分别为单段缝压裂增能模拟模型和全井段全生产过程模拟模型，模型的网格数量分别为80×100×3及150×50×3，平面网格步长分别为5m和10m，垂向上网格步长均为4m，单段模型如图5所示，该模型考虑了 CO_2 随地层压力和温度变化发生相态变化气体膨胀增能驱油，反映 CO_2 在孔介质中真实流动规律，为区域增能关键参数优化提供基础依据。

3.2　CO_2 区域增能参数优化

结合研究区块储层流体、相渗曲线、压裂改造参数、生产动态参数，开展 CO_2 增能理念、增能模式、注入排量、注入量、闷井时间等优化，形成 CO_2 区域增能体积压裂技术模式，为 CO_2 压裂方案设计优化和矿场实践提供依据。

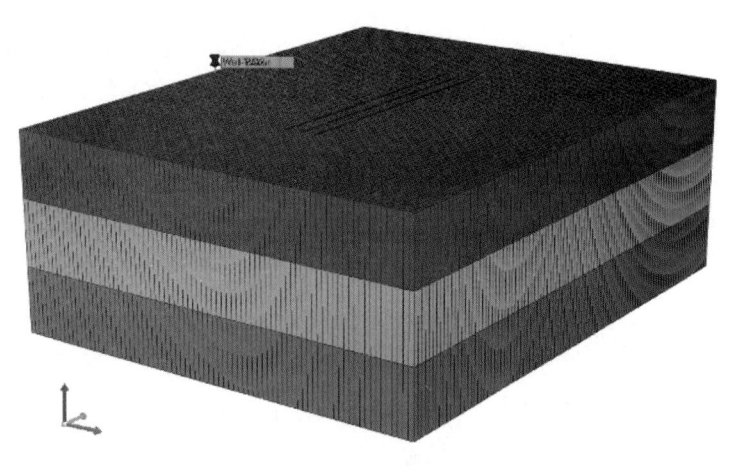

图 5　页岩油单段缝压裂油藏数值模型 3D 图

3.2.1　CO_2 增能理念优化

基于 CO_2 组分基础模型，分别建立页岩油水平井全井段单井和平台多井油藏数值模型，水平段长为 1500m，井距 300m，设计压裂 20 段，单段 3 簇，裂缝簇间距 10m，裂缝段间距 20m，单段 CO_2 注入量 300m³，注入排量 4m³/min，单井总注入 6000m³，分别得到地层压力场分布图（图 6 和图 7）。数值模拟结果显示，单井平均地层压力由 15.8MPa 提高到 23.4MPa，提升 1.4 倍，平台多井区域平均地层压力由 15.8MPa 提高到 31.5MPa，提升 2.0 倍，由此可见 CO_2 可以大幅提高地层能量，解决长 7 页岩油低压能量不足问题，同时 CO_2 区域增能可提高平台整体能量，波及范围可实现缝控区域全覆盖，优化增能理念由单井增能向平台化整体注入实现井间、段间协同一体化增能转变。

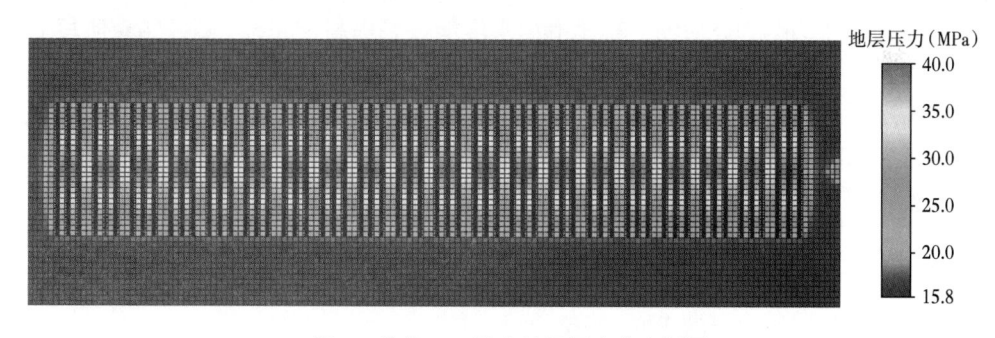

图 6　单井 CO_2 注入地层压力分布场图

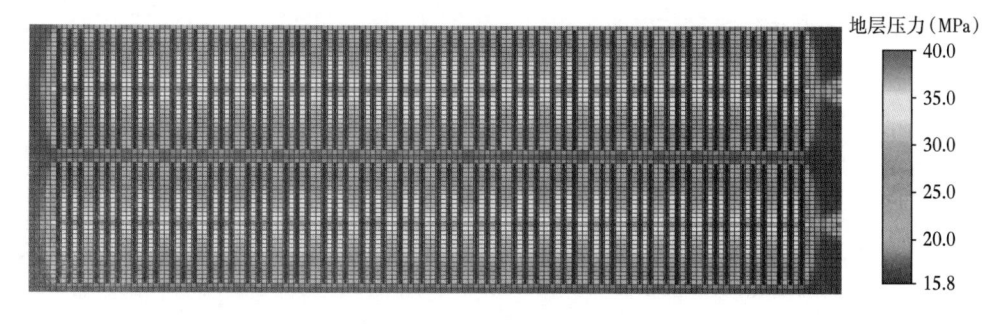

图 7　平台多井区域 CO_2 注入地层压力分布场图

3.2.2 CO_2增能模式优化

不同增能模式基础参数设置水平段长为1500m，井距300m，设计压裂20段，单段3簇，裂缝簇间距10m，裂缝段间距20m，其中全井段注入模式单段CO_2注入量300m³，注入排量4m³/min，单井总注入6000m³，段间交替注入模式单段CO_2注入量300m³，注入排量4m³/min，单井总注入3000m³，得到地层压力场分布图（图8）。模拟结果显示段间交替注入波及范围5~10m，对相邻段有一定增能与驱替作用，由于储层致密，多尺度微纳孔隙扩散流动能力相对较弱，段间相邻段未得到有效波及，因此，优化目标区域CO_2增能模式为全井段注入。

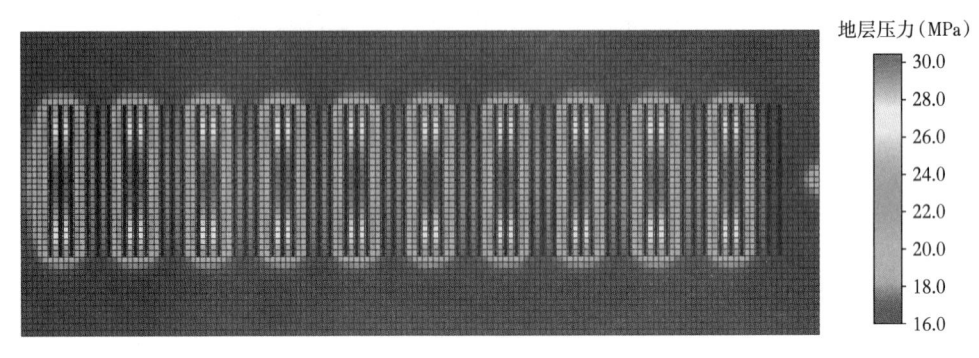

图8 段间交替注入模式地层压力分布场图

3.2.3 CO_2增能效率对比

利用单段CO_2组分模型，分别注入CO_2与滑溜水，以动态泄流面积内地层平均压力为指标，研究不同注入流体的增能效果。单段3簇，裂缝簇间距10m，单段液态CO_2注入量300m³，单段滑溜水注入300m³，注入排量4m³/min，焖井30d，得到注入与焖井阶段地层压力随时间变化曲线（图9），其中注入结束阶段，CO_2注入后平均地层压力为36.2MPa，滑溜水注入后平均地层压力为30.8MPa，相比滑溜水增能效果提高35.0%。焖井结束阶段CO_2注入后平均地层压力为37.4MPa，滑溜水注入后平均地层压力为29.8MPa，相比滑溜水增能效果提高54.3%，焖井过程中注入流体向地层扩散，CO_2相态变化气体膨胀能够使地层平均压力进一步提升，而滑溜水难以维持增能效果，地层平均压力呈下降趋势。

为进一步评价不同注入介质增能效果，得到缝控区域不同位置地层压力分布图（图10），对比分析CO_2与滑溜水的增能效果，在近裂缝区域内，由于CO_2相态变化导致体积膨胀，CO_2增能效果较滑溜水提高3%~25%，CO_2较滑溜水能显著提高基质内压力，在距离裂缝50m范围内的基质区域压力提高12%~33%。

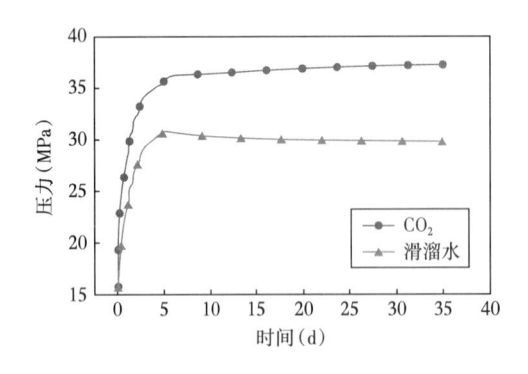

图9 注入与焖井过程中地层压力变化图 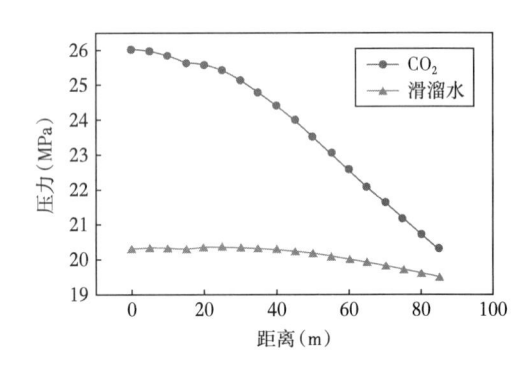　　图10 焖井结束后地层压力随距离变化图

3.2.4 CO₂注入量与排量优化

数值模型设置液态 CO₂ 注入量分别为 100~400m³，单段 3 簇，注入排量为 4m³/min，得到不同注入量下地层压力变化场图（图 11），能量波及范围与注入量呈正相关，进一步通过模型获取不同注入量下能量动态波及面积和横向波及距离（图 12），随 CO₂ 注入增加，能量波及面积和地层压力逐渐增加，在 200~300m³ 时，提升幅度显著增加，当超过 300m³ 后，继续提高注入量能量波及面积提升幅度减小，因此优化注入量为 300m³。

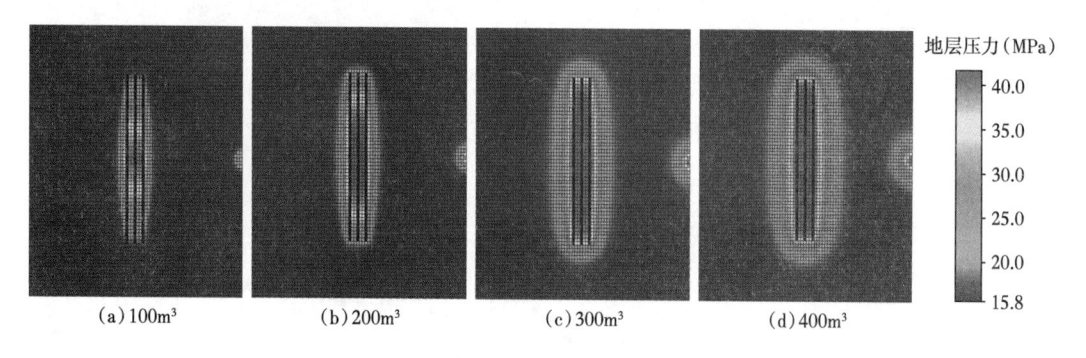

(a) 100m³ (b) 200m³ (c) 300m³ (d) 400m³

图 11　不同 CO₂ 注入量下地层压力变化图

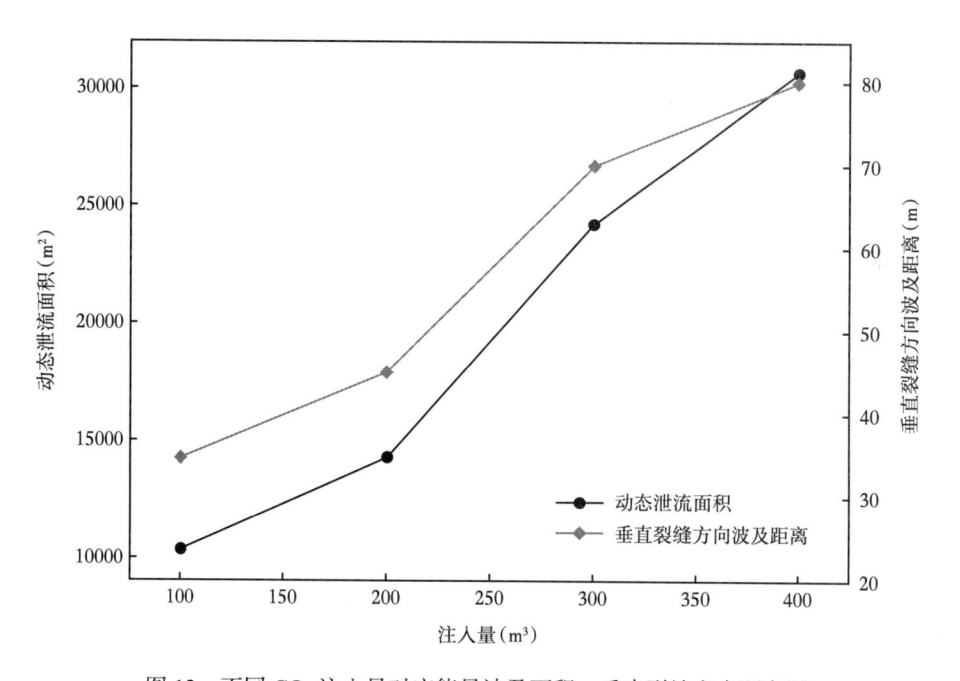

图 12　不同 CO₂ 注入量对应能量波及面积、垂直裂缝方向距离图

在注入量优化的基础之上，数值模型设置液态 CO₂ 注入排量为 2~8m³/min，单段 3 簇，注入量为 300m³，得到不同注入排量下地层压力变化场图（图 13），能量波及范围与注入排量呈正相关，进一步通过模型获取不同注入排量下地层压力随时间变化图（图 14），CO₂ 注入排量越高，在相同时间内注入量越多，压力上升幅度越快，有利于 CO₂ 快速向储层小孔隙扩散，提高波及范围，增能效果主要体现在注入前期，在注入后期，压力逐渐趋于平稳，压力上升幅度减小，优化注入排量为 4~6m³/min。

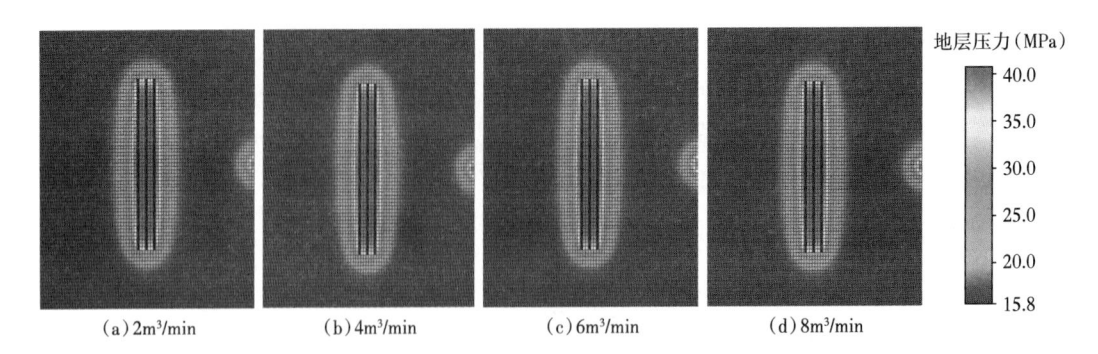

(a) 2m³/min　　(b) 4m³/min　　(c) 6m³/min　　(d) 8m³/min

图 13　不同 CO_2 注入排量下地层压力变化图

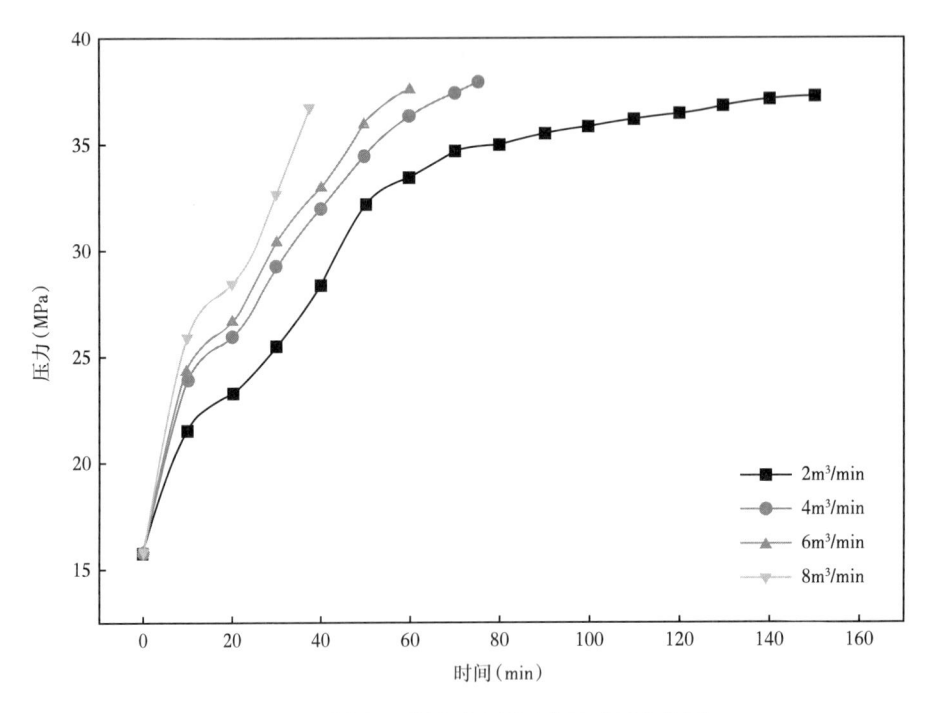

图 14　不同注入排量下地层压力随时间变化图

3.2.5　CO_2 注入闷井时间优化

压后返排是衔接压裂与生产的重要环节，闷井时间直接影响能量波及范围与有效利用率，闷井过程是流体与基质孔隙压力平衡从而提高地层能量过程，数值模型设置闷井时间分别为 0~30d，单段 3 簇，注入量为 300m³。得到不同闷井时间下近裂缝区域地层压力变化曲线图（图 15），分为簇间区域、缝控区域、和基质区域，其中随着闷井时间的增加，簇间压力呈现快速递减的趋势，压力储层深部扩散，最终达到平衡。闷井时间为 5d 时，缝控区域内压力较高，且相邻基质区域内增压效果好，结合段间波及范围和协同作用，闷井 5d 时为合理闷井时间，其动态泄流面积内地层压力 37.4MPa，是初始地层压力的 2.38 倍。

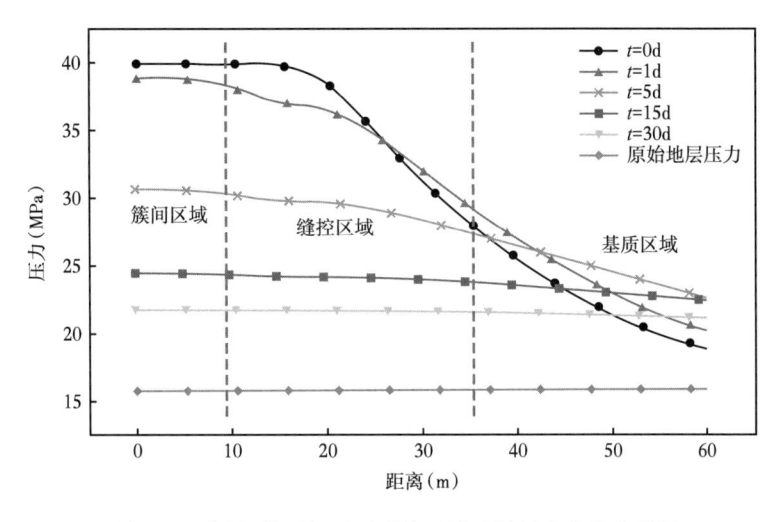

图 15 不同闷井时间下近裂缝区域地层压力变化曲线图

4 典型示范平台应用

庆城油田合水—庆城南能量整体偏低，地层原油黏度相对较高，2022年在前期单井试验基础上，开展 CO_2 区域增能体积压裂试验，探索提产新方向，平台试验3口井，施工排量 $4m^3/min$，累计注碳 $1.06×10^4 t$。压裂阶段，对比相邻平台压裂115段停泵压力（图16），试验井井均停泵压力由13.7MPa升高至15.5MPa，提高1.8MPa，表明 CO_2 压裂可提高缝内净压力，进一步提高缝网复杂程度。

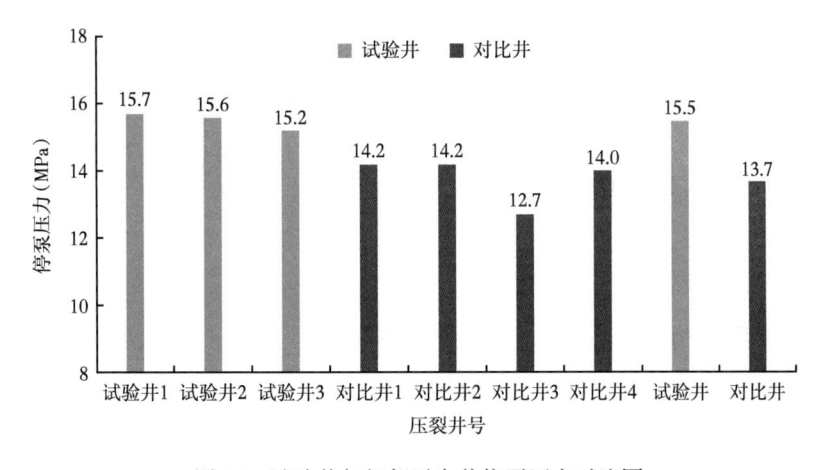

图 16 试验井与相邻平台井停泵压力对比图

放喷阶段相同排液制度和时间下，试验井井均井口压力高于对比井2.6MPa（图17），试验井生产压力保持程度55.1%，对比井38.0%，压力保持程度提高1.5倍（压力保持程度为目前井口压力与初始井口压力比值），说明 CO_2 可以快速有效补充地层能量。

试验平台3口井正常投产生产，截至目前生产90d，井均初期日产量达到21.6t，相邻平台井16.8t，提高4.8t。进一步对比典型井在储层特征相近、压裂改造规模一致情况下，百米油层日产油变化规律（图18），试验井百米日产油1.5t，对比井百米日产油1.0t，矿场实践证实 CO_2 区域增能体积压裂试验显示较好的单井提产潜力。

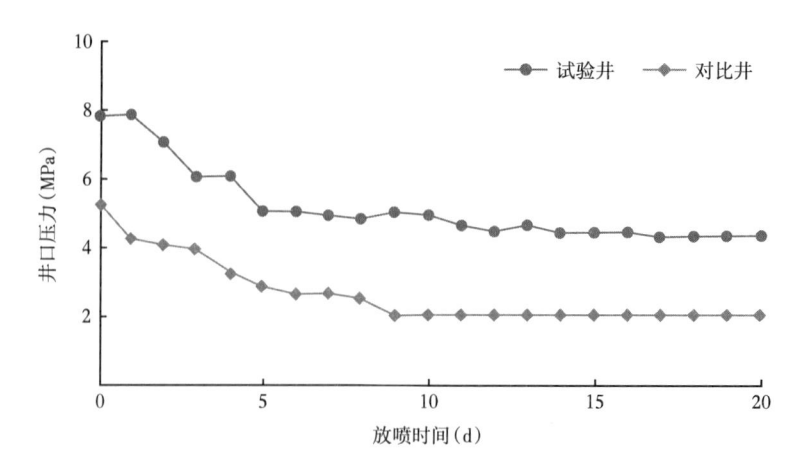

图 17 试验井与相邻平台井放喷井段井口压力对比图

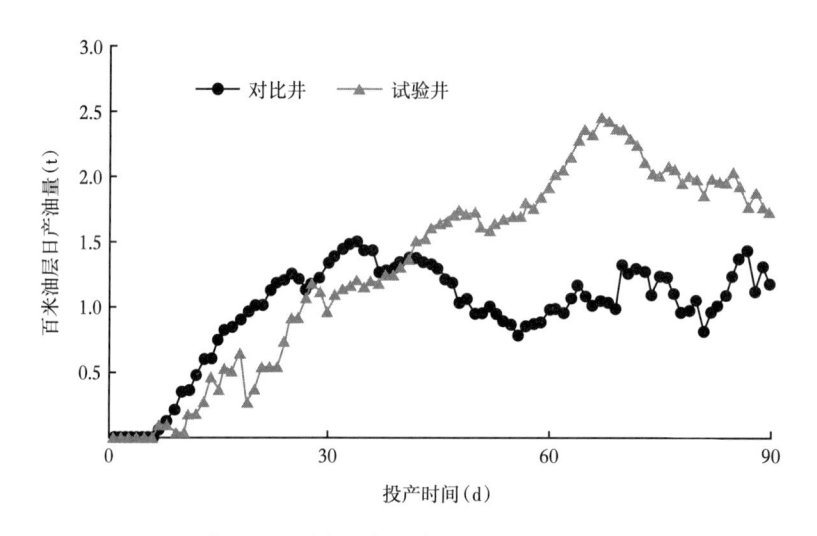

图 18 典型试验井与相邻平台井百米油层日产油对比图

5 结论

（1）基于 CO_2 压裂物模实验和高能 CT 扫描证实长 7 页岩油前置 CO_2 压裂可形成复杂缝网，裂缝沿层理弱面扩展并纵向穿层形成缝网。

（2）油藏数值模拟结果表明，区域增能理念由单井段间交替增能向平台化整体注入实现井间、段间协同一体化增能转变，优化增能模式为全井段注入，可实现缝控区域全覆盖，优化单段注入排量为 4~6m³/min，液态 CO_2 注入量为 300m³，闷井时间为 5d。

（3）研究成果应用于庆城油田页岩油示范区，矿场证实 CO_2 区域增能体积压裂试验井井均压力保持程度提高 2.1 倍，单井初期产油量由 19.6t/d 提高到 23.3t/d，展现出较好的提产潜力，为加快庆城油田高效开发和探索提产新方向提供科学依据。

参 考 文 献

[1] 焦方正, 邹才能, 杨智. 陆相源内石油聚集地质理论认识及勘探开发实践[J]. 石油勘探与开发, 2020, 47（6）: 1-12.

[2] 雷群, 胥云, 才博, 等. 页岩油气水平井压裂技术进展与展望[J]. 石油勘探与开发, 2022, 49（1）: 1-8.
[3] 付锁堂, 姚泾利, 李士祥, 等. 鄂尔多斯盆地中生界延长组陆相页岩油富集特征与资源潜力[J]. 石油实验地质, 2020, 42（5）: 699-710.
[4] 付金华, 李士祥, 牛小兵, 等. 鄂尔多斯盆地三叠系长7段页岩油地质特征与勘探实践[J]. 石油勘探与开发, 2020, 47（5）: 870-883.
[5] FU S, YU J, ZHANG K, et al. Investigation of Multistage Hydraulic Fracture Optimization Design Methods in Horizontal Shale Oil Wells in the Ordos Basin[J]. Geofluids, 2020, 65: 1-7.
[6] ZHANG K, ZHUANG X, TANG M, et al. Integrated Optimisation of Fracturing Design to Fully Unlock the Chang 7 Tight Oil Production Potential in Ordos Basin[J]. Asia Pacific Unconventional Resources Technology Conference, Brisbane, 2019, 11: 18-19.
[7] BAI X, ZHANG K, TANG M, et al. Development and Application of Cyclic Stress Fracturing for Tight Oil Reservoir in Ordos Basin[C]. Abu Dhabi International Petroleum Exhibition and Conference. 2019.
[8] 慕立俊, 赵振峰, 李宪文, 等. 鄂尔多斯盆地页岩油水平井细切割体积压裂技术[J]. 石油与天然气地质, 2019, 40（3）: 626-635.
[9] 吴顺林, 刘汉斌, 李宪文, 等. 鄂尔多斯盆地致密油水平井细分切割缝控压裂试验与应用[J]. 钻采工艺, 2020, 43（3）: 53-55.
[10] 胥云, 雷群, 陈铭, 等. 体积改造技术理论研究进展与发展方向[J]. 石油勘探与开发, 2018, 45（5）: 874-887.
[11] 李士祥, 牛小兵, 柳广弟, 等. 鄂尔多斯盆地延长组长7段页岩油形成富集机理[J]. 石油与天然气地质, 2020, 41（4）: 719-729.
[12] 付金华, 郭雯, 李士祥, 等. 鄂尔多斯盆地长7段多类型页岩油特征及勘探潜力[J]. 天然气地球科学, 2021, 32（12）: 719-729.
[13] 李树同, 李士祥, 刘江艳, 等. 鄂尔多斯盆地长7段纯泥页岩型页岩油研究中的若干问题与思考[J]. 天然气地球科学, 2021, 32（12）: 1785-1796.
[14] 刘博, 徐刚, 纪拥军, 等. 页岩油水平井体积压裂及微地震监测技术实践[J]. 岩性油气藏, 2020, 32(6): 172-180.
[15] 焦方正. 鄂尔多斯盆地页岩油缝网波及研究及其在体积开发中的应用[J]. 石油与天然气地质, 2021, 42（5）: 1181-1187.
[16] 张矿生, 唐梅荣, 杜现飞, 等. 鄂尔多斯盆地页岩油水平井体积压裂改造策略思考[J]. 天然气地球科学, 2021, 32（12）: 1859-1866.
[17] TAO L, ZHAO Y, WANG Y, et al. Experimental study on hydration mechanism of shale in the Sichuan Basin, China[J]. 55th U.S. Rock Mechanics/Geomechanics Symposium, 2021, 9: 20-23.
[18] TAO L, GUO J, HALIFU M, et al. A New Mixed Wettability Evaluation Method for Organic-Rich Shales[J]. SPE Asia Pacific Oil and Gas Conference and Exhibition, 2020, 11: 17-19.
[19] 郭建春, 陶亮, 陈迟, 等. 川南龙马溪组页岩储层水相渗吸规律[J]. 计算物理, 2021, 38（5）: 565-572.
[20] 袁士义, 马德胜, 李军诗, 等. 二氧化碳捕集、驱油与埋存产业化进展及前景展望[J]. 石油勘探与开发, 2022, 49（4）: 828-834.
[21] 戴厚良, 苏义脑, 苏吉臻, 等. 碳中和目标下我国能源发展战略思考[J]. 石油科技论坛, 2022, 41（1）: 1-8.
[22] 袁士义, 王强, 李军诗, 等. 提高采收率技术创新支撑我国原油产量长期稳产[J]. 石油科技论坛, 2021, 40（3）: 24-32.
[23] 刘合, 陶嘉平, 孟思炜, 等. 页岩油藏CO_2提高采收率技术现状及展望[J]. 中国石油勘探, 2022, 27(1): 127-134.

[24] 黄兴，李响，张益，等.页岩油储集层二氧化碳吞吐纳米孔隙原油微观动用特征［J］.石油勘探与开发，2022，49（3）：557-563.

[25] 黄兴，倪军，李响，等.页岩油储集层二氧化碳吞吐纳米孔隙原油微观动用特征致密油藏不同微观孔隙结构储层CO_2驱动用特征及影响因素［J］.石油学报，2020，41（7）：853-864.

[26] 伦增珉，吕成远.页岩油注二氧化碳提高采收率影响因素核磁共振实验［J］.石油勘探与开发，2021，48（3）：603-612.石油学报，2020，41（7）：853-864.

[27] 史晓东，孙灵辉，展建飞，等.松辽盆地北部致密油水平井二氧化碳吞吐技术及其应用［J］.石油学报，2022，43（7）：998-1006.

长庆油田可开关滑套+光纤监测技术研究现状与展望

赵 硕，王尚卫，任国富，任 勇，罗有刚，刘忠能

（中国石油长庆油田公司油气工艺研究院）

摘 要：非常规油气藏水力压裂技术在裂缝参数优化、压裂配套设备及压裂作业效率等方面技术成熟，但是在压裂监测、生产动态监测及井筒治理等方面存在诸多难点和痛点。可开关固井滑套是新一代水平井压裂与完井工具可满足油气水平井出水治理、补能驱替、动态监测等需要，具备良好的应用前景。光纤被称为"人造神经"，在地震勘探、水力压裂监测、微地震监测、注采剖面计算等方面均能发挥作用。可开关滑套兼容管外有缆监测，结合套管外光纤可对井筒进行实时监测，是实现全生命周期管理的重要工具。

关键词：可开关滑套；光纤监测

近年来，随着非常规油气藏勘探开发的力度加大，水力压裂技术在裂缝参数优化、压裂配套设备及压裂作业效率等方面取得一系列重大突破，但在压裂监测、生产动态监测及井筒治理等方面仍存在诸多痛点和难点。新井体积压裂缝网监测手段单一，水平段大于1700m，20段以上压裂段数的水平井压裂缝网监测以微地震监测为主；流入流出剖面缺乏精确的监测手段，水平井见水、水淹占比高，快速精确找到出水点是恢复产能的关键；井筒全生命周期治理缺乏实时高效的手段。光纤传感监测技术在油气行业快速发展应用，光纤本身既能传输数据同时又是传感器，布设在套管外可不占井施工，可实现油气井筒全生命周期监测。但套外光纤定位及避射技术尚未成熟，前期的国内试验多因射孔时光纤断裂失败。通过自主研发全通径可开关滑套，利用可开关滑套+套管外光纤检测技术的组合，实现全生产周期的监测和可控，持续引领光纤监测技术在国内油气田开发领域的应用。可开关固井滑套分段压裂技术解决了水平井裸眼分段压裂技术存在的井壁稳定性差和完井风险大的问题，实现了砂岩与泥岩交错的非常规油气藏安全高效的压裂增产改造[1-2]。

1 可开关固井滑套现状

可开关固井滑套分段压裂实现了砂岩与泥岩交错的非常规油气藏安全高效的压裂增产改造[1-2]。可开关固井滑套是以免射孔+精准压裂+可开关来实现全生命周期为目标设计的完井工具，贯穿于钻井、固井、压裂、生产、二次作业等全过程[3]。

1.1 NCS可开关固井滑套

可开关固井滑套技术是在连续油管拖动压裂的基础上发展起来的最新一代精准压裂与生产控制技术，近年来逐步在北美扩大应用。该工具的典型特点是固井时下入结构完全相同的多级全通径滑套，不需要特殊的固井要求，采用连续油管作业（图1和表1）。其技术原理为

第一作者简介：赵硕，硕士研究生，主要研究方向为井下作业工具，长庆油田分公司油气工艺研究院井下作业与工具研究所，邮编：712000，E-mail：zhaoshuo_cq@petrochina.com.cn

通过采用可开关固井滑套代替射孔工艺，使得井筒与储层连接通道开关可控，从而在试油压裂和生产管理等开发管理阶段实现一系列的工艺目的。

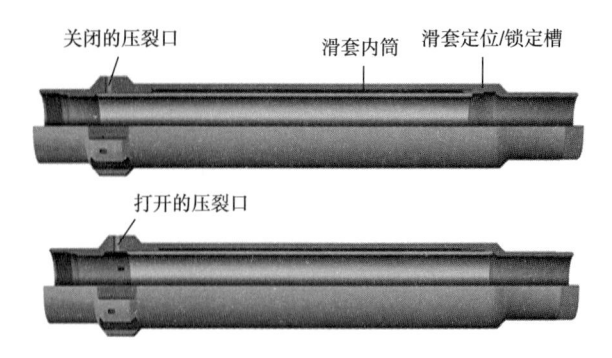

图 1　NCS 可开关固井滑套

表 1　NCS 滑套基本参数

项目	参数
最大外径（mm）	178.0
最小内径（mm）	124.26
工具长度（mm）	1.93/4.60（带提升短节）
连接螺纹	5 ½ in17 PPF LTC
抗压等级（MPa）	70
温度等级（℃）	180

1.2　可开关固井滑套技术优势

（1）免射孔，10~20min 实现连续油管拖动换层压裂，可大幅缩短段间等待时间，提高作业效率。

（2）单级单簇，解决水平井分段多簇压裂簇间压裂不平衡的问题，实现精准改造。

（3）压后关滑套实现支撑剂零返排，无须钻塞或冲砂，节省工序和费用。

（4）关滑套为重复改造构建完整井筒，延长单井寿命、增加累计产量。

（5）通过可开关滑套实现产层控制（关闭出水层段、补能、分层测试获取产液剖面等）。

1.3　实际应用

在得克萨斯州阿纳达科盆地非常规储层采用固井滑套精准改造与桥射联作工艺的对比。结果表明，固井滑套工艺被证明远优于桥塞联作工艺，导流能力分析预测显示，精准压裂改造沟通区域比桥射联作高 50% 以上。

在曼尼托巴省西南部的 Kirkella 油田开展的第 1 口井（25 级，水平井）采用可开关固井滑套实施重复压裂的情况，同类重复改造工艺相比，节省 1/3 费用，降低风险、提高效率。

2　长庆油田可开关滑套研究现状

长庆油田以精准压裂+全生命周期管理为目标，结合多种工艺自主研发可开关固井滑套，立足低渗透油气藏生产开发需求，以页岩油长水平井精准压裂+控水实验评价、页岩油长水平井压后防返吐实验评价、页岩油长水平井补能实验评价、注水区及叠合区水淹治理、加密区压裂见水及水淹治理等工艺方向持续探索可开关滑套的工艺方向。

2.1 机械式可开关固井滑套

针对加密区短水平井压后控水技术需求,为克服黄土塬地貌对连续油管设备的制约、提高工艺适应性,自主研发了机械式可开关套管滑套。

机械式可开关固井滑套使用油管或连续油管机械力上提开启、机械力下压关闭,设计独立式开启封隔工具,具备自动定位捕捉开关滑套能力(图2和图3)。

图2 机械式可开关固井滑套 　　图3 机械式可开关固井滑套开关工具

当前累计现场试验9口井,工具入井、固井、承压性能正常,整体性能满足应用需求。优化改进后开启成功率由26.2%上升为93.0%;开展生产井关闭试验1井次(选择性关闭2级),产液量明显下降,起到了控水作用。

2.2 液压式可开关固井滑套

针对页岩油长水平井压裂、富水区致密气井压裂、后期可控生产等技术需求,基于现场实际作业方式,开展液压式可开关固井滑套研发工作。

液压式可开关固井滑套使用连续油管带底部封隔器助推开启滑套,机械力上提关闭,设计一体化开启封隔工具,人工识别信号捕捉开关滑套(图4和图5)。

图4 液压式可开关固井滑套示意图 　　图5 液压式滑套开启封隔器示意图

2.2.1 室内模拟评价试验

对液压式可开关滑套进行承压测试,滑套开关试验前通过阶梯打压 50MPa×5min、75MPa×5min、100MPa×15min,过程无泄漏。滑套开关试验后通过阶梯打压 50MPa×5min、75MPa×5min、100MPa×5min,过程无泄漏,滑套承压性能满足设计要求。滑套重复开关20次后承压正常,滑套开关性能满足设计要求(图6和图7)。

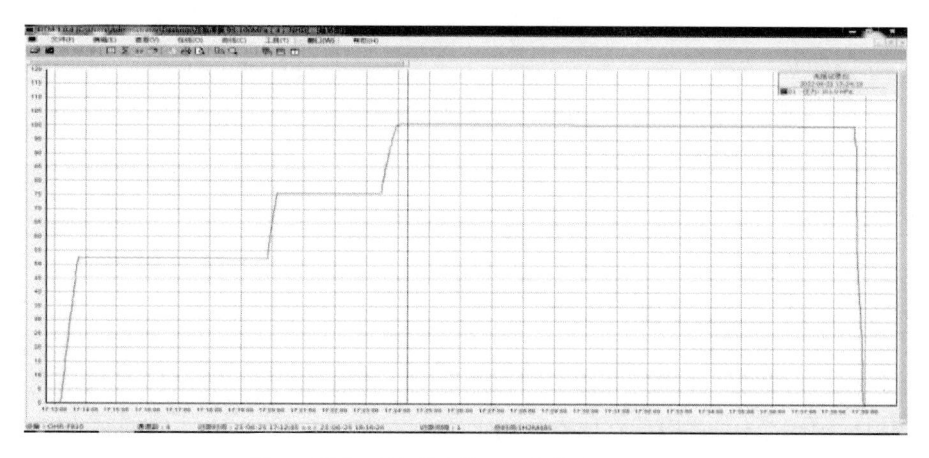

图6 滑套开关试验前承压曲线(100MPa)

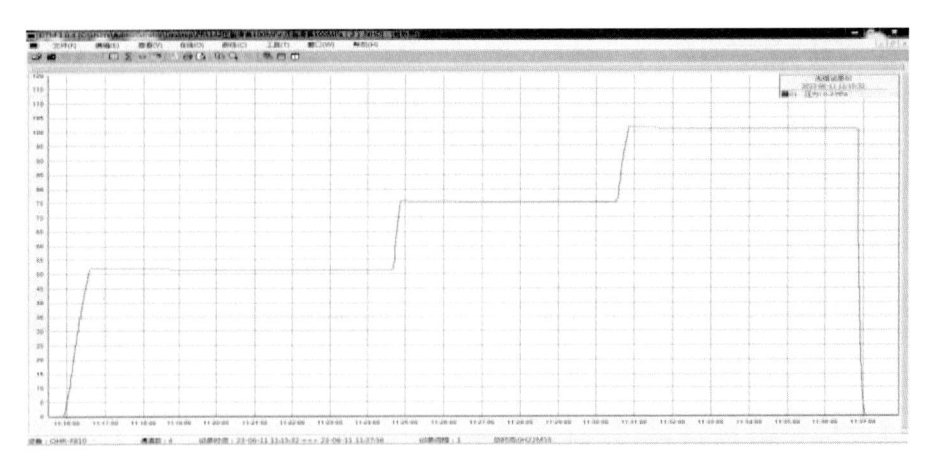

图 7 滑套开关试验后承压曲线（100MPa）

2.2.2 现场试验

试验井完钻井深 3101m，地质解释气层 3 段，其中山 2 层为含水气层（图 8）。该井成功下入 2 套 4.5 寸液压式可开关滑套，电测校深滑套端口位置山 1 层 3007.29m，山 2 层 3031.29m，均在设计范围内，固井碰压 24.2MPa，施工正常。

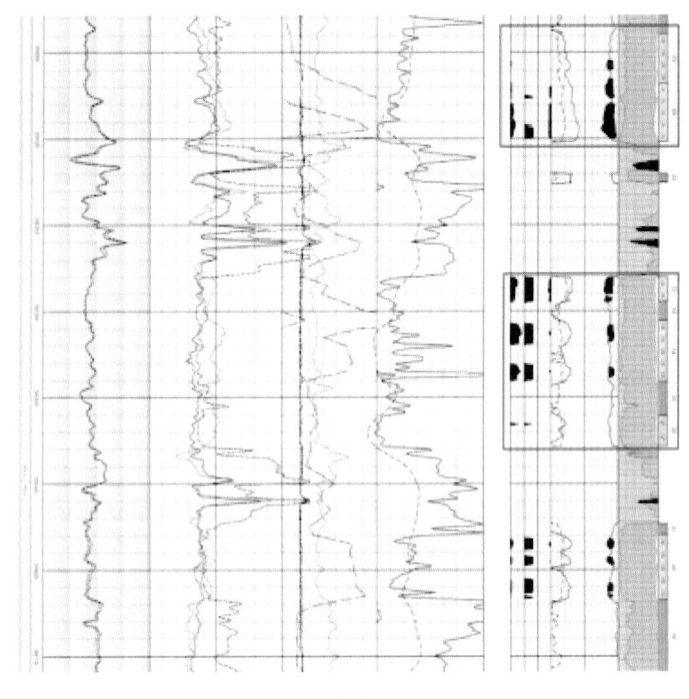

图 8 测井综合解释结果

3 套管外光纤监测技术

将光纤布置在滑套外，成为可开关固井滑套的"耳朵"，从而"听取"地层信息。将可开关固井滑套连接在套管上，用油管或者连续油管下入滑套开关工具，后期生产出水后，下开关工具定点关闭出水段滑套，实现全生命周期管理。

3.1 技术原理

管外光纤技术分为分布式测温系统（DTS）和分布式声波传感系统（DAS）。分布式测温系统根据光时域反射原理，实现井筒温度的测量。由激光发射器发出的光，经光纤传输后，一部分会返回发射器。地面接收系统对返回的光信号进行解析得到 Stokes 光和与温度相关的 Anti-Stokes 光，根据两种光的光强比值可以获得反射点的温度[4]。在井筒上取若干个测试点，便可以得到整个井筒的温度分布情况。

分布式声波传感系统根据光信号的强度反推声音或者振动的强度。通过各个监测点振动幅度判断该点进液程度[5-6]。振动幅度越大，表明进液程度越高压裂改造的效果越好，振动幅度越小，表明井段进液程度不充分，未达到理想的改造效果（图9）。

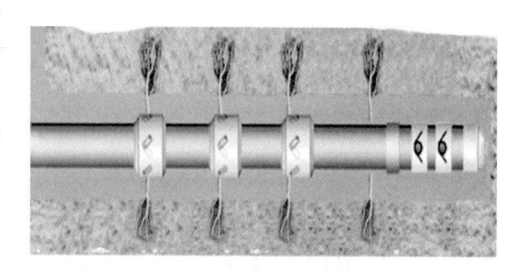

图 9　可开关固井滑套分段压裂示意图

3.2 现场试验

3.2.1 生产动态监测

试验井水平段长为 1100m，人工井底 3623.7m，钻遇率 99.24%，位于注水开发叠合区，区域改造见水风险大，生产见水后找堵水难，创新开展全自主"可开关固井滑套＋套管外光纤"试验，下入 28 级滑套，套管外布放两根光纤。

当前完成 25 级滑套开启，滑套开启成功率 89.3%，全程光纤响应明显。DAS 及 DTS 综合分析有 14 级压裂效果较好，占 60.9%，下步计划根据光纤监测解释，确定出水位置，下开关工具关闭滑套。图 10 为光纤监测压裂效果综合评价。

图 10　光纤监测压裂效果综合评价

3.2.2 压裂实时监测

通过套外布设光纤，实现压裂实时监测，实现了封隔有效性判断、管外窜及临井监测等一系列的工艺技术目的，指导现场压裂实时优化，形成了压裂实时高效监测与优化系列技术。

（1）分段压裂封隔有效性分析。

根据分布式声波传感（DAS）、分布式温度传感（DTS）等传感数据，光纤监测实现了井筒分段压裂封隔有效性实时监测，为评价压裂实时调整与效果评估提供依据和支撑，图11为X段光纤监测结果。

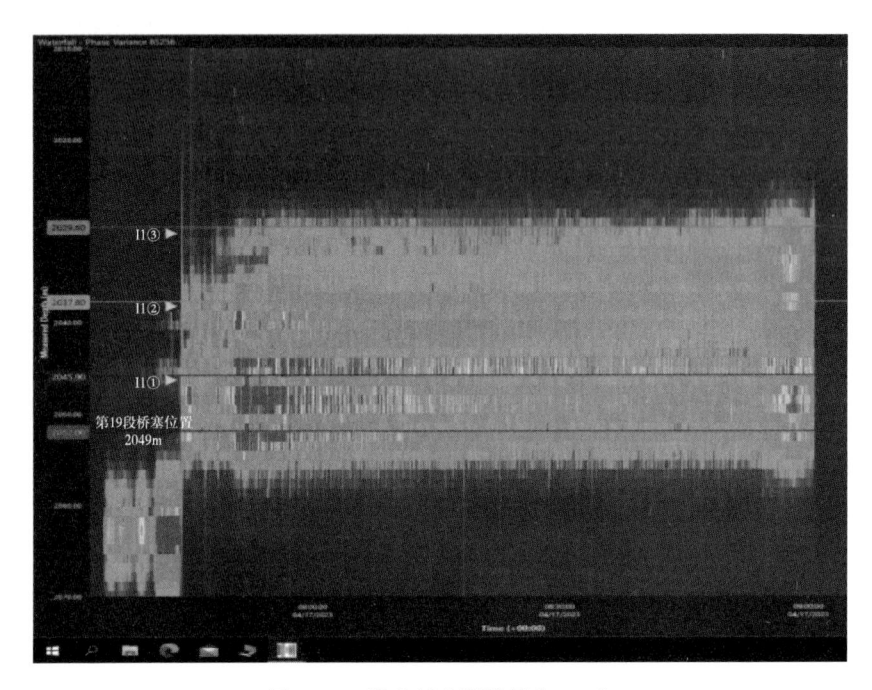

图11 X段光纤监测结果（DAS）

（2）管内、外窜实时判别方法及对策。

根据光纤监测特征，明确了管外窜、桥塞失效的基本特征，明确了封隔失效的处置方法，为保障分段压裂效果提供了技术支撑。根据信号明显程度进行判断，上下射孔段之间井段信号明显，管外窜可能性大；上下射孔段之间井段信号不明显，桥塞漏失可能性大；补塞后，与第一次基本相同，管外窜可能性大，图12为Y段光纤监测结果。

（3）光纤临井压裂监测技术。

通过邻井超低频分布式应变光纤传感系统（Distributed Strain Sensing，DSS）应变监测能反映压裂井裂缝扩展情况，当裂缝沟通时可监测到明显的井间沟通事件，实现评价裂缝扩展方向、范围评价。

在QHX-1井部署光纤，采用DSS监测邻井QHX-2压中裂缝干扰、窜通规律。QHX-2压裂过程中，接收到41个Frac Hit（监测响应）事件，多发于前置液阶段（施工10~48min，液量80~150m³、排量6~10m³/min），应力响应早。大部分层段（共22段）施工停泵后，压窜裂缝闭合，Frac Hit（监测响应）事件对应消失，图13为典型井间窜通事件图。

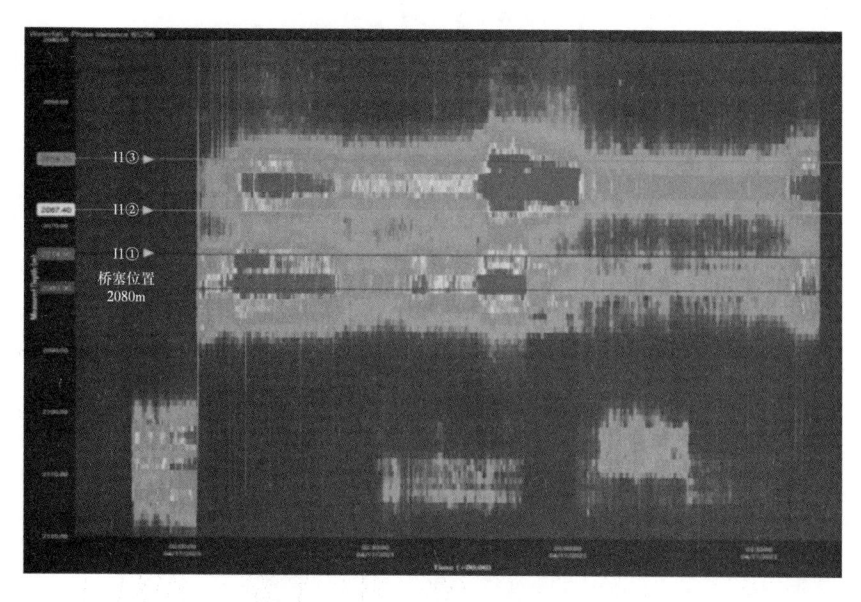

图 12　Y 段光纤监测结果（DAS）

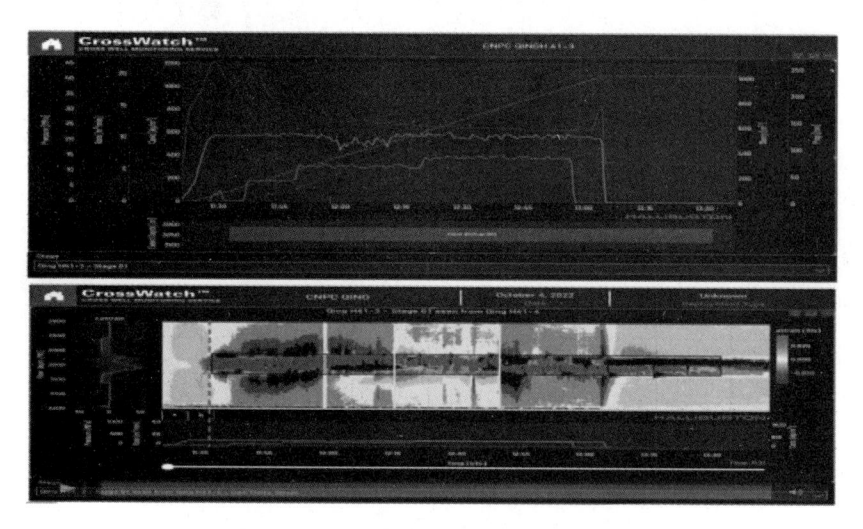

图 13　QHX-2 井 Z 段典型井间窜通事件

4　前景展望

当前，在油气开采由传统方式转向智能化数字化的时代浪潮下，智能滑套和光纤监测技术已经应用到油田实际生产当中。中海油完成了智能滑套的入井测试；新疆油田完成了井下光纤压裂裂缝监测技术[7]；蓬莱油田完成了 Smart Well 智能完井技术的应用[8]。

固井滑套分段压裂已经实现了规模应用，是实现效益开发的重要举措。可开关固井滑套+管外光纤是井下作业工具智能化应用的一个典型场景，可以实现目标井的全生命周期管理，为认识油藏提供更多的信息。可开关智能固井滑套和光纤监测技术为非常规油气藏水平井开发提供有力支撑，在非常规油气藏开发应用方面前景广阔。

参 考 文 献

[1] 姚展华，张世林，韩祥海，等.水平井压裂工艺技术现状及展望[J].石油矿场机械，2012，41（1）：7.
[2] 姚本春.水平井多级压裂电控滑套研究[D].北京：中国石油大学（北京），2018.
[3] 关皓纶，王兆会，刘斌辉.分段压裂固井滑套的研制现状及展望[J].石油机械，2021，11：49.
[4] 赵业卫，姜汉桥.油井高温光纤监测新技术及应用[J].钻采工艺，2007，30（5）：3.
[5] 任利华，陈德飞，潘昭才，等.超深高温油气井永久式光纤监测新技术及应用[J].石油机械，2019，47（3）：6.
[6] 吴宝成，王佳，张景臣，等.管外光纤监测压裂单簇裂缝延伸强度现场试验[J].钻采工艺，2022，45(2)：84-88.
[7] 石钻.新疆油田井下光纤压裂裂缝监测技术试验成功[J].石油钻探技术，2016，44（5）：1.
[8] 谢玉宝，郭鑫.智能滑套在渤海油田的现场应用及评价[J].化工管理，2014，20：1.

大港油田泥纹型页岩油压裂技术进展与成效

刘学伟,田福春,赵 涛,杨立永,王 全,贾云鹏

(中国石油大港油田公司)

摘 要:大港油田沧东孔二段页岩油属于典型的湖相环境泥纹型页岩油,是页岩油勘探开发的主力区。针对大港油田页岩油闭合应力高、可压性差、难以形成复杂缝网,基质物性差、原油黏度高、地层能量低、流动能力差的特点,创新密切割分段改造模式,提高裂缝复杂程度;研发变黏滑溜水压裂液体系,形成全程滑溜水连续加砂工艺,砂液比提高至10%;形成趾端蓄能+前置二氧化碳增能体积压裂技术,溶蚀碳酸盐岩扩大孔喉尺寸,降低原油黏度提高流动能力,补充地层能量提高压裂效果;2022年GY5号平台压后4mm油嘴产量测试单井日产油80~122t,连续生产390d,累计产油6.8×10^4t。

关键词:页岩油;压裂;水平井

常规石化资源凋零是近十年来全世界面临的重要能源问题,目前的能源背景下,非常规油气资源的开采比重逐年加大。中国页岩油勘探起步晚,面临着开发难度大、成本高的困难,目前仅在以准噶尔盆地吉木萨尔组、鄂尔多斯盆地延长组长7段等页岩油实现规模效益开发。纯页岩型页岩油尚未取得工业突破。渤海湾盆地沧东凹陷古近系孔店组二段(Ek_2)页岩直井压裂获得日产油5~30t,但试采产量递减快,不能实现工业化开发。水平井体积压裂是实现页岩油工业化开发的重要手段。本文针对大港油田页岩油可压性低、基质物性差、原油黏度高、流动能力差的特点,创新密切割分段改造模式,提高裂缝复杂程度,形成全程滑溜水连续加砂多级缝网高效支撑工艺,优化了趾端蓄能+前置二氧化碳增能体积压裂技术,形成了适用于沧东凹陷页岩油的水平井体积压裂技术,实现了页岩型陆相页岩油勘探开发的重大突破,为页岩型页岩油水平井体积压裂提供借鉴。

1 孔二段页岩油储层特征

大港探区发育沧东、歧口两大富油凹陷,主力烃源岩发育层段有三套,分别为沧东凹陷孔二段、歧口凹陷沙三段、沙河街组一段中—下亚段,是页岩油气富集层段。沧东凹陷孔二段埋深3000~5000m,厚度400m,有利面积260km²,是页岩油勘探开发的主力区[1-6]。沧东凹陷孔二段页岩油是典型的湖相环境泥纹型页岩油,高凝中黏高含蜡中质油。按照X射线衍射矿物组分三端元与结构构造相结合的岩性分类,孔二段主要有长英质页岩、混合质页岩。

2 页岩油体积压裂工艺技术

2.1 密切割压裂技术提高裂缝复杂程度,提高渗流速度

大港油田页岩油闭合应力高、可压性差、难以形成复杂缝网,创新密切割分段改造模式,提高裂缝复杂程度。

第一作者简介:刘学伟(1984—),男,高级工程师,2007年毕业于中国石油大学化学工程与工艺,硕士研究生,现从事油气田开发工作,取得省部级科技进步奖5项。E-mail: dg_liuxwei@petrochina.com.cn

2.1.1 油藏模拟优化簇间距缩短渗流距离

页岩油与常规低渗透储层最大的差别在于存在较强的启动压力梯度，页岩油储层，启动压力梯度高，即使实施压裂改造可动的范围小，产量短时间就降为0。页岩油储层启动压裂梯度高，启动压力梯度的大小直接决定了储层的可动用范围。采用"缝控储量"压裂改造技术，减少非流动区域面积，降低流体在基质中的渗流距离，提高基质中的油气驱动压力梯度，可大幅度提高页岩油水平井可动用储量。油藏模拟软件评价分析，10m簇间距与30m簇间距相比，缝控程度由50%提高至100%，初期日产量提高70%，累计产量提高25%。簇间距缩短累计产量提高，簇间距10m与5m相比累计产量相当，优化簇间距10m左右[8]（图1和图2）。

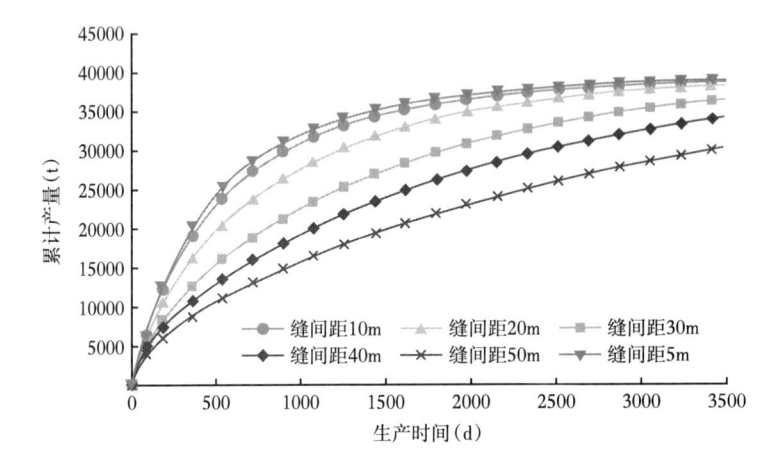

图1 沧东页岩油不同簇间距累计产量对比

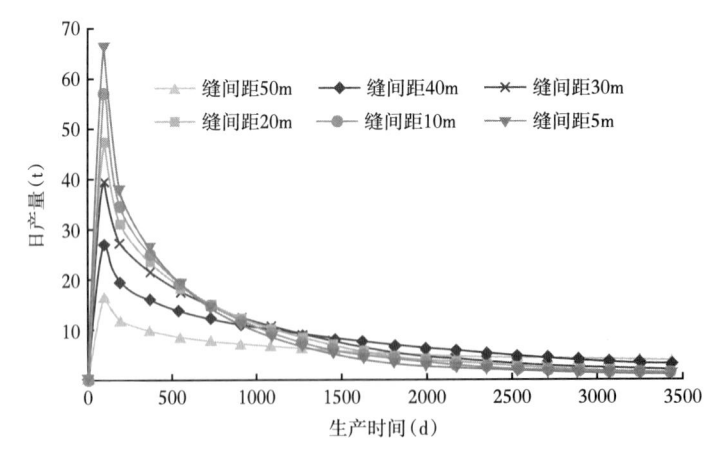

图2 沧东页岩油不同簇间距日产对比

2.1.2 裂缝扩展模拟优化簇间距提高裂缝复杂程度

孔二段页岩油岩石缝网指数差异性大，难以形成复杂压裂裂缝。页岩油岩石压裂裂缝形态跟脆性、天然裂缝、地应力密切相关，脆性、天然裂缝为页岩油岩石自身特性，无法改变。地应力为页岩油岩石所处外部环境，利用诱导应力场分析，等间距内随着裂缝条数的增加，即簇间距的缩短，地应力干扰越大，水平应力差异系数减小，如图3所示，缝网指数变大，容易形成复杂裂缝。

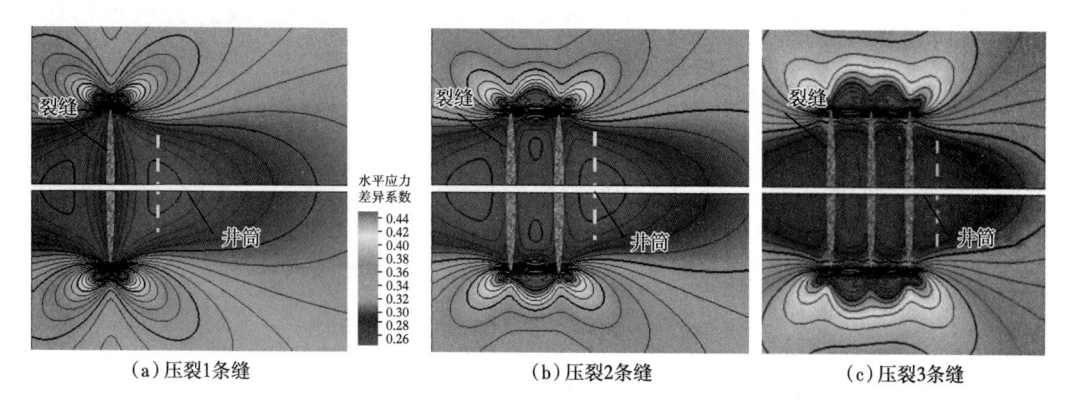

(a)压裂1条缝　　　　　　(b)压裂2条缝　　　　　　(c)压裂3条缝

图 3　压裂不同裂缝条数后地层差异系数分布

压裂裂缝模拟发现，随着簇间距的缩小，缝间应力干扰尖端孔隙压力叠加，造成裂缝吸引、重合；簇间距至 10m 时，即可以利用缝间应力干扰增加裂缝复杂程度，又可以使压裂裂缝独立延伸，获得更大的改造面积，优化簇间距 10m 左右。

2.2　多级缝网支撑 + 全程连续加砂技术提高裂缝导流能力

2.2.1　变黏滑溜水体系

研制了变黏滑溜水压裂液体系，该压裂液体系能够通过调节减阻剂加量，完成从低黏滑溜水向高黏滑溜水的转变，实现一种压裂液体系完成不同类型支撑剂的携砂工作。变黏滑溜水压裂液体系具有溶解速度快、降阻率高、精准变频、悬砂性能良好、残渣含量低等优势。首先，其溶解速度为 40s，可以实现在线连续混配，降低工作强度，提高施工效率，与瓜尔胶压裂液相比，简化了配液流程及配液工序。其次，其不同黏度滑溜水降阻率不小于 70%，有效降低施工摩阻，瓜胶压裂液降阻率不小于 65%，相比之下，该体系的降阻率有明显的提升（图 4 和图 5）。

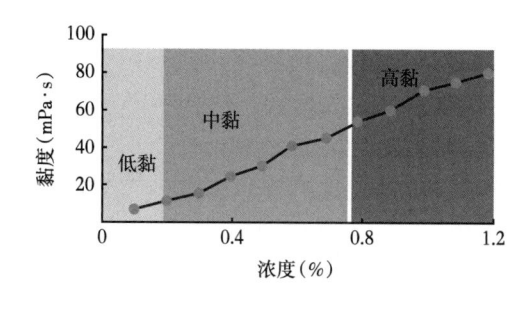

图 4　滑溜水变黏曲线　　　　　　图 5　滑溜水降阻曲线

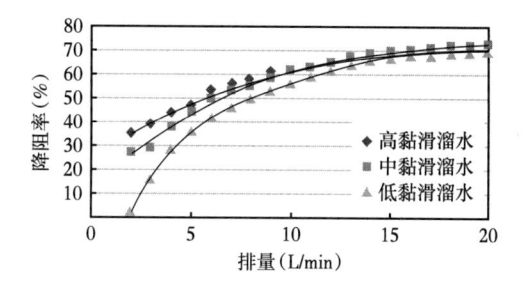

2.2.2　石英砂 + 陶粒支撑剂组合优化

结合页岩油储层物性及分段分簇情况，利用 Eclipse 软件模拟不同裂缝导流能力下的产能（图 6）。结果发现，随着储层渗透率增加，累计产量也在逐渐增大，当渗透率增加到 5mD 时，累计产量增加幅度减缓，因此优选裂缝渗透率为 5mD。同时，利用水电相似原理，开展多级裂缝数值模拟，等效裂缝最优导流能力为 6.29D·cm，一级次裂缝导流能力为

1.55D·cm，采用 40/70 目陶粒支撑，二级次裂缝导流能力为 0.13D·cm，采用 70/140 目石英砂支撑。密切割体积压裂模式下，页岩油对裂缝导流能力需求降低，基于经济导流能力理念，优化石英砂与陶粒支撑剂用量，石英砂比例提高至 70%，每吨支撑剂综合费用降低至 1500 元。同时优化滑溜水组合，低黏滑溜水使用比例由 47% 提高至 80%，压裂液综合成本降低至 69 元 /m³。

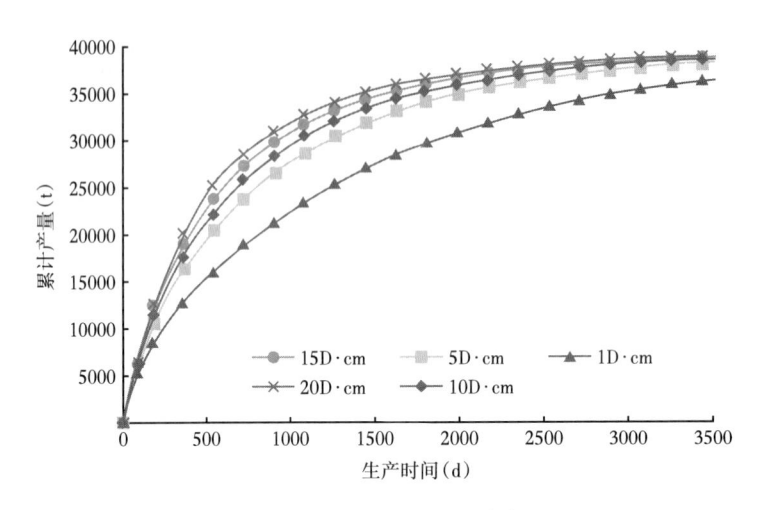

图 6　不同导流能力下模拟累计产量对比

2.2.3　全程滑溜水连续加砂工艺

根据斯托克斯定律，计算了不同粒径、不同密度支撑剂在压裂液中的沉降速度，随着支撑剂的粒径和密度减小，其沉降速度变慢，可以被压裂液携带至裂缝更远处，打破了传统的黏度携砂理论，结合压裂液性能及可视化沉降实验，形成流速—温度—浓度耦合图版，如图 7 所示。

（a）不同排量下，砂比与减阻剂浓度关系图版　　（b）不同井底温度下，砂比与减阻剂浓度关系图版

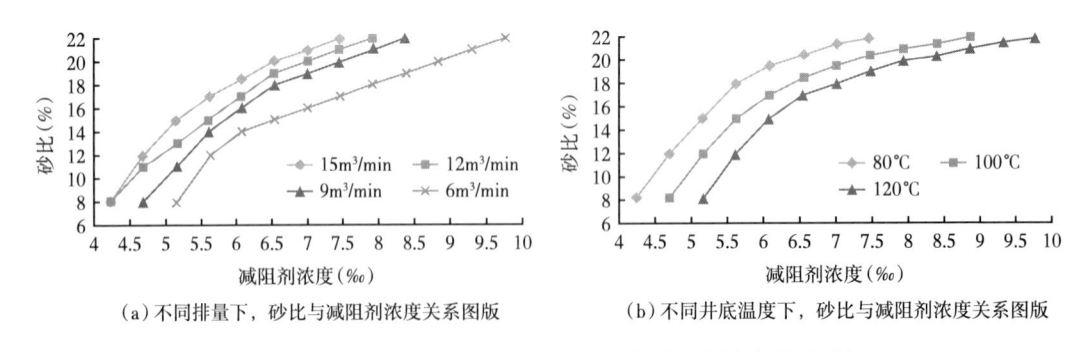

图 7　不同排量下及井底温度下，砂比与减阻剂浓度关系图版

在 GY2H 井进行了连续加砂试验，探索不同黏度滑溜水压裂液携带不同砂比支撑剂的可行性，形成了一套全程滑溜水连续加砂压裂工艺：（1）应用低黏滑溜水（黏度 2~5mPa·s，降阻剂 B 质量分数 0.1%）携带砂比 7%~10% 的 70/140 目石英砂小段塞压裂，打磨近井炮眼，然后连续注入砂比为 8%~14% 的石英砂连续加砂压裂；（2）应用高黏滑溜水（黏度 50~80 mPa·s，降阻剂 B 质量分数 0.5%~0.7%）携带砂比 12%~22% 的 40/70 目陶粒连续加砂压裂。连续加砂工艺与传统段塞加砂工艺相比，有效提高了单位液体的携砂量，与应用传统

段塞加砂压裂的邻井相比，施工效率提高了37.5%，每米加砂量提高73%，节约压裂液用量31.7%[9]。

2.3 趾端蓄能+前置二氧化碳增能补充地层能量，提高原油流动能力

2.3.1 形成趾端蓄能工艺，补充地层能量

水力增能改造以压裂增能和渗吸置换为主，压裂增能是指大规模注入压裂液改变地层压力场和含油饱和度场，驱动裂缝基质间流体作用；渗吸置换是注入液体在毛细管压力、化学渗透协同作用下，自发吸入储层孔隙排出孔隙原油。基于增能改造作用机理，开展静动态渗吸实验，明确含油饱和度和油藏润湿性是影响渗吸置换效果主要因素。基于渗吸置换主要影响因素，创建页岩油水力增能数学模型。利用数值模拟方法对比不同压裂方式阶段累计产量，与常规体积压裂技术相比，趾端蓄能体积压裂，阶段产能提高25.8%。基于压力场分布、含油饱和度场分布等数值模拟分析，开展不同蓄能规模阶段累计产量研究，优化趾端蓄能5000m³，提升地层能量，延长压后稳产期。

2.3.2 优选前置二氧化碳压裂工艺，提高原油流动能力

孔二段页岩油原油黏度较高，原油流动性差。CO_2—原油体系PVT实验显示，CO_2—原油体系的饱和压力达到地层压力（35MPa）时，地层原油分子量由283降为84，原油黏度由28.75mPa·s降低到4.21mPa·s，CO_2对页岩地层油有较强的降黏效果。利用CO_2水溶液与页岩开展采收率物理模拟实验，核磁共振监测表明微孔（0.01~0.1μm）、小孔（0.1~0.2μm）、中孔（0.2~0.5μm）和大孔（大于0.5μm）采出程度分别为9.33%、12.12%、21.52%和35.34%，说明CO_2可有效提高页岩油采收率。

CO_2水溶液呈酸性，对碳酸盐岩溶蚀作用较强，溶蚀能力方解石最大，其次是白云石。孔二段页岩CO_2水溶液浸泡页岩后由扫描电镜结果发现，CO_2处理后的页岩表面微观形貌发生明显变化，部分原有矿物颗粒被溶蚀，使得粒间孔孔径增大；CO_2水溶液的溶蚀作用也使得原来被方解石充填的微裂缝开度增加。CO_2水溶液与岩石充分接触并溶蚀碳酸盐岩，扩大原有孔喉尺寸，形成新的孔喉，提高了储层物性。

3 现场应用效果

2022年GY5号平台立体布井5口，优选C1、C3层位着陆点，水平段长度1809~1952m，井距300m，井轨迹与主应力夹角80°，试验井组单井平均进尺6048m，平均水平段长1973m，Ⅰ类"甜点"钻遇率95%（以往73%），S_1数值9.5~12.1mg/g。GY5号平台于2022年11月完成5口井179段压裂，注入液量$27.81×10^4m^3$，支撑剂$2.21×10^4m^3$，二氧化碳$1.371×10^4m^3$；主体段长50m，簇间距8~11m，每米液量35m³、米砂量2.0~3.0m³，石英砂比例74%~83%。采用稳定电场裂缝监测技术监测5口井171段压裂裂缝，裂缝半长126~150m，裂缝开启率73.4%~96%，单井改造面积$(10.4~15.3)×10^4m^3$，改造体积$(76.8~138.9)×10^4m^3$（图5）。

2022年GY5号平台5口井压裂后放喷1~2d即见油早，见油返排率0.07%~0.37%，4mm油嘴产量测试单井日产油80~122t，12h压降1.05~1.7MPa；2022年12月底投产，初期2.5mm油嘴放喷，单井日产油50~60t，已连续生产380~407d，目前单井日产油20~40t，累计产油$6.8×10^4t$，建成了$10×10^4t$级陆相纹层型页岩油效益开发示范平台，实现井组效益开发（图9）。

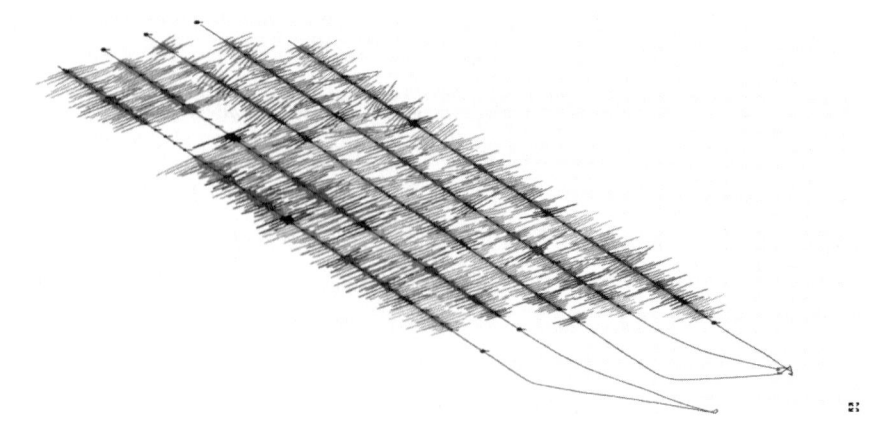

图 8　GY5 号平台压裂裂缝检测图

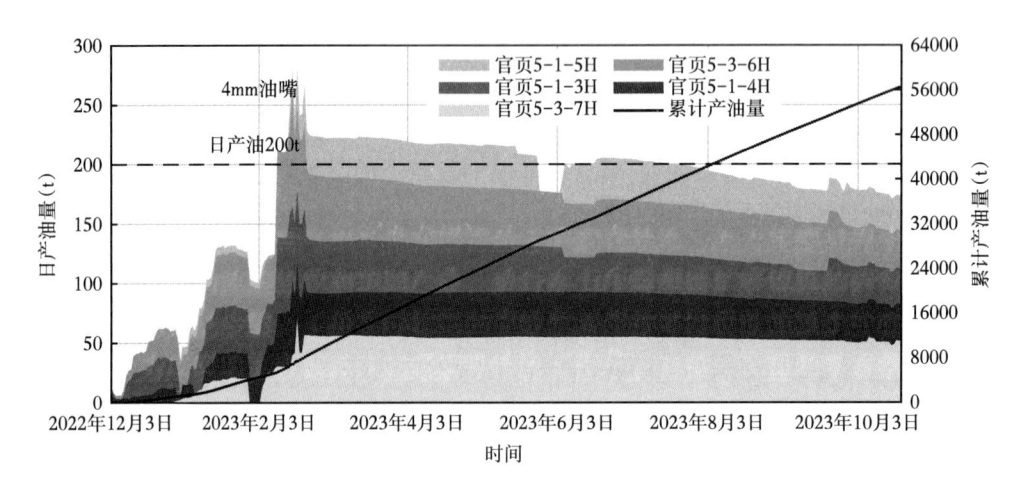

图 9　沧东页岩油 5 号试验平台生产曲线

4　结论与认识

（1）针对大港油田页岩油闭合应力高、可压性差、难以形成复杂缝网特点，创新密切割分段改造模式，簇间距 10m 左右可以提高裂缝复杂程度，压裂缝长、裂缝改造体积与 300m 井网相符，实现了井间储量高效动用。

（2）全程滑溜水连续加砂工艺砂液比提高至 10%，多级缝网高效支撑工艺技术石英砂占比 80%，加砂强度提高到 2.5~3.0m³/m，解决了页岩油基质物性差、流动能力差的难点，能够实现页岩油的高效支撑，导流能力满足页岩油开发需求。

（3）针对页岩油原油黏度高、地层能量低的特点优选的趾端蓄能＋前置二氧化碳增能体积压裂技术，降低原油黏度提高流动能力，补充地层能量，提高压裂效果；实现了 GY5 号平台高产稳产，为页岩型页岩油勘探开发提供了技术支撑。

参　考　文　献

[1] 赵贤正，蒲秀刚，金凤鸣，等．黄骅坳陷页岩型页岩油富集规律及勘探有利区［J］．石油学报，2023，44（1）：158-175.

[2] 赵贤正，金凤鸣，周立宏，等.渤海湾盆地风险探井歧页 1H 井沙河街组一段页岩油勘探突破及其意义[J].石油学报，2022，43（10）：1369-1382.

[3] 赵贤正，陈长伟，宋舜尧，等.渤海湾盆地沧东凹陷孔二段页岩层系不同岩性储层结构特征[J].地球科学，2023，48（1）：63-76.

[4] 姜文亚，王娜，汪晓敏，等.黄骅坳陷沧东凹陷孔店组石油资源潜力及勘探方向[J].海相油气地质，2019，24（2）：55-63.

[5] 邓远，陈世悦，蒲秀刚，等.渤海湾盆地沧东凹陷孔店组二段细粒沉积岩形成机理与环境演化[J].石油与天然气地质，2020（4）：42-43.

[6] 刘小平，董清源，李洪香，等.黄骅坳陷沧东凹陷孔二段页岩层系致密油形成条件[C].中国石油地质年会，中国石油学会，中国地质学会，2013.

[7] 周立宏，刘学伟，付大其，等.陆相页岩油岩石可压裂性影响因素评价与应用——以沧东凹陷孔二段为例[J].中国石油勘探，2019，24（5）：670-678.

[8] 田福春，刘学伟，张胜传，等.大港油田陆相页岩油滑溜水连续加砂压裂技术[J].石油钻探技术，2021，49（4）：118-124.

大庆古龙页岩油 X 井区水平井井身结构优化研究

王洪英[1,2]，常 雷[1,2]，李继丰[1,2]，邵 帅[1,2]，杨丽晶[1,2]

（1.大庆油田有限责任公司采油工艺研究院；2.黑龙江省油气藏增产增注重点实验室）

摘 要：大庆油田古龙页岩油 X 井区主要目的层为青山口组，岩性为层状页岩，黏土矿物含量高，目的层裂缝发育，存在井眼轨迹控制难度较大，井壁失稳，井漏风险大等钻井难点。结合大庆古龙页岩油 X 井区完钻井的施工情况，对 X 井区设计井井身结构进行综合分析，针对不同井的地质特点，优化不同井井身结构和井眼轨道设计。通过现场 11 口井的成功实施，达到了提高钻井速度，降低钻井成本的目的，为古龙页岩油的高效钻井提供了技术支撑。

关键词：页岩油水平井；井身结构；井眼轨道；优快钻井；古龙区块

大庆古龙页岩油位于松辽盆地北部中央坳陷区齐家—古龙凹陷，勘探目的层位为青山口组，青山口组页岩油气资源量丰厚，岩性以页岩为主，夹薄层白云岩、粉砂岩纹层，页岩油井钻井过程中存在井眼控制难度较大，井壁失稳，井漏风险大等钻井难点[1-6]。为有效缩短钻井周期，节省钻井成本，开展古龙页岩油 X 井区井身结构优化研究。旨在地质设计进一步强化浅气层和易漏地层分析，工程设计做精钻井液密度、防漏防塌设计，实现"两开井"比例大幅度提高。

1 井身结构优化的必要性和可行性

以往试验区均为三开井身结构，表层套管下至浅水层底界以下 10m，表层套管外径为 339.7mm，技术套管封固葡萄花油层，技术套管外径为 244.5mm。三开井身结构必然造成钻井周期增加，钻井成本相应提高。通过对长庆油田和新疆油田[7]二开井身结构井进行分析研究（表 1），明确了大庆古龙页岩油水平井井身结构优化的可行性，开展了古龙页岩油 X 井区二开井身结构精细化研究。

表 1 二开井身结构可行性分析

项目	水平井参数	长庆 A 区	新疆 B 区	大庆古龙地区		
				古龙 C 区	古龙 D 区	古龙 X 区
开发参数	平均水平段长（m）	1712	1710	2320	2460	2140
	最大偏移距（m）	1266	450		582	
钻井指标	主体井身结构	90% 二开井身结构 5½in 套管完井	二开井身结构 5½in 套管完井	三开井身结构 5½in 生产套管完井	三开井身结构 5½in 生产套管完井	二开井身结构 5½in 生产套管完井
	钻井周期（d）	18	38	14~35（平均 24）	14~35（平均 24）	技术可行
	井深（m）	4190	5830	4500~5300	4450~5300	
	机械钻速（m/h）	19	15~18	25~50	25~50	

第一作者简介：王洪英（1983—），女，高级工程师，2008 年毕业于东北石油大学油气井工程专业，硕士研究生，现从事特殊井钻完井设计与技术研究工作。通讯地址：黑龙江省大庆市让胡路区西宾路 9 号采油工艺研究院，邮编：163453，E-mail：wanghongying1983@petrochina.com.cn

2 井身结构优化设计

针对 X 井区设计井的地质特点，制定井身结构精细化设计原则。古页 E 井浅气层发育，葡萄花油层注水压力较高且处于英台易漏区，该井偏移距大，水平段长，对其进行了摩阻扭矩分析，钻具的摩阻扭矩都相对较大（图1和图2）。对于同类型井，偏移距大于500m，水平段大于2500m 的井，进行三开井身结构设计，表层套管封固浅水层，技术套管封固葡萄花油层（表2）。

为进一步缩短钻完井周期，减少钻井投资，针对地质条件相对简单、无地层必封点以及施工难度小的井，开展两层套管井身结构设计，通过对不同方案对比分析，优选表层套管下至四方台组以下50m，不打开上部油气层或浅气层，井控风险低、钻井成本低，封固上部易塌易漏层，单井平均可节省成本90万元，钻完井周期减少5d。二开井身结构井数据见表3。

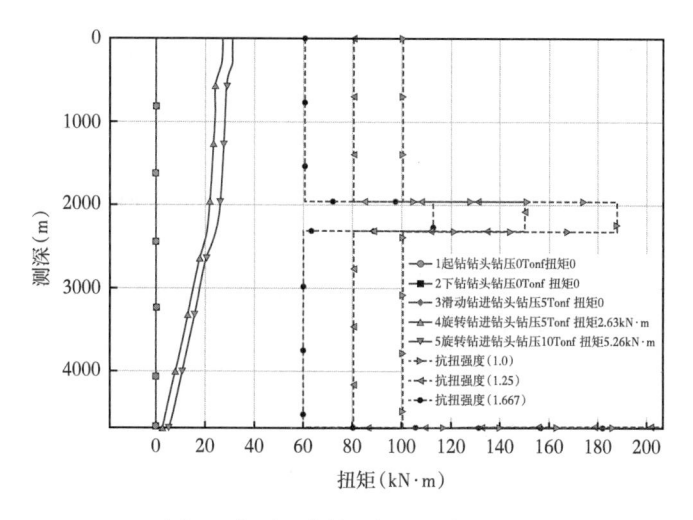

图1 古页 E 井钻具抗扭强度校核图

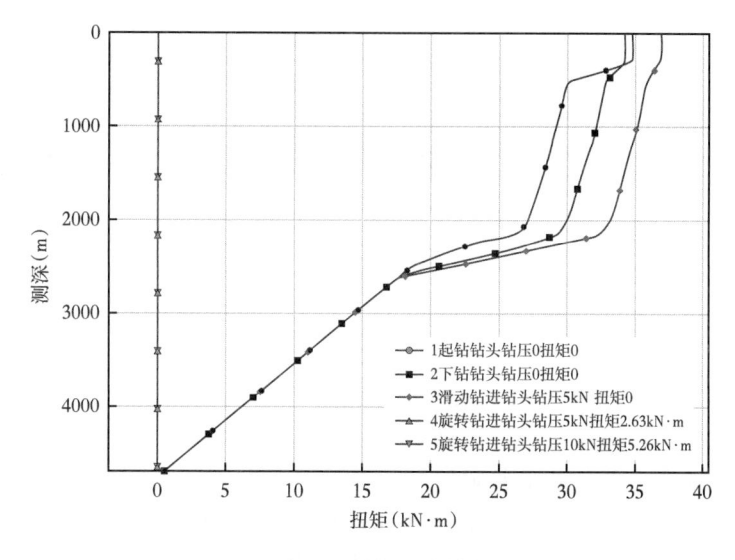

图2 古页 E 井钻具摩擦阻力图

表 2 三开井井身结构数据表

开钻次序	井深（m）	钻头尺寸（mm）	套管柱类型	套管尺寸（mm）	套管下入层位	套管下入深度（m）
一开	浅水层底界+11m	444.5	表层套管	339.7	明二段	浅水层底界+10m
二开	葡萄花油层底+30m	311.2	技术套管	244.5	青二段、青三段	葡萄花底+30m
三开	设计井深	215.9	生产套管	139.7	青一段	设计井深-3m

表 3 二开井井身结构数据表

开钻次序	井深（m）	钻头尺寸（mm）	套管柱类型	套管尺寸（mm）	套管下入层位	套管下入深度（m）
一开	四方台组底+50m	311.2	表层套管	244.5	嫩五段	四方台组底+50m
二开	设计井深	215.9	生产套管	139.7	青一段	设计井深-3m

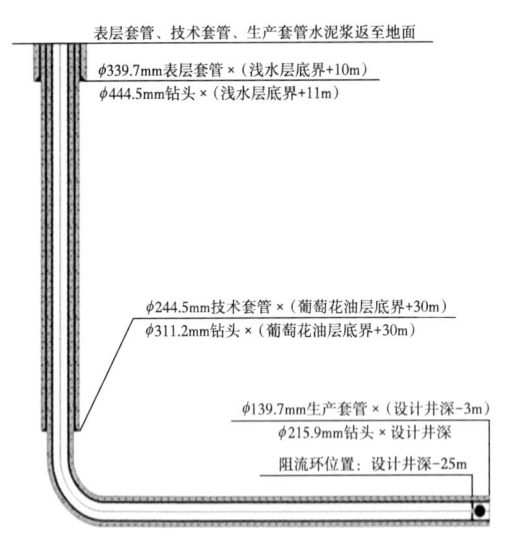

图 3 三开井身结构示意图

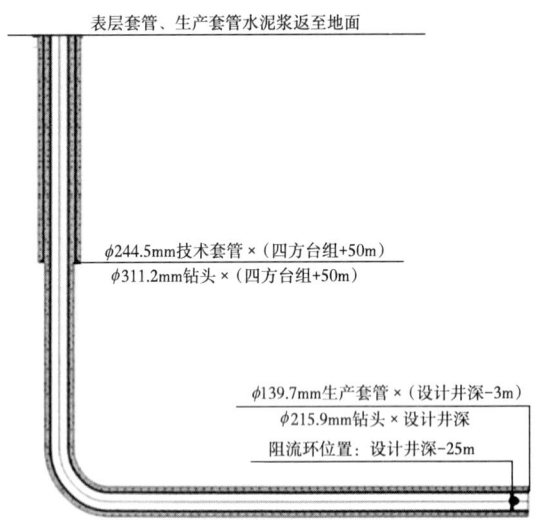

图 4 二开井身结构示意图

3 井眼轨道优化设计

目前页岩油平台井基本上采用双二维轨道设计[8-9]。所谓"双二维"，即两个平面二维。第一个二维轨道主要目的是完成全部偏移量，并调整靶前距，避免三开造斜期间还要兼顾偏移距，或是调整靶前距，造成井眼曲率偏大，能有效降低对造斜工具造斜率能力的要求。第二个二维轨道为常规二维水平井设计，为水平段施工创造有利条件。"双二维"轨道设计示意图如图5所示。"双二维"模型采用两个二维轨道模型组合，其特点是在降斜完的直井段中完成方位调整，针对偏移距不大于500m或者靶前距过小的三维井，该轨道设计模型有降低摩阻、便于施工等优点。针对偏移距大于500m的三维井，采用"双二维＋扭增"模型进行轨道设计，其特点是上部的二维轨道不再降斜，采用"三增"的增斜扭方位思路，稳斜后由一个造斜段同时完成增斜和方位调整，该模型在减少设计井深、降低摩阻扭矩方面优势更加明显（图6）。

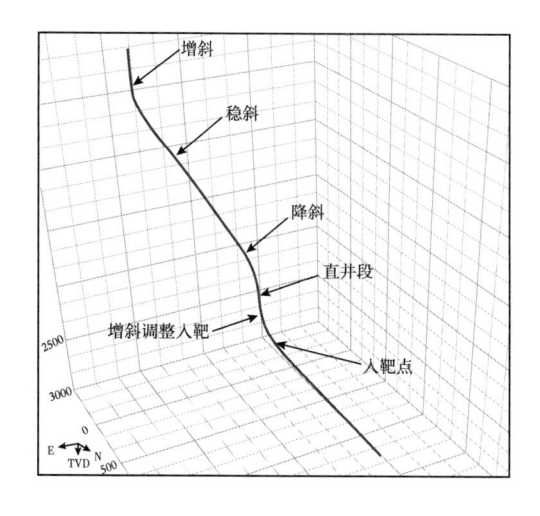

图5 "双二维"模型轨道设计示意图

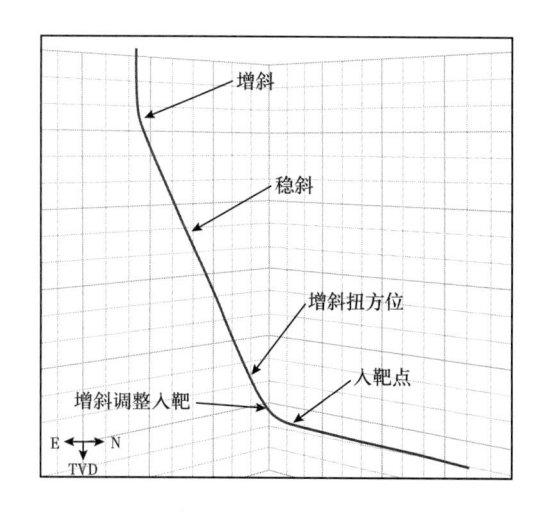

图6 "双二维＋扭增"模型轨道设计示意图

4 X井区不同井身结构井施工效果分析

4.1 X井区已钻井基本情况

古页X井区已完钻三开井身结构井5口，二开井身结构6口。三井井身结构井，表层套管封固浅水层，技术套管封固葡萄花油层（表4）。二开井身结构井，表层套管下至四方台组，所有井均采用套管射孔完井（表5）。

表4 已完钻三开井身结构井基本数据表

完钻井序号	一开深度（层位）（m）	二开深度（层位）（m）	三开深度（层位）（m）
井1	229（明二段）	2116（青二段、青三段）	5169（青二段、青三段）
井2	228（明二段）	2060（青二段、青三段）	5172（青二段、青三段）
井3	224（明二段）	2103（青二段、青三段）	4690（青二段、青三段）
井4	224（明二段）	2075（青二段、青三段）	5100（青二段、青三段）
井5	214（明二段）	2158（青二段、青三段）	5176（青二段、青三段）

表 5　已完钻二开井身结构井基本数据表

完钻井序号	一开深度（层位）（m）	二开深度（层位）（m）
井 6	1034（嫩五段）	4686（青二段、青三段）
井 7	986（嫩五段）	4689（青二段、青三段）
井 8	991（嫩五段）	4745（青二段、青三段）
井 9	974（嫩五段）	4728（青二段、青三段）
井 10	910（嫩五段）	4546（青二段、青三段）
井 11	1135（嫩五段）	4661（青二段、青三段）

4.2　X 井区已钻井施工效果分析

4.2.1　已钻井基本情况

已完钻的 11 口井中三开井身结构井表层采用膨润土浆，一开钻井液密度 1.10~1.25g/cm³；二开采用钾盐体系，上部钻井液密度 1.10~1.30g/cm³，葡萄花油层顶面以上 50m 至二完设计钻井液密度 1.44~1.49g/cm³；三开采用油包水钻井液体系，设计钻井液密度 1.62~1.66g/cm³。二开水平井一开采用环保型水基钻井液体系，钻井液密度 1.10~1.25g/cm³；二开采用油包水钻井液体系，上部钻井液密度 1.10~1.40g/cm³，葡萄花油层顶面以上 50m 至青二段、青三段顶，设计钻井液密度 1.44~1.49g/cm³，青二段、青三段顶至完钻，设计钻井液密度 1.62~1.66g/cm³。

三开水平井一开使用的 R5655 钻头，机械钻速最高 85.39m/h；二开使用的 TS1655B 钻头，单支钻头可完成二开钻进，机械钻速最高 53.69m/h。二开水平井一开使用的 MD9451 钻头机械钻速最高 91m/h。215.9mm 井眼使用的钻头 JKP-6，机械钻速最高可达 35.6m/h。

三开井钻完井周期 33.72~43.8d，二开井钻完井周期 22.12~34.96d（不发生严重井漏），二开井在不发生严重井漏情况下，钻完井周期优于三开井，能够达到提高钻井效率的目的。

4.2.2　定向施工情况

（1）轨迹控制方面。

针对 ϕ311.2mm 大偏移距井眼轨道设计，不仅考虑了 ϕ311.2mm 井眼定向提速，也兼顾了 ϕ215.9mm 井眼施工，适当预留负位移、减少定向钻进进尺，利用地层增降规律提高了 ϕ311.2mm 井眼定向效率。

（2）随钻仪器保障方面。

ϕ311.2mm 井眼施工，通过优化仪器结构，减小了大排量对仪器的损害。ϕ215.9mm 井眼施工，建立页岩油仪器、人员的全周期监管模式，提升了仪器的保障能力，实现了仪器误工率硬下降目标。

（3）存在的问题。

一趟钻比例有待进一步提高。ϕ311.2mm 井眼实现"一趟钻"比例 78.57%，ϕ215.9mm 井眼实现"一趟钻" 1 口井，实现"两趟钻" 7 口井。

5 X井区钻井复杂情况及技术对策

5.1 钻井复杂情况

已完钻井中有3口二开井发生井漏,结合井区油藏地质特征及已钻井漏失情况,分析井漏原因主要有以下3点:

(1)根据已钻井的破裂压力数据,黑帝庙油层破裂压力梯度1.68~1.80MPa/100m,萨尔图油层破裂压力梯度1.97~2.23MPa/100m,葡萄花油层破裂压力梯度1.62~1.98MPa/100m,部分井区上部非目的层破裂压力梯度较低,钻井液密度高易发生井漏;页岩油储层层理、节理及微裂缝发育,钻井过程中易发生井漏。

(2)钻井过程中,开泵产生的激动压力高,井底ECD高于地层承压能力,压漏地层,漏失的同时伴随返吐。

(3)页岩油储层坍塌压力低,卡漏同时发生,提高钻井液密度,易出现反复漏失情况,增加掉块风险。

5.2 相应技术对策

页岩油二开井井身结构存在钻井液密度窗口窄,同一裸眼段存在多套压力系统,井漏、井塌风险大。针对这一问题,提出了相应的技术对策[10-15]。

(1)在易漏区块设计三开井身结构,在非易漏区设计二开井身结构。如果施工过程中发生严重井漏,可采用膨胀管技术封隔严重漏失层。

(2)对于存在较大漏失风险的二开井身结构井,采取预防为主,堵漏为辅的措施,强化精细操作,严格落实梯次密度提升方式,姚家组密度控制在1.49g/cm³以下,进入青山口至着陆点逐渐将密度加至设计上限。

(3)控制下钻、下套管速度,确保井底ECD稳定,控制钻井液黏切,避免钻井液长时间静止,严格落实梯次开泵原则。

(4)加强地质精细研究,提高地层三项压力预测精度,充分考虑地层密度和已钻井施工情况,科学设计井身结构。

6 结论

(1)通过对X井区井身结构优化进行可行性分析,确定了X井区井身结构优化设计原则。

(2)针对X井区设计井的地质特点,进行井身结构精细化设计,对偏移距大,水平段长,处于易漏区的井设计三开井身结构,针对地质条件相对简单、无地层必封点以及施工难度小井,设计二开井身结构。

(3)通过对X井区不同井身结构井已钻井的施工效果进行分析,二开井在不发生严重井漏情况下,钻完井周期优于三开井,达到了提高钻井效率的目的。

(4)对于存在较大井漏风险的设计井,应加强地质预测精度,充分考虑地层密度窗口及实钻情况,科学设计井身结构。

参 考 文 献

[1] 张翰之,翟晓鹏,楼一珊,等.中国陆相页岩油钻井技术发展现状与前景展望[J].石油钻采工艺,2019,41(3):265-270.

[2] 杜金虎，胡素云，庞正炼，等.中国陆相页岩油类型、潜力及前景[J].中国石油勘探，2019，24（5）：560-568.

[3] 王敏生，光新军，耿黎东.页岩油高效开发钻井完井关键技术及发展方向[J].石油钻探技术，2019，47（5）：1-10.

[4] 冉启华，赵晗.威远页岩气水平井钻井关键技术及发展方向[J].钻采工艺，2020，43（4）：12-15.

[5] 李玉海，李博，柳长鹏，等.大庆油田页岩油水平井钻井提速技术[J].石油钻探技术，2022，50（5）：9-13.

[6] 迟建功.大庆古龙页岩油水平井钻井技术[J].石油钻探技术，2023，51（6）：12-17.

[7] 杨树东，武兴勇，钟震，等.新疆油田某区块井身结构优化设计及应用[J].广东化工，2023，50（4）：129-131.

[8] 刘茂森，付建红，白璟，等.页岩气双二维水平井轨迹优化设计与应用[J].特种油气藏，2016，23（2）：147-150.

[9] 王月红，耿浩男.威远页岩气储层水平井轨迹优化设计与分析[J].世界石油工业，2022，29（1）：59-63.

[10] 杨灿，王鹏，饶开波，等.大港油田页岩油水平井钻井关键技术[J].石油钻探技术，2020，48（2）：34-41.

[11] 柳伟荣，倪华峰，王学枫，等.长庆油田陇东地区页岩油超长水平段水平井钻井技术[J].石油钻探技术，2020，48（1）：9-14.

[12] 王建龙，齐昌利，陈鹏，等.长水平段水平井高效钻井关键技术研究[J].石油化工应用，2018，37(3)：95-97.

[13] 崔月明，史海民，张清.吉林油田致密油水平井优快钻井完井技术[J].石油钻探技术，2021，49（2）：9-13.

[14] 赵波，陈二丁.胜利油田页岩油水平井樊页平1井钻井技术[J].石油钻探技术，2021，49（4）：53-58.

[15] 孙永兴，贾利春.国内3000m长水平段水平井钻井实例与认识[J].石油钻采工艺，2020，42（4）：393-401.

基于温度补偿的电泵井电加热清防蜡技术研究与应用

孙延安[1,2]，郑东志[1,2]，钱　坤[1,2]，李　强[1,2]，张芮豪[1,2]

（1.大庆油田有限责任公司采油工艺研究院；2.黑龙江省油气藏增产增注重点实验室）

摘　要：近年来，大庆油田非常规油藏得到一定规模开发，初期主要采用潜油电泵举升，生产过程中存在井筒结蜡问题，导致电泵经常憋压、停机，产液量随之降低，若不及时清防蜡会增加烧泵的风险。因此，建立了一种油管内电加热带压清防蜡系统，设计了工艺管柱，可实现井口21MPa带压不停井下入加热管缆；通过以井口产液温度不低于析蜡点温度为目标，优化运行加热工作制度，补偿井液在产出过程中热量损失。试验结果表明：电泵井油管内电加热清防蜡系统现场应用后，达到了延缓产液量/产油量下降目的，为电泵井安全高效运行提供重要保证。

关键词：电泵井；温度补偿；油管内电加热；工作制度；防蜡

含蜡原油从地层油藏流向井筒过程中，随着油流向外界环境散热，沿程井液温度逐渐降低，含蜡组分会析出，逐渐附着在油管壁上，严重时导致井筒阻塞，电泵井无法正常生产、油井产量降低[1-5]。以大庆油田X区块的电泵井为例，主要有热洗清蜡、化学药剂防蜡、连续油管+刮蜡器清蜡、电加热清防蜡等。热洗清蜡具有操作简单，但对地层有一定污染且增加水处理成本；化学药剂防蜡可根据结蜡程度和蜡组分有针对性调整，但需配备地面注入橇装，成本高；连续油管+刮蜡器清蜡不彻底，难以保证及时性，同时停机影响油井正常生产[6-7]。与其他几种清防蜡方式相比，电加热清防蜡方式可根据现场井况调整加热制度，易于实现自动化，热效率高、清蜡效果好。

1　基于温度补偿的井筒温度场计算模型

1.1　井筒内流体温度分布数学模型

油井井筒内主要为油—气—水三相流动，且为非稳态流动[8-9]。目前，计算温度分布的数学模型主要归纳为2种，一种是根据传热学基本理论，根据流体的运动平衡方程、质量和能量守恒方程，建立井筒内的温度场数学模型；另一种是Ramey经过理论推导，得到了计算井筒温度分布的指数温降模型，表达式为[10]：

$$T(L,t) = 0.3aL + b - 0.3aA + 0.56(1.8T_0 + 0.55aA - 1.8b)e^{-L/A} \tag{1}$$

$$A = \frac{\rho W[5912.3k + 1802.1r_i Uf(t)]c}{2\pi r_i Uk} \tag{2}$$

基金项目：中国石油天然气股份有限公司重大科技专项"陆相页岩油排采及提高采收率关键技术研究"（2023ZZ15YJ04）。

第一作者简介：郑东志（1988—），男，工程师，硕士，从事油田人工举升技术研究工作。E-mail: zhengdongzhi@petrochina.com.cn

式中：$T(L,t)$ 为井筒内流体温度，℃；A 为时间函数，m；a 为地温梯度，℃/m；b 为地表温度，℃；L 为深度，m；T_0 为入井温度，℃；W 为产液量，m³/d；c 为比热容，J/(kg·℃)；r_i 为油管内径，m；U 为井筒内半径和套管外半径之间的综合传热系数，W/(m²·℃)；k 为地层导热系数，W/(m·℃)；$f(t)$ 为地层无量纲瞬时传热导函数；t 为生产时间，d；ρ 为产出液密度，kg/m³。

1.2 基于温度补偿加热功率模型

（1）温度补偿功率的确定。

井液自地层流至井口过程中，热量会向管壁—油套环空—水泥环—地层等外部环境散失。若井口处井液剩余温度高于析蜡点温度，全井筒不会因结蜡影响生产；若低于析蜡点时，应采取防蜡措施防止井筒结蜡。为有效防止因井液温度低，原油蜡析出、聚结和沉积，以井口出液温度不低于析蜡点为目标，在井筒温降至析蜡点处开始补偿井液热量散失，以电加热补偿温度的计算式如下：

$$P = (G_o C_o + G_w C_w)(T_2 - T_1) \tag{3}$$

式中：P 为从井筒析蜡点处到井口流动过程中井液向地层等周围环境传热所损失的功率，kW；G_o、G_w 分别为原油和水的质量流量，kg/s；C_o、C_w 分别为原油和水的比热容，J/(kg·℃)；T_1、T_2 分别为井液流出井口时的温度和析蜡点温度，℃。

（2）温度补偿位置的确定。

油管内下入加热电缆补偿热量损失，可根据电泵井传感器所处井筒位置、配套传感器监测温度和井口出液温度，计算补偿位置公式

$$L_c = (T_2 - T_1)/a \tag{4}$$

$$a = (T_3 - T_1)/L_{esp} \tag{5}$$

式中：L_c 为加热电缆下入垂深位置，m；T_3 为传感器所处位置监测温度，℃。

考虑到井加热电缆弯曲对加热深度损失和井口温度受环境温度影响，应预留一定长度补充。

（3）加热制度动态调整。

上文给出了合理的温度补偿功率和位置，由于产液量、含水率、井底温度等因素的影响，很难按照确定的方法实施功率的动态调整。为了确定最佳的补偿功率，加热制度的关键是根据井筒变化实时动态调整补偿的加热功率。为实现合理加热工作制度，以井口出液温度为控制目标，通过控制系统中增加智能调控处理模块，建立闭环的运行制度。系统启动后实时监测井口出液温度，当 $T_1 < T_2$ 时，井筒存在结蜡风险，加热模式进入智能调控处理模块，以 0.5kW/h 为步长逐步提高系统补偿功率，直至 $T_1 \geq T_2$，获取最佳补偿功率 P_1；当 $T_2 \leq T_1 \leq 1.2T_2$，智能调控处理模块可不做调整，维持原补偿功率；当 $T_1 > 1.2T_2$，可设置自动终止加热系统，待监测温度 $T_1 < T_2$ 时，重新进入智能调控处理模块，再次获得最佳补偿功率 P_2，如图 1 所示，如此循环实现电泵井油管内最优加热工作制度。

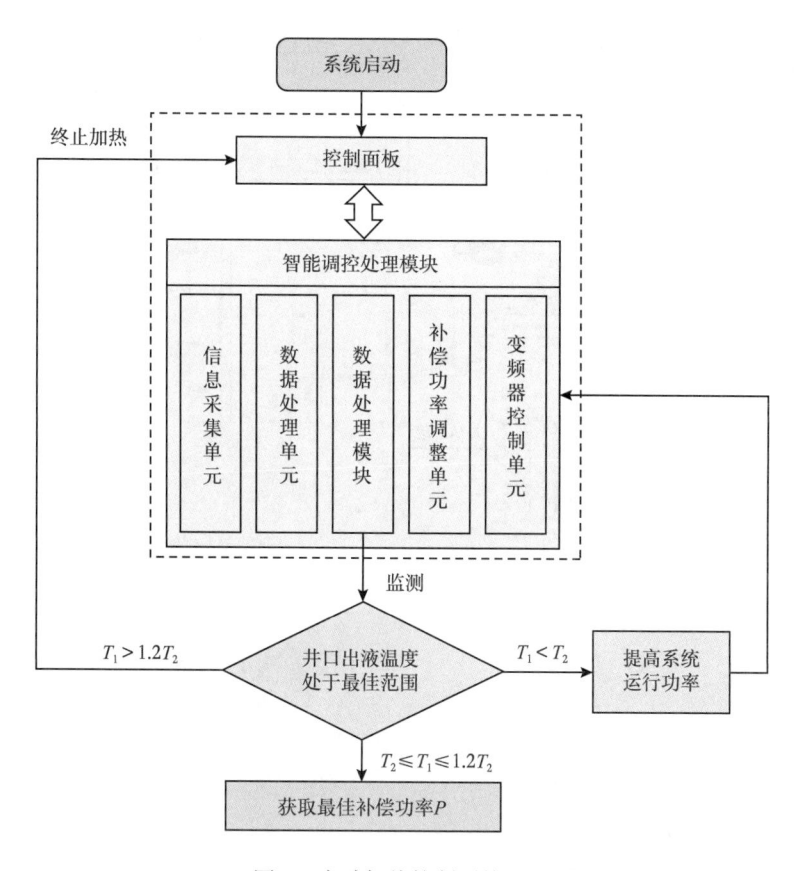

图 1 自动加热控制系统原理

2 电泵井油管内电加热工艺

2.1 工艺管柱

电泵生产井油管内电缆加热清防蜡工艺管柱如图2所示。井下部分主要为3/4in不锈钢加热管缆,地上部分悬挂装置、防喷装置、接线盒、动力电缆、基于温度补偿控制系统及相关配件组成。其中悬挂装置下端与井口采用卡箍连接,悬挂重量5t,上端与防喷装置通过螺纹连接。防喷装置密封压力不低于21MPa,可实现气、液两相动密封。其关键部件技术参数见表1。

表 1 电泵井油管内电加热工艺关键部件技术要求及参数

项目	井下加热管缆				井口悬挂密封				基于温度补偿控制系统		
	电缆直径（in）	材料等级	发热铠体	屈服强度（MPa）	悬挂重量（t）	额定工作压力（MPa）	工作温度（℃）	防腐性能	变压器容量（kV·A）	额定功率（kW）	调频范围（Hz）
技术要求及参数	3/4	FF	不锈钢	345	5	24.5	−35~150	NACE MR0175	100	70	50~1000

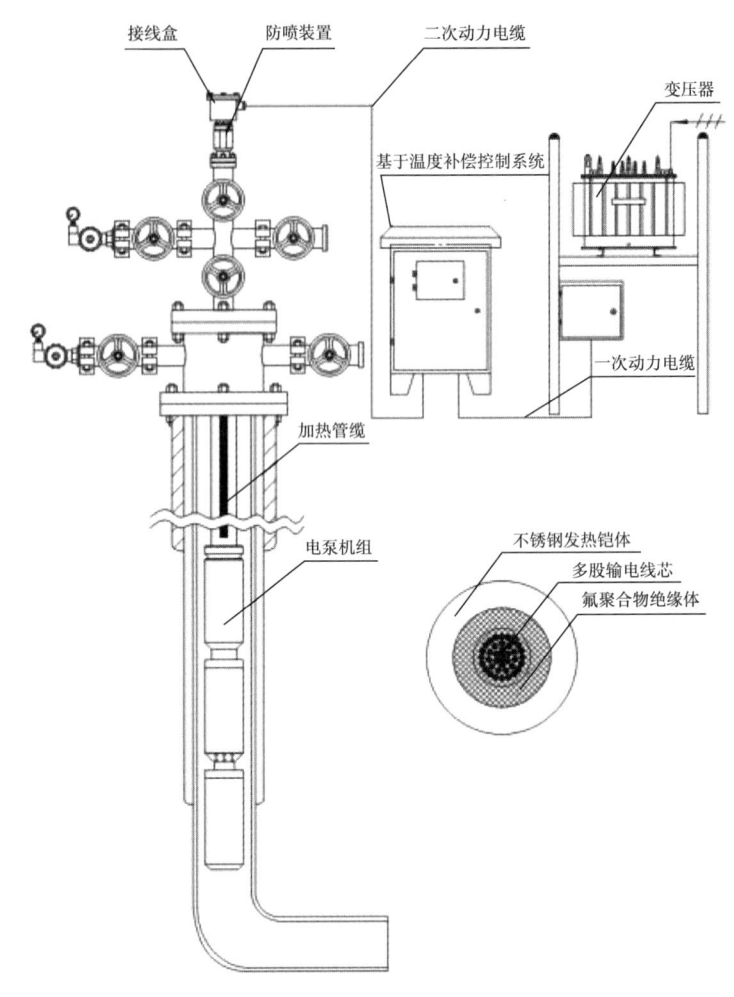

图2 油管内电加热清防蜡工艺管柱示意图

2.2 工艺原理

利用连续油管作业机将加热管缆下入油管内，加热管缆具有供电传输和加热功能，其内部多股供电线芯与不锈钢铠体构成回路，利用变频电源供电产生加热效应，不锈钢铠体产生的热量被井筒内油流带走，充分将电能转变为热能，实现对油管内部举升介质自下而上的加热，有效防止结蜡现象发生。配套应用基于温度补偿的控制系统，充分结合井口出液温度和地温梯度，动态调整加热功率，补偿井液在井筒内流动过程中与周围环境热量交换的能量损失，保证井口出液温度达到析蜡点以上。

3 现场试验

3.1 原油物性化验分析

大庆油田X区块油藏中深2500m左右，地层温度110~120℃，原油黏度5mPa·s，含蜡量16.3%~26.45%，胶质沥青质量14.10%~15.41%，原油凝点33~36℃。通过差示扫描量热法试验，确定X区块原油的析蜡点温度为42.7℃，属于低黏度、高含蜡、高凝点原油。

3.2 加热管缆下入井深优化设计

大庆油田 X 区块 A1 生产井下泵位置斜深 2310m，垂深 2245m，井底对应的地层温度 120.6。该井潜油电泵生产初期产液量最高日产液 318.09m³，井口温度 65.92℃。生产中后期随着产液量降低，达到井口处井液温度仅为 14.0℃，全井筒的温降为 96.6℃，平均温降速率为 4.3℃/100m。从井筒温度梯度可以看出（图 3），在井深约 650m 处，井筒产液温度低于原油析蜡点温度，井筒将开始出现结蜡现象。

3.3 施工步骤

（1）施工前进行井筒清洁作业，确保加热管缆顺利注入，悬挂装置、防喷装置及其他密封装置进行试压，试压合格后进入现场施工。

（2）按照连续油管作业施工摆放施工设备，相关设备检查满足井控和安全要求后开始施工。

图 3 A1 电泵生产井井温梯度

（3）连续油管作业机夹持加热管缆作业时，在深度 0~50m，注入速度小于 5m/min，剩余深度注入速度小于 10m/min，减少对防喷装置内部胶芯的磨损。

（4）加热管缆到达预定井深后，启动悬挂装置和防喷装置，旋紧顶丝后缓慢下放加热管缆，作业机悬重指示表归零，井口处无渗流，即完成井口密封盒悬挂。

（5）恢复井口流程，再次验证密封性能，拆卸相关作业设备和井控设备。

（6）连接地面供电系统、控制系统后进行整体调试，一切正常后开始投产运行。

3.4 试验情况

电泵井油管内电加热于 2022 年 6 月 15 日进行现场试验，加热管缆注入 A1 井筒内如图 4 所示。

图 4 A1 电泵生产井现场施工图片

A1 电泵生产井因受结蜡影响，产液量低于 35m³/d，井口处检测温度仅为 24℃，电泵机组运行时，泵出口压力持续升高，电机多次出现高温停机，存在蜡堵风险。现场加热管缆注

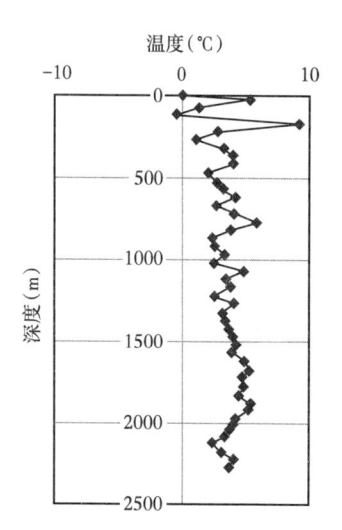

入投产后，井口温度提高至析蜡点以上，产液恢复至 70m³/d 以上，井口温度提高至 43℃，产油量提升显著。

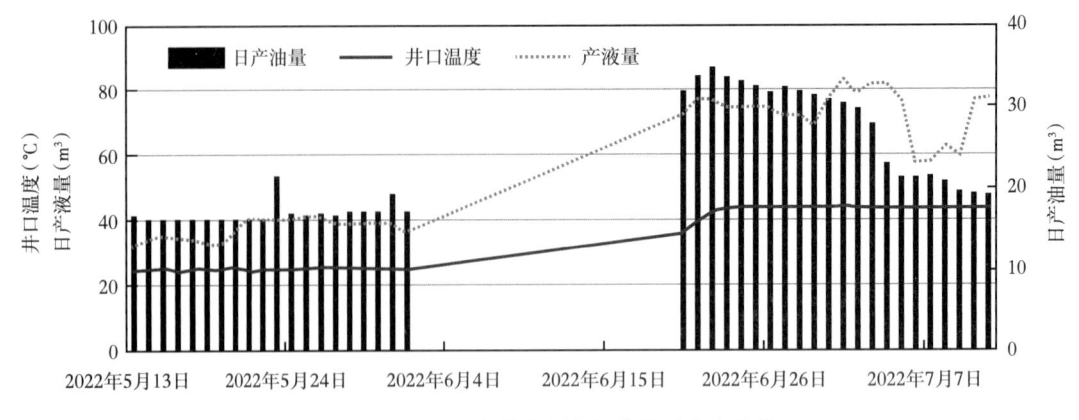

图 5　A1 电泵生产井应用电加热前后生产曲线

4　结论

（1）依托井筒内流体温度分布数学模型，建立基于温度补偿的控制加热制度，补偿井液在产出过程中热量损失。

（2）现场实施电泵井油管内电加热工艺管柱结果表明，可实现带压作业，同时其配套工具可靠性和密封性得到验证。

（3）利用连续油管作业机注入加热管缆至电泵井筒内，加热管缆温度升高形成热源，以加热油管内被举升的液体，达到了降黏、消除井筒结蜡目的，可大幅提高结蜡油井的产液量。

参 考 文 献

[1] 姬煜晨，于继飞，杜孝友，等.海上油田井筒电加热防蜡工艺设计方法[J].石油机械，2021，49（7）：93-100.

[2] 白健华，刘义刚，吴华晓，等.海上高含蜡油田隔热油管防蜡优化设计[J].长江大学学报（自科版），2015，12（35）：71-74.

[3] 周赵川，王辉，代向辉，等.海上采油井筒温度计算及隔热管柱优化设计[J].石油机械，2014，42（4）：43-48.

[4] 王国锋.稠油井油管电加热间歇加热制度优化[J].大庆石油地质与开发，2018，37（3）：96-100.

[5] 周洪亮.油管电加热技术优化研究[J].大庆石油地质与开发，2013，32（2）：154-158.

[6] 武继辉，孙军，贺志刚，等.油井清防蜡技术研究现状[J].油气田地面工程，2024，23（7）：14-16.

[7] 刘爱华，章结斌，陈创前.油田清防蜡技术发展现状[J].石油化工腐蚀与防护，2009，26（7）：1-7.

[8] 李伟超，齐桃，管虹翔，等.海上稠油热采井井筒温度场模型研究及应用[J].西南石油大学学报（自然科学版），2012，34（3）：105-110.

[9] 吴国云，余福林.稠油有杆泵电加热井的井筒温度场预测[J].油气田地面工程，2008，27（12）：10-12.

[10] RAMEY H J.Wellbore heat transmission[J].JPT，1962，14（4）：427-435.

松北古龙页岩油采油工程一体化方案设计探索与实践

马蔚东[1]，冯 立[1,2]，蒋国斌[1]，张华春[1]，才 庆[1]

（1.大庆油田有限责任公司采油工艺研究院；2.黑龙江省油气藏增产增注重点实验室）

摘 要：松辽盆地北部古龙页岩油不同于国内外典型页岩油，储层页理极其发育，黏土含量较高，岩性更为复杂，非均质性较强，尚无开发经验可借鉴。2018年以来，经历了勘探评价、开发试验、示范区建设等阶段，逐步探索形成了适合古龙页岩油大平台水平井工厂化实施的一体化开发模式。采油工程系统总结了前期勘探开发经验，坚持以提高单井产量为核心，以满足油藏工程预测结果、钻井最优井眼轨迹及地面建厂建站需要为目标开展方案设计。通过采取射孔、压裂一体化优化，地质、工程一体化优化，排采一体化优化，初步定型了等孔径射孔弹坡度限流射孔，适度高黏度压裂液、段内少簇复合压裂、控制生产压差排液、适时转人工举升等效益开发核心技术系列，有力保障古龙页岩油快速上产需要。采油工程一体化设计方法的探索与实践，为加快松辽盆地北部古龙页岩油由先导性试验向规模效益开发奠定了坚实基础。

关键词：页岩油；采油工程；一体化；方案设计；效益开发

松辽盆地北部青山口组页岩油发现于20世纪60年代，由于当时针对这类储层增产工艺技术水平的限制，未进行开发动用。随着大庆油田开发的不断深入，面对开发形势日益严峻、储层品位逐渐变差等难题，页岩油已成为重要的接替资源[1-2]。通过不断提高勘探程度，不断完善地质理论及技术，大庆油田逐渐步入非常规油气勘探阶段，其中夹层型页岩油与互层型页岩油已经实现有效开发。

近年来，为了扩大松辽盆地北部青山口组页岩油勘探成果，探索了半深湖—深湖区的纯页岩储层，并证实了齐家—古龙凹陷北部地区古龙页岩油良好的开发前景[3-5]。GP1井自喷日产油37.86m^3、日产气13032m^{3}的历史性战略突破，为大庆古龙页岩油资源—储量—效益转化奠定关键基础。古龙页岩油主要分布于松辽盆地北部中央坳陷区，层位上以中高成熟页岩油为主。根据"甜点区"地质与油藏特征的差异，陆续设计部署了开发先导试验井组。其间，采油工程方案依托科技攻关成果，与油藏工程、钻井工程、地面工程密切衔接，通过试验井组的设计与实践，不断总结经验，边设计边跟踪，边调整边完善，初步形成了古龙页岩油采油工程方案一体化优化方法。围绕古龙页岩油规模效益开发，逐步实现了采油工程方案主体工艺的定型。本文以松辽盆地北部古龙页岩油开发先导试验结果为基础，系统研究了采油工程方案的一体化设计方法及配套工艺技术，对同类页岩油储层的高效开发具有借鉴意义。

1 古龙页岩油油藏地质特征及开发难点

1.1 古龙页岩油油藏地质特征

大庆古龙页岩油分布面积广，青山口组沉积时期为湖泛期，齐家—古龙凹陷北部地区青

第一作者简介：马蔚东（1989—），男，硕士研究生，工程师，主要从事油田采油工程及相关评价研究。
通讯地址：大庆油田有限责任公司采油工艺研究院，邮编：163453，E-mail：373745089@qq.com

山口组以中高成熟页岩油为主[6]。与国内外其他页岩油相比，储层地质条件独特（表1）。

表1 古龙页岩油与国内外页岩油储层主要特征参数对比表

分类		美国鹰滩	胜利油田东营凹陷	大港油田沧东凹陷	新疆油田吉木萨尔凹陷	吉林油田长岭凹陷	大庆油田古龙凹陷
储集性	储层深度（m）	1200~4300	3300~3600	3900	2300~4300	1750~2600	2555
	有效厚度（m）	15~100	—	10~40	4~33	2~10	6~10
	孔隙度（%）	5~14	10.0~19.4	6~9	6~14	2~15	9.6
含油性/流动性	渗透率（mD）	0.001~0.002	0.00085~177	0.11~4	0.01	0.16~0.32	0.00007~0.75
	压力系数（MPa/100m）	1.4~1.5	1.2~1.8	0.96~1.27	1.2~1.6	0.9~1	1.3~1.57
	原油黏度（mPa·s）	—	—	19	>50	5~15	3.6
可压性	脆性矿物含量（%）	>80	—	>80	28~45	>30	>30

（1）黏土含量较高，岩性更为复杂。相比于国内外海相沉积、陆相咸化湖盆沉积等页岩油储层的碳酸质矿物含量高、脆性条件好、物性条件好[7]，古龙页岩油为陆相淡水湖盆沉积，高黏土含量、低碳酸质储层，脆性矿物含量平均在30%以上，单层厚度5~10m，单层厚度较薄，脆性相对较差。

（2）地质差异明显，非均质性较强。储层物性整体较差，孔隙度9.6%，渗透率0.00007~0.75mD，与国内外页岩油储层基本相当。从不同区域古龙页岩油的含油性特征、物性特征及脆性特征来看，储层S_1含量、TOC含量、孔隙度、脆性指数等参数存在明显差异（图1）。

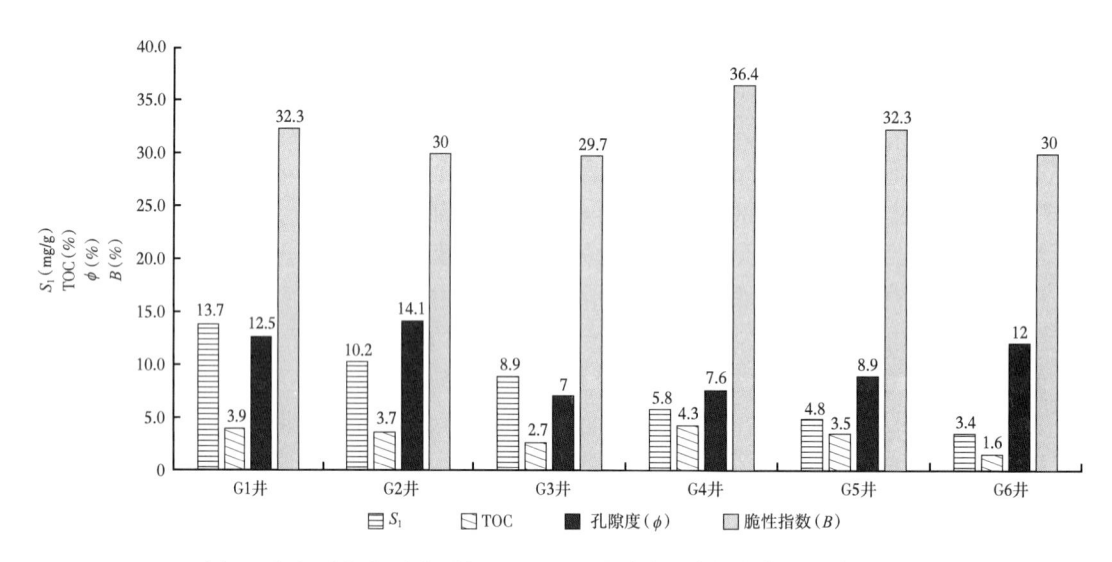

图1 古龙页岩油不同区域S_1、TOC、孔隙度、脆性指数平均值对比图

（3）页理极其发育，基质孔隙较小。古龙页岩油层理缝极为发育[8]，缝内油气连续富集，纳米级与微米级共存。岩心观察页理密度在1000~3000条/m；场发射电镜下缝长200~5000nm，宽50~150nm；CT重构和激光共聚焦表征平均缝宽达到6.8μm。基质孔隙孔径以10~30nm为主，喉道4~7nm，仅为其他页岩油储层的百分之一。

1.2 古龙页岩油开发难点

（1）松辽盆地北部古龙页岩油储层岩性复杂，纵平面非均质强、砂条薄，储层有效改造难度大。

（2）层理缝发育储层，垂向无渗透率，水平渗透率低，缝高延伸受限。

（3）古龙页岩油类型独特，没有可供借鉴的成熟经验，目前单井投资仍较高，需要进一步探索效益开发模式。

2 一体化设计模式及采油工程优化设计技术

2.1 一体化设计模式

在国际油价持续低迷、成本控制难度增大等现实压力下[9]，采用常规开发模式及技术难以满足古龙页岩油效益开发的需要[10]。大庆油田打破常规油勘探—评价—开发的流程，在前期致密油评价开发并行的基础上，进一步实现勘探、评价、开发一体化运行。采油工程方案上接油藏工程方案、下沿地面工程方案，在设计过程中充分发挥了桥梁纽带作用，采取提前介入的方式，强化多专业协同，将常规各专业接力式设计转变为上下游相互融合的一体化设计模式（图2）。

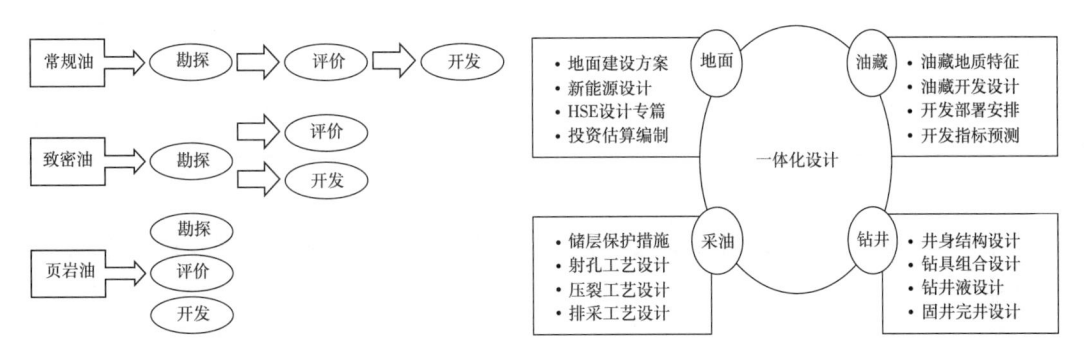

图2 古龙页岩油一体化开发设计模式图

2.2 采油工程优化设计技术

2.2.1 射孔优化设计技术

根据古龙页岩油采用水平井+多段大规模压裂开发方式，坚持射孔与压裂一体化优化，围绕增加射孔穿深，减少近井裂缝复杂，提高孔径均匀程度、降低起裂压力，开展射孔枪弹、射孔参数、射孔液及射孔方式优化设计，初步形成了古龙页岩油射孔优化设计技术系列，满足了页岩油水平井大规模压裂施工的需要。

（1）射孔枪弹、射孔参数及射孔液。

应用射孔软件预测了不同类型射孔枪弹组合在页岩油储层的穿深及孔径，等孔径射孔弹的深穿最大，深穿透射孔弹的孔径最大（表2）。由于水平井射孔枪偏靠易导致裂缝不均匀扩展，分析了等孔径射孔弹及常规射孔弹偏心情况检测数据，孔径差异率可由22.7%降至3.7%，等孔径射孔弹的孔径均匀程度较高。进一步分析了前期探井G1井不同压裂层段应用等孔径射孔弹及常规射孔弹对比试验结果，G1井应用等孔径射孔弹的层段，平均破裂压力梯度降低了8.5%，平均施工压力梯度降低了5.0%（表3），有效降低了压裂施工的难度。因此，优选采用YD-89枪装等孔径射孔弹，孔密16孔/m，相位角60°，螺旋布孔格式的射孔枪弹及参数组合，降低孔径差异对单孔不均匀进液的影响，有助于实现多簇同时开启及均匀扩展，同时降低压裂施工难度，保证每孔进液强度相同。射孔液采用压裂液基液，保证了射孔、压裂入井液体系的性质一致，减少施工过程中因液性转换造成储层伤害。

表2 不同类型射孔枪弹组合性能参数对比表

射孔枪	射孔弹类型	混凝土靶指标 穿深（mm）	混凝土靶指标 孔径（mm）	预测储层指标 穿深（mm）	预测储层指标 孔径（mm）
YD-89	常规	608	9.2	512	7.8
	等孔径	806	10.1	706	8.8
	深穿透	730	10.2	627	9.0

表3 G1井等孔径射孔弹与常规射孔弹试验效果对比表

射孔弹类型	破裂压力梯度（MPa/100m）	降低比例（%）	施工压力梯度（MPa/100m）	降低比例（%）
等孔径	0.0129	8.5	0.0229	5.0
常规	0.0141		0.0241	

（2）射孔方式。

根据数模分析，通过采取限流射孔方式控制射孔摩阻，平衡应力干扰，能够提高压裂层段各簇进液流量占比一致程度，有助于提升净压力，促进层理及各簇均匀扩展；根据光纤监测，与均匀射孔相比，坡度射孔能够提高各簇进液的均匀程度（图3）。因此，优化设计采取坡度+限流射孔方式，进一步提高层理及各簇裂缝延伸的均匀性及对称性。

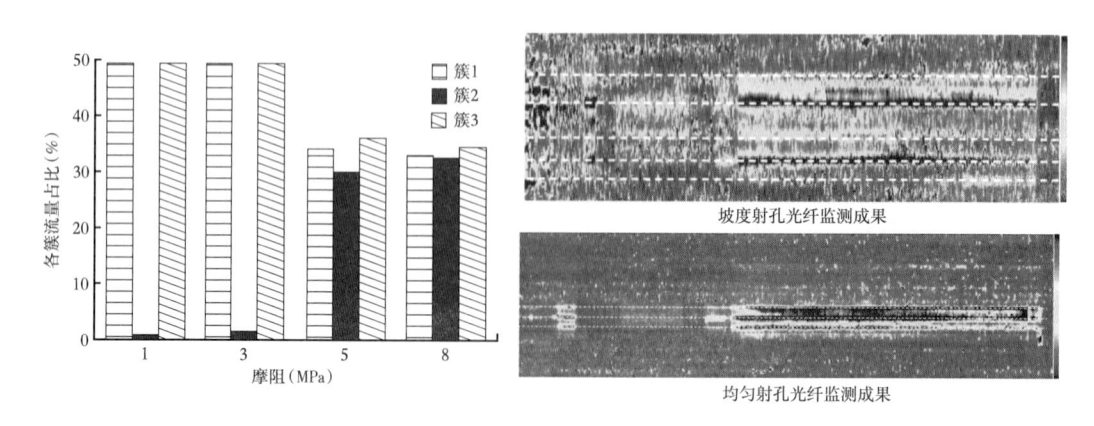

图3 数模分析及光纤监测成果

2.2.2 压裂优化设计技术

依据油藏工程优化结果，考虑古龙页岩油地面条件实际情况，整体采用平台井方式布井，利用"水平井+体积压裂"储层改造方式进行开发。围绕产能目标，以"控近扩远、稳液控砂、精准工艺、精细施工、适度试验"为核心理念，基于油藏地质及压裂施工参数，建立构造模型、TOC模型、裂缝模型及应力场模型（图4），开展压裂地质工程一体化设计，提高井段内及井间动用程度。

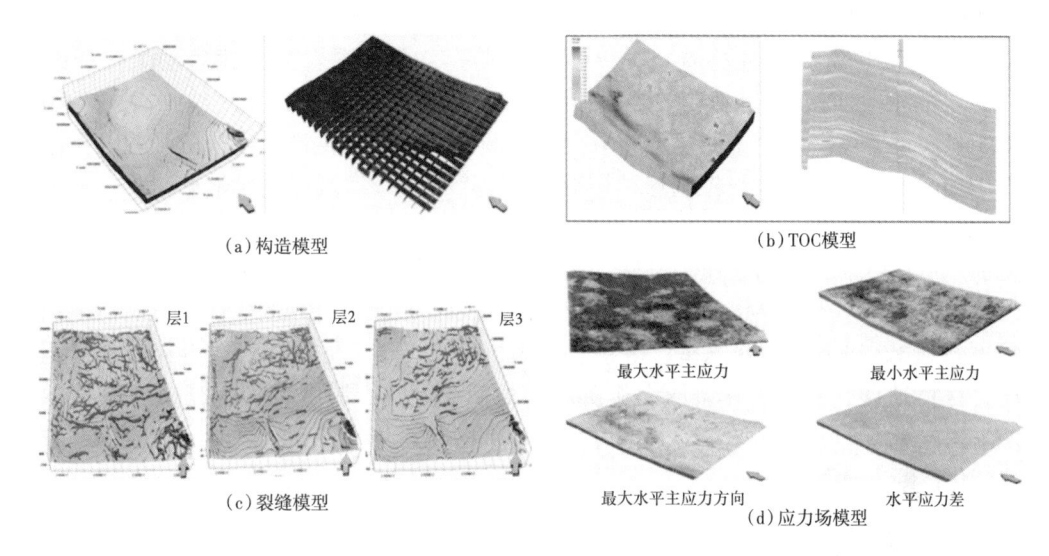

(a)构造模型　　　　　　　　　(b)TOC模型

(c)裂缝模型　　　　　　　　　(d)应力场模型

图4　地质工程一体化模型

（1）压裂簇数优化。

现场示踪剂裂缝监测和井下电视监测表明，采用1段7簇压裂时仅开启4簇，且存在铺砂不均匀和炮眼扩径严重的现象。通过模拟1段3簇、1段4簇及1段7簇的裂缝延伸情况，1段3~4簇压裂各簇之间裂缝延伸的均匀性较好，1段7簇明显裂缝延伸不均匀，因此优化压裂簇数采用1段3~4簇，保证裂缝均匀开启及延伸。

（2）压裂簇间距优化。

根据前期探井施工经验及5~50m不同压裂簇间距下累产量模拟结果，缩短簇间距可有效提高单井产量，但簇间距过小，不仅大幅度增加压裂投资，同时易引起各簇之间产生干扰。对比了单段15m和单段20m的光纤监测结果，裂缝均能够均匀延伸，单段20m簇间距簇间存在较大的空白区，造成压裂改造不充分。进一步开展了缩小单段簇间距的模拟分析，单段簇间距减少至5m各簇起裂及延伸不均匀，裂缝间干扰严重，影响压裂效果；簇间距由10m增加到15m各簇起裂及延伸均匀，裂缝间干扰逐渐减弱，因此优化压裂簇间距10~15m，保证井段内动用程度及改造效果。

（3）压裂材料优选。

根据前期试验井投产经验，滑溜水比例过高易导致近井裂缝复杂，主缝长度受限，远端支撑效果差，泄流半径小；同时配套采用小粒径支撑剂的比例较高，易于流动，由于近井过度改造，导致支撑剂夹实不紧，造成了前期试验井出现压后出砂现象。根据物模实验，低黏液有利于形成复杂裂缝，高黏液有利于裂缝向远端延伸。结合古龙页岩油储层层理缝发育、储层致密、渗透率极低、非均质性的特点，针对颗粒粗、大孔占比高的小层，应用大比例高黏度瓜尔胶、低比例滑溜水的压裂液体系，实现造长缝；针对页理缝较发育的小层，应用中比例高黏度瓜尔胶、适当增加滑溜水比例的压裂液体系，提高裂缝复杂程度。

2.2.3 排采优化设计技术

前期借鉴国外排采经验，放大生产压差，试验了快速返排提产制度，日排液量达到300m³以上，实现了产量快速达峰，但同时压降幅度较大，产量递减较快。为此，采油工程方案开展排采一体化优化，探索适合古龙页岩油的生产方式，进一步明确全生命周期排采技术。

（1）排液制度优化。

根据已投产井见油时机及离心—核磁联测实验，古龙页岩油油相启动生产压差平均2.5MPa，不同阶段油相示踪剂监测结果表明，在此基础上继续放大生产压差水平井各段贡献比例无明显增加，增产效果不明显。吸取前期试验井放大油嘴生产递减快的经验，排液初期采取2~10mm油嘴逐级放大，控制连续排液量或生产压差，实现低返排早见油。

（2）采油制度优化。

见油产量达峰后，为防止压力陡降，实现稳产的目标，优化供采平衡，计算合理的采液指数，控制日压降小于0.1MPa，日产液量不大于200m³，保持合理的生产流压。后期地层压力系数下降到1.3以下时，转气举、电泵、抽油机等人工举升方式，及时补充能量，调控井底流压，保持地层、井底、井口压力相协调的长期稳定生产制度，实现提高单井EUR。对于后期采用电泵、抽油机等举升方式的井，配备数字化采集设备，实现数字化监控、数据远传、智能化诊断、远程控制。

3 开发先导试验效果

2021年起，根据古龙页岩油"甜点区"构造深度、成熟度、气油比、原油密度等差异，部署了开发先导试验井组，自主探索与古龙页岩油储层特征相适应的效益开发技术。由于该类型储层尚无成熟开发经验可借鉴，采油工程方案设计开展多轮次试验，持续跟踪方案实施效果，全面剖析问题、总结问题，及时调整和完善采油工程技术政策。结合油藏工程多层系、长水平段、立体井网开发动用模式，形成了"井网—压裂"一体化优化设计方法，逐步实现大庆古龙页岩油采油工程优化设计技术的定型。

按照"分批实施，逐步迭代"的战略决策，第一批次投产G1井组的水平井全部见油，有75%的水平井初期产量高于前期探井GP1井，初期平均日产油近30t，证明了方案设计的系列采油工程技术能够满足古龙页岩油开发需要，受优化手段不完善及地质工程一体化结合不足，实现了初期高产，但稳产能力弱，递减较快，未实现效益开发。在后续批次投产的井组，通过采油工程方案一体化优化及工艺技术的迭代升级应用，针对性制定了控压排采方案，平均有效改造体积增加了1.5倍，平均见油返排率降低了15个百分点，见油生产超过3个月的井，平均日产油15t以上、油气当量20t以上，超过油藏工程产量预测并持续保持稳产，实现了压裂改造质量效果及稳产能力显著提升，助力了古龙页岩油规模效益开发。

4 结论

（1）松辽盆地北部古龙页岩油储层类型独特，没有可供借鉴的成熟开发经验，大庆油田依靠自主创新和融合发展，创新形成了勘探、评价、开发一体化运行模式，实现了开发理念的新突破。采油工程通过强化与油藏、钻井、地面等多专业开展一体化协同优化，形成了适合大庆油田古龙页岩油储层特点的采油工程优化设计方法，针对性解决了古龙页岩油的开发难题。

（2）通过应用采油工程一体化设计方法开展工艺优选及参数优化，形成了等孔径坡度限流射孔、复合压裂、控制生产压差排液、适时转人工举升等核心技术系列，设计选用的采油工艺技术能够满足方案现场实施的要求。经过多轮次方案设计及实施，采油工艺技术应用从实践到认识，再从认识到实践，逐步探索了松辽盆地北部古龙页岩油效益开发模式，为后续试验区高效开发积累了经验。

（3）松辽盆地北部古龙页岩油创建了一体化开发新模式，已形成较为完整的技术体系，但规模效益开发仍面临油藏非均质较强、开发成本高等诸多问题和挑战，需要进一步提高储层认识程度及深化渗流机理研究，采油工程技术还需要与油藏工程储层评价、开发规律预测等技术进行一体化攻关结合，实现采油工程方案主体工艺迭代升级，为古龙页岩油规模效益推广及快速上产提供方案保障。

参 考 文 献

[1] 崔宝文，陈春瑞，林旭东，等.松辽盆地古龙页岩油甜点特征及分布[J].大庆石油地质与开发，2020，39（3）：45-55.

[2] 王玉华，梁江平，张金友，等.松辽盆地古龙页岩油资源潜力及勘探方向[J].大庆石油地质与开发，2020，39（3）：20-34.

[3] 柳波，石佳欣，付晓飞，等.陆相泥页岩层系岩相特征与页岩油富集条件：以松辽盆地古龙凹陷白垩系青山口组一段富有机质泥页岩为例[J].石油勘探与开发，2018，45（5）：828-838.

[4] 杨智，侯连华，陶士振，等.致密油与页岩油形成条件与"甜点区"评价[J].石油勘探与开发，2015，45（5）：555-565.

[5] 施立志，王卓卓，张革，等.松辽盆地齐家地区致密油形成条件与分布规律[J].石油勘探与开发，2015，42（1）：44-50.

[6] 庞彦明，张元庆，蔡敏，等.松辽盆地古龙页岩油水平井开发技术经济界限[J].大庆石油地质与开发，2021，40（5）：134-143.

[7] 蒲秀刚，时战楠，韩文中，等.陆相湖盆细粒沉积区页岩层系石油地质特征与油气发现：以黄骅坳陷沧东凹陷孔二段为例[J].油气地质与采收率，2019，26（1）：46-58.

[8] 李士超，张金友，公繁浩，等.松辽盆地北部上白垩统青山口组泥岩特征及页岩油有利区优选[J].地质通报，2017，36（4）：654-663.

[9] 李兴科，孙超，许建国.大井丛集约化效益建产开发方案优化与技术应用[J].特种油气藏，2018，25（2）：169-174.

[10] 许琳，常秋生，杨成克，等.吉木萨尔凹陷二叠系芦草沟组页岩油储层特征及含油性[J].石油与天然气地质，2019，40（3）：535-549.

动态负压射孔作用机理分析及可靠实现

刘 桥[1]，刘 琳[1]，刘向京[2]，刘 刚[1]，蔡 山[1]，于秋来[1]

（1.大庆油田有限责任公司试油试采分公司；2.大庆油田射孔器材有限公司）

摘 要：动态负压射孔是一种降低射孔压实带损害、提高射孔效果的射孔技术，国内外诸多学者和公司对其进行了理论研究，然而对其确切的作用机理有诸多观点，未能达成一致。本文借鉴应力波和空化理论，加入了层裂和空化的概念，同时认为气室快速崩塌产生的卸载应力波所达成瞬时断裂，是破坏孔壁界面层的根本，这也是利用动态压力差对射孔孔道产生清洁作用的原因。在上述认知基础上，建立以弱爆破引发气室崩塌而形成强卸载模型。基于该模型开发的工具，能够在井下环空中产生最小压力为零的强卸载，并在生产数据监测中，实现产油量增加、含水率降低的效果。

关键词：射孔；动态负压；应力波；空化；层裂；机理

动态负压射孔技术是为解决射孔过程中产生的压实带（渗透率为原来的10%~30%）带来的低孔隙度、低渗透率的问题而产生的。常规负压射孔工艺技术射孔的效果并不是很理想，特别是在低孔隙度、低渗透率、致密性油气藏，动态负压射孔技术能够降低压实带的损害，增大孔渗效果，实现更理想的产出。该技术最先由斯伦贝谢公司提出，其发展有三个阶段，分别是 DUB（Dynamic Underbalance）、DUB-PP（Dynamic Underbalance-post）、RE-DUB（Repeat Dynamic Underbalance）[1-3]。从最初的射孔过程中对射孔孔道的作用，发展为射孔后提升射孔效果，再到后来的完井后清除污染。表现油气产量、流压大幅提高，含水率降低的效果[1-5]。这种清洁射孔技术，多年来被许多运营商用以实现更好的油井产能或注入能力，它的优势不仅表现在射孔过程本身，而且体现在射孔后和完井后的作用。然而，目前对动态负压"射孔"作用形成的机理认识还不是很清晰。虽然国内外学者结合射孔孔道形成过程对动态负压射孔的作用机理进行了一些分析，但将射孔过程换成 DUB-PP、RE-DUB 的工况将难以取得合理的解释。本文引入应力波层裂和空化的概念对此进行分析，结合全新的理念，探讨更可靠的实现方法。

1 动态负压射孔效果及解读

1.1 试验室研究

为了弄清楚动态负压效应在清除射孔损害方面的作用机理，国外学者进行了大量的实验研究。初步的研究结果显示[6-7]，动态负压效应的作用机理要比以往人们的认知复杂得多。为使研究成果具有普遍性，他们分别选择了贝雷砂岩岩心、碳褐色砂岩岩心及碳酸盐岩岩心进行射孔实验。在相同的应力条件以及使用同种类型的射孔枪弹类型的情况下，他们分别对每种类型的岩心进行了两次射孔实验，其中，一块岩心在动态负压条件下进行射孔，另一块

第一作者简介：刘桥（1973—），1997年毕业于大庆石油学院机械工艺与设备专业，现任大庆油田有限责任公司试油试采分公司工程技术大队副大队长，从事射孔工艺开发、射孔方案编制等方面工作，高级工程师。通讯地址：黑龙江省大庆市让胡路区银浪乘南十八街66号，E-mail：Liuqiao@petrochina.com.cn

岩心在常规静态负压条件下进行射孔。为了能够对比分析经历动态负压效应的射孔孔道与未经历动态负压效应的射孔孔道之间的形态差异，他们对所有射孔岩心进行了纵向剖切。贝雷砂岩岩心的射孔实验情况如图1所示。

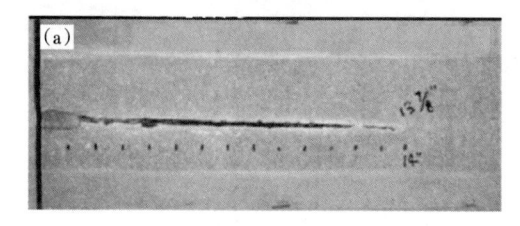

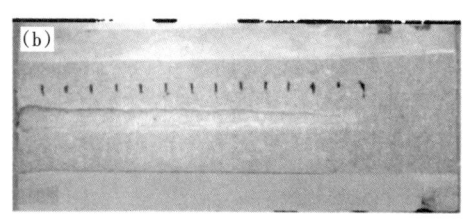

图1 贝雷砂岩岩心常规射孔试验（a）和动态负压射孔试验（b）孔道结构对比图

从上述试验中，他们发现不管是贝雷砂岩岩心、碳褐色砂岩岩心还是碳酸盐岩岩心，经历动态负压效应的射孔孔道［图1(b)］都明显比未经历动态负压效应的射孔孔道［图1(a)］更加的宽大和畅通。由此他们指出，动态负压射孔时，动态负压效应在一定程度上扩大了射孔孔道的直径。而且经进一步研究，这一结论也可以理解为射孔压实带得以剥离、射孔孔道的内腔扩大，使得动态负压射孔孔容要比正压射孔、静态负压射孔的孔容都要大（图2），这种剥离密实界面产生较大孔容的情况，可使油气开采获得更好的孔渗效果。

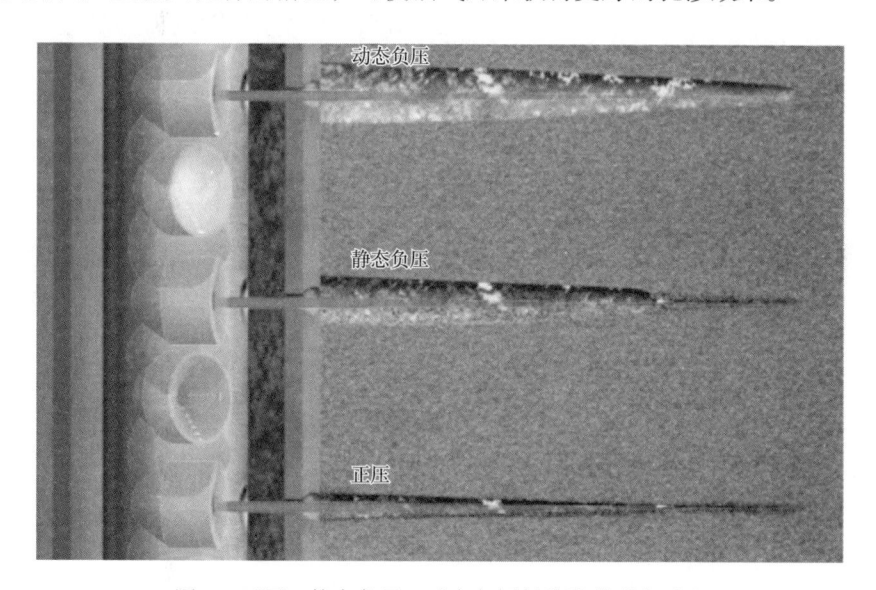

图2 正压、静态负压、动态负压射孔孔道形态对比

1.2 工程研究

动态负压射孔工艺，利用射孔过程中瞬间产生的负压差，把破碎岩石及其他射孔碎屑带到井筒，相对静态负压射孔，射孔孔道清理得更干净，井的生产动态更好，在所采用动态负压射孔方法的工程实践均取得很好的效果[1-3, 8-9]。例如荷兰 Groningen 气田 Borgsweer4 注水井，在两次 PURE 射孔未达到预期的情况下，直接采用 PURE 射孔弹和 PURE 枪膛达到了预期[1]。又或是在采用 RE-DUB 技术的工程井中依然取得了非常好的效果，这在 Mohd, Shafie Jumaat 等的文章[3]展现出油产量、流压成倍提高，含水率降低，同时使硫酸钡等结垢得以清除（图3），这为动态负压射孔技术的应用提供了新的指向。

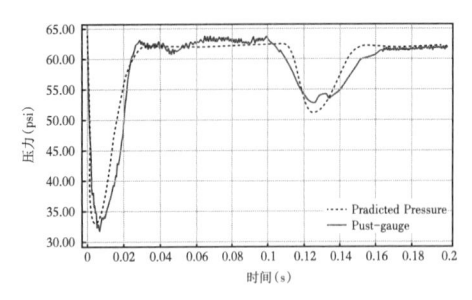

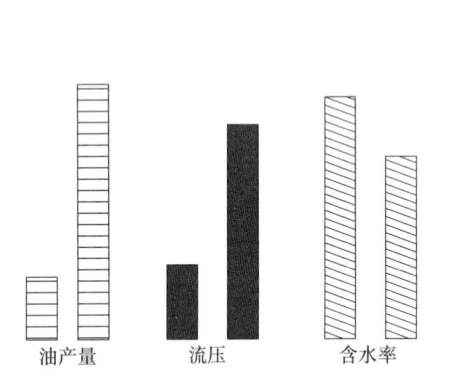

图3 某井 RE-DUB 重复动态负压射孔效果

1.3 现有的解释

这种射孔孔道内腔增大的现象是如何发生的？具体的原因是什么？国内外学者也给出了多种解释：涌流作用、压差作用，或液体涌流或气体涌流。但各种解释放到上述不同的工程场景中又会出现歧义。特别是在 RE-DUB 工程应用后的情形下，这种现象或效果的出现，似乎和孔道形成的过程关系不大。

最早 HANDREN 等认为孔道内岩石碎屑清理程度与负压差的大小相关[8]。Subiaur 等提及其界面破坏是由于剪切应力破坏而导致[9]。HALLECK 等观测到压实带的碎屑受到强烈的轴向涌流携带作用瞬时被冲洗出射孔孔道的现象[10-11]。咸玉席等认为主要是由于射孔弹产生的金属射流侵彻油气藏储层后产生岩石碎屑压实带及高压气体，在射孔孔眼内高压气体在孔眼与井筒内压力梯度下作用下使孔眼内壁卸载，压实带在压缩岩石卸载下出现脱离光滑壁面，并在高压气体涌流作用下携带出孔眼进入到井筒[12]。常鹏刚等认为，在起爆射孔时，孔眼周围岩石的应力平衡瞬间遭到破坏。在地应力作用下，使射孔孔眼周围产生微裂缝网，并且认为泄流造成的孔眼岩层崩塌[13]。Mohd 等对 RE-DUB 后套管壁结垢层的剥离现象进行了描述[2-3]，但没有揭示出剪切应力破坏的根源。

在大多数研究中均认为压实带出现剪切破坏的现象，但此种剪切破坏产生的原因并没有令人信服的论证和解释。

2 对射孔动态负压作用形成机理的探讨

工程上对动态负压射孔机理的研究是建立在井下高速记录仪的结果分析上。以现有的手段，还无法直接观测或证明这种压实带被削弱的现象是如何产生的，虽然也认识到与地应力卸载有关，但压实带等削弱过程和怎样发生，还没有可靠的让人信服的解释。我们认为，已有的分析仅是揭示了动态负压形成过程中的一部分机理，因此会出现诸多分歧。笔者依据自己的认识，结合爆炸力学、流体动力学，对这种现象进行了全新的探讨。

DUB 技术中所表现出的射孔孔道内腔增大的现象，将其理解为孔道内表层剥离或是套管结垢层剥脱，岩石中孔道或套管表层能够恢复其原来的部分结构（致密的表层被剥离）。这样就能够合理解释 DUB 技术的工程效果，且这种工程效果仅表现为表层界面的分离现象，不会对结构体造成损害。

对动态负压（射孔）后呈现出表层剥离现象的深入认识，探究其如何产生这一现象的力学本质，有助于我们更好地发展和使用 DUB 技术。本文引用空化及应力波层裂理论来对动态负压射孔后射孔孔道增大的现象剖析其机理，通过模拟空室崩塌的造成的强卸载，建立新的模型，进而开发出更为可靠的动态负压射孔工具。

2.1 卸载时地应力变化

井下动态负压效应产生的条件归结为水中、高压环境、空室、界面和能量瞬间迁移。这里可以将射孔的穿孔过程暂时排除以便更好地分析，这样能够更好地满足 DUB-PP、RE-DUB 工程下的条件。因此，可以将动态负压效应简单地描绘成高压区能量向低压区迁移时，在界面上发生的现象，也就是高应力环境中快速卸载时发生在界面的应力突变和空泡的塌陷现象。

通常高压环境中的岩石中无论是加载还是卸载，都将出现局部拉应力。在卸载情况下，岩石中会在缺陷处（界面）形成平行于卸载方向的拉应力。岩石中出现的拉应力主要与岩体内缺陷的物理参数、初始应力大小和卸载速率有关。对卸载时初始应力和卸载速率对缺陷应力集中的影响进行分析表明，卸载速率越快，缺陷处的应力集中越大，若缺陷尺寸较大，岩体中的局部拉应力和初始应力近似成正比[14-17]。

一般地，地下 500m 深处，垂直地应力一般可达 10MPa 以上，强度较低的岩体将可能发生卸载破坏，而在地下 1000m 深处，垂直地应力一般可达 20~30MPa，应力状态也更接近于静水压力状态，大多数岩体在快速卸载时将发生拉伸破坏，容易造成岩心饼化现象（层裂）[14]。Bauch 和 Lemmp 利用有围压的卸载试验成功地模拟了岩心的饼化效应[15]。他们认为只有在快速卸载的情况下，试件中才会产生较大的拉应力。相对于应力绝对大小和主应力差，卸载速度对岩样的破坏具有更大的影响。

射流穿孔时，强大的动能破坏了地应力的平衡，速度为 6000~8000m/s 的射流穿孔时会形成高达 20~30GPa 的瞬间压强，在成孔区域产生局部破坏，这种破坏以粉碎岩石为主，并在少量的能量驱动下在孔道周边形成压实带。这种指向岩石内部的能量集中度高，而后续能量弱，仅起到携带、挤压介质的作用。正常射孔、静态负压射孔中由于水的存在，很难消除这种影响。而动态负压的作用，就是提供一个快速的卸载，使之产生一垂直界面，指向岩石外部（向心）的拉应力。当此拉应力足够大时，可能引起界面破裂，产生裂纹、脱落，但其细节还需从应力波和空泡的角度研究。

2.2 从应力波的角度研究

当爆轰载荷作用于装甲靶板时，在板中将产生强大的入射应力波，并在板中传播和衰减。当应力波到达装甲靶板背面时将发生反射，反射波与入射波的相互作用决定了层裂效应[18-19]，如图 4 所示。

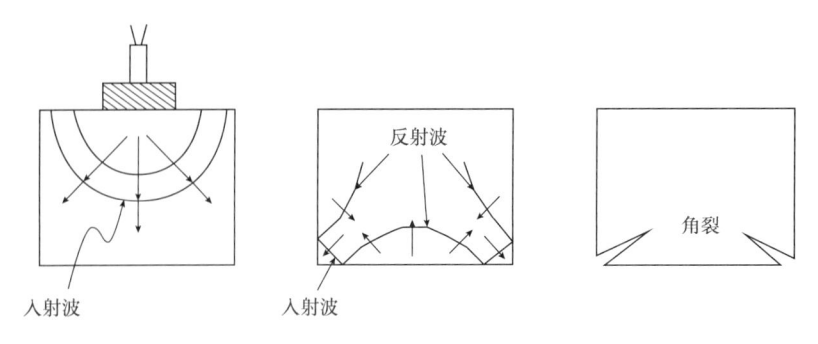

图 4　自由表面所反射的卸载拉伸波导致的层裂

当压力脉冲在板的自由表面反射成拉伸脉冲时,将可能在邻近自由表面的某处造成相当高的拉应力,一旦满足某动态断裂准则,就会在该处引起材料的破裂。裂口足够大时,整块裂片便带着陷入其中的动量飞离。这种由压力脉冲在自由表面反射所造成的背面的动态断裂称为层裂或崩落(Spalling)。飞出的裂片称作层裂片或痂片(Scab)。

在上述情况,一旦出现了层裂,也就同时形成了新的自由表面。继续入射的压力脉冲就将在此新自由表面上反射,从而可能造成第二层层裂。依次类推,在一定条件下可形成多层层裂(multiple Spalling),产生一系列的多层痂片。

一个压力脉冲总是由脉冲头部的压缩加载波及其随后的卸载波阵面所共同组成的。大多数工程材料往往能承受相当强的压应力而不致破坏,但不能承受同样强度的拉应力。层裂之所以能产生,在于压力脉冲在自由面反射后形成了足以满足动态断裂准则的拉应力;而拉应力之形成,则实际上在于入射压力脉冲头部的压缩加载波在自由表面反射为卸载波后,再与入射压力脉冲波尾的卸载波的相互作用,简言之在于入射卸载波与反射卸载波的相互作用。因此压力脉冲的强度和形状对于能否形成层裂,在什么位置形成层裂(层裂片厚度)及形成层数等,具有重大影响。形成拉应力只是一个前提,最后还要取决于是否满足动态断裂准则。

最早提出的动态断裂准则是最大拉应力瞬时断裂准则。按此准则,一旦拉应力 σ 达到或超过材料的抗拉临界值 σ_c 立即发生层裂,σ_c 是表征材料抵抗动态拉伸断裂性能的材料常数称为动态断裂强度。这一准则在形式上是静强度理论中的最大正应力准则在动态情况下的推广,认为断裂是在满足此准则的瞬时发生的,属于速率(时间)无关断裂理论。

层裂不是单个裂纹扩展的结果,因为层裂过程中,没有那么长的时间足以使单一裂纹传播到整个层裂破坏面。显微结构观察表明,它是由许多小裂纹的形成、发展、联结、最后形成剥落。

对于井下动态负压的情形,可以近似地看作受地层压力、井液(外载荷)作用下的介质(岩体、管壁胶结物等),在外载荷突然部分消失(气室打开)时,由介质内部产生一指向外部的波动,此波动碰到自由表面反射形成反射卸载波,这样的压力脉冲的反射卸载波与入射卸载波相互作用于自由表面时也将形成净拉应力而从可能导致层裂的情况发生。在井下环境中,自由表面的产生至关重要。自由表面的存在满足界面两侧的介质密度相差很大(如固体—气体),这样应力波才有可能转变为反射卸载应力波。如果界面两侧的介质密度相差不大,则发生反射的情形减弱(如固体—液体),透射,不产生反射卸载应力波。这就要求卸载速率非常快,能够在界面处制造出自由界面(空泡)。

针对动态负压作用的情形，可以认为初始地应力在空泡破灭的情形下，出现以几（1~10）×10^2m/s的速度卸载，载荷总历时1~100μs，导致界面的动态断裂，发生层裂效应。这种情形可以发生在孔道界面，也可以发生在井筒内壁，而与是否渗流无关。且卸载速率越快，界面处应力集中越大，层裂效应越显著。以此可以印证，在$p—T$图形（下降的斜率越大，产生层裂扩大孔容的可能性越大，孔渗情况越好）。

图5中，试验7、试验8和试验9使用的是相似的岩心和射孔弹。在试验9中，射孔起爆后模拟井眼压力上升到2500psi（17.2MPa）并一直保持正压。试验7和试验8在起爆后各自的井眼压力立即突降到-2400psi和-2000psi（-16.5MPa和-13.8MPa）。试验7表现出完美的动态负压效果，孔容明显增大；试验8孔容与试验9相似，未发生界面剥离。

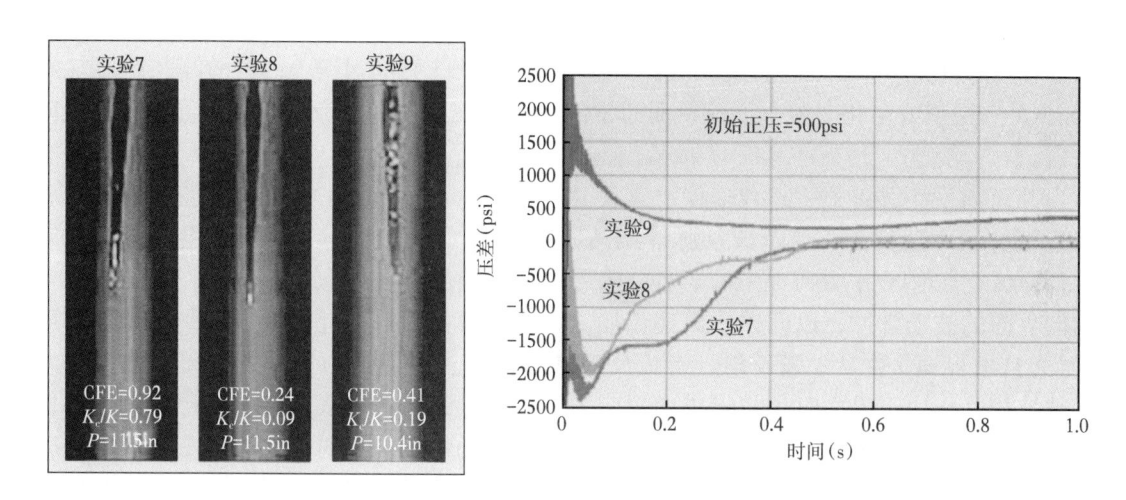

图5 不同压力条件下单发射孔试验[7]

2.3 从空化的角度研究

空化（Cavitation）是指在流体中由于压力降低而引起的气化现象，而空蚀（Erosion）则是指由于流体中存在的空化诱发流体的快速扩散和冲击而导致的固体材料表面的破坏。空化的原理。当流体在高压区域流动到低压区域时，压力降低会导致液体分子之间的吸引力减小，分子的动能趋于增加，当达到一定程度时，液体中部分子就开始从液相过渡到气相，形成气泡。这种气泡在低压区域形成，但随着流体的流动而向高压区域移动，气泡被高压区域的压力挤压，气泡内的压力迅速升高，气泡会快速崩碎，同时形成冲击波，产生高压和高温，从而对固体材料表面造成破坏。空蚀的原理：当液体中存在着气泡时，流体在气泡周围的流动速度会增大，压强也会下降，这会导致流体中的空泡加速膨胀和坍缩，形成水锤效应。这种水锤效应会导致流体中的冲击力增大，加速流动，产生高速流体颗粒对固体表面的撞击和破坏，导致固体表面的空蚀。

相对于卸载导致的层裂效应，空室的存在，在动态负压过程中也有可能发生空化和空蚀效应。当液体内部局部压力降低时，液体内部或液固交界面上蒸汽或气体空穴的形成、发展和溃灭形成空化。当空化发生时，流经液体的分子键会产生强烈的爆裂，同时瞬间形成爆裂点局部的极端高温（1900~5000K）和高压（达140~170MPa），并伴有强烈的冲击波和微射流。空化形成的特殊能量效应，能够对化学及物理反应过程起到强化作用，形成"水相燃烧"现象，从而促使不同物质分子的充分聚合或分解。

用高速摄影研究近壁处单个空泡馈灭时空泡变形的资料表明，微射流的速度为 130~170m/s。数值模拟计算表明，游移型空泡溃灭时微射流的冲击压力可高达 691000kN/m^2；微射流的直径约为 2~3μm，空蚀坑直径约为 2~20μm；在 1cm^2 的面积上，边壁受到的射流冲击频率约为 100~1000Hz。冲击脉冲的作用时间每次只有 1~10μs。这样高的射流速度所产生的冲击力足以使材料发生空蚀破坏。

动态负压射孔过程中，高压液体中空室的存在为空化效应提供了先决条件——即空泡崩溃成为可能，同时空化所导致的微射流，空蚀现象有可能发生，其结果就是孔道或管壁界面结构出现为裂痕－层裂现象。

2.4 一个相对完整的动态负压作用形成过程

经过上面的分析，按时间逻辑可对动态负压射孔现象发生的整个过程进行描述。其过程应该细分为射流侵彻成孔（大于 6000m/s）—爆生气体作用（1500 小于 m/s）—卸载应力波（约 1500m/s）—层裂或空化空蚀—涌流，而通常的研究仅在成孔和涌流阶段有所涉猎，其他阶段空白。

当井筒内发生强卸载（卸载速度、强度达标），首先会引起井液的能量波动。这个波动将以液体的声速传播，这个波动脉冲到达固液界面（壁面或孔道界面），会在界面处制造一低压区（空泡区）；由于固体（岩体）边界的载荷消失，在地应力作用下，固体内会形成指向界面的波动脉冲，以固体内声速传播，指向固液界面。当此脉冲波动到达固液界面（此时为自由界面）会发生强反射，形成反射卸载波，这样的压力脉冲的反射卸载波与入射卸载波相互作用于界面时也将形成净拉应力，进而导致孔道内表面或壁面层裂的情况发生，这就是动态负压射孔之孔道壁面或井筒垢层剥离的情形。相对于层裂现象，空化效应可能在上述空泡区形成时就已发生。上述情况，可能单独发生也可能同时发生，也可能交替发生。

在侵彻成孔和爆生气体阶段，如果能做到将射孔弹能量绝大多数用于成孔（能量利用效率高），则爆生气体的能量相对就少，残余能量危害小，更有利于强卸载的形成。

当满足一定条件，达到强卸载时，形成自由界面，生成应力波，两种卸载波叠加触发层裂、空化（微射流）；如果卸载的速度或强度不够，无法形成自由界面和完成卸载应力波叠加，能量仅是边界震荡，则导致界面介质更加密实（图 5 试验 8 的情况）。

如果上述逻辑正确，那么对于动态负压射孔研究的主要方向应放在实现卸载应力波的过程及手段，即如何生成速率高的卸载应力波及工具，使空室（空泡）崩塌得更为迅速是主要研究方向。

3 模型及应用

基于上述逻辑，射孔或是射孔后的动态负压作用中，压力卸载速率（即井下 p—T 曲线中降压速率）和程度是评价动态负压射孔成败的关键。在地层井段允许的情况，以低能耗为前提，用爆炸的方法使气室快速破碎就可以获得气泡崩塌效果，实现强烈快速的压降，产生卸载应力波，达成层裂和空化效应。

基于这种认识，用爆破—平面波，直接炸开气室（薄弱区域）的结构为模型，能够实现预测的效果。具体可以用少量的炸药（20~30g）爆炸形成数 1000~10000mm^2 的面积的通道（图 6），以超过 6000m/s 速度建立通道，迅速降压实现强卸载。

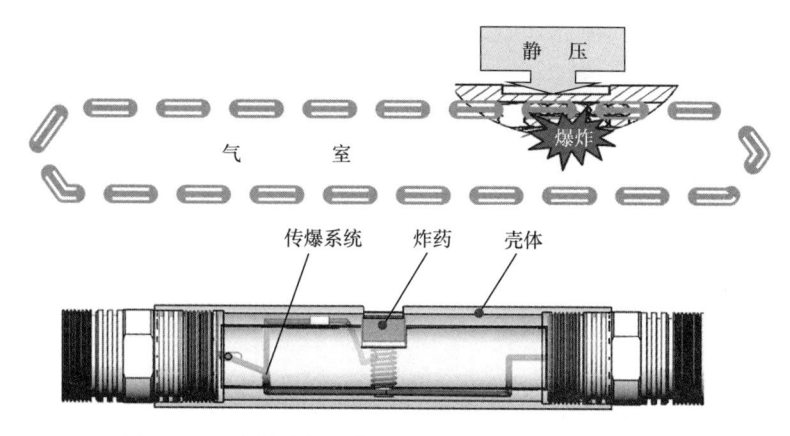

图 6 上图为爆破气室模型和下图为工具的结构剖视图

应用上述模型构建的工具，进行了模拟井测试。具体情况如下，井筒总深度 500m，工具下深 120m，102 空枪 4m，89 试验弹（不射穿套管）16 发，井口静压为 15MPa 的条件下，使用该工具获得的井筒环空强卸载，测得最小压力值为零（图 7），即实现最大理论动态负压值 15MPa。

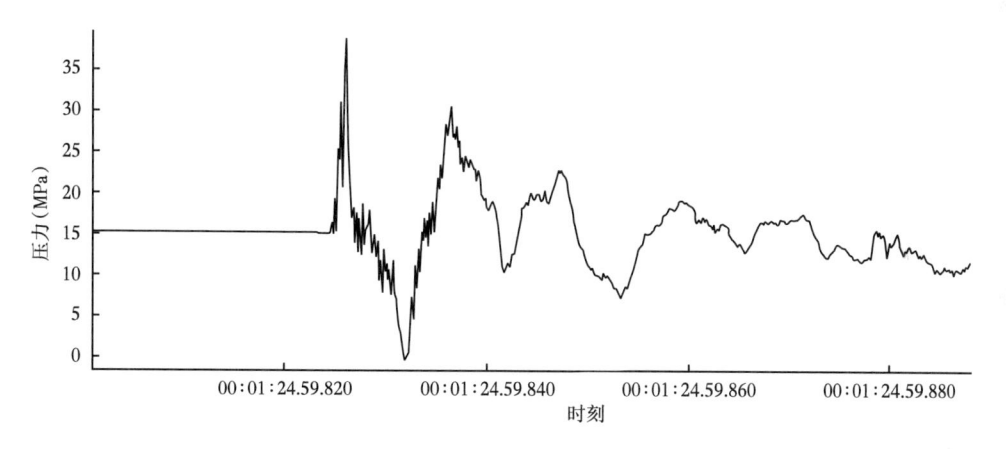

图 7 模拟井测试 p—T 曲线

相应装置在大庆某区块动态负压射孔获得了理想的动态负压效果。该区块为高含水，产层深度 1050~1150m，平均射开厚度 9.95m，射孔弹为 SDP45RDX-1，注聚合物驱油，地层压力 19MPa 左右，139.7J55 套管，全部为机采井。在长达超 400d 的跟踪监测中，与临近井对比，产油、油压皆有提高，含水率降低明显（表 1），这与斯伦贝谢公司对动态负压射孔效果[1-3]的描述一致。

表 1 某区块临井该动态负压射孔与正常射孔产能对比

序号	井号	初期 产液(t)	初期 产油(t)	初期 含水(t)	初期 流压(MPa)	累计增油量(t)
1	X11 区 8 口井平均（动态）	28.74	2.10	92.7	6.10	447.00
2	同区 8 口井对比	25.26	0.46	96	5.87	185.48

图 8　某井 TCP 射孔后工具形态

4　结论

（1）层裂和空化效应的引入可以更清晰地解释射孔动态负压现象形成的机理。

（2）动态负压射孔作用的过程可细化为成孔—爆生气体—强卸载—层裂或空泡—剥离—涌流，卸载的速率决定动态负压的成败的关键，而成孔和涌流并非必需。

（3）用爆炸气室模拟成气泡崩溃，能够形成更高速率的卸载，测试压力最小值达到零值；其应用所获得的动态负压效果（产油、油压提高，含水率降低）与斯伦贝谢公司的结论相一致。

参 考 文 献

[1] BAKKER E，VECKEN K，MAATSCHAPPIJ N A，et al. 动态负压射孔新技术 [J]. 国外测井技术，2004，19（5）：48-60.

[2] BAXTER D，BEHRMANN L，GROVE B，et al. 动态负压射孔技术进展及应用 [J]. 油田新技术，2009，21（3）：4-16.

[3] MOHD，SHAFIE J. Repeat Dynamic Underbalance Perforating in Oman[J]，SPE 165920，2013.

[4] 刘桥 .PURE 动态负压射孔技术在大庆油田的应用 [J]. 硅谷，2009，18：119.

[5] 刘方玉，刘桥，蔡山 . 动态负压射孔技术研究 [J]. 测井技术，2010，84（2）：193-195.

[6] GROVE B，HARVEY J，ZHAN L.Perforation cleanup via dynamic underbalance：New understandings[J]. SPE 143997，2011.

[7] GROVE B，HARVEY J，ZHAN L，et al. An Improved Technique for Interpreting Perforating-Flow-Laboratory Re-sults：Honoring Observed Cleanup Mechanisms [J].SPE143998，2012.

[8] HANDREN P J，JUPP T B，DEES J M.Overbalance perforating and stimulation methods for wells [C]. SPE26515，1993.

[9] SUBIAUR S，GRAHAM C，WALTON I，et al.Underbalance Pressure Criteria for Perforating Carbonates[J]. SPE 86542，2004.

[10] HALLECK P M，KARACAN C O，HARDESTYJ，et al.Changes in perforation - induced formation damage withdegree of underbalance：Comparison of Sandstone andLimestone formations [C].SPE 86541，2004.

[11] OZGEN KARACAN C, GRADERAS, HALLECK PM.Mapping of permeability damage around perforation tun-nels [J]. Journal Energy Resources Technology, 2001, 12（3）: 205-213.

[12] 咸玉席, 方正, 邵振鹏, 等. 动态负压射孔形成的射孔孔道内涌流机理研究 [J]. 油气井测试, 2020, 29（1）: 1-6.

[13] 常鹏刚, 王永清, 马飞英, 等. 动态负压射孔作用机理新认识 [J]. 测井技术, 2014, 38（2）: 242-246.

[14] 王明洋, 范鹏贤, 李文培. 岩石的劈裂和卸载破坏机制 [J]. 岩石力学与工程学报, 2010, 29（2）: 234-241.

[15] BAUCH E, LEMMP C. Rock splitting in the surrounds of underground openings: an experimental approach using triaxial extension test[C]//HACK R, AZZAM R, CHARLIER R. Engineering Geology for Infrastructure Planning in Europe. Berlin: Springer, 2004: 244–254.

[16] 梁正召, 唐春安, 张永彬, 等. 岩石直接拉伸破坏过程及其分形特征的三维数值模拟研究 [J]. 岩石力学与工程学报, 2008, 27（7）: 1402-1410.

[17] 周小平, 张永兴, 哈秋舲, 等. 单轴拉伸条件下细观非均匀性岩石变形局部化分析及其应力－应变全过程研究 [J]. 岩石力学与工程学报, 2004, 23（1）: 1-6.

[18] 王礼立, 胡时胜. 应力波基础 [M]. 北京: 科学出版社, 2023.

[19] 孟令存, 闫明, 杜志鹏, 等. 外界条件对中空结构物内爆冲击波的影响 [J]. 高压物理学报, 2020, 34（4）: 1-6.

[20] 李帅, 张阿漫, 韩蕊. 水中高压脉动气泡水射流形成机理及载荷特性研究 [J]. 力学学报, 2019, 51(6): 1666-1681.

[21] 亨利奇. 熊健国等译. 爆炸动力学及其应用 [M]. 北京: 科学出版社, 1987.

[22] 钱胜国, 张伟林, 徐光耀. 近自由水面水下爆炸时水中激波特性 [J]. 爆炸与冲击, 1983, 3（4）, 53-63.

[23] 王高辉, 张社荣, 卢文波. 近边界面的水下爆炸冲击波传播特性及气穴效应 [J]. 水利学报, 2015, 46（8）, 999-1007.

[24] 李翼祺, 马素贞. 爆炸力学 [M]. 北京: 科学出版社, 1992.

古龙页岩油水平井固井提质技术研究

齐　悦[1,2]，姜　涛[1,2]，杨秀天[1,2]，侯力伟[1,2]，刘　鑫[1,2]，王广雷[1,2]

（1.多资源协同陆相页岩油绿色开采全国重点实验室；2.大庆钻探工程公司）

摘　要： 古龙页岩油地层呈纹层状结构，易脆、易剥落，采用水平井+体积压裂方式进行开发，固井主要面临套管下入居中困难、冲顶顶替效率低、体积压裂对水泥环封隔质量要求高三项技术难点。本文结合地质及工程因素，在井眼净化、安全下入、扶正居中、高效顶替及理想填充方面开展配套技术研究，制定了详细的技术措施，形成了古龙页岩油水平井固井配套技术。2021—2023年已在古龙页岩油水平井应用104口，水平段优质井段比例达到88.44%，取得了较好的应用效果。

关键词： 页岩油；水平井；体积压裂；冲洗顶替；固井质量

古龙页岩油资源丰富，勘探取得了重大突破，资源潜力巨大，将成为国家能源安全保障的重要组成部分。国外页岩油以海相夹层型和混积型为主，国内其他盆地以陆相夹层型和混积型为主，而古龙页岩油为典型的陆相泥纹型页岩油，泥级页岩、黏土矿物含量高、页理及蚂蚁体发育、纳米孔隙为主，无自然工业产能，需要通过水平井体积压裂获得持续产能[1-5]。页岩油水平井固井质量是影响环空封隔及分段压裂成功与否的关键技术之一，古龙页岩油勘探初期水平段优质井段比例仅为42.99%，已影响体积压裂效果，亟须改进和优化古龙页岩油水平井固井技术。本文结合古龙页岩油地质和工程因素，在套管下入及居中、冲洗顶替和水泥封固三个关键技术方面进行了分析和对策研究，形成了适用于古龙页岩油水平井固井提质配套技术，在古龙页岩油规模化应用中取得了显著的效果，为古龙页岩油资源的有效动用提供技术保障。

1　页岩油水平井固井技术难点

1.1　套管下入居中困难

古龙页岩油水平井水平段一般为2500m左右，部分井达到了3000m。岩性脆且呈纹层状结构、发育微裂缝、地层空隙压力与坍塌压力密度窗口窄、高钙层等原因，钻井过程中易发生井壁剥落、垮塌、漏失、托压等问题，导致井眼大、井径不规则、轨迹波动频繁等复杂。水平段长、井眼大且不规则井眼不利于井眼清洁，加上轨迹波动，下套管过程中易出现摩阻大，甚至难以下至预定位置的现象。用于降低摩阻的滚珠扶正器和旋转下套管等措施，由于古龙页岩强度低、纹层状结构、易剥落等特点应用受到限制。此外，大井眼、大肚子井眼水平段套管居中度偏低，为提高套管居中，需增加弹性扶正器扶正力、数量及外径，也

基金项目：中国石油天然气集团有限公司重大科技专项课题5"陆相页岩油钻井提速提质关键技术研究"（编号：2023ZZ15YJ05）。

第一作者简介：齐悦，大庆钻探工程公司钻井工程技术研究院，教授级高级工程师，现任钻井工程技术研究院院长。联系地址：黑龙江省大庆市八百垧钻井工程技术研究院完井技术研究所，E-mail：qiyue@cnpc.com.cn

相应地增加了套管下入阻力，套管安全下入与居中相互制约。

1.2 提高冲洗顶替效率难度大

油基钻井液具有页岩抑制性强、润滑性好等优点，页岩油水平井钻井过程中通常采用油基钻井液。但就固井施工而言，易在胶结界面处形成油膜或滞留油基钻井液，水泥石在油润湿环境下界面胶结强度一般小于0.1MPa[6-10]。如果在后期的固井施工过程中油基钻井液未冲洗顶替干净，必将导致井壁和套管壁不能形成良好的水润湿界面，从而影响水泥环的胶结质量与封隔能力。此外，页岩油井水平段长、井径不规则、套管居中度差等问题突出，流体间掺混量大，窄边的钻井液驱替困难，复杂井眼条件下固井冲洗顶替效率难以保障。

1.3 体积压裂对水泥石力学性能要求高

古龙页岩油压裂平均在45段以上，井口压力一般大于70MPa，井底最大压力达到95~120MPa。水泥石本身属于脆性材料，在受反复压裂应力作用时易发生断裂和脆性破坏，导致水泥环密封失效，影响压裂效果[11-21]。为了避免体积压裂对水泥石的损伤，需要对水泥石进行力学性能改造，在不影响强度的前提下增加水泥石韧性，以满足水泥环长期有效地封隔地层要求。

2 页岩油水平井固井技术对策研究

2.1 页岩油水平井套管下入及居中技术

2.1.1 套管下入技术

为了保障套管安全下入，研制了自导式旋转引鞋、全通径漂浮下套管等工具。自导式旋转引鞋带有偏心旋转机构，可在周向局部遇阻时自动偏转调整方向，引导管串通过遇阻点，并使用安装刚性扶正器的短套管连接旋转引鞋，改善套管串端部在井眼台肩处遇阻问题。漂浮下套管工具采用全通径盲板式结构，利用承压高、破碎颗粒小的密封板并设计柔性承托机构提高工具稳定性，盲板承压35~50MPa可调，启压力误差小于5MPa，本体承压可达180MPa，为超长水平段（不小于3000m）水平井套管安全下入提供技术支持。

下套管前依据井眼轨迹、管串结构、钻井液密度等实际井况，模拟计算下套管过程的大钩载荷。以GY38的一口井为例，该井井深5224m，水平段长2583m，通过模拟可知，摩擦系数大于0.38时，常规下套管无法靠自身重力下入，摩擦系数0.45时，常规下套管下入到4600m悬重归零，最大需下压20t下入，存在安全下入风险（图1）。因此推荐使用漂浮下套管，空气段长度2360m，摩擦系数0.45时，漂浮下套管下到底剩余悬重21t，摩擦系数0.53时，漂浮下套管下到底剩余悬重9t（图2），该井实际使用漂浮下套管下到底剩余悬重5t，用时43h。

2.1.2 套管居中技术

针对常规弹性扶正器焊口易失效、强度低、摩阻系数大问题，通过特种弹簧钢优选、单弓球面弧度设计及整材冲压工艺优化等，研制了一体式弹性扶正器。一体式弹性扶正器较常规铰接双弓弹性扶正器，扶正力提高72.7%，回弹能力提高15.51个百分点、摩阻系数减少50%，且循环加载后不会出现损坏现象，数据见表1。通过居中度敏感性分析得出，扶正器间距不小于17.8m时，套管跨中存在贴井壁情况，水平段扶正器应确保一根一个。在相同井眼条件下，一体式弹性扶正器与双弓弹性扶正器相比，居中度提高4个百分点（图3和图4）。

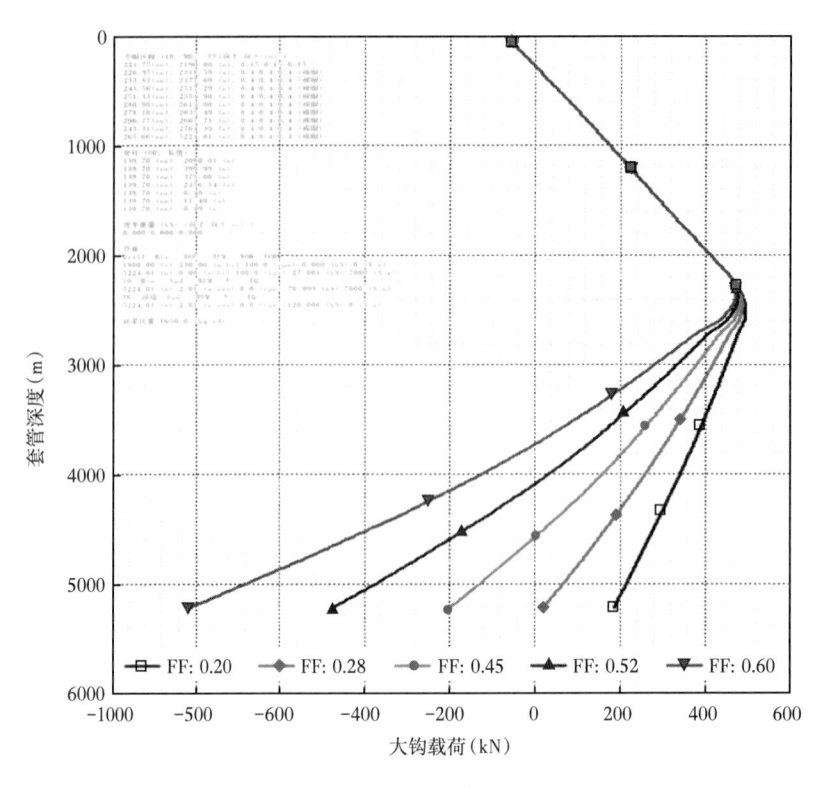

图1 不同摩擦系数条件下常规下套管钩载模拟

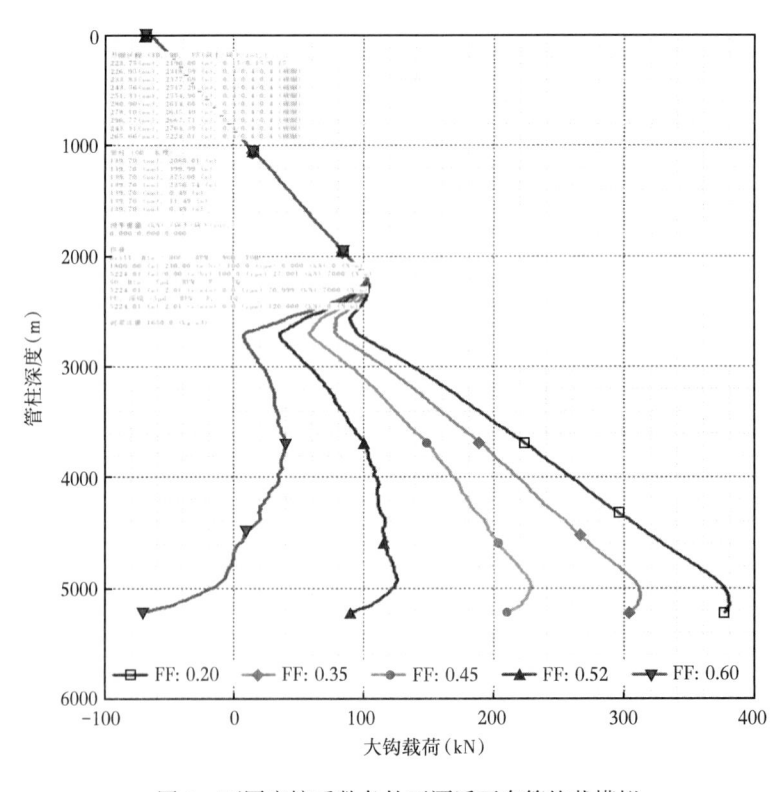

图2 不同摩擦系数条件下漂浮下套管钩载模拟

表 1 常规双弓扶正器与一体式弹性扶正器性能对比

类型	外径（mm）	内径（mm）	总长（mm）	扶正力（kN）	变形量（mm）（6.6kN）	回弹能力（%）（6.6kN）	摩阻系数	循环加载破坏（2~7kN）
常规双弓扶正器	225	ϕ142	450	2.2	67	82.66（恢复186mm）	0.2	循环加载5~10次损坏
一体式弹性扶正器	218	ϕ142	420	3.8	32	98.17（恢复214mm）	0.1	循环加载100次无损坏

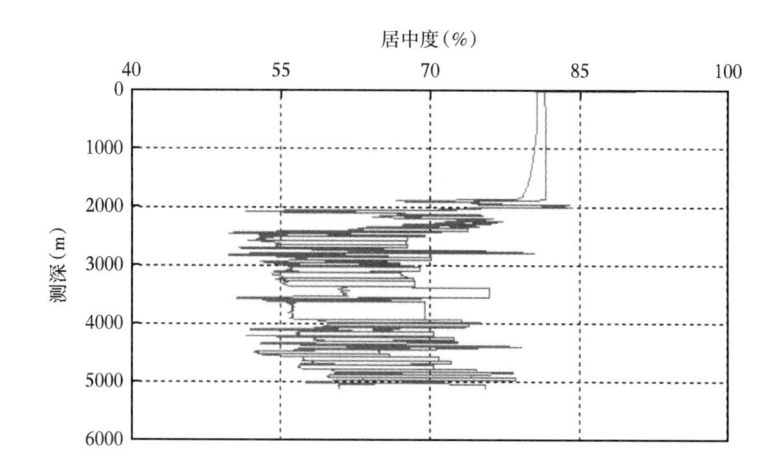

图 3 双弓弹性扶正器居中度模拟（水平段67%）

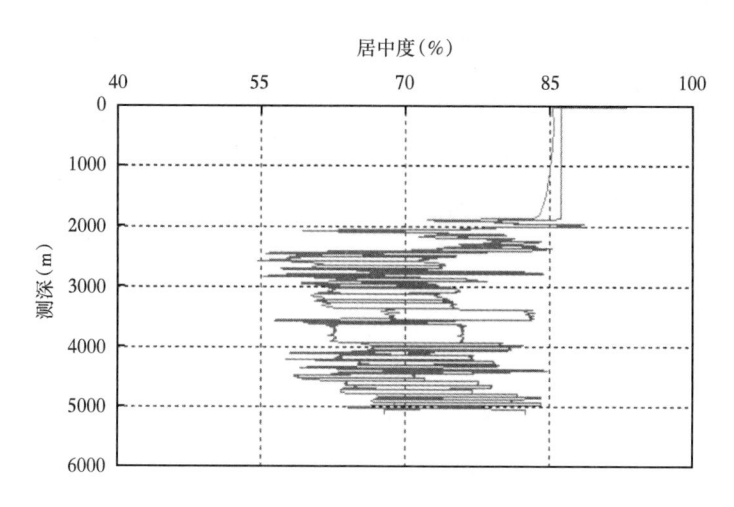

图 4 一体式弹性扶正器居中度模拟（水平段71%）

2.2 页岩油水平井固井冲洗顶替技术

2.2.1 高密度油基钻井液用可辨识前置液体系

为了提高环空界面油浆、油膜的清洗效果，改善界面的润湿环境，提高冲洗顶替效果及可辨识能力，研发了高密度油基钻井液用可辨识前置液。

（1）冲洗技术。

以改性生物胶作悬浮剂，使前置液具有较强的假塑性特征，静止时切力高，流动时黏度低，悬浮能力强且易实现紊流顶替，前置液塑性黏度最低7mPa·s，临界紊流排量0.71~0.89m³/min（表2），保障固井施工紊流冲洗顶替；其次选用具有不同HLB值的表面活性剂复配作为前置液净洗剂，分别具有乳化、去污功能及渗透、润湿功能，两种净洗剂协同作用，能快速清除界面附着的油浆和油膜，实现亲油界面水润湿反转。黏附油基钻井液的套管在冲洗液中浸泡1min，冲洗液就可透过油基钻井液渗透到管壁上并产生润湿反转，使管壁上黏附油基钻井液逐渐卷曲、脱落，3min后只有少量油浆残留（图5）。在用旋转黏度计200r/min模拟冲洗时，冲净时间小于等于4min（图6）。

表2 固井前置液流变性能数据

序号	密度（g/cm³）	塑性黏度（mPa·s）	动切力（Pa）	流动度（cm）	临界返速（m³/min）
1	1.30	7	3.32	35.0	0.71
2	1.40	8	3.58	33.5	0.74
3	1.50	9	3.83	32.0	0.76
4	1.60	11	5.37	31.0	0.82
5	1.70	14	5.11	30.0	0.85
6	1.80	18	9.71	28.0	0.89

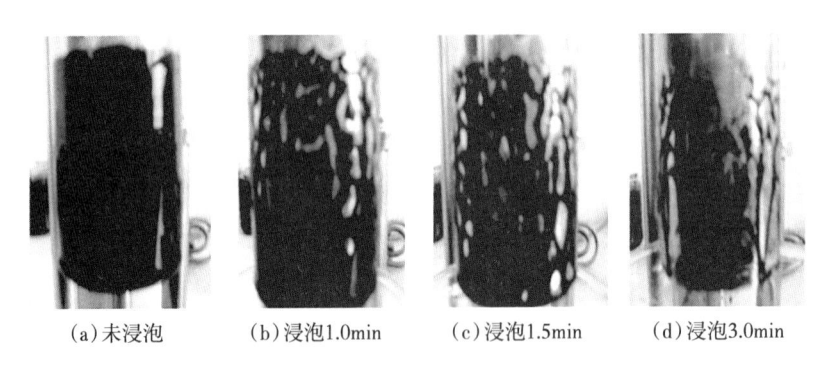

(a) 未浸泡　　(b) 浸泡1.0min　　(c) 浸泡1.5min　　(d) 浸泡3.0min

图5 模拟黏附油基钻井液的套管在冲洗液中浸泡

(a) 未冲洗　　(b) 冲洗4.0min

图6 模拟黏附油基钻井液的套管冲洗效果

（2）可辨识技术。

为了提高前置液的井口辨识能力，以有机颜料偶氮红及酞菁绿为原料，经过分散、研磨制成了前置液用高效色彩示踪剂。利用表面活性剂双亲的结构特征以及在液面富集的特性，将非极性的颜料微粒吸附在表面活性剂碳链上，形成颜料—表活剂共同体，颜料微粒随表活剂分散，并快速在液面富集，形成连续色膜包覆浆体，提升着色、示踪效果（图7）。在前置液中加入0.10%的示踪剂，颜色即出现明显变化，加量超过0.2%，浆体色彩鲜明（图8）。利用色差测量仪检测色差（图9），示踪剂加量0.2%和0.4%，与钻井液色差值大于32.4（表3），色调、明度、饱和度变化明显，提高了井口返出流体的辨识能力，为准确计量各流体井口返出量提供了技术手段。

表3 部分固井流体色差测试数据

序号	名称	模式	角度	亮度	红绿偏向	黄蓝偏向	亮度偏差	红绿偏差	黄蓝偏差	色差值
1	基样（泥浆）	SCI	D65/10°	10.6	1.51	5.59	—	—	—	—
2	水泥石（太行）	SCI	D65/10°	22.3	-0.14	2.46	-6.64	-1.65	-3.13	1.52
3	混浆（冲1:泥1）	SCI	D65/10°	17.9	0.4	2.01	-13.6	-1.11	-3.58	2.10
4	前置液（原）	SCI	D65/10°	29.3	1.02	3.87	-9.15	-0.49	-1.72	3.40
5	前置液（色浆0.2%）	SCI	D65/10°	37.5	-0.14	2.46	-6.64	-1.65	-3.13	32.45
6	前置液（色浆0.4%）	SCI	D65/10°	54.97	4.82	12.13	4.03	3.31	6.54	45.63

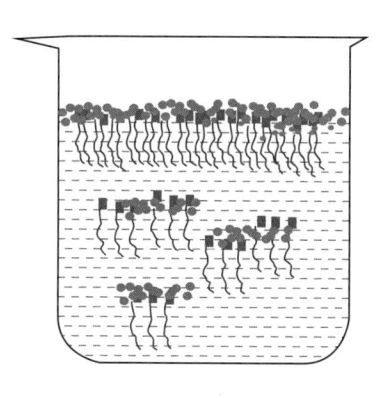

图7 颜料与表活剂吸附着色

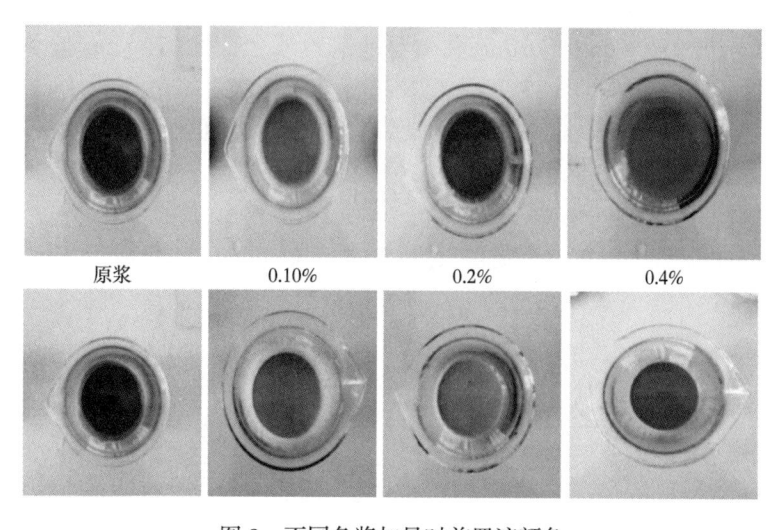

图8 不同色浆加量时前置液颜色

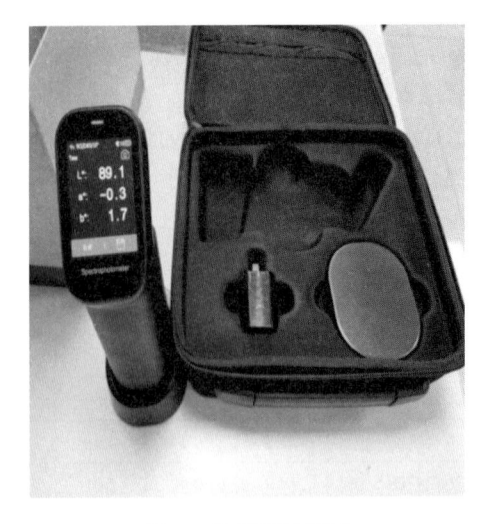

图 9 色差测量仪器

2.2.2 冲洗顶替方案优化

水平井固井顶替是一个流动状态极其复杂的过程，涉及井眼轨迹、井径、居中度、钻井液、前置液、水泥浆、固井工艺、施工参数等诸多因素。水平段冲洗顶替过程中，关键在于如何提高窄边顶替效率及环空水泥浆填充度。为此，依据高密度流体顶替低密度流体、高黏度切力流体顶替低黏度切力流体的思路，设计了多级冲洗组合型前置液。在控制固井前钻井液切力的前提下，使用低黏度、低动切力钻井液＋不同密度和黏度的驱油冲洗液的组合方案。现场应用过程中应以实际井况为出发点，对钻井液性能、前置液组合方式及用量、施工排量进行了优化，实现冲洗顶替技术一井一策。

以 GY38 的一口井为例，水平段长 2583m，钻井液密度 1.70g/cm³，平均井径扩大率 11.38%，最小井径扩大率 5.75%，最大井径扩大率 34.37%。数值模拟计算了钻井液性能对顶替效率的影响规律（图10），钻井液切力越高、窄边顶替效率越低，固井前应控制钻井液终切力不大于 12Pa；模拟了前置液用量及组合方式对顶替效率的影响规律（图11和图12），确定了前置液最优方案为 40m³ 低黏切钻井液（密度 1.65g/cm³，终切力不大于 7Pa）＋20m³ 高效驱油前置液（密度 1.70g/cm³）＋20m³ 高效驱油前置液（密度 1.75g/cm³）；模拟了注替排量与水平段窄边顶替效率关系（图13），注灰及顶替排量越大、窄边顶替效率越高，确定采用 2.0m³/min 排量施工。该井优化前后数值模拟结果（图14），优化后水平段平均模拟顶替效率提高 5.74 个百分点，窄边顶替效率提高 18.64 个百分点。

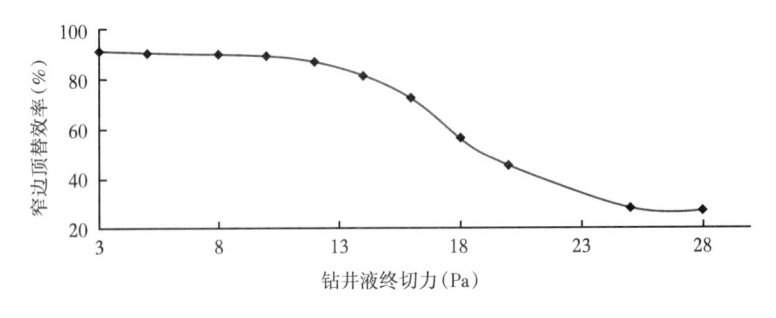

图 10 钻井液切力与顶替效率关系

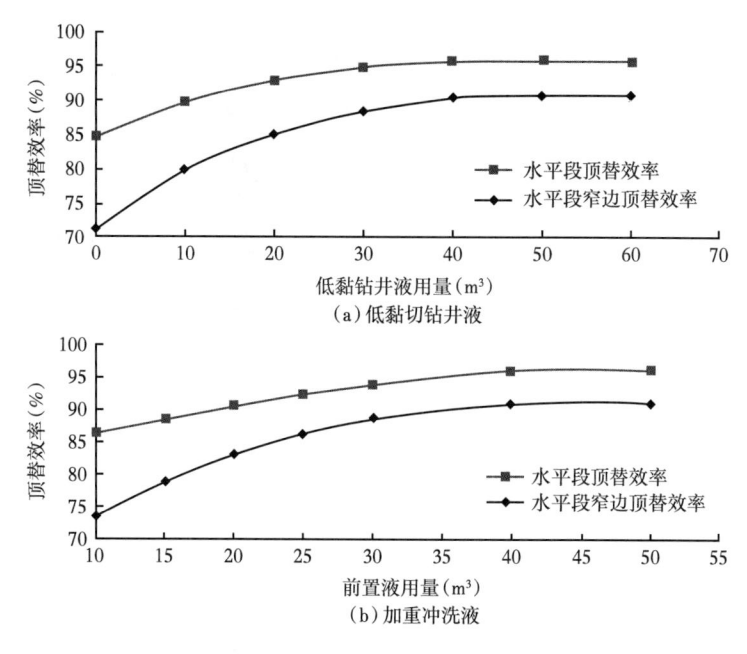

图 11 低黏切钻井液、加重冲洗液用量与顶替效率关系图

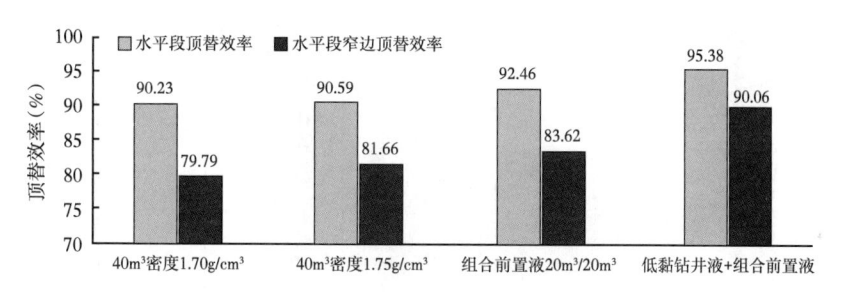

图 12 组合方式与顶替效率关系图

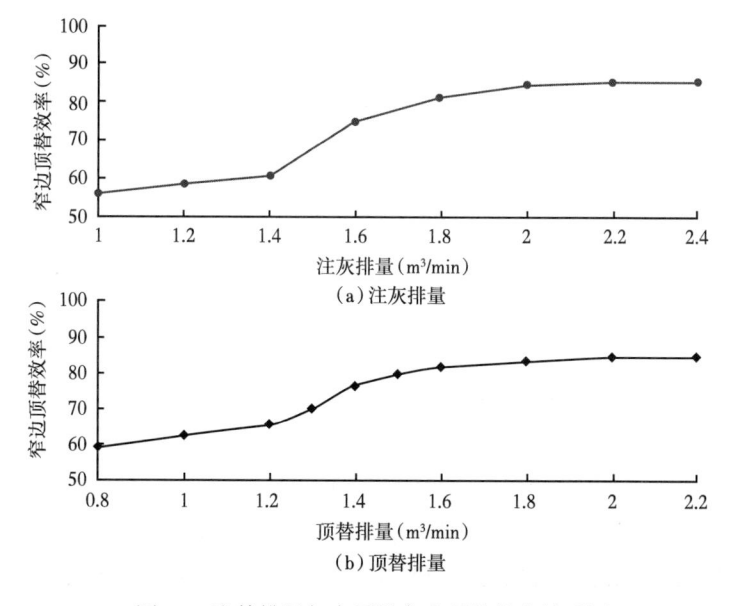

图 13 注替排量与水平段窄边顶替效率关系图

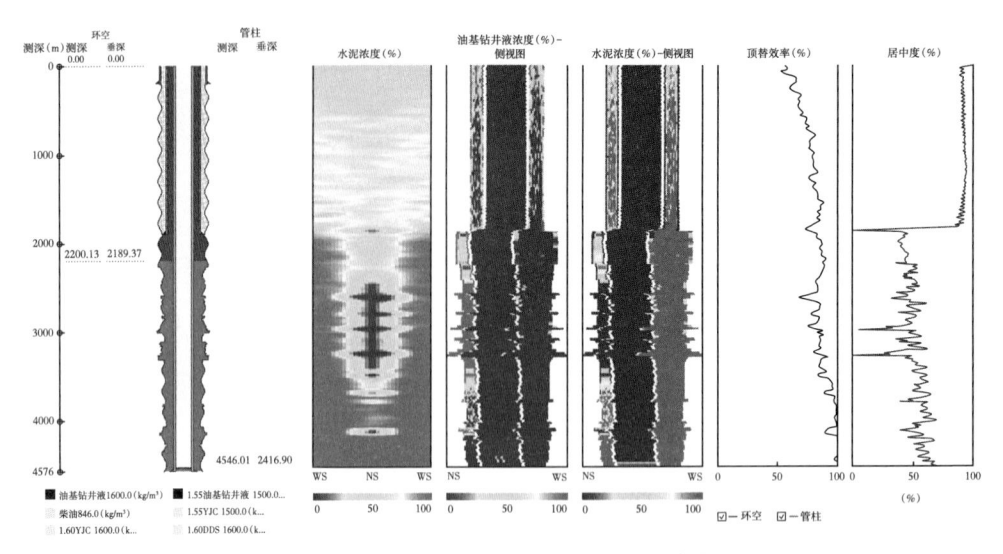

原方案顶替效率数值模拟结果（水平段：91.64%，窄边：73.42%）

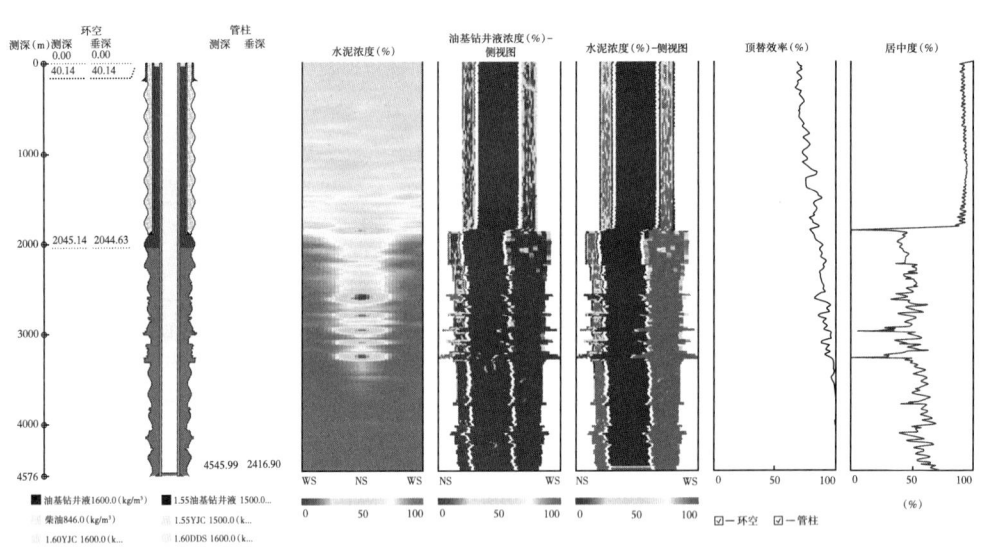

优化方案顶替效率数值模拟结果（水平段：97.38%，窄边：92.06%）

图14 GY××井冲洗顶替效率数值模拟结果

原方案钻井液终切力 21Pa；密度 1.65g/cm³ 低黏钻井液 20m³+ 密度 1.75g/cm³ 高效驱油前置液 30m³；
注灰排量 1.8~1.5m³/min，顶替排量 1.8m³/min

2.3 页岩油水平井固井水泥浆技术

2.3.1 韧性水泥浆体系

为改善大规模体积压裂对水泥环的损伤问题，研发了韧性低、强度高的韧性水泥浆体系。该体系由 G 级水泥、增韧剂、膨胀剂、防窜剂、降失水剂、分散剂和缓凝剂等组成，其核心是采用改性环氧树脂类增韧材料，原理是与水泥混配后，分子结构中活泼的环氧基团在碱性环境中能够自聚成醚，与水泥胶结并填充水泥孔隙，利用韧性材料的弹性，当水泥石受力时产生缓冲作用，减缓骨架支撑结构的破坏，提高水泥石的抗冲击性能。

韧性水泥浆与未添加增韧剂的水泥浆体系性能对比图 15 和图 16。由图 15 可知，韧性水泥石的抗剪、抗折以及水力封隔强度分别提高了 52.33%、50.79% 和 47.0%，且对抗压强度和抗拉强度影响不大；由图 16 可知，增韧剂大幅降低了高温条件下水泥石的弹性模量，115℃条件下韧性水泥石弹性模量降低了 52.38%。

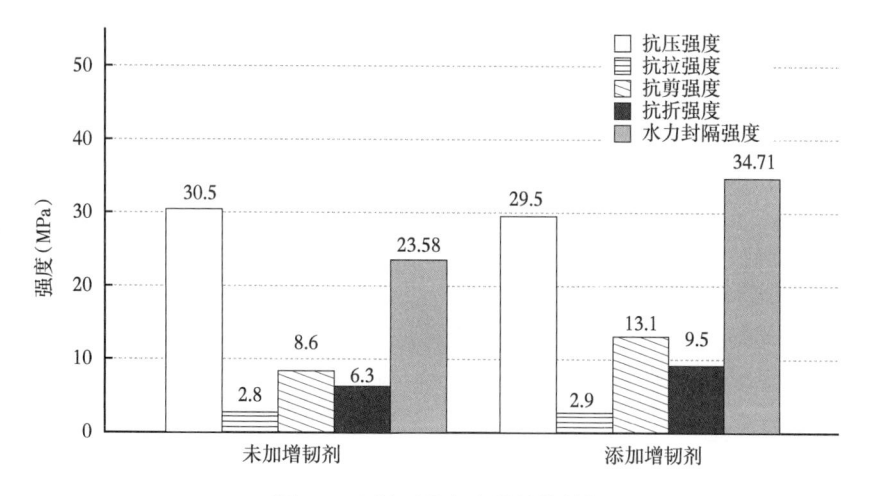

图 15　水泥石基本力学性能数据

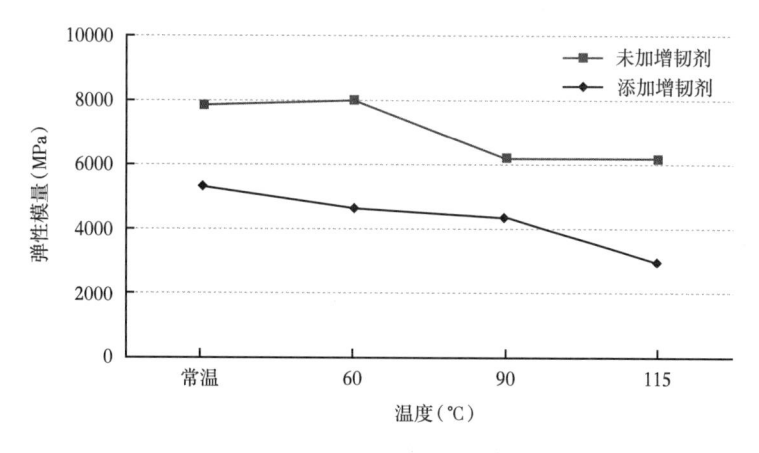

图 16　不同温度下水泥石弹性模量

2.3.2　应力作用下水泥环的密封性能评价

为了模拟压裂条件下水泥环受高压循环加载后的密封能力，建立了全尺寸模拟评价装置，如图 17 所示。该装置实现了 220mm 井眼、139.7mm 套管径向全尺寸模拟，可连续进行井下温度、压力、作业工况模拟，直接正面测试水泥石封隔井眼环空的能力。利用该评价装置，模拟井口压裂压力 70MPa 交变应力下，常规水泥环及韧性水泥环密封性能评价。未加增韧剂水泥浆经 45 次循环加载后，对应渗透率为 1.15mD，拆卸后染色剂均匀分布并贯穿水泥环，水泥环的界面发生剥离，本体发生开裂破坏，如图 18 和图 19 所示；添加增韧剂水泥浆经 45 次循环加载后，对应渗透率为 0.29mD，拆卸后水泥环未被破坏，密封性能良好，如图 20 和图 21 所示。

图 17 水泥环密封性能评价装置

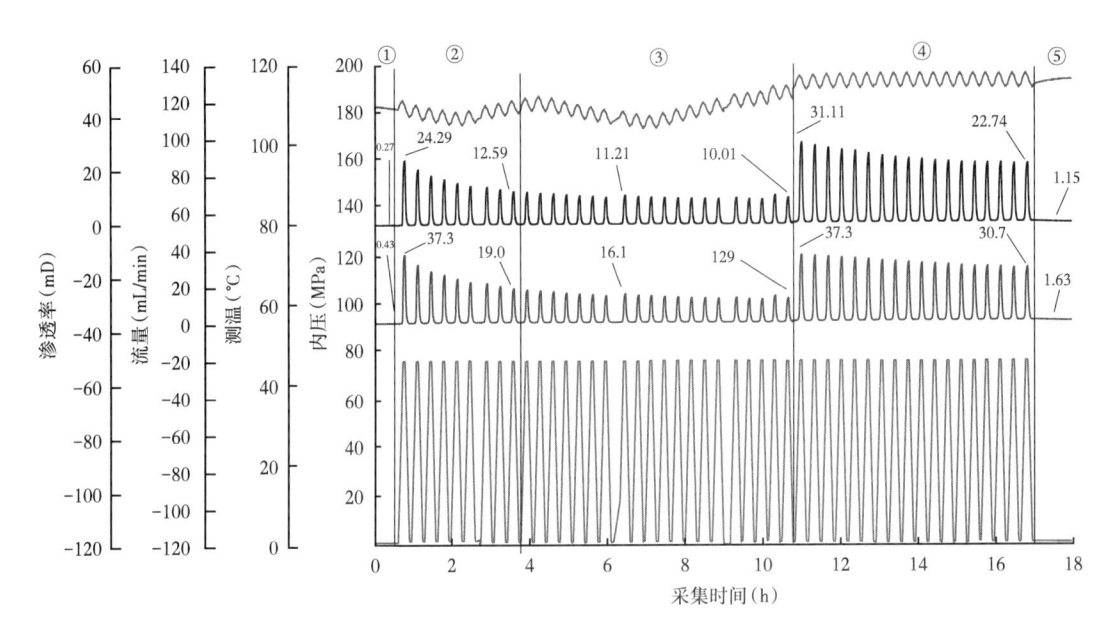

图 18 未加增韧剂水泥环循环加载密封完整性测试

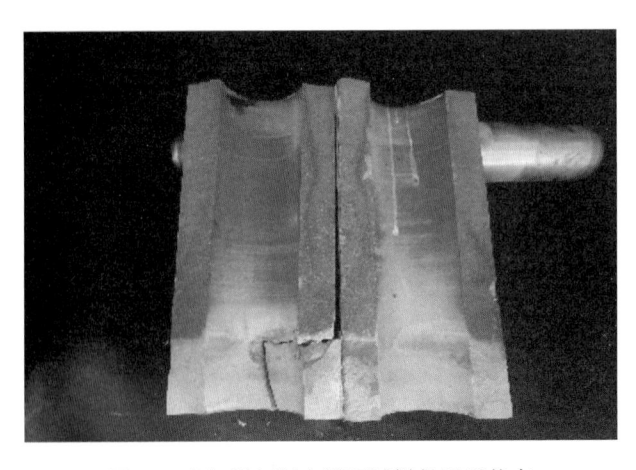

图 19 未加增韧剂水泥环试样敲开后状态

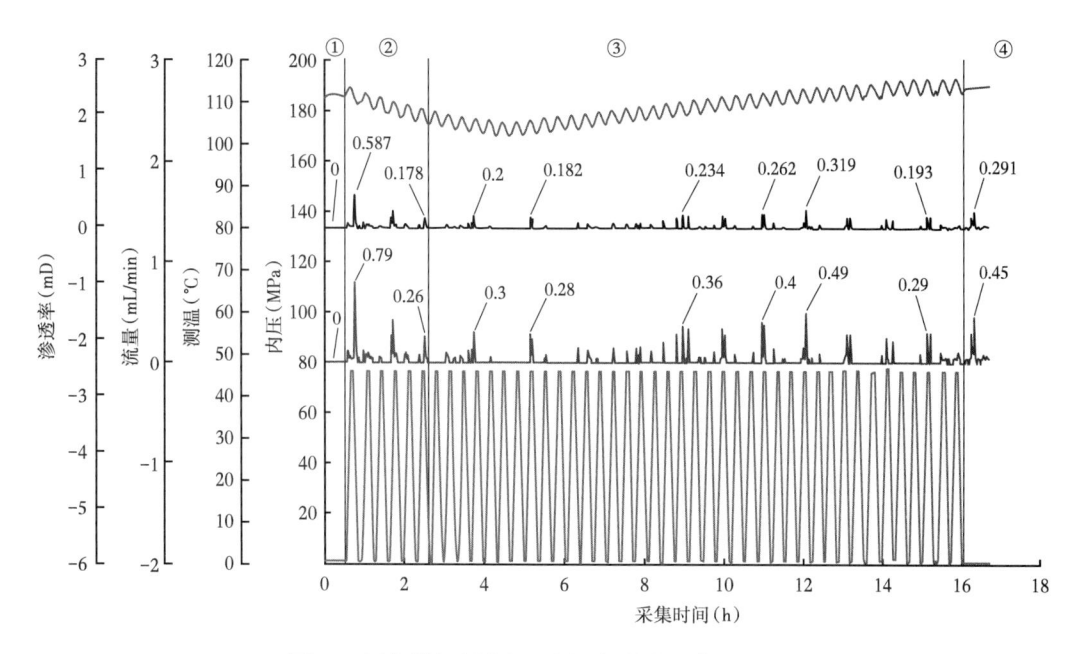

图 20　添加增韧剂水泥环循环加载密封完整性测试

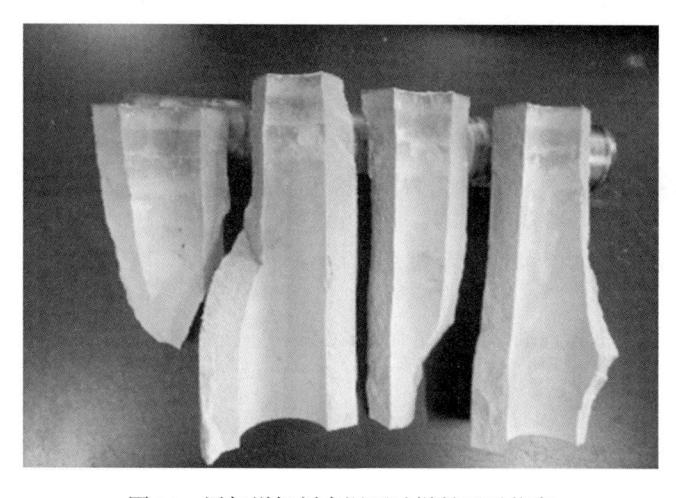

图 21　添加增韧剂水泥环试样敲开后状态

2.4　页岩油水平井固井技术应用

通过开展套管下入及居中、可辨识前置液、冲洗顶替方案优化及固井水泥浆技术研究，形成了古龙页岩油水平井固井提质配套技术，建立了固井技术模板3.2。2021—2023年在古龙页岩油水平井中应用104口，平均水平段长2223m，水平段优质井段（BI值≥0.8）比例达到了88.44%，取得了良好的效果。

3　结论

（1）受地质环境及开发方式的影响，古龙区块页岩油水平井固井主要面临复杂井眼条件下套管下入居中困难、冲顶顶替效率低、体积压裂对水泥石力学性能要求高等技术难点。

（2）研制了自导式旋转引鞋、漂浮固井工具、一体式弹性扶正器等技术措施，为套管安全下入及居中提供保障。

（3）研制了高密度油基钻井液用可辨识前置液，具有临界紊流返速低、冲洗效果好、可辨识能力强等特点，并利用数值模拟分析，优化了冲洗顶替方案，实现一井一策，为提高冲洗顶替效率奠定了基础。

（4）研制了韧性水泥浆体系，改善了水泥石力学性能，在循环应力作用下保持其密封完整性，满足页岩油井分段体积压裂开发需求。

（5）形成了以"井眼净化、安全下入、扶正居中、高效顶替、理想填充"为核心的页岩油水平井固井提质配套技术，建立了固井技术模板，为提高页岩油固井质量奠定了基础。

参 考 文 献

[1] 孙龙德，刘合，何文渊，等.大庆古龙页岩油重大科学问题与研究路径探析[J].石油勘探与开发，2021，48（3）：453-463.

[2] 何文渊，蒙启安，张金友.松辽盆地古龙页岩油富集主控因素及分类评价[J].大庆石油地质与开发，2021，40（5）：1-12.

[3] 孙龙德，崔宝文，朱如凯，等.古龙页岩油富集因素评价与生产规律研究[J].石油勘探与开发，2023，50（3）：441-454.

[4] 孙龙德.古龙页岩油（代序）[J].大庆石油地质与开发，2020，39（3）：1-7.

[5] 朱国文，王小军，张金友，等.松辽盆地陆相页岩油富集条件及勘探开发有利区[J].石油学报，2023，44（1）：110-124.

[6] 李玉海，李博，柳长鹏，等.大庆油田页岩油水平井钻井提速技术[J].石油钻探技术，2022，50（5）：9-13.

[7] 刘新，安飞，肖璇.加拿大致密油资源潜力和勘探开发现状[J].大庆石油地质与开发，2018，37（6）：169-174.

[8] 张树翠，孙可明.储层非均质性和各向异性对水力压裂裂纹扩展的影响[J].特种油气藏，2019，26（2）：96-100.

[9] 李廷微，姜振学，宋国奇.陆相和海相页岩储层孔隙结构差异性分析[J].油气地质与采收率，2019，26（1）：65-71.

[10] 齐奉忠，杜建平.哈里伯顿页岩气固井技术及对国内的启示[J].非常规油气，2015，2（5）：77-82.

[11] 夏元博，曾建国，张雯斐.页岩气井固井技术难点分析[J].天然气勘探与开发，2016，39（1）：74-76.

[12] 钟文力，蒋宇，唐哲.四川盆地威远区块页岩气水平井固井技术浅析[J].非常规油气，2016，3（6）：109-112.

[13] 周战云，李社坤，郭子文，等.页岩气水平井固井工具配套技术[J].石油机械，2016，44（2）：7-13.

[14] 欧红娟，李明，辜涛，等.适用于柴油基钻井液的前置液用表面活性剂优选方法[J].石油与天然气化工，2015（3）：1-6.

[15] 游云武.页岩气水平井油基清洗液性能评价及应用[J].长江大学学报（自科版），2015，12（19）：24-26.

[16] 李韶利，姚志翔，李志民，等.基于油基钻井液下固井前置液的研究及应用[J].钻井液与完井液，2014，31（3）：57-60.

[17] 刘丽娜，李明，谢冬柏，等.一种适用于油基钻井液的表面活性剂隔离液[J].钻井液与完井液，2017，34（3）：77-80.

[18] 童杰，李明，魏周胜，等.油基钻井液钻井的固井技术难点与对策分析[J].钻采工艺，2014，37（6）：17-20.

[19] 程小伟，张高寅，马志超，等.页岩气水平井油井水泥的原位增韧技术研究[J].西南石油大学学报（自然科学版），2019，41（6）：68-74.

[20] 孙永兴，贾利春.国内3000m长水平段水平井钻井实例与认识[J].钻采工艺，2020，42（4）：393-401.

[21] 刘军康，陶谦，沈炜，等.低残余应变弹韧性水泥浆体系在平桥南区块页岩气井中的应用[J].油气藏评价与开发，2020，10（1）：90-95.

DQXZX-241 旋转造斜工具研制与试验

赵 毅 [1,2,3]，刘海波 [1,2,3]，杨志坚 [1,2,3]，裴 斐 [1,2,3]

（1.多资源协同陆相页岩油绿色开采全国重点实验室；2.油气钻完井技术国家工程研究中心；3.大庆钻探工程公司钻井工程技术研究院）

摘 要：大庆油田页岩油、致密油等非常规油气藏开发设计了大尺寸的水平井、大位移井等特殊工艺井型。常规 MWD+弯螺杆式滑动钻井方式导向控制时间长、影响井眼净化效果。经过科研技术攻关，成功研制了适用于 $\phi 311mm$ 井眼的 DQXZX-241 旋转造斜工具。该工具采用模块化设计，具有导向、保持和棱块收回三种模式，现场试验证明能够满足页岩油、致密油等非常规油气藏开发大尺寸井眼的钻井施工需求。

关键词：旋转造斜工具；页岩油；水平井

随着油田勘探开发的深入，开发重点逐渐从常规油气藏转向页岩油、致密油等非常规油气藏开发，此类油藏的开发常设计成大尺寸的水平井、大位移井等特殊工艺井型。目前该类特殊工艺井造斜段主要采用 MWD+弯螺杆的方式进行施工。其钻进方式属于滑动钻进，进行导向控制容易引起以下问题：（1）导向控制时间长、精度差、储层钻遇率低；（2）井眼净化程度低，容易引起卡钻事故；（3）滑动导向导致机械钻速低。为了解决这些问题，各油气田企业相继开展了大尺寸造斜工具的技术研发与应用[1-4]。大庆钻探钻井工程技术研究院通过研制 DQXZX-241 旋转造斜工具，实现了大尺寸 $\phi 311mm$ 井眼的定向施工，缩短钻井周期，节省了钻井成本。

1 工作原理及结构组成

1.1 工作原理

DQXZX-241 旋转造斜工具在其地面系统与井下工具的通信系统共同作用下，即在不停钻的情况下，通过旁通触发器用钻井液负脉冲从地面向井下工具发出控制指令。它也可以把井眼轨迹参数及工具的运行状态等数据通过井下脉冲发生器用钻井液正脉冲的形式传输到地面，并在地面接收并解码。随钻测井系统能够测量井斜/方位等信息。导向系统可以自动控制井斜。导向工具的执行机构有一个旋转导向外套，中轴从导向外套中间穿过与钻头连接，带动钻头随钻柱一起旋转，导向外套与中轴通过轴承连接。导向外套内还有各种传感器，可测量井斜角等工具的工作状态。三个可伸缩棱块布置在导向套中，棱块由三个独立的液压活塞驱动，由液压阀控制有选择地伸出，压靠在井壁以产生需要的导向力，液压阀可以调节每个活塞内的压力，根据力的合成原理，可调节导向力的大小，从而达到控制井斜的目的。其原理如图 1 所示。

课题来源：陆相页岩油钻井提速提质关键技术研究，课题编号：2023ZZ15YJ05。

第一作者简介：赵毅，高级工程师，硕士研究生，毕业于东北石油大学机械设计及理论专业，现从事井下随钻仪器设计工作。通讯地址：大庆钻探工程公司钻井工程技术研究院钻井仪器研究所，邮编：163413，E-mail: dq_zhaoyi@cnpc.com.cn

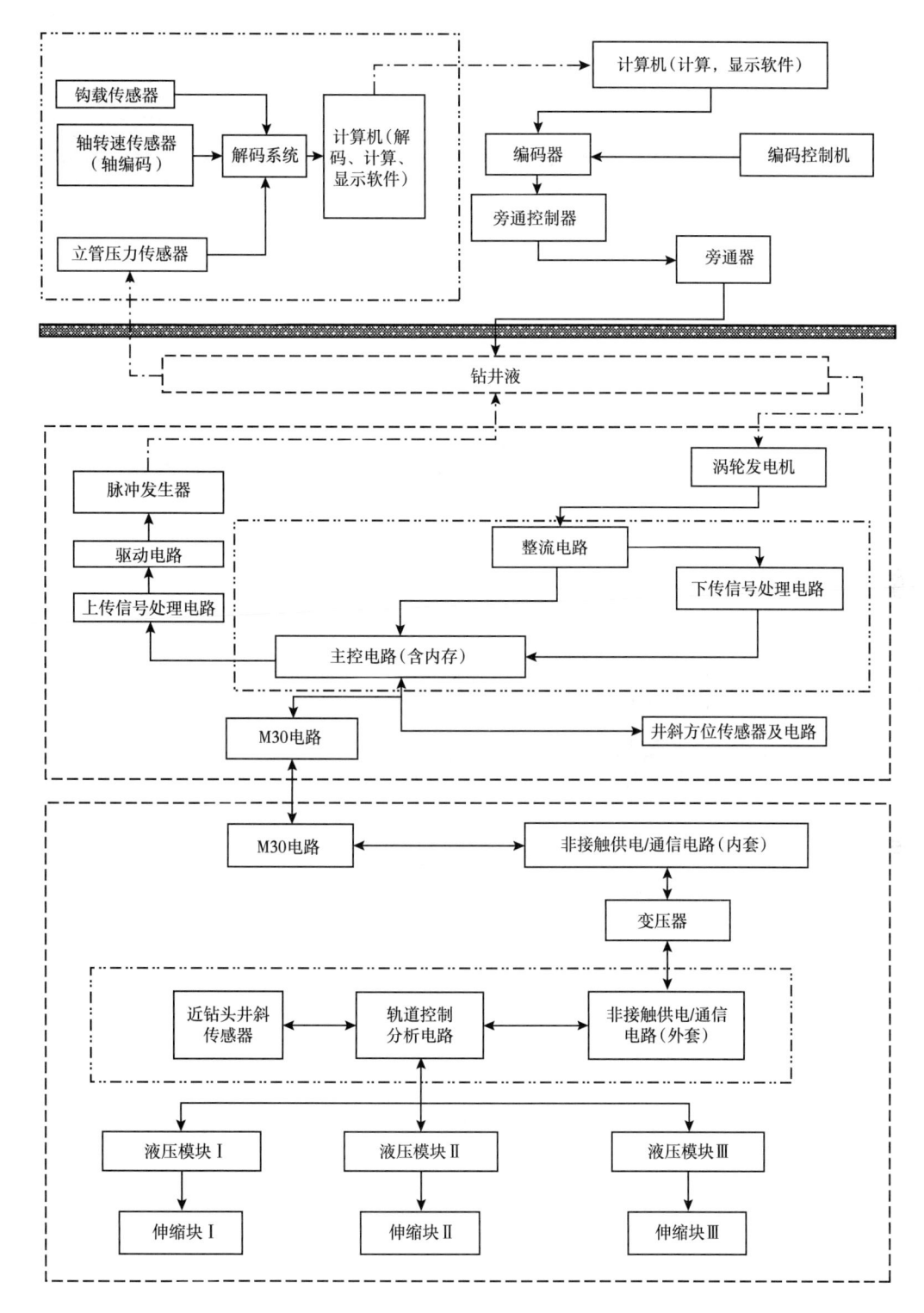

图1 DQXZX-241旋转造斜工具原理

1.2 工具结构

DQXZX-241旋转造斜工具系统包括井下工具和地面系统两大部分。井下工具分为三部分，分别是通信与供电模块、传感器短节和导向控制短节，如图2所示。地面系统包括地面解码系统及软件、旁通系统以及相应的软件，如图3所示。

图2 DQXZX-241旋转造斜工具

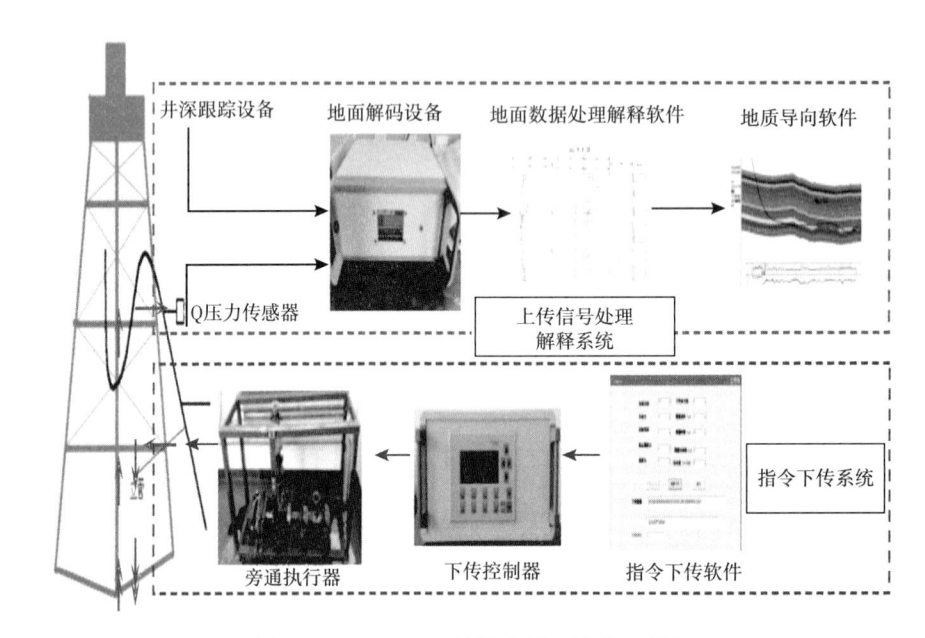

图3 DQXZX-241旋转造斜工具地面系统

通讯与供电模块包括：脉冲发生器/发电机、整流/驱动模块和主控（下传解码、上传编码、存储和通信）。传感器短节主要有井斜/方位，整个传感器短节采用探管的形式；导向控制短节的本体和主轴上有供电电路、控制电路和内非接触供电/通信模块，导向外套包括液压系统、近钻头井斜测量模块、控制电路、机械执行机构和外非接触供电/通信模块部分。井下工具技术参数见表1。

表1 DQXZX-241旋转造斜工具参数

长度（m）	本体外径（mm）	最小过流直径（mm）	最大抗拉强度（kN）	最大抗扭强度（kN·m）
12.3	241.9	63	6700	122

2 控制导向模式

2.1 定向模式

定向模式和传统的定向系统的相似之处是它使用了一个工具面和一个设定的狗腿度值。工具在井眼高边为参考方向的条件下，在给定的方向上应用给定的定向力。定向模式在打三维井时非常有用，在工具运转的时候除了工具面要维持均匀变化外，还要保持狗腿度不变。它没有一个目标井斜，只有持续地在特定的方向上使用特定的定向力，直到有新的下传指令下达才改变。

2.2 保持模式

保持模式允许使用向上/下或向左/右的力来达到定向的目的。参数造斜力是用在上下两个方向的，参数扭方位力是用在左右两个方向上的。工具在保持模式下工作，可以使用造斜力增斜或降斜以达到预设的目标井斜。因此，井斜如果没有达到目标井斜，工具就会继续增斜或降斜，直到达到目标井斜，然后保持这个角度进行钻井。当遇到侧行趋势或需要平面转向的时候，需要用到持续的向左或向右的扭方位力，在保持模式中，所需要的造斜和扭方位的力井下控制模块自行设定控制好，这样有效的力就被计算出来，每个液压模块在所需力下工作。当出现了造斜力和扭方位力的矢量和大于工具本身所能提供最大力的时候，在目标方向上使用仪器的最大力进行钻井，这样造斜率和方位变化率将减小，但原始设定的目标方向保持不变。

2.3 棱块收回模式

棱快收回模式的命令可以关闭驱动棱块的液压力，这样弹簧板将棱块收回到工具壳体内。该命令用于活动钻具或起下钻过程、侧钻及其他要求棱块没有压力的情况。棱块收回模式没有参数。

3 现场试验

DQXZX-241旋转造斜工具在完成单元测试、组装与联调后进行了室内水循环测试，其基本功能得到实现，为了验证井下工况的控斜保持模式功能，在1#试验井进行了现场试验。

3.1 钻具组合

根据1#试验井现场施工需求配置钻进钻具组合为：ϕ311.2mm钻头+ϕ241mm旋转造斜工具+ϕ203.2mm浮阀+ϕ203.2mm无磁钻铤×（8.5~9.0）m+ϕ177.8mm钻铤×（78.0~81.0）m+ϕ139.7mm（或127mm）加重钻杆×（81.0~86.0）m+ϕ139.7mm（或127mm）斜坡钻杆。

3.2 钻井参数

现场试验钻井参数要求如表2所示。

表2 钻井参数

钻压（kN）	转速（RPM）	排量（L/s）	泵压（MPa）
20~80	60~200	0~45	14~22

3.3 试验情况

DQXZX-241旋转造斜工具在1#试验井的ϕ311井眼进行现场试验，试验进尺1135m，累计循环33h，纯钻时间28h，平均机械钻速40.5m/h。工具在本次试验中采用保持模式，即工具在井下始终保持居中状态，使井眼保持垂直。试验数据见表3。施工过程中仪器性能稳定，测量数据准确，未发生故障。施工井段井斜角控制在1°以内，测斜数据见表4，取得了预期试验效果。

表3 试验数据

内容	数据	备注
工具入井井深（m）	0	
仪器完钻井深（m）	1135	
累计进尺（m）	1135	
循环时间（h）	33	
最大机械钻速（m/h）	72.5	
平均机械钻速（m/h）	64.85	
最大井斜（°）	0.68	
指令下传总次数	—	采用保持模式，未进行导向指令下传
指令下传成功率（%）	—	
液压模块目标值与实际值偏差度（%）	<10	
导向头工具面旋转速度（r/min）	2	

表4 测斜数据

井深（m）	井斜角（°）	方位角（°）	垂深（m）	水平位移（m）	井斜变化率[（°）/30m]	全角变化率[（°）/25m]
30.00	0.23	126.34	30.00	0.06	0.23	0.23
60.00	0.12	162.93	60.00	0.15	−0.11	0.15
90.00	0.29	269.53	90.00	0.20	0.17	0.34
120.00	0.41	282.47	120.00	0.23	0.12	0.14
150.00	0.11	265.34	150.00	0.33	−0.30	0.31
180.00	0.04	109.72	180.00	0.35	−0.07	0.15
210.00	0.07	300.89	210.00	0.33	0.03	0.11
240.00	0.23	235.47	240.00	0.40	0.16	0.21
270.00	0.28	244.69	270.00	0.53	0.05	0.06
300.00	0.35	242.98	300.00	0.69	0.07	0.07
330.00	0.39	239.36	330.00	0.89	0.04	0.05
360.00	0.30	244.54	360.00	1.07	−0.09	0.10
390.00	0.33	245.84	390.00	1.23	0.03	0.03
420.00	0.51	246.26	420.00	1.45	0.18	0.18
450.00	0.63	249.23	449.99	1.75	0.12	0.12
480.00	0.68	251.29	479.99	2.09	0.05	0.06

续表

井深 (m)	井斜角 (°)	方位角 (°)	垂深 (m)	水平位移 (m)	井斜变化率 [(°)/30m]	全角变化率 [(°)/25m]
510.00	0.58	247.26	509.99	2.42	−0.10	0.11
540.00	0.52	237.15	539.99	2.71	−0.06	0.11
570.00	0.51	242.93	569.99	2.98	−0.01	0.05
600.00	0.60	245.55	599.99	3.27	0.09	0.09
630.00	0.48	242.15	629.98	3.55	−0.12	0.12
660.00	0.44	242.39	659.98	3.79	−0.04	0.04
690.00	0.39	241.78	689.98	4.01	−0.05	0.05
720.00	0.35	228.39	719.98	4.20	−0.04	0.09
750.00	0.31	229.33	749.98	4.37	−0.04	0.04
780.00	0.35	212.00	779.98	4.53	0.04	0.11
810.00	0.26	215.56	809.98	4.67	−0.09	0.09
840.00	0.20	200.40	839.98	4.77	−0.06	0.08
870.00	0.22	198.25	869.98	4.85	0.02	0.02
900.00	0.17	168.44	899.98	4.91	−0.05	0.11
930.00	0.21	184.09	929.98	4.96	0.04	0.07
960.00	0.25	199.67	959.98	5.04	0.04	0.07
990.00	0.33	196.38	989.98	5.16	0.08	0.08
1020.00	0.27	186.93	1019.98	5.27	−0.06	0.08
1050.00	0.20	176.09	1049.98	5.35	−0.07	0.08
1080.00	0.21	175.44	1079.98	5.41	0.01	0.01
1110.00	0.17	165.77	1109.98	5.45	−0.04	0.05

4 结论与认识

（1）研制了一种适用于ϕ311mm井眼的DQXZX-241旋转造斜工具，其整体性能指标达到国内先进水平，填补了大庆钻探在该领域的技术空白。

（2）工具系统采用模块化设计，通过改变模块组合及工作模式可实现垂直钻进与旋转造斜的相互转换，能满足不同现场施工要求。

（3）通过现场试验，验证了工具保持模式的功能，试验的1135m内井斜角控制在1°以内，为后续造斜模式试验积累了现场经验。

参 考 文 献

[1] 侯得景，韩东东，邱小华，等．中海油大尺寸标准型旋转导向在渤海油田的应用［J］．科学技术创新，2021，12：43-45.

[2] 李少辉，杨荣锋，李骏函．旋转导向系统在 CB19-5 井的应用［J］．中国石油和化工标准与质量，2020，1：163-165.

[3] 康建涛，苏海锋，张川，等．BH-VDT 大尺寸垂直钻井工具设计优化于应用［J］．长江大学学报（自然科学版），2021，6：63-68.

[4] 薄和秋，赵永强．Verti Trak 垂直钻井系统在川科 1 井中的应用［J］．石油钻探技术，2008，2：18-21.

DQBYM194-80型保压取心工具在SY1H井中的应用

李春林[1]，程百慧[2]，张绍先[1]，钱可贵[1]

（1.大庆钻探工程公司工程技术研究院；2.大庆油田公司试油试采分公司）

摘　要：为探索松辽盆地中央坳陷区大庆长垣萨尔图构造高四—青一段砂岩、页岩的含油气性，明确长垣北部高四段、青一段砂岩的含油饱和度、S_1和TOC等参数，落实0.75线外页岩生油能力，扩大夹层型页岩油范围，大庆油田部署了SY1H井，在Q_9、Q_6、Q_2油层设计保压取心进尺42m，面对该区块长期注水开发岩心水化后无法保证取全地质资料的难题，通过优化工具结构、施工工艺等措施，顺利完成了该井保压取心施工，岩心收获率、保压率等主要指标满足储量评估需求。
关键词：保压取心；收获率；保压率；取心钻头；页岩油

1　SY1H井概况

SY1H井处于松辽盆地中央坳陷区大庆长垣萨尔图构造，设计井深1676m，三开井身结构，井身结构如图1所示，目的层位青山口组，兼探嫩二段、嫩一段、姚二段、姚三段、葡萄花、扶余油层，钻入扶余油层50m，井底50m内无油气显示即可完钻。该井井身质量要求：0~500m段，井斜小于等于2.00°，全角变化率小于等于1.75°/30m，水平位移小于等于10.00m；500~1000m段，井斜小于等于3.00°，全角变化率小于等于1.75°/30m，水平位移小于等于30.00m；1000~1676m段，井斜小于等于4.35°，全角变化率小于等于2.25°/30m，水平位移小于等于43.52m，完井测井间距要求小于等于30m，目的层段平均井径扩大率不超过12%。通过地震资料分析，本井将于嫩五段上部钻遇断层，施工过程中存在井漏、井塌风险。嫩江组上部及其以上疏松地层应注意防漏、防塌。邻井SQ1井黑帝庙油层试油为工业气层，实钻过程应注意预防本区块可能存在的浅层气，SQ1井黑帝庙油层气组分分析CO_2占0.040%，施工中应预防CO_2有害气体，邻井实钻未发现H_2S、CO有毒气体。

该井设计取心段为青二段、青三段—泉四段顶部。在Q_8、Q_9油层砂岩发育段，Q_6、Q_2、Q_1夹层型页岩油重点富集层段设计保压取心，保压取心设计见表1，目的是揭示大庆长垣青山口组砂岩、页岩纵向分布特征，指导夹层型页岩油富集层分布规律研究，建立大庆长垣地区夹层型页岩油标准铁柱子。要求保压岩心出筒后即刻现场冷冻取样送回实验室化验，全井段岩心进行荧光扫描，测井岩心归位，岩心进行荧光干照照相，滴氯仿荧光照相，并对深度进行归位，现场录井对岩心进行精描，描述岩性精细变化、页理发育情况。

第一作者简介：李春林（1983—），2006年毕业于中国石油大学（华东）机械设计制造及其自动化专业，获学士学位，现任大庆钻探工程有限公司钻井工程技术研究院二级工程师，从事取心技术研究工作。通讯地址：黑龙江省大庆市红岗区钻井工程技术研究院，E-mail：297683554@qq.com

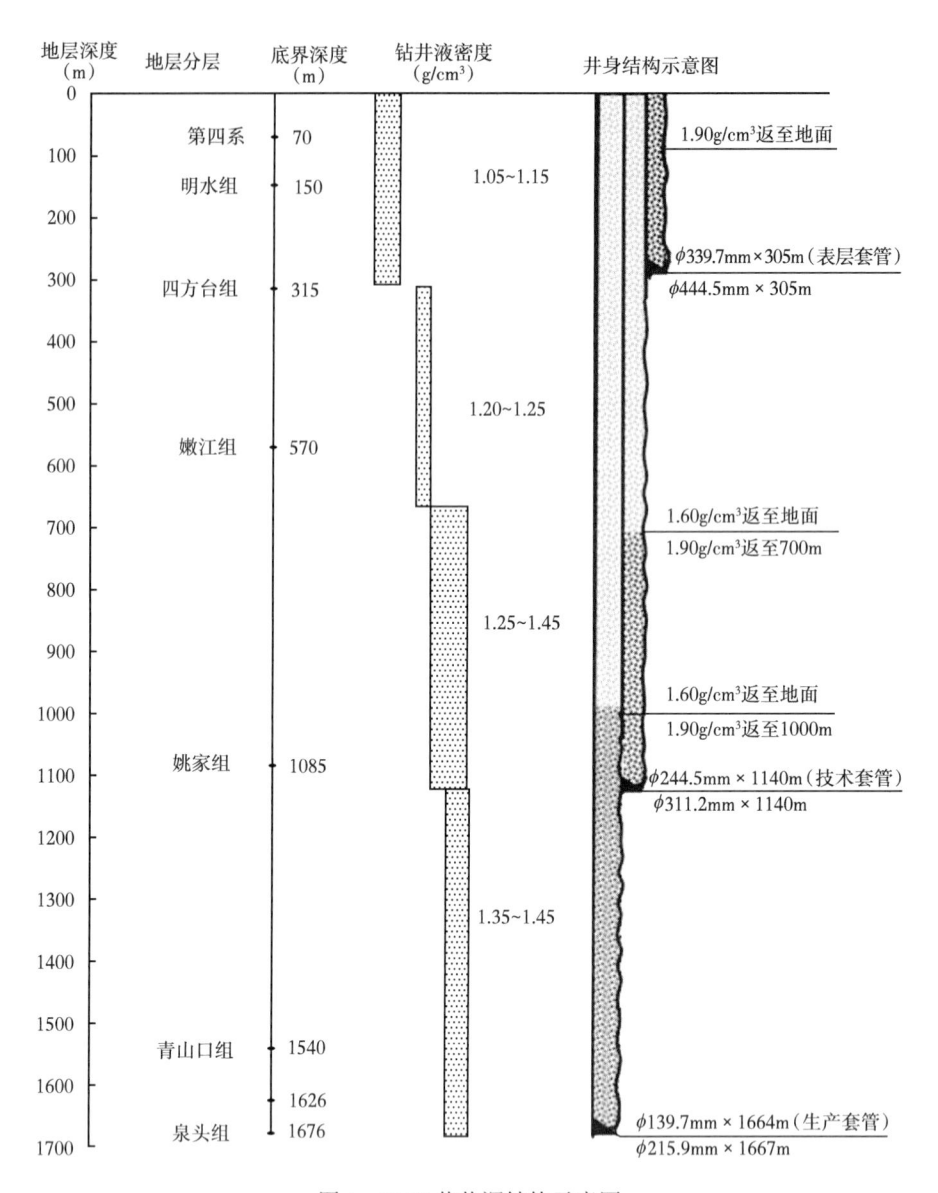

图 1 SYH 井井深结构示意图

表 1 保压取心设计数据表

序号	油层	顶深（m）	底深（m）	取心进尺（m）
1	Q_9、Q_8	1494	1518	24
2	Q_6	1548	1554	6
3	Q_2、Q_1	1608	1620	12
合计				42

2 DQBYM194-80型保压取心工具结构原理

DQBYM194-80型保压取心工具主要由球阀总成、差动总成、内筒总成、悬挂总成等组成，以液力举升内筒管串关闭球阀为原理，取心结束后，井口投球憋压，实现剪销、解锁、举升、关球、泄压等一系列联动作，球阀总成的作用是关闭后与内筒形成密封空间，使岩心保持原始地层压力；差动总成以钻井液为动力控制球阀关闭，泄压后建立循环通道；悬挂总成实现内外筒双筒单动、改变钻井液流道、调节内筒串长度[1]；内筒总成形成密封空间，容纳密闭液和保压密闭的岩心，割取岩心[2]；测压总成实时记录、存储内筒压力和温度；密闭头总成与内筒形成密封空间，同时防止下钻过程中密闭液混浆污染岩心。主要技术参数见表2。

表2 DQBYM194-80型保压取心工具主要技术参数

最大外径（mm）	可取岩心长度（mm）	可取岩心直径（mm）	适用井径（mm）	推荐排量（L/s）
194	6300	80	215.9	18~26

2.1 球阀总成优化

球阀总成的性能决定保压取心的成败，在取心施工过程中，球阀总成一直处于钻井液冲蚀的环境中，根据以往施工经验，球阀经过长时间冲蚀，聚四氟乙烯、丁腈橡胶密封的球阀存在冲蚀严重导致保压失败的现象，因此，为了提高其抗冲蚀性能，提高保压成功率，球阀总成采用金属密封替代非金属密封，阀球与阀座密封面采用激光熔覆镍基硬质合金的工艺，提高其表面硬度，涂层厚度1.35mm，阀球硬度HRC68，阀座硬度HRC48，硬度差控制在HRC10，保证其金属密封可靠性。该方案经过室内实验验证，在循环排量28L/s的条件下，密封面未发生冲蚀。同时为了提高球阀低压密封可靠性，使用强力主动密封结构设计，预紧力达到1667N，增量1267N，解决了螺旋弹簧预紧力小导致低压密封不可靠的问题。

2.2 分流总成优化

分流总成用于改变钻井液流向，国内成熟的保压取心工具均采用此种方式，但在18~28L/s循环排量下循环20h左右易发生冲蚀，取心工具流道狭小、钻井液流速高，长时间定点冲蚀分流组件及外筒，容易导致工具刺漏、断裂，导致取心作业失败，因此优化了分流总成，关键核心组件采用高强度钢加工，提高耐冲蚀性能，同时增加了悬挂组件，实现保压取心工具内外筒双筒单动，内岩心筒运转更加稳定，有利于岩心通过岩心爪进入内筒，岩心进入内岩心筒后，内岩心筒不旋转，降低了岩心进入内岩心筒因旋转导致破坏岩心的可能，大幅提高地质资料完整性。

3 工艺措施

3.1 施工参数

该区块泥岩、页岩、砂岩夹层发育，地层复杂，大钻压、高转速都易引起堵心甚至磨心，发生堵心后将大幅度降低岩心收获率，影响该区块储量评价[3-7]。因此，根据地层特性，采用小钻压、低转速的取心参数，控制钻速、控制扭矩"双控"的方式施工，钻速控制在5min/m以上，扭矩不高于5kN·m（表3）。

表3 取心参数

参数	值
树心钻压（kN）	5~10
取心钻压（kN）	20~30
转速（r/min）	50~60
排量（L/s）	24~26

3.2 钻具组合

该井在三开井眼取心，井眼尺寸ϕ215.9mm，为保证井控安全，配备齐全钻具内防喷工具，钻具组合中增加井壁修整工具，取心过程中每50m测斜，井斜超标及时调整，钻具组合具体如下：ϕ215.9mm钻头+ϕ194mm保压取心工具+ϕ165mm旁通阀+ϕ172mm止回阀+ϕ178mm钻铤×2根+ϕ214mm稳定器+ϕ178mm钻铤×1根+ϕ214mm稳定器+ϕ178mm钻铤×3根+ϕ165mm钻铤×6根+ϕ127.0mm加重钻杆×30根+ϕ127.0mm斜坡钻杆，钻具组合强度校核见表4，如图2所示。

表4 钻具组合强度校核表

井眼尺寸（mm）	井段（m）	钻井液最大密度（g/cm³）	钻铤外径（mm）	钻铤内径（mm）	钻杆钢级	钻杆外径（mm）	钻杆内径（mm）	钻具累重（kN）	抗拉余量（kN）	安全系数抗拉	安全系数抗扭
215.9	1140.00~1676.00	1.45	177.8	71.4	G_{105}	127.0	108.6	480.00	1266.10	3.64	14.59

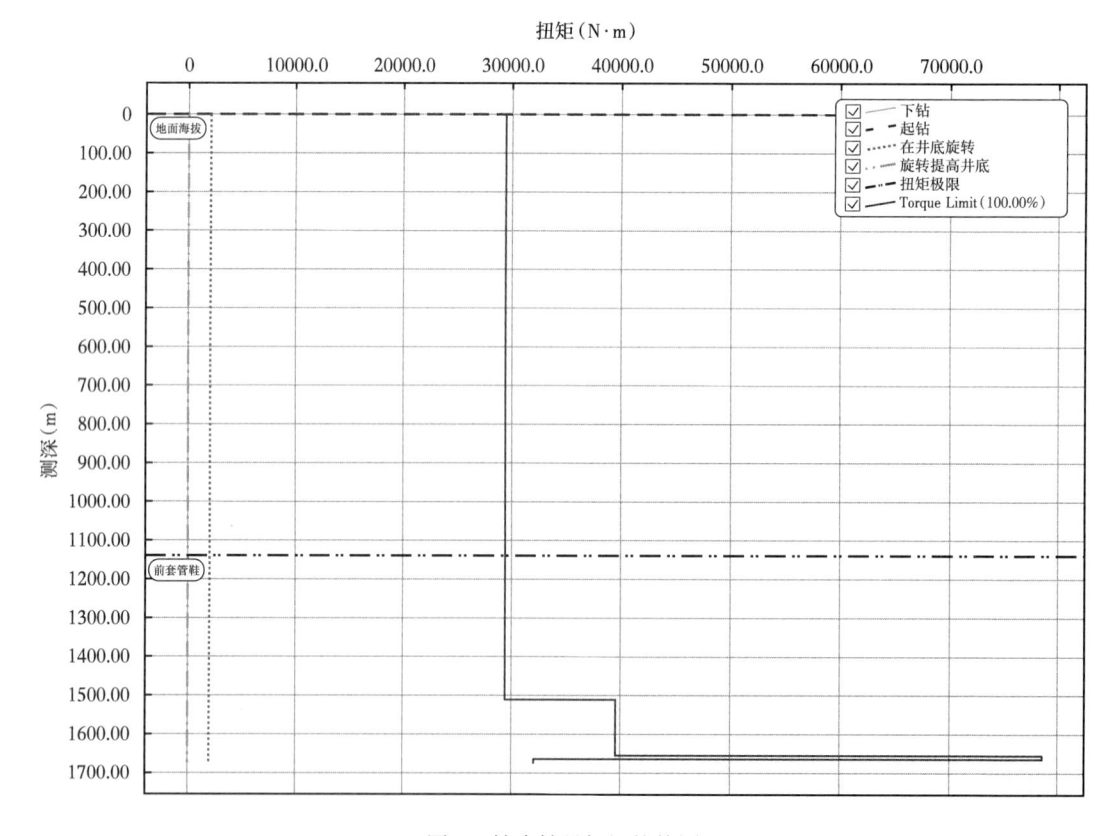

图2 钻头钻具扭矩校核图

4 现场应用情况

根据区块临井资料分析，SY1H 井整体地层上移 25m，因此初始取心井深自 1469m 开始，共取岩心 7 筒，总进尺 42.25m，岩心长 41.55m，岩心收获率 98.34%，保压成功率 100%，保压率 83% 以上，平均机械钻速 3.44m/h，取心数据见表 5。

表 5 SY1H 井保压取心数据表

筒次	进尺（m）	井段（m）	钻速（m/h）	收获率（%）	静液柱压力（MPa）	内筒压力（MPa）	保压率（%）	排量（L/s）
1	6.25	1469.00~1475.25	1.56	98.24	20.98	17.50	83.4	22
2	6.00	1475.25~1481.25	3.00	99.83	21.07	18.00	85.4	22
3	6.00	1481.25~1487.25	4.51	99.17	21.16	18.20	86.0	24
4	6.00	1487.25~1493.25	4.00	99.17	21.24	18.00	84.7	26
5	6.00	1523.25~1529.25	4.80	94.50	21.75	20.00	91.9	24
6	6.00	1583.50~1589.50	4.00	98.00	22.61	19.20	84.9	24
7	6.00	1589.50~1595.50	3.00	99.50	22.70	19.50	85.9	24

通过优化保压取心工具、细化施工工艺等措施，顺利完成了该井保压取心施工，液力举升动作成功率、泄压动作成功率、球阀关闭成功率均为 100%，球阀关闭角度正，未发生钻井液冲蚀情况，球阀关闭情况如图 3 所示。

图 3 球阀关闭情况

5 结论

（1）小钻压、低转速、控钻速、控扭矩的施工措施，对中浅层夹层型页岩油保压取心取全、取准地质资料具有重要意义，可作为技术模板在松辽盆地推广应用。

（2）经过表面硬化的球阀总成，采用金属密封的方式，有利于提高抗冲蚀性能和密封可靠性，保压成功率高。

（3）双筒单动的保压取心工具内外筒运转平稳，有利于岩心成柱、完整，为后续岩心化验分析的准确提供可靠保障。

（4）现场应用表明，DQBYM194-80型保压取心工具可靠性强，保压效果好。

参 考 文 献

[1] 李春林，程百慧，张玉龙，等.保压取心工具内筒举升机构设计［J］.西部探矿工程，2023，35（2）：80-82.

[2] 梁宝昌.大庆油田取心工艺技术［M］.哈尔滨：哈尔滨工业大学出版社，1995.

[3] 段绪林，卓云，郝世东，等.对破碎地层取心预防磨心的认识和建议［J］.钻采工艺，2019，42（1）：99-100.

[4] 李鑫淼，李宽，梁健，等.复杂地层取心钻进堵心原因分析及其预防措施［J］.探矿工程（岩石钻掘工程），2018，45（12）：12-15.

[5] 徐玉山.如何提高岩心收获率［J］.石油钻探技术，1996，24（3）：11-15.

[6] 庄生明，罗光强，张伟.汶川地震断裂带科学钻探取心钻进岩心堵塞机理分析［J］.探矿工程（岩石钻掘工程），2013，40（7）：65-68.

[7] 尤建武.汶川地震断裂带科学钻探一号孔（WFSD1）不同取心方法的应用效果分析［J］.探矿工程（岩石钻掘工程），2009，36（12）：9-12.

岩屑称重系统的技术现状及发现前景

孟宇阁，赵志学，马晓伟，万发明

（大庆钻探工程公司钻井工程技术研究院）

摘 要：石油钻井行业中自动岩屑称重系统作为一种现代化的技术装备，是为了在提高对井口返出岩屑处理的效率。该系统利用传感器和计算机技术，自动测量和记录岩屑的重量等信息，以帮助钻井工程师更好地了解井底的地质情况和钻井进度，从而制订更准确的钻井计划和决策。当今，岩屑称重系统已成为现代化钻井作业的标配之一，它们不仅可以提高钻井效率和安全性，还可以为石油勘探和生产提供更准确和可靠的地质数据支持。

关键词：岩屑；称重系统；石油勘探；地质数据

在开发油气层的过程中，录井的主要工作就是判识和评价油气层。岩屑录井作为地质录井中能够较准确地反映出钻井地层岩性的可靠资料，是确定油气层的一种重要录井手段[1]。通过对钻井中获取的不同井深的岩屑样品进行称重，将岩屑重量与实时井深相对应，形成一条线性的岩屑—井深实时曲线，便能直观反映井壁是否完整、钻探过程是否正常。对于钻井岩屑的定量化分析，必须要兼顾在对钻井岩屑检测的过程中其快速性和准确性相互统一的问题，动态称重系统便能有效地解决在岩屑称重过程中快速性和准确性两个指标相统一的问题[2]。钻井岩屑动态称重技术是对钻井岩屑进行称重分析，并结合随钻测量系统所采集到的其他钻井参数综合分析，以便帮助钻井人员监测井眼是否失稳、评价井眼净化程度，从而达到评价、优化钻井的最终目的[3]。

1 岩屑称重系统国内外技术发展现状

1.1 国外岩屑称重系统技术发展现状

斯伦贝谢（Schlumberger）公司作为全球最大的油气技术服务公司，研发的CLEAR技术便是针对岩屑的称重需求，这一技术装置（图1）包含了岩屑流量计和称重托盘，其安装于振动筛的尾部。称重托盘的外部安装了隔离挡板，起到安全防护的作用。当钻井岩屑落入称重托盘上，流量计能够监测重量变化。岩屑堆积在托盘上，通过应变仪进行称重[4]。

哈里伯顿公司（Halliburton Company）成立于1912年，作为全球主要的能源服务公司，在油气勘探、开发及开采的作业服务和提供设备方面位于世界领先地位。该公司生产的岩屑称重装置（图2）包含了配电箱和称重槽，称重槽为单轴旋转机构，配电箱中为控制模块以及动力驱动模块，通过转动轴的旋转进行岩屑的清除和称重槽的复位，转动轴旋转由气动控制[5]。

第一作者简介：孟宇阁（1999—），女，助理工程师，大庆钻探工程公司钻井工程技术研究院，邮编：163413，E-mail：2200965077@qq.com

图 1 斯伦贝谢公司研发的钻井岩屑称重装置

图 2 哈里伯顿公司研制的岩屑称重装置

1.2 国内岩屑称重系统技术发展现状

国内的油服公司和相关研究机构已逐步开展对岩屑称重技术的研究，上海海洋石油服务公司的研发部门已将岩屑称重的技术推进了实验室阶段[6]。北京工程院研制的岩屑称重装置投入现场试验阶段。但由于国内的油气行业起步较晚，加之国外各大油服公司对国内的技术封锁，目前国内的油服公司及研发机构尚未研发出成熟成套产品投放市场。

2 关键技术问题

2.1 应用局限性

根据岩屑录井工作内容，装置需配备至具有井深等录井信息的钻井现场，才能形成相应录井分析曲线。因此，仅依靠岩屑称重系统装置不能完成地质录井工作。

2.2 装置准确性

装置安装在振动筛附近，振动筛产生的振动，称重传感器的数量、量程及安装位置，数据采集的时间控制及采样速度等均会对系统的精度造成不同程度的影响。另外，每次称重结束后，对于岩屑收集装置中未及时清除干净的岩屑，或在称重过程中而不断下落的岩屑如何处理，都是影响装置准确度的因素，也会影响判断地质录井信息。

3 称重系统发展方向

3.1 动态称重技术设计

动态称重技术发展较为成熟，在多个行业领域应用广泛。但动态称重装置在功能性、可靠性方面都与发达国家有较大的差距。随着人工智能等新型技术发展，动态称重技术也要随之进入全新发展领域。装置结构小、可实现自动控制、传输储存、信息处理等功能，便于录井工作者有效查看检测数据。

3.2 装置良好维护性

由于装置长期暴露在外部环境，加上岩屑表面附着钻井液等物质，对装置具有一定的腐蚀性和附着性，在设计之初装置材料选择尤为重要。另外，装置的结构设计便于维护人员检修清洗更换。延长装置使用寿命，提高检测结果，降低劳动强度。

4 结论与建议

（1）岩屑称重系统在岩屑录井工作中起到一定效果，可有效减少人力劳动工作量。
（2）建议开展动态称重系统的研究，在不影响正常工况下，提高称重准确性。
（3）建议开展称重系统多模块研究，增加系统功能，使系统应用广泛、功能更加全面。

参 考 文 献

[1] 石晓翎.浅谈岩屑录井技术应用与重要性［J］.中国石油和化工标准与质量，2014，1：106-107.
[2] 张卫.钻井过程油气快速定量化检测技术及应用研究［D］.武汉：华中科技大学，2007.
[3] 王印.储层钻井液气体定量检测影响因素及方法研究［D］.青岛：山东科技大学，2010.
[4] Miyanaga M. Anchor bolt hole cleaning device[P].EP：1925372 A4，2009.
[5] 杨兴琴，余迎.哈里伯顿公司新一代油藏监测仪 RMT-3DTM［J］.测井技术，2016，3：376.
[6] 杨毅，田玉栋，李欢欢，等.油套管气密封检测技术在深层采气井中的应用［J］.采油工程文集，2016，1：61-64，85.
[7] 滕工生，张国良，陈树秋，等.一种新型的 CIS 岩屑录井数字成像系统［J］.录井工程，2015，26（1）：53-57.

页岩油水平钻井优快提速技术分析与展望

梁 斌，马晓伟，赵志学，万发明，朱明坤，段立俊

（大庆油田钻探工程公司钻井工程技术研究院）

摘 要：在页岩油水平钻井过程中，提速技术的研究与应用对于提高开采效率和降低成本具有重要意义。本文首先分析了页岩油水平钻井中的技术难点，包括地层复杂性、钻井液选择、井壁稳定性和导向控制。为了克服这些难点，高性能钻头、优化的钻井液体系、实时监测与导向技术等关键技术被广泛应用。在此基础上，本文提出了智能钻头技术、自动化钻井系统和大数据分析与机器学习三项新技术建议，以进一步提高页岩油水平钻井的速度和效率。页岩油水平钻井提速技术的发展是一个动态且不断进化的过程。通过对现有技术的不断优化和引入创新科技，我们期待一个更加高效和安全的钻井作业环境，在油气开采领域迈出更坚实的步伐。

关键词：页岩油；钻井；提速方法；技术创新

1 技术难点

1.1 地层复杂性

在页岩油水平钻井作业中，地层复杂性表现为一系列互联的挑战，包括岩石物理属性的多变性、地层非均质性与各向异性的存在、裂缝网络的不均匀发展以及地层压力条件的不可预测性[1]。这些挑战对钻头的选择、钻压的管理、钻井液的配制和井壁稳定性保持带来了显著影响，并增加了轨迹控制的难度，尤其是地质构造复杂性如断层和褶皱等因素。

1.2 钻井液选择

在页岩油水平钻井作业中，钻井液的恰当选择和优化对于提升钻效、降低成本以及保护储层至关重要。钻井液必须满足冷却和润滑钻头、有效清除岩屑、维持井壁稳定性、管理地层压力和减少储层损害的基本功能。此外，钻井液的性能优化是实现高效钻井的关键因素，这包括提高携带能力以更有效移除岩屑，降低摩擦系数以减少扭矩和拖拽，增强防塌性能以维持井壁稳定，提升滤失控制以最小化储层损害，并调整流变性能以适应不同泵送条件。面对页岩油藏特有的低渗透性、高脆性和复杂的压力环境，精心选择和设计钻井液显得尤为重要。

1.3 井壁稳定性

在页岩油水平钻井作业中，井壁稳定性的维护是确保作业安全性与效率的关键因素。页岩的脆弱性和较低的力学强度增加了井壁失稳的风险，这可能导致一系列复杂问题，如卡

基金项目：多资源协同陆相页岩油绿色开采全国重点实验室基金项目"陆相页岩油钻井提速提质关键技术研究"（2023ZZ15YJ05）。

第一作者简介：梁斌，男，现工作于大庆钻探工程公司钻井工程技术研究院，高级工程师，从事钻井工艺及地面配套设备研究。通讯地址：黑龙江省大庆市八百垧街道钻井工程技术研究院钻井工艺研究所，邮编：163413，E-mail：67942065@qq.com

钻、钻井液损失增加、环境污染以及钻速下降。诸多因素影响着井壁的稳定性，包括地层岩石的力学特性（如抗压强度和弹性模量）、地层与井内压力的平衡状态、钻井液的性能参数（如密度和黏度），以及钻压、转速等操作变量。

1.4 导向控制

导向控制是页岩油水平钻井中至关重要的环节，其核心在于确保钻头能够沿着预定轨迹精确钻进目标区域，从而提升油气采收率、避免钻井事故并降低作业成本。由于页岩油藏通常具有较低的渗透率，精确的水平钻井对于提高产量尤为关键。导向控制要求高精度的井眼轨迹设计，结合实时监测与调整能力，以及在复杂地层或突发情况下的快速响应[2]。

2 关键技术及应用

2.1 高性能钻头

在页岩油开采过程中，高性能钻头的应用对于提升作业效率、降低经济成本以及保障作业安全性具有至关重要的作用。页岩油开采环境通常具有地层复杂性、高温高压条件和长水平段钻进等挑战，因此要求钻头必须具备高度的耐磨性、卓越的切削能力以及稳定的性能。

聚晶金刚石（PDC）钻头因其高耐磨性和出色的切削性能，在硬岩和长距离钻进中表现突出。PDC钻头通过加快岩石破碎速度和提升机械钻速，有助于提高作业效率。此外，PDC钻头能够减少井壁接触面积，从而降低塌陷风险并增强井壁稳定性。

某页岩油区块××-4H井进行了现场试验，采用"PDC钻头+导向马达"的钻井模式，PDC钻头模型（图1），现场试验与区块平均指标相比，单趟钻进尺提高30%，机械钻速提高32%，单井钻井周期降低9%，单井钻井成本降低6%，为页岩油规模效益开发提供了技术保障[3]。

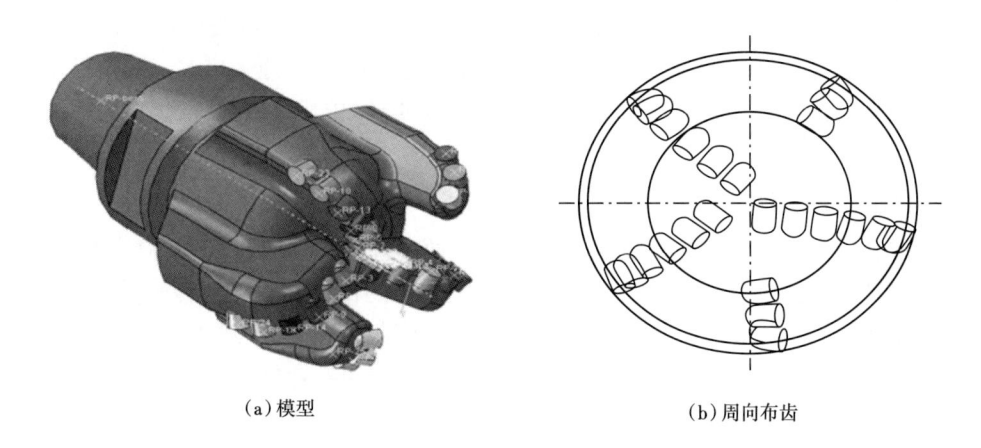

(a) 模型   (b) 周向布齿

图1 PDC钻头模型及周向布齿

随着钻探技术的持续进步，高性能钻头在页岩油开采中的角色将变得更加关键。预计未来高性能钻头将进一步推动该领域向高效和经济效益更佳的方向发展，为页岩油开采带来更大的潜力和机会。

2.2 优化的钻井液体系

优化的钻井液体系对于提升作业效率、降低钻具与井壁间的摩擦、防止井壁失稳及保护储层具有至关重要的作用。页岩油储层通常表现出低渗透率、高脆性以及层理和微裂缝的发育，这些地质特性要求钻井液必须具备出色的抑制性、封堵性、润滑性和携岩能力。

在选择钻井液体系时，重点考虑的因素包括：一是良好的抑制性，防止页岩水化膨胀和井壁失稳，常通过添加聚胺、铝酸盐络合物或其他高效页岩抑制剂实现；二是优秀的封堵性，以减少钻井液滤失并阻止地层流体入侵，通常需加入纳微米级封堵剂来有效封闭微裂缝和孔隙；三是良好的润滑性，以减小钻具与井壁之间的摩擦，降低摩阻和扭矩，同时保护钻具；四是良好的携岩能力，确保有效清除岩屑，维持井眼清洁。

在某油田的页岩油水平井钻探中，通过优化水基钻井液体系，开发出了BH-KSM-Shale高性能水基钻井液。其抗温稳定性（表1）这些钻井液能够在130℃的高温条件下保持稳定，并展现了卓越的抑制性、携岩能力和封堵性。现场应用表明，这些钻井液有效解决了井壁失稳、井眼清洁度不足、高摩阻和卡钻等问题[4]。

表1 BH-KSM-Shale钻井液抗温稳定性评价

密度（g/cm³）	实验条件	PV（mPa·s）	YP（Pa）	Gel（Pa/Pa）	FL_{API}（mL）	FL_{HTHP}（mL）	pH值
1.30	室温	30	14.0	4.0/8.0	3.6	10.0	8.5
1.30	150℃，16h	27	12.0	3.0/6.0	3.2	9.4	8.5
1.45	室温	37	13.5	3.5/8.0	2.0	8.0	8.5
1.45	150℃，16h	35	14.5	3.0/5.5	1.6	7.0	8.0
1.60	室温	40	17.5	4.0/10.0	2.4	8.2	8.5
1.60	150℃，16h	37	16.5	3.5/6.0	1.8	7.4	8.5

综上所述，经过精心设计的钻井液体系在页岩油开采中发挥着关键作用，不仅提高了钻井效率，减少了复杂情况的发生，同时也保护了储层，降低了开采成本。随着钻探技术的不断发展，未来的钻井液体系将更加高效和环保，为页岩油的勘探与开发提供更有力的技术支撑。

2.3 实时监测与导向技术

实时监控和导向技术对页岩油钻探至关重要，通过确保钻井轨迹的精确性和效率，提高钻探成功率和产量。这些技术依赖在钻柱和钻头上安装的传感器，实时传输关键数据（如温度、压力、钻头位置和方向），为团队提供及时的井下信息以进行必要的调整。数据采集通过随钻测量和地质导向实现，数据被实时传送至地面并使用专业软件分析，使团队能够迅速做出决策。此外，实时监控技术还具有预警系统功能，可以在检测到异常情况时立即响应，避免潜在风险。

精确导向技术涉及使用实时监控数据和先进控制系统来控制钻头的方向和轨迹，适用于复杂的页岩油藏地层。导向钻头允许在钻探过程中实时调整方向，确保沿着预定轨迹钻进。自动化钻井系统有助于减少人为错误，提高导向控制的精确性和效率。同时，专业软件用于轨迹模拟和优化，预测潜在问题并规划解决方案[5]。

总之，实时监控和导向技术在页岩油钻探中的应用提高了作业的准确性和效率，帮助团队应对复杂地层挑战，降低风险并增加产量。随着技术进步，未来的实时监控和导向技术将更加智能化和精准化，为页岩油勘探开发提供更强大的技术支持。

3 新技术建议

3.1 智能钻头技术

随着油气资源的勘探和开发面临日益复杂的地层条件，智能钻头技术应运而生，以满足高效、安全钻井的需求。该技术通过集成传感器系统、实时数据处理单元、自动控制系统以及双向通信系统，实现了对钻头工作状态的实时监测和钻井参数的自动调整。这一进步不仅显著提高了钻井效率，减少了无效作业，还降低了钻井风险，预防了潜在事故的发生，如钻头卡钻和井壁塌陷。此外，智能钻头技术还有助于降低作业成本，减少钻头更换次数和钻井液消耗，同时保持更优的钻井轨迹，提高钻井精度。

在实际应用中，贝克休斯公司开发的 TerrAdapt 钻头能够自适应调节切削深度以应对多变地层，减少震动和黏滑，提升钻进速度。哈里伯顿公司的 Cruzer 深切削滚珠元件钻头则可根据工况调整参数，降低扭矩并增进机械钻速。

展望未来，智能钻头技术的发展将继续致力于提升自动化和智能化水平，包括集成更多类型的传感器、增强数据处理能力以及精准化自动控制功能。无线通信技术的进步也将促进智能钻头的井下通信能力提升。智能钻头技术是钻井技术进步的关键方向，它不仅提高了作业效率和安全性，而且随着技术的不断进步，预计在油气勘探开发领域将扮演更加重要的角色。

3.2 自动化钻井系统

随着油气资源的深入开发，特别是在面临复杂地层条件和严峻作业环境时，高效和安全钻井技术的需求日益迫切。传统的人工密集型钻井方法已无法满足当前的效率和安全性要求。为此，自动化钻井系统应运而生，该系统集成了先进的自动化和信息化技术，旨在提升作业效率并确保安全性。该系统涵盖了多项关键技术，包括实现钻台无人化操作的自动化钻机装备、智能识别井下工况并自动调节性能参数的井下智能控制工具、高速随钻无线传输技术以及基于人工智能和大数据的智能决策分析系统[6]。这些技术共同构成了一个高效的自动化钻井框架。

国际上，已有研发团队构建了智能钻井架构体系，并在现场部署了部分关键技术。预测表明，到2025年，将实现半自主控制作业模式的智能钻井；到2050年，则有望全面过渡到无人化的全自主控制钻完井作业模式。

未来，该系统预计将实现更深层次的智能化和集成化，通过融合更多先进技术如人工智能、物联网、大数据分析等，以增强系统的自主控制能力和智能决策能力。技术的成熟和应用范围的扩大有望使自动化钻井系统在全球范围内得到推广，为油气勘探开发行业提供更高效、更安全的技术方案，推动整个行业向智能化、高效率的未来迈进。

3.3 大数据分析与机器学习

大数据分析和机器学习技术能够处理和分析从钻井过程中产生的海量数据，包括地质信息、钻井参数以及测井数据等，为决策提供科学依据，优化钻井方案，从而提升作业效率并保障安全性。构建有效的预测模型始于对数据的精心收集与预处理，以确保数据集的质量和完整性[7]。随后的特征工程步骤涉及提取对预测目标具有显著影响的特征，例如岩石的物理性质和地层压力等信息。接着，选取合适的机器学习算法进行模型训练，并通过交叉验证以及参数调优来评估和优化模型性能。最终，经过训练和验证的模型被应用于实际作业中，辅助做出更精确的钻井决策。

这一技术的主要优势在于显著提高了钻井决策的科学性和精确性，提升了作业效率，降低了安全风险。未来，随着计算能力的增强和算法的改进，大数据和机器学习的应用预计将变得更加深入，结合物联网和云计算等技术实现高效的数据处理和实时预测[8]。

综上所述，大数据分析与机器学习技术正为油气行业带来革命性的变革，它们不仅能够提前预测地层变化和潜在问题，还极大地提高了钻井作业的效率和安全性。随着这些技术的不断发展，预计在未来的油气勘探开发中，它们将扮演更加关键的角色。

4 总结

在油气开采领域，页岩油水平钻井提速技术是至关重要的研究方向，其核心目标在于提升钻速和保护储层。面对地层的复杂性、合适的钻井液选择、保持井壁的稳定性及精确的导向控制等四大技术难题，行业内已经采纳了一系列有效的技术手段以应对这些挑战。

然而，技术的不断进步要求我们持续探索更为先进的解决方案。智能钻头技术、自动化钻井系统以及数据分析与预测模型的引入，被提出作为未来可能进一步提高水平钻井效率的新技术建议。这些前沿技术的融合有望为油气开采带来革命性的突破，不仅加快钻速，还提高作业的整体安全性和经济效益。

综上所述，页岩油水平钻井提速技术的发展是一个动态且不断进化的过程。它需要我们对地层特性有更深入的了解，对现有钻井技术进行不断的优化，并且勇于引入创新科技。通过这些努力，我们可以期待一个更加高效和安全的钻井作业环境，在油气开采领域迈出更坚实的步伐。

参 考 文 献

[1] 王鑫锐，闫百泉，董长春，等.基于水平井信息的单砂体分布特征研究——以松辽盆地南部长岭凹陷乾安地区某水平井为例[J].矿产勘查，2020，11（10）：2188-2193.

[2] 邵才瑞，翟星雨，原野，等.井筒信息一体化地层建模及地质导向技术[J].测井技术，2021，45（3）：227-232.

[3] 王雷，李勇，李洪利，等.页岩油地层高效 PDC 钻头的设计及应用[J].设备管理与维修，2023，6：62-64.

[4] 李广环，龙涛，周涛，等.大港油田南部页岩油勘探开发钻井液技术[J].钻井液与完井液，2020，37（2）：174-179.

[5] 阎荣辉，田伟志，鲍永海，等.元素录井技术在鄂尔多斯盆地致密砂岩水平井地质导向中的研究与应用[J].录井工程，2021，31（4）：22-28.

[6] 杨传书，李昌盛，孙旭东，等.人工智能钻井技术研究方法及其实践[J].石油钻探技术，2021，49（5）：7-13.

[7] 于荣泽，丁麟，郭为，等.大数据在油气勘探开发中的应用——以川南页岩气田为例[J].矿产勘查，2020，11（9）：2000-2007.

[8] 隋成龙，王翊民，王太，等.智能钻井技术现状与发展趋势探讨[J].工艺技术，2021，20：166-167.

钻井用旋转总成下旋转筒的校核与改进

郭 建，刘鹏骋，于成龙，马晓伟，白晓捷，吕 贺

（大庆油田钻探工程公司钻井工程技术研究院）

摘 要：控压钻井技术应用日益增多，对旋转防喷器的需求量大幅增加。由于应用环境条件多样，因此需不同类型的旋转防喷器满足多样地使用要求。大庆钻探 DQ 系列及近年引进的旋转防喷器虽然有效满足业务增长需求，但在实践中依然存在通径小，内部轴承易损坏，使用高度过高的问题。因此，结合现场需求，通过优化设计，在 DQ 系列旋转防喷器的基础上改进设计了通径 220mm，使用高度 1700mm，承压等级提 17.5/35MPa 级别的 DQ220 型旋转防喷器。有效提升了钻具通过性，提高了偏心的适应性，解决了安装空间不足的问题。

关键词：旋转总成；旋转防喷器；大通径；高压；控压钻井

旋转防喷器是控压钻井和久平衡钻井的核心装备。旋转防喷器安装于井控设备之上，钻机底座之下，一般其底部安装高度在 7m 左右，顶部接近钻机底座下面。由于部分钻机投产时间较久，其底座下方高度较低，且部分钻井现场井控要求安装的井控设备多，使得旋转防喷器安装后的安全空间不足，安全风险高。同时，在控压钻井作业现场经常出现的情况：井口对中性差造成中心管偏磨和旋转防喷器承受额外径向载荷加速损坏；钻具耐磨带超差造成钻具卡在中心管以及加快中心管内壁磨损。

1 整体结构设计

旋转总成是旋转防喷器的关键，是实现旋转防喷器随钻杆旋转并承受载荷、传递载荷的关键部件。通过对旋转总成的轴承布局，密封结构进行改进设计可以达到降低高度，合理分配载荷传递路径的目的。

对在用旋转防喷器的旋转总成结构分析，其旋转总成的轴承布置如图 1（a）所示，此结构在制造工艺方面，对零件的加工精度要求较高，组装时对操作人员的经验有一定的要求，且增加大量调整间隙工作量，轴向定位不准确。结构本身的载荷传递路径不合理，轴承承受的主要载荷必须通过各种压套，压盖层层传递，不能直接传递至作为机架的旋转总成外壳体。

基于上述分析，通过调整中心管轴肩和旋转总成壳体内的台肩相对位置，使得主要轴承定位点位置下移，实现轴向零件通过旋转总成壳体内轴肩准确定位且承受主要载荷作用，并直接将载荷传递至旋转总成外壳体，结构如图 1（b）所示。新结构使得旋转总成的上下推力轴承仅承受单一方向的轴向载荷，符合轴承的使用要求，避免了原结构可能出现的轴向窜动。

基金项目：中石油科技开发项目"大庆古龙页岩油勘探开发理论与关键技术研究"（2021ZZ10-03）。

第一作者简介：郭建，男，现工作于大庆钻探工程公司钻井工程技术研究院，助理工程师，从事钻井工艺及地面配套设备研究。通讯地址：黑龙江省大庆市八百垧街道钻井工程技术研究院钻井工艺研究所，邮编：163413，E-mail：1501528804@qq.com

(a)旧结构　　　　　　　　　(b)新结构

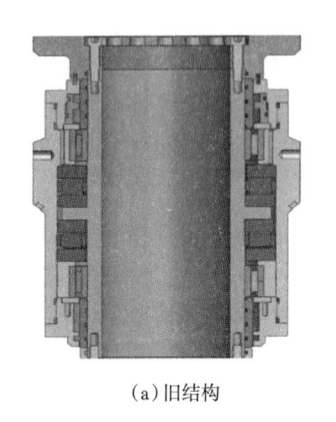

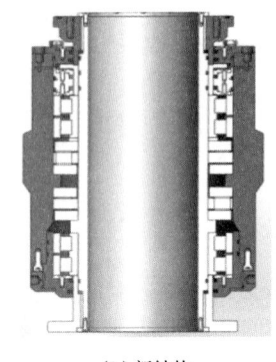

图 1　旋转总成新旧内部结构

2　轴承的选用

2.1　载荷分析计算

旋转总成伸入到旋转防喷器外壳内，下部完全浸于带压液体中，如图 2 所示。下部胶芯安装于旋转总成下端，其直接承受压力作用，并将所受载荷传递至旋转总成。其所承受载荷按设计要求，静态时最大载荷 35MPa，动态最大载荷 17.5MPa。在受力分析时，下部胶芯与旋转总成作为一个整体考虑，不考虑橡胶因受压而产生的形状变化，即为刚性体，同时忽略下部胶芯在液体中的高差影响。受力分析如图 3 所示。

图 2　旋转总成安装示意图　　图 3　下部胶芯主要尺寸及受力分析

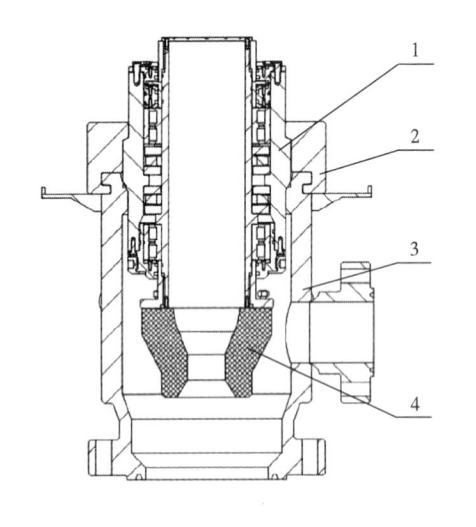

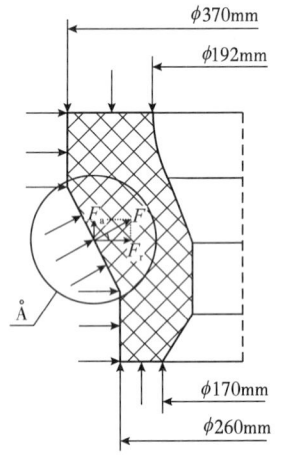

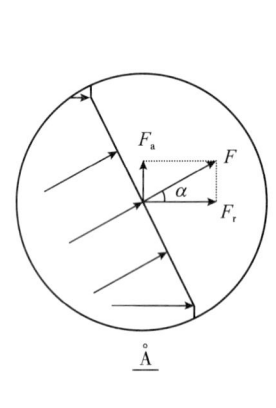

1—旋转总成；2—卡箍；3—旋转防喷器壳体；4—下部胶芯

由分析可知，下部胶芯的上端面面积比下端面面积大 0.049m^2，因此外部载荷在下部胶芯产生沿轴向且向下的力。由于下部胶芯存在斜面，因此载荷在此面时产生向上及水平方向的力。在水平方向，各分力大于小相等，经过轴心，不构成旋转总成的工作载荷，但可实现胶芯贴合钻柱；垂直分量 F_a 沿轴向向上，合力构成了下部胶芯承受的主要作用力，即旋转总成主要承受的作用力。角 α 的大小为 27.65°。在静态最大载荷 35MPa 时，旋转总成所承受的载荷大小为175kN，方向向上；在动态最大载荷17.5MPa时，旋转总成所承受的载荷大小为87.5kN，方向向上。

2.2 轴承选用

轴承的载荷和使用寿命进行验算时，预期使用寿命 L_h 按1500h计，工作转速 n 为250r/min。按轴承只承受单独轴向或径向载荷作用，径向当量载荷按轴向当量载荷的40%计。据式（1）[1]计算轴承基本额定动载荷 C。

$$C = \frac{f_h f_m f_d}{f_n f_T} P \qquad (1)$$

式中：C 为基本额定动载荷计算值，kN；P 为当量动载荷 kN，轴向载荷为87.5kN，径向载荷35kN；f_h 为寿命因数，取值为1.23；f_n 为速度因数，为0.546；f_m 为力矩载荷因数，推力轴承 f_m 为1，扶正轴承 f_m 为1.5；f_d 为冲击载荷因数，为1；f_T 为温度因数，取值为0.90。

将各参数代入式（1）后分别计算出推力轴承和扶正轴承的基本额定动载荷为247.54kN和148.51kN。

根据式（2）分别计算推力轴承和扶正轴承的额定静载荷 C_0。

$$C_0 = S_0 P_0 < C_{0r}（或 C_{0a}） \qquad (2)$$

式中：C_0 为基本额定静载荷计算值，kN；P_0 为当量静载荷，kN；S_0 为安全因数，推力轴承 S_0=2.5，扶正轴承 S_0=1.5；C_{0r} 为所选择轴承性能表中所列径向基本额定静载荷，kN；C_{0a} 为所选择轴承性能表中所列轴向基本额定静载荷，kN。

根据前述分析，推力轴承最大静载荷为175kN，扶正轴承最大静载荷按轴向载荷的40%计算，大小为70kN。推力轴承和扶正轴承的基本额定静载荷计算值分别为435kN和105kN。DQX系列选择使用81252作为推力轴承，使用NNCF 4952作为扶正轴承。将两种轴承性能表中的基本额定动载荷与基本额定静载荷分别与计算值比较（表1）。可以看出，DQX系列所用轴承完全满足17.5/35MPa压力等级旋转总成的要求。因此，继续选用此轴承。

表1 轴承计算值与性能参数对比

轴承型号	基本额定静载荷（kN）		基本额定动载荷（kN）	
	性能表值	计算值	性能表值	计算值
81252	1140	435	5300	247.54
NNCF 4952	1170	105	2550	148.51

3 结论

通过分析控压作业现场环境的现状，结合当前的施工需求，设计了分体两半式旋转防喷器泥浆伞，以便于现场狭小空间装使用。同时，通过Solidworks Simulation对旋转防喷器泥浆伞进一步进行建模并进行有限元静力学分析和洞察设。通过以上设计及分析，得出了以下结果：

（1）采用2mm厚Q345B钢板不仅满足了使用强度的要求，还可以降低钻井液盒自身重量，便于现场应用。

（2）钻井液盒的薄弱点主要集中在固定侧边角连接处及盒体棱边位置，需改进上述位置的设计，同时在制造时应予必要的重视。

（3）采用 2mm 厚 Q345B 钢板制作钻井液盒主体时，可采用喷丸硬化技术以提高泥浆盒的强度，并消除边角处的应力。

参 考 文 献

[1] 成大先.机械设计手册：第 2 卷［M］.北京：化学工业出版社，2007.
[2] 王华平，王富渝，罗良仪，等.高密度油基钻井液敏感地层变密度控压钻井技术［J］.钻采工艺，2021，44（6）：45-48.
[3] 成大先.机械设计手册：第 1 卷［M］.北京：化学工业出版社，2007.

小直径高效洗井一体化分注工艺技术研究

王 括

(大庆油田有限责任公司第三采油厂)

摘 要：本文针对目前我厂规模应用的小直径分注工艺在实际生产应用中，出现小直径封隔器无法洗井、多级管柱解封负荷大；小直径配注器洗井时出现分流、停注时有反砂现象，且无法对成套封隔器验封等问题，介绍一种小直径高效洗井一体化分注的工艺技术。通过进行室内实验研究及现场应用情况表明，该项工艺技术可以提高加固井的注入质量，降低问题井的发生率及作业转修率，降低解封负荷，保证管柱封隔器的良好密封性，为套损井的分注质量提供技术支持，具有较好的推广应用前景。

关键词：小直径；洗井；防反流；封隔器；配注器

随着开发时间延长，套管老化严重，注入井套变井数逐年增多，其中很多井需采取整形加固措施，整形加固后的注入井套管通径变小，需采用小直径工艺进行分注。目前油田对于套管通径变小的水井，规模应用的是小直径扩张式不可洗井封隔器。注入井长期得不到洗井，影响注入效果。且没有逐级解封机构。小直径配注器就是在常规配水器的基础上缩小直径，没有验封功能，也不具备防反流功能。针对以上问题，本文介绍一种在满足高效洗井的前提下完善逐级解封，同时借助于多年的研究经验实现小直径防反流功能，对规范统一分层注水工艺管柱和相关技术标准等方面具有重要的意义。

1 工艺原理及主要特点

1.1 技术原理

1.1.1 小直径可洗井封隔器

小直径可洗井封隔器基本原理与常规逐级解封封隔器类似，结构示意图如图1所示。其外径设计为$\phi 95mm$，内径设计为$\phi 50mm$，采用液压坐封，上提管柱解封。

通过对中心管、胶筒衬管以及胶筒等核心部件结构、尺寸的优化，使封隔器具有洗井通道。

洗井时，油管内泄掉注水压力，在套管往井内加压注入洗井液。油管外的压力大于油管内部压力，在压差的作用下，推动洗井活塞22上行，洗井液通过洗井通道从封隔器的上部绕过胶筒进入封隔器的下部。最后由底部球座、油管中心通道返回地面。洗井完成后正常注水时，洗井活塞在油管液压作用下关闭(图2)。

通过对封隔器内部结构的改进，与常规大直径封隔器相比，由于小直径封隔器内空间有限，设计由弹簧爪的运动来实现解封功能。解封时，上提管柱解封，在外力的作用下，解封销钉在胶筒与套管的摩擦力的作用下剪断，外壳体与中心管发生相对位移。此时爪型钢结构

作者简介：王括(1989—)，女，2017年毕业于东北石油大学，石油工程专业，现任大庆油田第三采油厂工艺研究所注水工艺设计专业技术人员，从事注入井设计、管理工作，助理工程师。通讯地址：黑龙江省大庆市萨尔图区拥军街道第三采油厂工艺研究所，E-mail：wangkuo@petrochina.com.cn

体上的弹簧片被弹开,卡爪活塞上行运动。在运动一定距离时,卡爪活塞卡在中心管上,带动中心管运动,此时最上一级封隔器解封。而第二级封隔器的弹簧片才被弹开,通过一段距离的运行后,被解封。依次类推,封隔器被逐级解封,从而降低多级管柱的解封负荷(图3)。

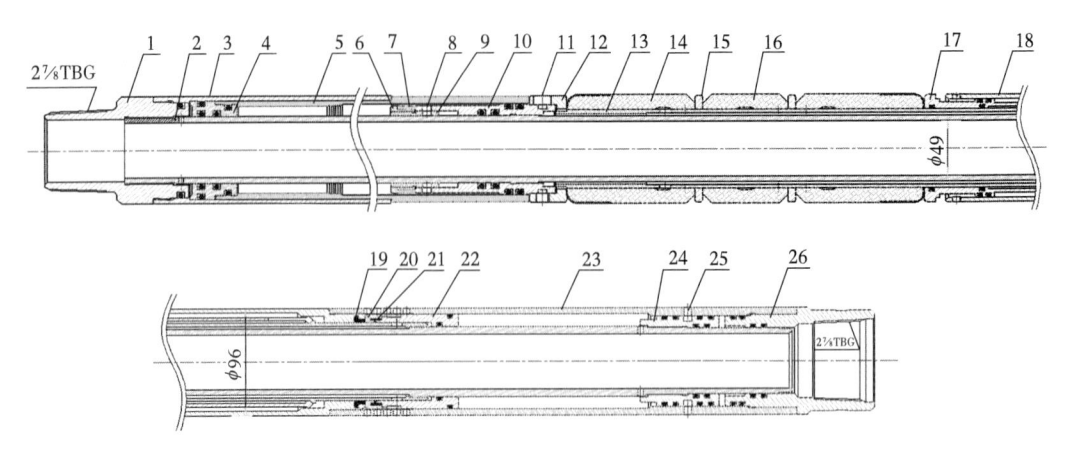

图 1　Y341-95 小直径可洗井逐级解封封隔器

1—下接头；2—中心管；3—活塞套；4—活塞；5—卡牙外套；6—调整套；7—卡牙；8—解封销钉；9—卡牙座；10—定位活塞；11—坐封销钉；12—推力套；13—胶筒衬管；14—大胶筒；15—隔环；16—小胶筒；17—卡爪活塞；18—护套短接；19—T形胶圈；20—洗井活塞外套；21—胶圈；22—洗井活塞；23—上接头外套；24—平衡活塞；25—解封销钉；26—上接头

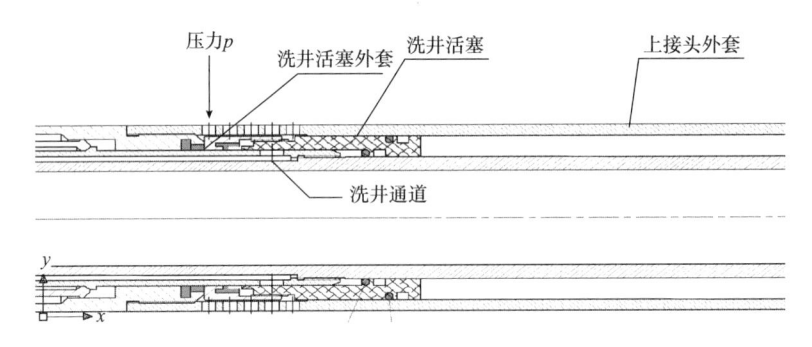

图 2　小直径封隔器洗井原理示意图

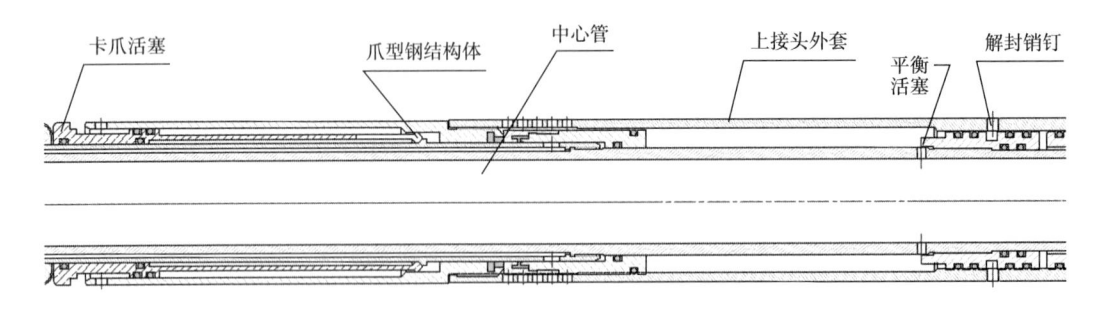

图 3　小直径封隔器逐级解封原理示意图

1.1.2　小直径防反流一体化配注器

在常规小直径配注器的堵塞器偏孔旁边设计与之连通的防反流偏孔,内部安装防反流阀

(图4)。其中A孔为堵塞器偏孔，B孔为防反流偏孔。同时考虑在化学驱中的应用，优化过流通道结构，设计推拉式活塞，同时采用圆弧过渡和缓慢变径，减小对聚合物的剪切。

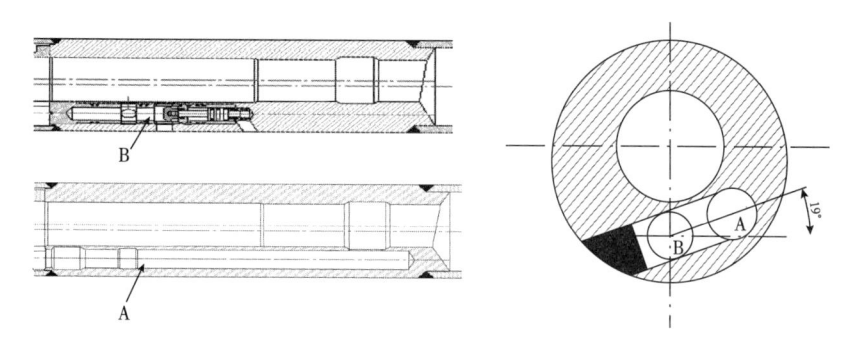

图4 小直径防反流一体化配注器主体部分结构示意图

正常注入时，油管压力大于套管压力，防反流阀下行打开（图5），形成油套连通。验封时，导压孔与中心通道连通，油管压力通过导压孔作用到单流阀上，使防反流阀下行打开，可实现验封。

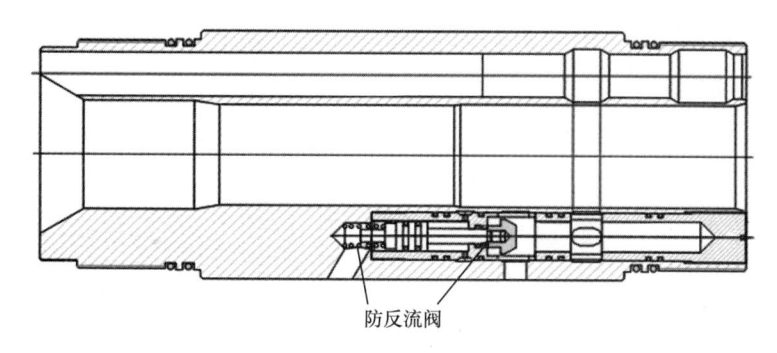

图5 小直径流配注器防反流阀运动打开示意图

反洗井和停注时，套管压力大于油管压力，防反流阀上行关闭（图6），油套不连通，实现防反流和防进砂功能。

该配注器水驱、聚驱通用，转换注入介质时无须动管柱作业，只需要更换与介质相适应的堵塞器即可。

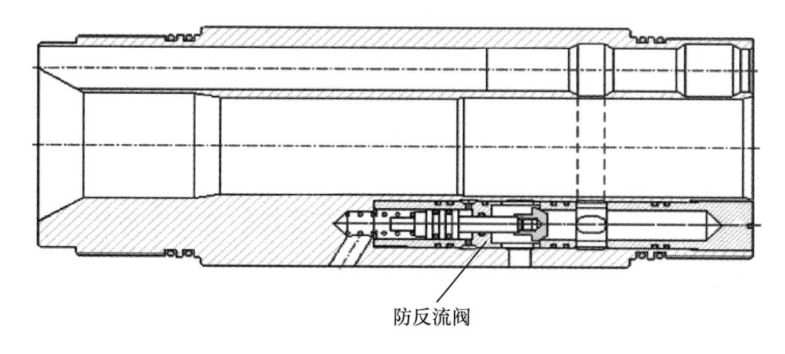

图6 小直径流配注器防反流阀运动关闭示意图

1.2 主要技术指标

1.2.1 小直径可洗井封隔器

（1）外径ϕ95mm，内径不小于ϕ50mm。
（2）坐封压力15MPa，承压差大于15MPa。
（3）能够逐级解封，单级解封力小于60kN。
（4）工作最高温度90℃。

1.2.2 小直径防反流一体化配注器

（1）外径ϕ104mm，内径ϕ46mm。
（2）偏孔直径ϕ20mm，堵塞器与常规分注管柱通用。
（3）适应水驱和化学驱分注，全过程通用。
（4）不影响注入和验封，具有防反流功能。
（5）投捞测试工艺与常规分注管柱通用。

2 室内实验研究

2.1 小直径封隔器室内实验

（1）将小直径封隔器装入模拟套管工装，对管内加压至15MPa，封隔器坐封。
（2）对油套环空的上端加压15MPa，下端压力为0，封隔器胶筒密封。
（3）对套管工装进行加压至20MPa，稳压10min，封隔器不刺不漏。

通过实验可以看出，小直径封隔器坐封动作可靠，并且胶筒承压状况良好（图7）。

图7 小直径封隔器室内座封、承压实验现场

2.2 防反流装置启动压力实验

在小直径配注器的下接头处接上丝堵，上接头处接上测试打压泵（图8）。当压力上升至0.3MPa时，偏孔出现稳定的液流，说明防反流阀体克服弹簧力作用打开，装置启动工作。

通过实验可以看出，该装置的压力损耗较小，对注入压力无明显影响。

图 8 小直径配注器防反流装置启动压力实验现场

2.3 防反流装置承压等级实验

对小直径配注器的偏孔处外加测试工装，进行加压（图9）。当管外压力达到15MPa，稳压20min左右，配注器无渗透、无反流现象。

通过实验可以看出，防反流装置承压等级较高，密封良好，具有防反流、防反砂功能。

图 9 小直径配注器防反流装置承压等级实验现场

3 现场应用情况

该技术于2017年9月在大庆油田第三采油厂各矿陆续投入现场试验，截至目前已经应用3井次。

其中以北2-41-559井为例，该井806.3m、814.6m处套变，采用膨胀管加固，加固后的内径均108mm。2017年10月14日下入小直径高效洗井一体化分注工艺管柱，顺利通过套变点，一次打压坐封成功。作业后对该井进行验封，曲线如图10所示，曲线表明验封合格。

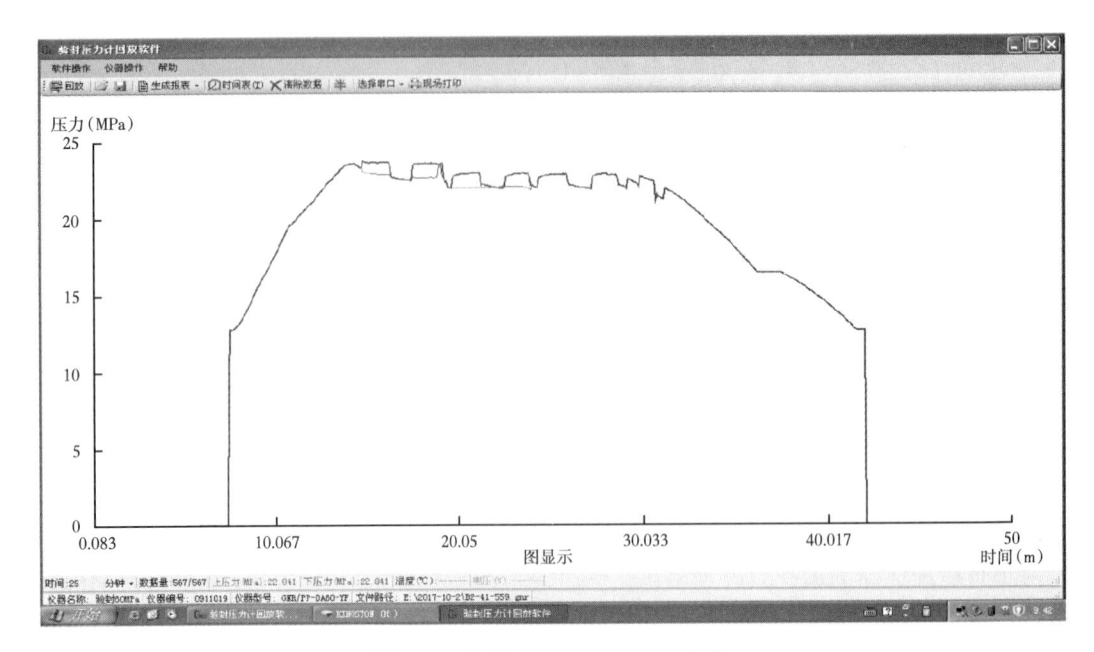

图 10　B2-41-559 试验井验封曲线

同时，利用综合参数测试仪对该井的小直径配注器进行防反流情况监测。目前现场已经将测试仪下入配注器中，以保证各注水层的流量满足配注要求。

图 11　B2-41-559 综合参数测试仪监测现场

4　结论及认识

小直径高效洗井一体化分注工艺将常规分注工艺管柱中优势技术拓展应用到套损井中。

（1）在小直径封隔器的内径和外径受限情况下，通过结构设计优化，优选高强度材质，实现洗井功能，并尽可能扩大了洗井通道，满足生产需求，提高加固井的分注质量。同时，实现逐级解封机构，降低多级管柱的解封负荷，提高逐级解封技术的覆盖范围。

（2）通过优化配注器结构，使配注器中心通道等核心结构与常规配注器相同，以实现使投捞测试工艺与常规配注器通用。同时使小直径分注管柱实现防反流和防吐砂功能，为提高洗井效果、降低问题井发生率和作业转修率提供技术支持。并且实现对封隔器的验封测试，保证封隔器的良好密封性。

（3）小直径高效洗井一体化分注工艺是适应水驱和化学驱分注，全过程通用，具有较好的推广应用前景。

参 考 文 献

[1] 李丹．多段分层注水井逐级解封封隔器的研制与应用 [J]．大庆石油地质与开发，2016，35（4）：113-116.
[2]《油田注水开发技术与管理》编委会．油田注水开发技术与管理 [M]．北京：石油工业出版社，2016.

大情字地区夹层型页岩油可压性评价及水力裂缝穿层扩展规律研究

索彧[1,2,3,4]，苏显薇[1]，何文渊[5]，付晓飞[1]，潘哲君[1]

（1.东北石油大学石油工程学院；2.大庆油田股份有限公司博士后管理站；3.黑龙江省油气储层压裂与评价重点实验室；4.多资源协同陆相页岩油绿色开采全国重点实验室；5.中国石油国际勘探开发有限公司）

摘 要：本文以大情字井地区砂岩—页岩夹层型页岩油为研究对象，采用室内实验、理论建模和数值模拟相结合的方法，构建了砂岩—页岩夹层型页岩油可压性评价新方法，阐明了水力压裂裂缝在含过渡区的砂岩—页岩夹层型页岩油穿层扩展规律。研究结果表明：砂岩—页组合体岩样的脆性指数随页岩夹层厚度减少而先降低后增加，可压性指数随围压增加而降低；垂向应力差和压裂液注入速率与水力裂缝的缝高呈正相关，脆性指数差与水力裂缝的缝高呈负相关；垂向应力差与水力裂缝的偏移距离呈负相关，脆性指数与水力裂缝的偏移距离呈正相关，压裂液注入速率对水力裂缝的偏移距离影响较小。研究结果为多岩性复合储层的压裂设计提供了理论依据，有效优化了现场施工参数，降低了压裂成本。

关键词：陆相页岩油；水力压裂；砂岩—页岩组合体；可压性模型；穿层扩展

随着油气勘探开发技术的突破，重心逐渐由常规向非常规、单一岩性向多岩性组合、简单层状储层向复杂产层组转变[1-2]。在非常规页岩油气藏勘探和开发中，多岩性组合复杂产层组的钻井和完井设计依赖于地质和工程"甜点"的有效评估[3]。而储层的可压性指数是双"甜点"识别和预测过程中最重要的表征因素之一，为水力压裂优化的战略定位提供了关键依据[4-6]。可压性代表储层被有效压裂的难易程度，也是判断储层是否有利于形成复杂的缝网的关键指标，可进一步判断储层是否具有诸如扩大改造体积、增强裂缝导流能力和增加流体接触体积等特性。一些学者通过考虑地质参数、岩石强度和变形参数、矿物成分以及天然裂缝等因素建立了可压性评价模型[7-16]。但这些储层可压性评价方法主要集中在单一岩性上，未考虑多岩性组合情况。

从属性方面来讲，岩石的脆性特征即是储层可压性特征[17]，基于此，本文以松辽盆地大情字井地区砂岩—页岩夹层型页岩油储层为研究对象，以基于能量演化的脆性评价模型为基础，结合不同夹层厚度组合体岩样的矿物成分和黏聚力作为可压性评价指标并建立了多岩性组合体储层可压性定量评价模型。采用该方法计算得到了复合储层随埋深变化的可压性指数，通过与压裂后地震微监测结果对比，验证了模型的准确性与可行性。此外，本研究中采用有限元—离散元法（FDEM）探究大情字地区夹层型页岩油储层水力压裂裂缝扩展数值模型，揭示了水力裂缝垂向扩展规律，获取最优压裂施工参数为现场提供了有效设计方案。

第一作者简介：索彧，副教授、博士生导师，现工作于东北石油大学石油工程学院，主要从事非常规储层改造、石油工程岩石力学及断裂力学方面研究。通讯地址：黑龙江省大庆市东北石油大学，邮编：163311，E-mail：sycup09@163.com

1 砂岩—页岩组合体岩样制备及可压性评价参数测定

1.1 岩样制备

本实验所使用的砂岩和页岩均取自吉林大情字地区，先将取得的砂岩和页岩切割打磨成直径 25mm、高度不一的圆柱体，各圆柱体两端平行度小于 0.02mm，再将砂岩和页岩通过云石胶黏合组成不同夹层厚度的组合体试样，试样严格按照国际岩石力学学会标准制成如图 1 所示的高径比为 2∶1 的组合体。为了方便记录与描述，将四种类型的组合体记为 M-S-M-a-b，M 代表砂岩，S 代表页岩，a 代表砂岩厚度占比，%；b 代表围压，MPa。

图 1 砂岩—页岩组合体试样

1.2 可压性评价模型构建

本可压性评价体系涵盖一个目标层，两个一级指标：脆性指标和黏性指标，六个二级指标：初始压实硬化和弹性变形阶段的脆性指数、弹塑性损伤阶段的脆性指数、破坏和软化损伤阶段的脆性指数、脆性矿物含量，黏土矿物含量，黏聚力。评价体系图如图 2 所示。

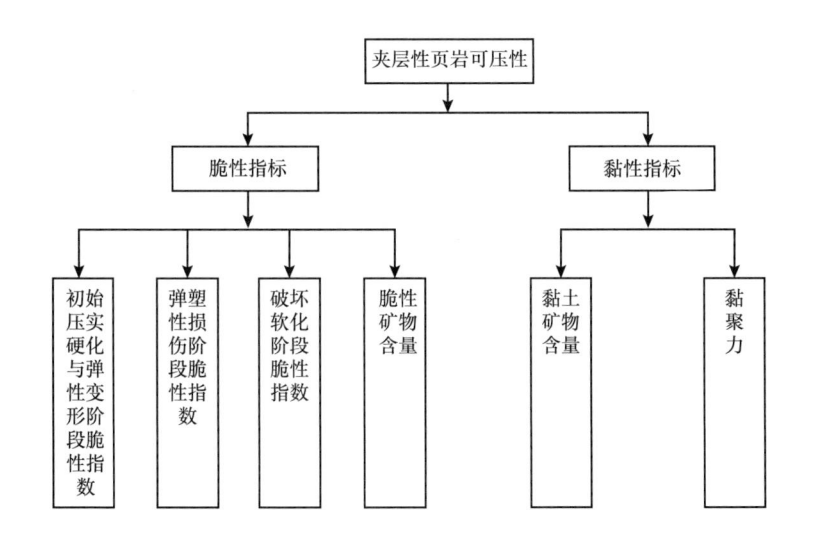

图 2 组合体岩石可压性评价指标

1.2.1 基于能量演化的脆性评价模型

如图 3 所示，该模型将应力—应变曲线分为初始压实硬化和弹性变形阶段（OB）、弹塑性损伤阶段（BD）、破坏和软化损伤阶段（DE）3个阶段。图3中，S_1为峰值前累积的弹性能，S_2为塑性能，S_4为剩余的弹性能，S_1-S_4为消耗的弹性能，S_3+S_4为峰值后实验机提供的额外能量。

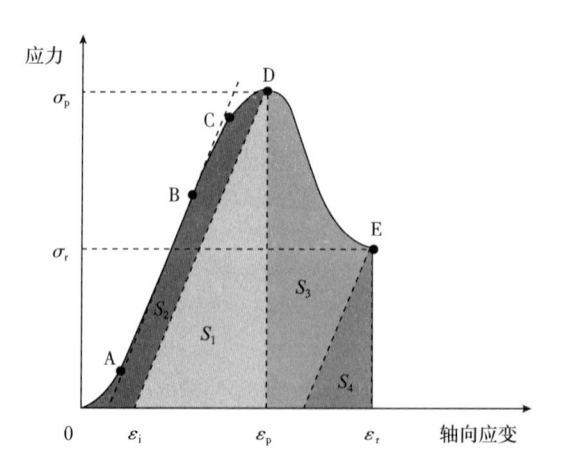

图3 岩石单轴压缩的典型应力—应变曲线

根据岩石在破坏点的可逆应变与失效时总应变的比率设为第一阶段的BSI（BSI_1），该指标与脆性呈正相关；将破坏前塑性应变与峰值应变的比值作为第二阶段的BSI（BSI_2），该指标与脆性呈负相关；将峰后曲线的斜率和应力降作为第三阶段的BSI（BSI_3），这一阶段的BSI与脆性成正比。其计算公式分别为：

$$BSI_1 = \frac{可逆应变}{失效时总应变} = \frac{\varepsilon_p - \varepsilon_i}{\varepsilon_p} \quad (1)$$

$$BSI_2 = \frac{\varepsilon_i}{\varepsilon_p} \quad (2)$$

$$BSI_3 = \frac{\sigma_p - \sigma_r}{\sigma_p} \times \frac{\lg|K_{ac}|}{10} \quad (3)$$

式中：ε_p表示失效时总应变；ε_i表示塑性应变；σ_p表示峰值强度，MPa；σ_r表示残余应力，MPa；K_{ac}表示峰后应力降的斜率。

应力—应变曲线中每个阶段的能量变化可以用于确定相应的BSI对复合岩石脆性的相对贡献权重。基于能量演化的最优矩阵（$\boldsymbol{R}$）可确定为：

$$\boldsymbol{R} = \begin{bmatrix} \dfrac{1}{2} & \dfrac{S_1}{S_1 + S_2} & \dfrac{S_1}{S_1 + S_5} \\ \dfrac{S_2}{S_1 + S_2} & \dfrac{1}{2} & \dfrac{S_2}{S_2 + S_5} \\ \dfrac{S_5}{S_5 + S_1} & \dfrac{S_5}{S_5 + S_2} & \dfrac{1}{2} \end{bmatrix} \quad (4)$$

式中：S_1 为峰值前累计弹性能，J/m³，可由式（5）算得；S_2 为塑性能，J/m³；S_5 为峰值外提供的额外能量（$S_5=S_3+S_4$），J/m³，其中 S_2 和 S_3 不规则区域面积可由曲线积分得到。

$$S_1 = \frac{\sigma_p(\varepsilon_p - \varepsilon_i)}{2} \tag{5}$$

为了消除一致性问题，将最优矩阵（**R**）转化为模糊一致性矩阵，式（6）如下所示。结合式（7）可计算出 BSI 基于模糊层次分析法的权重：

$$\begin{cases} r_i = \sum_{k=1}^{m} r_{ik} \ (i=1,2,\cdots,m) \\ f_{ij} = \dfrac{r_i - r_j}{2m} + 0.5 \end{cases} \tag{6}$$

$$\begin{cases} f_i = \left(\prod_{j=1}^{m} f_{ij}\right)^{\frac{1}{m}} \\ \overline{f_i} = \dfrac{f_i}{\sum_{j=1}^{m} f_i} \\ W_F = \overline{f_1}, \overline{f_2}, \cdots, \overline{f_m} \end{cases} \tag{7}$$

式中：r_{ik} 为最优矩阵第 i 行和第 k 列的值；m 为评价指标的个数；r_i 和 r_j 为对最优矩阵逐行求和得到的值；f_{ij} 为模糊一致矩阵中第 i 行和第 j 列的值；$\overline{f_i}$ 是第 i 个指标的加权平均值；W_F 为 m 个评价指标的权重矩阵。

1.2.2 结合矿物成分和黏聚力的可压性评价模型

由于脆性敏感指数、矿物含量、黏聚力的单位及量纲均不一样，且各个参数的大小及作用范围也不一样的问题，所以需要进行归一化处理。

岩石初始压实硬化和弹性变形阶段、破坏和软化损伤阶段的脆性敏感指数、脆性矿物含量为正向指标，正向指标计算公式：

$$S = \frac{X - X_{\min}}{X_{\max} - X_{\min}} \tag{8}$$

黏土矿物含量、黏聚力、弹塑性损伤阶段的脆性敏感指数为负向指标，负向指标计算公式：

$$S = \frac{X_{\max} - X}{X_{\max} - X_{\min}} \tag{9}$$

式中：S 为归一化后的参数值；$X_{\max}$，$X_{\min}$ 分别为研究区参数的极大值和极小值；X 为目的层段的参数值。

结合式（7）、式（8）和式（9），建立组合试样的脆性指数计算公式：

$$BI = aS_{BSI1} + bS_{BSI2} + cS_{BSI3} \tag{10}$$

利用上述建立的脆性敏感指数评价模型，对岩样的应力—应变曲线进行分析，利用式（4）至式（7）得出每种岩样的 a、b、c 均值，结果见表1。

表1 权重系数取值表

岩样编号	a	b	c
M-S-M-20-20	0.42	0.17	0.41
M-S-M-40-20	0.41	0.25	0.34
M-S-M-60-20	0.34	0.28	0.38
M-S-M-80-20	0.36	0.27	0.37
M-S-M-20-30	0.40	0.21	0.39
M-S-M-40-30	0.34	0.29	0.37
M-S-M-60-30	0.32	0.28	0.40
M-S-M-80-30	0.38	0.23	0.39

通过上表可以分析得出，a、b、c 的平均值分别为 0.39、0.25、0.36。

综合脆性和黏性指标，用 Saaty 的 1—9 标度法来确定各评价指标的权重大小。算出初始压实硬化和弹性变形阶段的脆性指数、弹塑性损伤阶段的脆性指数、破坏和软化损伤阶段的脆性指数、脆性矿物含量、黏土矿物含量、黏聚力六项指标的权重占比分别为 0.23，0.15，0.22，0.20，0.17，0.03（表2），可得出组合岩样可压性指数的计算公式为：

$$FI=0.23S_{BSI1}+0.15S_{BSI2}+0.22S_{BSI3}+0.2S_{\varphi_B}+0.17S_{\varphi_C}+0.03C \tag{11}$$

式中：FI 可压性指数；S_{BSI1}，S_{BSI2}，S_{BSI3} 分别对应三个阶段的归一化；S_{φ_B} 为脆性矿物含量，S_{φ_C} 为黏土矿物含量，C 为黏聚力。

表2 指标体系赋权表

目标层	一级指标	一级指标占目标层权重	二级指标	二级指标占一级指标权重	二级指标占目标层权重
组合体可压性指数	脆性指标	0.8	初始压实硬化与弹性变形阶段脆性指数	0.29	0.23
			弹塑性损伤阶段脆性指数	0.19	0.15
			破坏软化阶段脆性指数	0.27	0.22
			脆性矿物含量	0.25	0.20
	黏性指标	0.2	黏土矿物含量	0.86	0.17
			黏聚力	0.14	0.03

1.3 大情字地区砂岩—页岩组合体可压性指数分析

四种不同页岩夹层厚度的组合岩样在围压为 20MPa 和 30MPa 条件下的应力—应变曲线分别如图4和图5所示，不同能量区域用不同颜色划分。

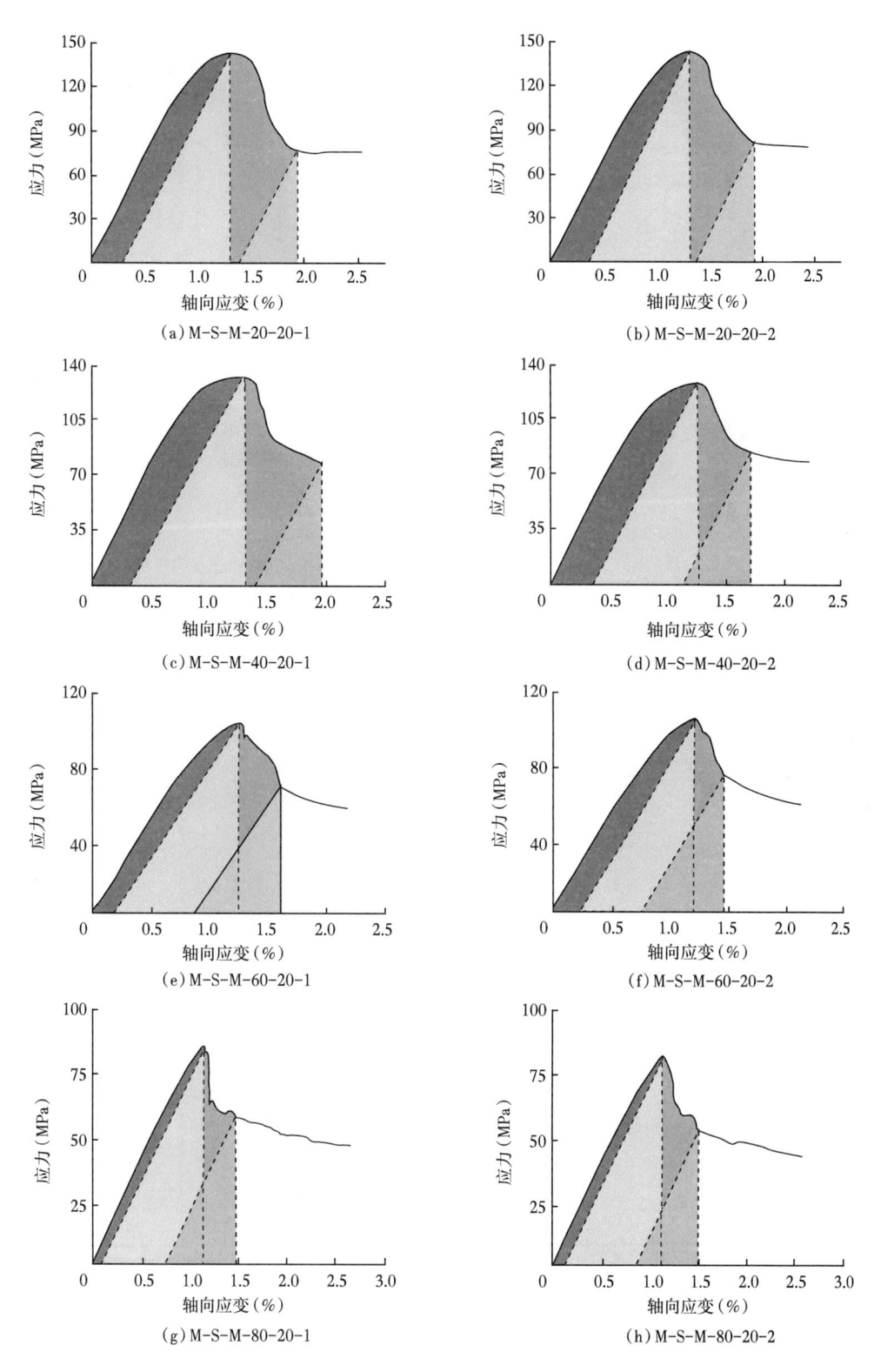

图 4　20MPa 围压下四种夹层性页岩的应力应变曲线

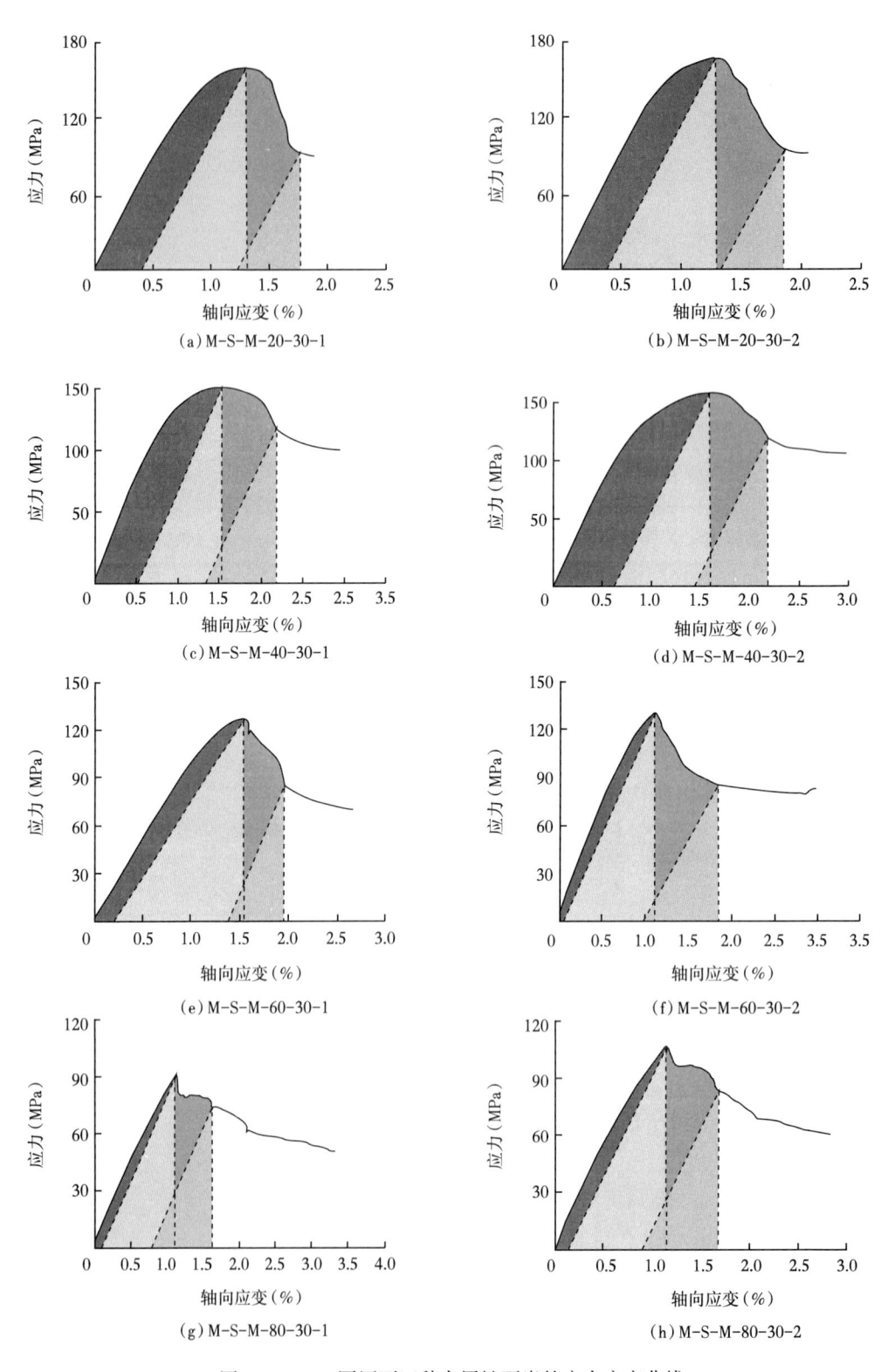

图 5 30MPa 围压下四种夹层性页岩的应力应变曲线

从图中可以看出，在施加围压条件下，M-S-M-20 类型的岩样的抗压强度最大，弹性能最大，塑性能占比也最大，剩余的弹性能最小；M-S-M-80 类型的岩样的抗压强度最小，塑性能占比最小；M-S-60 类型的岩样中塑性能在总能量中占比最大。这些现象表明，仅考虑某一段能量变化或应力—应变曲线定义的脆性指标不能准确反映组合体岩石的脆性破坏。

对四种砂岩—页岩组合体的脆性矿物含量、黏土矿物含量以及黏聚力进行归一化处理，通过式（11）对四种组合体岩石进行可压性指数进行计算，在围压为 20MPa 和 30MPa 时的结果分别见表3。

表3 围压下四种砂岩—页岩组合体可压性指数

岩样编号	20MPa 可压性指数	30MPa 可压性指数
M-S-M-20-20-1	0.27	0.22
M-S-M-20-20-2	0.18	0.28
M-S-M-40-20-1	0.27	0.31
M-S-M-40-20-2	0.36	0.47
M-S-M-60-20-1	0.51	0.41
M-S-M-60-20-2	0.56	0.47
M-S-M-80-20-1	0.84	0.83
M-S-M-80-20-2	0.79	0.65

从表3中可以看出，随着页岩含量的减少，岩样的可压性指数逐渐增加，砂岩厚度占比 60% 和 80% 的夹层型页岩储层可压性好，可达到压裂造缝的目的，砂岩厚度占比 20% 和 40% 的夹层型储层可压性一般。另外，围压为 20MPa 时的可压性指数高于围压为 30MPa 时的，当围压增大时，可压性指数在减小，表明高围压不利于压裂改造，这也从侧面说明了该可压性评价模型有能够评价储层可压性指数随埋深变化的能力。

由于工程现场实际针对松辽盆地大情字地区青山口组 X 井 2400~3400m 间的埋深储层段进行了分段压裂改造，且在进行压裂作业时通过微地震监测系统获取了各压裂段在压裂过程中产生的相关微地震数据。因此对 X 井 2400~3400m 储层取心进行力学实验和矿物含量测试，将实验结果代入式（11），绘制出可压性指数随埋深变化的曲线如图6所示。

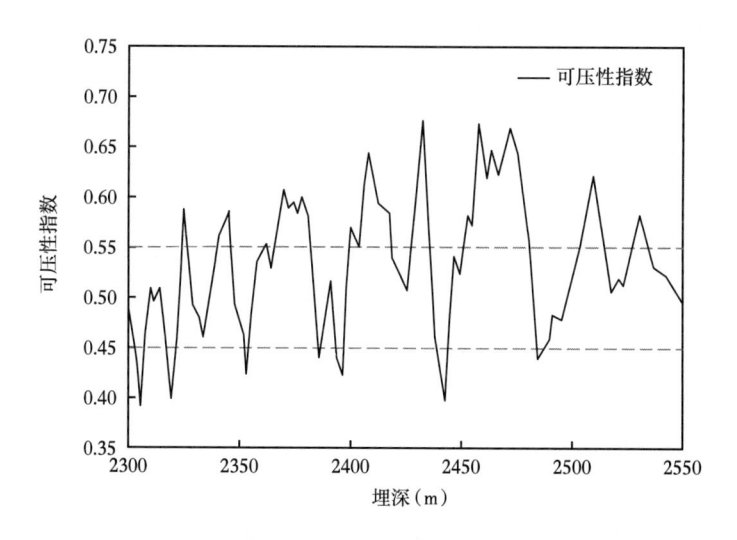

图6 X井可压性指数随储层埋深变化曲线

将 X 井微地震监测结果（图 7）与可压性指数进行对比分析，裂缝参数见表 4。

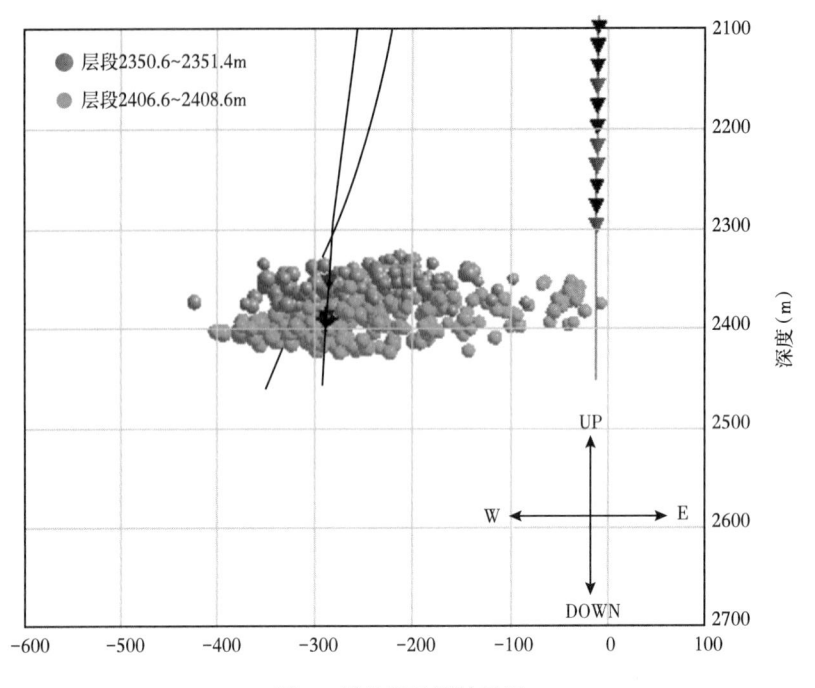

图 7 微地震监测结果图

表 4 裂缝参数统计表

压裂段（m）	裂缝网络长度（m）			裂缝网络宽度（m）	裂缝网络高度（m）	微地震事件个数
	西翼	东翼	总长			
2350.6~2351.4	101	209	310	172	58	206
2406.6~2408.6	93	299	392	215	79	273

根据图 6 中可压性指数随储层埋深变化曲线可知，随着储层埋深的增加，其可压性指数呈波动状连续变化，且储层埋深与可压性指数并无直接相关性。由分段压裂改造数据可知，压裂段分别为 2350.6~2351.4m 和 2406.6~2408.6m，根据计算，这些埋深段所对应的平均可压性指数分别为 0.474 和 0.617。将表 5 中微地震监测结果与对应埋深储层段的可压性指数进行比较后发现，储层可压性指数与不同埋深压裂段对应的裂缝参数相关性较好。这表明储层可压性指数与其实际压裂改造效果较为贴近，能较好地预测不同储层埋深段的压裂效果。

2 含过渡区的砂岩—页岩夹层型页岩油穿层扩展规律研究

目前，关于过渡区域内层状岩石力学性质对水力压裂裂缝在储层中垂向扩展的影响机理研究非常少，大多数研究将过渡区简化为零厚度的界面，且模型考虑的因素不全面。基于可压性评价现场验证，将储层分为四类Ⅰ类、Ⅱ类、Ⅲ类、Ⅳ类，根据现场数据Ⅰ类、Ⅱ类岩石储层中存在的较多过渡区类型，将过渡区类型分为四种类型：分别为 a 型为砂岩—页岩过渡区—砂岩，b 型为页岩—砂岩过渡区—页岩，c 型为砂岩—页岩/砂岩过渡区—页岩，d 型为页岩—砂岩/页岩过渡区—砂岩。本研究基于有限离散元方法，建立含多个不同岩性过渡区的层状储层压裂模型如图 8 所示。

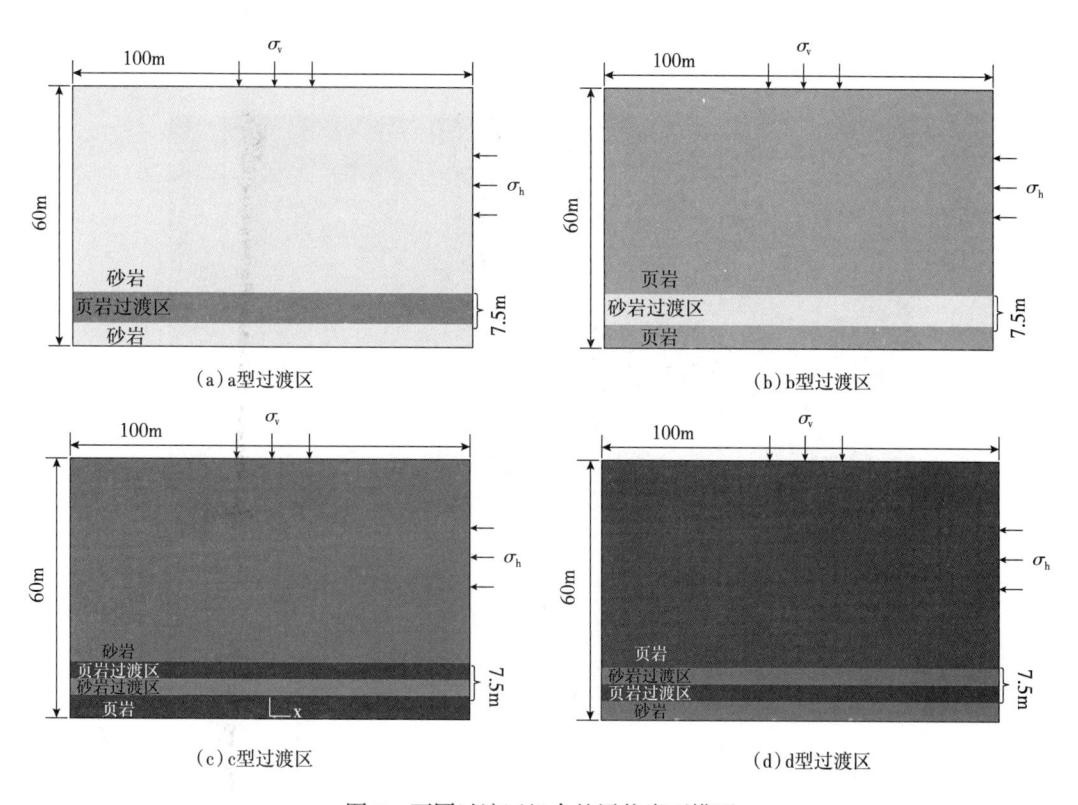

(a) a型过渡区

(b) b型过渡区

(c) c型过渡区

(d) d型过渡区

图 8 不同过渡区组合的层状岩石模型

砂岩和页岩的具体力学参数按照前文获得的力学参数来进行设置，基本参数见表 5。

表 5 数值模型参数设置

符号	参数	砂岩	页岩
E	杨氏模量（GPa）	14.20	23.46
μ	泊松比	0.24	0.21
ρ	密度（g/cm^3）	2600	2750
σ_t	抗拉强度（MPa）	5.56	7.143
θ	内摩擦角（°）	36.31	39.00
C	内聚力（MPa）	20.15	18.00
Gf_I	模式Ⅰ断裂能量释放速率（GPa）	2.0	1.8
Gf_{II}	模式Ⅱ断裂能量释放速率（GPa）	10	9
P_n	法向罚参数	1420e^9	2460e^9
P_s	切向罚参数	1420e^9	2460e^9
ϕ	孔隙度（%）	10	2
σ_v	垂向地应力	40、42、44、46、48	
σ_h	水平最小主应力	38	

2.1 垂向应力差的影响

本文通过设置不同的垂向应力差值来研究不同地应力条件下水力压裂裂缝的垂向扩展规律。同时，考虑了岩层中过渡区的数量和岩性对水力压裂裂缝的影响，以研究水力压裂裂缝在不同数量和不同岩性过渡区下的垂向扩展行为，模拟结果如图9至图13所示。

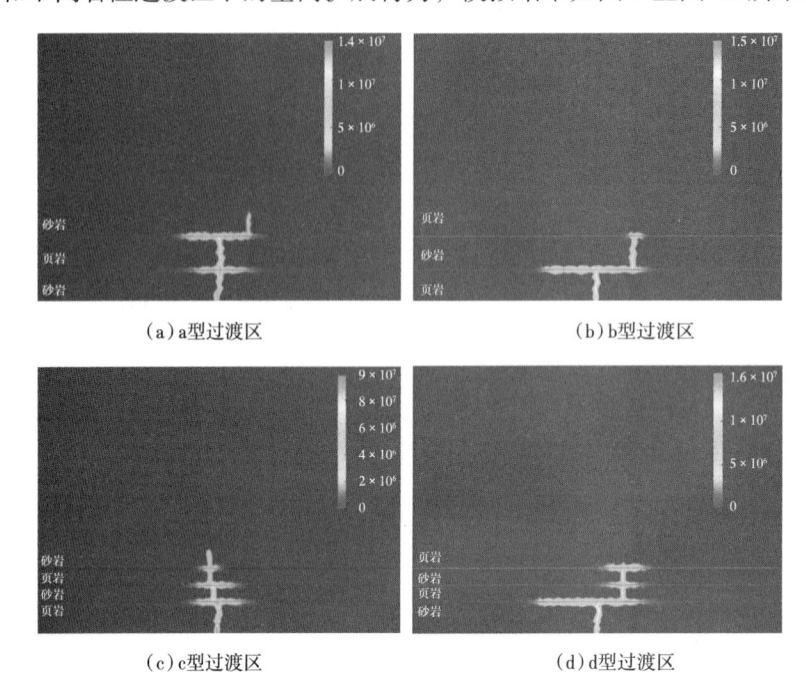

(a) a型过渡区

(b) b型过渡区

(c) c型过渡区

(d) d型过渡区

图9 垂向应力差为2MPa时，水力压裂裂缝扩展路径

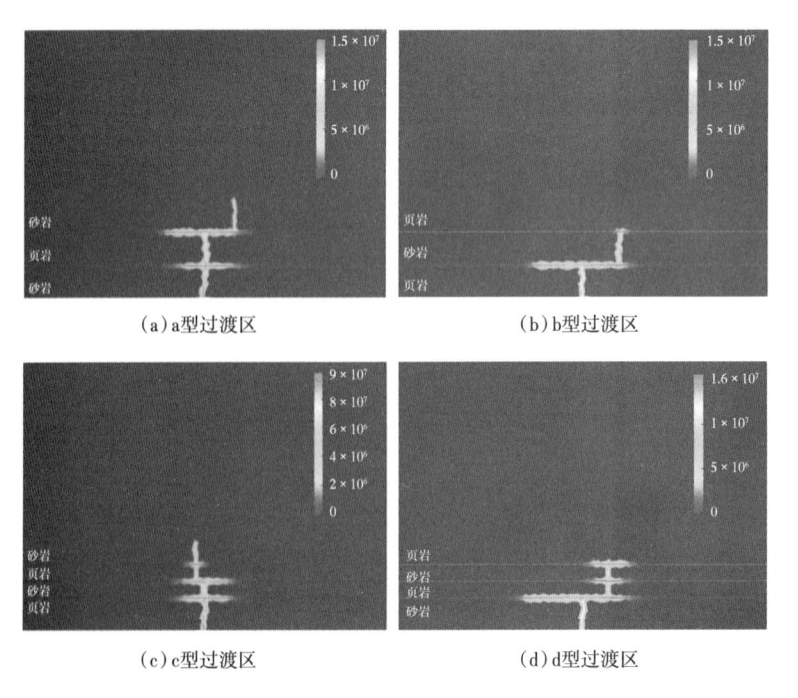

(a) a型过渡区

(b) b型过渡区

(c) c型过渡区

(d) d型过渡区

图10 垂向应力差为4MPa时，水力压裂裂缝扩展路径

(a) a型过渡区　　　　　　　　(b) b型过渡区

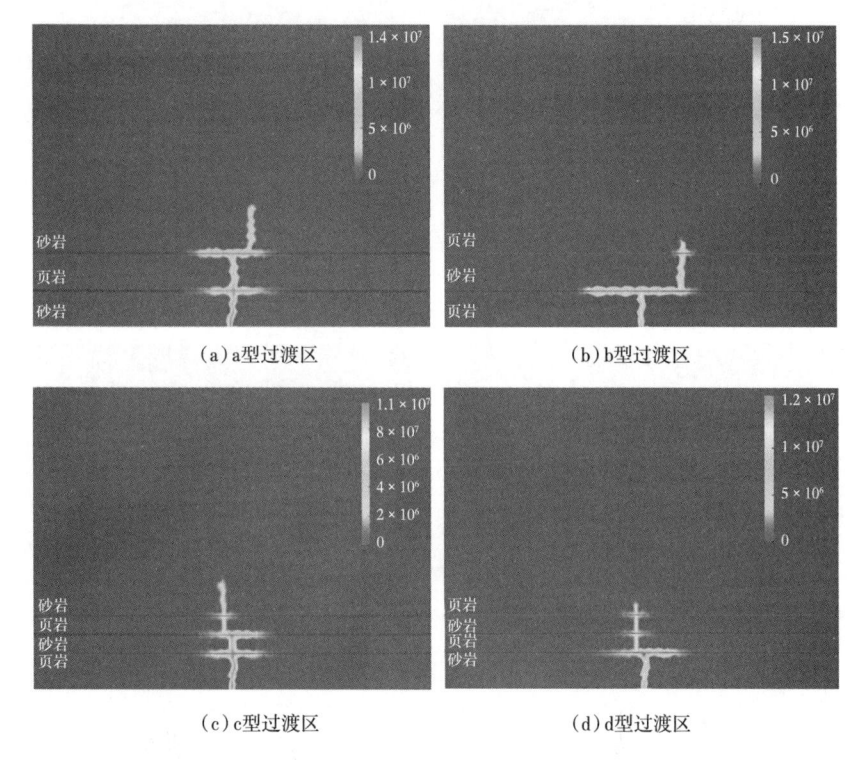

(c) c型过渡区　　　　　　　　(d) d型过渡区

图 11　垂向应力差为 6MPa 时，水力压裂裂缝扩展路径

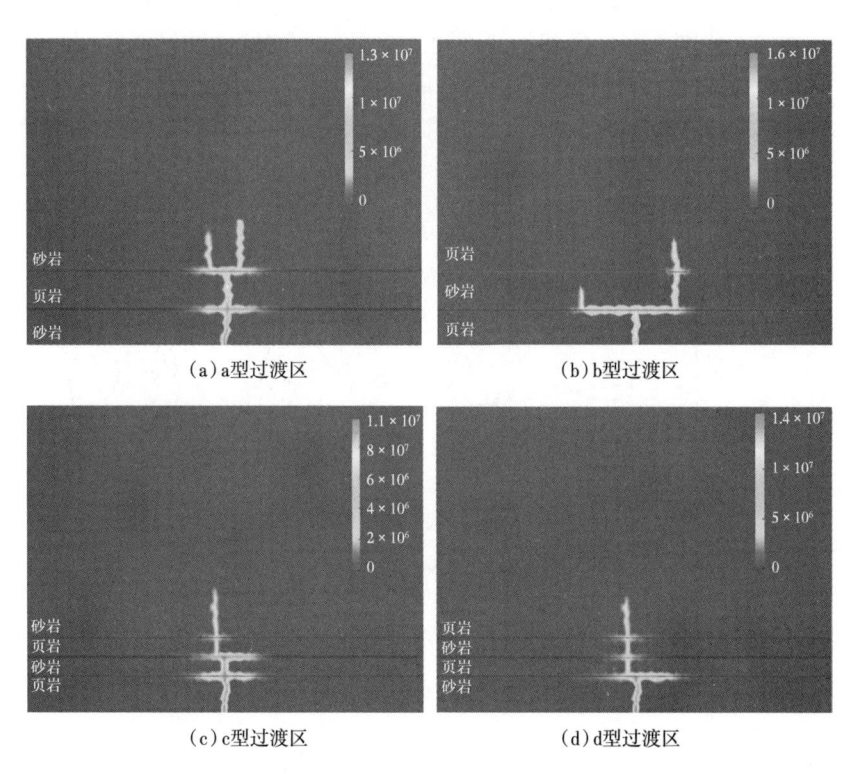

(a) a型过渡区　　　　　　　　(b) b型过渡区

(c) c型过渡区　　　　　　　　(d) d型过渡区

图 12　垂向应力差为 8MPa 时，水力压裂裂缝扩展路径

(a) a型过渡区

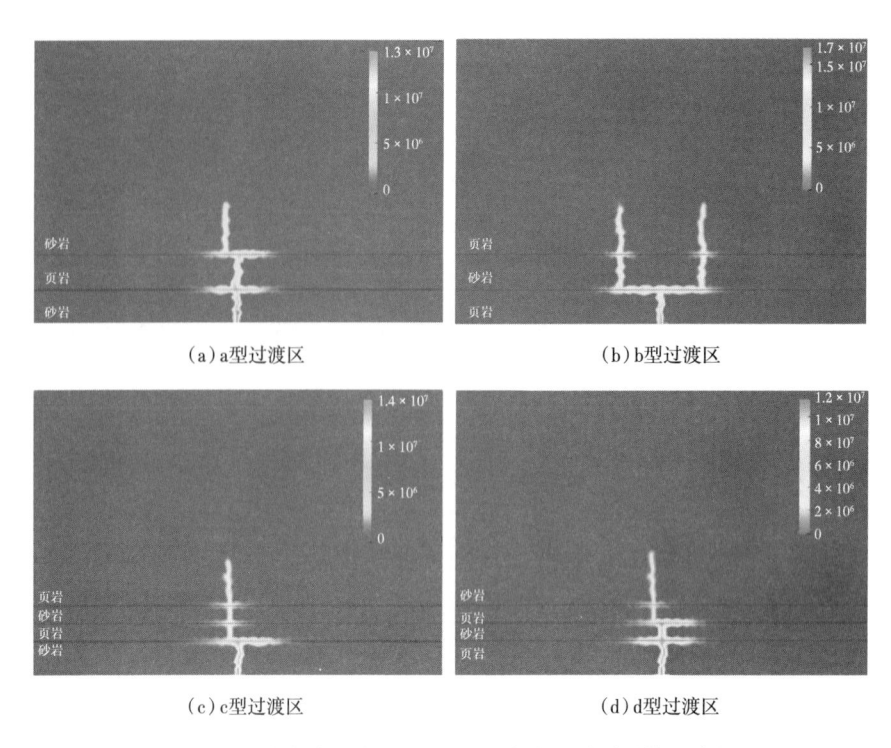

(b) b型过渡区

(c) c型过渡区

(d) d型过渡区

图13　垂向应力差为10MPa时，水力压裂裂缝扩展路径

不同类型过渡区的垂向应力差对无量纲偏移距离和无量纲缝高的影响如图14和图15所示。结果显示，随着垂向应力差的增加，水力压裂裂缝的无量纲偏移距离逐渐减小，而无量纲缝高逐渐增大。特别是在a型和c型过渡区的情况下，这两种过渡区都是从砂岩层开始压裂的，当垂向应力差从4MPa增加到6MPa时，水力压裂裂缝的无量纲偏移距离减小了约50%，同时无量纲缝高增加了约25%。与之相对应，b型和d型过渡区的变化趋势相似，这两种过渡区都是从页岩层开始压裂的。在这种情况下，水力压裂裂缝的无量纲偏移距离和无量纲缝高略微减小，但变化幅度相对较小。

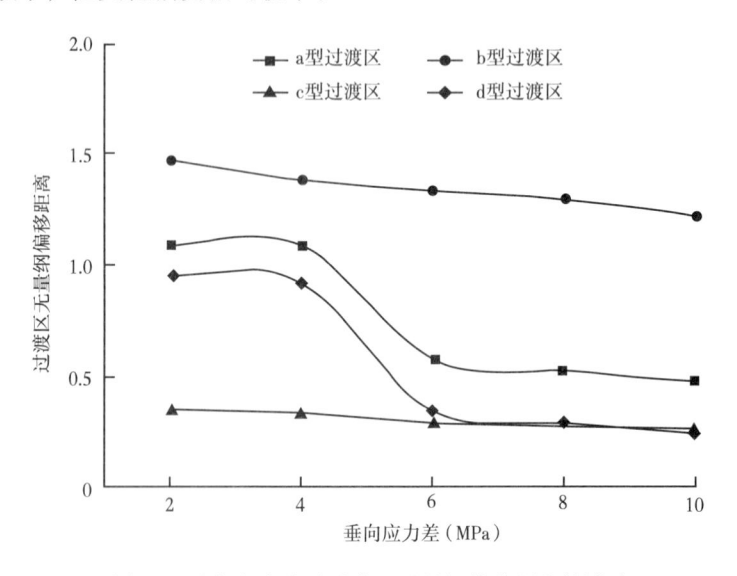

图14　垂向应力差对过渡区无量纲偏移距离的影响

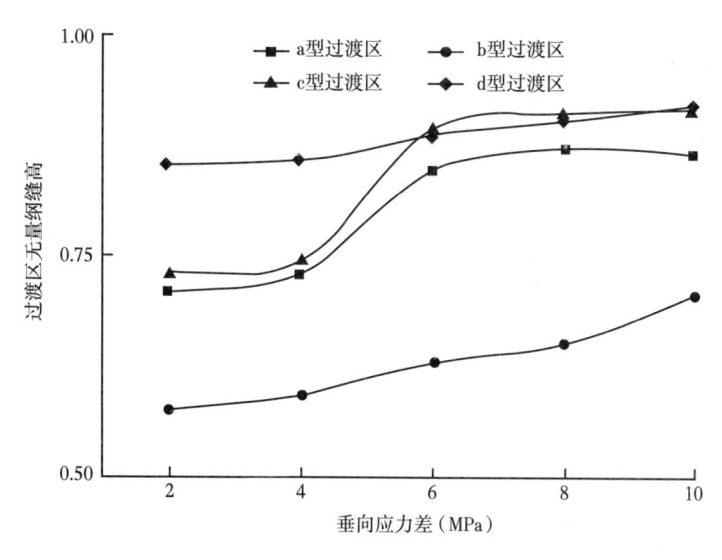

图 15 垂向应力差对过渡区无量纲缝高的影响

2.2 脆性指数差的影响

保持砂岩的力学参数不变即脆性指数不变，通过设置页岩的力学参数更改脆性指数，从水力压裂裂缝偏移距离、缝高等方面分析脆性指数差对水力压裂裂缝起裂和扩展的影响规律。设置5组不同的脆性指数差，即 -0.2、-0.1、0、0.1、0.2，所取力学参数见表6。模拟结果如图16至图19所示。

表 6 砂岩和页岩脆性指数差参数

砂岩	脆性指数 BI1	页岩	脆性指数 BI2	脆性指数差 BID
E_1=14.2GPa v_1=0.24	0.3	E_2=13GPa v_2=0.3	0.1	−0.2
		E_2=14GPa v_2=0.26	0.2	−0.1
		E_2=15GPa v_2=0.25	0.3	0
		E_2=20GPa v_2=0.22	0.4	0.1
		E_2=23.46GPa	0.5	0.2

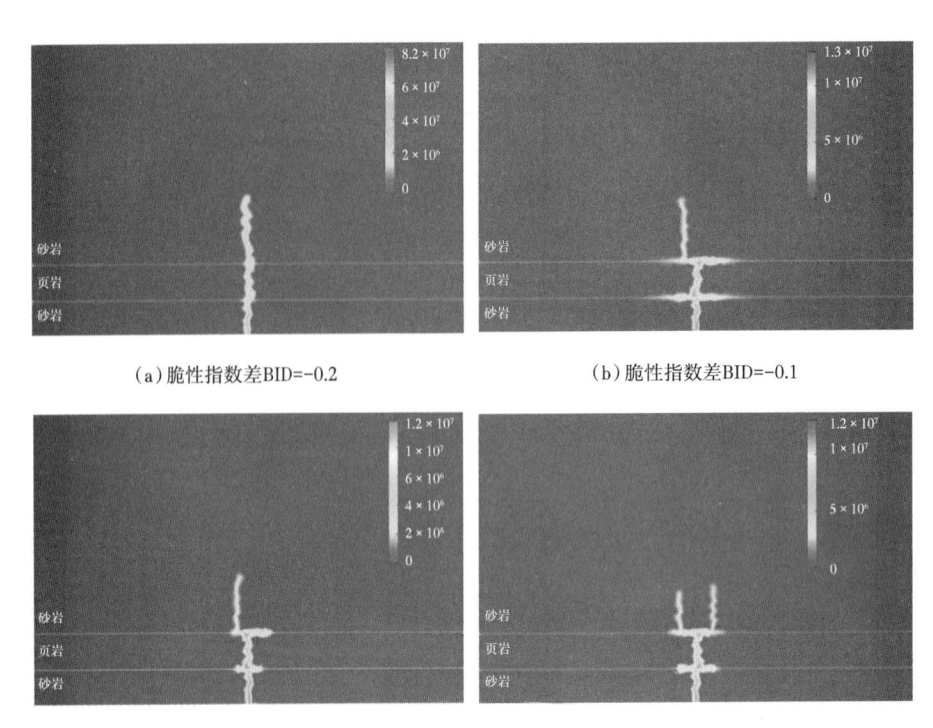

(a)脆性指数差BID=-0.2　　　　　　　　　(b)脆性指数差BID=-0.1

(c)脆性指数差BID=0　　　　　　　　　　(d)脆性指数差BID=0.1

图16　a型过渡区不同脆性指数差水力压裂裂缝扩展路径

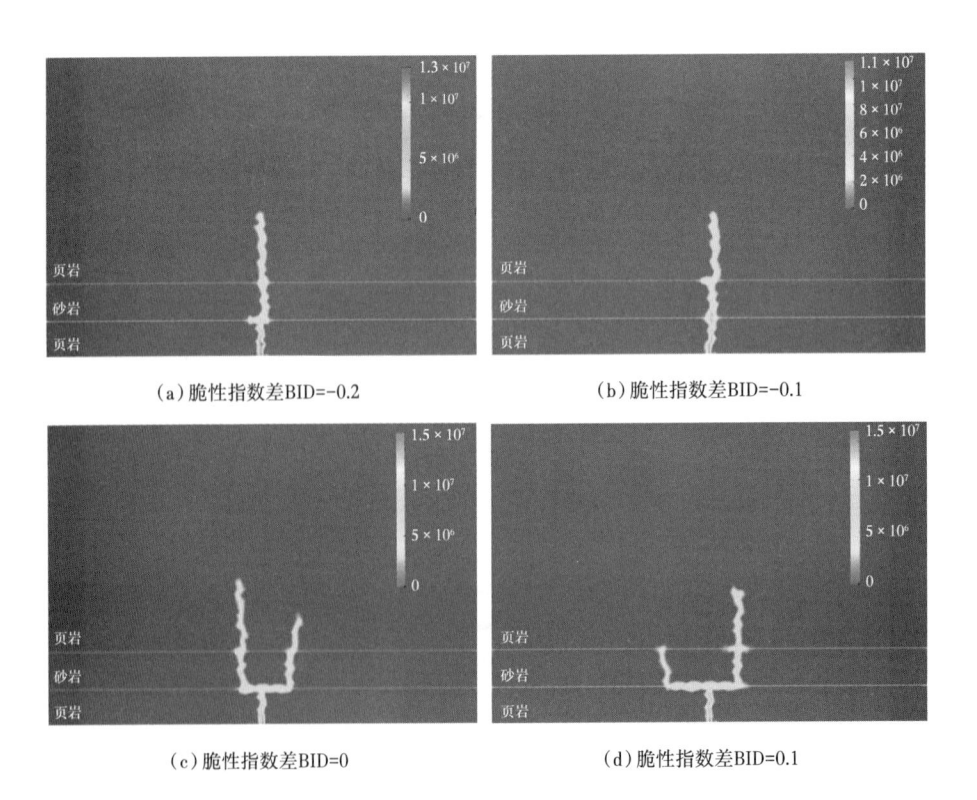

(a)脆性指数差BID=-0.2　　　　　　　　　(b)脆性指数差BID=-0.1

(c)脆性指数差BID=0　　　　　　　　　　(d)脆性指数差BID=0.1

图17　b型过渡区不同脆性指数差水力压裂裂缝扩展路径

(a) 脆性指数差BID=-0.2　　　　　　　　(b) 脆性指数差BID=-0.1

(c) 脆性指数差BID=0　　　　　　　　(d) 脆性指数差BID=0.1

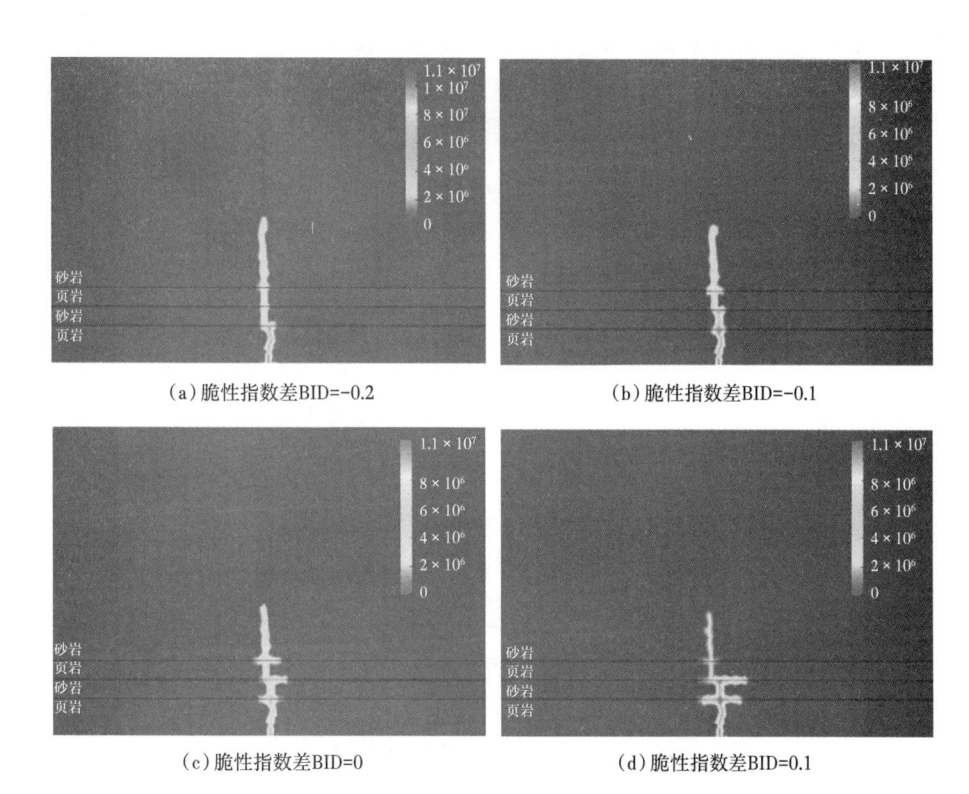

图 18　c 型过渡区不同脆性指数差水力压裂裂缝扩展路径

(a) 脆性指数差BID=0.2　　　　　　　　(b) 脆性指数差BID=0.1

(c) 脆性指数差BID=0　　　　　　　　(d) 脆性指数差BID=0.1

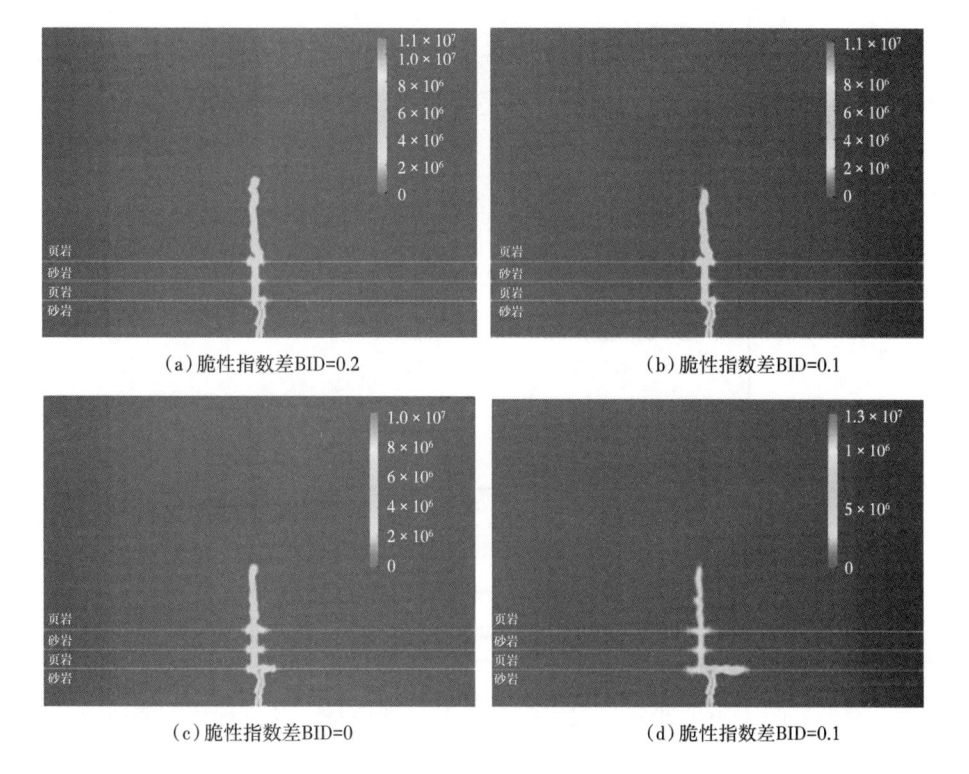

图 19　d 型过渡区不同脆性指数差水力压裂裂缝扩展路径

不同类型过渡区的脆性指数差对无量纲偏移距离和无量纲缝高的影响，如图20和图21所示。结果显示，随着岩石脆性指数差的增加，水力压裂裂缝在过渡区的无量纲偏移距离增大、无量纲缝高减小。因此，若储层存在较大的脆性指数差，在压裂过程中将会造成裂缝偏移距离的增大和裂缝高度的减小。

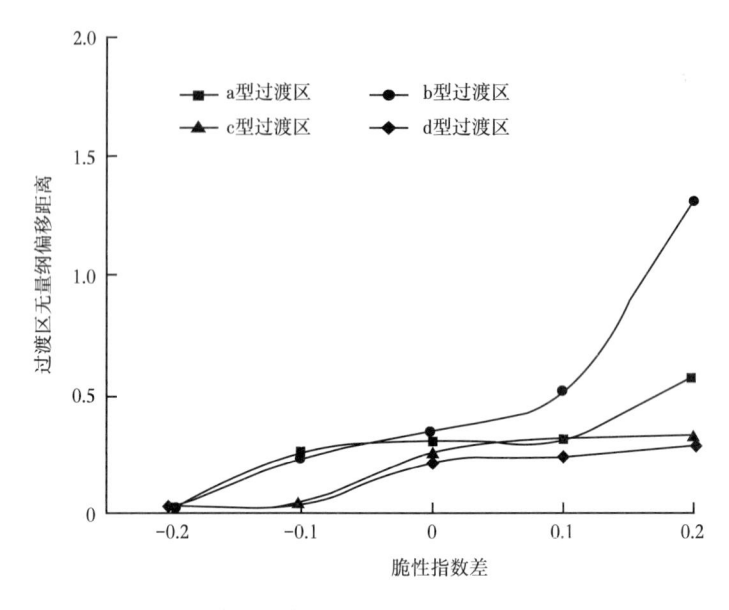

图20 岩石脆性指数差对过渡区无量纲偏移距离的影响

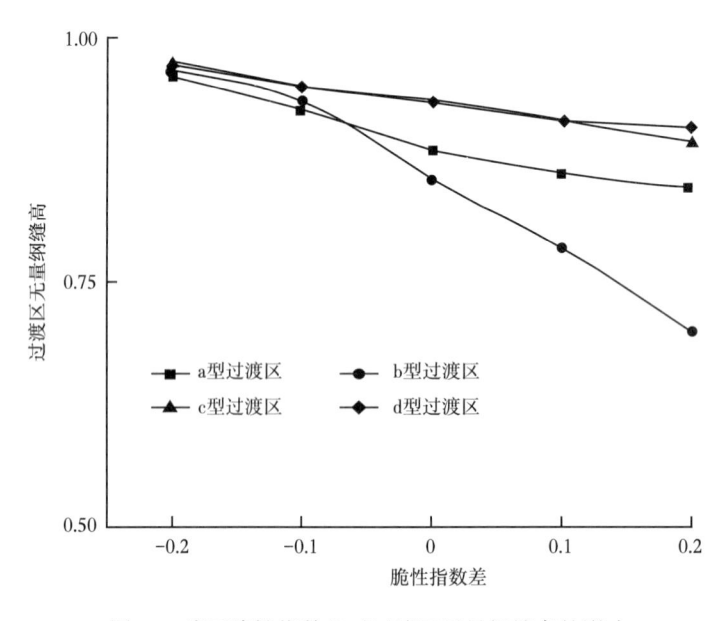

图21 岩石脆性指数差对过渡区无量纲缝高的影响

2.3 压裂液注入速率的影响

不同注入速率反映了由地面泵组提供给裂缝的扩展能量，经过现场的调研可知，大情字地区的注入速率可以达到18m³/min。因此选取了3m³/min、6m³/min、9m³/min、12m³/min和15m³/min来探究压裂液的注入速率对不同类型过渡区的水力压裂裂缝偏移距离和缝高的影响。

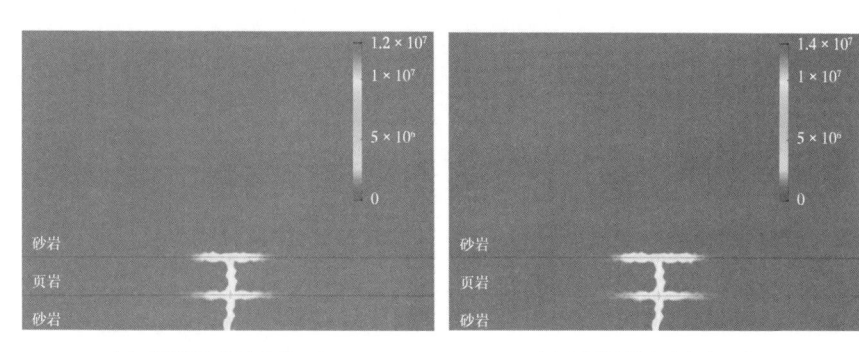

(a)压裂液注入速率为3m³/min　　　　　　(b)压裂液注入速率为6m³/min

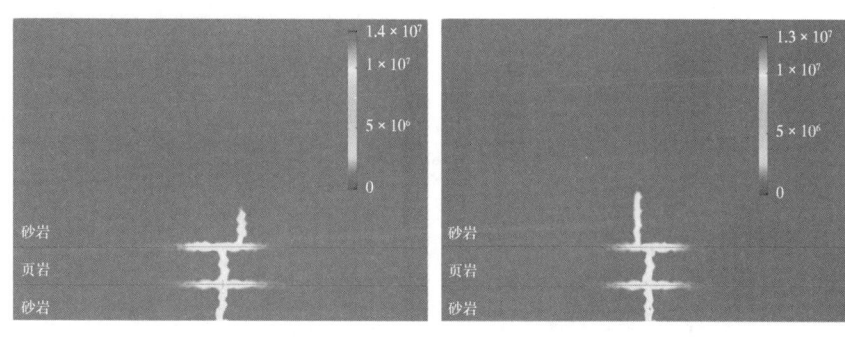

(c)压裂液注入速率为12m³/min　　　　　　(d)压裂液注入速率为15m³/min

图 22　a 型过渡区不同压裂液注入速率水力压裂裂缝扩展路径

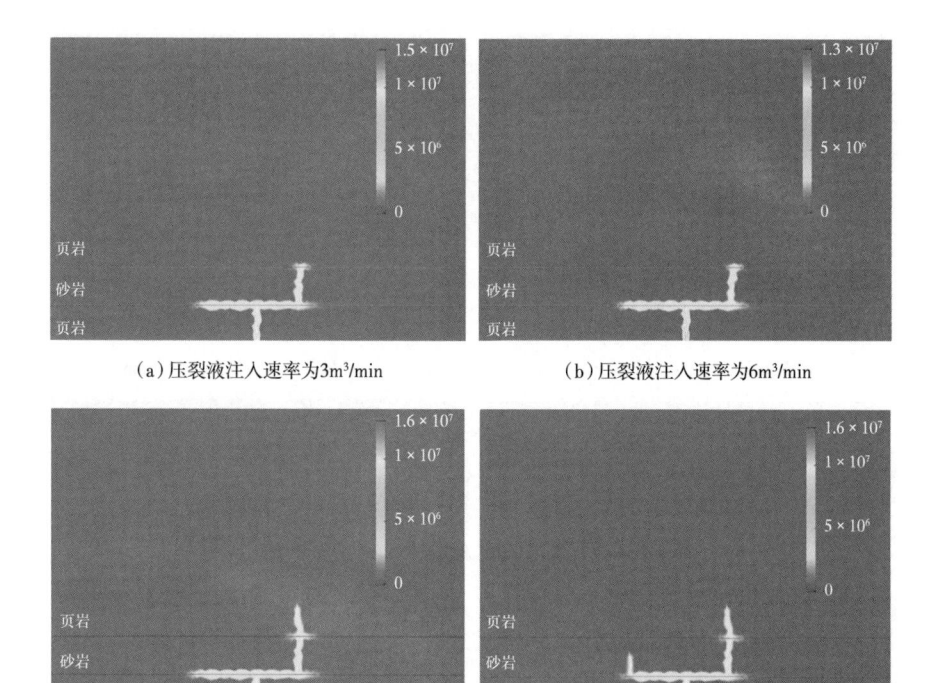

(a)压裂液注入速率为3m³/min　　　　　　(b)压裂液注入速率为6m³/min

(c)压裂液注入速率为12m³/min　　　　　　(d)压裂液注入速率为15m³/min

图 23　b 型过渡区不同压裂液注入速率水力压裂裂缝扩展路径

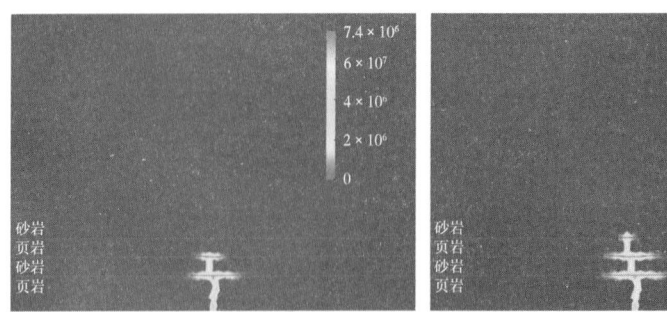

(a)压裂液注入速率为3m³/min　　　　　(b)压裂液注入速率为6m³/min

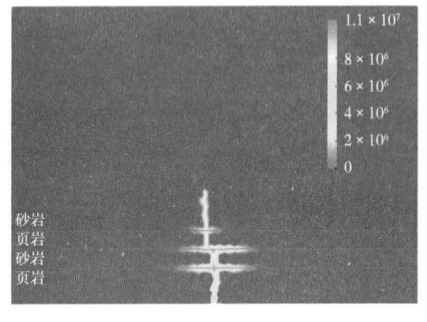

(c)压裂液注入速率为12m³/min 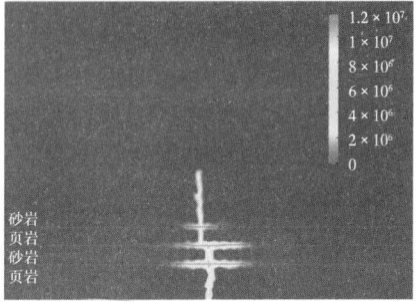　　　　　(d)压裂液注入速率为15m³/min

图24　c型过渡区不同压裂液注入速率水力压裂裂缝扩展路径

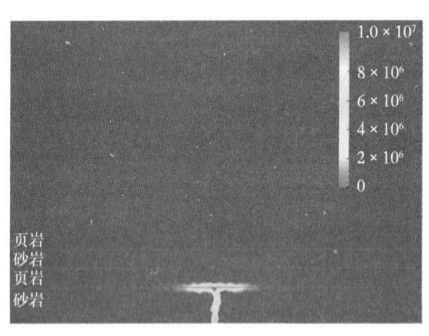

(a)压裂液注入速率为3m³/min 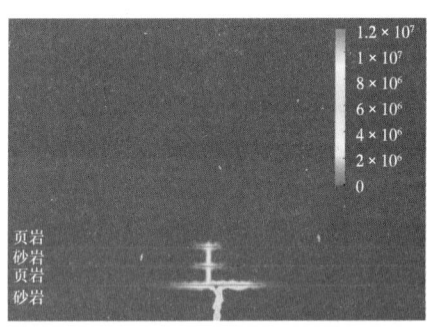　　　　　(b)压裂液注入速率为6m³/min

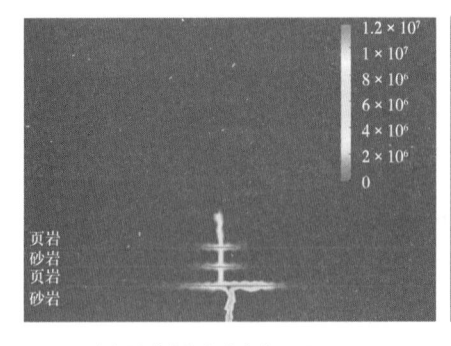

(c)压裂液注入速率为12m³/min 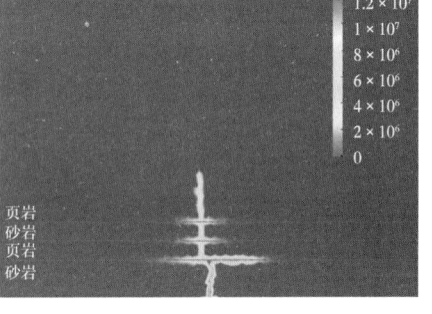　　　　　(d)压裂液注入速率为15m³/min

图25　d型过渡区不同压裂液注入速率水力压裂裂缝扩展路径

不同类型过渡区的压裂液注入速率对无量纲偏移距离和无量纲缝高的影响如图 26 和图 27 所示。结果显示，低注入速率条件下，水力裂缝不能够突破第二层界面交界处，不发生偏移；a 型、b 型和 c 型过渡区的无量纲偏移距离均较平稳，无量纲缝高随着压裂液注入速率的增大而增大；d 型过渡区在注入速率为 3m³/min 时，水力裂缝不能突破第一界面交界处，导致的无量纲偏移距离较低，无量纲缝高较高。因此，随着压裂液注入速率的增大，在压裂过程中会造成缝高高度的增大，对裂缝偏移距离影响较小。

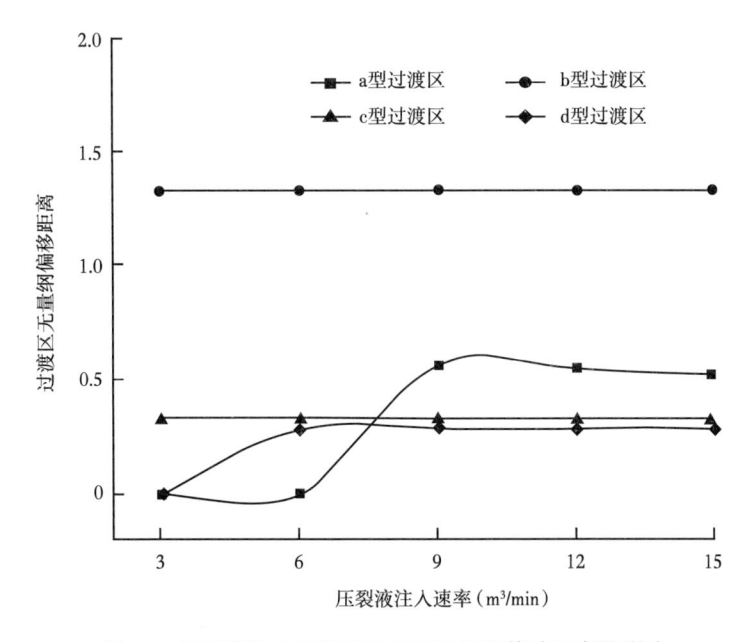

图 26 压裂液注入速率对过渡区无量纲偏移距离的影响

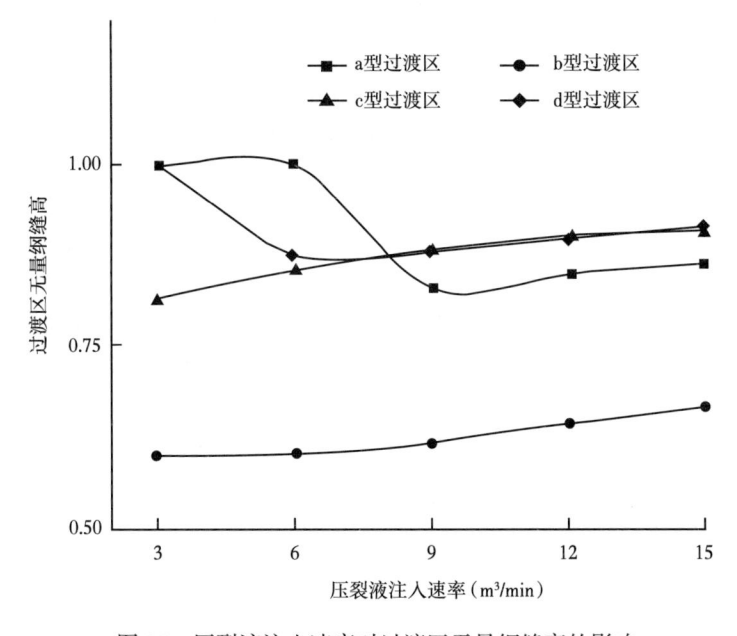

图 27 压裂液注入速率对过渡区无量纲缝高的影响

3　结论

（1）根据岩石破坏过程将应力—应变曲线划分为三个阶段并确定了相应阶段的脆性敏感指数的理论表达式，结合矿物成分和黏聚力建立了砂岩—页岩组合体可压性评价方法。研究发现可压性指数随页岩夹层厚度的减少而增加，砂岩—页岩组合体破坏程度和裂缝分布情况 M-S-M-80＞M-S-M-60＞M-S-M-40＞M-S-M-20。实验和计算结果表明，该模型不仅能够反映组合体岩石加载破坏后裂缝分布的复杂性和不同阶段能量随围压变化的演化规律，还可以有效评价可压性指数随不同夹层厚度的变化情况。

（2）通过数值模拟结果，分析了垂向应力差、脆性指数差和压裂液注入速率对水力裂缝缝高和偏移距离的影响，模拟结果表明，随着垂向应力差和压裂液注入速率增大，水力裂缝的缝高越大，随着脆性指数的增大，水力裂缝的偏移距离越大。

（3）通过数值模拟研究可以发现，不同过渡区类型对砂岩—页岩夹层型页岩油储层的缝高延伸形态和偏移距离规律有至关重要的影响，在相同施工因素下，过渡区的存在会影响水力裂缝的穿层和扩展。因此，本文可为大情字地区页岩储层现场存在过渡区的储层裂缝扩展提供理论指导。

参 考 文 献

[1] SUO Y, SU X H, WANG Z J, et al. A study of inter-stratum propagation of hydraulic fracture of sandstone-shale interbedded shale oil[J]. Engineering Fracture Mechanics, 2022, 275：108858.

[2] 谭鹏. 多岩性组合层状储层水力裂缝垂向扩展的力学行为研究[D]. 北京：中国石油大学（北京），2019.

[3] XIE J Y, ZHANG J J, FANG Y P, et al. Quantitative Evaluation of Shale Brittleness Based on Brittle-Sensitive Index and Energy Evolution-Based Fuzzy Analytic Hierarchy Process[J]. Rock Mechanics and Rock Engineering, 2023, 56（4）：1-19.

[4] KIMWANG T S, JANG S. Petrophysical approach for S- wave velocity prediction based on brittleness index and total organic carbon of shale gas reservoir: a case study from Horn River Basin, Canada[J]. Journal of Applied Geophysics, 2017, 136：513–520.

[5] XIA Y J, LI L C, TANG C A, et al. A new method to evaluate rock mass brittleness based on stress-strain curves of class I[J]. Rock Mechanics and Rock Engineering, 2017, 50（5）：1123–1139.

[6] 刘俊新, 李军润, 尹彬瑞, 等. 基于能量平衡的新脆性指标与页岩失效机制分析[J]. 岩石力学与工程学报, 2022, 41（4）：734-747.

[7] JIN X C, SHAH S N, ROEGIERS, J C, et al. An integrated petrophysics and geomechanics approach for fracability evaluation in shale reservoirs[J]. SPE Journal, 2015, 20（3）：518–526.

[8] WANG X Q, GE H K, WANG D B, et al. A comprehensive method for the fracability evaluation of shale combined with brittleness and stress sensitivity[J]. Journal of Geophysics and Engineering, 2017, 14：1420–1429.

[9] BAI M. Why are brittleness and fracability not equivalent in designing hydraulic fracturing in tight shale gas reservoirs[J]. Petroleum, 2016, 2（1）：1–19.

[10] SHAHBAZI A, MONFARED M S, THIRUCHELVAM V, et al. Integration of knowledge-based seismic inversion and sedimentological investigations for heterogeneous reservoir[J]. Journal of Asian Earth Sciences, 2020, 202, 104541.

[11] SOLEIMANI M, JODEIRI SHOKRI B, RAFIEI, M. Integrated, et al. Integrated petrophysical modeling for a strongly heterogeneous and fractured reservoir, Sarvak Formation, SW Iran[J]. Natural Resources

Research, 2017, 26: 75-88.

[12] SOLEIMANI M, JODEIRI SHOKRI B. 3D static reservoir modeling by geostatistical techniques used for reservoir characterization and data integration[J]. Environmental Earth Sciences, 2015, 74: 1403-1414.

[13] 唐颖，邢云，李乐忠，等. 页岩储层可压裂性影响因素及评价方法[J]. 地学前缘, 2012, 19（5）: 356-363.

[14] 赵金洲，许文俊，李勇明，等. 页岩气储层可压性评价新方法[J]. 天然气地球科学, 2015, 26（6）: 1165-1172.

[15] SUI L, JU Y, YANG Y, et al. A quantification method for shale fracability based on analytic hierarchy process[J]. Energy, 2016, 115: 637-645.

[16] HE R, YANG Z, LI X, et al. A comprehensive approach for fracability evaluation in naturally fractured sandstone reservoirs based on analytical hierarchy process method[J]. Energy Science and Engineering, 2019, 7（2）: 529-545.

[17] 肖剑锋，胡棚杰，韩烈祥，等. 川南威远地区筇竹寺组页岩力学性质及可压性评价[J]. 钻采工艺, 2022, 45（2）: 61-66.

基于地质工程一体化的页岩裂缝扩展规律研究

郭　壮，董康兴，郭　政，魏玉阳，周玉峰

（东北石油大学机械科学与工程学院）

摘　要：我国深层页岩油储藏丰富，但页岩储层深度较大深层井压裂施工条件困难、实际压裂效果不理想，如何解决水力压裂措施形成有效的裂缝扩展系统是现今页岩开采的主要难题。采用序贯高斯插值和有限元方法结合进行地质建模及压裂模拟构建深层页岩井的地质工程一体化压裂模型，分析大庆某页岩区块的深井在水力压裂后施工条件对裂缝形态发展规律的影响因素，之后进行正交实验分析相关性影响。结果表明，压裂液液量的增加，裂缝缝长增加，缝宽和缝高也增加，压裂液的液量越大，压裂裂缝的尺寸和长度通常会更大。注入排量的增加，各簇水力裂缝宽度增大，而长度变短，表明高注入排量条件下更易产生短宽型水力裂缝。压裂液砂量的逐渐增加，裂缝缝长和缝高增加，缝宽略微增加。通过正交实验得到的各因素影响相关性：排量＞液量＞砂量。

关键词：页岩；序贯高斯插值；有限元法；地质工程一体化；裂缝扩展

　　水力压裂技术是现今油气田开发和增产的主要配套技术，水力压裂过程中实际的裂缝扩展会影响压裂裂缝的改造体积和预期产量，进行水力压裂裂缝扩展规律的研究是现今压裂生产中不可或缺的关键步骤，了解实际储层的裂缝发展规律可以有效地减少压裂的多余操作减少施工成本，为压裂施工方案设计起到指导性的工作[1]。目前，大量的学者都进行了相关的实验研究，温继伟[2]等通过使用扩展有限元方法分析了不同施工条件下的水力压裂裂缝扩展规律研究。董为民[3]等通过ABAQUS软件的Cohesive单元，模拟油层和隔层的扩展起裂方式，并逐步更改某一参数值以通过时间为变量得到裂缝扩展规律及其裂缝扩展影响因素分析，系统地分析了水力裂缝的扩展规律。刘玉栋[4]等采用相似模拟实验研究了在应力差值变化下的水力裂缝扩展规律其实验结果展示了应力差值对裂缝扩展的形态和方向的影响。本文数据依据于大庆油田某页岩油开发储层[5]，该油藏为受到构造控制的块状气藏，构造断层数量多、距离大、断层平面延展性大和断层发育形态复杂的特点。众多断层令构造储层呈现出垒、堑、断阶相间格局，形成了裂缝密集的构造类型。湖盆与分流平原之间频繁变迁的条件下形成的储层，使其沉积了一种具有多级旋回性、岩相参差不齐、砂泥岩频繁交互的河流三角洲相岩性组合。该储层由于储层较深实际地质条件和构造体积形态变化多样，原先所依据的岩石力学参数已经不可考究。张聪[6]等通过建立地质工程一体化模型对沁水盆地南部煤层气进行了产量预测研究反映出地质工程一体化关键技术在如今地质工程研究中的作用。分析现今储层地质，并对页岩油井采用有限元法进行压裂模拟，构建从地质建模到压裂模拟的地质工程一体化模型。对今后指导深层页岩油气井的压裂有效改造体积方案提供借鉴。

　　第一作者简介：郭壮，东北石油大学，硕士研究生，从事水力压裂体积改造方向研究。通讯地址：黑龙江省大庆市学府街99号，邮编：163000，E-mail：619345333@qq.com

1 地质工程一体化模型原理

1.1 序贯高斯插值法

文波涛[7]等使用序贯高斯模拟方法探究了泥湖钼矿区的地质条件，指出序贯高斯插值方法在复杂地质模拟中的重要作用。基于高斯分布模拟的地质数据插值方法，通过对地质属性值进行随机模拟和多次模拟试验，生成地质属性的多个随机实现，并考虑地质属性之间的空间相关性，其中，最为关键的概念是高斯变异函数，其形式通常为：

$$\gamma(h) = \sigma^2 \left[1 - e^{-\left(\frac{h}{a}\right)^2} \right] \quad (1)$$

式中：$\gamma(h)$ 为变异函数，表示两点之间的半方差；σ 为地质属性的总体方差；h 为两点之间的空间距离；a 为空间相关度。

高斯变异函数的特点是随着空间距离 h 的增加而逐渐减小，并在 h 达到一定值时趋于平稳。参数 a 表示了变异函数的空间相关长度，它决定了变异函数在空间上的变化速率。参数 σ^2 表示了地质属性的总体方差，反映了地质属性的整体变异程度。

通过对地质数据进行半方差分析，可以得到不同空间距离下的半方差值，并根据拟合结果估计高斯变异函数的参数。

1.2 有限元法

KIM 和 TCHELEPI[8-9]等提出了有限元法计算压裂模型，该模型可以准确求取位移数值解，适用于固体变形并且可以开展高性能计算。采用传统有限元法对相关区域进行水力裂缝扩展计算，边界条件函数是有限元方法中用于描述结构或模型边界上的约束或加载条件，它是解决水力压裂有限元法中关键的一步。在水力压裂的有限元模拟中，边界条件函数通常描述了井筒周围的边界条件，因为井筒周围是压裂操作的主要区域。以下是在水力压裂中常见的边界条件函数：（1）固定边界条件；（2）位移边界条件；（3）压力边界条件；（4）流量边界条件；（5）温度边界条件。这些边界条件函数可以根据实际问题的要求来选择和定义，在有限元模拟中起到约束或加载结构边界的作用，从而模拟水力压裂过程中结构的边界行为。传统有限元方法和通过转换衍生的其他有限元法在模拟非均质岩石中裂缝扩展方面具有明显优势，可以用于解决各种复杂的岩石力学问题，是现今解决水力压裂模拟的重要方法之一。

2 地质模型建立

2.1 储层构造模型

收集页岩储层开发井的相关数据（井轨迹、测井数据、地震反演体），为地质模型建立提供前提条件。由于实际地质条件的复杂多变，采用地质软件进行多井控区块的地质模型建立，确保实际地质条件的准确性。

通过分析相应区块的地震体反演数据，结合蚂蚁体追踪技术建立地址区块断层分布模型如图1所示，结合全区各井段测井和地质力学资料，三维构造建模时使用地震解释层位为趋势控制，结合井点分层校正建立实际影响整体框架的10条大断层（图1）将实际区块进行 segment 划分确立不同区块范围便于针对性研究不同地质条件下的属性体扩展；通过 petrel 软件进行构造模型建立，如图 2 所示，该模型区域内建立网格覆盖垂向上 6 个箱体内部的小层界面，总共 126 个层面，模型平面精度 50m×50m，垂向精度 2m，约 $2000×10^4$ 网格[10]。

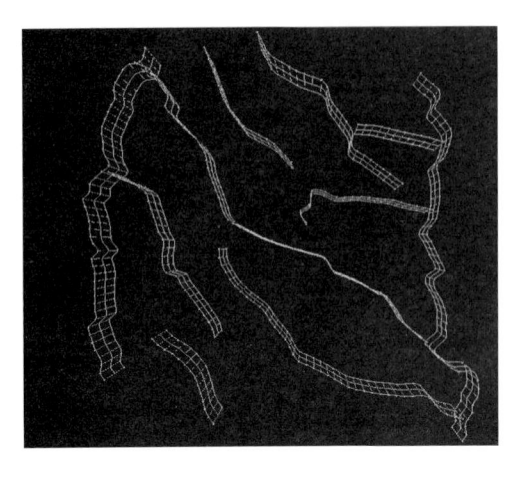

图 1　地质断层模型　　　　　　　　　图 2　地质构造模型

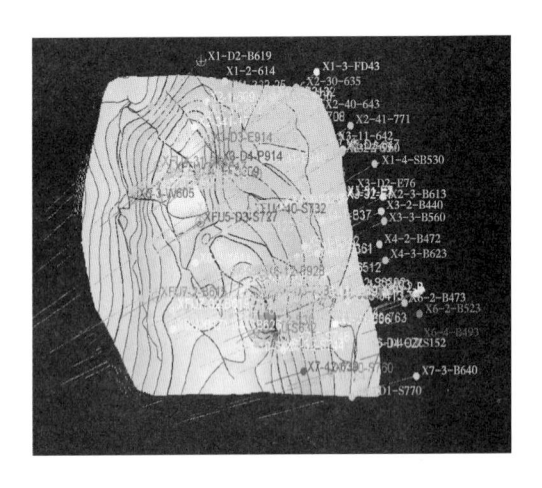

2.2　储层属性模型

在油气藏储层分析中，地质力学数据是研究分析的理论基础，建立属性体模型是地质工程一体化研究的重要过程[11]。通过对渗透率、孔隙度、杨氏模量、泊松比等测井曲线的归一化处理，满足其对整个区块的整体调控。采用序贯高斯插值进行属性体建立，建立渗透率、孔隙度、杨氏模量、泊松比全区域属性体模型，如图 3 至图 6 所示，属性体模型可以清晰反映出井控区域实际地层属性变化，为后续进行老井重复开采提供理论依据。

结合断层 segment 分区对属性体进行区块划分提取出地质工程一体化模型中压裂模块所需的地质属性见表 1，该表格主要呈现了 6 个区块地质力学属性。

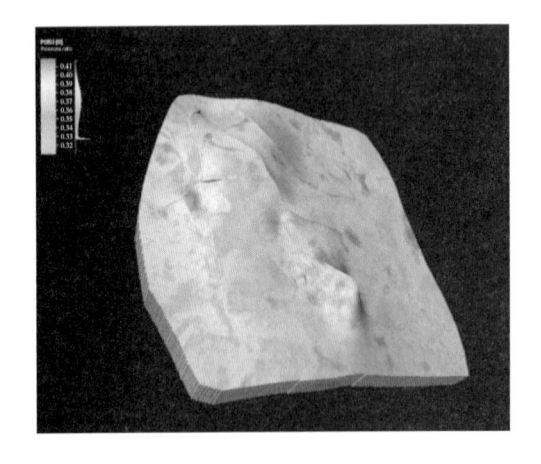

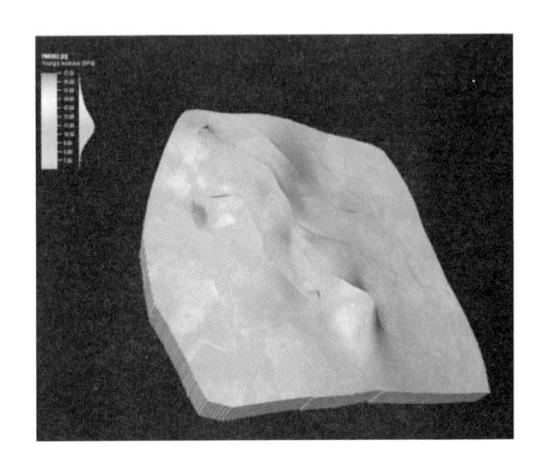

图 3　泊松比属性模型　　　　　　　　　图 4　杨氏模量属性模型

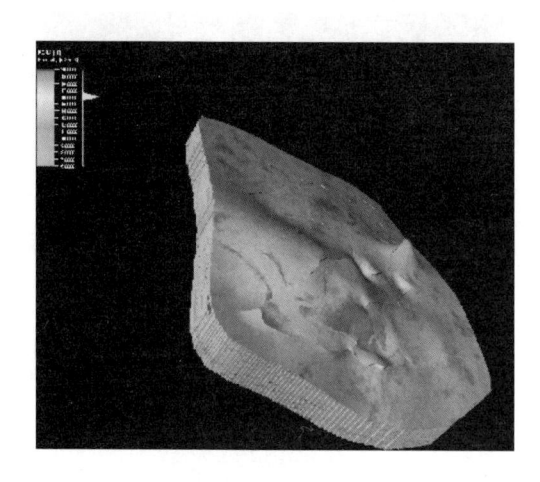

图 5　孔隙度属性模型　　　　　　　　　　图 6　渗透率属性模型

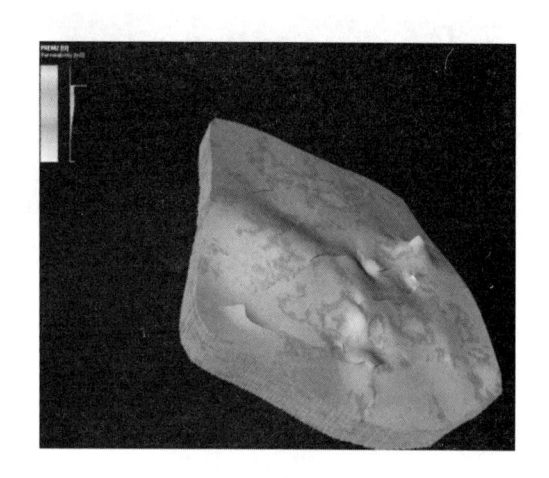

表 1　所选区块地质属性表

序号	最大水平应力（MPa）	最小水平应力（MPa）	泊松比	杨氏模量（GPa）	垂向应力（MPa）	渗透率（mD）	孔隙度（%）	最大主应力方向
1	49.83	40.25	0.243	15.52	53.85	0.01	6.78	近东向西 67°
2	51.23	42.35	0.286	10.70	55.23	0.01	8.02	近东向西 63°
3	55.43	49.85	0.241	21.70	57.25	0.01	6.10	近东向西 62°
4	53.86	47.32	0.294	18.35	55.54	0.01	7.52	近东向西 58°
5	49.78	42.96	0.214	15.78	57.35	0.01	6.89	近东向西 57°
6	51.73	48.74	0.263	11.35	54.26	0.01	8.25	近东向西 45°

依托于上述的地质参数表，进行地质工程一体化模型后续搭建，通过有限元法进行地质属性分析并依据位移边界条件对相应区块进行压裂实验分析其裂缝扩展规律。

3　水平井裂缝扩展规律的分析

3.1　单井压裂模型

结合地质建模部分提取的地质条件参数对选择的某水平井进行压裂模拟，其实际压裂模型和三维裂缝形态，如图 7 和图 8 所示。该步骤将地质模块和水平井压裂模压块有机结合实现地质工程一体化的关键联结，改变泵注施工数据研究不同泵注程序下裂缝扩展形态[12]。

3.2　压裂液的液量

在其余地质条件不变的前提下，改变压裂液液量，探究在液量和裂缝扩展之间的规律性变化，设计了从 100m³ 到 500m³ 不同液量下其裂缝扩展模型，如图 9 至图 13 所示。

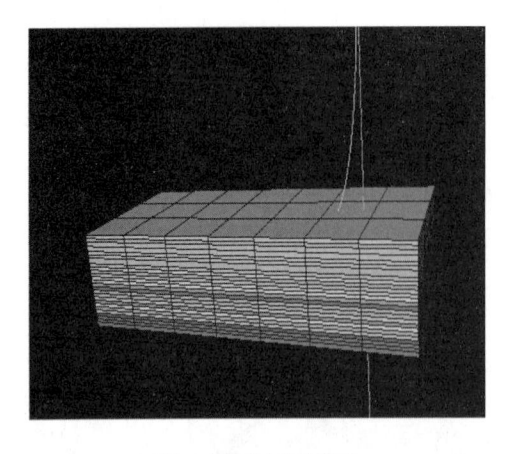

图 7 单井压裂模型

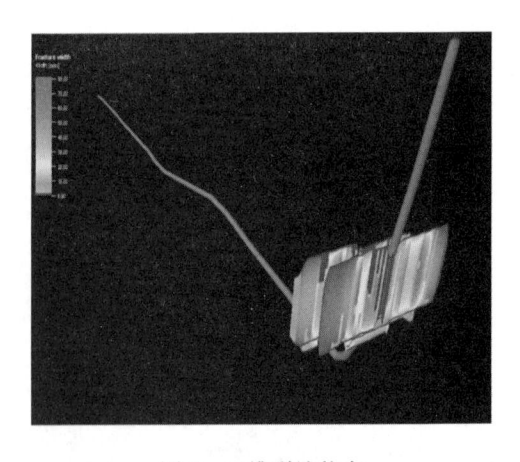

图 8 三维裂缝状态

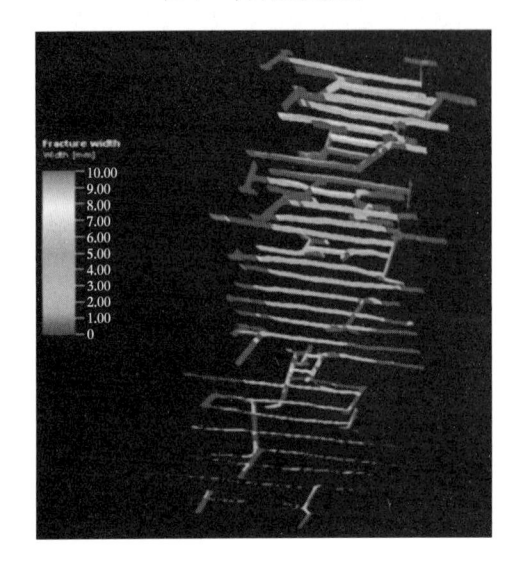

图 9 液量 100m³

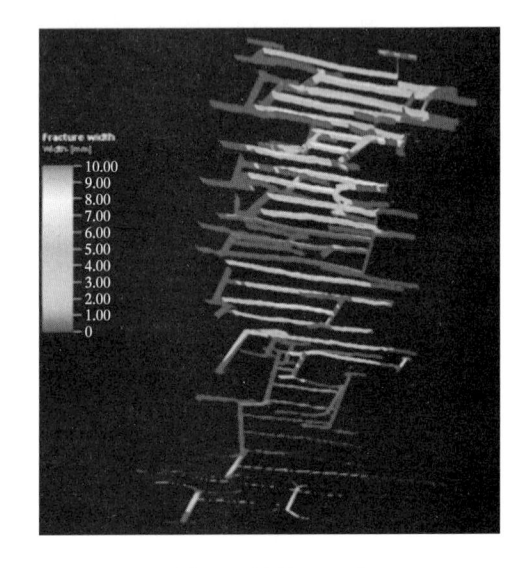

图 10 液量 200m³

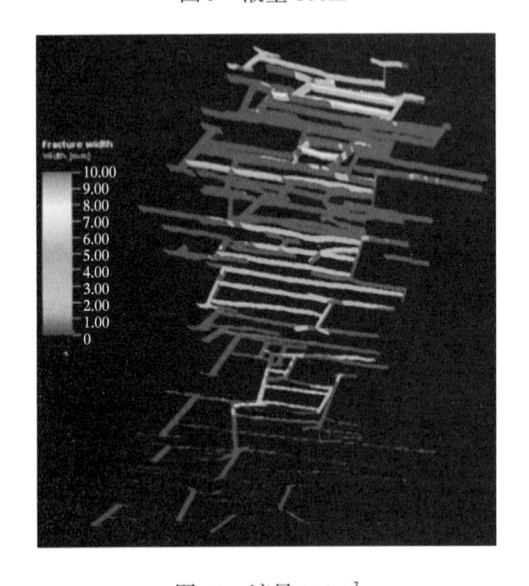

图 11 液量 300m³

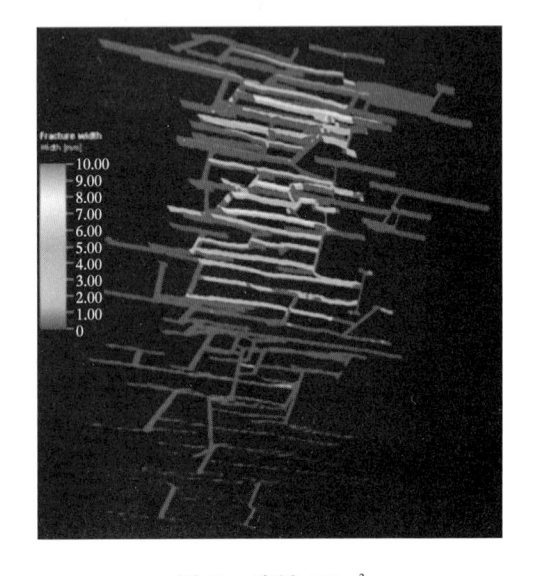

图 12 液量 400m³

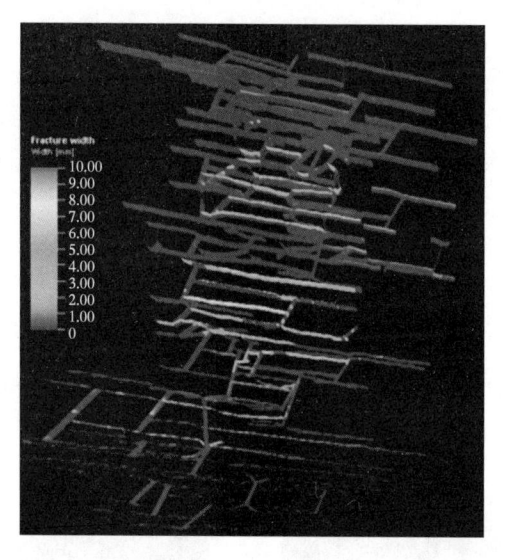

图 13　液量 500m³

下述三条曲线(图 14 至图 16)反映了在其他地质属性变量不变的条件下,裂缝实际缝长、缝宽、缝高在压裂液的液量影响下的变化趋势。

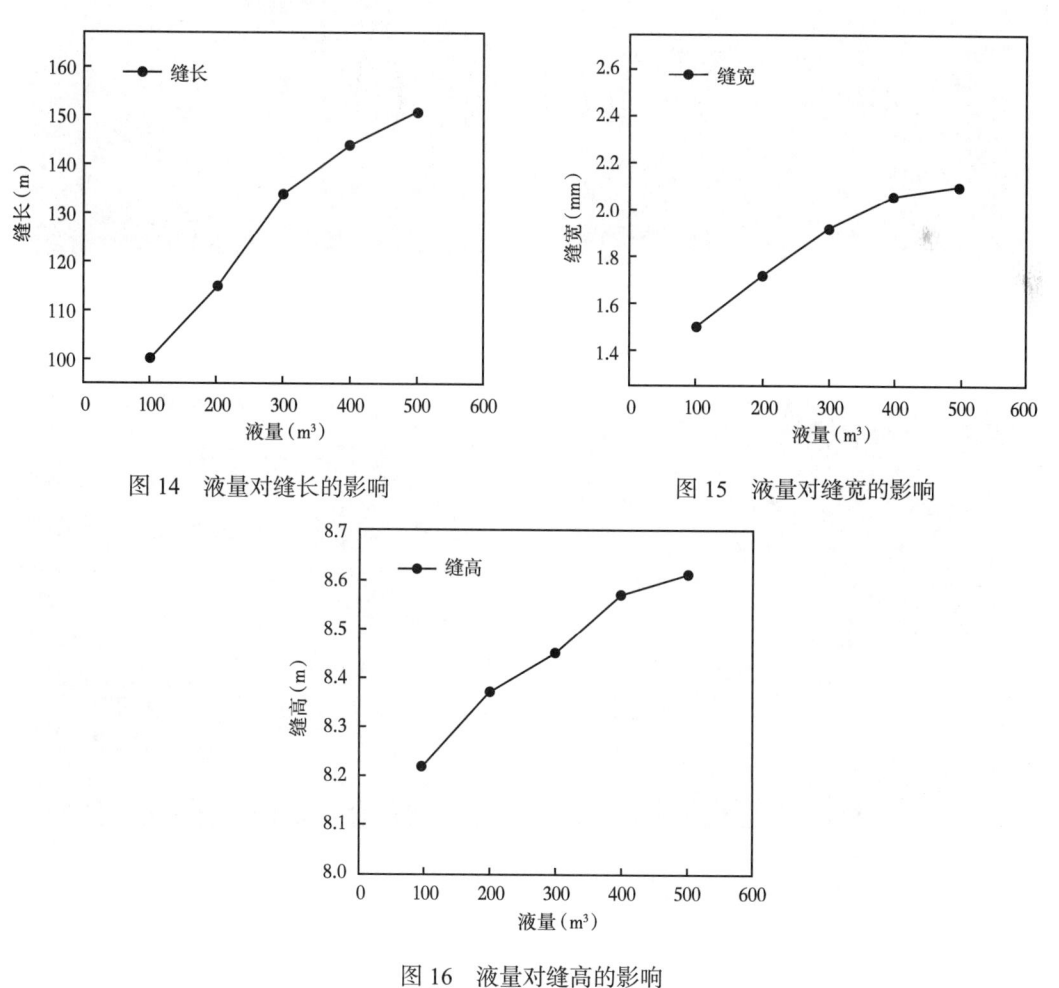

图 14　液量对缝长的影响　　　　　　　　图 15　液量对缝宽的影响

图 16　液量对缝高的影响

由图 14 至图 16 可知，实际在保证其余地质条件情况下，随着压裂液液量的逐渐增加，裂缝缝长逐渐增加，缝宽和缝高也逐渐增加，压裂液的液量越大，压裂裂缝的尺寸和长度通常会更大。由于增加了液体的体积和压力，压裂液在地层中形成的裂缝会更加广泛和深入[13]。压裂液的液量越大，压裂裂缝的扩展速度也会更快。大量的压裂液可以更快速地传递压力和裂缝扩展的力量，从而加快裂缝的形成和扩展速度[14]。但增加趋势逐渐减缓，在后期由于地层滤失影响，实际的压裂体积会趋向于一个最大值。同时过度增加压裂液的液量对环境和资源产生了极大的浪费。

3.3 压裂液的排量

在地质条件不变的前提下，改变压裂液排量，探究在排量和裂缝扩展之间的规律性变化，设计了从 8m³/min 到 16m³/min 不同排量下其裂缝扩展模型如图 17 至图 21 所示。

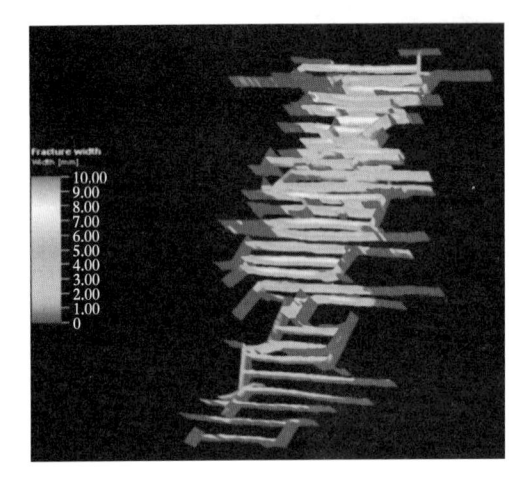

图 17　压裂液排量 8m³/min 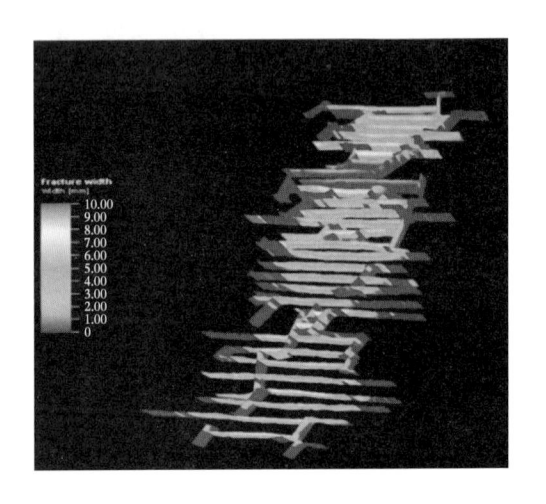　　　　图 18　压裂液排量 10m³/min

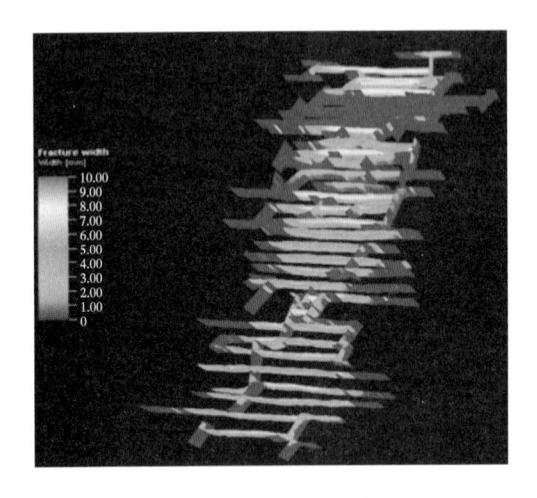

图 19　压裂液排量 12m³/min 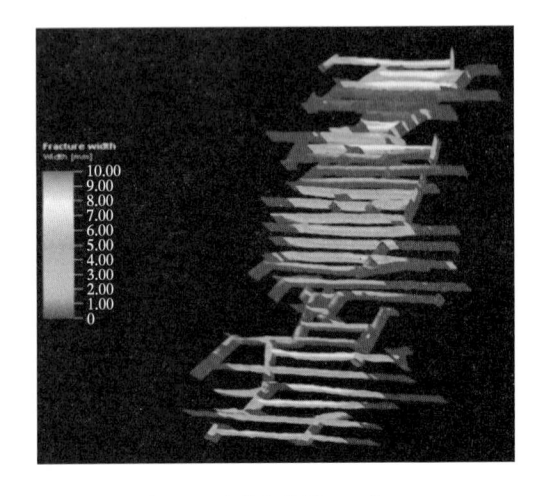　　　　图 20　压裂液排量 14m³/min

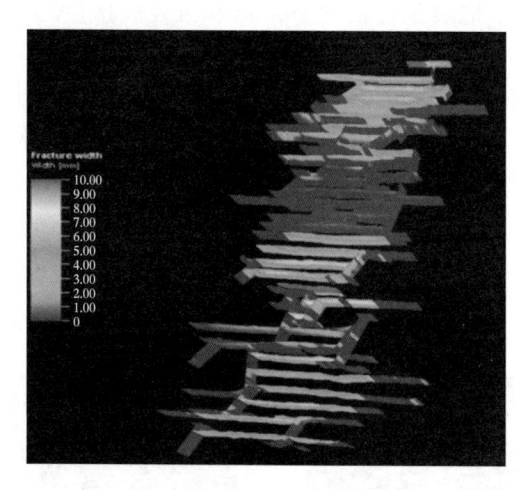

图 21 压裂液排量 16m³/min

下述三条曲线（图 22 至图 24）反映了在其他地质属性变量不变的条件下，裂缝实际缝长、缝宽、缝高在压裂液的液量影响下的变化趋势。

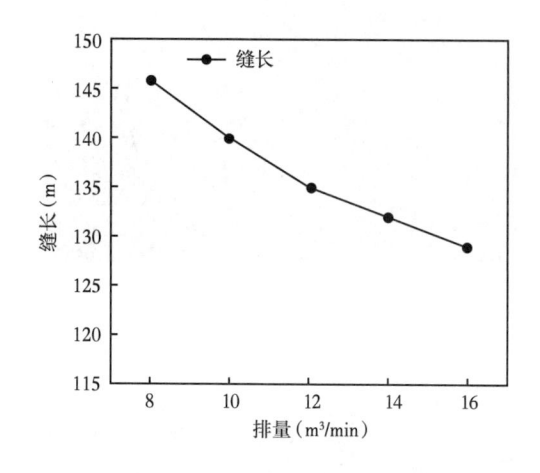

图 22 排量对缝长的影响

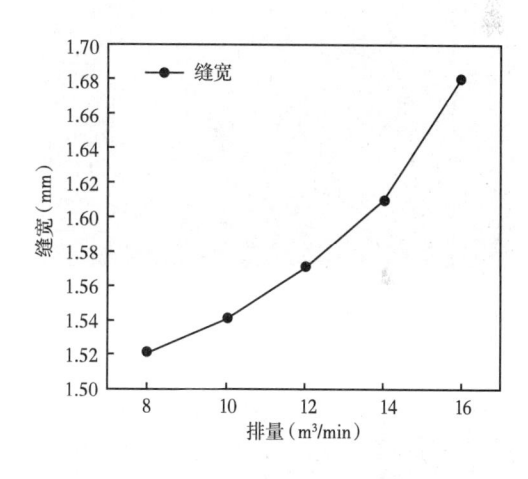

图 23 排量对缝宽的影响

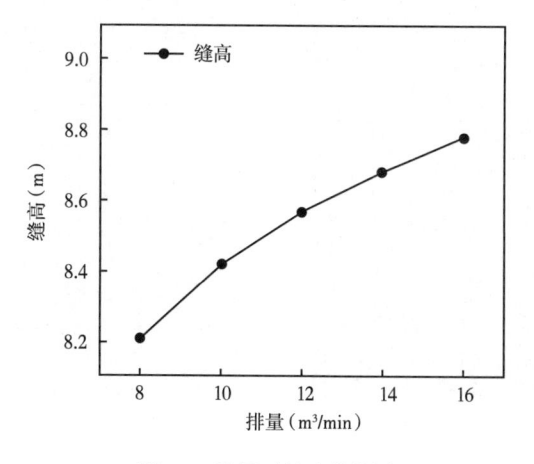

图 24 排量对缝高的影响

由图，实际在保证其余地质条件情况下，随着压裂液排量的逐级增加，注入排量的增加，各簇水力裂缝宽度增大，而长度变短，表明高注入排量条件下更易产生短宽型水力裂缝。压裂液的排量越大，更大的排量可能会促使裂缝更加平直或更加曲折，取决于岩石的性质以及压裂液的作用方式[15]。适当的压裂液排量可以确保裂缝的完整性，即裂缝能够在地下保持开放状态，有利于油气的流动和采收[16]。

3.4 压裂液的砂量

在其余地质条件不变的前提下，改变压裂液液量，探究在压裂液液量和裂缝扩展之间的规律性变化，设计了从 30m³ 到 70m³ 不同液量下其裂缝扩展模型，如图 25 至图 29 所示。

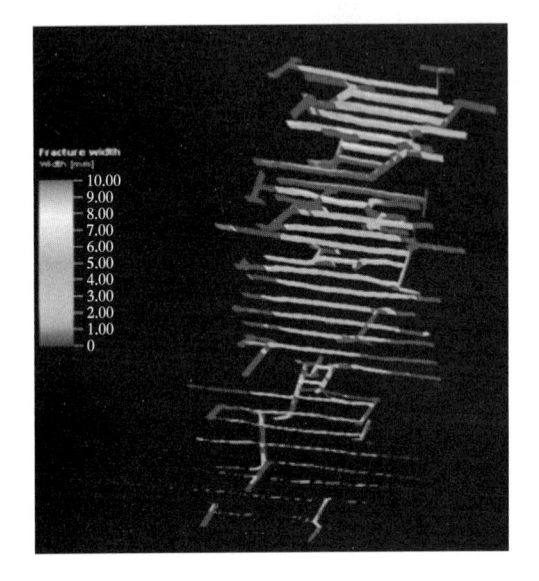

图 25　液量 30m³　　　　　　　　　图 26　液量 40m³

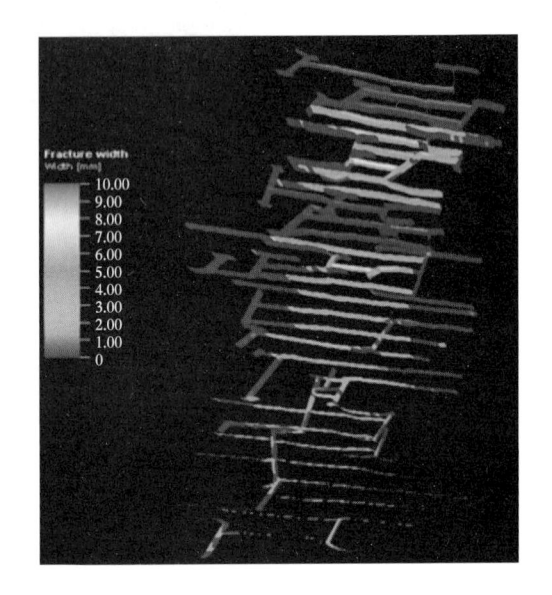

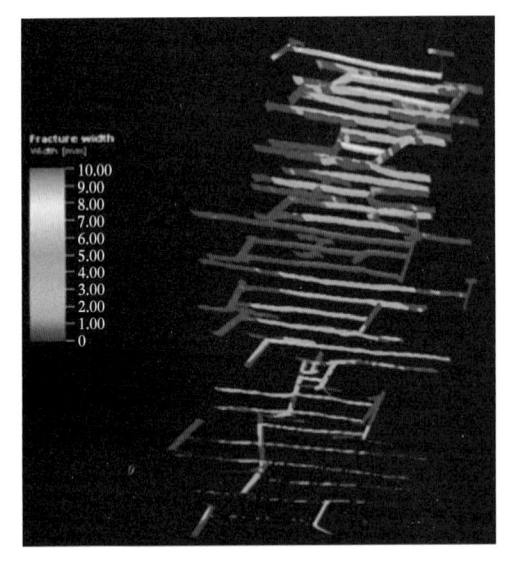

图 27　液量 50m³　　　　　　　　　图 28　液量 60m³

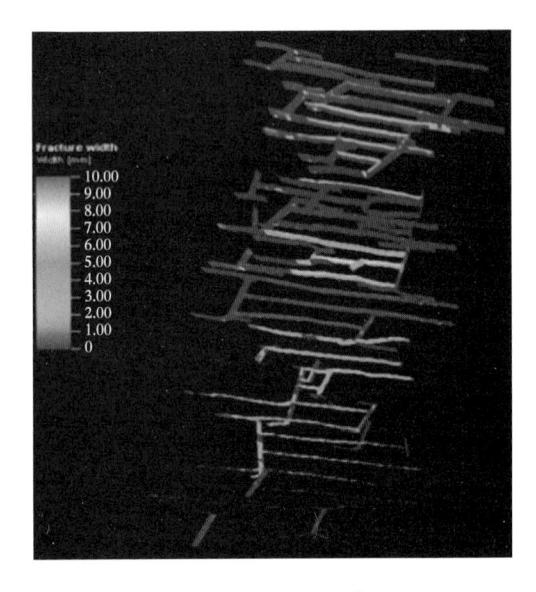

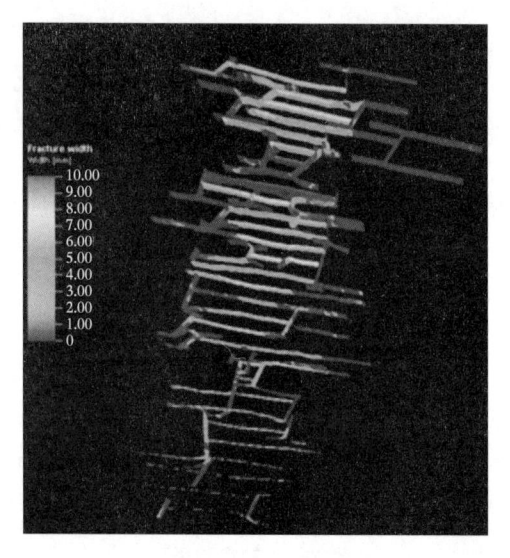

图 29　液量 70m³

图 30 至图 32 反映了在其他地质属性变量不变的条件下，裂缝实际缝长、缝宽、缝高在压裂液的液量影响下的变化趋势。

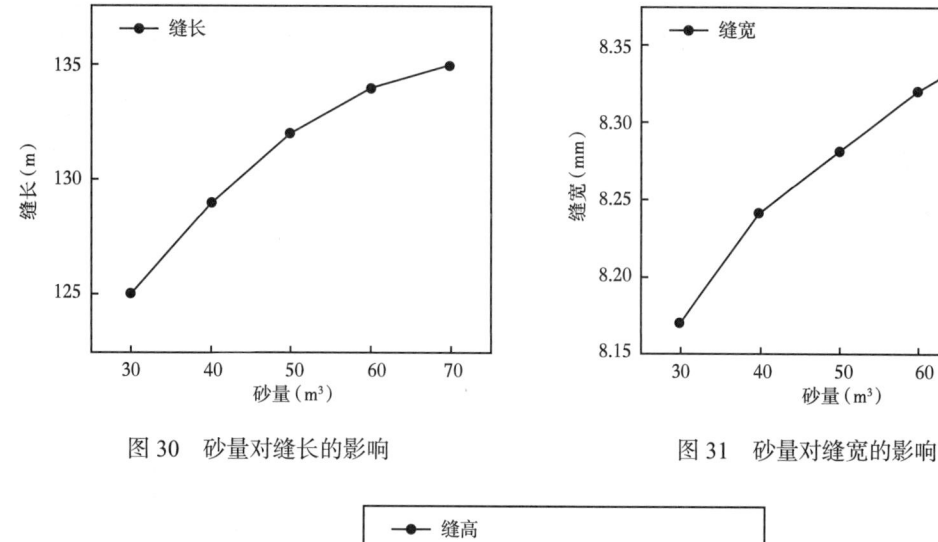

图 30　砂量对缝长的影响　　　　　　　　图 31　砂量对缝宽的影响

图 32　砂量对缝高的影响

由图30至图32可知，实际在保证其余地质条件情况下，随着压裂液砂量的逐渐增加，裂缝缝长和缝高微弱增加，缝宽明显增加，适量的砂颗粒可以填充裂缝中的空隙，增加裂缝的宽度。这样可以有效地防止裂缝的闭合，并提供足够的支撑来抵抗地层的压力，从而保持裂缝的开放状态[17]。

同时，增加砂量可以增加裂缝的稳定性和承载能力，从而保持裂缝的宽度。这有助于防止裂缝在压力作用下过度压缩或变形，保持裂缝的形态和通道的稳定性[18]。但是过大是砂量会产生砂堵现象[19]，所有砂量的增加应结合实际施工情况。

4 影响因素分析

结合上述施工条件对裂缝扩展规律的影响，采取正交实验方法设计模拟组数采用3因子5水平结构设计正交实验设计（表2），优化模拟组数，采用Pearson相关系数分析[20]确定裂缝影响因素对实际裂缝扩展的影响权重，确定相关性大小关系，结果见表3。

表2 正交实验表

编号	液量（m³）	排量（m³/min）	砂量（m³）	泊松比	杨氏模量（GPa）	缝长（m）
1	50	2	30	0.25	9	58.10
2	50	2	40	0.29	11	59.88
3	50	4	30	0.29	10	62.29
4	50	4	50	0.27	11	61.04
5	50	6	40	0.27	9	63.21
6	50	6	50	0.25	10	62.63
7	60	2	30	0.27	11	61.21
8	60	2	50	0.29	10	60.06
9	60	4	40	0.27	10	63.29
10	60	4	50	0.25	9	64.35
11	60	6	30	0.29	9	64.23
12	60	6	40	0.25	11	63.67
13	70	2	40	0.25	10	62.79
14	70	2	50	0.27	9	62.14
15	70	4	30	0.25	11	64.48
16	70	4	40	0.29	9	63.74
17	70	6	30	0.27	10	65.07
18	70	6	50	0.29	11	67.67

表 3 Pearson 相关系数分析结果

影响因素	相关性	裂缝形态
砂量	P 值	0.753
	相关系数	0.080
排量	P 值	0.001
	相关系数	0.708
液量	P 值	0.009
	相关系数	0.595

从上表可知，利用相关分析去研究裂缝扩展形态和水平地应力差，压裂液砂量，压裂液排量压裂液量相关关系，使用 Pearson 相关系数去表示相关关系的强弱情况。具体分析可知：

（1）裂缝形态和砂量之间呈现正相关关系，相关系数值为 0.080；
（2）裂缝形态和排量之间呈现正相关关系，相关系数值为 0.708；
（3）裂缝形态和液量之间呈现正相关关系，相关系数值为 0.595。

对于裂缝形态的影响大小：排量＞液量＞砂量。

5 结论

（1）通过多次测井数据导入和地震体反演，建立该区块实际地质构造建模结合序贯高斯方法插值地质属性模型为压裂模块提供充足的地质数据，结合压裂模块建立地质工程一体化模型并进行多次压裂模拟得出以下结论。

①施工压裂液液量的逐渐增加，裂缝缝长逐渐增加，缝宽和缝高也逐渐增加，压裂液的液量越大，压裂裂缝的尺寸和长度通常会更大。

②注入排量的增加，各簇水力裂缝宽度增大，而长度变短，表明高注入排量条件下更易产生短宽型水力裂缝。

③压裂液砂量的逐渐增加，裂缝缝长和缝高微弱增加，缝宽明显增加。

上述结论可以直观反映出地质工程一体化技术在研究水力压裂裂缝扩展规律的系统化和简易化。并可对之后的产量预测方向研究奠定基础。

（2）通过正交实验对各影响因素进行相关性分析比较其相关系数，可知实际压裂施工中压裂液的排量、液量、砂量对实际水力压裂裂缝影响性逐渐降低，该结论对垂直井重复压裂施工产生了一定的指导作用，但由于现实各储层地质因素的不同在参考相关研究时需考虑实际地质条件的影响。

参 考 文 献

[1] 王宝磊.水力压裂增产技术研究进展[J].化工设计通讯，2018，44（11）：59.
[2] 温继伟，项天，朱茂，等.基于扩展有限元分析的页岩水力压裂裂缝扩展规律探究[J].钻探工程，2022，49（5）：177-188.
[3] 董为民，管英柱，陈菊，等.基于ABAQUS的三维水力压裂裂缝扩展规律研究[J].能源与环保，2023，45（11）：147-153.
[4] 任佳伟，白晓虎，唐思睿，等.基于地质工程一体化的致密油井间干扰分析及井距优化[J/OL].地质科

技通报，2024，4：1-11.

［5］ 张玉庆．大庆油田杏北开发区精细构造解析［D］．杭州：浙江大学，2009.

［6］ 张聪，胡秋嘉，冯树仁，等．沁水盆地南部煤层气地质工程一体化关键技术［J］．煤矿安全，2024，55（2）：19-26.

［7］ 文波涛，王功文，韩启迪，等．序贯高斯模拟方法在三道庄－南泥湖钼矿区的应用［J］．矿床地质，2014，33（S1）：829-830.

［8］ KIM J，MORIDIS G J，YANG D，et al. Numerical studies on two-way coupled fluid flow and geomechanics in hydrate deposits［J］. SPE Journal，2012，17（2）：485-501.

［9］ MIKELIC A，WHEELER M F. Convergence of iterative coupling for coupled flow and geomechanics［J］. Computational Geosciences，2013，17（3）：455-461.

［10］ 刘占良，朱新磊，杜支文，等．苏里格气田ZT1区块储层地质建模［J］．山东科技大学学报（自然科学版），2015，34（1）：1-8.

［11］ 何文．金龙2井区储层改造地质工程一体化研究［D］．成都：成都理工大学，2020.

［12］ 嵇鹏，王佳颖．水平地应力差对岩石储层水力压裂裂缝扩展规律的影响［C］// 北京力学会．北京力学会第二十八届学术年会论文集（上）．中国矿业大学（北京）力学与建筑工程学院，2022：2.

［13］ GASPARIK M，BUIJZE L，GHARBI O，et al. Impact of Fluid Viscosity on Fracture Network Propagation during Hydraulic Fracturing：A Numerical Study［J］. Journal of Petroleum Science and Engineering，2021，200：108170.

［14］ ZHOU M，YUAN X，YU L，et al. Experimental Study on the Influence of Fracturing Fluid Volume on Hydraulic Fracturing Performance of Shale Reservoirs［J］. Journal of Natural Gas Science and Engineering，2020，75：103141.

［15］ LI M，WU K，LIU S，et al. Effect of Fracturing Fluid Volume on Hydraulic Fracturing in Shale Gas Reservoirs［J］. Journal of Natural Gas Science and Engineering，2019，66：122-131.

［16］ INYANG O B，NATTERER G F，ABIMBOLA O. Hydraulic Fracturing Fluid Volumes and Injections Rates：Effects on Fracture Growth and Productivity［J］. Journal of Petroleum Exploration and Production Technology，2020，10（3）：1395-1406.

［17］ ZHANG Y，JIN Y，WANG L，et al. Experimental Study on the Influence of Proppant Concentration on Hydraulic Fracturing Behavior in Shale Gas Reservoirs［J］. Journal of Petroleum Science and Engineering，2019，182，106281.

［18］ RASHID M，NASR-EL-DIN H A. Impact of Proppant Concentration and Proppant Size on Hydraulic Fracture Conductivity and Proppant Embedment in Shale Formations［J］. Journal of Natural Gas Science and Engineering，2020，81：103375.

［19］ 章思鹏，许明勇，宋菊香，等．多级加砂各级支撑剂接触对导流能力的影响［J］．石油工业技术监督，2023，39（12）：39-43，48.

［20］ 董立朋，聂清浩，孙晓坤，等．基于皮尔逊相关系数法的盾构掘进参数对地表沉降影响分析［J］．施工技术（中英文），2024，53（1）：116-123.

基于划痕实验的自编码卷积神经网络岩性识别

任智慧，王素玲，董康兴，李艳春，李金波，屈如意

（东北石油大学机械科学与工程学院）

摘　要：为直接从力学角度对岩性类别进行解释并自动学习岩性特征，奠定非均质页岩水力裂缝扩展研究的模型建立基础。本文基于划痕实验获得的力学参数，结合卷积神经网络和自编码神经网络，提出了一种岩性识别的新方法。对吉林青山口组 2360~2409m 井段的页岩储层岩心进行划痕实验，结合理论计算得到硬度、抗压强度、泊松比等 9 种力学特征参数，将其转化为 $n×9$ 的二维矩阵输入到自编码卷积神经网络中进行岩性识别，优选合适的岩性识别尺寸。结果表明，当识别尺寸为 $20×9$ 时测试集的准确率达 89.58%，且各类的召回率均在 84% 以上，高于其他识别尺寸。自编码卷积神经网络岩性识别的准确率和召回率优于其他神经网络，能够更准确地反映岩性的真实情况。

关键词：陆相页岩；岩性识别；划痕；自编码；卷积神经网络

中国陆相页岩油非均质性强，岩性组合多样，储集空间复杂[1-3]。岩性的不同直接反映了地质历史和地质条件的变化，其力学特性对于水力压裂过程中裂缝穿层、拐折及止裂等扩展行为起到了决定性的作用，准确识别和划分岩性能够为非均质性页岩水力压裂的复杂裂缝扩展研究提供有力的数据支撑，奠定理论分析基础[4]。

传统的岩性识别依据专家经验与工程资料对比，成本高且相对复杂[5-6]。近年来深度学习为合理准确的挖掘特征与岩性之间的相关关系带来了可能。深度学习岩性识别方法是一种数据驱动的算法，从大量观测数据中建立岩性敏感属性与岩性类型之间的关系[7]。安鹏等[8]采用 7 种测井特征变量训练深度神经网络并进行了岩性识别。Huijia W 等[9]基于深度学习方法构建了测井工作中岩性的智能识别模型，能够实现岩石图像的自动识别。Dong S Q 等[10]提出了在测井曲线和岩相中采用集成学习策略和原理，结合 ML 方法作为子分类器从而减少预测过程中的方差误差。Fu D[11]在实现岩心图像自动预测时，实现了跨通道特征关联，在不提高模型复杂度的前提下显著提高了模型精度。Sun 等[12]分析了 one-versusrest SVM、one-versone SVM 和随机森林三种常用的分类器，用于随钻数据的岩性识别，最终发现随机森林训练速度快，识别的准确率高。作为深度学习的代表，卷积神经网络能够自动智能地学习样本特征之间的关系，具有预测鲁棒性和优越性[13]，识别岩性准确率较高[14]。Alzubaidi F[15] 开发了一种基于卷积神经网络的方法将岩心的图像分为三种岩性，该模型基于 ResNeXt-50 架构在岩性识别方面优于 ResNeXt-v3 架构。Gaochang Z[16] 针对图像分类技术在小尺寸岩石图像分类时准确率过低的问题，提出了条件残差深度卷积对抗网络，有效提高了岩石分类精度。Manuel 等[17] 提出了一种利用深度残差卷积神经网络对测井图像进行岩相自动识别的新方法，和以往处理测井数据不同的是，该方法处理的数据是测井图像。

第一作者简介：任智慧，东北石油大学机械科学与工程学院，博士研究生，黑龙江省大庆市高新技术产业开发区学府街 99 号，邮编：163318，E-mail：rzh0524@163.com

通过以上研究发现目前采用岩屑录井、测井和钻井等方法分析岩性信息[18-19]，没有直接从力学特性的角度进行解释，对于储层改造方面误差较大。划痕实验作为评价摩擦学和材料力学性能的主要手段之一，能够保持试样的完整性且连续可靠地得到力学参数[20-21]。Zhang J 等[22]通过划痕实验提出了分析金属材料应变硬化指标以及界面摩擦系数等塑性参数的方法。Liu H 等[23]采用维氏压头通过划痕实验表征了材料的屈服应力和界面摩擦系数，具有较高的测量精度。在岩土领域，划痕测试最初被用来测量岩石的硬度[24]，随着理论的发展，其他的力学参数计算被相继验证。Thomas Richard 等[25]证明了抗压强度可以从划痕实验中进行评估，且较小的切割深度会使岩石保持在延性状态。Akono A T 等[26]提供了一种定量方法，将划痕实验中测试的结果与材料的断裂性能联系起来，可以在更小的长度尺寸上提取材料的断裂性能。随后 Akono A T 等[27-29]采用不同的刀头分析了材料的断裂韧性，并证明了其科学性。Lin J S[30]通过分析 Akono A T 实验及计算过程，给出了内摩擦角与水平力以及垂向力之间的关系。刘洪涛等[31]通过划痕实验分析得到岩石的内聚力与单轴抗压强度以及内摩擦角之间的相关关系，并且与三轴压缩的实验结果对比，得到了很好的一致性。

本文通过岩心划痕实验得到其力学特征参数，基于自编码卷积神经网络，将所采集到的划痕实验数据转化为不同大小的二维矩阵作为输入，优选最佳识别尺寸，并与其他神经网络识别效果进行对比。本文直接从力学特性角度对岩性进行分析，为岩性识别提供一种新的方法途径，为非均质性页岩水力压裂的复杂裂缝扩展研究奠定基础。

1 划痕测试技术及岩性特征

1.1 划痕实验过程

划痕测试技术是通过控制金刚石或者硬质合金的轴向载荷在试样表面划出一道精确的痕迹，采用高精度二维力传感器和高精度位移传感器检测划刻过程中的轴向力、切向力以及压入深度，同时观察实验过程中材料局部发生变形和破坏等力学行为的动态过程。划痕测试通常有恒定载荷和恒定深度两种测试方法，为减少恒定载荷测试过程中刀头上下移动造成实验误差，本文采用恒定深度加载。

划痕实验过程如图 1 所示，试件需要预先进行切割保证测试面光滑，同时试件两夹持端面也需要切割光滑，避免在测试过程中由于夹持不稳导致试件的旋转和偏移从而影响实验结果。将加工好的试件装夹在实验台上，通过水平仪观察调整使试件处于水平位置。操作控制

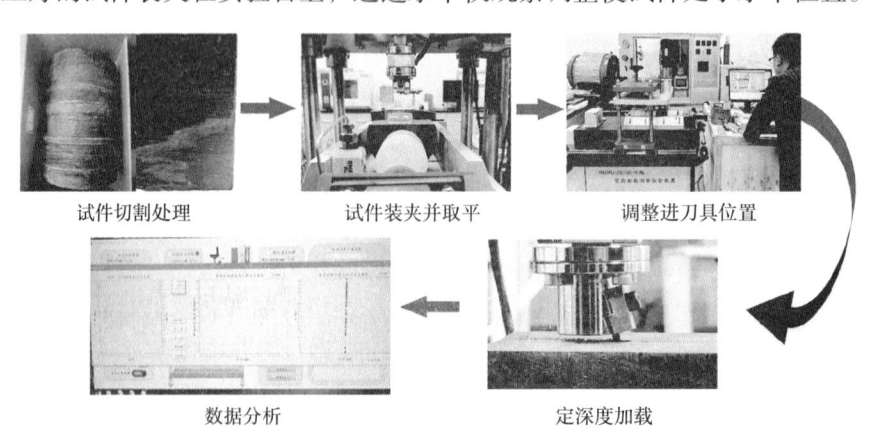

图 1 划痕测试步骤

系统移动刀头的位置,为保证划痕深度为定值,先通过观察将刀头置于试件下方0.1mm左右进行一次试划,再将刀头下降实验深度开始实验,实验结束后进行数据分析。

1.2 参数计算

为了便于分析实验过程,简化划痕测试的几何图形如图2所示,施加垂直力 F_n 使切割刀头始终保持深度 d 为 0.5mm,刀头的宽度 w 为 2mm,与试件的倾角 θ 为 30°。施加水平力 F_s 驱动刀头匀速移动,水平移动过程中每隔 0.4mm 对划痕实验数据进行一次采集。由于剪切作用,一部分岩石材料被削去,根据划痕的断裂特性将坐标的原点设置在 $d/2$ 处。

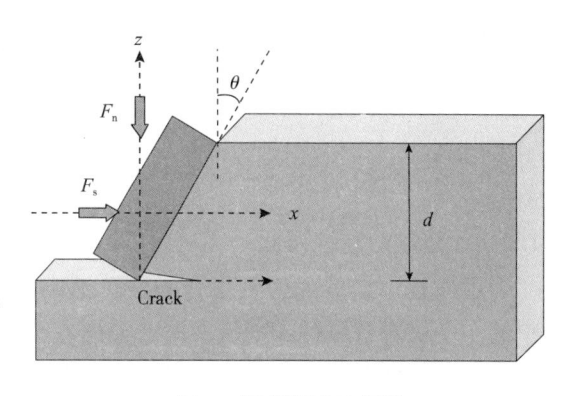

图 2 划痕测试示意图

划痕测试作为一种材料力学特性实验方法,早在1812年莫氏硬度将耐刮擦性合理化为各种矿物分类的定量指标,根据 Akono A T 等[32]的研究,通过刀头在移动平面的投影可以得到岩石的硬度:

$$H_d = \frac{F_n}{wd} \tag{1}$$

选择以叶片和材料的界面、裂缝尖端 $x > d/2\tan\theta$ 和 $z=d/2$ 处的无应力表面,以及远离裂纹尖端的闭合材料表面,因此对 J 积分的唯一贡献来自于刀片的界面。J 积分提供了能量释放率 G 如下[33]:

$$G = \frac{\kappa}{E(w^2 d)}\left(\frac{1}{2}F_s^2 + \frac{3}{10}F_n^2\right) \tag{2}$$

其中,在平面应力条件下 $\kappa=1$,平面应变条件下 $\kappa=1-\upsilon^2$;υ 为泊松比;E 为弹性模量。

在裂缝断裂扩展过程中能量释放率与断裂能相等,断裂韧性 K_{Ic} 和能量释放率的关系为:

$$G \equiv G_f = \kappa \frac{K_{Ic}^2}{E} \tag{3}$$

联立式(2)和式(3)得到岩石的断裂韧性 K_{Ic} 为:

$$\sqrt{\left(\frac{1}{2}F_s^2 + \frac{3}{10}F_n^2\right)} = K_{Ic} w\sqrt{d} \tag{4}$$

对于每一次的测试,垂直力 F_n 和水平力 F_s 之间保持一个固定的比值,这个比值取决于岩石的倾角和刀具的摩擦力,即:

$$F_n = F_s \tan(\theta + \varphi) \tag{5}$$

其中,φ 为刀头与岩石之间的内摩擦角,由此可得刀头与岩石试件的摩擦系数 $\mu=\tan\varphi$。

根据线性摩尔—库仑准则可以得到岩石的黏聚力 C:

$$C = \frac{\mathrm{UCS}(1-\sin\varphi)}{2\cos\varphi} \tag{6}$$

其中 UCS 为岩石的单轴抗压强度，在划痕实验过程中能够直接输出 UCS = $\dfrac{F_s}{wd}$。

张年学等[34]通过研究得出剪切破坏中内摩擦角与泊松比呈线性关系，即：

$$v = \dfrac{\arctan[\cos\varphi - (1-\sin\varphi)\tan\varphi]}{90°} \tag{7}$$

1.3 松辽盆地岩性特征

本次划痕实验的岩石来自松辽盆地中央凹陷区吉林油田，对 2360~2409m 的 33 盒岩心中的 107 块岩石进行了划痕实验，根据专家分析将岩性划分为 5 类：黏土质页理型页岩、长英质纹层状页岩、混合质纹层状页岩、砂岩、白云岩。

图 3 为不同岩性划痕参数的折线图，可以发现黏土质页理型页岩的硬度最小，砂岩的硬度最大，长英质纹层型页岩的黏聚力最大，混合质纹层型页岩的摩擦系数最小，即各类岩性的同种力学参数的数值大小有所区分，这为通过划痕参数进行岩性识别提供了可能。岩性是由矿物的不同含量及其排列沉积方式决定的，这就说明每种岩性的同一力学参数必然具有一定的内在规律，各力学参数之间存在的相互关系终将确定岩性类别。

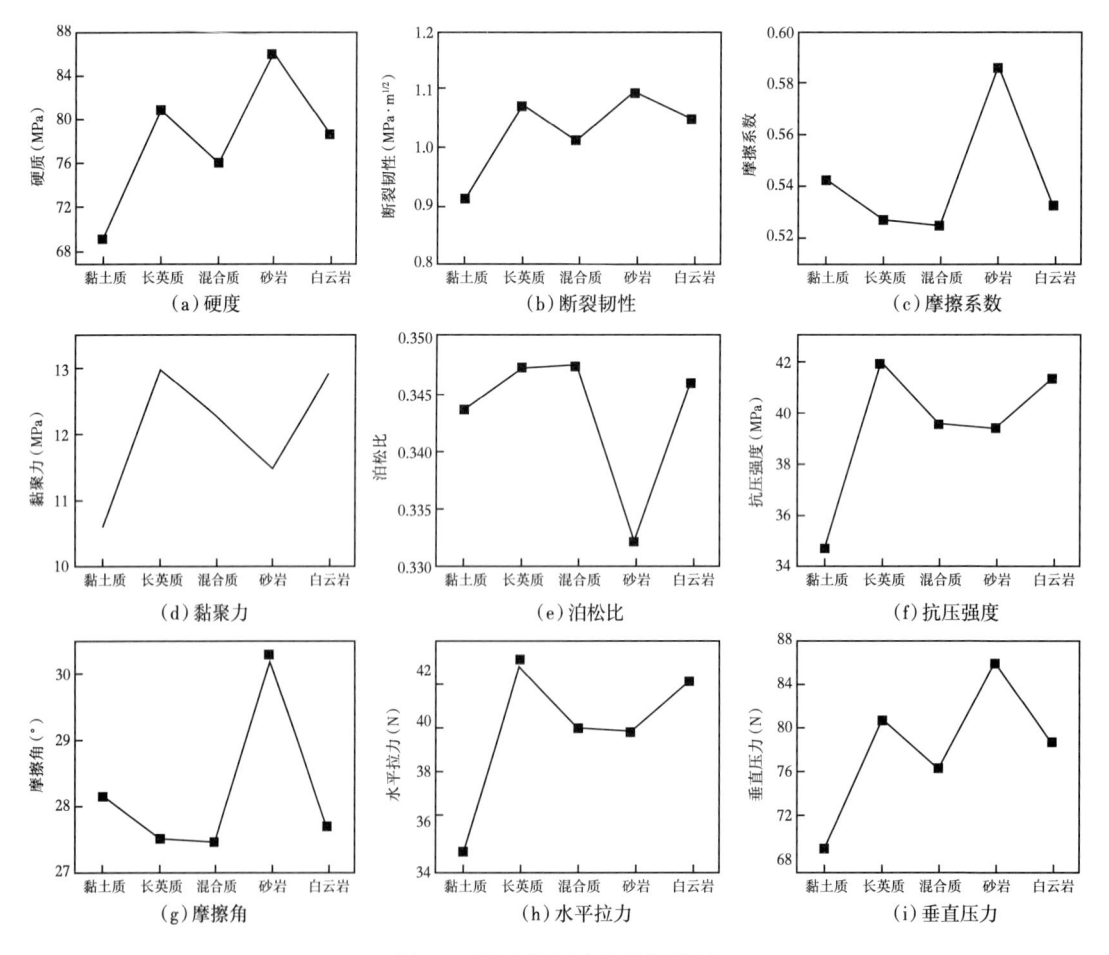

图 3 不同岩性划痕参数折线图

采用划痕特征参数对岩性进行识别，需要准确分析同一特征内部的变异性和规律性，以及综合考虑多个特征之间的相互影响和制约。深度学习方法在预测时能够充分地提取数据间的关联特征，并在此基础上建立更为精准的预测模型。

2 网络结构

2.1 卷积神经网络

卷积神经网络是一种前馈神经网络，如图 4 所示，通过卷积结构从输入数据中提取特征信息，并通过全连接层输出数据的类别。它利用多个滤波器来建立特征，包括卷积层、池化层和分类层三个部分。

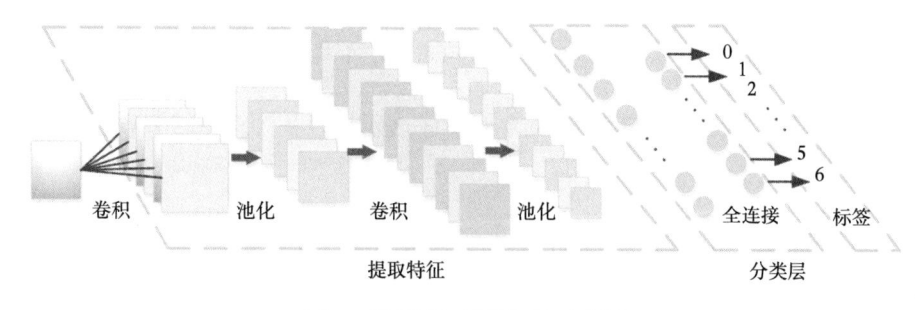

图 4 卷积神经网络架构示意图

每个卷积层采用局部连接和全局共享的连接方式提取图像的局部特征，并将这些特征组合起来构成一幅特征映射图，然后经过池化操作简化卷积层的输出，利用图像局部相关性的原理，降低特征的维数，同时保留了有用的信息；输出端为分类层，是一种全连接网络，将前一层的输出通过串行连接的方式展开，展开的所有输出构成特征向量。网络的输出层神经元个数为训练图像集的类型个数，即为类型标签的个数。

2.2 卷积自编码网络

自编码网络（AE）是一种无监督的深度学习算法，将输入数据重构为输出，从而学会数据的不同表示方法，目标是在编码时最大化信息并最小化重构误差，得到原始数据的深层规律，模型结构如图 5 所示。

卷积自编码器（Convolution Auto Encoder，CAE）是在传统自编码网络结构的基础上增加卷积结构，采用卷积层代替全连接层，保留数据特征的局部

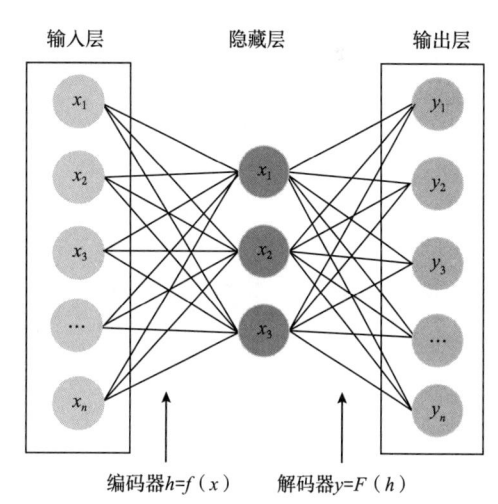

图 5 AE 模型结构图

空间结构以便更好地挖掘数据中的语义信息，形成更加高效的无监督特征提取器。该网络结构分成编码器和解码器两个阶段，编码器主要由卷积层组成，实现对输入样本的高级特征语义进行提取。解码器由转置卷积层组成，是卷积层的逆过程，通过反卷积实现输入样本的重建，最大程度减少输入输出数据的差别，提高识别能力。

卷积层能够对数据的特征进行提取，其输出可以表示为：

$$A = x_1^n = R\left(i\sum_{i\in K_1} x_1^{n-1} \times w_{ij}^n + b_i^n\right) \tag{8}$$

式中：x_1^n 为卷积核所对应的特征向量；K_1 为卷积核；w_{ij}^n 为第 n 层第 i 个卷积核的第 j 个权重系数；b_i^n 为偏置参数，R 为激活函数。

在卷积核运算之后，需要采用下采样，能够在减少数据维度的同时保存有用的信息，采样层采用池化的技术来保持特征，从而获得缩放不变性。在卷积神经网络中，下采样层之后通常会跟随更多的卷积层进行二次特征提取，这些卷积层会从下采样的输出中学习到更高级别的特征。经过多次卷积和下采样操作，网络能够逐步抽象出更具代表性的特征。下采样的计算式为：

$$B = x_j^i = \mathrm{down}\left(x_j^{i-1}\right) \tag{9}$$

转置卷积是增加输入数据维度的正向卷积，⊕表示反卷积计算，转置卷积层的输出式为：

$$D = x_1'^m = R\left(\sum_{j\in M_1} x_i'^{m-1} \oplus w_{ij}'^m + b_i'^m\right) \tag{10}$$

解码器将各个卷积提取的特征进行重构，对输入样本和重构样本进行比较，采用均方差函数（MSE）作为损失函数来评估模型的训练效果，该统计参数是预测原始数据和对应点误差平方和的均值，m 为样本数量，表示为：

$$\mathrm{loss} = \frac{1}{m}\sum_{i=1}^m [h(x_i) - y_i] \tag{11}$$

本文采用的卷积自编码神经网络网络模型结构如图 6 所示，在网络结构中引入 MaxPooling 下采样技术，获取到特征的平移不变性。采用 Relu 函数作为激活函数，在最大程度上增加

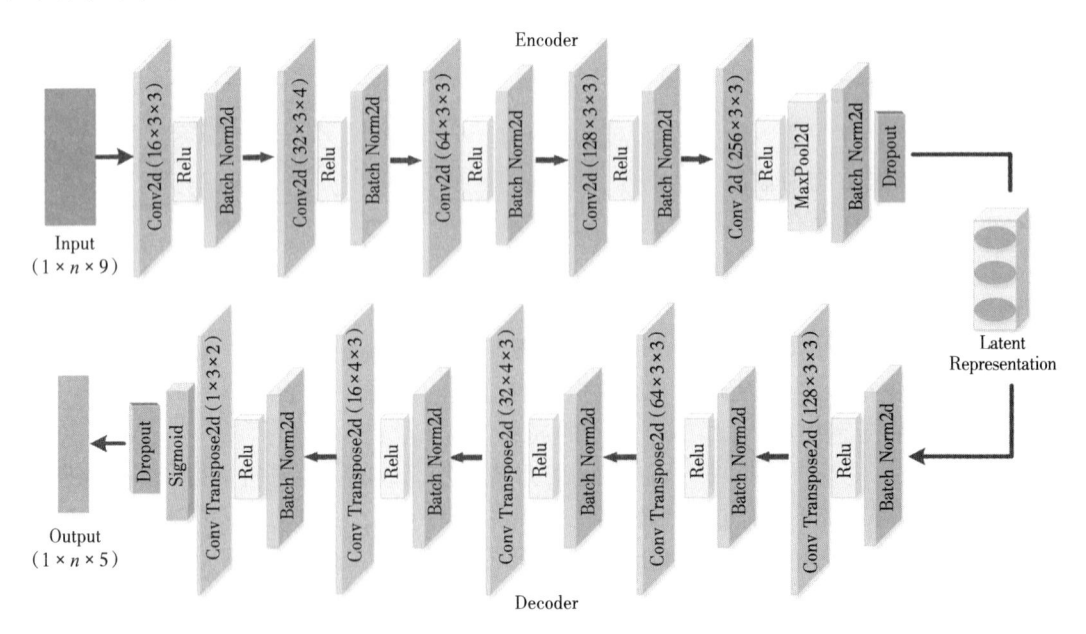

图 6 卷积自编码网络结构

每层神经网络之间的线性关系，能够实现数据特征更好地挖掘与拟合训练。最后一层为Sigmoid激活函数，将变量映射到[0,1]之间，实现明确预测。对于整个网络模型而言，为了防止过拟合并且提高泛化能力，使用正则化的方法进行处理，本文采用了通过直接修改模型机构参数数量的Dropout正则化方法，即随机丢弃一定比例的神经元。

3 应用实例

3.1 实验环境及数据预处理

本实验的实验配置及参数包括：计算机处理器为Intel（R）Core（TM）i5-10400F CPU @ 2.90GHz，运行内存16GB，64位操作系统，编辑语言为python3.7。

划痕实验开始阶段刀头与岩石试件间存在一段水平位移，并且在刀头刚接触试件以及离开试件时测得的力学参数不稳定，此类样本的数量较少，采用正态性检验的方法将异常数据剔除。对于岩性标签缺失的数据，将其进行聚类，得到的聚类中心与已知岩性数据的平均值距离最近者，赋予其相同的岩性标签进行补全。

本文特征提取数据为一维划痕数据，共10050个分类数据，每个分类数据中包括水平力F_s、垂直力F_n、单轴抗压强度UCS、硬度H_d、断裂韧性K_{lc}、内摩擦角φ、摩擦系数μ、黏聚力C以及泊松比v 9类特征数据，共90450个特征值。将训练集、测试集按8∶2的比例随机划分，见表1。

表1 岩性识别测试集和训练集

岩性类型	样本数量 训练集	样本数量 测试集	类别
黏土质页理型页岩	2080	520	0
长英质纹层状页岩	1880	480	1
混合质纹层状页岩	1760	440	2
砂岩	1320	320	3
白云岩	1000	250	4

如果采用单个划痕点或者较小的尺寸下对应的特征值进行分类，不能体现出不同矿物成分在空间上不同组合方式所体现出的结构分布特征。而如果选取的划分尺寸过大，可能会包含不同的岩性信息从而降低岩性识别的准确率。根据实际岩性将连续的n个点中的特征共同作为输入，即输入为$n×9$的矩阵，每一个划痕数据点对应一个岩性标签值，将其转化成独热编码，得到$n×5$的输出矩阵。

3.2 评价指标

本文通过召回率和准确率两个方面来评价CAE网络对于岩性分类的性能。

（1）召回率指分类过程中真阳性在实际标签为阳性样本的占比：

$$R = \frac{N_{TP}}{N_{TP} + N_{FN}} \quad (12)$$

式中：R为召回率；N_{TP}，N_{FN}分别为真阳性和假阴性样本的数量。

（2）准确率是指分类过程中真阳性在判断为阳性样本中的占比：

$$P = \frac{N_{TP}}{N_{TP} + N_{FP}} \tag{13}$$

式中：P 为准确率；N_{FP} 为假阳性样本的数量。

3.3 模型验证

本模型的目标函数是重构样本与真实样本之间的均方误差，具体的优化过程为通过正向传播计算输出，然后计算重构损失，再进行反向传播，根据损失计算梯度以优化模型的参数。在反向传播对模型进行训练的过程中，采用 Adam 优化器对网络的损失函数进行优化，从而避免出现梯度下降以及不收敛的情况，衰减底数设置为 0.92，一共训练迭代 150 次，网络训练每批次为 5，初始学习率为 1×10^{-4}。

为了验证模型对岩性分类的有效性，将其与不同尺寸的特征数据输入进行比较，卷积自编码神经网络结构参数略有调整，图 7 为不同尺寸输入得到的测试集的准确率及损失函数图。由图可知三种尺寸的训练模型在 MSE 值为 0.003 时模型相对收敛，且波动相对较小，采用 20×9 的模型在迭代了 50 次左右模型开始收敛，与其他尺寸的模型相比收敛速度更快。

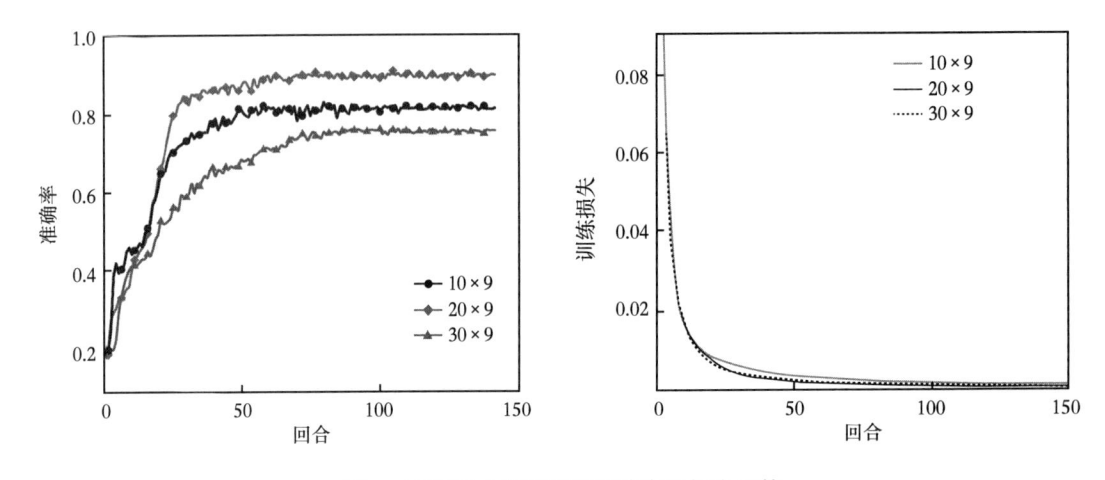

图 7 不同尺寸的测试集准确率及损失函数

根据表 2 中不同大小的输入模型的训练结果进行对比，采用尺寸为 20×9 的输入在训练集上的准确率能达到 89.95%，测试集的准确率达到 89.58%，模型的拟合效果较好。测试集的准确率相比 10×9 和 30×9 的输入而言准确率分别提高了 8.61 和 16.37 个百分点。

表 2 训练集和测试集准确率

识别尺寸	训练的准确率（%）	测试的准确率（%）
10×9	87.19	82.48
20×9	89.95	89.58
30×9	80.39	76.98

不同识别尺寸的堆叠柱状图如图 8 所示，各类型岩石的召回率见表 3。采用 10×9 的识别尺寸使得岩性识别过程中无法识别到岩性的全部特征，使得混合质页岩的识别准确率较低，

当识别尺寸为 30×9 时，每种岩性中掺杂了其他岩性的数据，使得砂岩、白云岩以及混合质页岩的准确率较低。识别尺寸为 20×9 时相对于识别尺寸 10×9 各类岩性的识别准确率分别提高了 3.61%、10%、9.33%、14.81%、9.76%，召回率分别提高了 16.68%、8.83%、3.85%、1.23%、9.36%。较识别尺寸为 30×9 准确率分别提高了 3.66%、5.32%、26.15%、43.08%、28.57%，召回率分别提高了 18.46%、6.27%、32.63%、21.95%、2.74%。通过比较得出识别尺寸为 20×9 预测标签与真实标签的匹配程度更高，且能够更加准确地识别出正样本。

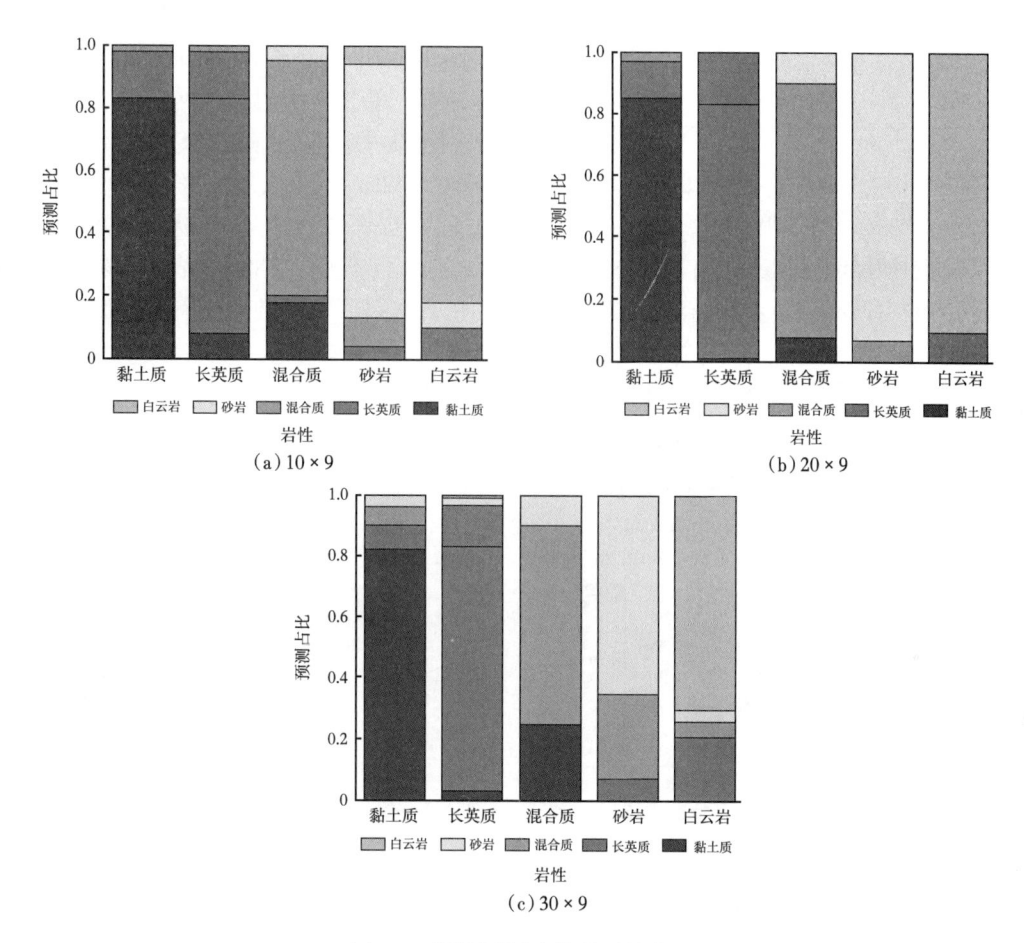

图 8 不同识别尺寸的堆叠柱状图

表 3 不同识别尺寸召回率

识别尺寸	黏土质页理型页岩（%）	长英质纹层状页岩（%）	混合质纹层状页岩（%）	砂岩（%）	白云岩（%）
10×9	78.59	77.61	87.12	86.06	91.44
20×9	91.70	84.46	90.47	87.12	100
30×9	77.41	79.48	68.21	71.14	97.33

3.4 对比实验

为了进一步验证自编码卷积神经网络对于岩性识别的准确性，基本实验条件不变，采

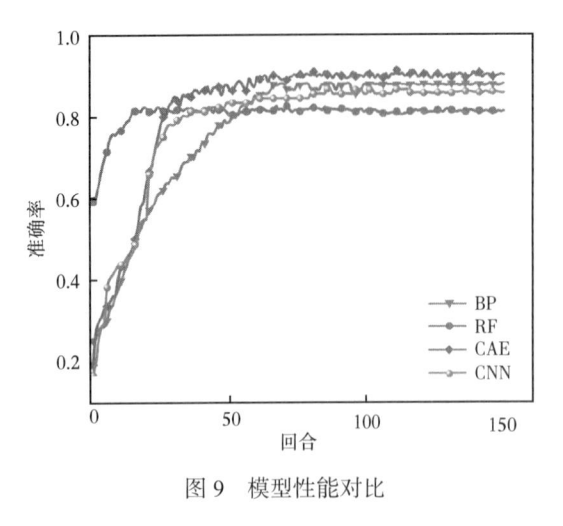

用 BP 神经网络、随机森林（RF）及卷积神经网络对岩性进行了识别。由图 9 可知 CAE 模型在收敛时的迭代次数和准确率均表现良好。其识别的准确率为 89.58%，相较于 BP 网络的 87.72%、RF 网络的 81.72% 及卷积神经网络的 85.34%，分别提高了 2.12%、9.62% 和 4.97%，具有较好的岩性识别效果。

图 10 为不同神经网络的识别方法得到的混淆矩阵，卷积自编码神经网络对于各类岩性的识别准确率较随机森林分别提高了 6.25%、13.79%、5.12%、8.14%、18.42%，与 BP 神经网络相比分别提高 1.19%、5.32%、1.23%、1.09%、4.65%，与卷积神经网络相比提高了 3.66%、7.61%、1.23%、6.90%、5.88%。表 4 为随机森林和 BP 神经网络的召回率表，卷积自编码神经网络比随机森林召回率分别提高了 13.94%、8.45%、10.09%、1.46%、12.57%，与 BP 神经网络的召回率提高了 6.33%、0.52%、0.62%、1.46%、5.02%，与卷积神经网络相比召回率提高了 5.46%、4.23%、6.79%、0.08%、10.17%。卷积自编码神经网络在岩性识别上与真实标签的匹配度更高，意味着它能够更准确地反映岩性的真实情况，从而提高岩性识别的可靠性和准确性。

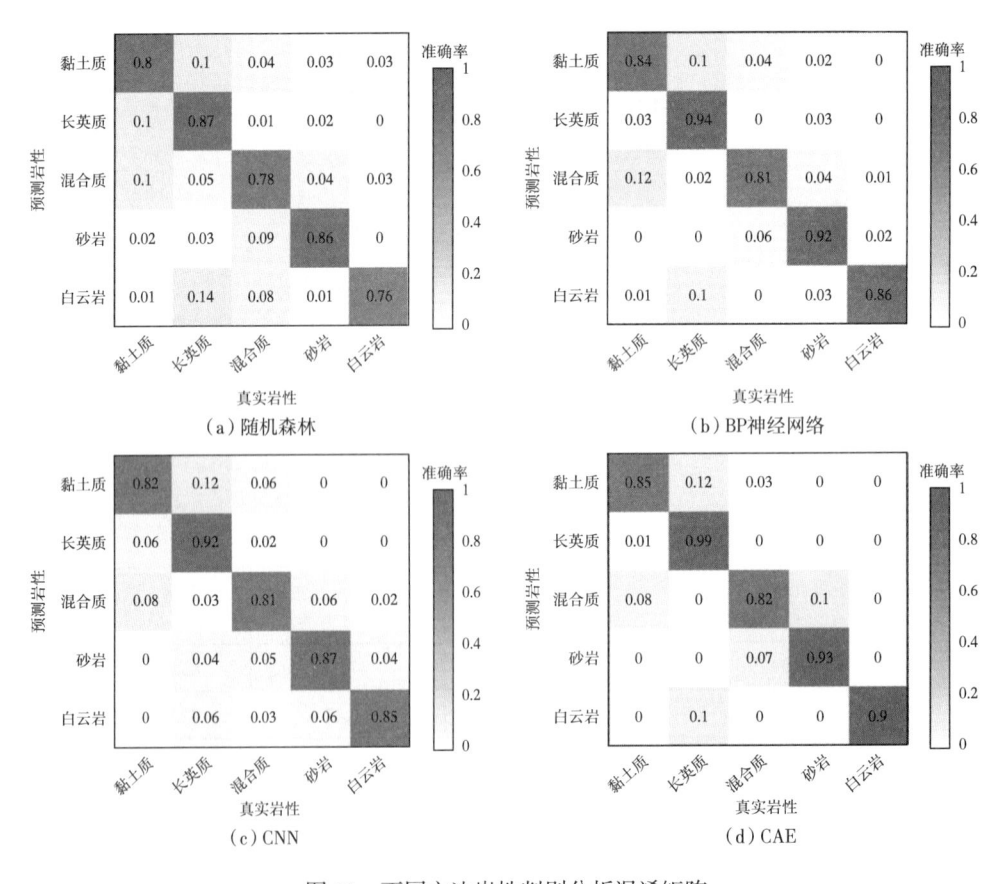

图 9 模型性能对比

图 10 不同方法岩性判别分析混淆矩阵

表 4　不同方法召回率表

方法	黏土质页理型页岩（%）	长英质纹层状页岩（%）	混合质纹层状页岩（%）	砂岩（%）	白云岩（%）
RF	80.48	77.88	82.18	85.87	88.83
BP	86.24	84.02	89.91	85.51	95.22
CNN	86.95	81.03	84.72	87.05	90.77
CAE	91.70	84.46	90.47	87.12	100

4　结论

（1）对松辽盆地中央凹陷区吉林油田某井岩心开展了划痕实验，通过理论计算得到了硬度、断裂韧性等9种力学特征参数，将其转化为 $n×9$ 的二维矩阵进行岩性识别。相对于常规手段需要间接获得其他特征参数进行岩性识别而言，采用划痕数据对岩性进行识别能够更加直接开展储层力学特性分析。

（2）采用自编码卷积神经网络对岩性识别过程中 $20×9$ 的识别尺寸在训练集上的准确率能达到89.95%，测试集的准确率达到89.58%，模型的拟合效果较好。且各类的召回率均高于其他识别尺寸，预测标签与真实标签的匹配程度更高，且能够更加准确地识别出正样本。

（3）自编码卷积网络用于岩性识别准确率相较于BP网络的87.72%、RF网络的81.72%及卷积神经网络的85.34%，分别提高了2.12%、9.62%和4.97%，各类的识别准确率和召回率均为最高，具有较好的岩性识别效果。基于划痕实验数据的自编码卷积神经网络岩性识别技术为非均质性页岩水力压裂的复杂裂缝扩展研究奠定了基础。

参　考　文　献

[1] LI Y, ZHAO Q, LYU Q, et al. Evaluation technology and practice of continental shale oil development in China[J]. Petroleum Exploration and Development, 2022, 49（5）：1098–1109.

[2] 刘招君, 孙平昌. 中国陆相盆地油页岩形成环境与成矿机制［J］. 古地理学报, 2021, 23（1）：1–17.

[3] 王建, 郭秋麟, 赵晨蕾, 等. 中国主要盆地页岩油气资源潜力及发展前景［J］. 石油学报, 2023, 44（12）：2033-2044.

[4] 姜在兴, 张建国, 孔祥鑫, 等. 中国陆相页岩油气沉积储层研究进展及发展方向［J］. 石油学报, 2023, 44（1）：45–71.

[5] MIN X, PENGBO Q, FENGWEI Z. Research and application of logging lithology identification for igneous reservoirs based on deep learning[J]. Journal of Applied Geophysics, 2020, 173：103929.

[6] SAPORETTI C M, DA FONSECA L G, PEREIRA E. A Lithology Identification Approach Based on Machine Learning With Evolutionary Parameter Tuning[J]. IEEE Geoscience and Remote Sensing Letters, 2019, 16（12）：1819–1823.

[7] LEI S, XINGYAO Y, LINJIE Y. Reservoir Lithology Identification Based on Improved Adversarial Learning[J]. IEEE Geoscience and Remote Sensing Letters, 2023, 20：1–5.

[8] 安鹏, 曹丹平. 基于深度学习的测井岩性识别方法研究与应用［J］. 地球物理学进展, 2018, 33（3）：1029-1034.

[9] HUIJIA W. Intelligent identification of logging cuttings based on deep learning[J]. Energy Reports, 2022, 8（S12）：1–7.

［10］ DONG S Q, SUN Y M, XU T, et al. How to improve machine learning models for lithofacies identification by practical and novel ensemble strategy and principles［J］. Petroleum Science, 2023, 20（2）: 733–752.

［11］ FU D, SU C, WANG W, et al. Deep learning based lithology classification of drill core images［J］. PLOS ONE, 2022, 17（7）: e0270826.

［12］ SUN J, LI Q, CHEN M, et al. Optimization of models for a rapid identification of lithology while drilling - A win-win strategy based on machine learning［J］. Journal of Petroleum Science and Engineering, 2019, 176321-341.

［13］ 杨柳青, 陈伟, 查蓓. 利用卷积神经网络对储层孔隙度的预测研究与应用［J］. 地球物理学进展, 2019, 34（4）: 1548–1555.

［14］ GUO Y, LI Z, LIN W, et al. Automatic lithology identification method based on efficient deep convolutional network［J］. Earth Science Informatics, 2023, 16（2）: 1359–1372.

［15］ ALZUBAIDI F, MOSTAGHIMI P, SWIETOJANSKI P, et al. Automated lithology classification from drill core images using convolutional neural networks［J］. Journal of Petroleum Science and Engineering, 2021, 197: 107933.

［16］ ZHAO G C, CAI Z, WANG X, et al. GAN Data Augmentation Methods in Rock Classification［J］. Applied Sciences, 2023, 13（9）: 5316.

［17］ VALENTIN M B, BOM C R, COELHO J M, et al. A deep residual convolutional neural network for automatic lithological facies identification in Brazilian pre-salt oilfield wellbore image logs［J］. Journal of Petroleum Science and Engineering, 2019, 179: 474-503.

［18］ LI Q F, PENG C, FU J H, et al. A comprehensive machine learning model for lithology identification while drilling［J］. Geoenergy Science and Engineering, 2023, 231: 212333.

［19］ YUAN C H, WU Y P, LI Z R, et al. Lithology identification by adaptive feature aggregation under scarce labels［J］. Journal of Petroleum Science and Engineering, 2022, 215: 110540.

［20］ BEAKE B D, HARRIS A J, LISKIEWICZ T W. Review of recent progress in nanoscratch testing［J］. Tribology - Materials, Surfaces & Interfaces, 2013, 7（2）: 87–96.

［21］ WANG X, XU P, HAN R, et al. A review on the mechanical properties for thin film and block structure characterised by using nanoscratch test［J］. Nanotechnology Reviews, 2019, 8（1）: 628–644.

［22］ ZHANG J, LI Y, ZHENG X, et al. Determination of plastic properties of surface modification layer of metallic materials from scratch tests［J］. Engineering Failure Analysis, 2022, 142: 106754.

［23］ LIU H T, ZHAO M H, LU C S, et al. Characterization on the yield stress and interfacial coefficient of friction of glasses from scratch tests［J］. Ceramics International, 2020, 46（5）: 6060–6066.

［24］ BARD R, ULM F J. Scratch hardness-strength solutions for cohesive-frictional materials: SCRATCH HARDNESS-STRENGTH SOLUTIONS［J］. International Journal for Numerical and Analytical Methods in Geomechanics, 2012, 36（3）: 307–326.

［25］ RICHARD T, DAGRAIN F, POYOL E, et al. Rock strength determination from scratch tests［J］. Engineering Geology, 2012, 147: 91–100.

［26］ AKONO A T, REIS P M, ULM F J. Scratching as a Fracture Process: From Butter to Steel［J］. Physical Review Letters, 2011, 106（20）: 204302.

［27］ AKONO A T, RANDALL N X, ULM F J. Experimental determination of the fracture toughness via microscratch tests: Application to polymers, ceramics, and metals［J］. Journal of Materials Research, 2012, 27（2）: 485–493.

［28］ AKONO A T, KABIR P. Microscopic fracture characterization of gas shale via scratch testing［J］. Mechanics Research Communications, 2016, 78: 86–92.

[29] AKONO A T, BOUCHÉ G A. Rebuttal: Shallow and deep scratch tests as powerful alternatives to assess the fracture properties of quasi-brittle materials[J]. Engineering Fracture Mechanics, 2016, 158: 23-38.

[30] LIN J S, ZHOU Y. Can scratch tests give fracture toughness?[J]. Engineering Fracture Mechanics, 2013, 109: 161-168.

[31] 刘洪涛, 薄克浩, 金衍, 等. 基于连续划痕实验确定复杂地层岩石强度参数的方法研究[J]. 石油科学通报, 2022, 7（4）: 532-542.

[32] LIU K Q, JIN Z J, Zakharova N, et al. Comparison of shale fracture toughness obtained from scratch test and nanoindentation test[J]. International Journal of Rock Mechanics and Mining Sciences, 2023, 162: 105282.

[33] AKONO A T, ULM F J. Scratch test model for the determination of fracture toughness[J]. Engineering Fracture Mechanics, 2011, 78（2）: 334-342.

[34] 张年学, 盛祝平, 李晓, 等. 岩石泊松比与内摩擦角的关系研究[J]. 岩石力学与工程学报, 2011, 30（S1）: 2599-2609.

基于耦合分析的页岩油井筒温度压力分布预测

郭书魁，董康兴，赵鑫瑞，于德龙，陈永峰，周玉峰

（东北石油大学机械科学与工程学院）

摘　要：井筒温度压力分布是页岩油井产量预测、动态分析、生产设计的重要参数。基于动量守恒，能量守恒和井筒传热学理论，采用漂移模型，建立了页岩油井井筒的温度压力耦合预测模型，并且通过牛顿迭代法实现了耦合模型求解。通过 5 组实测数据对模型进行验证和大庆某地 2 口页岩油井的现场数据计算，结果显示模型计算结果 X1 井压力误差为 1.60%、温度误差为 1.70%；X2 井压力误差为 1.10%、温度误差为 1.10%，能满足工程计算要求。表明本文所建立的页岩油井温度压力预测模型能有效地为页岩油井的开发提供指导。

关键词：页岩油井；漂移模型；温压耦合

页岩油开采期间，井筒流体自井底向井口流动的过程中，伴随着温度压力的变化，气体逐渐析出，流体的形态从开始的单相液体流动逐渐变为两相流，流型随着截面含气率的变大，会依次呈现泡状流、段塞流、过渡流和环状流。由于井筒流体的物性参数受温度和压力的相互影响，因此准确预测的页岩油井井筒的温度压力的分布可以为页岩油井的开发提供指导。

国内外学者在井筒的温度和压力分布上开展了大量的研究。郭建春等[1]为了计算短期或者长期注入过程的温度压力，建立了井筒双重非稳态耦合模型。陈林和余忠仁[2]将井筒内温度传热变化与产量波动变化相结合，在进行分段计算井筒温度的时候，将分段的温度变划分为衰减、稳定和上升三种类型。石小磊等[3]综合考虑温度压力的影响因素，建立了温压分布耦合预测模型。Zheng 等[4]建立了井筒温度压力数学模型，并分析了产气量和生产时间对高温高压气井温度和压力的影响。在此基础上，Zheng[5]等结合井筒传热机理和管流压降梯度计算方法，考虑流体物理参数与温度、压力的相互作用，建立了含水气井井筒压力耦合模型。韩鑫[6]考虑环境温度变化的全井筒外部温度场和井筒气体相态变化，提高了高温高压气井井底压力计算精度。目前研究多集中在海上和陆地上的高温高压气井井筒温度压力分布预测。由于页岩油中含有大量溶解气，当压力逐渐减小时，页岩油会析出大量气体，从而产生复杂的流型变化，进一步对页岩油井的温度和压力产生影响。目前没有针对页岩油井筒温度压力分布预测的研究。

本文采用漂移模型[7]基于井筒传热学，建立页岩油井井筒的温压耦合模型[8]，通过牛顿迭代法分段对耦合模型进行求解。通过 5 组油井实测数据对模型进行验证，并且计算大庆某地 2 口页岩油井井筒压力、温度分布。

1　漂移模型

页岩油相和气相在页岩油井筒流动的过程中，气液两相间存在滑脱。因此采用简单的均相模型来计算井筒的温度和压力分布会有一定的偏差[7]。由 Zuber 和 Findlay[9] 首先提出了

第一作者简介：郭书魁，东北石油大学，硕士研究生，从事页岩油流体流动方向研究。通讯地址：黑龙江省大庆市学府街 99 号，邮编：163000，E-mail：2276724322@qq.com

漂移模型，之后经过 Hasan、Kabir[10] 等对该模型进行了完善。在石油工业中广泛应用于多相流动建模。后在 Oddie&Shi[11] 等的研究下，成功建立了适合大尺寸井筒多相流动的漂移模型。

页岩油和气体井筒中流动时，会出现气液滑脱现象，由于过流断面上页岩气和页岩油的流速分布不一致，导致页岩气相主要分布在井筒中的断面中央区域，同时，页岩气和页岩油的混合物的流速在井筒的断面中央处于最高值，因此，在过流断面中间页岩气的流速大于页岩油相流速；另一个原因是在页岩油气体和页岩油液体混合液中，页岩气相密度比页岩油相的密度更小，页岩气体会受到浮力的作用，有利于气体垂直向上运动。考虑以上两种机理的模型，引入漂移速度 v_d 和分布系数 C_0[12]，漂移模型的基本方程表示为：

$$\varphi_\mathrm{g} = \frac{v_\mathrm{sg}}{C_0 v_\mathrm{m} + v_\mathrm{d}} \tag{1}$$

式中：C_0 为分布系数；v_m 为混合物速度，m/s；v_d 为气体漂移速度（描述浮力效应），m/s；ϕ_g 为截面含气率；v_sg 为气相表观速度，m/s。

2 井筒温度压力计算模型

页岩油从井底开始向井口流动的过程中，由于井液的热量不断地向地层散发，除此之外还需要克服流体自身的重力做功和流体与井筒之间产生的摩擦力做功，因此，井筒内的温度和压力不断地降低。随着温度和压力的变化，流体的物理性质也逐渐改变，三者相互影响。

2.1 井筒压力计算模型

假设页岩油气在井筒中的流动为一维稳定流动，任取一控制单元，建立如下坐标系，如图 1 所示。

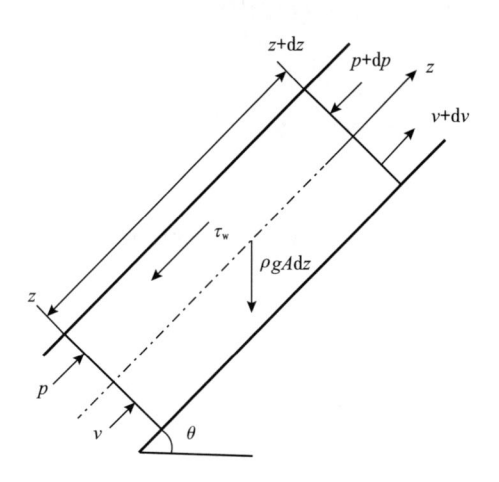

图 1 井筒一维流动示意图

由动量守恒定理可得：

$$-\rho_\mathrm{m} g A \mathrm{d}z \sin\theta - A \mathrm{d}p - \tau_\mathrm{w} \pi D \mathrm{d}z = \rho_\mathrm{m} A \mathrm{d}z \frac{\mathrm{d}v_\mathrm{m}}{\mathrm{d}t} \tag{2}$$

式中：D 为井筒直径，m；$\mathrm{d}p$ 为压力变化量，Pa；ρ_m 为混合物密度，kg/m³；θ 为井筒倾斜角，(°)；$\mathrm{d}z$ 为井筒长度，m；A 为井筒截面积，m²，Pa；τ_w 为管壁摩擦力，N。

由式（2）可知：

$$\frac{\mathrm{d}p}{\mathrm{d}z} = -\left(\rho_\mathrm{m} g \sin\theta + \frac{\tau_\mathrm{w} \pi D}{A} + \rho_\mathrm{m} v_\mathrm{m} \frac{\mathrm{d}v_\mathrm{m}}{\mathrm{d}z} \right) \tag{3}$$

通过引入摩擦阻力系数[11] f_m 可得：

$$\frac{\mathrm{d}p}{\mathrm{d}z} = -\left(\rho_\mathrm{m} g \sin\theta + f_\mathrm{m} \frac{\rho_\mathrm{m} v_\mathrm{m}^2}{2D} + \rho_\mathrm{m} v_\mathrm{m} \frac{\mathrm{d}v_\mathrm{m}}{\mathrm{d}z} \right) \tag{4}$$

2.2 井筒温度模型

在建立温度模型前，需要做出部分简化，做如下假设[13-14]：
（1）井筒中同一截面上各点的气体参数、压力及温度都相等；
（2）在井筒中流体的流动为一维稳定流动；
（3）页岩油和气体间不存在质量交换；
（4）地层和井筒之间只存在径向的热量传递，水泥环外沿到井筒之间是稳态传热，水泥环外沿到地层深处为非稳态传热；

将沿垂直向下设为正方向，从井口开始进行计算，井筒微元传热模型如图 2 所示。

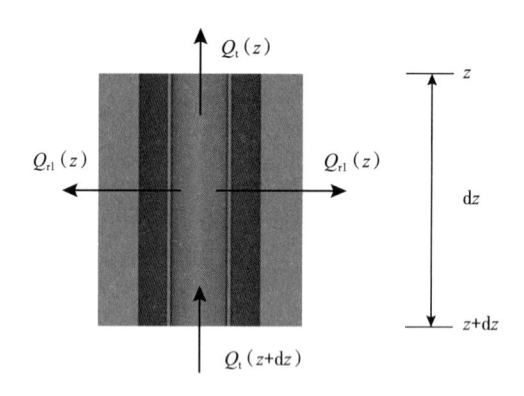

图 2 页岩油井筒传热原理图

由能量守恒定理有

$$-\frac{\mathrm{d}q}{\mathrm{d}z} = \frac{\mathrm{d}h}{\mathrm{d}z} + v_\mathrm{m} \frac{\mathrm{d}v_\mathrm{m}}{\mathrm{d}z} + g \tag{5}$$

式中：h 为流体比焓，J/kg；g 为重力加速度，9.8m/s²；q 为流体径向热流量，J/(m·s)。式（5）为流体沿管垂直向上流动的能量平衡方程。

热量从井筒向水泥环外沿传热，引入总传热系数 U_to[15]，由热量平衡原理，流体沿单元体径向传热量可表示为：

$$\mathrm{d}q = \frac{2\pi r_\mathrm{to} U_\mathrm{to} (T_\mathrm{f} - T_\mathrm{h})}{w_\mathrm{m}} \mathrm{d}z \tag{6}$$

式中：T_h 为水泥环外沿温度，℃；w_m 为气液混合物的质量流量，kg/s；T_f 为井筒流体温度，℃；U_{to} 为总传热系数，W/(m²·℃)；r_{to} 为油管内径，m。

热量从水泥环外沿传递到地层，径向传热量可表达为：

$$dq = \frac{2\pi k_e (T_h - T_e)}{w_m f(t)} dz \tag{7}$$

式中：$f(t)$ 为无量纲时间函数；T_e 为地层温度，℃；k_e 为地层传热系数，W/(m·℃)。

由式（6）和式（7）得：

$$\frac{dq}{dz} = \frac{2\pi r_{to} U_{to} k_e}{w_m [k_e + f(t) r_{to} U_{to}]} (T_f - T_e) \tag{8}$$

由热力学第一定律，得到流体的比焓梯度：

$$\frac{dh}{dz} = c_p \frac{dT_f}{dz} - C_J c_p \frac{dp}{dz} \tag{9}$$

式中：C_J 为焦耳汤姆孙系数，J/(kg·℃)；c_p 为天然气比定压热容，J/(kg·℃)。

考虑到无量纲时间函数[16-17] $f(t)$、松弛因子 A，可得流体温度常微分方程：

$$\frac{dT_f}{dz} = -A(T_f - T_e) - \frac{1}{c_p}\left(g + v\frac{dv}{dz}\right) + C_J \frac{dp}{dz} \tag{10}$$

其中

$$A = \frac{2\pi r_{to} U_{to} k_e}{c_p w_m [k_e + f(t) r_{to} U_{to}]} \tag{11}$$

考虑焦耳汤姆逊效应，井筒混合物稳定流动情况下式（10）的解为：

$$T_{fo} = T_{eo} + \frac{1-e^{-A\Delta z}}{A}\left[-\frac{1}{c_p}\left(g + v\frac{dv}{dz}\right) + C_J \frac{dp}{dz} + g_T\right] + e^{-A\Delta z}(T_{fi} - T_{ei}) \tag{12}$$

式中：T_{ei} 为入口的地层温度，℃；T_{eo} 为出口的地层温度，℃；Δz 为单元体的长度，m；T_{fo} 为出口的流体温度，℃；T_{fi} 为入口的流体温度，℃；g_T 为地温梯度，℃/m。

2.3 耦合求解过程

页岩油和气体的物性是受温度和压力共同影响的，在计算井筒的压力和温度时，必须通过耦合迭代的方法进行计算。开始迭代计算时，井筒温度的初始值选取，则可以根据式（13）进行计算。

$$T_{fo} = T_{eo} + g_t \sin\theta/A + e^{A(z_{in}-z_{out})}(T_{fi} - T_{ei} - Ag_t \sin\theta) \tag{13}$$

迭代步骤如下：

（1）给定页岩油井井口条件 T_{fo}、T_{eo}、P_{out}，将页岩油井井筒分为 n 段，每段为 ΔL；

（2）通过式（13）大致计算入口温度 T_{fi}；

（3）通过井口物性参数估算出微元段的压力变化量 $\Delta p_{估计}$，再根据漂移模型公式计算出井筒中两相流体的流速和各相持率；

（4）计算微元段的平均温度 $\bar{T}$ 和平均压力 $\bar{p}$，再计算该条件下各相流体的物性参数；

（5）将第(4)步计算得的物性参数代入式（4）中计算出该微元段的压降梯度以及压力变化量 $\Delta p_{计算}$；

（6）将第（5）步计算出的 $\Delta p_{计算}$ 和第（3）步估算出的 $\Delta p_{估计}$ 进行对比，若二者之差大于误差范围，则将 $\Delta p_{计算}$ 作为 $\Delta p_{估计}$ 的值，再重复步骤（3）~（5），直到二者之差满足误差要求为止；

（7）计算 α_J 和 U_{to}，然后将他们值代入式（12）计算出入口段温度 T_{fi}；

（8）比较第（3）步与第（7）步的温度之差，若二者之差满足误差要求，则进行下一段计算；反之，将第（7）步的计算值作为温度的初始值，再重复步骤（3）~（5），直到满足误差要求为止；

（9）计算该计算段对应的深度 L_i、压力 P_i 和入口温度 T_i；

$$L_i = i\Delta L, \quad p_i = p_0 + \sum_{j=1}^{i}\Delta p_j, \quad T_i = T_{fi}, \quad i=(1, 2, 3\cdots) \tag{14}$$

（10）将 L_i 处的压力 p_i 和 T_i 作为下一段的入口参数，重复（2）~（9）步计算下一段 L_{i+1} 的压力 p_{i+1} 和温度 T_{i+1}，直到从井口到井底结束。

页岩油温压耦合迭代流程图如图3所示。

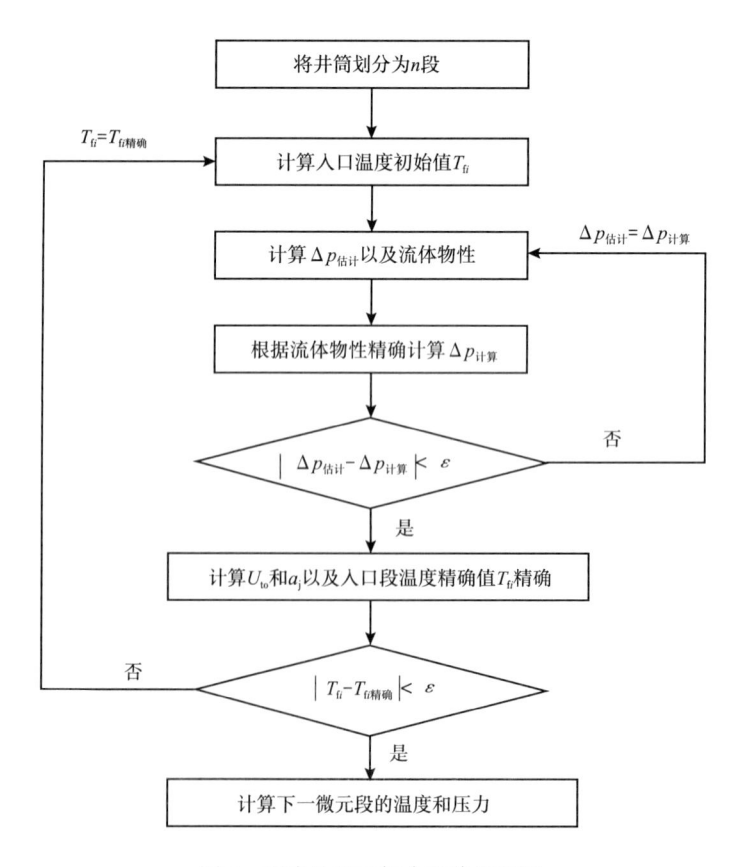

图3 页岩油温压耦合迭代流程图

3 模型验证和实例井计算与分析

3.1 模型验证

采用文献[18]中的 X 井 5 次测试数据对模型进行验证，气体的相对密度为 0.7428、原油密度为 803kg/m³，测试井的基本参数见表 1。

表 1　X 井 5 次测试基本数据

测试次数	1	2	3	4	5
产油量（m³/d）	57.6	67.0	52.0	19.2	14.4
产水量（m³/d）	0	0	0	0	0
产气量（m³/d）	132601	128245	115000	19915	17340
实测井口温度（℃）	24.67	27.94	22.77	26.19	26.70
实测井口压力（MPa）	34.54	30.37	25.84	22.83	20.19

本文模型计算结果和文献结果见表 2。

表 2　本文模型计算结果和文献结果

测试次数	实测井底温度（℃）	实测井底压力（MPa）	Beggs-Brill 温度（℃）	相对误差（%）	Beggs-Brill 压力（MPa）	相对误差（%）	本文模型 温度（℃）	相对误差（%）	本文模型 压力（MPa）	相对误差（%）
1	81.04	52.38	89.10	9.45	50.10	4.35	81.07	0.03	49.26	5.95
2	81.55	47.64	89.10	9.32	46.14	3.15	81.91	0.40	45.79	3.88
3	81.95	42.32	89.10	8.72	41.95	0.87	80.84	1.30	40.16	5.10
4	79.30	40.49	89.10	12.35	39.01	3.66	78.12	1.40	43.01	6.22
5	79.33	37.81	89.10	12.31	36.58	3.25	77.76	1.90	40.06	5.95

对于 X 井 5 次测试数据，文献模型和本文模型关于温度和压力误差大小对比如图 4 和图 5 所示。

由表 2、图 4 和图 5 表明经过温度和压力耦合计算，得到页岩油井井底的压力和温度的值与实际值的误差分别为 5.42% 和 1.00%。通过以上分析，可以认为本文所建立的温度压力预测模型可靠。

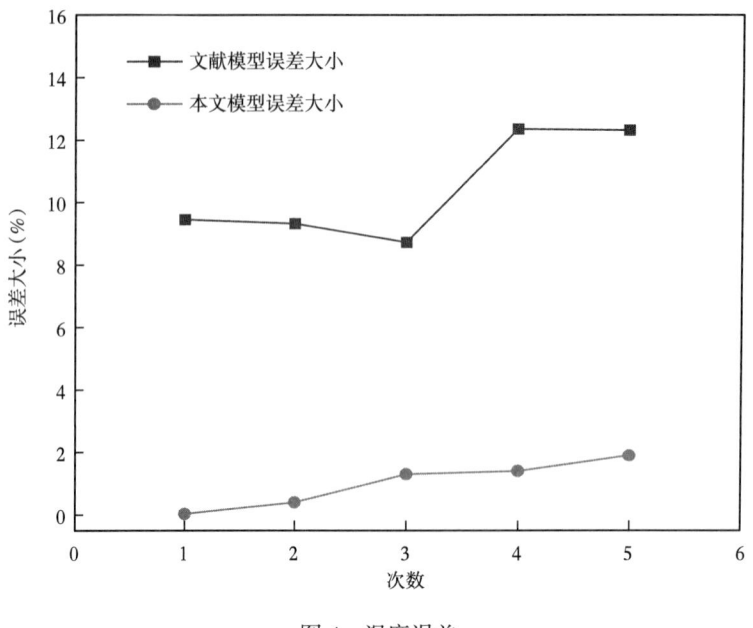

图4 温度误差

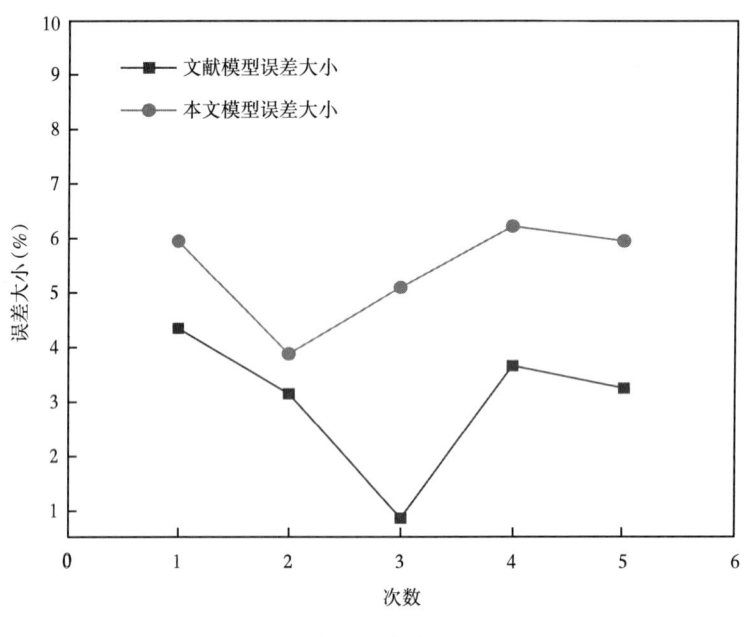

图5 压力误差

3.2 实例井计算与分析

X1 和 X2 井位于大庆某区块，油管的内外径分别为 62mm 和 73mm 套管内外径分别为 118mm 和 139.7mm，管壁粗糙度为 0.0045，大庆某区块的地温梯度为 4℃/m，原油相对密度为 0.801，气体的相对密度为 0.62。关于 X1 和 X2 基本数据见表 3 和表 4。

表 3 大庆某区块 X1 井的基本参数表

参数	数值	参数	数值
产气量（m³/d）	4367.78	原油的泡点压力（MPa）	12
产油量（m³/d）	52.56	地层导热系数[W/(m·℃)]	2.312
井底流压大小（MPa）	20.72	油管导热系数[W/(m·℃)]	40
井底温度大小（℃）	116.8	套管导热系数[W/(m·℃)]	35
井口压力大小（MPa）	6.7	水泥环导热系数[W/(m·℃)]	0.8
井口流体温度大小（℃）	30.5	地层热扩散系数	0.00005
井深（m）	2460	原油 API 重度（°API）	46

表 4 大庆某区块 X2 井的基本参数表

参数	数值	参数	数值
产气量（m³/d）	15830	原油的泡点压力（MPa）	12
产油量（m³/d）	50.4	地层导热系数[W/(m·℃)]	2.312
井底流压大小（MPa）	15.01	油管导热系数[W/(m·℃)]	40
井底温度大小（℃）	116.1	套管导热系数[W/(m·℃)]	35
井口压力大小（MPa）	5.22	水泥环导热系数[W/(m·℃)]	0.8
井口流体温度大小（℃）	30.2	地层热扩散系数	0.00005
井深（m）	2426	原油 API 重度（°API）	46

经过本文模型的计算，页岩油井 X1 和 X2 井筒温度和压力在 30d 时的分布如图 6 和图 7 所示。

由图 6 和图 7 可知页岩油井 X1 和 X2 井中流体从井底向井口流动过程中，克服重力做功，摩擦力做功和加速度的变化，使得井筒内的压力随着深度的减少不断地降低。由于井筒中的流体的热量不断向井筒外散热，使得井筒流体的温度不断降低，但是始终大于地层温度。经过本文温压耦合模型计算得到 X1 井筒井底压力为 20.38MPa，实测井底压力为 20.72MPa，误差为 1.6%，井底温度为 118.75℃，实测井底温度为 116.8℃，误差为 1.7%℃；X2 井筒井底压力为 14.84MPa，实测井底压力为 15.01MPa，误差为 1.1%，井底温度为 117.5℃，实测井底温度为 116.1℃，误差为 1.1%。模型计算精度较高，适应于页岩油井井筒的温度压力的预测。

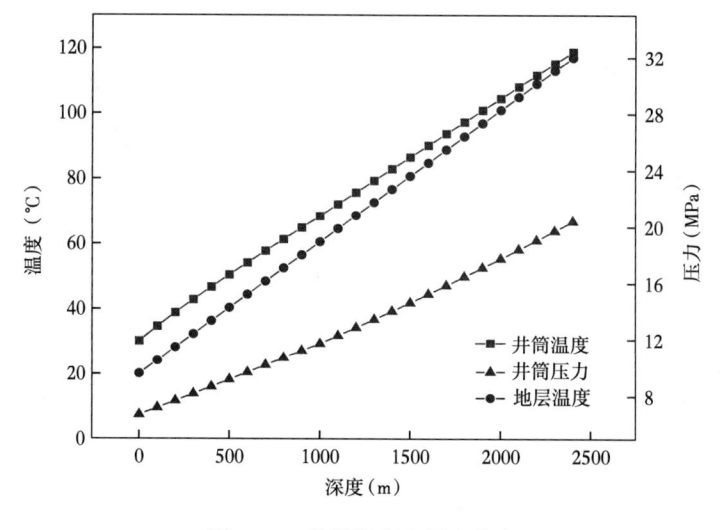

图 6 X1 井筒温度和压力分布

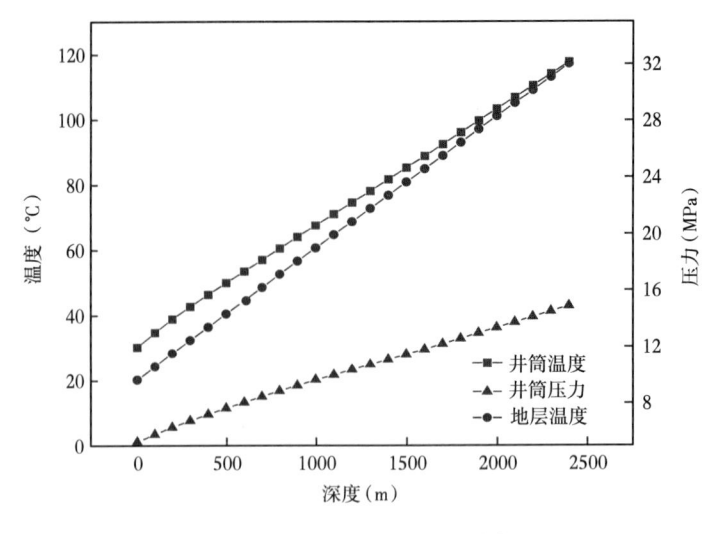

图 7　X2 井筒温度和压力分布

4　敏感性分析

4.1　耦合性对比分析

在进行耦合性分析时，X1 和 X2 井以耦合压力下的温度分布结果及 X1 和 X2 井以耦合温度下的压力分布结果分别如图 8 和图 9 所示。

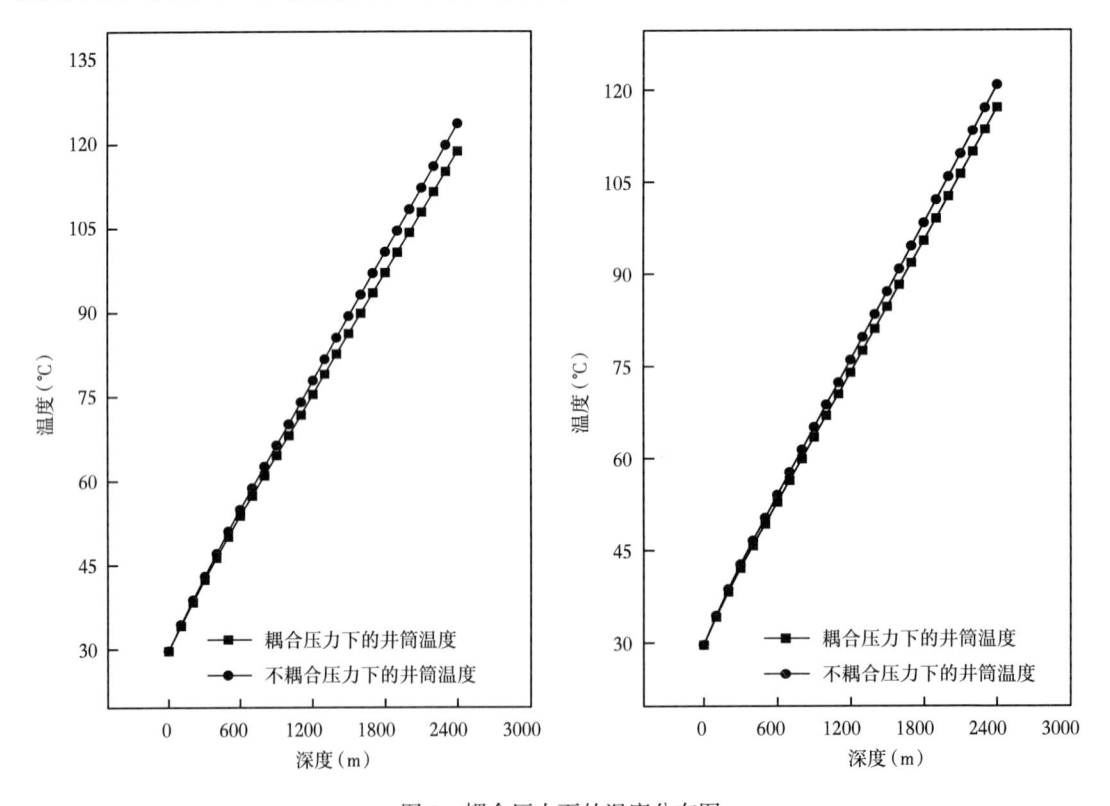

图 8　耦合压力下的温度分布图

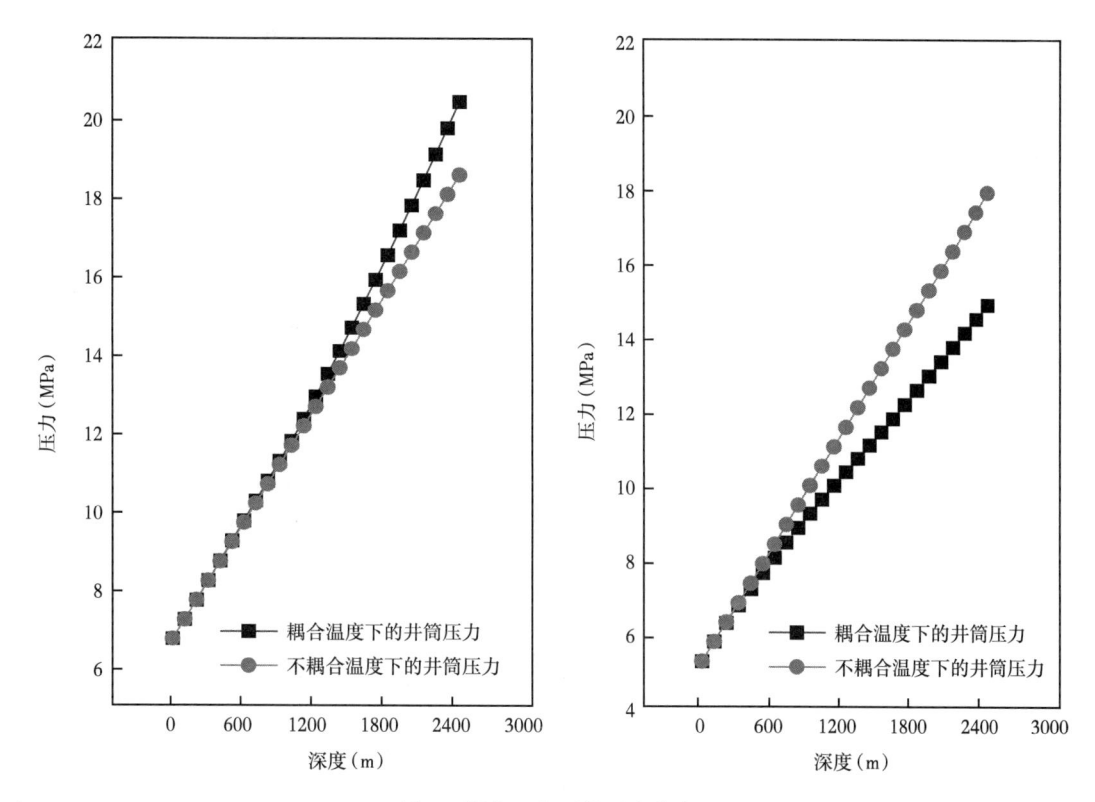

图 9　耦合温度下的压力分布图

由图 8 和图 9 可知，在井底时，X1 井温度和压力的误差分别是 5.85% 和 10.62%；X2 井温度和压力的误差分别达到 4.32% 和 18.98%，不耦合模型的计算结果比实测结果误差更大，因为页岩油和气体的物性参数受温度和压力影响较大，忽略温度和压力的影响，计算得到的井筒流体的物性参数出现严重误差，从而导致井筒压力和温度预测存在较大误差。

4.2　产气率敏感性分析

计算 30d 时的页岩油井温度和压力温度分布，以 X2 井为例，分别计算产气量为 1583m³/d、9498m³/d、18996m³/d、31660m³/d、47490m³/d，结果如图 10 所示。

如图 10 所示含气量逐渐增加，气体携带的热量增加，所以井筒的温度逐渐增加；井底压力大小先减少后增加，在低含气量时，含气量逐渐增加时，由于截面含气率的增加，导致井筒中的混合物密度降低，使得井底压力逐渐减少，在高含气量时，含气量的增加导致摩阻的增大，导致井底压力的逐渐增大。

4.3　产液量敏感性分析

计算 30d 时的页岩油井温度和压力温度分布，以 X2 井为例，分别计算产液量为 50.4m³/d、100.8m³/d、151.2m³/d、201.6m³/d、252m³/d，结果如图 11 所示。

从图 11 得到产液量逐渐增加，井筒中的流体的密度逐渐增加，井筒的压力剖面逐渐增加，所以井底的压力逐渐变大；并且流体的密度的增加，携带的热量也逐渐增加，井筒的温度剖面逐渐增加。

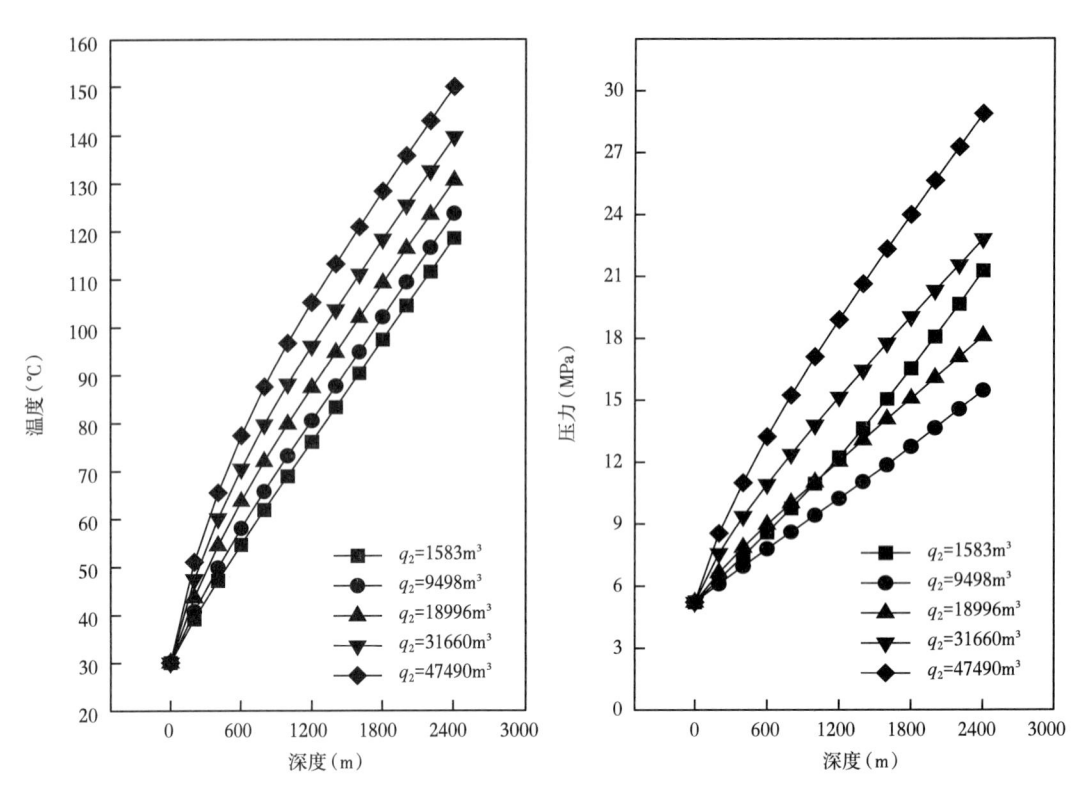

图10 产气量不同对应的温度和压力分布

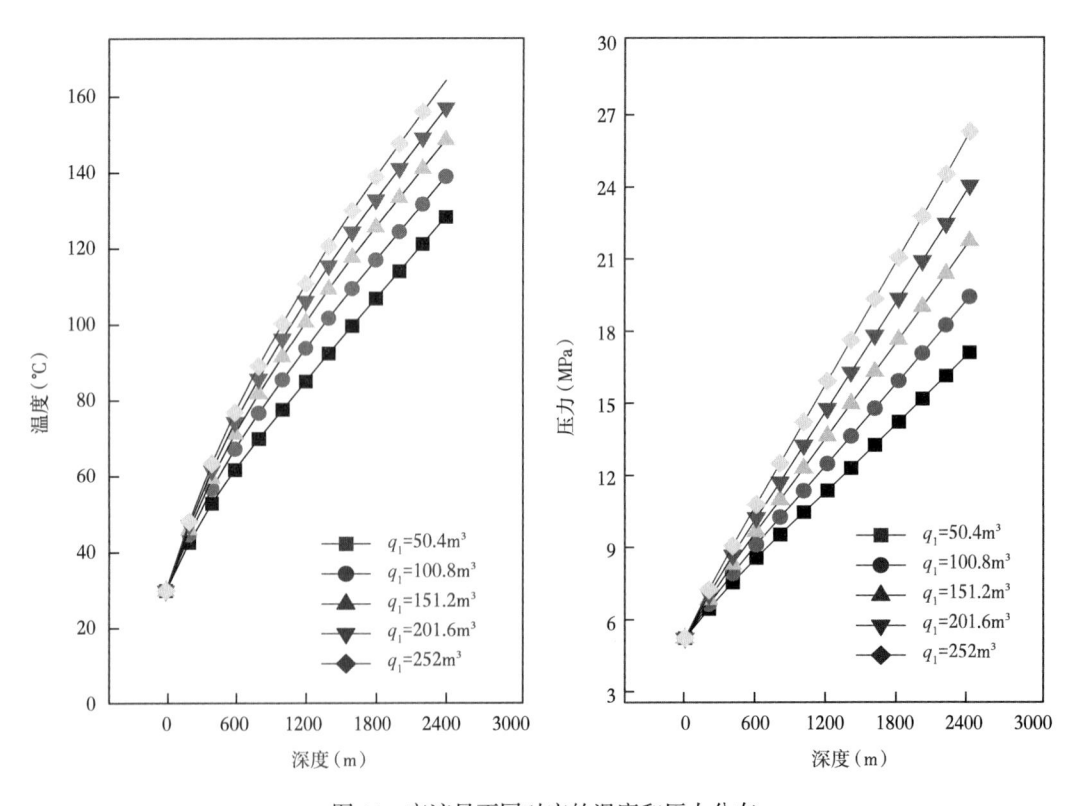

图11 产液量不同对应的温度和压力分布

4.4 溶解汽油比敏感性分析

计算 30d 时的页岩油井温度和压力温度分布,以 X2 井为例,分别计算溶解气油比 R_s 为 96、192、384、672,结果如图 12 所示。

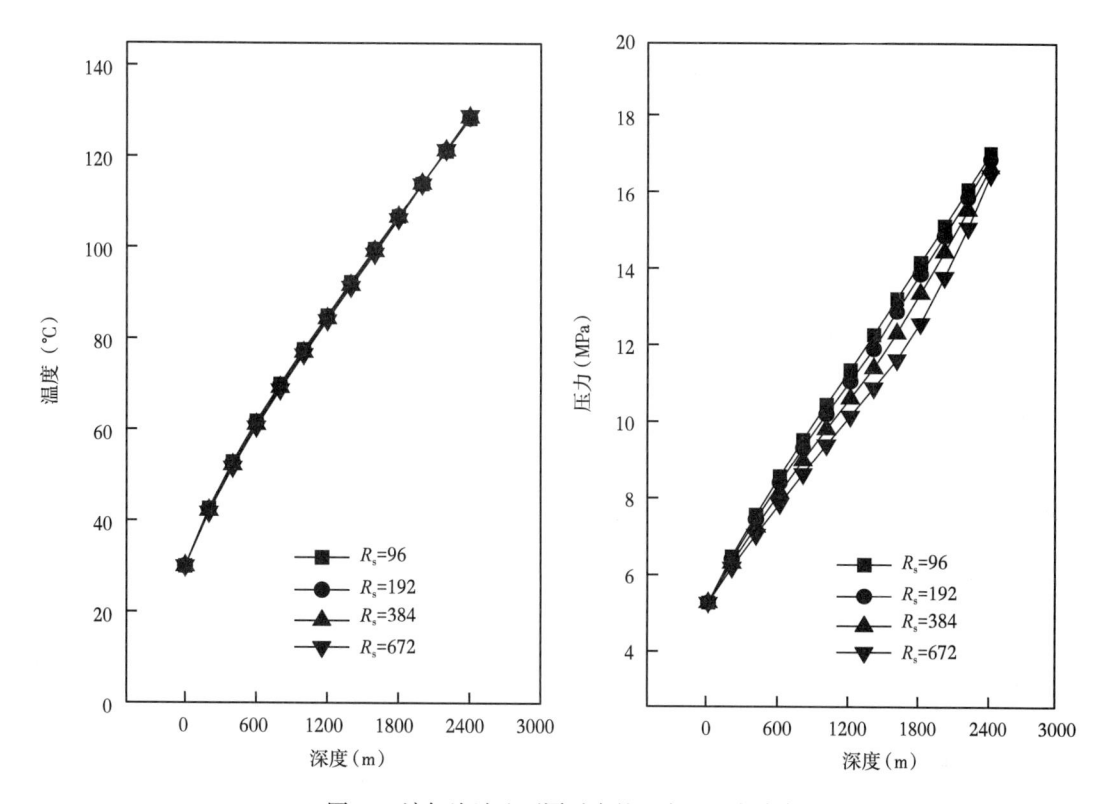

图 12 溶解汽油比不同对应的温度和压力分布

从图 12 可知溶解气油比逐渐增加,压力大小整体趋势是逐渐减小,因为溶解气油比的增加使得原油密度逐渐减少。压力梯度先逐渐减小后逐渐增加,因为在小于原油泡点压力时,随着井深增加,原油体积系数变大和溶解气油比增加共同作用使得井筒中流体的混合密度减小,在大于原油泡点压力时,随着井深增加原油体积系数变小和溶解气油比的增加共同作用使得井筒中的混合密度增加。

5 结论

(1)在页岩油井筒温度和压力分布预测时,基于井筒传热学理论,采用漂移模型,考虑耦合分析,建立了页岩油井井筒的温度压力耦合预测模型,利用牛顿迭代法得到的运算结果可以较为准确地预测页岩油井筒中的温度和压力的分布。

(2)不同的产气量和产液量对页岩油井筒的温度和压力剖面影响较大,随着产液量的增加,页岩油井的温度和压力剖面逐渐增加,随着产气量的增加,页岩油井的温度剖面逐渐增加,而压力剖面先减少然后再逐渐增加。

(3)不同的溶解气油比对页岩油井的压力剖面产生影响较大,随着溶解汽油比的增加,页岩油井的压力剖面整体趋势逐渐减小;在小于泡点压力时,随着溶解汽油比的增加,页岩油井的压力梯度逐渐减少；在大于泡点压力时，随着溶解汽油比的增加，页岩油井的压力梯度逐渐增大。

参 考 文 献

[1] 郭建春，曾冀，张然，等.井筒注二氧化碳双重非稳态耦合模型[J].石油学报，2015，36（8）：976-982.

[2] 陈林，余忠仁.气井非稳态流井筒温度压力模型的建立和应用[J].天然气工业，2017，37（3）：28-31.

[3] 石小磊，高德利，王宴滨.考虑耦合效应的高温高压气井井筒温压分布预测分析[J].石油钻采工艺，2018，40（5）：541-546.

[4] ZHENG J, DOU Y H, CAO Y P, et al. Prediction and analysis of wellbore temperature and pressure of HTHP gas wells considering multifactor coupling[J].Journal of Failure Analysis and Prevention，2020，20(1)：137-144.

[5] ZHENG J, DOU Y H, LI Z Z, et al. Investtigation and application of wellbore temperature and pressure field coupling with gas-liquid two-phase flowing[J]. Journal of Petroleum Exploration and Production Technology，2022，12：753-762.

[6] 韩鑫.高温高压气井全井筒温度—压力耦合模型研究[J].世界石油工业，2023，30（4）：86-92.

[7] 李波，甯波，苏海洋，等.产水气井井筒温度压力计算方法[J].计算物理，2014，31（5）：573-580.

[8] 窦益华，缑雅洁，郑杰，等.高温高压气井温度压力耦合分布研究[J].机械设计与制造工程，2022，51（3）：103-107.

[9] ZUBER N, FINDLAY J.Average volumetric concentration in two-phase flow systems[J].Heat Transfer Trans ASME，1965，87：453-468.

[10] HASAN A R, KABIR C S, WANG X. A robust steady-state model for flowing-fluid temperature model in complex wells[J].SPE Prod & Oper，2009，24（2）：269-276.

[11] SHI H, HOLMES J A, DIAZ L R, et al. Drift-flux parameters for three-phase steady-state flow in wellbores[J].SPEJ，2005，10（2）：130-137.

[12] 陈心越.高温高压气井井筒温度压力分布预测模型研究[D].成都：西南石油大学，2020.

[13] 李勇，纪宏飞，邢鹏举，等.气井井筒温度场及温度应力场的理论解[J].石油学报，2021，42（1）：84-94.

[14] 李亚辉，王乐，张丹丹.基于耦合分析的气井井筒温度压力剖面计算方法[J].榆林学院学报，2022，32（6）：5-11.

[15] WILLHITE G P. Over-all Heat Transfer Coefficients in Stream and Hot Water InjectionWells[J].Journal of Petroleum Technology，1967，19（5）：607-615.

[16] R amey H J. Wellbore heat transmission[J].Trans，AIME，1962，14（4）：427-435.

[17] HASAN A R, KABIR C S. Heat Transfer during Two-Phase Flow in Wellbores：Part Ⅱ-Wellbore Fluid Temperature[J].SPE Production&Operations，1994，9（3）：211-216.

[18] 童敏，齐明明，马培新，等.高气液比气井井底流压计算方法研究[J].石油钻采工艺，2006，4：71-73.

支撑剂段塞泵注方案可视化试验研究

王铎[1,2]，刘光棚[2]，王祥[2]，吴雨农[1,2]，冯军[1,2]，潘哲君[1,2]

（1.多资源协同陆相页岩油绿色开采全国重点实验室；2.东北石油大学）

摘　要：水力压裂是古龙页岩油开发的主要增产手段之一。在施工过程中，能否将特定粒径的支撑剂输运至目标裂缝，是决定页岩油单井产量的关键因素之一。段塞加砂作为目前被广泛使用的支撑剂泵注工艺，其具体泵注参数尚有待完善。段塞时长、支撑剂粒径等参数对裂缝中支撑剂铺置形态的影响机制尚未探明。本文使用自研大型支撑剂可视化运移实验设备，针对垂直裂缝中支撑剂的段塞泵注开展参数化学习，深入探究段塞时长、粒径大小、泵注顺序等参数对支撑剂运移沉降与铺置形态的影响，并与连续加砂的泵注工艺进行对比。实验结果表明，相比于连续加砂，段塞加砂可有效减少入口端的砂堵现象，便于后续支撑剂的泵注；适当增长纯液段的时长，可增加进砂量和裂缝远端砂堤的高度；当采用段塞加砂与连续加砂的组合工序时，采用先段塞后连续的方式注入支撑剂，容易使支撑剂运移至裂缝远端。此外，相较于40~70目支撑剂，20~40目支撑剂的沉降更为显著，易在入口端形成砂堤并造成砂堵，在裂缝长度方向上的分布则主要集中在入口端，在裂缝远端存在少量分布。研究成果可为支撑剂泵注工序的制定提供数据参考，并有望成为支撑剂优选方案的重要组成部分，为我国陆相页岩油的压裂开发作出贡献。

关键词：水力压裂；支撑剂；段塞加砂；连续加砂

支撑剂的可视化泵注实验研究是优化水力压裂施工工艺的重要手段，其目的在于通过对携砂液与支撑剂的泵注过程进行实验，以探明不同参数对裂缝中支撑剂的运移与沉降，以及最终铺置效果的影响机制。支撑剂的作用在于支撑裂缝，防止其在地应力作用下闭合，这对于维持储层的渗透率以及油井的产量至关重要[1-4]。而支撑剂的泵注工作则是压裂作业中的重要一环，按照预先设定的工序，将支撑剂注入井筒并输送至目标裂缝，可以极大地增加储层的渗透率和长期产能，从而提高油井的产量和经济效益。

由于古龙页岩油储层地质条件独特，水平页理纹层发育，压裂时在近井端易形成复杂裂缝形态，裂缝转角大，易脱砂，导致主压裂施工中加砂困难，压力波动幅度大，无法有效连续加砂。针对古龙页岩页理缝开度较小、填砂困难的特点，蔡萌等[5]提出了低砂比试探加砂和段塞加砂相结合的泵注手段，通过压裂液所携带的支撑剂填充裂缝，同时还可起到打磨炮眼及近井筒周围裂缝的作用，在现场施工中可反复应用，有利于后续高砂比的连续加砂，减少压裂液的用量，缩减压裂成本，从而进一步提高储层整体改造效果。为研究压裂主缝中组合粒径支撑剂的运移沉降及铺置规律，肖凤朝等[6]基于数值模型模拟结果得出在滑溜水压裂液体系下，裂缝内支撑剂易呈叠置铺置，即后注入的支撑剂会叠置于先注入支撑剂的顶端，先注入的支撑剂会被后续注入的支撑剂向远端推移一定距离。组合粒径泵注中粒径配比

第一作者简介：王铎（1991—），男，博士，副教授，2019年6月毕业于澳大利亚昆士兰大学获博士学位，现从事支撑剂运移与裂缝导流能力优化方面研究。通讯地址：黑龙江省大庆市龙凤区东北石油大学，邮编：163318，E-mail：duo.wang1@nepu.edu.cn

通讯作者简介：潘哲君（1974—），男，博士，教授，主要从事非常规油气地质与开发相关研究，E-mail：zhejun.pan@nepu.edu.cn

差异对于支撑剂运移形成的砂堤形态影响较小,且大粒径组合逐级注入的方式更利于支撑剂在近缝口和裂缝内垂向铺置。针对松辽盆地北部青山口组基质型页岩油储层压裂改造的难点,结合基质型页岩油储层地质特征,范明福等[7]提出使用滑溜水和冻胶混合压裂液变黏度多级交替注入的工艺,在施工前期利用冻胶形成有效主缝,以便于后续加砂;后续利用滑溜水良好的导通能力尽可能提高排量,在储层中形成复杂缝网。同时,在滑溜水加砂阶段交替注入2~3段冻胶,以提高裂缝内净压力,促使裂缝进一步复杂化,利于形成体积缝网。在施工的中后期,利用冻胶良好的携砂能力提高砂比,充填并形成高导流裂缝。

在支撑剂运移的研究方面,Tong和Mohanty[8]研究了支撑剂在T形管道中的运移情况。在其所使用的实验设备中,主裂缝与次级裂缝的开度相等。实验结果表明,所注入的支撑剂会在主裂缝中形成一定高度的沉积层。继续注入支撑剂,沉积层的高度会达到动态平衡的状态,即一部分支撑剂会由于压裂液的冲刷作用被输送至裂缝远端,而另一部分支撑剂会继续在主裂缝中沉积。在这一动态过程中,支撑剂沉淀层的高度在达到一定数值后基本保持不变。此外,被输送至次级裂缝的支撑剂比例会随着泵注压力的升高而增大。Manoorkar等[9-10]同样构建了类似的直角型裂缝,并分析了裂缝开度、砂比、压裂液泵注雷诺数等参数对支撑剂在主—次裂缝中的分流情况的影响。实验结果表明,当支撑剂浓度较大时(体积分数高于20%),超过一半的支撑剂会由主裂缝分流至次级裂缝中。而当支撑剂浓度较低时(体积分数小于16%),超过一半的支撑剂会继续在主裂缝中运移与沉降。除实验研究外,随着计算机技术的发展以及并行计算效率的提高,数值模拟被认为是研究支撑剂运移的有效手段[11-13]。在格子玻尔兹曼—离散元耦合方法(LBM-DEM)经典算法的基础上,McCullough等[14]改进了颗粒间的碰撞模型,在充分考虑多体碰撞的情况下对支撑剂的运移规律进行模拟分析。结果表明,提高压裂液的砂液比,支撑剂颗粒更易于从主裂缝被输运至次级裂缝中。

近几年,随着科技水平的提升,关于支撑剂在裂缝中的运移规律的创新研究主要集中在以下几个方面:开发复杂的裂缝可视化实验设备、引入新的测试技术以及构建考虑裂缝粗糙度和曲折度等实际形态特征的数值模型。在可视化实验设备方面,Wang等[15]通过搭建的可视化大型平行板裂缝模型系统,对单条裂缝和分支裂缝进行分析。研究表明,注入时间5~10min是支撑剂在裂缝中的迅速聚集的阶段。Li等[16]建立了曲折裂缝的可视化实验设备,探讨了混合型支撑剂在曲折裂缝中的运移规律,并观察到在不同的支撑剂注入顺序控制下出现了斑马条纹状的新充填模式。在测试技术方面,Guo等应用了PIV/PTV技术的流体速度场定量测试方法,观察到从射孔进入裂缝的射流产生了强烈的涡流,随着流量、裂缝宽度和黏度的增加,旋涡的影响面积增大[17]。在考虑裂缝粗糙度的数值模型建立方面,主要有两种方法:一种是基于分形插值理论的几何数值模型[18];另一种是通过对压裂后的岩石样品表面进行扫描,然后根据扫描数据生成模型[19]。这两种方法均通过改变裂缝表面的凸起来调整其粗糙度,研究结果表明,裂缝壁面粗糙度在一定程度上控制了压裂液的运移路径,从而改变了支撑剂在裂缝中的充填路径。具体来说,粗糙的壁面凸起抬高了支撑剂的输送路径,使得支撑剂从裂缝中流出,从而减小了支撑剂的波及面积。此外,携砂流体在凸起接触点附近容易改变流动方向,从而扩大支撑剂的波及范围。在考虑裂缝曲折度的数值模型建立方面,Li等[20]利用CFD-DEM方法对曲折裂缝中的支撑剂输送和分布进行了数值研究,研究结果表明,当裂缝弯曲度在0.6~1之间变化时,堆积模式呈梯形,在0~0.4范围内呈三角形。

目前针对与支撑剂运移沉降实验研究,主要集中在主—次裂缝中支撑剂砂堤的形态分析上，缺少针对不同泵注工序中支撑剂在裂缝中分布规律的总结分析。对于支撑剂的粒径组合、压裂液砂液比、泵注流量等参数对所形成的支撑剂分布情况的影响机制也尚未探明。因此，本文使用自研大型支撑剂运移实验装置，参照相关现场施工经验，制定实验室尺度的泵注工序。通过调整压裂液中支撑剂的种类、砂比、粒径和注入方式等参数，得到不同施工参数下裂缝中支撑剂的最终铺置形态，从而找到最佳的组合方案，提高压裂施工的效率。同时，通过对比段塞加砂与连续加砂这两种支撑剂泵注工序，可针对不同施工目的铺置要求进一步合理安排加砂次序，提高压裂效果，增加油气产量，降低生产成本。本文的相关成果可为压裂施工中支撑剂泵注工序的制定与优化提供必要的理论依据，并为支撑剂优选方案的建立提供重要的数据参考。

1 试验方法

1.1 试验设备与材料

本研究使用自研大型支撑剂运移实验装置（图1），开展20~40目石英砂和40~70目石英砂支撑剂（图2）随滑溜水在可视化垂直裂缝中的运移与沉降试验研究。裂缝开度为1cm，长2m，高1m。本文充分利用该设备可实现复杂泵注工序的特点，依照所指定的工序表进行试验，明确支撑剂在不同工序下的运移与沉降规律，并分析支撑剂在裂缝中的铺置特点，配合后续的裂缝导流能力实验，为支撑剂的优选与泵注方案的制定提供数据参考，力求可找到使裂缝导流能力的最优化泵注工序。

图1 自研大型支撑剂运移实验装置

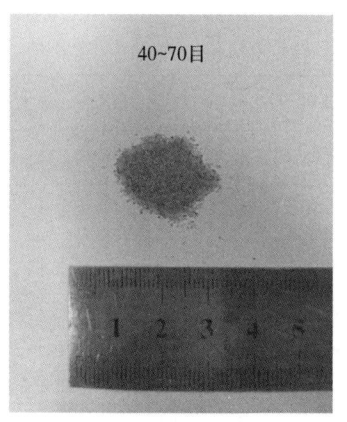

(a) 20~40目   (b) 40~70目

图2 20~40目(a)和40~70目(b)石英砂支撑剂

1.2 试验步骤

本研究中所有试验均为常温常压下的实验室尺度室内试验，具体实验步骤为：

（1）依照预先设定的泵注工序，计算实验过程中各阶段的液量与砂量，并依照对应的砂比，计算加砂器的加砂速度。

（2）打开螺杆泵，在裂缝中预充填滑溜水。

（3）预填满裂缝后，关闭螺杆泵，关闭出口端阀门，准备开始实验。

（4）开始实验，打开搅拌泵与螺杆泵，同时打开出口端阀门，依照工序表打开或关闭搅拌泵，以实现段塞加砂。调整加砂器的加砂速度，同时摄像与拍照纪录支撑剂的运移情况。

（5）待主要阶段的泵注完成后，关闭搅拌泵，保持螺杆泵开启，继续完成最后的替挤工作。

（6）替挤完成后，关闭螺杆泵。

（7）待裂缝内支撑剂充分沉降后，实验结束，记录裂缝中支撑剂的最终铺置情况。

（8）使用图像处理软件将裂缝中支撑剂的最终铺置情况绘制成曲线图。

2 实验方案

本文共针对 7 种泵注工序开展 14 组支撑剂泵注试验（表 1），其中 20~40 目支撑剂、40~70 目支撑剂各 7 组。本文针对段塞时长、支撑剂粒径、泵注工序开展参数化研究，并添加连续加砂工序实验作为对照组，观察支撑剂在可视化裂缝中的沉积与铺置情况，归纳总结支撑剂在裂缝中运移与沉降的规律。

表 1 支撑剂运移与沉降实验方案

工序	名称	使用液体	总砂量（m³）	总液量（L）	支撑剂粒径（目）
1	恒定砂比连续加砂	滑溜水	0.0070	126	20~40
2	恒定砂比长段塞加砂	滑溜水	0.0070	170	20~40
3	恒定砂比短段塞加砂	滑溜水	0.0070	150	20~40
4	先连续后长段塞	滑溜水	0.0072	180	20~40
5	先长段塞后连续	滑溜水	0.0072	180	20~40
6	先连续后短段塞	滑溜水	0.0072	164	20~40
7	先短段塞后连续	滑溜水	0.0072	164	20~40
8	恒定砂比连续加砂	滑溜水	0.0070	126	40~70
9	恒定砂比长段塞加砂	滑溜水	0.0070	170	40~70
10	恒定砂比短段塞加砂	滑溜水	0.0070	150	40~70
11	先连续后长段塞	滑溜水	0.0072	180	40~70
12	先长段塞后连续	滑溜水	0.0072	180	40~70
13	先连续后短段塞	滑溜水	0.0072	164	40~70
14	先短段塞后连续	滑溜水	0.0072	164	40~70

本文中所设计的 7 种实验工序见表 2 至表 8。

表 2　恒定砂比连续加砂

阶段	工序	排量（m³/min）	混砂液体积（L）阶段	混砂液体积（L）累计	净液体积（L）阶段	净液体积（L）累计	支撑剂（m³）（砂比6.3%）阶段	支撑剂（m³）（砂比6.3%）累计
1	滑溜水	14.0	20.0	20	20.0	20		
2	滑溜水	14.0	20.9	4.9	20.0	40	0.0014	0.0014
3	滑溜水	14.0	20.9	61.8	20.0	60	0.0014	0.0028
4	滑溜水	14.0	20.9	82.7	20.0	80	0.0014	0.0042
5	滑溜水	14.0	20.9	103.6	20.0	100	0.0014	0.0056
6	滑溜水	14.0	20.9	124.5	20.0	120	0.0014	0.007
7	替挤	14.0	6.0	130	6.0	126		
合计			130.5		126		0.007	

表 3　恒定砂比长段塞加砂

阶段	工序	排量（m³/min）	混砂液体积（L）阶段	混砂液体积（L）累计	净液体积（L）阶段	净液体积（L）累计	支撑剂（m³）（砂比6.3%）阶段	支撑剂（m³）（砂比6.3%）累计
1	滑溜水	14.0	20.0	20	20.0	20		
2	滑溜水	14.0	20.9	40.9	20.0	40	0.0014	0.0014
3	滑溜水	14.0	10.0	50.9	10.0	50		
4	滑溜水	14.0	20.9	71.8	20.0	70	0.0014	0.0028
5	滑溜水	14.0	10.0	81.8	10.0	80		
6	滑溜水	14.0	20.9	102.7	20.0	100	0.0014	0.0042
7	滑溜水	14.0	10.0	103.7	10.0	110		
8	滑溜水	14.0	29.9	133.6	20.0	130	0.0014	0.0056
9	滑溜水	14.0	10.0	143.6	10.0	140		
10	滑溜水	14.0	20.9	164.5	20.0	160	0.0014	0.007
11	替挤	14.0	10.0	174.5	10.0	170		
合计			174.5		170		0.007	

表 4　恒定砂比短段塞加砂

阶段	工序	排量（m³/min）	混砂液体积（L）阶段	混砂液体积（L）累计	净液体积（L）阶段	净液体积（L）累计	支撑剂（m³）（砂比 6.3%）阶段	支撑剂（m³）（砂比 6.3%）累计
1	滑溜水	14.0	20.0	20	20.0	20		
2	滑溜水	14.0	20.9	40.9	20.0	40	0.0014	0.0014
3	滑溜水	14.0	6.0	46.9	6.0	46		
4	滑溜水	14.0	20.9	67.8	20.0	66	0.0014	0.0028
5	滑溜水	14.0	6.0	73.8	6.0	72		
6	滑溜水	14.0	20.9	94.7	20.0	92	0.0014	0.0042
7	滑溜水	14.0	6.0	101.7	6.0	98		
8	滑溜水	14.0	20.9	122.6	20.0	118	0.0014	0.0056
9	滑溜水	14.0	6.0	128.6	6.0	124		
10	滑溜水	14.0	20.9	149.5	20.0	144	0.0014	0.007
11	替挤	14.0	6.0	155.5	6.0	150		
合计			155.5		150		0.007	

表 5　先连续后长段塞加砂

阶段	工序	排量（m³/min）	混砂液体积（L）阶段	混砂液体积（L）累计	净液体积（L）阶段	净液体积（L）累计	支撑剂（m³）（砂比 5.5%）阶段	支撑剂（m³）（砂比 5.5%）累计
1	滑溜水	14.0	20.0	20	20.0	20		
2	滑溜水	14.0	20.8	40.8	20.0	40	0.0012	0.0012
3	滑溜水	14.0	20.8	61.6	20.0	60	0.0012	0.0024
4	滑溜水	14.0	20.8	82.4	20.0	80	0.0012	0.0036
5	滑溜水	14.0	10.0	92.4	10.0	90		
6	滑溜水	14.0	20.8	113.2	20.0	110	0.0012	0.0048
7	滑溜水	14.0	10.0	123.2	10.0	120		
8	滑溜水	14.0	20.8	144	20.0	140	0.0012	0.006
9	滑溜水	14.0	10.0	154	10.0	150		
10	滑溜水	14.0	20.8	174.8	20.0	170	0.0012	0.0072
11	替挤	14.0	10.0	184.8	10.0	180		
合计			184.8		180		0.0072	

表6 先长段塞后连续加砂

阶段	工序	排量（m³/min）	混砂液体积（L）阶段	混砂液体积（L）累计	净液体积（L）阶段	净液体积（L）累计	支撑剂（m³）（砂比5.5%）阶段	支撑剂（m³）（砂比5.5%）累计
1	滑溜水	14.0	20.0	20	20.0	20		
2	滑溜水	14.0	20.8	40.8	20.0	40	0.0012	0.0012
3	滑溜水	14.0	10.0	50.8	10.0	50		
4	滑溜水	14.0	20.8	71.6	20.0	70	0.0012	0.0024
5	滑溜水	14.0	10.0	81.6	10.0	80		
6	滑溜水	14.0	20.8	102.4	20.0	100	0.0012	0.0036
7	滑溜水	14.0	10.0	112.4	10.0	110		
8	滑溜水	14.0	20.8	133.2	20.0	130	0.0012	0.0048
9	滑溜水	14.0	20.8	154	20.0	150	0.0012	0.006
10	滑溜水	14.0	20.8	174.8	20.0	170	0.0012	0.0072
11	替挤	14.0	10.0	184.8	10.0	180		
合计			184.8		180		0.0072	

表7 先连续后短段塞加砂

阶段	工序	排量（m³/min）	混砂液体积（L）阶段	混砂液体积（L）累计	净液体积（L）阶段	净液体积（L）累计	支撑剂（m³）（砂比5.5%）阶段	支撑剂（m³）（砂比5.5%）累计
1	滑溜水	14.0	20.0	20	20.0	20		
2	滑溜水	14.0	20.8	40.8	20.0	40	0.0012	0.0012
3	滑溜水	14.0	20.8	61.6	20.0	60	0.0012	0.0024
4	滑溜水	14.0	20.8	82.4	20.0	80	0.0012	0.0036
5	滑溜水	14.0	6.0	88.4	6.0	86		
6	滑溜水	14.0	20.8	109.2	20.0	106	0.0012	0.0048
7	滑溜水	14.0	6.0	115.2	6.0	112		
8	滑溜水	14.0	20.8	136	20.0	132	0.0012	0.006
9	滑溜水	14.0	6.0	142	6.0	138		
10	滑溜水	14.0	20.8	162.8	20.0	158	0.0012	0.0072
11	替挤	14.0	6.0	168.8	6.0	164		
合计			168.8		164		0.0072	

表 8 先短段塞后连续加砂

阶段	工序	排量（m³/min）	混砂液体积（L）阶段	混砂液体积（L）累计	净液体积（L）阶段	净液体积（L）累计	支撑剂（m³）（砂比5.5%）阶段	支撑剂（m³）（砂比5.5%）累计
1	滑溜水	14.0	20.0	20	20.0	20		
2	滑溜水	14.0	20.8	40.8	20.0	40	0.0012	0.0012
3	滑溜水	14.0	6.0	46.8	6.0	46		
4	滑溜水	14.0	20.8	67.6	20.0	66	0.0012	0.0024
5	滑溜水	14.0	6.0	73.6	6.0	72		
6	滑溜水	14.0	20.8	94.4	20.0	92	0.0012	0.0036
7	滑溜水	14.0	6.0	100.4	6.0	98		
8	滑溜水	14.0	20.8	121.2	20.0	118	0.0012	0.0048
9	滑溜水	14.0	20.8	142	20.0	138	0.0012	0.006
10	滑溜水	14.0	20.8	162.8	20.0	158	0.0012	0.0072
11	替挤	14.0	6.0	168.8	6.0	164		
合计				168.8		164		0.007

3 试验结果与分析

3.1 段塞加砂与连续加砂的对比

段塞加砂与连续加砂相对比的实验结果如图 3 和图 4 所示。两种规格的支撑剂连续加砂的进砂量均高于段塞加砂，且连续加砂在裂缝远端形成的砂堤高于段塞加砂。同时通过曲线可得出段塞加砂易形成波浪形砂堤。通过对比工序 2 与工序 3、工序 9 与工序 10 可知，适当增加段塞加砂工序中纯液段的时长，可将更多支撑剂输运至裂缝远端，支撑剂在裂缝长度方向上的分布也更加均匀。相较于 20~40 目支撑剂，40~70 目支撑剂在裂缝中段砂堤高度较低、远端较高，在整个裂缝中沉积更加均匀。

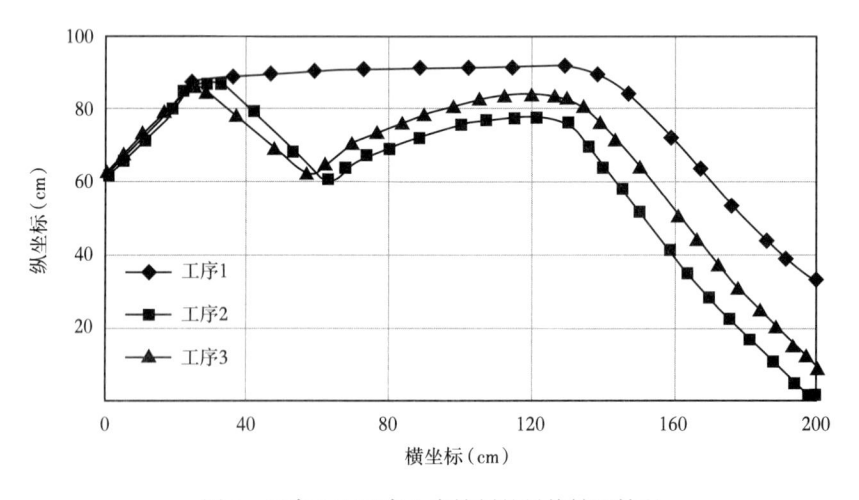

图 3 工序 1 至工序 3 支撑剂的最终铺置情况

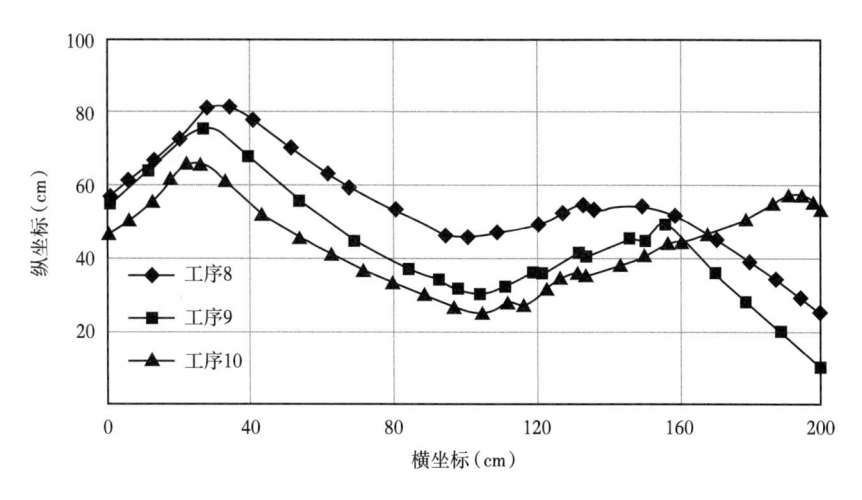

图 4 工序 8 至工序 10 支撑剂的最终铺置情况

3.2 段塞时长

段塞时长对支撑剂铺置情况的影响如图 5 和图 6 所示。结合图 3 和图 4 中的结果可知，在两种规格的支撑剂中，20~40 目石英砂更容易在入口端沉积下来，在远端的砂堤高度随距离增加而逐渐变小，整体呈梯形状。在实验过程中，也可观察到当使用 20~40 目支撑剂时，所有工序均会在入口端形成一定的砂堵。

相比之下，40~70 目支撑剂沉积呈破浪形态，两边厚，中间薄。4 种工序中，除工序 11 外，其他三种工序中支撑剂在裂缝的入口端和中段的砂堤高度相差不大，但在远端有着明显的区别。当配合早期的连续加砂时，长段塞的运移效果更为显著，支撑剂在裂缝远端沉积明显。

3.3 泵注工序

泵注工序对支撑剂铺置情况的影响如图 5 和图 6 所示。由图 5 可知，当使用 20~40 目支撑剂时，由于其沉降较为显著，且均在入口端形成了砂堵，因此改变泵注工序对支撑剂在裂缝中的最终铺置情况影响较为有限。除工序 6 外，其他 3 种工序的沉积曲线均呈现梯形状，同时先连续后长段塞加砂在远端的砂堤高度较小，但三者在裂缝入口端和中段的砂堤高度基本一致。

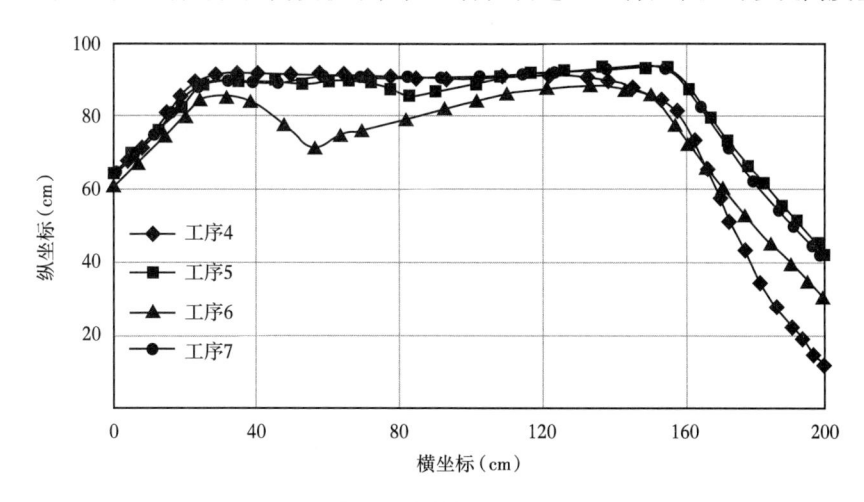

图 5 工序 4~7 支撑剂的最终铺置情况

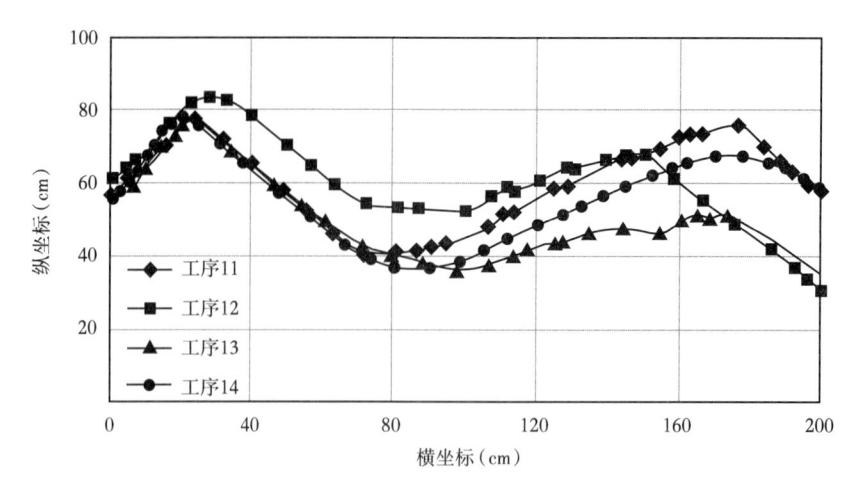

图 6 工序 11~14 支撑剂的最终铺置情况

当使用 40~70 目支撑剂时，先连续后短段塞加砂的进砂量最低，连续加砂和先短段塞后连续加砂的进砂量基本一致。同时从折线图中可以看出，工序 11、工序 13、工序 14 在裂缝入口端的砂堤高度相近，但在远端砂堤高度有明显差异，先连续后长段塞加砂在裂缝远端的砂堤高度明显高于余下几组。先长段塞后连续加砂在裂缝中段的沉积效果更为显著。此外，混合工序加砂的最终铺置情况在整体趋势上基本保持相同，均呈波浪形。

4 结论

（1）实验结果表明，当使用 40~70 目支撑剂时，段塞加砂会使支撑剂在裂缝远端沉积更加明显，并使支撑剂在整个裂缝中的分布更加均匀。当使用 20~40 目支撑剂时，在裂缝近端更容易形成高度较大的砂堤，并造成砂堵。由于更易沉降，段塞加砂对于大粒径支撑剂输运效果的提升不如小粒径支撑剂明显。

（2）在泵注流量不变的前提下，对于 40~70 目支撑剂，纯液段时长越长，就有更多支撑剂被输运至裂缝远端或排出设备。对于 20~40 目支撑剂，先段塞后连续的进砂量稍大于先连续后段塞。

（3）适当应用段塞加砂的工艺，并与连续加砂相结合，可有效提升支撑剂的输运效率。在压裂施工中，可先泵注粒径较小的支撑剂，并适当增加纯液段的时长，以填充远端裂缝。在泵注后期，连续泵注大粒径的支撑剂，以填充近井裂缝，从而实现储层多尺度裂缝的整体填充。

参 考 文 献

[1] ISAH A, HIBA M, AL-AZANI K, et al. A comprehensive review of proppant transport in fractured reservoirs: Experimental, numerical, and field aspects[J]. Journal of Natural Gas Science and Engineering, 2021, 88: 103832.

[2] KATENDE A, O'CONNELL L, RICH A, et al. A comprehensive review of proppant embedment in shale reservoirs: Experimentation, modeling and future prospects[J]. Journal of Natural Gas Science and Engineering, 2021, 95: 104143.

[3] BANDARA K, RANJITH P G, RATHNAWEERA T D. Improved understanding of proppant embedment

behavior under reservoir conditions: a review study[J]. Powder technology, 2019, 352: 170-192.

[4] WANG D, LI S, ZHANG D, et al. Understanding and predicting proppant bedload transport in hydraulic fracture via numerical simulation[J]. Powder Technology, 2023, 417: 118232.

[5] 蔡萌, 唐鹏飞, 魏旭, 等. 松辽盆地古龙页岩油复合体积压裂技术优化[J]. 大庆石油地质与开发, 2022, 41(3): 156-164.

[6] 肖凤朝, 张士诚, 李雪晨, 等. 组合粒径+滑溜水携砂铺置规律及导流能力——以吉木萨尔页岩油储层为例[J]. 大庆石油地质与开发, 2023, 42(6): 167-174.

[7] 范明福, 明鑫, 明柱平, 等. 基质型页岩油储层高导流体积缝网压裂技术[J]. 断块油气田, 2023, 30(5): 721-727.

[8] TONG S, MOHANTY K K. Proppant transport study in fractures with intersections[J]. Fuel, 2016, 181: 463-477.

[9] MANOORKAR S, SEDES O, MORRIS J F. Particle transport in laboratory models of bifurcating fractures[J]. Journal of Natural Gas Science and Engineering, 2016, 33: 1169-1180.

[10] MANOORKAR S, KRISHNAN S, SEDES O, et al. Suspension flow through an asymmetric T-junction[J]. Journal of Fluid Mechanics, 2018, 844: 247-273.

[11] MCCULLOUGH J W S, LEONARDI C R, JONES B D, et al. Investigation of local and non-local lattice Boltzmann models for transient heat transfer between non-stationary, disparate media[J]. Computers & Mathematics with Applications, 2020, 79(1): 174-194.

[12] WANG M, FENG Y T, QU T M, et al. A coupled polygonal DEM-LBM technique based on an immersed boundary method and energy-conserving contact algorithm[J]. Powder technology, 2021, 381: 101-109.

[13] LIU W, ZHENG C, WU C Y. Infiltration and resuspension of dilute particle suspensions in micro cavity flow[J]. Powder Technology, 2022, 395: 400-411.

[14] MCCULLOUGH J W S, AMINOSSADATI S M, LEONARDI C R. Transport of particles suspended within a temperature-dependent viscosity fluid using coupled LBM–DEM[J]. International Journal of Heat and Mass Transfer, 2020, 149: 119159.

[15] WANG J, ZHANG L, XU H, et al. Migration and sedimentation of proppant and its influencing factors in a visual plate fracture model[J]. Colloids and Surfaces A: Physicochemical and Engineering Aspects, 2023, 679: 132548.

[16] LI J, HAN X, HE S, et al. Effect of proppant sizes and injection modes on proppant transportation and distribution in the tortuous fracture model[J]. Particuology, 2024, 84: 261-280.

[17] GUO J, GOU H, ZHANG T, et al. Experiment on proppant transport in near-well area of hydraulic fractures based on PIV/PTV[J]. Powder Technology, 2022, 410: 117833.

[18] YIN B T, ZHANG C, WANG Z Y, et al. Proppant transport in rough fractures of unconventional oil and gas reservoirs[J]. Petroleum Exploration and Development, 2023, 50(3): 712-721.

[19] WANG T, ZHONG P, LI G, et al. Transport pattern and placement characteristics of proppant in different rough fractures[J]. Transport in Porous Media, 2023, 149(1): 251-269.

[20] LI J, KUANG S, HUANG F, et al. CFD–DEM modelling and analysis of proppant transportation inside tortuous hydraulic fractures[J]. Powder Technology, 2024, 432: 119155.

基于磁通门的耐 175℃ 随钻方位测量系统研制

吕海川[1]，陈必武[2]，谢 夏[1]，汝大军[2]，王建宁[2]，贾衡天[1]

（1.中国石油集团工程技术研究院有限公司；
2.中国石油天然气股份有限公司华北油田公司）

摘 要：随着深层超深层油气资源钻探开发，亟须能够随钻测量井下钻具姿态信息的电路系统，保证井眼轨迹能够按照预先的设计，钻进到目标区域。由于深井超深井的高温钻探作业环境温度高达175℃，需要磁通门传感器和相关的电子电路能够在175℃高温环境下长时间作业。因此提出一种基于三轴磁通门的耐175℃高温随钻方位测量系统。通过选择适当耐高温高磁导率磁芯、耐高温漆包线圈、陶瓷骨架及电子元器件，形成可在高温环境下稳定工作的随钻方位测量系统，满足深井超深井高温环境下随钻方位姿态测量的需要。

关键词：随钻测量；磁通门；耐175℃

随钻方位姿态参数是决定着所钻探井眼轨迹是否满足钻井设计要求的关键信息，其通过三分量磁阻或磁通门传感器测量地球磁场，并通过算法处理得到井眼轨迹的方位信息，并指导钻井工程师调整钻探方向，最终钻入目标地层，达到钻探油气储层的目的[1]。深层超深层油气资源钻探开发过程中，深部底层环境温度高达175℃。地磁传感器及电子元器件必须能够承受这些温度并能长期稳定工作，传统的磁阻及磁通门传感器最高耐温等级只能达到150℃。无法满足深井严苛的高温钻探环境，需要重新设计磁通门传感器组件方案并研制基于磁通门的耐175℃随钻方位测量系统。

1 耐175℃磁通门传感器设计

磁通门传感器能高灵敏的测量微弱地球磁场的变化。它们具有广泛的应用领域，包括太空探索、无损评估和生物磁标记物检测等。在这些领域中所使用的磁通门传感器耐温等级低，无法直接应用到深井超深井高温环境下，因此需要重新设计研制耐175℃高温磁通门传感器。

针对高温磁通门传感器，选择适合高温环境的磁通门传感器材料非常重要[2]。磁通门的关键组成包括：磁芯、线圈及结构骨架。对于磁芯材料来说，磁性能必须在0~175℃的温度范围内保持稳定，这对于保证高温环境下，磁通门测量范围、灵敏度及线性测量性能至关重要。因此选择由 Vacuumschmelze GmbH 公司生产的纳米晶此材料 Vitroperm VP 800R，其高居里温度达到600℃，其适用于180℃以上环境温度，可作为耐175℃磁通门的磁芯材料，如图1所示，该磁芯的磁导率随温度的变化关系可以看到，当温度从室温升至180℃时，其磁导率仅下降了6%。

第一作者简介：吕海川（1970—），男，大学本科，工程师，现就职于中国石油集团工程技术研究院有限公司。通讯地址：北京市昌平区黄河街5号院1号楼中石油工程院，E-mail: lvhaichuan@163.com

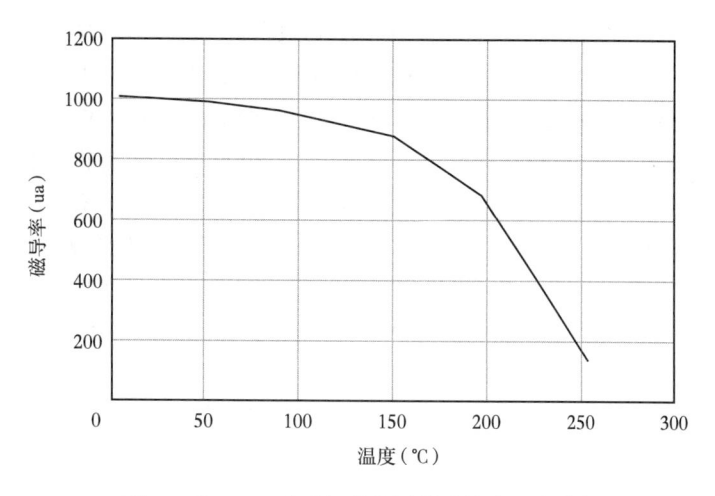

图 1 耐 175℃磁通门磁芯材料磁导率温度特性

Vitroperm 磁材料的经过热处理，制成 22mm 长磁环。磁芯的横截面积为 2mm×2mm。Vitroperm 的热膨胀系数 $8\times10^{-6}/℃$ 与陶瓷骨架的热膨胀系数 $7.8\times10^{-6}/℃$ 相当匹配，由温度引起的机械应力是有限的，在机械结构上可以避免由高温热膨胀造成相互挤压。

磁通门传感器的结构采用 Vacquier 型几何结构[3]，其包括两个相同的励磁线圈、一个反馈线圈、一个感应线圈、一个高磁导率磁环和一个陶瓷骨架，如图 2 所示。这种结构的两个相同激励线圈，其电流方向相反，产生方向相同的励磁磁场[4]，可以在感应线圈中对激励磁场信号进行磁过滤。耐 175℃磁通门的两个激励线圈（匝数为 200，长度为 22mm）分别缠绕在环形磁芯（长度为 22mm，直径为 2mm）上。励磁线圈由直径 125μm 的特殊涂层铜线绕制，该铜线由 Elektrisola GmbH 公司生产。它的涂层材料为 Estersol E180，由聚酯酰亚胺制成，可以在 225℃环境温度下连续使用数百小时。

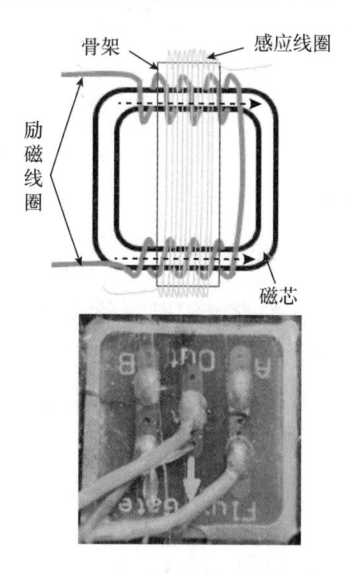

图 2 耐 175℃磁通门探头结构

在制作工艺上保证磁通门两个激励线圈性能一致，对于过滤磁场激励信号至关重要[5]。对于每个磁通门，我们选择两个相同绕制圈数的线圈，它们在电气规格上相同，主要是在

5kHz 励磁信号下测量的电感约为 270mH 和等效电阻约 2.5Ω。耐 175℃磁通门的感应线圈（长度为 18mm）绕在一个包裹高磁导率磁芯的陶瓷 Alsint 骨架上（长度为 22mm，直径为 8mm），骨架内部安装空间为激励线圈和磁芯材料提供了机械支撑[6]。线圈的总共绕制八层，这是机械尺寸和灵敏度之间的折衷设计。感应线圈为 1000 匝，多层线圈使用乙酰氧硅橡胶 Loctite 5398 黏接在陶瓷棒上。对耐 175℃高温磁通门加载激励电压信号，并测试不同环境温度下通过激励线圈的电流，如图 3 所示，随着温度的升高，激励电流幅度产生衰减。在 175℃时，激励电流比室温条件下，下降了大约 15%，主要由于高温环境下励磁线圈的电感量发生变化所导致，但依旧满足高磁导率 Vitroperm 磁芯进入磁饱和状态的设计要求。

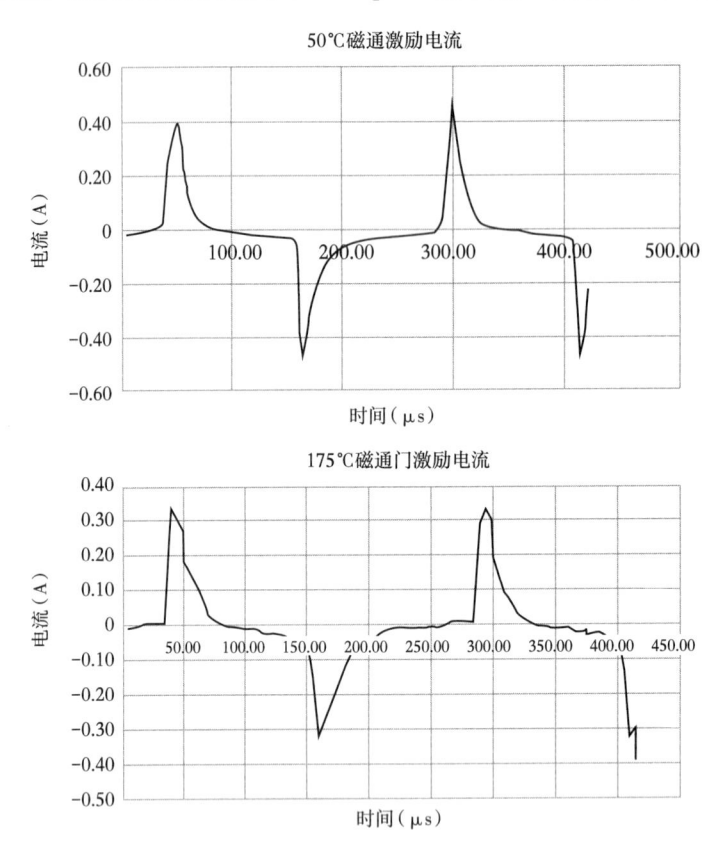

图 3 耐 175℃磁通门探头激励电流耐温测试

如图 4 所示，使用 300mA 的方波电流驱动 175℃磁通门励磁绕组线圈，并通过磁通门感应线圈测量输出电压信号与外部环境磁场的对应关系。耐 175℃磁通门在约 -500μT 到 +500μT 的外部环境磁场范围内表现出较好线性灵敏度，传感器的测量分辨率约为 60nT。当外部环境磁场 -1.3mT 至 1.3mT 范围内，使用 175℃磁通门进行测量时，在外部环境磁场强度高于约 ±500μT 时开始呈现非线性关系。图 4 中磁通门的测量灵敏度曲线在两个方向上都没有观察到磁滞现象。

耐 175℃磁通门的传感器频率带宽随温度变化如图 5 所示，在 175℃下与室温测得的频率带宽相比，频带宽度减小约 50%，主要是由激励线圈和感应线圈阻抗随温度变化引起。激励线圈的电阻增加会导致磁芯饱和程度降低，进而降低带宽，感应线圈的电阻变化增加了磁通门的 Q 值，从而降低了带宽，图 5 中耐 175℃磁通门的传感器 -3db 衰减频率点在 500Hz

以上，满足井下 175℃高温环境下测量方位姿态的要求。三个相同工艺参数的单轴磁通被安装在一个两两正交的铝制骨架上，都用耐高温乙酰氧硅橡胶 Loctite 5398 进行封装，构成三轴正交磁通门传感器。

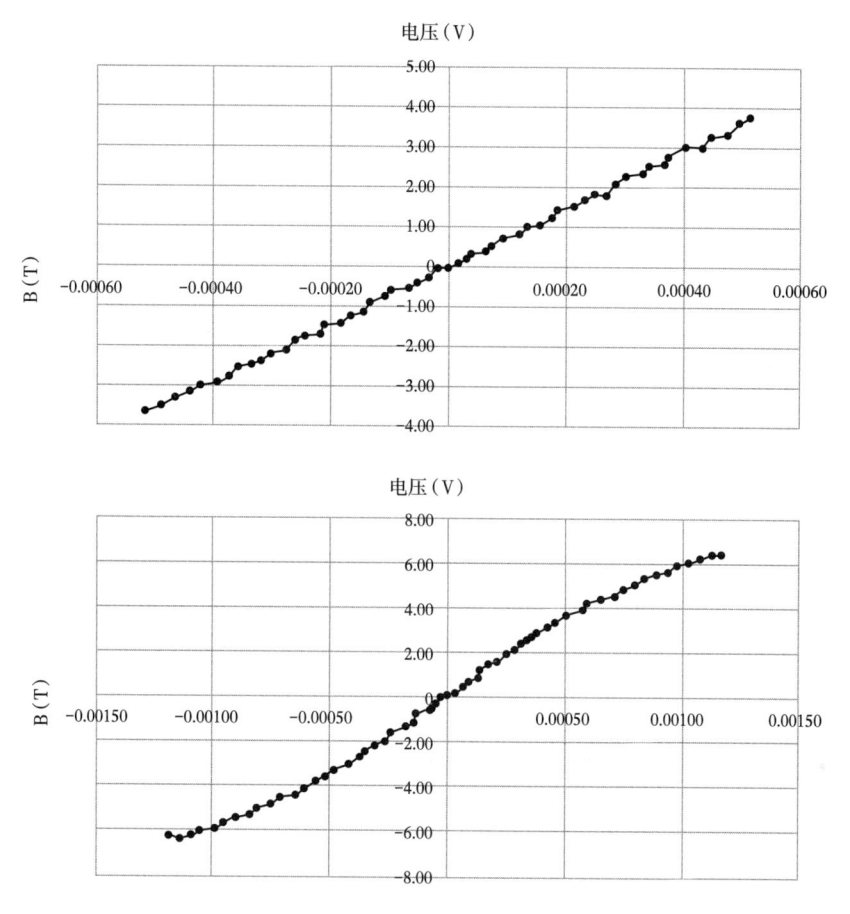

图 4 耐 175℃磁通门线性灵敏度温度特性

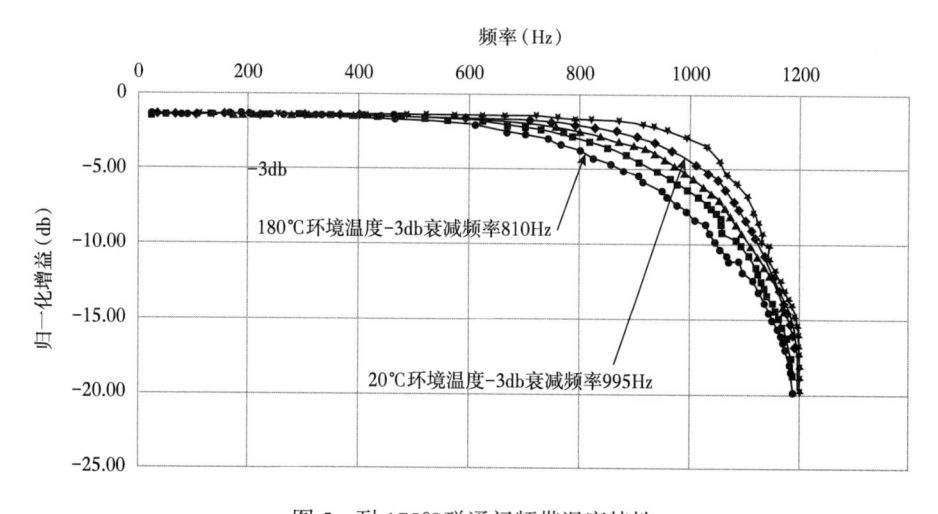

图 5 耐 175℃磁通门频带温度特性

2　耐 175℃ 磁通门传感器电路系统

耐 175℃ 高温磁通门信号处理电路系统包括：励磁线圈激励单元、感应线圈信号处理单元及电源管理单元。磁通门线圈激励电路包括：以控制器为中心的方波脉冲信号产生器、H 桥功放驱动器和 H 桥功放组成，控制器产生基波频率 f 的方波信号和提供给相敏检波器的频率为 2f 的方波信号。由于控制器产生的方波信号驱动能力有限，不能给磁通门线圈足够的激励电流，因此需通过 H 桥驱动器和 H 桥功放来驱动磁通门的励磁线圈。

耐 175℃ 高温磁通门安装在钻井工具中，在深井井下随钻工作在高温环境中，因此其激励电路及信号处理电路均需能够在 175℃ 高温环境中可靠工作。对于电子元器件来说，在 175℃ 高温度环境下，集成电路晶圆上的 pn 结泄漏电流是半导体器件的主要问题，CISSOID 等公司的耐高温元器件采用了硅上绝缘层（SOI）技术及工艺，通过隔离层减小了 pn 结的有效横截面积。因此，在高温环境下的泄漏电流得到了降低。如图 6 所示，驱动 175℃ 高温磁通门激励线圈的 H 桥功放驱动器和 H 桥功放采用 CISSIOD 公司的 H 桥驱动芯片 XTR25411 和功率 NMOSFET 开关管 CHT-NMOS8001。

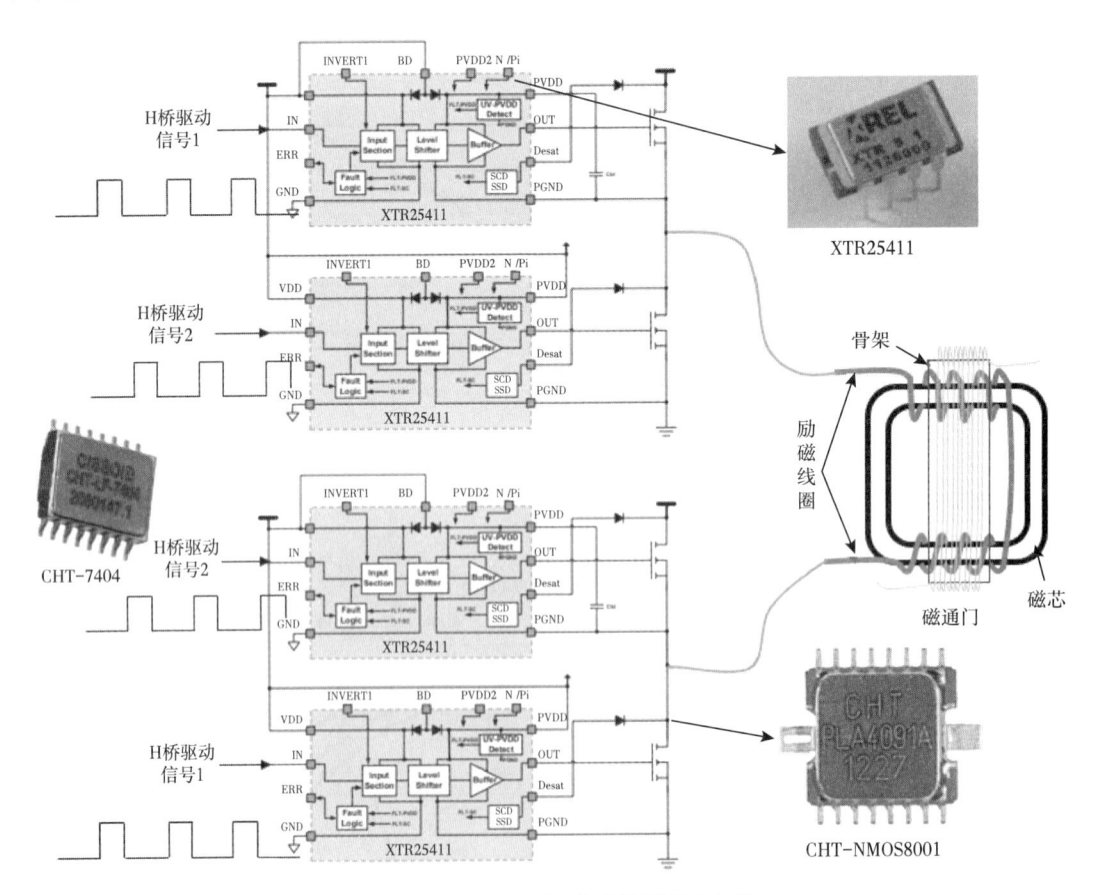

图 6　耐 175℃ 磁通门激励线圈驱动电路

CHT-NMOS8001 开关管在 1.6V 以上栅源极开启门槛电压值就可以实现导通和关断功能，其导通和关断切换的最大时间延迟只有 10ns，适合产生驱动磁通门励磁线圈的高频方波功率信号。CHT-NMOS8001 开关管采用耐高温设计，可稳定工作在 225℃ 以内的井下高温环境中。

X-REL 公司的 H 桥驱动芯片 XTR25411,其工作温度范围 -55~225℃,其驱动 H 桥的 NMOS 开关管的边沿时间最大延迟为 84ns,满足驱动磁通门激励线圈的频率要求,XTR25411 可产生驱动 CHT-NMOS8001 开关管的互补 PWM 信号,并与 CISSIOD 公司的反相器芯片 CHT-7404(工作温度范围 -55~225℃)相互配合,驱动由 CHT-NMOS8001 开关管构成的 H 桥功放电路同步工作在高低侧开关管对角开关状态,产生驱动励磁线圈的功率电压信号。

地球环境磁场在三轴磁通门中产生的感应电动势被磁通门的检测线圈探测,并被与检测线圈连接的信号处理电路调理,信号调理电路的功能按照处理流程分为前置微弱信号选频放大、噪声压制、相敏检波、低通滤波等。由于反应环境磁场变化的电信号为磁通门输出信号的二次谐波。由于二次谐波信号很微弱且信噪比差,需要前置选频放大器对其进行放大,并通过带通滤波器对其进行滤波提高二次谐波信号的信噪比。二次谐波信号通过相敏检波器进行相敏整流,并通过低通滤波器产生能够衡量地球环境磁场的直流电压信号,该直流电压信号通过高分辨率 AD 转换器和 DSP 数字信号处理器的算法进行量化处理得到井下钻井工具组合的方位姿态信息。

前置选频放大电路由运算放大器构成的二次谐波选频放大网络,该选频放大网络可以抑制磁通门感应线圈中的噪声,提取并放大能反映出地球环境磁场变化的 10kHz 二次谐波信号,有效提高信噪比。前置选频放大电路采用耐 175℃高温双运放集成放大器 OPA2333-ht 与双 T 型选频网络后成,如图 7 所示。

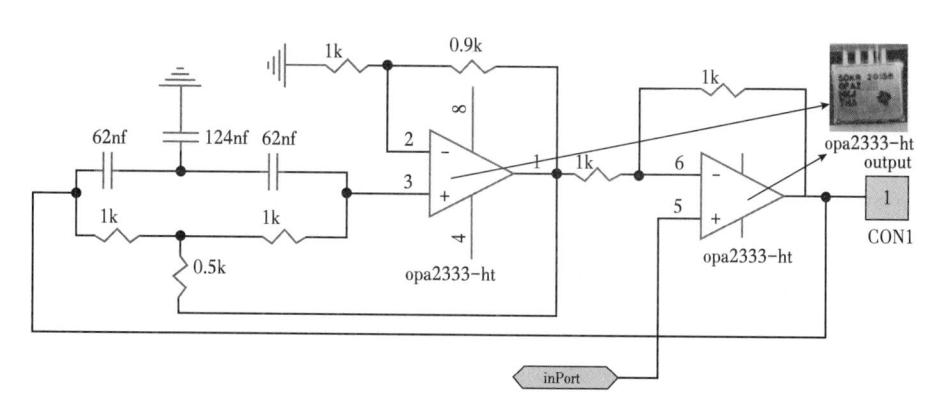

图 7 耐 175℃磁通门感应信号前置选频放大电路

磁通门感应线圈的二次谐波频率信号,经过 OPA2333-ht 第一路同向运算放大器 4 倍放大后,经过双 T 型选频阻容网络构成的负反馈回路,有效滤除磁通门感应线圈输出信号中,噪声及其他谐波信号分量,保留并放大二次谐波信号。TI 公司的 OPA2333 集成双运放芯片,可稳定工作在 -55~210℃温度范围内,满足随钻井下高温工作环境的要求。其在 -55~210℃的全文范围内的带宽增益为 350kHz,满足前置选频放大电路选频放大磁通门 10kHz 二次谐波信号的要求。

经前置选频放大后的磁通门二次谐波信号,还需要继续通过有源带通滤波路进一步进行滤波放大处理,如图 8 所示,有源带通滤波器由 ADI 公司的双运放芯片 AD8634 及阻容网络构成,AD8634 工作温度范围 -40~210℃,带宽增益积为 9.7MHz,满足 10kHz 有源带通滤波器设计的要求。设计完成的有源带通滤波电路,其带通频率范围为 1kHz,-3db 衰减频率点为 9.5kHz 及 11kHz。

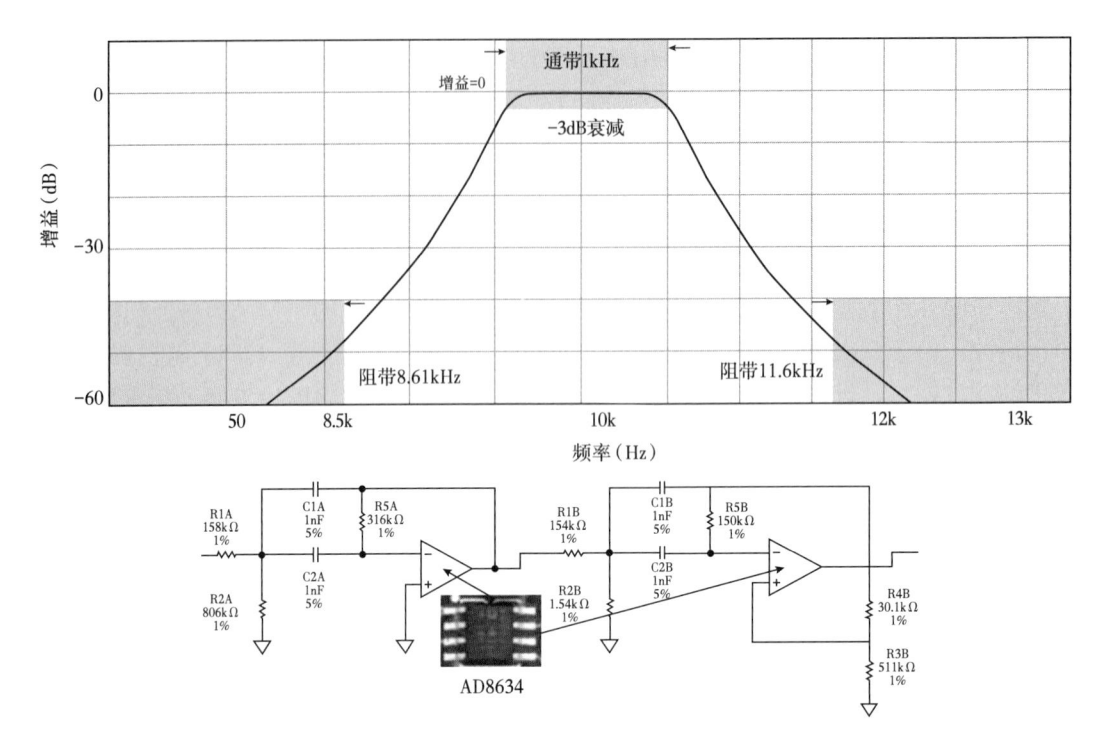

图 8 耐 175℃ 磁通门感应信号带通滤波电路

相敏检波电路用于消除 175℃ 磁通门感应线圈中的奇次谐波信号分量,并与低通滤波器配合检测出反应地球磁场变化的电压信号。

相敏检波电路(图 9)采用 ADI 公司的多路模拟开关芯片 ADG798,该芯片耐为范围为 –55~210℃,开关闭合及断开时间延迟最大 20ns。相敏检波后的低通滤波电路由运算放大器 opa211-ht 及阻容网络构成,opa211-ht 范围为 –55~210℃,带宽增益积 45MHz,可用于高阶低通滤波器设计。由 ADG798 与 opa211-ht 构成的相敏检波电路将 175℃ 磁通门二次谐波信号相敏整流成电压信号并有效滤除其他谐波信号分量的影响。

耐 175℃ 随钻方位测量系统的模数转换及磁通门信号处理电路由 TI 公司的 ADS1278HT、SM470R1B1M 及 Q-TECH 公司 8MHZ 有源晶振构成,如图 10 所示,其耐温范围 –55~210℃。ADS1278HT 将三路磁通门信号转换成数字信号通过 SPI 接口发送给主控制器 SM470R1B1M,并由控制器内部的嵌入式固件代码处理并计算出方位姿态角度信息。

175℃ 磁通测量电路系统电源供电单元,由耐高温电池、耐高温正负线性稳压电源 CHT-LDOS/CHT-LDNS、耐高温低压差电源 TPS76901 构成。耐高温电池提供 ±7.2V 供电,线性稳压电源 CHT-LDOS 和 CHT-LDNS 将其装换成 ±5V 给耐 175℃ 磁通门励磁功放电路及信号调理电路,线性低压差电源 TPS76901 将 5V 电压转换成 3.3V 及 1.8V 电压,分别给模数转换器 ADS1278-HT 及 SM470R1B1M 的片内外设及内核供电。

耐 175℃ 高温磁通门信号处理电路系统的电容器采用来自 Kemet 公司的 C0G 介质特性的陶瓷电容器,在宽温度范围内具有低温度系数。并且 C0G 介质具有较小的老化效应,使用稀

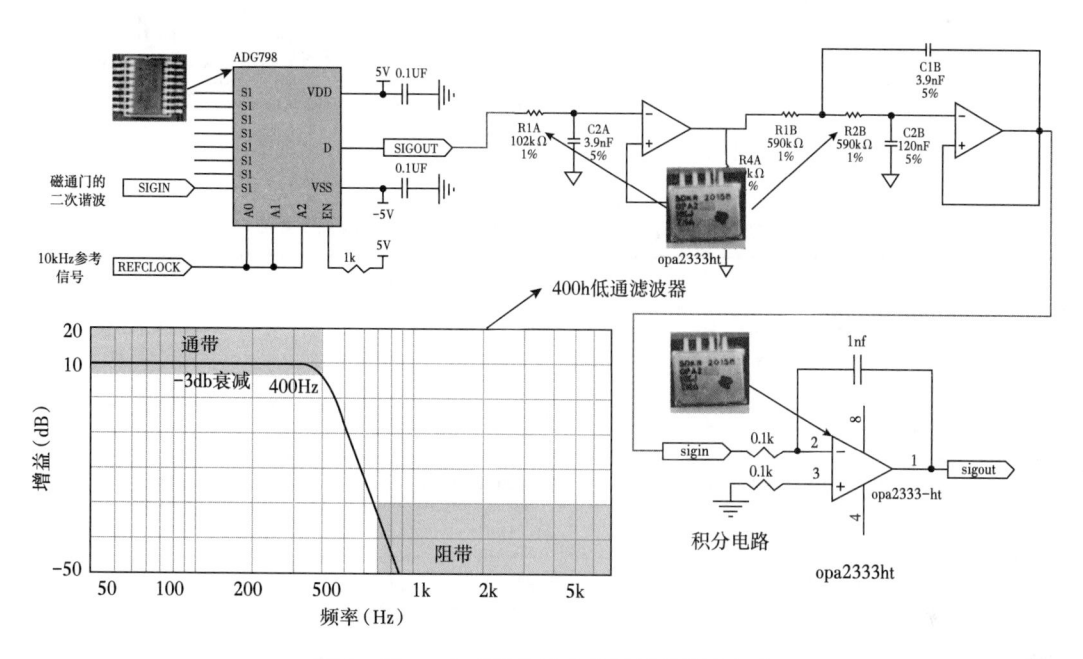

土氧化物（尤其是钕和钐）作为主要构成材料。在高温应用中，它们比标准的 X7R 或 X8R 介质类型更加适用。耐高温电阻元器件使用由 Vishay 公司制造的 Sfernice MSP 和 WSN/WSC 精密系列电阻。这些电阻器相对于金属氧化物及碳组分类型的电阻在宽温度范围内具有更低的温度系数，在 $\alpha R = (1 \sim 10) \times 10^{-7}/℃$ 范围内，而金属氧化物或碳组分电阻的温度系数约为 $\pm 10^{-4}/℃$。耐 175℃ 高温磁通门信号处理电路系统的电路板采用由 Rogers Corporation 公司的增强玻璃纤维聚四氟乙烯材料 RT/duroid 5880。电路板镀铜厚度 35μm。电路板与元器件通过，由 MBO UK Ltd 公司的成分为 Sn5Pb93.5Ag1.5 无铅高熔点焊料进行焊接完成，其熔点约为 300℃。

图 9　耐 175℃ 磁通门感应信号低通滤波电路

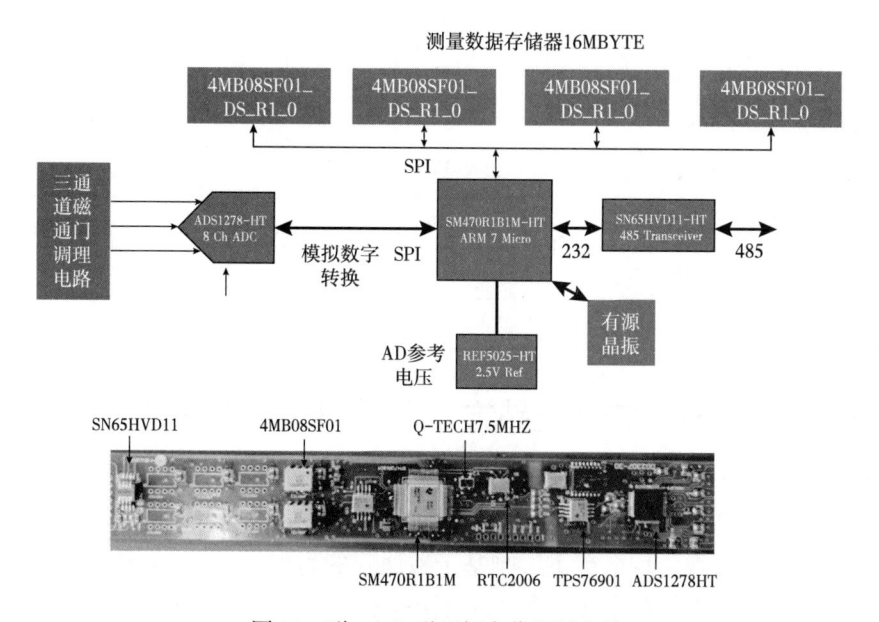

图 10　耐 175℃ 磁通门方位测量电路

耐175℃磁通门随钻方位测量电路，如图11所示，其所有元器件耐温指标均需满足能够在井下175℃温度环境中稳定工作200h以上，电路所使用的耐高温元器件见表1。

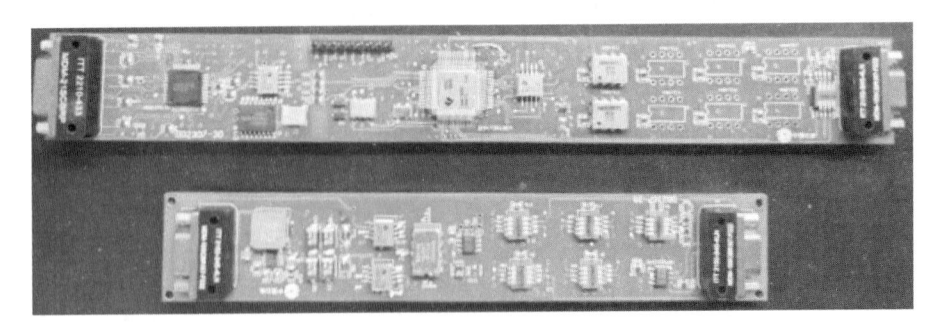

图 11 耐175℃磁通门随钻方位测量电路

表 1 耐175℃磁通门传感器电路系统耐高温元器件清单

元器件名称	元器件耐温范围	生产厂家
H桥功放开关管 CHT-NMOS8001	−55~225℃	CISSIOD
H桥驱动芯片 XTR25411	−55~225℃	XREL
反相器 CHT-7404	−55~225℃	CISSIOD
双运放集成放大器 OPA2333-ht	−55~210℃	Texas Instruments, Inc.
双运放芯片 AD8634	−40~210℃	Analog Devices, Inc.
多路模拟开关芯片 ADG798	−55~210℃	Analog Devices, Inc.
运算放大器 opa211-ht	−55~210℃	Texas Instruments, Inc.
模数转换器 ADS1278-HT	−55~210℃	Texas Instruments, Inc.
电压基准源 REF5025-HT	−55~210℃	Texas Instruments, Inc.
ARM控制器 SM470R1B1M	−55~210℃	Texas Instruments, Inc.
正线性电源 CHT-LDOS	−55~210℃	CISSIOD
负线性电源 CHT-LDNS	−55~210℃	CISSIOD
低压差电源 TPS76901	−55~210℃	Texas Instruments, Inc.
电路所使用耐高温系列电阻	−40~200℃	Vishay
电路所使用耐高温系列电容	−40~200℃	Kemet

3 基于磁通门的耐175℃随钻方位测量系统误差校正

由于耐175℃磁通门传感器及相关电路系统在加工工艺技术上的限制，其三个单轴磁通门灵敏度不一致，在机械安装定位上磁通门三轴难以完全正交，并且磁通门的激励及信号调理电路的零点偏置等因素，均会严重影响基于磁通门的耐175℃随钻方位测量系统测量方位姿态角的精度。因此需要对方位测量系统进行误差校正[7]。

3.1 耐175℃随钻方位测量系统的零偏误差

由于耐175℃三轴磁通门的每一路磁通门及电路的加制作工的差异影响，在零磁场环境下，每一个磁通门的输出信号并不为0。对于磁通门及配套电路漂移引起的零点偏移误差[8]，耐175℃三轴磁通门的输出与在零磁场环境下磁通门输出信号之间的关系如下所示：

$$\begin{bmatrix} B_{x1} \\ B_{y1} \\ B_{z1} \end{bmatrix} = \begin{bmatrix} B_x \\ B_y \\ B_z \end{bmatrix} + \begin{bmatrix} B_{x0} \\ B_{y0} \\ B_{z0} \end{bmatrix} \tag{1}$$

式中：B_{x1}，B_{y1}，B_{z1}为耐175℃三轴磁通门的实际输出信号；B_x，B_y，B_z为三轴磁通门在零磁场环境下输出信号；B_{x0}，B_{y0}，B_{z0}为三轴磁通门零偏误差[9]。

3.2 耐175℃随钻方位测量系统的灵敏度误差

在理论上，三轴磁通门传感器的三个单轴磁通门及其激励及信号调理电路的灵敏度应该是一致的。由于耐175℃磁通门的磁芯材料、励磁及感应线圈、安装骨架机械加工精度、耐高温电子元器件在制造工艺上的差异，三轴磁通门传感器的灵敏度很难做到一致。K_x、K_y和K_z分别为磁通门在三坐标轴上的灵敏度系数，考虑到磁通门传感器三轴灵敏度的差异，耐175℃磁通门三个轴的实际输出测量结果为：

$$\begin{bmatrix} B_{x1} \\ B_{y1} \\ B_{z1} \end{bmatrix} = \begin{bmatrix} K_x & 0 & 0 \\ 0 & K_y & 0 \\ 0 & 0 & K_z \end{bmatrix} \begin{bmatrix} B_x \\ B_y \\ B_z \end{bmatrix} \tag{2}$$

在理论上如果三轴磁通门传感器的每一路性能都是一致的时，$K_x=K_y=K_z=1$。

3.3 耐175℃随钻方位测量系统的正交误差

耐175℃随钻方位测量系统的三个磁通门探头被安装在一个两两正交的机械骨架上，由于机械骨架加工精度的限制，x、y、z三个轴向的磁通门探头与理想的两两相互正交的坐标轴不完全重合[10]。

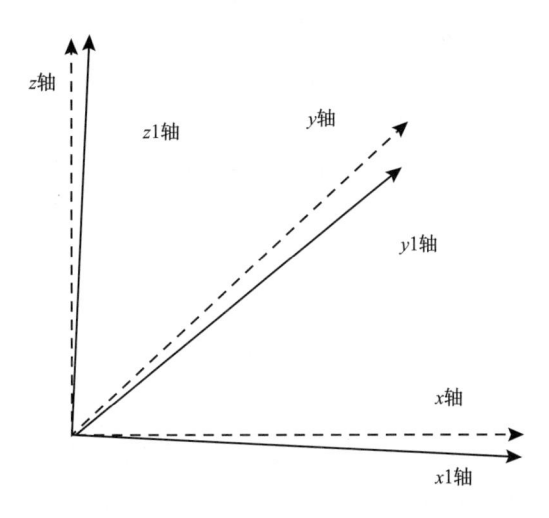

图12 耐175℃磁通门传感器三轴正交误差

x轴、y轴、z轴为理想两两正交轴；$x1$轴、$y1$轴、$z1$轴为磁通门存在正交误差的坐标轴

如图12所示，假设耐175℃磁通门传感器的三个轴分别为x_1、y_1和z_1，在环境磁场中，磁通门传感器各轴输出信号为B_{x1}、B_{y1}、B_{z1}。坐标系中两两完全正交坐标轴为x、y、z，由于磁通门传感器的三个轴相互不正交，磁通门传感器$x1$轴与相互正交坐标轴x、y、z之间存在夹角α_x、α_y、α_z；磁通门传感器$y1$轴与正交坐标系各轴存在夹角β_x、β_y、β_z；磁通门传感器$z1$轴与正交坐标系各轴存在夹角γ_x、γ_y、γ_z。由于磁通门的正交误差，产生的三轴输出信号与正交坐标系各轴之间的关系为：

$$\begin{bmatrix} B_{x1} \\ B_{y1} \\ B_{z1} \end{bmatrix} = \begin{bmatrix} \cos\alpha_x & \cos\alpha_y & \cos\alpha_z \\ \cos\beta_x & \cos\beta_y & \cos\beta_z \\ \cos\gamma_x & \cos\gamma_y & \cos\gamma_z \end{bmatrix} \begin{bmatrix} B_x \\ B_y \\ B_z \end{bmatrix} \tag{3}$$

当耐175℃磁通门传感器的三个轴与两两正交坐标系的各轴完全重合时，$\alpha_x=\beta_y=\gamma_z=0$，$\alpha_y=\alpha_z=\beta_x=\beta_z=\gamma_x=\gamma_y=90°$。

3.4 耐175℃随钻方位测量系统误差校正方法

对175℃磁通门传感器校准来说，需要求出一个3×3矩阵A与和一个3×1矩阵$\boldsymbol{B}_0$，通过这两个矩阵建立175℃磁通门传感器各轴的测量值$\boldsymbol{B}$与校正后的三轴磁通门输出值$\boldsymbol{B}_1$之间的公式关系：

$$B_1 = AB + B_0$$

$$\boldsymbol{B}_1 = \begin{bmatrix} B_{x1} \\ B_{y1} \\ B_{z1} \end{bmatrix}, \boldsymbol{A} = \begin{bmatrix} a_{11} & a_{12} & a_{13} \\ a_{21} & a_{22} & a_{23} \\ a_{31} & a_{32} & a_{33} \end{bmatrix}, \boldsymbol{B} = \begin{bmatrix} B_x \\ B_y \\ B_z \end{bmatrix}, \boldsymbol{B}_0 = \begin{bmatrix} B_{x0} \\ B_{y0} \\ B_{z0} \end{bmatrix} \tag{4}$$

在A矩阵中包含了三轴正交校正系数及三轴灵敏度校正系数，$\boldsymbol{B}_0$矩阵中包含了零点偏移校正参数。A矩阵与B矩阵可以通过在Helmholtz线圈固定磁场试验环境中，旋转175℃三轴磁通门传感器不同角度，测量多组三轴磁通门传感器各轴输出值，并与Helmholtz线圈试验装置给出的相对应的三轴磁场输出值，代入公式$B_1=AB+B_0$，形成方程组，并求解出方程组的系数矩阵A和零偏参数$\boldsymbol{B}_0$。通过这两组校正系数，可对每次175℃磁通门传感器三轴的实际磁场测量值进行校正计算，消除其正交误差、灵敏度误差及零偏误差[11]。175℃磁通门传感器的误差校正矩阵A及$\boldsymbol{B}_0$为：

$$A = \begin{bmatrix} 0.982398 & -0.12413 & -0.15501 \\ 0.13506 & 0.976345 & 0.02479 \\ 0.155089 & -0.05074 & 0.986032 \end{bmatrix}, \boldsymbol{B}_0 = \begin{bmatrix} 32.51025 \\ 20.97032 \\ 34.92054 \end{bmatrix} \tag{5}$$

$\boldsymbol{B}_1$是三轴磁通门经过校正系数校正后的值，用于计算随钻方位角度。$\boldsymbol{B}$是三轴磁通门校正前的测量结果，A和$\boldsymbol{B}_0$是校正系数，矩阵A和$\boldsymbol{B}_0$可通过多组三轴测通门测量数据来建立方程组，并求解方程组获得的。

3.5 干扰磁场环境下，耐175℃随钻方位测量系统方位姿态角测量校正方法

当耐175℃随钻方位测量系统被安装在井下钻具的传感器及电路密封金属安装舱体时，会被其所周围的铁磁环境所影响。铁磁金属（铁、镍、钢、钴）的影响会扭曲或弯曲地球磁场，从而影响耐175℃随钻方位测量系统准确测量方位姿态角。这些磁场属于环境干扰磁场

需要通过校正方法消除掉。当安装耐 175℃随钻方位测量系统沿着水平面旋转 360°时，如图 13 所示，随钻方位测量系统的 x 与 y 轴磁通门测量地球磁场值中，包含被周围金属安装舱体环境所影响的分量。x 与 y 轴磁通门测量信号值在 xy 坐标上形成一个偏离原点的椭圆。为消除掉周围金属环境对耐 175℃磁通门传感器的影响，需要根据 x 轴与 y 轴磁通门测量地球磁场值，计算两个比例因子 x_{sf} 和 y_{sf} 来将椭圆响应变成一个圆，并计算偏移值 x_{off} 和 y_{off} 将圆心拉回（0,0）原点位置，计算公式为：

$$\begin{aligned} z_{\text{value}} &= z_{\text{sf}} z_{\text{H}} + z_{\text{off}} \\ y_{\text{value}} &= y_{\text{sf}} y_{\text{H}} + y_{\text{off}} \end{aligned} \tag{6}$$

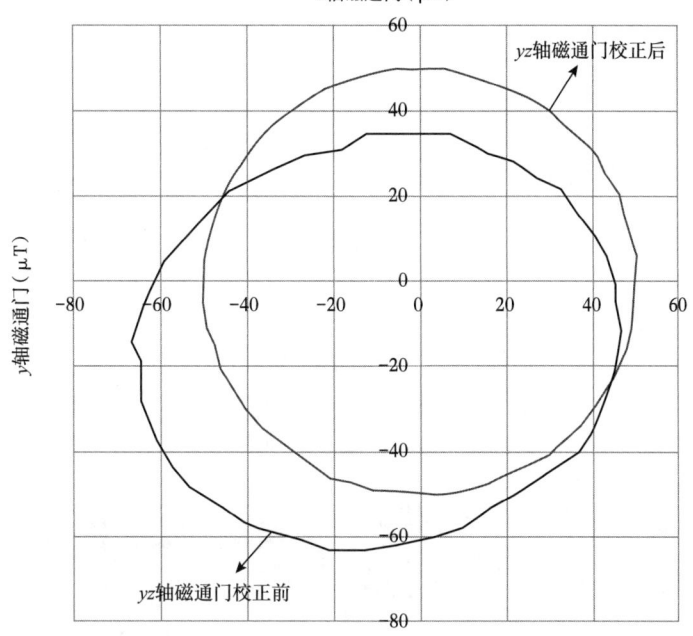

图 13　耐 175℃磁通门传感器 yz 轴误差校正

使用校准方法来确定偏移 z_{hoff}、y_{hoff} 和比例因子 z_{hsf}、y_{hsf} 的值，在所有 z 与 y 轴磁通门测量信号值中找到 x 和 y 磁场的最大值和最小值，并使用这四个值确定 z 和 y 的比例因子 z_{hsf}，y_{hsf} 和零偏移值 z_{hoff}，y_{hoff}。

如果 $\begin{aligned} z_{\text{hsf}} &= (y_{\text{hmax}} - y_{\text{hmin}})/(z_{\text{hmax}} - z_{\text{hmin}}) \\ y_{\text{hsf}} &= (z_{\text{hmax}} - z_{\text{hmin}})/(y_{\text{hmax}} - y_{\text{hmin}}) \end{aligned}$ 小于 1，则 $\begin{aligned} z_{\text{hsf}} &= 1 \\ y_{\text{hsf}} &= 1 \end{aligned}$，否则，

$$\begin{aligned} z_{\text{hsf}} &= (y_{\text{hmax}} - y_{\text{hmin}})/(z_{\text{hmax}} - z_{\text{hmin}}) \\ y_{\text{hsf}} &= (z_{\text{hmax}} - z_{\text{hmin}})/(y_{\text{hmax}} - y_{\text{hmin}}) \end{aligned} \tag{7}$$

$$\begin{aligned} z_{\text{hoff}} &= [(z_{\text{hmax}} - z_{\text{hmin}})/2 - z_{\text{hmax}}] z_{\text{hsf}} \\ y_{\text{hoff}} &= [(y_{\text{hmax}} - y_{\text{hmin}})/2 - y_{\text{hmax}}] y_{\text{hsf}} \end{aligned} \tag{8}$$

z 轴磁通门旋转 360°后，所有磁场测量值的最小与最大值为 z_{hmin}、z_{hmax}。y 轴磁通门旋转 360°后，所有磁场测量值的最小与最大值为 y_{hmin}、y_{hmax}。由于 $(z_{\text{hmax}} - z_{\text{hmin}})(y_{\text{hmax}} - y_{\text{hmin}}) < 1$，

将 z 轴比例因子 z_{hsf} 设为 1。y 比例因子 $y_{hsf}=(y_{hmax}-y_{hmin})/(z_{hmax}-z_{hmin})=1.16064$。通过取最大值减去最小值的一半,并应用比例因子 x_{hsf} 和 y_{hsf},计算偏移校正值 $z_{hoff}=[(z_{hmax}-z_{hmin})/2-z_{hmax}]z_{hsf}=14.21$,$y_{hoff}=[(y_{hmax}-y_{hmin})/2-y_{hmax}]y_{hsf}=11.5484$。当耐 175℃ 随钻方位测量系统在井下测量方位姿态角时,其 x 与 y 轴磁通门测量值 z_{hvalue}、y_{hvalue},都需要使用比例因子和偏移值校正 $z_{hvalue}=z_H+z_{hoff}$,$y_{hvalue}=y_{hsf}y_H+y_{hoff}$。

再根据以下欧拉公式(9)求出随钻方位姿态角:

$$\begin{aligned}
&A_{zimuth}(z_{hvalue}=0, y_{hvalue}<0)=90.0 \\
&A_{zimuth}(z_{hvalue}=0, y_{hvalue}>0)=270.0 \\
&A_{zimuth}(z_{hvalue}<0)=180-[\arctan(y_{hvalue}/z_{hvalue})]\times 180/\pi \\
&A_{zimuth}(z_{hvalue}>0, y_{hvalue}<0)=-[\arctan(y_{hvalue}/z_{hvalue})]\times 180/\pi \\
&A_{zimuth}(z_{hvalue}>0, y_{hvalue}>0)=360-[\arctan(y_{hvalue}/z_{hvalue})]\times 180/\pi
\end{aligned} \quad (9)$$

4 耐 175℃ 随钻方位测量系统测试

耐 175℃ 三轴磁通门安装到亥姆霍兹线圈试验装置中,如图 14 所示,打开测试装之后,向亥姆霍兹线圈中加载标定电流 I_x、I_y、I_z,线圈中的正交电流回路在亥姆霍兹线圈内部产生三个正交方向磁场,该三分量磁场由亥姆霍兹线圈内的高精度磁力计测量,分别为 $B_x=-1.3572\mu T$、$B_y=-1.8628\mu T$、$B_z=-1.0391\mu T$,其产生的合成磁场为 $2.5282\mu T$。读取耐 175℃ 三轴磁通门三轴磁场测量值为 $B_x=-1.3460\mu T$、$B_y=-1.852\mu T$、$B_z=-1.0257\mu T$,其合成磁场为 $2.50872\mu T$ 与亥姆霍兹线圈产生的磁场仅相差 $0.01948\mu T$,满足磁通门的磁场精度设计指标 $\pm 0.3\mu T$ 范围。

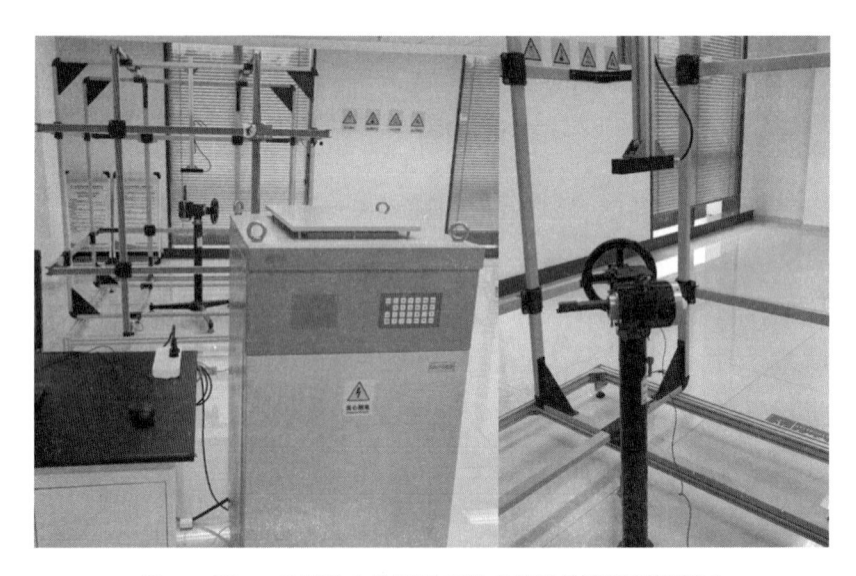

图 14 耐 175℃ 随钻方位测量系统亥姆霍兹线圈环境测试

通过亥姆霍兹线圈产生 yz 平面上 $60\mu T$ 磁场强度,三轴磁通门的 yz 平面顺时针旋转 $360°$,测量三轴磁通门 y 轴与 z 轴的磁场,计算相应方位角度,并与亥姆霍兹线圈所产生的方位角度进行比较,见表 2,耐 175℃ 三轴随钻方位测量系统的地磁方位角度测量误差在 $\pm 0.5°$ 范围内,满足设计要求。

表 2 耐 175℃ 随钻方位测量系统方位角测试

y 亥姆霍兹线圈（μT）	z 亥姆霍兹线圈（μT）	y 三轴磁通门（μT）	z 三轴磁通门（μT）	亥姆霍兹线圈产生方位角（°）	三轴磁通门测量方位角（°）	角度误差（°）
-0.03	59.99	0.24	60.27	-0.03	0.22	0.25
12.44	58.73	12.55	58.76	11.96	12.06	0.10
24.39	54.84	24.49	55.11	23.98	23.96	-0.01
35.32	48.54	35.05	48.76	36.04	35.71	-0.33
44.61	40.14	44.74	40.33	48.02	47.97	-0.06
51.95	30.01	51.61	29.86	59.99	59.96	-0.04
57.05	18.50	56.67	18.59	72.04	71.84	-0.20
59.70	6.27	59.59	6.22	84.01	84.05	0.04
59.69	-6.28	59.41	-6.14	-84.00	-84.11	-0.11
57.11	-18.58	57.42	-18.25	-71.98	-72.37	-0.39
51.99	-30.04	52.06	-30.01	-59.98	-60.05	-0.07
44.62	-40.19	44.20	-40.22	-47.99	-47.70	0.29
35.28	-48.59	35.44	-48.41	-35.98	-36.21	-0.23
24.45	-54.84	24.26	-54.78	-24.03	-23.89	0.14
12.51	-58.73	12.41	-58.57	-12.02	-11.97	0.05
0.04	-60.02	0.11	-60.18	-0.03	-0.10	-0.07
-12.48	-58.65	-12.62	-58.53	12.01	12.17	0.16
-24.45	-54.82	-24.11	-54.90	24.04	23.71	-0.32
-35.27	-48.50	-35.17	-48.45	36.03	35.98	-0.05
-44.57	-40.10	-44.49	-39.92	48.03	48.10	0.08
-51.99	-30.03	-52.31	-30.10	60.00	60.09	0.09
-57.06	-18.53	-56.71	-18.34	72.01	72.08	0.07
-59.70	-6.24	-60.02	-6.25	84.04	84.06	0.02
-59.65	6.27	-59.89	6.36	-84.01	-83.94	0.06
-57.10	18.50	-57.44	18.79	-72.05	-71.89	0.16
-51.93	29.96	-52.25	30.16	-60.02	-60.01	0.01
-44.62	40.10	-44.88	40.24	-48.06	-48.13	-0.07
-35.28	48.49	-35.13	48.73	-36.04	-35.79	0.25
-24.41	54.84	-24.65	54.63	-24.00	-24.29	-0.29
-12.50	58.69	-12.82	58.87	-12.03	-12.29	-0.26

5 结论

在深层超深层油气井钻探开发过程中，井眼方位轨迹准确测量是保证，深井超深井能够准确可靠钻遇目的储层，提高油气钻遇率的重要钻井作业参数之一。传统的随钻方位测量系统耐温能力差，在深井超深井的175℃高温环境中无法长期稳定工作，不能准确测量井眼轨迹的方位信息。因此本文设计耐175℃随钻方位测量系统，所有元器件及结构材料采用耐175℃高温设计，并进行了方位测量系统校正及测试，测试结果满足准确测量方位角度的要求。其可为地质导向钻井工程师，在深井超深井钻探作业中提供准确可靠井眼轨迹方位信息，从而到达钻遇目标油气储层的目的。

参 考 文 献

[1] 苏义脑.地质导向钻井技术概况及其在我国的研究进展［J］.石油勘探与开发，2005（1）：20-25.
[2] 望翔，齐侃侃，包忠.磁通门磁探头参数仿真优化［J］.舰船电子工程，2021，41（12）：88-92.
[3] 陈正想，胡光兰，吕冰，等.磁通门传感器研究现状及其在海洋领域的应用［J］.数字海洋与水下攻防，2021，4（1）：37-45.
[4] 田峥，张爱兵，周斌，等.一种消除双探头磁通门磁强计在磁场测量中邻频干扰的方法［J］.电工技术学报，2020，35（S2）：321-326，340.
[5] 王国强，程甚男，孟立飞，等.参考坐标系对Davis-Smith方法计算磁通门磁强计磁零点补偿值的影响［J］.航天器环境工程，2020，37（6）：570-575.
[6] 韩东，顾建疆.一种构造方形通孔结构的磁通门传感器设计及其实验验证［J］.舰船电子工程，2020，40（3）：133-135，174.
[7] 罗建刚，李海兵，刘静晓，等.三轴磁通门传感器误差校正方法［J］.导航与控制，2019，18（3）：52-58.
[8] 吴卫权，张松勇.跑道型磁通门磁强计探头同点性模型分析与研究［J］.航天制造技术，2019，4：57-62，70.
[9] 潘宗浩，王国强，孟立飞，等.阿尔芬波动特征对卫星磁力仪零位标定的影响［J］.地球物理学报，2019，62（4）：1193-1198.
[10] 井中武，林新华，林威，等.三维电子罗盘温度补偿方法研究［J］.导航与控制，2022，21（Z1）：102-108.
[11] 邱丹，倪玲.磁航向系统中电子罗盘的误差补偿算法研究［J］.电子制作，2021，21：42，57-60.

中—低成熟度页岩油小井距磁导向钻井技术

孙润轩[1,2]，乔 磊[1,2]，车 阳[1,2]，林盛杰[1,2]，刘奕杉[1,2]

（1. 中国石油集团工程技术研究院有限公司；2. 油气钻完井技术国家工程研究中心）

摘 要：全球能源需求增长背景下，石油工业从常规油气向非常规油气，特别是页岩系统油气的转变。陆相页岩油作为一种新兴的非常规油气资源，在我国储量丰富，具有巨大的开发潜力。然而，针对中—低成熟度页岩油开发的小井距问题使得精确导向钻井技术成为研究重点。为此，本文提出了一套磁导向测量系统（DRSAGD2），该系统能够精确测量井间距离、方位角等关键参数，能够准确计算井间距离、方位角等信息，测距精度达到 0.2m，测角精度达到 1.7°，能够为中—低成熟度页岩油小井距钻井施工提供可靠数据支持，提高钻井安全性和效率。通过深入分析磁导向测量技术在中—低成熟度页岩油开发中的应用，本文旨在为我国中—低成熟度页岩油的开发提供钻井技术支持，推动油气勘探开发事业的持续发展。

关键词：中—低成熟度页岩油；小井距；钻井技术；磁导向工具

随着全球能源需求的持续增长，世界石油工业正经历着从常规油气向非常规油气的重大转变。在非常规油气资源中，页岩系统油气占据了重要地位，主要包括致密油气、页岩油气等[1]。页岩油气作为富集在富有机质黑色页岩地层中的石油和天然气，其独特的资源潜力和开发前景，已成为全球非常规天然气勘探开发的热点[2]。陆相页岩油气作为非常规油气资源，在我国储量丰富，开发潜力巨大[3-4]，成为我国能源领域的重要研究对象。

陆相页岩油具备特殊的地质特征与开发上的复杂性。在我国，多样化的富有机质黑色页岩，以及它们所跨越的广泛时代和辽阔地域，共同构成了页岩油气形成的优越条件[5]。中—低成熟度页岩油富含稠化液态石油烃和未转化有机质已探明的储量约为 7199×10^8t，这一丰富的资源量对于维护我国能源安全具有不可忽视的战略意义[6]。然而，中—低成熟度页岩油的开发过程需要借助地下加热设备或高温流体对页岩地层中的干酪根进行加热，以促使其转化为页岩油气[7]。在这一过程中，为确保充足的原位加热能力，中—低成熟度页岩油原位转化过程中的小井距钻井施工显得尤为重要[8]。因此，实现高效、安全的小井距钻井工程成为当前中—低成熟度页岩油开发领域亟待解决的关键问题。

随着钻井技术的不断进步，水平井体积改造技术的创新以及"平台式作业模式"的创建，为页岩油的开发带来了新的突破。这些技术的革新不仅深化了页岩油勘探开发理论，提升了工程技术水平，还使得页岩油产量在能源领域中的地位日益凸显[9-11]。通过实施"大井丛、小井距、密切割、立体式"的开发模式，实现了对页岩油核心区优质资源的最大化利用，显著提升了采出效益[12]。同时，密集井网、水平井"一趟钻"等技术在页岩油开发中得到了广泛应用，进一步推动了页岩油产业的快速发展[13-15]。然而，面对中—低成熟度页岩油的小井距钻井工程，如何精确测量并科学指导钻井施工，仍是制约其原位转化的关键环节，需要进一步研究和突破。

第一作者简介：孙润轩，中国石油集团工程技术研究院有限公司，中级工程师，通讯地址：北京市昌平区黄河街 5 号 1 号楼，E-mail：runxuan.sun@cnpc.com.cn

为了解决中—低成熟度页岩油小井距钻井施工中存在的导向难题,本文创新性地提出了一套磁导向测量系统(DRSAGD2)。该系统具备精准测量井间距离、方位角等关键位置关系的能力,从而为钻井施工提供可靠的数据支持。实际应用中,该系统有助于规避因测量误差而可能引发的钻井事故,显著提升钻井施工的安全性和效率。

尽管国内外已有文献报道磁导向测量系统在油气勘探开发中的应用,但针对中低熟页岩油这一特殊资源的研究仍显不足。因此,本文致力于弥补这一研究空白,为中—低成熟度页岩油的钻井施工提供一套切实可行的磁导向测量技术。通过本研究的深入探索,期望为中—低成熟度页岩油的开发提供有力的技术支持,进而推动我国油气勘探开发事业的稳步前进。这不仅具有深远的理论意义,更对实践应用具有不可估量的价值。

1 磁导向系统计算方法

磁导向系统带有强磁体发射信号,同时配备探管接收磁信号强度,通过系统计算能够通过磁感应强度的大小,计算钻头与相邻井井筒的空间距离、方位角等信息(图1)。

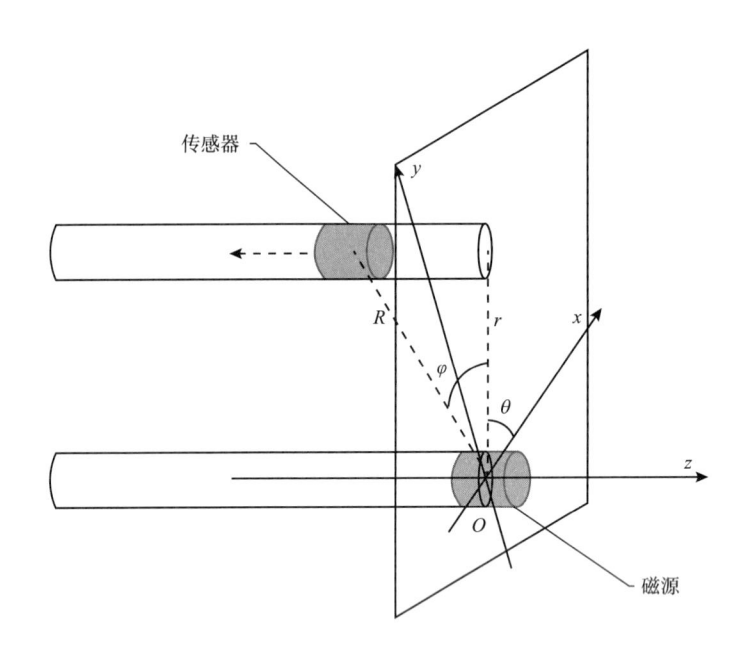

图1 磁导向算法坐标系示意图

1.1 磁场强度分布

对于磁场来说,由于其磁力线是闭合的,不会从某一点开始或结束,因此在任何封闭曲面上的磁通量(即磁场强度在该曲面上的积分)都是0。这表明磁场没有源头或终点,即磁场是无源的。根据高斯定理,无源场的场强在空间中的积分(通量)为0:

$$\nabla \cdot \boldsymbol{B} = 0 \tag{1}$$

式中:$\boldsymbol{B}$ 为磁感应强度,T。

由于磁场无源,对于磁感应强度的大小计算可以转化为求解磁矢势(矢量磁位)的问题。

$$\nabla \cdot (\nabla \times \boldsymbol{A}) = 0 \tag{2}$$

$$B = \nabla \times A \tag{3}$$

式中：A 为磁矢势，Wb/m。

根据毕奥—萨伐尔定律，对于闭合线圈内形成的磁场强度进行积分，定义磁矩（m），能够得到磁矢势的表达式：

$$m = Iab e_z \tag{4}$$

$$A = \frac{\mu_0}{4\pi} \frac{m \times r}{r^3} \tag{5}$$

式中：m 为磁矩，A·m²；I 为电流强度，A；ab 为闭合线圈面积，m²；μ_0 为真空磁导率，T·m/A；r 为距离，m。

由此可以得到磁感应强度的表达式：

$$B = \frac{\mu_0}{4\pi} \frac{3m\cos\theta e_r - me_z}{r^3} \tag{6}$$

式中：θ 为 e_r 与 e_z 方向夹角，(°)。

通过基向量的转化能够将球坐标系中的磁场强度转化到平面直角坐标系进行计算，得到页岩油储层钻井定位的水平方向、垂直方向、方位角等信息。

1.2 磁测距系统

在磁导向系统磁矩时，通过邻井探管中接收钻井配套仪器中强磁体发射的信号，得到垂直于钻进方向的 x、y 方向磁感应强度，结合钻井深度等信息计算，得到相对距离关系：

$$|B_{xy}| = \sqrt{|B_x|^2 + |B_y|^2} = \frac{\mu_0 m}{4\pi} \frac{\sqrt{5 - 2(z/r)^2 + 4(z/r)^4}}{\left[1 + (z/r)^2\right]^{5/2}} \tag{7}$$

式中：B_x 为 x 方向磁感应强度，T；B_y 为 y 方向磁感应强度，T；z 为测井深度，m。

1.3 磁测角系统

测角系统基于垂直于钻进方向的 x、y 方向磁感应强度，仪器转速、时间等信息，计算方位角等信息：

$$\sin 2\varphi = \frac{4}{3}\cot(\theta_x - \theta_y) \tag{8}$$

$$\cos 2\varphi = \frac{5}{3}\frac{|B_x|^2 - |B_y|^2}{|B_x|^2 + |B_y|^2} \tag{9}$$

式中：φ 为相对位置角，(°)；θ_x 为余弦定理中得到 x 方向磁感应强度初相中的辅助角，(°)；θ_y 为余弦定理中得到 y 方向磁感应强度初相中的辅助角，(°)。

根据相对方位角信息，结合大地磁场方向，能够得到准确的钻头前进方向方位角等角度信息。

2 室内实验测试仪器

本文基于磁导向系统，精心设计并研制了一套室内磁导向测量仪器，包括强磁信号发射装置和探管接收装置，分别模拟正钻井与邻井的实际工作场景，如图 2 所示。

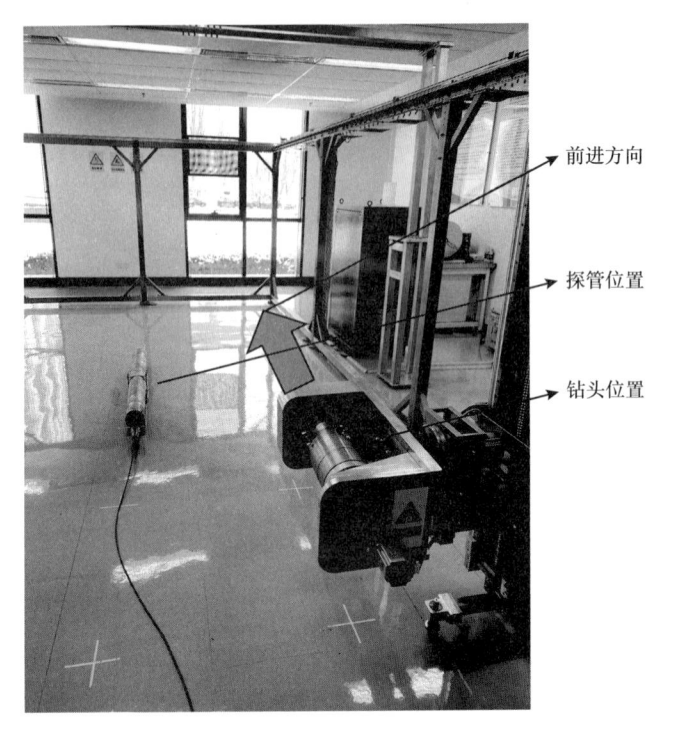

图 2 实验仪器图

该仪器外支架配备有先进的标点测量装置，能够精确捕捉实验过程中钻头前进的水平距离、垂直距离等关键信息，从而与磁感应强度计算所得的测距数据进行对比，确保测量结果的准确性。同时，通过实验测量的距离数据，进一步计算得到角度信息，并与磁场强度计算得到的数据进行对比，以验证磁导向模型的精确性。

在实验过程中，强磁发射装置能够稳定地向外发射电磁波，模拟真实钻井过程中电磁波的传播特性。为了更贴近实际钻井场景，采用匀速旋转的方式模拟钻头的旋转运动，转速控制在 50~120r/min 之间。钻头以匀速前进的方式在固定外支架上移动，从探管远端逐渐接近探管近端，后又逐渐远离，完整还原了地下磁导向探测的整个过程。

探管则配备了高灵敏度的信号接收器，能够高效接收电磁辐射能，并将其转化为电能信号，随后传输至计算机进行解析处理，从而获取所需信息。在测量过程中，探管保持固定，模拟钻经过程中单点位的测量过程，确保测量结果的稳定性和可靠性。

图 3 展示了实验测试结果的对比图，根据实验测试得到的钻头深度、三轴磁场、重力方向等信息，将其带入理论计算过程，能够得到计算数据与实验测试数据的对比验证结果。这一对比不仅验证了磁导向模型的准确性，也进一步证明了本研究所设计的室内磁导向测量仪器的有效性和可靠性。

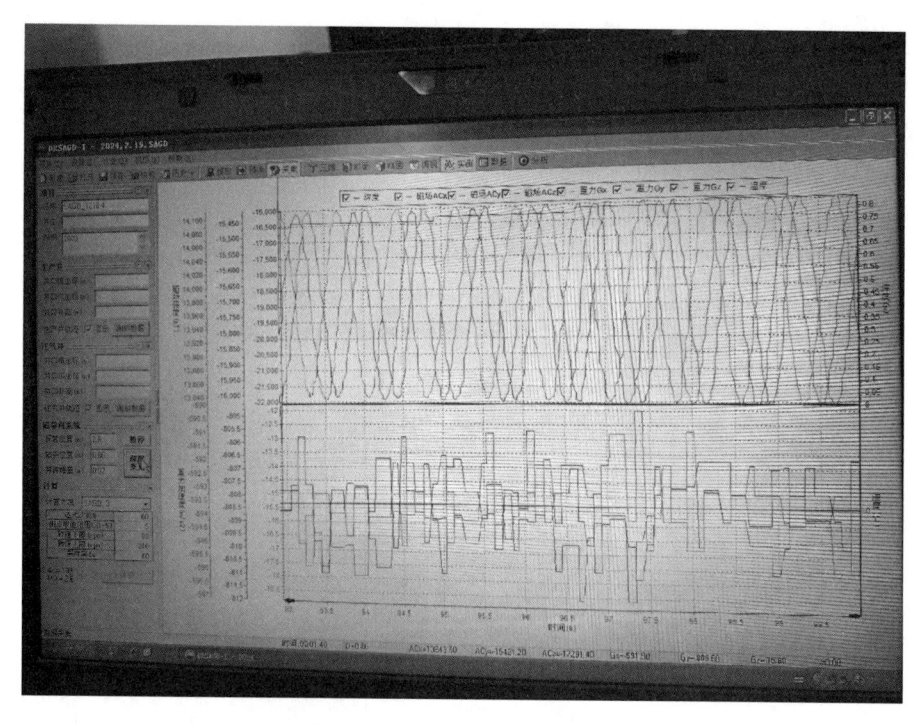

图 3 实验测试结果图

3 软件计算结果

本研究根据磁导向测试原理，对于计算方法实现了软件编程，并封装形成了中国石油集团工程技术研究院有限公司（简称工程院）自主研发的 DRSAGD2 磁导向系统，如图 4 所示。

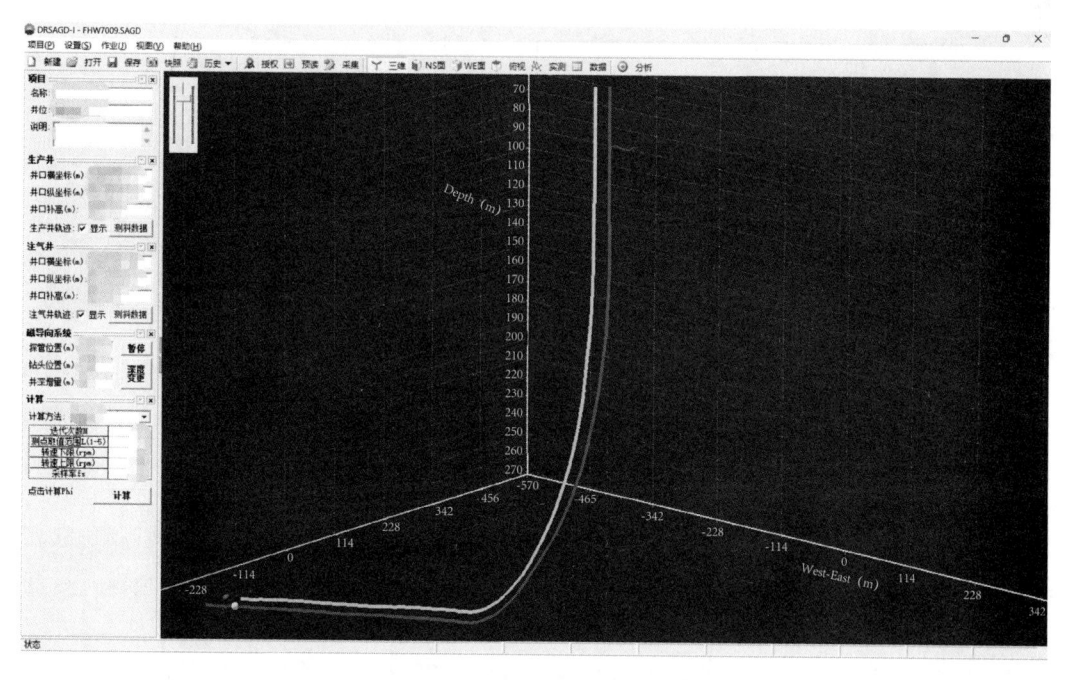

图 4 DRSAGD2 磁导向系统

3.1 信号滤波处理

磁信号在传递过程中，不可避免地会受到多种外界干扰，如随钻测量设备、泥浆脉冲信号、远程控制系统等人工源干扰，以及电缆链接等导体干扰。这些干扰源通过辐射电磁能量或在电力线路上引入噪声，对磁导向工具的正常运行构成威胁。为了消除这些干扰信号，采用了滤波器技术，显著提高了系统的稳定性和可靠性。

在实验室内，由于测试仪器设备的多样性和复杂性，测得的磁感应强度信号往往显示出一定程度的干扰情况。为了消除这些干扰，对信号进行了精细的滤波处理。如图5所示，探管在测量过程中得到的 x 方向信号［图5（a）］经过带通滤波处理后，降低了噪声干扰信号［图5（b）］。

在后续计算位置关系时，为了准确提取信号的峰值包络线，采用了Hilbert变换技术，得到了信号的幅值位置信息［图5（c）］。而在进行角度计算时，则通过分析相位变换关系，确定了信号随对应角度的变化［图5（d）］。

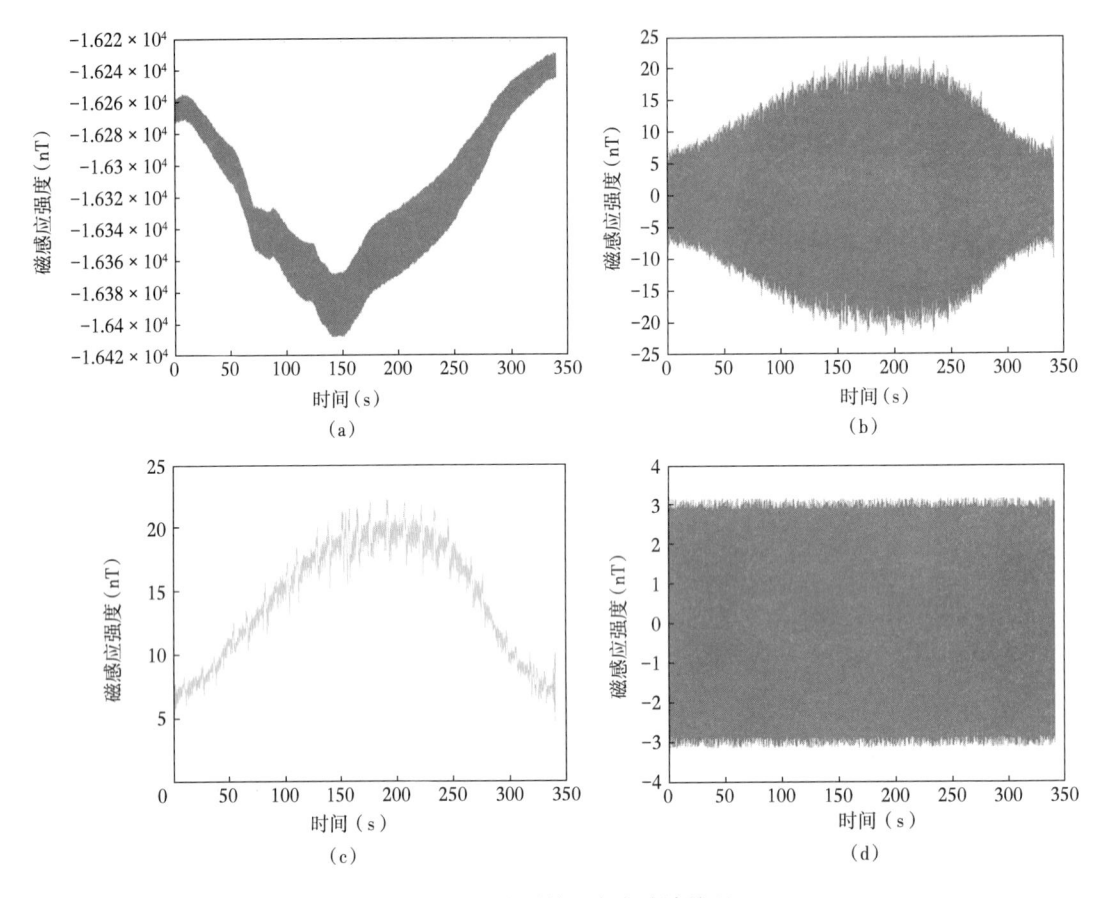

图5　磁导向系统 x 方向滤波处理

这一系列滤波处理措施，基于精心设计的特定幅频响应特征，实现了对信号频谱的精确调控。通过这一过程，成功地剔除了那些可能干扰系统正常运行的噪声和杂波信号，显著提升了信号的质量。

滤波处理后的信号不仅更为清晰和准确，而且在稳定性和可靠性方面也得到了显著提升。由于干扰信号的消除，系统的运行更为流畅，误差率得到了有效降低。这种优化后的信号能够更真实地反映磁感应强度的变化情况，为后续的系统分析和决策提供了更为可靠的数据支持。

通过特定的幅频响应特征对磁感应强度信号进行滤波处理，成功地实现了信号频谱的精准调节，提升了信号质量，并显著增强了系统的稳定性和可靠性。这一举措为磁导向系统的正常运行和性能优化奠定了坚实的基础。

3.2 测距系统

经过滤波处理的磁感应信号被用于计算距离信息，将这些计算结果与试验测量的距离数据进行了对比分析，结果如图6所示。

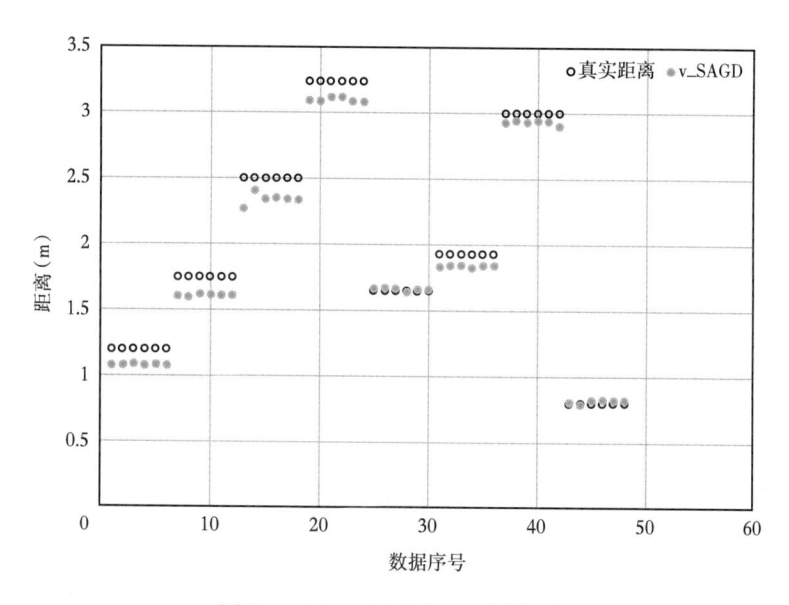

图6 DRSAGD2软件测距结果对比

测试结果表明，工程院自主研发的DRSAGD2软件在0~3.5m的测距范围内，表现出了优异的性能。其测距精度高达±0.2m，这一精度水平完全能够满足密集井网小井距的钻井需求，对于提升钻井施工效率和减少误差具有重要意义。

同时，磁导向系统测距的平均误差仅为0.09m，这一极小的误差值进一步证明了其测量精度的可靠性。这样的精度水平能够充分满足各个平台的钻井导向工作需求，确保钻井施工的顺利进行。

为了全面评估磁导向测距系统的稳定性，采用了标准差的方法进行数据分析。结果显示，该系统的标准差仅为0.05，这表明在井下带有磁干扰的情况下，本研究提出的DRSAGD2软件仍能够保持多种距离的测距性能稳定。这一特性对于确保钻井作业在复杂环境下的连续性和可靠性至关重要。

工程院自主研发的DRSAGD2软件在测距精度、误差和稳定性方面均表现出色，为密集井网小井距的钻井施工提供了可靠的技术支持。

3.3 测角系统

利用希尔伯特变换处理后的磁感应强度信号相位关系，计算得到了方位角信息，并将其与试验测量的方位角数据进行了对比分析。结果如图 7 所示，清晰展示了 DRSAGD2 软件在测角距离方面的表现。

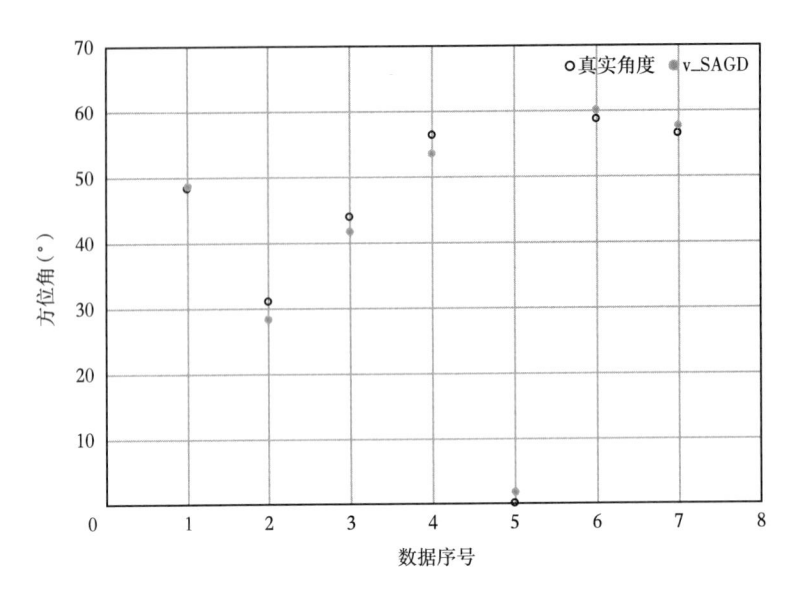

图 7 DRSAGD2 软件测角距结果对比

测试结果显示，DRSAGD2 软件在 0~3.5m 的距离范围内进行测量时，其测角精度高达 ±2.7°，充分满足了小井距钻头导向的方位需求。这一精度水平对于确保钻井施工的准确性和安全性至关重要。

在磁导向系统测距方面，其平均误差仅为 1.7°，这一较小的误差值进一步证明了系统的高精度特性。这样的精度水平能够充分满足各种钻井导向工作的需求，确保各个平台之间的钻井作业顺利进行。

为了评估磁导向测角系统的稳定性，采用了标准差的方法进行数据分析。结果显示，该系统的标准差仅为 0.85，这表明在有磁干扰的情况下，其钻进方位角测角性能依然能够保持较高的稳定性。这一特性对于确保钻井作业在复杂环境下的连续性和可靠性具有重要意义。

DRSAGD2 软件及磁导向系统在测角精度、测角误差和稳定性方面均表现出色，为钻井施工提供了可靠的技术支持。

3.4 现场应用

工程院凭借自主创新能力，成功研发出 DRSAGD2 磁导向系统，并据此加工出多套上井工具。这些工具经过精心设计与制造，具备出色的现场应用能力，如图 8 所示。

这些配套工具已多次投入实际井场的测量工作，展现出极高的稳定性和可靠性。在工程实践中，这些工具成功完成了所有预定的测量任务，工程成功完成度高达 100%，充分验证了 DRSAGD2 磁导向系统及其配套工具的优异性能与实用性。

通过实际应用的检验，工程院的 DRSAGD2 磁导向系统不仅展示了其在复杂环境下的适应能力，还证明了其在提高钻井施工效率与精度方面的显著效果。这一创新成果的广泛应用，将有力推动钻井技术的进步与发展。

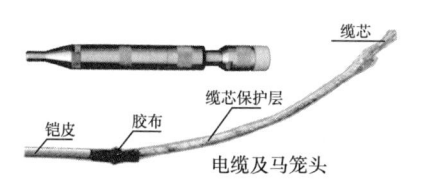

图 8　磁导向工具应用

4　结论

本文通过物理试验与理论计算的有机结合，成功验证了磁导向测量计算方法的可行性，并实现了软件系统的集成。工程院自主研制的 DRSAGD2 磁导向系统，具备精准测量相对距离与钻头方位角的功能，进一步提升了软件操作的可视化水平。目前已经成功研发了多套实物工作样机，并顺利完成了多次磁导向测井实践应用。对于磁感应强度的分析计算，所获取的数据表现出高度的准确性和稳定性，即使在磁干扰环境下也能进行稳定的测量。

本文所提出的磁感应强度指标具有相当高的精度，完全能够满足中低熟页岩油小井距钻井施工的需求。具体测试指标表现如下：

（1）磁导向测距精度达到了 ±0.2m 的优异水平；
（2）平均测距误差仅为 0.09m，显示出极高的测量精度；
（3）测距稳定性标方差为 0.05，表明测量结果的稳定性极佳；
（4）磁导向测角系统精度达到 ±2.7°，保证了角度测量的准确性；
（5）测角系统的平均误差为 1.7°，进一步体现了测量结果的可靠性；
（6）测角系统稳定性标方差为 0.85，显示出角度测量结果的稳定性良好。

磁导向技术作为现代石油勘探与开采领域的一项重要创新，其在中—低成熟度页岩油转化以及小井距钻井工程中的应用前景广阔，将在提高钻井精度、优化油藏开发布局以及提升开采效率方面发挥重要作用。未来，磁导向技术将进一步推动中—低成熟度页岩油的原位转化，助力小井距钻井工程的顺利实施。

参 考 文 献

[1] 邹才能，朱如凯，白斌，等. 中国油气储层中纳米孔首次发现及其科学价值［J］. 岩石学报，2011，27（6）：1857-1864.

[2] 贾承造，郑民，张永峰. 中国非常规油气资源与勘探开发前景［J］. 石油勘探与开发，2012，39（2）：129-136.

[3] 邹才能，杨智，崔景伟，等. 页岩油形成机制、地质特征及发展对策［J］. 石油勘探与开发，2013，40（1）：14-26.

[4] 邹才能，潘松圻，荆振华，等. 页岩油气革命及影响［J］. 石油学报，2020，41（1）：1-12.

[5] 张文正，杨华，彭平安，等. 晚三叠世火山活动对鄂尔多斯盆地长 7 优质烃源岩发育的影响［J］. 地球化

学，2009，38（6）：573-582.
[6] 孙金声，刘克松，金家锋，等.中低熟页岩油原位转化技术研究现状及发展趋势[J].钻采工艺，2023，46（6）：1-7.
[7] 李年银，王元，陈飞，等.页岩油原位转化技术发展现状及展望[J].特种油气藏，2022，29（3）：1-8.
[8] 杨立红，朱超凡，曾皓，等.油页岩自生热原位转化直井与水平井开发效果数值模拟——以鄂尔多斯盆地旬邑地区油页岩为例[J].石油学报，2023，44（8）：1334-11343.
[9] 郭旭升，黎茂稳，赵梦云.页岩油开发利用及在能源中的作用[J].中国科学院院刊，2023，38（1）：38-47.
[10] 孙龙德，刘合，朱如凯，等.中国页岩油革命值得关注的十个问题[J].石油学报，2023，44（12）：2007-2019.
[11] 杨阳，郑兴范，肖毓祥，等.中国石油中高成熟度页岩油勘探开发进展[J].中国石油勘探，2023，28(3)：23-33.
[12] 刘斌.我国陆相页岩油效益开发对策与思考[J].石油科技论坛，2024，43（2）：1-16.
[13] 焦方正.陆相低压页岩油体积开发理论技术及实践——以鄂尔多斯盆地长 7 段页岩油为例[J].天然气地球科学，2021，32（6）：9.
[14] 高德利.非常规油气井工程技术若干研究进展[J].天然气工业，2021，41（8）：153-162.
[15] 袁士义，雷征东，李军诗，等.陆相页岩油开发技术进展及规模效益开发对策思考[J].中国石油大学学报（自然科学版），2023，47（5）：13-24.

中国陆相页岩油钻完井工程技术现状及发展建议

汪海阁[1,2]，乔 磊[1,2]，刘奕杉[1,2]，车 阳[1,2]，冯 明[1,2]，刘人铜[1,2]

（1.中国石油集团工程技术研究院有限公司；2.油气钻完井技术国家工程研究中心）

摘 要：本文系统梳理了中国陆相页岩油在钻完井工程技术方面取得的新技术及工具装备，通过与北美页岩油工程技术的对比，分析了我国页岩油开发工程技术方面存在的问题及挑战，提出了中国页岩油工程技术应聚焦于持续推进关键技术装备攻关与应用、加快新一代导向工具研发、加速推动体积压裂2.0向3.0全面升级、储备研发中一低成熟度页岩油原位转化技术、大力推进数字化转型智能化发展等发展建议，不断提升工程技术对页岩油开发的支撑力度与保障国家能源安全的作用。

关键词：陆相页岩油；工程技术；指标对标；发展现状；发展建议

中国页岩油资源丰富，据行业学者或机构初步估算，页岩油地质资源量为（100～3772）×10^8 t，可采资源量为（30~900）×10^8 t，主要分布在鄂尔多斯盆地、松辽盆地、准噶尔盆地、渤海湾盆地和四川盆地[1]。页岩革命使得美国实现了能源独立，北美地区页岩油气盆地以海相被动大陆边缘盆地为主，分布稳定，中国则以多期叠合盆地为主，陆相页岩多样性明显，根据地质条件差异中国陆相页岩油可划分为夹层型、混积型和页岩型3类[2]。中国页岩油已初步实现规模开发，目前中国石油天然气集团有限公司（以下简称中国石油）已建成陇东、吉木萨尔和古龙3个页岩油国家级示范区，页岩油投产水平井1697口，产量达304×10^4 t；中国石油化工集团有限公司（以下简称中国石化）建成济阳页岩油等示范区，已完钻页岩油井约134口，年产油约30×10^4 t，2022年全国页岩油产量达到340×10^4 t，如图1所示[3]。页岩油是保障我国能源安全的重要接替油气资源，全方位推动页岩革命，不能简单照搬美国的经验，需要形成适合中国陆相页岩油的工程技术体系[4-6]。

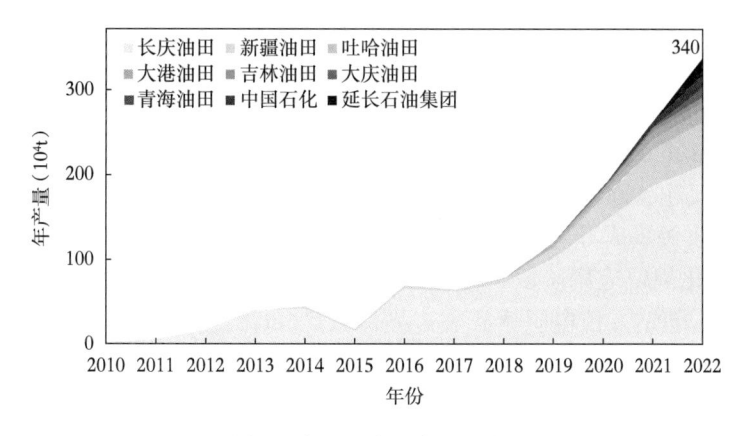

图1 中国页岩油产量历史图

第一作者简介：汪海阁（1967—），正高级工程师，博士研究生导师，现任中国石油集团工程技术研究院有限公司副院长，长期从事钻井科研、规划与技术支持工作。通讯地址：北京市昌平区黄河街5号1号楼，邮编：102206。

本文通过梳理中国陆相页岩油工程技术的发展现状,提出钻完井技术面临的挑战,系统分析了中国陆相页岩油在钻完井技术方面取得的进步,继而提出了未来陆相页岩油发展趋势和发展建议,为加快实现我国陆相页岩油大规模效益开发提供借鉴与参考。

1 中国陆相页岩油气钻完井技术现状

1.1 "一趟钻"提速技术

借鉴北美个性化高效 PDC 钻头+大扭矩螺杆+水力振荡器+防黏滑工具+长寿命测控仪器等组成"一趟钻"提速技术,结合我国页岩油钻井优化实践,在非平面齿 PDC 钻头、大扭矩长寿命螺杆、旋转导向、提速软件、顶驱等方面开展研究,形成中国页岩油水平井一趟钻提速技术,取得了较好的现场应用效果[7-8]。

1.1.1 非平面齿 PDC 钻头

针对页岩硬度高、机械钻速低、钻头难以有效切入等钻井工程难点,创新研发了 RaptoDon 凹型齿 PDC 钻头[9-10]。通过数值仿真和单齿切削实验结果显示:与平面齿以及其他齿形相比,RaptoDon 凹型齿具有破岩比功率低,切削效果好等优点。针对上部大尺寸井眼钻头稳定性差、中下部硬夹层破岩效率低等问题,研发了超大尺寸、硬夹层高效和长水平段 PDC 钻头,提高地层破岩效率。

1.1.2 大扭矩长寿命螺杆

大扭矩长寿命螺杆是实现页岩油超长水平井"一趟钻"的关键利器,为钻头提供充足的破岩能量,对于提高机械钻速、缩短钻井周期、降低钻井成本、减少或避免井下复杂等方面均具有重要意义[11]。相比于常规螺杆,大扭矩长寿命螺杆在马达、万向轴、传动轴总成和外壳体等重要组成完成升级优化,兼具高耐磨、扭矩大、寿命长等特点。该钻具在水基钻井液中使用寿命均超过 300h,耐磨性提升了 30%,输出扭矩提升了 40%,已累计应用超过 1000 套,应用超 500 口井,为井队节约了大量钻井成本。

1.1.3 地质导向技术

针对常规地质导向系统存在的信息延后导致井眼轨迹无法及时调整等技术问题,研制了近钻头地质导向 CGDS 技术,近钻头测量系统距离钻头小于 1m,能够准确地获得钻头处的井斜、方位伽马等参数,通过实时判断及时对井眼轨迹进行调整,使得储层钻遇率明显提高,适合页岩油气薄油层的勘探开发。2022 年该技术创造了单串仪器入井 627h,循环 430.5h,进尺 2121m 至完钻的使用记录;CGDS 钻井累计服务 22 个油田和地区,成功应用超过 400 井次,总进尺超 400000m[12-16]。

旋转地质导向攻关集成导向姿态动态测量、双向通信、方位伽马成像测量等技术,通过迭代升级进入工业化规模应用阶段,优化提升造斜能力,最大造斜率达到 11.5°/30m,耐温指标提升到 165℃,随钻方位电阻率实现边界探测 5.6m,创造了"一趟钻"进尺 1980m,工作时间 276h 的新纪录[17]。

1.1.4 I-DAS 多目标优化提速软件

I-DAS 多目标优化提速软件是利用邻井数据、钻井实时数据等,钻前描述地质特征、推荐钻具组合;钻中实时监测全井筒环境变化,包括地层变化、破岩效率、钻具振动、沿程摩阻、井眼清洁度、井下复杂等;钻后可利用历史数据模拟回顾钻井过程。该软件实现钻井破岩—减振—降阻—清屑多目标优化分析,同时具备破岩能耗评价、参数实时推优、井下振动/

摩阻扭矩/井筒清洁跟踪分析等11项核心功能。目前已在西南、塔里木、新疆、玉门、沙特等国内外油气田现场应用百余井次，在机械钻速提升等方面效果显著。

1.1.5 页岩油气顶驱技术

首创顶驱旋转定位精确控制技术，通过集成创新，研发了新型的页岩油气顶部驱动DQ70BSF钻井装备，可以直接驱动钻柱旋转并沿专用导轨向下送进，有效解决了黏滞卡钻、井下摩阻大等工程作业难题，具备软扭矩、扭摆减阻、主轴精确定位等功能，顶驱输出功率提升25%，控制精度达到±1°。已有383台页岩油气版顶驱在川渝、玛湖、长庆和大庆等页岩油气区块规模应用，助力了2021年亚洲陆上最长水平段页岩油水平井"华H90-3井"打破水平段长度5060m的纪录。

1.2 高性能钻井液技术

国内水基钻井液主要应用于长庆陇东，新疆吉木萨尔等页岩油开发则以油基钻井液为主[18]。针对恶性井漏防治技术难题，通过搭建防漏堵漏专家系统，建立起可变缝宽及大缝洞堵漏评价方法，结合随钻防漏和承压堵漏系列新材料，形成了漏失预测与诊断技术、纳微米孔缝自适应封堵防漏技术及复杂裂缝地层承压堵漏技术三大堵漏技术。

1.2.1 水基钻井液

研发了CQ-HM高性能水基钻井液和CQSP-RH超长水平井高性能水基钻井液，形成了页岩油特色的水基钻井液体系。其中，CQ-HM高性能水基钻井液以插层抑制剂、双疏抑制剂、键合润滑剂、钠微毫封堵剂为关键处理剂，抗温150℃、密度2.40g/cm³，该体系在四川、长庆页岩储层应用80余口井，摩阻扭矩降低30%以上，成本较油基降低30%以上[19]；CQSP-RH超长水平井高性能水基钻井液是以"强化微裂隙封堵、降低压力传递、流变性控制和复合润滑"为技术核心，以囊包润滑剂、纳米聚合物封堵剂等为关键处理剂，该技术在长庆地区共应用70余井次。

1.2.2 油基钻井液

研发了高性能乳化剂、选择性絮凝剂、流型调节剂和纳米封堵剂等系列处理剂，形成了具有代表性的页岩油气版油基钻井液体系。该体系抗滤失能力是国外体系的12.5%~70%，且具有流变性、携岩和沉降稳定性好等特点。页岩油气版油基钻井液体系的研发实现了国产化替代，解决了部分地区油基钻井液稳定性差，封堵性能不足、钻井后期黏切高和油基钻井液回收再利用等技术问题。其中，油基钻井液选择性絮凝剂目前已在古龙页岩油等现场应用200余井次，在老浆、甩干液和随钻处理三方面取得显著效果，处理后老浆低密度固相含量降至2%左右，黏切下降幅度高于20%，成功解决了井壁失稳问题，有效支撑了长水平段水平井安全快速钻进。

1.2.3 防漏堵漏技术

针对页岩油勘探开发过程中出现易漏、易塌、高温、高压以及腐蚀性地层等工程难点问题，研发了以膨胀管裸眼封堵和膨胀管井筒重构为核心的页岩油气井膨胀管工程技术[20]。膨胀管裸眼封堵技术是通过下入膨胀管来代替技术套管，形成等尺寸临时井壁，起到封隔井下漏、塌以及异常高压等作用，形成的临时井壁具有封堵性好、井壁稳定性好以及快捷有效的优点，高钢级膨胀管材料胀后强度N80，形成满足152.4~333.4mm井眼的8种规格系列，应用十余井次，有效解决了恶性漏失、高低压同层等钻井难题；膨胀管井筒重构可实现高质量井筒重构，支撑高效重复压裂。膨胀管井筒重构技术，适用127mm和139.7mm等规格生产套管，环空承压大于90MPa。

漏失精准预测与诊断技术在漏层位置及漏失性质预测方面准确度91%，缝宽预测准确度93%[21]；纳微米孔缝自适应封堵防漏技术的水基自适应防漏钻井液体系承压10MPa，油基自适应防漏钻井液体系砂盘平均滤失量1.5mL，防漏成功率92%；复杂裂缝地层承压堵漏技术的智能响应型堵漏材料正向及反向承压能力均大于20MPa，抗高温高强度剪切触变凝胶堵漏材料抗温180℃，10mm裂缝封堵承压14.7MPa，一次堵漏成功率78%。目前该三项防漏堵漏技术已成功应用了25井次，防漏堵漏效果显著。

1.3 固井技术

为适应国内页岩储层埋藏深、温度高、压力高、井壁稳定性差的地质特征以及大规模重复压裂的开发方式，以抵抗高温及大温差、提高水泥石弹性及强度、提高地层适用性等为固井液设计重点，结合配套固井工艺以及智能化软件开发，逐渐形成了自主化和创新化的成套页岩油固井关键技术[22-23]。

1.3.1 页岩油气水泥浆体系

针对高温及大温差条件下水泥浆"超缓凝"、水泥石强度衰减快等问题研发了最高抗温230℃，温差大于100℃的固井水泥浆体系；设计了"高强度、低弹模"的韧性水泥，着重克服重复压裂工况下井筒完整性失效问题，抗温200℃以上，弹性模量较原浆水泥石降低20%~40%，抗压强度高于50MPa；针对页岩油原位转化开发，设计了抗温600℃、抗压强度60MPa以上的硅酸盐水泥浆体系；研发了驱油型抗污染冲洗隔离液、全通径漂浮接箍与漂浮下套管技术、可试压趾端滑套等技术，解决了长水平井下套管及首段传输射孔困难、普通水泥石脆性大、油基钻井液条件下界面胶结差等难题，有效支撑了长庆等页岩油水平井高质量建井。

1.3.2 页岩油气固井软件

针对固井工程自动化、信息化程度低等问题，瞄准"大数据+人工智能"发展新趋势，聚焦数字化转型智能化发展新要求，研发了AnyCem®固井软件平台与自动化固井作业关键装备，有效消除了先进固井软件对国外的依赖性。套管安全下入、施工压力等模拟仿真符合率不小于90%；数字化管理分析模块提升工作效率30%；自动化固井工艺技术，在长庆页岩油等应用100余井次，水泥浆密度控制精度±0.01g/cm³，流程切换时间小于2s，远控成功率100%。

1.4 增产改造技术

针对页岩储层层理发育、非均质性强等特点，通过不断地技术探索和创新，在地质工程一体化的压裂技术、光纤监测数据解释技术、页岩油连续管作业装备等方面取得了重要的进展[24-26]。

1.4.1 基于地质工程一体化的压裂技术

根据"多层系、立体式、大井丛、工厂化"的压裂改造理念，创建了大平台多井交错布缝工厂化设计与实施技术。在压裂方案上，形成了以"小簇距+多簇射孔+高强度加砂+大排量泵注+石英砂替代陶粒+暂堵转向"技术组合为核心的体积压裂工艺2.0；自主研发的FrSmart压裂设计软件，实现地质力学建模、裂缝和产能模拟、经济评价之间数据无缝衔接，为压裂方案的优化提供了重要的支撑；中国石油勘探开发研究院以分子设计、纳米粒子为抓手，研发了低浓度变黏滑溜水，具有增黏速度快、实时变黏、降阻率高、配制简便等特点；以"经济导流能力"理念为引导，持续推进低成本石英砂、小粒径石英砂应用；压裂电驱压裂撬、自动破袋输砂装置已经取得成熟应用，电驱压裂撬技术指标国际领先，研发了可溶桥塞等高性能压裂工具；中国石油工程技术研究院有限公司（以下简称工程院）针对页岩油储层特性建立了储层精细评价、压裂参数优化及压后评估相融合的地质工程一体化精细压裂技术，研发了基于岩屑基因的岩石力学解释技术，提升地质力学模型解释精度；融合物探、钻测录、压裂施工、试油试采数据等利用大数据分析评估储层可压性、可产性，精细划分储层品质；采用大数据挖掘技术，开展数据—模型双驱动优化压裂参数设计，形成地质—工程一体化提产设计平台，在新疆油田玛湖区块、吉木萨尔区块、大庆古龙页岩油区块进行的推广应用，应用井次25个平台146井次，施工成功率100%。

1.4.2 光纤监测数据解释技术

针对多簇裂缝起裂情况认识不清、压后效果不明等技术难题，研发形成了光纤监测数据处理解释软件，配套了套内泵注光缆（低成本、高作业效率、成功率高、300℃）和高精度信号监测设备。其中 AnySense 光纤监测解释软件具备压裂进液进砂、井筒漏失、两相流产液剖面、暂堵有效性评价等解释功能；高精度调制解调设备 DTS 分辨率 0.01℃，空间分辨率 0.12m；DAS 设备频率范围 0.005~50kHz，空间精度 1m，在新疆、辽河等油田现场应用 3 井次。光纤监测数据解释技术和井下电视监测技术已经实现对多簇压裂开启均匀程度和进液进砂的量化解释，可控源电磁监测技术和井筒听诊技术也取得重要进展并开展现场试验，为储层改造提供了"度"的深化与"质"的提升。

1.4.3 连续管作业装备

研制了 LG450/50-6600 车装连续管作业机，在页岩油气储层改造、降本增效等方面都取得了良好的效果，已成为页岩油高效开发的必备利器。中石油工程院自主攻关开发了连续管快速修井、储层改造、测井、完井试油、采油采气 5 大技术系列 53 种工艺技术，研制了水力振荡器、跨隔封隔器等关键工具，对比常规方式，在作业效率方面提升了 3~4 倍，降低成本 40% 以上。基本建成了大庆、新疆、长庆等连续管储层改造及快速修井作业示范区，最大作业井深 7392m（克深 13），最大水平段 3931m（桃 2-6-30H1 井）[27]。

2 与北美页岩油钻完井技术对标及面临的挑战

北美经过两次页岩革命历经四个阶段，将"水平井＋水力压裂"技术应用到页岩油气的开采中，形成了一批适用于页岩开发的关键技术和装备，目前正在向着自动化、数字化、人工智能等方面发展[28]。通过与北美页岩油钻完井技术对比分析，找到适合我国页岩油开发的主体工艺技术，是未来中国页岩油革命取得成功的关键。

2.1 关键指标对标

国内外页岩油开发均大平台立体为主，布井方式、井身结构基本相当，但国内在平均水平段长度、钻遇率等方面与北美尚有差距，见表 1[29-30]。

表 1 国内外页岩油开发对比表

对标名称	国内现状	国外现状
布井模式	页岩油平台采用平台多层系布井，单台 6~8 口井，最多 31 口	页岩油平台采用平台多层系布井；平均平台井数 4 口，最多 15 口
井身结构	页岩油井身结构通常以二开为主，部分井采用三开井身结构，采用 5½in 套管完井	页岩油井身结构由三开优化为二开，采用 5½in、5in 或 4½in 套管完井
井深/水平段长	页岩油井平均井深 4999.3m，水平段长 1642~2240m	页岩油井平均井深 5900m，平均水平段长 2859m
钻井周期	页岩油井平均钻井周期 17.8~38d	页岩油井平均钻井周期 13d

2.2 各项技术对标

2.2.1 钻井装备

我国已形成了页岩油开发钻完井装备体系，相较于国外，PDC钻头的耐磨性、抗冲击性、热稳定性仍存在差距，旋转导向系统的造斜率与耐高温性能与国外存在较大差距，自动化钻机的装备、工具智能化程度也有一定差距，见表2。

表2 钻井技术国内外对比表

技术名称	国内现状	国外现状
高效PDC钻头	国内形成选择性超深靶向脱钴工艺，研制出多种PDC钻头，取得积极进展；页岩水平段单趟进尺普遍不超过1500m	材料、设计和制造工艺发展迅速，技术不断推陈出新，耐磨性、攻击性强，占领大部分高端市场；全面实现二开造斜段+水平段（大于3000m）一趟钻，单趟最高进尺达6215m
旋转地质导向	突破旋导向模块结构设计等核心技术，研制出推靠式旋转导向系统，耐温150℃，稳定造斜率10°/30m，指向式旋导尚处于样机试验阶段	推靠式、指向式和复合式导向工具较为成熟，如Archer、AutoTrak Curve、iCruise、NeoSteer等七类工具，尺寸规格齐全，耐温175℃以上，最高造斜率18°/30m
自动化、智能化钻井	研发了"一键式"7000m自动化钻机，实现了起下钻等工况流程化作业，自动送钻，地面、二层台无人化	研发了钻台机器人、起下钻自动控制、自动送钻系统、自动控压钻井等规模化应用

2.2.2 钻井液技术

与国外相比，水基钻井液长水平段摩阻高、井壁稳定性差；油基钻井液专用堵漏材料正在加大攻关配套；膨胀管尺寸和膨胀后钢级达到国际先进水平，但是与国外的大管径和高钢级膨胀管仍然存在一定的差距，见表3。

表3 钻井液及防漏堵漏关键技术国内外对标

技术名称	国内现状	国外现状
水基钻井液	形成低固相防塌、反渗透高性能水基钻井液；水平段突破5060m	针对个性化钻井液设计：区块不同，设计不同，体系丰富；水平段超过5000m
油基钻井液	以常规柴油/白油基钻井液为主；水平段最长达3583m	无土相油基、合成基钻井液应用广泛，ECD控制好；水平段超过6339m；纳米封堵材料丰富，固控设备稳定性高
防漏堵漏	水基凝胶材料有突破，油基堵漏材料需要加快配套；膨胀管堵漏成功应用16井次，胀后钢级N80，管径最大ϕ299mm	形成"封尾"和"应力笼"等机理；材料丰富，包括部分油基堵漏材料和可固化材料；旁通阀和膨胀管现场应用广泛，胀后钢级最高P110，管径最大ϕ406mm

2.2.3 固井技术

国内水泥浆/隔离液的综合性能与国外的基本相当；自动化固井技术达到国际领先水平；但是针对水泥环完整性分析软件商业化方面我国与国外存在较大的差距，目前国外已有成熟的固井全过程分析软件，国内大数据、智能化固井软件与国外存在差距，见表4。

表 4 国内外固井完井技术对比表

技术名称	国内现状	国外现状
韧性水泥浆	密度 1.20~2.50g/cm³；抗温 240℃；弹模量 4~8GPa；强度 20~40MPa	密度 1.10~2.50g/cm³；抗温 232℃，弹性模量 3~8GPa；强度 14~35MPa
驱油型冲洗隔离液	密度 1.10~2.55g/cm³；抗温 220℃	密度 1.10~2.60g/cm³；抗温 204℃
井筒密封完整性模拟分析	初步建立水泥环完整性力学模型	开发了商业 WellLifeAnalysis 等全过程固井分析软件
自动化固井技术	AnyCem® 自动化固井装备及配套软件涵盖固井设计仿真、自动化作业和装备监控、信息管理等，软硬件一体化自动化固井成套装备首次实现全过程无缝衔接自动化固井作业	涵盖固井施工全流程设计、科学分析、施工数据采集功能；未见固井全过程施工自动化固井成套装备

2.2.4 压裂技术

我国通过多年的技术攻关，已逐渐形成了适合陆相页岩油储层的压裂改造模式和技术体系，在改造段长、簇间距、簇数、用液和加砂强度等参数与国外基本相当；但混砂、输砂车集成化自动化程度较低，劳动强度大；压裂软件、压裂设备自动化控制、自适应工控软件及管汇系统集成化方面与北美存在差距；采用水平井开发产量递减快，有效的开发配套技术及合理的开发工作制度还需要进一步研究探索，见表 5。

表 5 压裂技术国内外对比表

技术名称	国内现状	国外现状
压裂工艺	水平段长：1500~2000m；段数：20~60 段；段间距：50~80m；簇间距：5~15m；加砂强度：2~4t/m；总裂缝条数：190~340；裂缝密度：80~160 条/1000m	水平段长：平均 3000~3500m；段数：50~100段；段间距：50~70m；簇间距：10~15m；加砂强度：3~5t/m；总裂缝条数：410~650；裂缝密度：164~186 条/1000m
压裂液与支撑剂	研发用于速溶瓜尔胶粉末混配设备，无法实现在线混配，没有人工聚合物减阻剂配制设备	突破人工聚合物干粉减阻剂快速熟化配液技术，可在线连续混配
压裂软件	地质工程一体化压裂系统软件 FrSmartV1.0，具备一维地质力学建模、水力压裂模拟、压后产能模拟、经济评价、数据库、实时决策	多套商业压裂软件，三维地质力学建模、水力压裂模拟、实现非平面三维裂缝模拟、嵌入式离散裂缝压后产能模拟
压裂装备、管汇及工具	电驱压撬 7000HH；地面装备控制方面依靠人工操作；管汇管路复杂、阀门基本为机械式开关；全可溶桥塞适用温度 45~150℃	电驱压撬 5500HHP、柴油撬 2250HHP；初步实现压裂泵车自适应调节能力；iComplete管汇系统，自动开关阀门；全可溶桥塞适用温度 50~150℃
压裂监测及矿场试验	初步形成套外光纤电缆技术及采集设备；国内高精度压力计技术尚不成熟，光纤监测解释软件不成熟，频宽 1~10kHz	研制管内低成本泵注光纤技术及采集设备；高精度压力计灵敏度最高 0.01psi；光纤监测解释软件成熟，频宽 0.1~50kHz

2.3 页岩油钻完井技术面临的挑战

随着勘探开发不断向深层进军，页岩储层面临着高温、高压、高孔隙压力以及非均质性强等复杂工况，给页岩油高质量开发带来了巨大的挑战。

（1）页岩油井壁失稳、井漏及钻具阻卡问题突出，导致页岩油"甜点"钻遇率及"一趟钻"成功率偏低。

中国页岩油储层具有横向非均质性强且"甜点"厚度薄的特点，导致平均储层钻遇率相比国外较低；储层垂深达到 4000m 以深，井底循环温度最高达 167℃，对工具耐温、使用寿命、钻井液性能等均提出了巨大挑战。目前国内对于关键工具的使用寿命和抗温性能都还不能完全满足"一趟钻"的需求，"一趟钻"施工比例较北美还有一定差距。

（2）国内页岩油压裂面临的地质条件更加复杂，降本增效难度增大。

随着页岩油气向深层进军，地质条件更加复杂，套变严重影响建产。页岩油单井 EOR、EUR 和产量总体偏低，单井产量差异大，亟待在低成本滑溜水、立体压裂监测与调控、矿场压裂试验等方面加强攻关，推进经济压裂、精细调控、精确造缝，实现压裂开发效益建产。

3 页岩油钻完井技术发展对策及展望

（1）持续推进关键技术装备攻关与应用。

构建"探索一批、研发一批、转化一批"的总体框架，加速研发形成具有自主知识产权的高造斜率、耐高温旋转导向工具与控制系统，攻克国外"卡脖子"技术，降低工程成本，为页岩油长水平段水平井钻井提供保障；研发升级带伽马成像、边界探测功能和适用于油基钻井液的近钻头地质导向系统等关键技术，打造集建模、轨道测控、综合评价为一体的智能旋转地质导向与决策系统，实现井筒智能导航，保障储层钻遇率和提速。全面提升工程技术对页岩油高效经济开发的支撑作用，工程装备助力我国页岩革命。

（2）加速推动体积压裂 2.0 向 3.0 全面升级。

完善"多层系立体式"大规模压裂技术，结合我国页岩油气层系多、厚度大、薄互层特征，利用多数据源、多方法联合，优化立体井组压裂顺序、完善压裂工艺，提升改造效果，降低施工成本。加强不同页岩储层裂缝扩展、滑溜水携砂及缝内支撑等基础研究，形成适用于不同类型页岩油的压裂优化设计技术；攻关分布式光纤、井下电视等监测和解释技术，定量评价多簇裂缝开启及延伸，促进压裂设计迭代升级；全面研发数智化压裂设备、工具、材料，加快电驱压裂应用，攻关国产压裂软件升级并替代国外软件，打造绿色低碳、自动化智能化的体积压裂 3.0。

（3）开展颠覆性原位改质技术研发。

我国中—低成熟度页岩有机质丰富，在地下加热后可大规模转化为轻质油和天然气，资源潜力巨大，原位转化是实现中低熟页岩油工业化开发的可行技术，但面临单井产量低、能量投入较大、经济效益比较差的挑战，探索高效、经济的中—低成熟度页岩油原位开发新技术是必然趋势。但目前相关科学问题和理论技术尚未突破，需要进一步探讨完善页岩油原位加热方式、超临界水原位转化技术，建立中—低成熟度页岩油—新能源融合发展模式，实现中低熟页岩油开发的清洁能源替代。

（4）大力推进数字化转型、智能化发展。

积极探索人工智能应用场景，建立人工智能、云计算与石油行业深度融合新模式，完善远程决策支持系统，加快向智慧工程、智能技术转型升级，为增储上产、降本增效提供新动能。研制钻井智能决策与优化控制系统、压裂工控软件系统、智能钻机与压裂装备、智能化井下工具等为代表的智能软件、装备、工具等，大幅降低油气开采成本，提高单井产量。

4 结论与建议

美国依靠页岩革命实现了能源独立，大力开发页岩油资源是中国油气发展的必经之路。

页岩油规模效益开发离不开工程技术进步，中国页岩油革命取得成功要有技术的迭代升级、开发理念的跨越突破以及组织管理模式的转变。应聚焦页岩油高效开发、资源经济有效动用的关键瓶颈，深化从理论到应用全方位创新，着力"卡脖子"技术攻关，打造页岩油水平井开发技术"利剑"。持续在成熟技术集成推广、关键核心技术攻关示范、形成多学科融合体系等方面创新突破，学习借鉴北美的开发理念和先进技术，不断迭代升级超长水平段"一趟钻"集成配套技术、体积压裂3.0技术，打造超长水平井原创技术策源地和产业链，提升油气井全生命周期的价值链，助力中国陆相页岩油规模高效经济开发，为保障国家能源安全做出新贡献。

参 考 文 献

[1] 袁士义，雷征东，李军诗，等.陆相页岩油开发技术进展及规模效益开发对策思考[J].中国石油大学学报（自然科学版），2023，47（5）：13-24.

[2] 孙龙德，刘合，朱如凯，等.中国页岩油革命值得关注的十个问题[J].石油学报，2023，44（12）：2007-2019.

[3] 赵文智，朱如凯，刘伟，等.中国陆相页岩油勘探理论与技术进展[J].石油科学通报，2023，8（4）：373-390.

[4] 刘斌.我国陆相页岩油效益开发对策与思考[J].石油科技论坛，43（2）：46-57.

[5] 刘合，匡立春，李国欣，等.中国陆相页岩油完井方式优选的思考与建议[J].石油学报，2020，41（4）：489-496.

[6] 吴裕根，门相勇，王永臻.我国陆相页岩油勘探开发进展、挑战及对策[J].中国能源，2023，45（4）：18-27.

[7] 赵群，赵萌，赵素平，等.美国页岩油气发展现状、成本效益危机及解决方案[J].非常规油气，2023，10（5）：1-7.

[8] 李国欣，朱如凯.中国石油非常规油气发展现状、挑战与关注问题[J].中国石油勘探，2020，25（2）：1-13.

[9] 刘维，高德利.PDC钻头研究现状与发展趋势[J].前瞻科技，2023，2（2）：168-178.

[10] PHILIP H, PETE S, BOB F. America's energy future reshaped by oil, gas supplies from tight rock formations[EB/OL].（2018-04-01）.

[11] 杨金华，郭晓霞.页岩水平井一趟钻应用案例分析及启示[J].石油科技论坛，2018，37（6）：32-35，60.

[12] 张炜，王小宁.斯伦贝谢公司NeoSteer近钻头旋转导向系统[J].测井技术，2021，45（5）：463.

[13] 陈国宏，吴占民，陈立强.智能旋转导向工具iCruise在海上油田中的应用[J].北京石油化工学院学报，2023，31（1）：14-21.

[14] 光新军，叶海超，蒋海军.北美页岩油气长水平段水平井钻井实践与启示[J].石油钻采工艺，2021，43（1）：1-6.

[15] 朱丽华.NeoSteer新型导向系统[J].钻采工艺，2020，43（2）：114.

[16] 潘兴明，张海波，石倩，等.CGDS近钻头地质导向钻井系统搭载伽马成像技术[J].石油矿场机械，2021，50（1）：84-88.

[17] 张锦宏.中国石化页岩油工程技术现状与发展展望[J].石油钻探技术，2021，49（4）：8-13.

[18] 王青，张颢，韩基胜，等.吉木萨尔页岩油水平井钻井优化技术[J].西部探矿工程，2023，35（11）：64-68，73.

[19] 房伟超.致密砂岩油气藏高效稳定钻井液技术研究[J].西部探矿工程，2023，35（10）：43-46.

[20] 冯定，王高磊，侯学文，等．膨胀管技术研究现状及发展趋势［J］．石油机械，2022，50（12）：142-148．

[21] MAGALHAES S C, BORGES R F O, CALCADA L A, et al. Development of an expert system to remotely build and control drilling fluids[J]. Journal of Petroleum Science and Engineering, 2019, 181: 106033.

[22] 齐奉忠，冯宇思，韩琴．国内外固井技术发展历程与研究方向［J］．石油科技论坛，2018，37（5）：35-39，44．

[23] 江乐，程思达，段宏超，等．基于AnyCem系统的自动化固井技术研究与应用［J］．石油钻探技术，2022，50（5）：34-41．

[24] 曾凡辉，郭建春，刘恒，等．北美页岩气高效压裂经验及对中国的启示［J］．西南石油大学学报（自然科学版），2013，35（6）：90-98．

[25] 雷群，胥云，才博，等．页岩油气水平井压裂技术进展与展望［J］．石油勘探与开发，2022，49（1）：166-172，182．

[26] WEIJERS L, WRIGHT C, MAYERHOFER M, et al. Trends in the North American Frac Industry: Invention through the Shale Revolution[R]. SPE 194345, 2019.

[27] 刘寿军．国产连续管作业机的研究现状及应用［J］．焊管，2023，46（7）：29-37．

[28] 雷群，翁定为，管保山，等．中美页岩油气开采工程技术对比及发展建议［J］．石油勘探与开发，2023，50（4）：824-831．

[29] 王敬，魏志鹏，胡俊瑜．中国页岩油气开发历程与理论技术进展［J］．石油化工应用，2021，40（10）：1-4，18．

[30] ROBERT L K, SERGEY P, CHARLES K E, et al. Tight oil devel-opment economics: benchmarks, breakeven points, and elasticities [EB/OL]. (2016-12-01).

陆相高黏土页岩储层水平井井壁稳定技术研究

邹灵战[1]，汪海阁[1]，李吉军[2]，杨 浩[3]，刘 刚[1]，韩 宇[3]

(1. 中国石油集团工程技术研究院有限公司；2. 大庆钻探工程公司；
3. 中国地质大学(北京))

摘 要：针对古龙陆相高黏土页岩储层在井斜超过 60° 后发生严重井壁垮塌问题，通过岩心三轴强度、扫描电镜(SEM)、X 射线衍射分析黏土矿物组分、润湿性测定、浸泡清水对强度影响等实验测定，研究了页岩矿物组成、微观孔缝特征、力学特性、水化特性、吸附特性，揭示了古龙页岩井壁失稳主导机理，页理面每米多达 2000 个，页理面是强度弱面，水平井钻井时井壁围岩强度下降到直井的 1/6，易发生剪切破坏，坍塌压力高；页岩的黏土矿物组分含量高达 40%，以伊利石为主，页理面上伊利石定向排列，易受表面水化作用影响丧失黏聚力；页岩纳微米孔缝发育，具有亲水亲油的特性。制定了井壁稳定配套措施，力学上确定合理钻井液密度平衡坍塌压力；采用油基钻井液消除黏土矿物的表面水化，配合纳微米的广谱封堵，维持良好的钻井液流变性。现场应用获得成功，有效解决了陆相纯页岩井壁失稳问题，水平段长突破 2500m，钻完井作业顺利。

关键词：陆相页岩油；水平井；井壁稳定

古龙页岩油具有优越的地质条件和巨量的资源基础，勘探开发前景广阔，是大庆油田的重要接替领域，青山口组一段和二段页岩油资源丰富，实现了战略意义的勘探突破[1-3]。古龙页岩油为典型的原生原储原位油藏，页岩储层主体是纯页岩型，不同于国内外其他类型页岩油，尚无大规模商业开发的成功案例。北美海相致密油、页岩油开发往往是在页岩层系中选取致密夹层作为开发目的层，借助于长水平段体积压裂模式进行商业开发[4-6]，国内的吉木萨尔芦草沟组、鄂尔多斯长 7 段页岩油同样是借鉴了北美的经验[7]。古龙页岩油作为全新的资源类型，国内外尚无可复制套用的现成地质理论、开发和工程技术。对钻完井而言，在纯页理型页岩储层钻长水平段，钻井的井壁稳定面临着很大挑战。

在大位移井和水平井中，需要考虑地应力和井眼轨迹对井壁稳定性的影响，类似的研究方法已经成熟。在层理性页岩储层，还存在层理弱面的力学特性，在大斜度井眼状况下，层理面容易发生剪切破坏，坍塌压力大大增加，井壁稳定性变差，需要提高钻井液密度来平衡坍塌压力[8-13]。页岩的黏土矿物以伊利石为主，含有少量或者不含伊蒙混层，主要发生伊利石的表面水化作用，导致层理面结构力丧失，发生坍塌[14-15]。古龙页岩油水平井，井壁垮塌一度是制约钻井安全的难题。

本文通过开展矿物含量、扫描电镜、润湿性等测试分析，系统揭示了古龙页岩油水平井井壁失稳机理，并针对性提出应对措施，为古龙页岩油水平井钻井井壁稳定性研究提供技术支撑。

第一作者简介：邹灵战，男，博士，高级工程师，在中国石油集团工程技术研究院长期从事非常规水平井井壁稳定、超深井优快钻井技术研究。E-mail: Zoulingzhandri@cnpc.com.cn

1 区域井壁失稳概况

1.1 前期水平井井壁失稳情况

统计前期 5 口已完钻水平井青山口组钻井液体系、钻井液密度、井径扩大率、事故复杂以及损失情况（表 1），发现青山口组地层极易垮塌，容易导致阻卡或卡钻，处理难度大且耗时长。英页 1H 井、古页 2HC 井主要表现为井径扩大，古页油平 1 井设计三开井身结构，三开在 3942m 处发生卡钻事故，处理时间 33.9d，打水泥回填，后于井深 2174m 处开始侧钻，提高钻井液 1.55~1.58g/cm³，本井事故复杂时效 28.8%。松页油 2HF 井三开最大井径扩大率 63.9%，钻进至井深 2367m（密度 1.44g/cm³，井斜角 87.5°）水平段时发生阻卡，后将钻井液密度提高至 1.60g/cm³ 后恢复正常，处理阻卡耗时 24.33d，通井 10.59d，完井通井耗时 64.96d，且最后 700m 井段电测无法下钻到底。

表 1 古龙页岩油水平井青山口组典型复杂情况

井号	钻井液体系	钻井液密度（g/cm³）	井径扩大率（%）	事故复杂类型	损失情况
英页 1H	油基	1.45~1.50	>48		
古页 2HC	油基	1.55~1.60	最大 69		
古页油平 1	油基	1.44~1.60		卡钻	侧钻
松页 1HF	油基	1.55	未测	阻卡	提前完钻
松页 2HF	类油基	1.44~1.60	未测	阻卡	损失 24.33d

1.2 典型井壁失稳垮塌特征

古龙页岩油井水平井青山口组井壁失稳形成的垮塌特征非常显著，且页岩垮塌受井斜影响明显，某典型井在造斜段到水平段入靶井段为页岩，该段井径曲线比较有代表性，可以看到，在 40° 井斜内时页岩井壁较为稳定，扩大率不超过 20%，随后在井斜角增至 65° 过程中井塌逐渐加剧，井斜角 65° 时井径扩大率超过 48%，大斜度段（青一段，65°~90°）严重垮塌，井径扩大率大于 48%，从该典型井可以看出，古龙页岩油的井径曲线与井斜存在相关性（图 1）。此外，细观井径局部变化，井径存在"忽大忽小"特征，反映古龙页岩储层井壁失稳机理具有独特性。

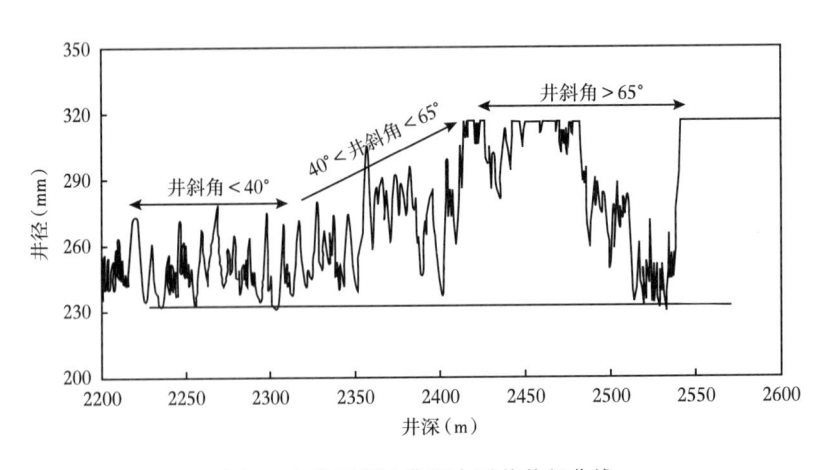

图 1 古龙页岩油典型水平井井径曲线

2 井壁失稳机理研究

（1）页岩微观细观特征。

古龙目的层为陆相纯页岩储层，岩心观察表明，页理面每米多达 2000 个，电镜观察到页理面上伊利石定向排列，形成"千层饼"状结构（图 2）。

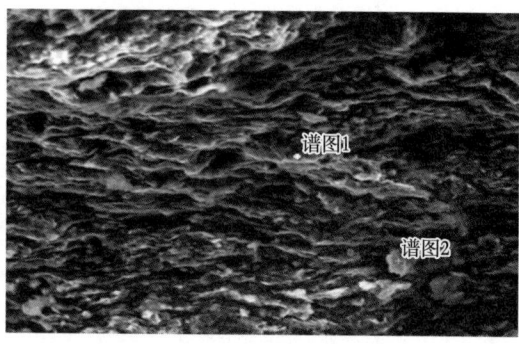

（a）照片　　　　　　　　　　（b）扫描电镜图像

图 2　古龙陆相页岩照片（a）及扫描电镜图像（b）

（2）矿物组分测定实验。

岩心全岩及黏土矿物分析结果显示古龙目的层石英等矿物含量相对较低、黏土矿物含量高，为 34.03%，黏土矿物组分中伊利石含量为 88%，伊利石定向排列形成了页理面（表 2）。

表 2　古龙陆相页岩全岩及黏土矿物含量

黏土矿物相对含量（%）				全岩定量分析（%）							
绿泥石	伊利石	伊/蒙间层	间层比	黏土总量	石英	钾长石	斜长石	方解石	铁白云石	黄铁矿	脆性矿物
6.08	88.2	5.72	10.0	34.03	28.9	1.03	18.42	5.16	9.67	3.76	47.49

（3）润湿性测试。

对古龙页岩开展润湿性测试实验，明确页岩井壁稳定对液相作用的敏感性（图 3），结果表明古龙页岩具有油水双亲特征。

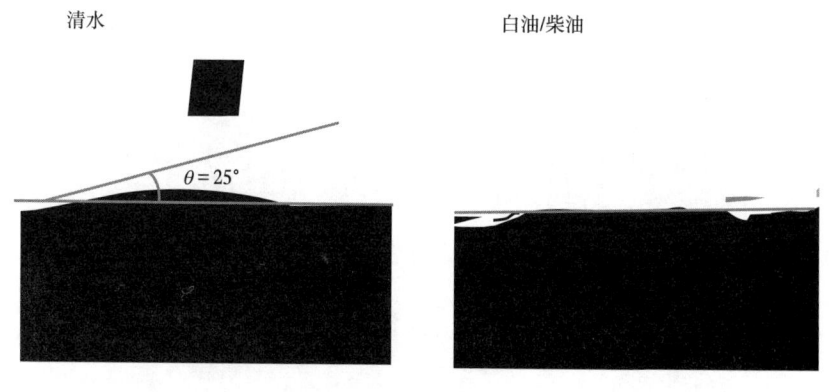

清水　　　　　　　　　　白油/柴油

$\theta = 25°$

图 3　润湿性测试

（4）孔缝特征测定。

数字岩心实验测定表明（图4），储层页岩大量发育黏土矿物的纳米和微米孔、缝，半径主要分布在200~500nm和2μm级别。

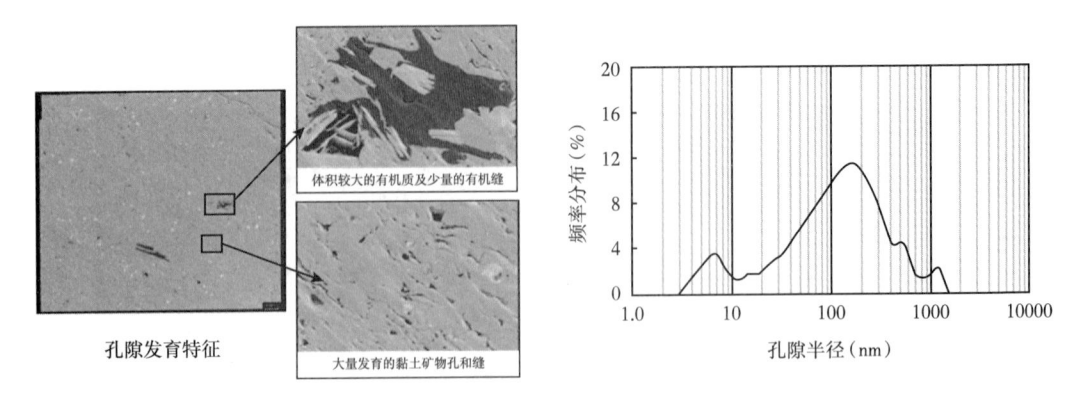

图4 古龙页岩油孔径分布情况

（5）清水浸泡实验。

古龙页岩岩心浸泡实验表明（图5），页岩能够发生表面水化作用，伊利石页理面是清水侵入的主要通道，水沿着页理面浸入岩心内部导致页理面强度降低，致使岩心发生沿页理面的断裂，质量增加7.8%。

图5 古龙页岩岩心浸泡实验

（6）页理面强度实验测定。

岩心页理面较为明显，破碎后沿层理方向形成多组小体积碎片（图6）。从岩石力学实验测定看，页岩发生剪切破坏复合弱面破坏（表3和表4）。

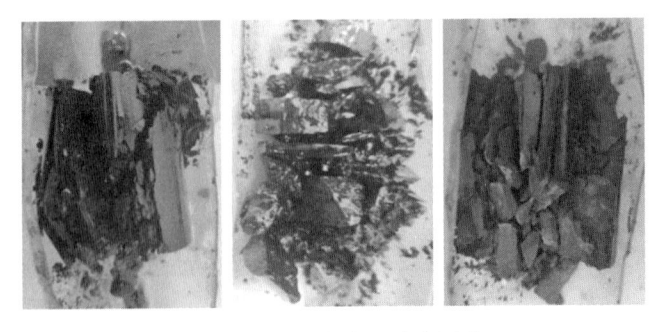

图6 古龙页岩岩心破碎图片

表3 古龙页岩油岩石力学参数

井号	层位	取心深度（m）	加载方向	围压（MPa）	杨氏模量（MPa）	泊松比	抗压强度（MPa）
古龙北544—斜436	青一	2275.17~2275.31	平行页理	0	12020.00	0.12	27.88
				12	8152.70	0.19	49.17
				24	12199.40	0.17	65.66
古693—66—斜68	青一	2317.79~2317.91	垂直页理	0	2945.10	0.26	55.79
				12	4634.10	0.18	77.21
				24	6567.30	0.18	93.68

表4 古龙页岩油岩石内聚力和内摩擦角

本体	内聚力（MPa）	内摩擦角（°）	内摩擦系数
	15.00	40.00	0.84
弱面	内聚力（MPa）	内摩擦角（°）	内摩擦系数
	5.00	20.00	0.36

由图7摩尔—库仑圆可以明确，当取样夹角 $\beta_1 < \beta < \beta_2$ 时，弱面先于本体发生破坏，因此，在大斜度井条件下，井壁岩石的强度受弱面控制，页理面优先发生剪切破坏是页岩井壁发生失稳的力学本质。

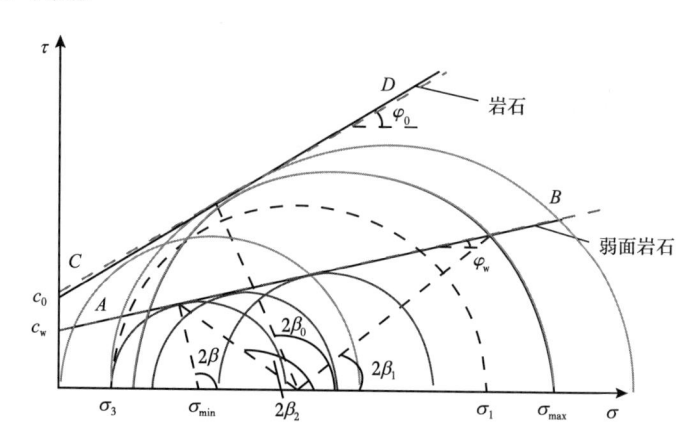

图7 弱面存在情况下的摩尔—库仑圆

基于前述实验结果分析认为，页岩井壁失稳的实质是力化学作用共同参与影响的结果，页岩井壁失稳机理主要体现在两个方面：一是页岩页理面中黏土矿物具有较强的润湿性，钻井液侵入页理面中的微纳米孔缝并持续与黏土矿物发生水化作用，导致页理面丧失结构力，页岩强度降低；二是受井斜角增加和井壁应力集中影响，弱页理面优先于页岩本体达到坍塌压力并发生剪切破坏，导致页岩力学稳定性变差。

3 页岩井壁稳定技术对策

3.1 钻井液体系性能对策

充分考虑页岩井壁失稳机理，古龙区块页岩油水平井青山口组优选油基钻井液体系，钻井液密度由以往的 1.45~1.60g/cm³ 提升至 1.68~1.72g/cm³，长水平段钻进需要保持良好的流变性，严格控制有害固相含量，保持流变性能稳定。另外，考虑到纳微米孔缝具有吸附特性，需要配套纳微米广谱封堵剂，严格控制滤失量、流变性和有害低密度固相含量。特别地，对于平台水平井重点考虑到油基钻井液重复利用，长水平段钻进后需要加入新浆，重新调整性能，体系性能要求中区分了起步性能和水平段完钻性能，更具有现场指导意义，见表 5。

表 5 古龙页岩油钻井液性能参数

古龙页岩油油基钻井液性能		造斜段和水平段起步性能	水平段完钻性能
力学平衡	钻井液密度（g/cm³）	1.65~1.70	1.68~1.72
流变性	Φ6 读数	4~8	8~20
	漏斗黏度（s）	≤ 60	≤ 80
	动切力（Pa）	4~8	10~18
	塑性黏度（mPa·s）	≤ 30	≤ 45
滤失造壁性	HTHP 失水（110℃）（mL）	≤ 3	≤ 2
固相含量	固相含量（%）	≤ 32	≤ 38
	有害低密度固相含量（%）	≤ 4	≤ 8

3.2 现场应用效果

通过合理选调钻井液密度、油基钻井液和良好的流变性能，古龙页岩油水平井的井壁稳定难题得到了大大改善，为井下安全提供了保障。典型井的井径曲线如图 8 所示，该井水平段长 2500m，相比较初始阶段，井斜大于 60° 后的垮塌问题得到有效治理，井径曲线较为规则，平均井径扩大率在基本 10% 以内。虽然个别井段的井径仍有明显扩大（大于 10%），但钻井中没有发生阻卡复杂现象，完井下套管作业顺利。

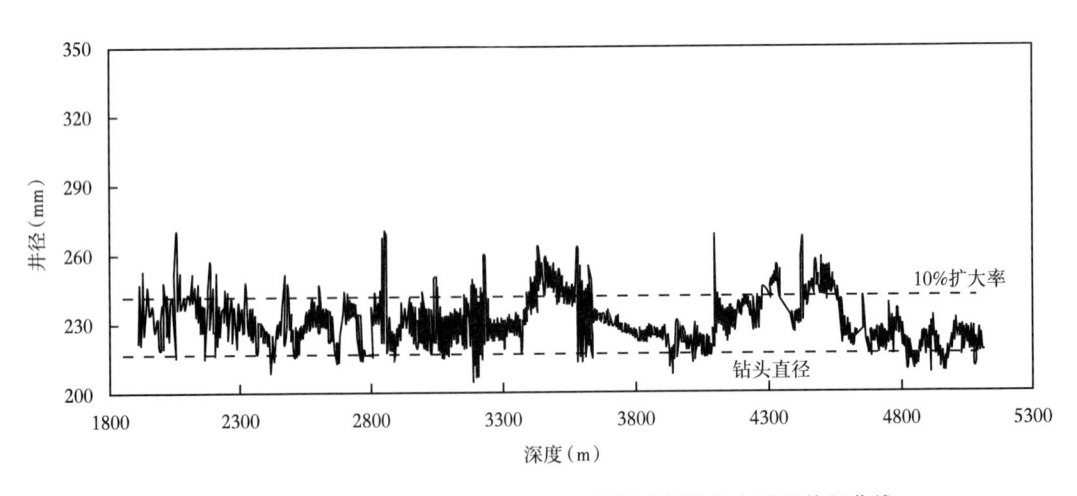

图 8 古龙页岩油水平井三开 215.9mm 井眼造斜段和水平段井径曲线

4 认识与建议

本研究通过扫描电镜、润湿性测试等手段系统研究得到古龙页岩储层水平井井壁失稳机理，明确该页岩地层井壁失稳的主要力学机理是弱面强度降低；岩矿和理化机理是地层伊利石定向排列，形成"千层饼"状结构，清水浸泡后容易发生表面水化作用，页理面强度丧失。针对该地层特点，确定了合理的钻井液密度用于平衡地层压力；采用油基钻井液提高对地层水化的抑制性，同时优化油基钻井液的乳化稳定性、提高封堵性降低高温高压滤失、控制黏度、切力和塑性黏度保持优良的流变性能。这些技术措施应用在水平井钻井中，页岩储层井壁稳定得到大大改善，井径扩大率控制在10%以内，水平段长度突破2500m，为优快钻井提供了井下安全保障。

参 考 文 献

[1] 孙龙德，刘合，何文渊，等.大庆古龙页岩油重大科学技术问题与研究路径探析[J].石油勘探与开发，2021，48（3）：453-463.

[2] 冯子辉，柳波，邵红梅，等.松辽盆地古龙地区青山口组泥页岩成岩演化与储集性能[J].大庆石油地质与开发，2020，39（3）：72-85.

[3] 何文渊，蒙启安，冯子辉，等.松辽盆地古龙页岩油原位成藏理论认识及勘探开发实践[J].石油学报，2022，43（1）：1-14.

[4] 周庆凡，金之军，杨国丰，等.美国页岩油勘探开发现状与前景展望[J].石油与天然气地质，2019，40（3）：469-477.

[5] CHO Y, EKER E, UZUN I, et al. Rock characterization in unconventional reservoirs: A comparative study Bakken, Eagle Ford, and Niobrara formations[R]. SPE 180239, 2016.

[6] GUPTA I, RAI C, SONDERGELD C H, et al. Rock typing in Eagle Ford, Barnett, and Woodford Formations[J]. SPE Reservoir Evaluation and Engineering, 2018, 21（3）: 654-670.

[7] 付金华，牛小兵，淡卫东，等.鄂尔多斯盆地中生界延长组长7段页岩油地质特征及勘探开发进展[J].中国石油勘探，2019，24（5）：601-614.

[8] 金衍，陈勉，柳贡慧，等.大位移井的井壁稳定力学分析[J].地质力学学报，1999，1：6-13.

[9] 邓金根，蔚宝华，邹灵战，等.南海西江大位移井井壁稳定性评估研究[J].石油钻采工艺，2003，6：1-4，83.

[10] CHENG R C, WANG H G, ZOU L Z, et al. "Achievemengts and Lessons Learned from a 4-Year Experience of Extended Reach Drilling in offshore Dagang Oilfild, Bohai Basin, China"[J]. SPE/IADC 140024.

[11] 邹灵战，汪海阁，张红军，等.大港滩海大位移井井壁稳定技术研究[J].重庆科技学院学报（自然科学版），2012，14（5）：80-82，95.

[12] 任铭，汪海阁，邹灵战，等.页岩气钻井井壁失稳机理试验与理论模型探索[J].科学技术与工程，2013，13（22）：6410-6414，6435.

[13] 刘敬平，孙金声.页岩气藏地层井壁水化失稳机理与抑制方法[J].钻井液与完井液，2016，33（3）：25-29.

[14] 谢刚.黏土矿物表面水化抑制作用机理研究[D].成都：西南石油大学，2020.

[15] 李茂森，刘政，胡嘉.高密度油基钻井液在长宁——威远区块页岩气水平井中的应用[J].天然气勘探与开发，2017，40（1）：88-92.

[16] 王建华，张家旗，谢盛，等.页岩气油基钻井液体系性能评估及对策[J].钻井液与完井液，2019，36（5）：555-559.

[17] 张高波，高秦陇，马倩芸.提高油基钻井液在页岩气地层抑制防塌性能的措施[J].钻井液与完井液，2019，36（2）：141-147.

页岩油宽幅电泵结构设计与优化

周雨田[1]，高　扬[1,2]，赵晓洁[1]，孙延安[2,3]，

郝忠献[1]，钱　坤[2,3]，魏松波[1]，郑东志[3]

（1. 中国石油勘探开发研究院；2. 多资源协同陆相页岩油绿色开采全国重点实验室；
3. 大庆油田有限责任公司采油工艺研究院）

摘　要：为优化页岩油用电潜泵系统举升性能，本文针对电潜泵叶导轮和压缩气体处理器展开了设计参数分析和结构优化，创新形成了一套宽排量电潜泵系统设计优化方案。基于实验设计与工程经验方法确定电潜泵重要设计参数，利用 CF Turbo 软件对叶导轮结构进行优化设计，基于 Fluent 对多种设计方案进行全流场数值模拟，完成优选；通过 Pro-E 软件建立气液分离器和气体压缩器模型，采用单因素分析法确定了其结构参数对性能的影响并进行结构优化。最后开展室内及现场实验评价，结果显示优化泵排量覆盖 20~200m³/d，最高泵效达 67.29%，三级新设计泵入口含气率由 50% 下降至 41.11%，满足气液比 500m³/m³ 范围内高效举升。

关键词：叶导轮；宽排量电潜泵；优化设计；页岩油开发

随着油气勘探开发力度不断加大，非常规油田的开发难度不断增加，对石油装备性能要求不断提高[1-2]。页岩油作为非常规油田的开发代表，面临着单井产量波动大、递减快和油井深度大、气液比大等复杂工况，常规抽油机和螺杆泵难以有效应对[3]。目前国外页岩油开发广泛采用宽幅电泵进行举升，从而维持井底合理流压生产[4-5]。

电潜泵技术作为一种无杆采油技术，具有高扬程、排量适应范围广、耐高温等特点。目前国外对于宽排量电潜泵的研究比较成熟，以贝克休斯公司产品为例，该宽幅泵相比于普通泵，具有高扬程、宽幅排量、耐高气液比、耐高温等特点[6-7]。叶导轮作为电潜泵关键核心部件，是提升电潜泵水力性能的重要结构[8-9]。通过对叶导轮的参数进行分析，并运用流场分析得到的数据对设计进行优化，能够得到水力性能优良的叶导轮结构[10-11]。本文应用数值模拟软件，对宽排量叶导轮和气液分离器开展了结构设计优化和流场分析，同时针对高气液比环境优化了压缩气体处理器的结构，结合室内模拟实验，验证了整体系统的性能，并成功实现现场应用。

1　宽幅叶导轮优化设计

1.1　整体思路

本文在已有的电泵设计理论基础上，对叶轮和导叶两个主要水力部件进行了几何参数设计，在满足最终设计要求的情况下，实现了四个主要部分的内容：基于理论公式的主要几何参数预选、基于装配结构的几何参数调整、基于计算流体力学的水力模型性能预测和实验验证。

结合大庆油田页岩油井基本情况，在产量、井深、井况和机组尺寸等因素的考虑下，确

第一作者简介：周雨田（1999—），男，中国石油勘探开发研究院，博士。通讯地址：北京市海淀区学院路 20 号，邮编：100083。

定了以泵流量 20~200m³/d，套管内径 118mm，机组外径 98mm，扬程 2500m，满足最大气液比 500m³/m³ 的设计需求，预设了宽幅电泵的初始参数，见表1。

表1　20~200m³/d 型潜油电泵初始预设参数

参数	额定流量 Q（m³/d）	单级扬程 H（m）	额定转速 n（r/min）	额定效率 η（%）	轴功率 P（kW）	单级扬程（m）
数值	140	5.66	2917	65	6.7	5.66

其中叶导轮的设计优化流程如图1所示。

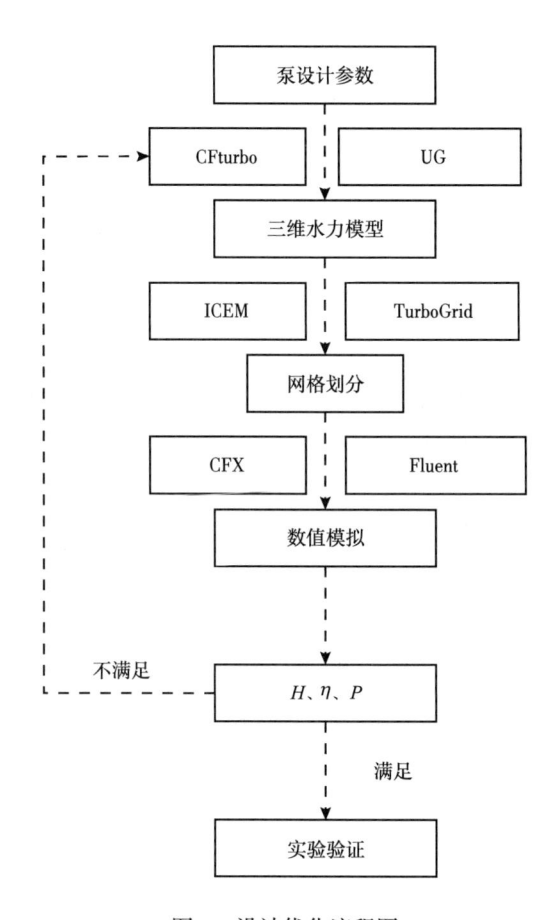

图1　设计优化流程图

1.2　叶导轮关键参数分析

由于潜油电泵结构的特殊性，传统的离心泵设计方法并不能满足设计要求。本文在关醒凡与 Gulich 离心泵设计方法的基础上，结合工程经验，建立了包括叶轮进口流速、叶轮进出口直径、叶轮出口宽度、叶片数、叶片进出口安放角和导叶进出口安放角等泵关键参数与多工况水力性能间的映射关系：

（1）叶轮进口直径的选择。

$$D_0 = K_0 \sqrt[3]{\frac{Q}{n}} \tag{1}$$

式中：Q 为额定流量，m^3/s；n 为额定转速，r/min；K_0 为与进口流速相关的系数，传统的离心泵设计方法推荐 K_0=4~5，但是考虑到潜油电泵进口处应采用较大的进口流速，故而 K_0=3.5~4.5。

（2）叶轮出口直径的选择。

$$D_2 = K_{D_2} \sqrt[3]{\frac{Q}{n}} \qquad (2)$$

其中，n_s 为比转速，传统的 $K_{D_2} = 9.6\left(\frac{n_s}{100}\right)^{-\frac{1}{2}} \sim 10.4\left(\frac{n_s}{100}\right)^{-\frac{1}{2}}$，由于潜油电泵的叶轮外径出口常采用斜切的设计方法，故而潜油电泵中的 K_{D_2} 应略小于传统的设计参数，选择 K_{D_2}=8.5~10。

（3）叶轮出口宽度 b_2。

$$b_2 = K_{b_2} \sqrt[3]{\frac{Q}{n}} \qquad (3)$$

式中：$K_{b_2} = K_s \left(\frac{n_s}{100}\right)^{\frac{5}{6}}$，$K_s$ 为 b_2 修正系数，取 K_s=1.0~2.0，在潜油电泵的设计过程中，多采用加大流量设计法以提高泵在全流量工况下的水力效率。

（4）叶片进口安放角。

进口安放角的确定需要依据叶轮进口处的速度三角形。

$$V_{m1} = \frac{Q}{2\pi r_{c1} b_1 \zeta_1} \qquad (4)$$

$$U_1 = \frac{\pi D_1 n}{60} \qquad (5)$$

$$\beta_1 = \arctan \frac{V_{m1}}{U_1} \qquad (6)$$

式中：V_{m1} 为轴面速度；b_1 为入口宽度；ζ_1 为叶片进口排挤系数；U_1 为圆周速度；D_1 为叶片中间流线进口直径；n 为转速；β_1 为入口安放角。

（5）叶片出口安放角。

不同的潜油电泵叶轮需要根据其性能需求选择不同的叶片出口安放角，当其效率指标较高时候，推荐选择的叶片安放角为 25°~30°。

按照电潜泵初始设计参数值，对各项参数进行计算。

1.3 实体模型构建

CF Turbo 软件作为一款专业的叶导轮设计软件，可设计包括泵、风机、压缩机在内的离心及混流式旋转机械模型，可利用该软件对初设参数的叶轮进行水力设计。

应用 CF Turbo 软件对叶导轮进行数学建模时，由于叶导轮内部的叶片结构为三位扭曲结构，需要通过二维到三维的顺序搭建实体模型，随后再对叶导轮的各项参数进行修改和优化（图2）。主要设计内容包括：叶轮旋向、叶轮结构形式、叶轮尺寸参数系数、轮毂参数、子午面形状、叶片形状、厚度、子午面分流线条数、叶片进出口形状等（图3）。

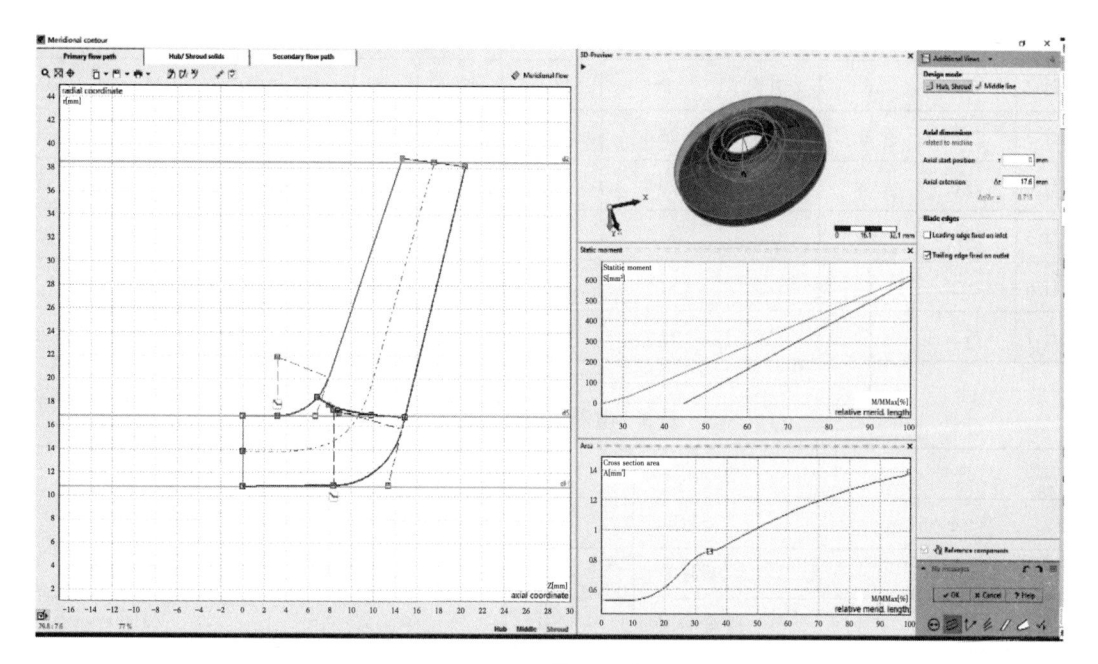

图 2　CF Turbo 软件叶片建模示意图

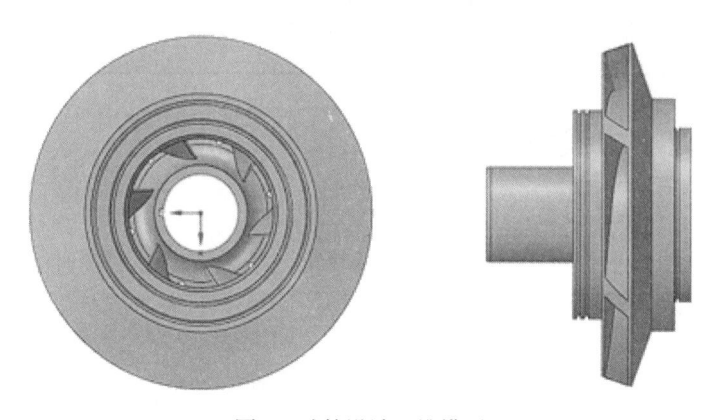

图 3　叶轮设计三维模型

1.4　优化方案及结果

基于不同型号潜油泵结构，需要对设计参数进行调整，进而确定水力模型的最终参数。本文整理叶导轮设计参数并选定合适的数值，将导叶的直径设置为82mm，单级高度设置为26.6mm。基于原模型设计了7组不同的设计方案，具体方案见表2。

在这7种不同方案的基础上，通过组合分析，除原模型外设计了12组叶导轮设计方案，见表3。

表 2　电潜泵初步设计方案

项目名称	叶轮					导叶				
	叶轮直径（mm）	出口宽度（mm）	进口直径（mm）	出口安放角（°）	包角（°）	叶片数	出口直径（mm）	进口宽度（mm）	出口安放角（°）	包角（°）
设计 1	75.2	5	31.5	26.5	97.6	9	34.3	5.0	85.2	55.8
设计 2	75.0	5	31.5	26	85.9	10	34.3	4.0	73.2	53.0
设计 3	75.0	3	31.5	25.6	98.8	10	34.3	4.0	73.2	53.0
设计 4	75.6	3.8	31.5	20.7	99.4	10	34.3	3.6	70.8	53.0
设计 5	74.6	3.5	31.5	31.7	77.2	10	39.8	3.2	73.2	59.5
设计 6	75.2	5	31.5	31.7	101.1	10	33.5	3.3	73.2	59.5
设计 7	75.2	5	33.5	31.7	101.1	10	33.5	3.3	73.2	59.5

表 3　电潜泵设计组合方案

序号	组合设计方案	序号	组合设计方案
1	设计 1	7	叶轮 5+ 导叶 3
2	设计 1-1	8	原叶轮 + 导叶 3
3	叶轮 4+ 导叶 3	9	设计 4
4	叶轮 5+ 导叶 4	10	设计 5
5	叶轮 6+ 导叶 4	11	设计 6
6	叶轮 6+ 导叶 3	12	设计 7

2　宽幅叶导轮水力模型性能预测及试验评价

2.1　网格划分及边界条件设置

由于三级电泵模型单级水力性能与第二级叶轮基本一致，考虑现有数值模拟工作的准确性和时效性，一般采用三级模型进行模拟（图 4）。

图 4　数值模拟计算域

本文采用 Fluent Mesh 对叶轮与导叶、泵腔、进出口段部分进行了体网格划分，并在整体计算域中靠近固壁面的部位进行了边界层细化，网格最大尺寸被控制在 1.0mm 内。图 5 为网格细节图。

(a) 叶轮　　　　　　　　　(b) 导叶

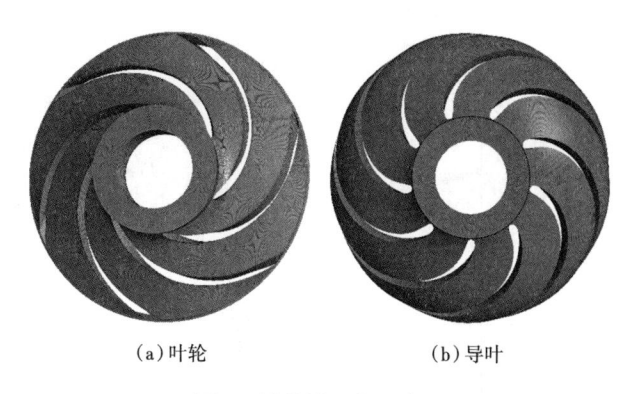

图5　计算域网格示意图

数值计算在 ANSYS Fluent 中完成，计算的收敛精度为 1×10^{-4}，保证模拟的准确性。假设流动为完全湍流，选用标准 k—ε 湍流模型，并设置流动介质为纯水。对比不同算法的残差曲线，考虑到计算时间，最后采用 SIMPLEC 算法进行模拟。对叶片、导叶和轮毂均采用无滑移边界和标准壁面函数，不同的计算子域之间通过交界面连接。

2.2　仿真结果及分析

针对宽排量电潜泵叶导轮和内部流场，应用有限元分析软件进行水力数值模拟，得到其内部速度场和压力场。在设计要求流量下，图6展示了叶轮截面湍动能的分布。模拟表明在设计流量下，流道内流体扩散保持了均匀性和一致性；从第一级到第三级，叶片入口到出口，速度不断增大，同时叶片内侧速度高于外侧速度。

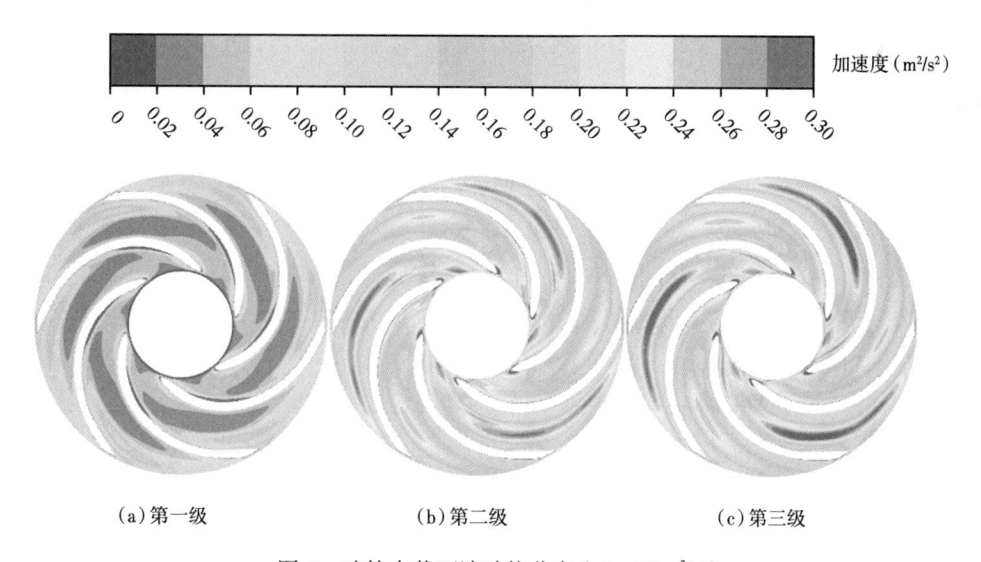

(a) 第一级　　　　　　　(b) 第二级　　　　　　　(c) 第三级

图6　叶轮中截面湍动能分布（$Q=140\text{m}^3/\text{d}$）

在设计流量下，图7展示了不同工况下叶导轮的压力分布。分析发现在不同排量工况下，叶片对流体做功，将离心力转化成压力，从叶导轮入口端到出口端不断增加；随着排量提升，出口压力值逐渐降低，扬程也呈现下降趋势；从整体上看，设计模型的内部压力分布均匀，无明显低压区，流动损失较小。

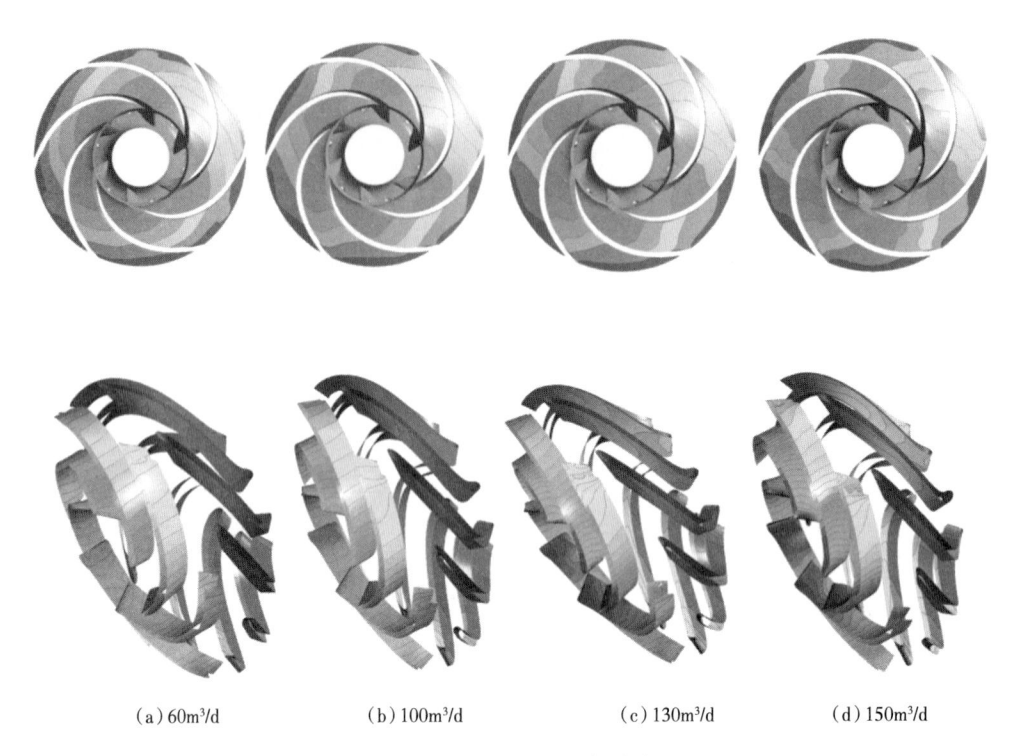

(a) 60m³/d (b) 100m³/d (c) 130m³/d (d) 150m³/d

图 7　叶导轮内部压力场分布

通过对 13 组组合方案在 20~200m³/d 流量下整泵的水力效率和扬程数据进行对比。选择在设计流量范围内，满足多工况泵效和扬程提高，高效区更宽的设计组。

通过对比其扬程和水力效率及其拟合趋势，最终选择设计 5 为最优组（图 8）。

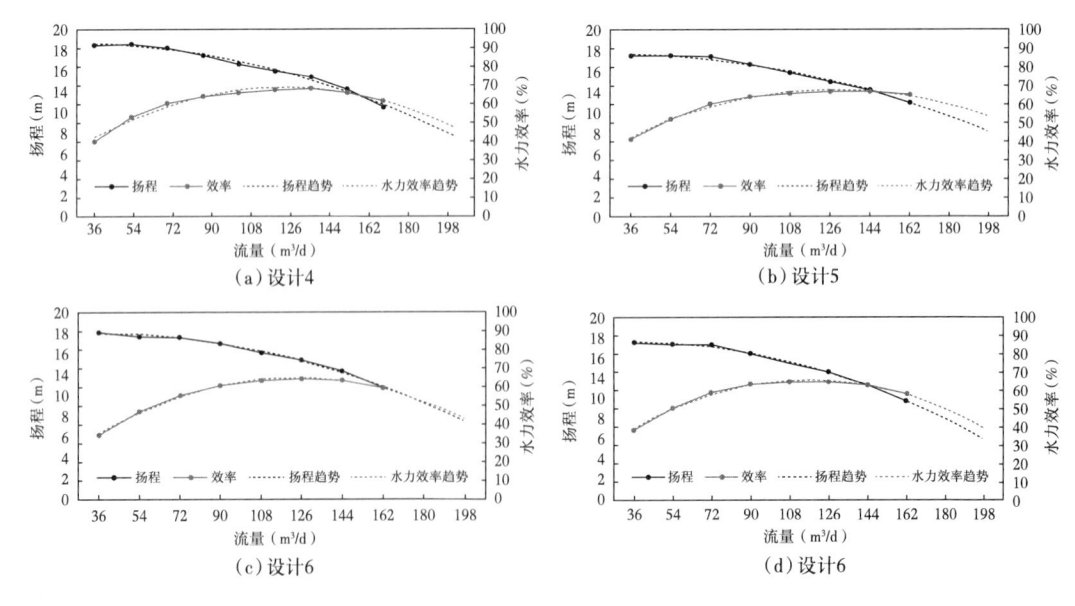

(a) 设计4　　(b) 设计5　　(c) 设计6　　(d) 设计6

图 8　部分设计水力数据对比

通过 Fluent 分析和优化，确定了 20~200m³/d 宽幅叶导轮结构参数，见表 4。

表 4　最优宽幅叶导轮水力数据

流量（m³/d）	扬程（m）	单级扬程（m）	功率（W）	单级功率（W）	效率（%）
20.00	21.05	7.02	207.12	69.04	23.07%
40.00	21.09	7.03	245.74	81.91	38.96%
60.00	20.73	6.91	282.56	94.19	49.96%
80.00	20.43	6.81	319.10	106.37	58.14%
100.00	20.14	6.71	356.17	118.72	64.18%
120.00	18.64	6.21	380.06	126.69	66.81%
130.00	17.74	5.91	388.99	129.66	67.27%
150.00	15.90	5.30	408.22	136.07	66.30%
200.00	8.54	2.85	391.59	130.53	49.50%

通过数值模拟流量—扬程曲线，流量—效率曲线可以看出设计泵能够覆盖 20~200m³/d 的区域，最高效率达 67.27%。将该设计的性能与国外同款产品进行对比，可得到其产品设计性能基本上与国外产品相当（图 9）。

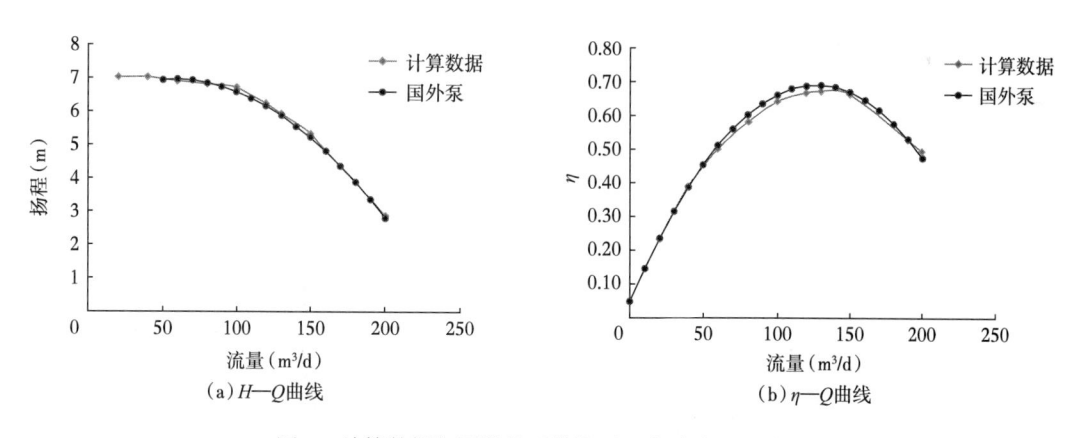

（a）H—Q曲线　　　　　　　　（b）η—Q曲线

图 9　计算数据与国外模型数据对比实验验证及分析

2.3　室内实验结果分析

通过开展室内水力实验，对优化后的宽幅泵结构进行水力性能分析，验证仿真结果。实验采用金属增材制造的方式加工出 30 级样机，打印的样机经过后处理和后期加工组装形成了实验样机，并在原有设计的基础上增加了平衡孔等结构，如图 10 和图 11 所示。同时，针对打印期间出现的实验与模拟结果不匹配的现象，优化了现有加工手段，减小因材料和加工处理时出现的尺寸偏差，进行了二次加工和性能实验。

图10 叶导轮加工件

图11 原理样机加工件

通过室内实验井测试，发现新设计泵效率和扬程均得以提高，最高效率达67.29%，单级最大扬程7.6m，并能够有效覆盖20~200m³/d应用区间，与模拟结果相当，达到了设计要求（图12）。

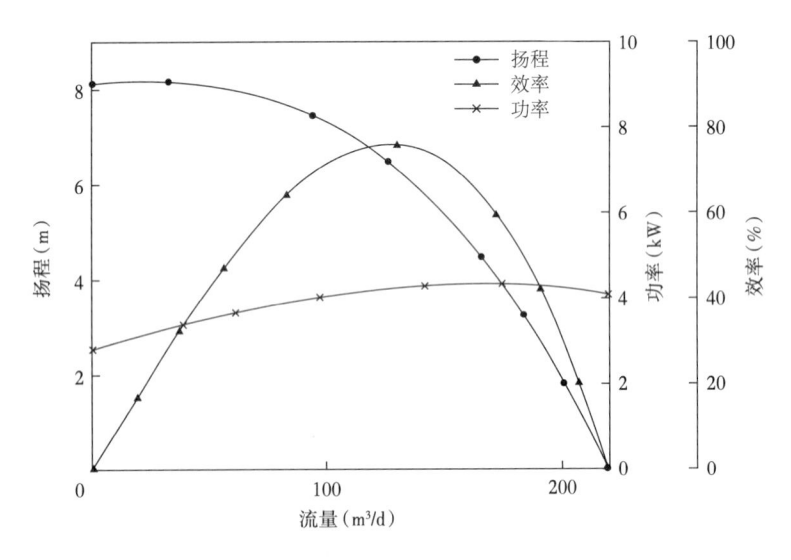

图12 第二轮原理样机的特性曲线

3 旋转式气液分离装置优化

3.1 模型建立及网格划分

旋转式分离装置主要由入口部分，诱导轮部分，分离部分和出口部分组成，如图13所示。装置的主要结构参数见表5。

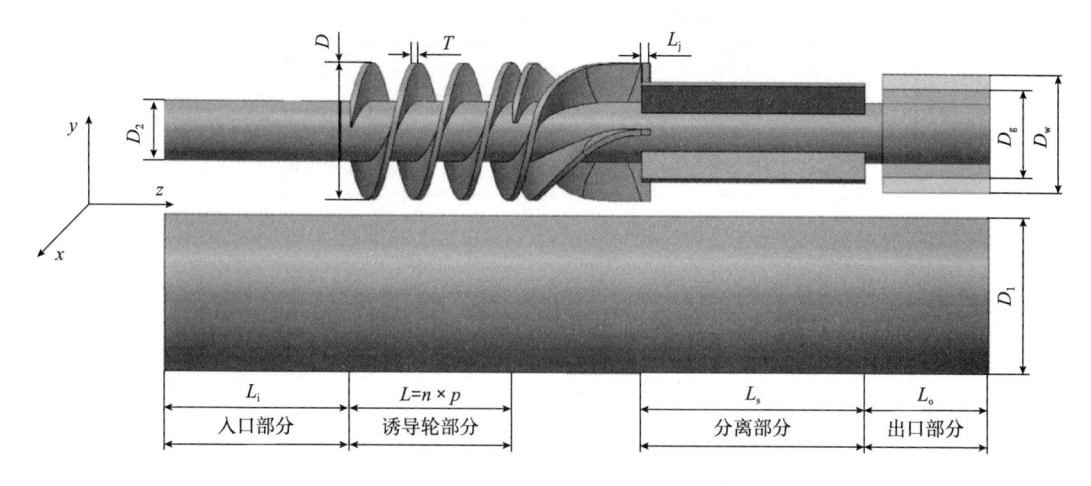

图13 旋转式气液分离装置结构示意图

表5 分离装置结构参数

L_j（mm）	D_1（mm）	D_2（mm）	D_g（mm）	D_w（mm）	L_i（mm）	T（mm）	L_s（mm）	L_o（mm）	p（mm）	D（mm）
5	79	32.5	47.5	63.5	100	3.6	123.5	70	50	73.6

本文采用Fluent-meshing进行多面体网格划分，网格数为5356987，边界层5层，y^+小于50。为了研究结构参数对分离性能的影响，在边界条件设置中，入口为速度入口，液相入口流量为100m³/d，含气率为60%。

3.2 单因素分析

本文采用单因素分析方法，针对导叶直径，螺距和螺旋圈数三个参数对分离装置的分离效率和功率进行了研究。

（1）导叶直径（D）的影响。

当螺距为50mm，螺旋圈数为2条件下，研究了不同导叶直径对分离装置分离性能和功率的影响。研究发现随着导叶直径的增大，装置的分离效率先增大后减小，旋转导叶直径D最佳范围为73.6~75.6mm。

（2）螺距（p）的影响。

当旋转导叶直径为73.6 mm，螺旋圈数为2的结构条件下，研究了不同螺距对分离效率和功率的影响。研究发现随着螺距的增大，分离装置的分离效率先增大后趋于稳定，螺距p的最佳区间为50~55mm。

（3）螺旋圈数（n）的影响。

当旋转导叶直径为73.6mm，螺距为50mm的结构参数下，研究了不同螺旋圈数对分离效率和功率的影响。研究发现随着螺旋圈数的增大，分离效率先增加后趋于稳定，螺旋圈数n的最佳范围为1.5~2.0。

3.3 结构优化

本文采用响应面法，将旋转式导叶直径D，螺距p和螺旋圈数n作为本次优化设计的三个自变量,以旋转式分离装置的分离效率和功率为响应值,优化结果见表6。

表6 优化前后尺寸及性能对比

	D(mm)	p(mm)	n(mm)	分离效率(%)	功率(W)
未优化参数	73.6	50	2	90.08	300.13
优化后参数	71.6	55	1.5	90.10	284.01

采用数值模拟手段对优化前后两种结构在不同流量、不同转速和不同气相体积分数条件下的分离效率和功率进行研究分析(图14和图15)。

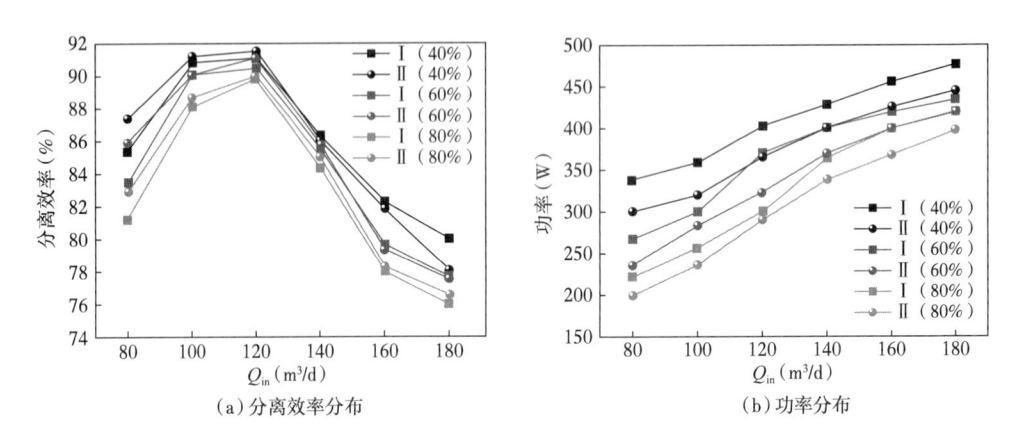

图14 在不同气相体积分数和不同流量下的分离效率分布(a)和功率分布(b)
Ⅰ:优化前结构;Ⅱ:优化后结构

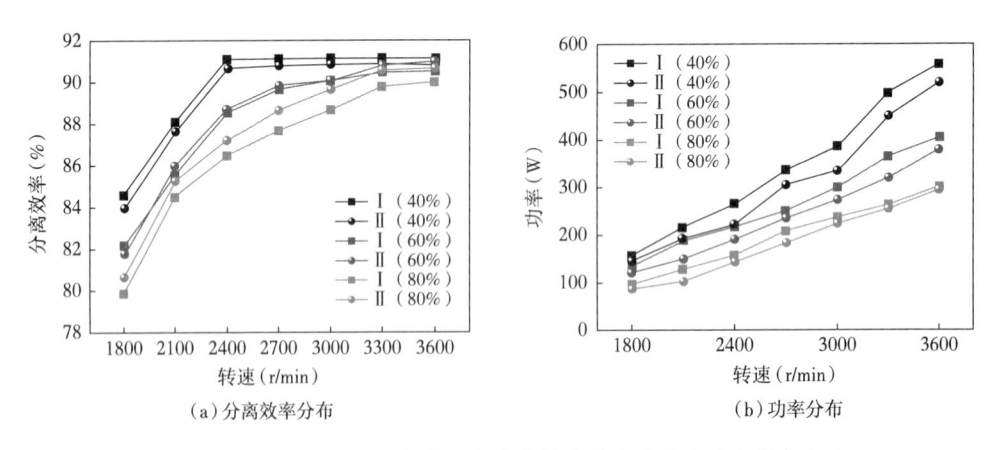

图15 在不同转速和含气率下的分离效率分布(a)和功率分布(b)
Ⅰ:优化前结构;Ⅱ:优化后结构

结果表明,优化后的结构相比未优化结构分离效率更高,能耗更低,更适应于高含气、低流量和高转速工况。

3.4 流场分析

(1)压力分布。

在旋转域不同截面上(span值为0.1、0.5和0.9)的压力分布,如图16所示。在同一径向截面上，Span 值越大，压力值越大。在 Span 值为 0.5 和 Span 值为 0.9 截面上，优化后的压力分布明显高于优化前，优化后结构在同一径向截面上的压差更大，更利于气液两相分离，优化后结构优于优化前结构。

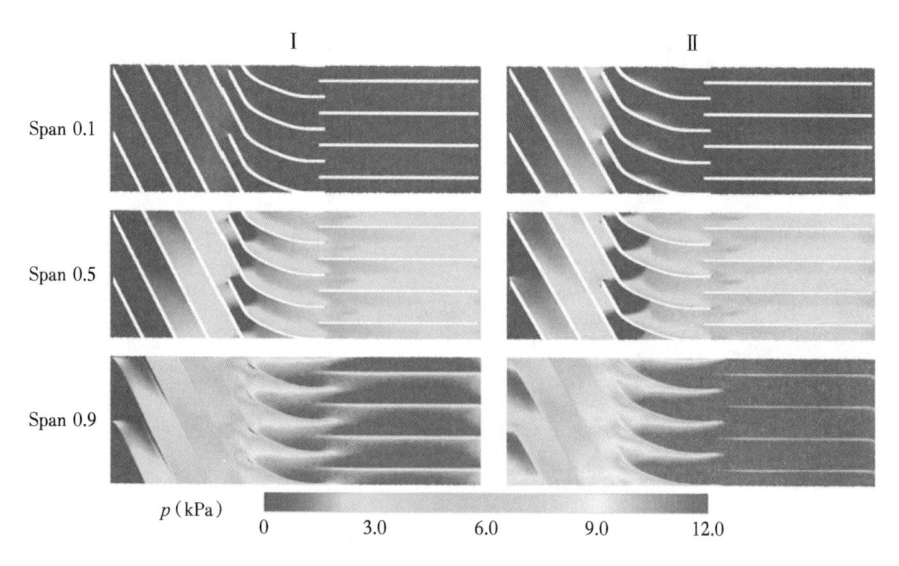

图 16　不同结构在不同截面上（Span 值为 0.1、0.5 和 0.9）的压力分布
Ⅰ：优化前结构；Ⅱ：优化后结构

（2）速度分布。

气液分离器的内部流场属于三维强旋流湍流流动，速度场分布复杂。通过对速度场进行数值模拟，发现未优化结构在直叶片的分离区域合速度相比优化后结构更大，并且沿轴向的合速度增幅也更大。说明优化后结构将更多的动能转化为压力能，相比未优化结构有更显著的增压效果。

（3）气相体积分数分布。

通过对比不同结构的气相体积分布云图，如图 17（a）可知，在轴心附近的气相浓度较高，壁面附近的气相浓度较低，该结构可实现高效的气液两相分离。进一步选取 z=200mm 和 z=425mm 截面，如图 17（b）和图 17（c）分析了优化结构在诱导轮区域和出口附近的气相体积分数分布，发现优化结构在轴心区域气相体积分数更高，而壁面区域气相体积分数更低，说明优化结构更利于气液两相分离。

3.5　室内实验

优化后的油气分离器开展了室内实验，实验过程选取 45Hz、50Hz、55Hz、60Hz 四个频率作为实验分析对象，每个频率下选取气体体积分数 70%、90%、98% 三个参数。

通过室内实验发现：不同频率下气体分离效率相对比较稳定，分离效率分布在 57%~60% 之间；在相同频率不同含气条件下，气体分离效率随着气体占比的增加缓慢下降，但是下降幅度不大。相比于模拟仿真结果，室内实验条件下分离效率普遍偏小。

单级分离器平均分离效率为 58.72%，两级串联的分离效率为 82.96%。若在含气体积分数 90% 条件下使用单级油气分离器分离，需要通过压缩处理器来保证宽幅电泵正常运行，并进一步实现气体体积分数的降低。

(a) z=200mm

(c) 优化结构在诱导轮区域和出口附近的气相体积分数分布

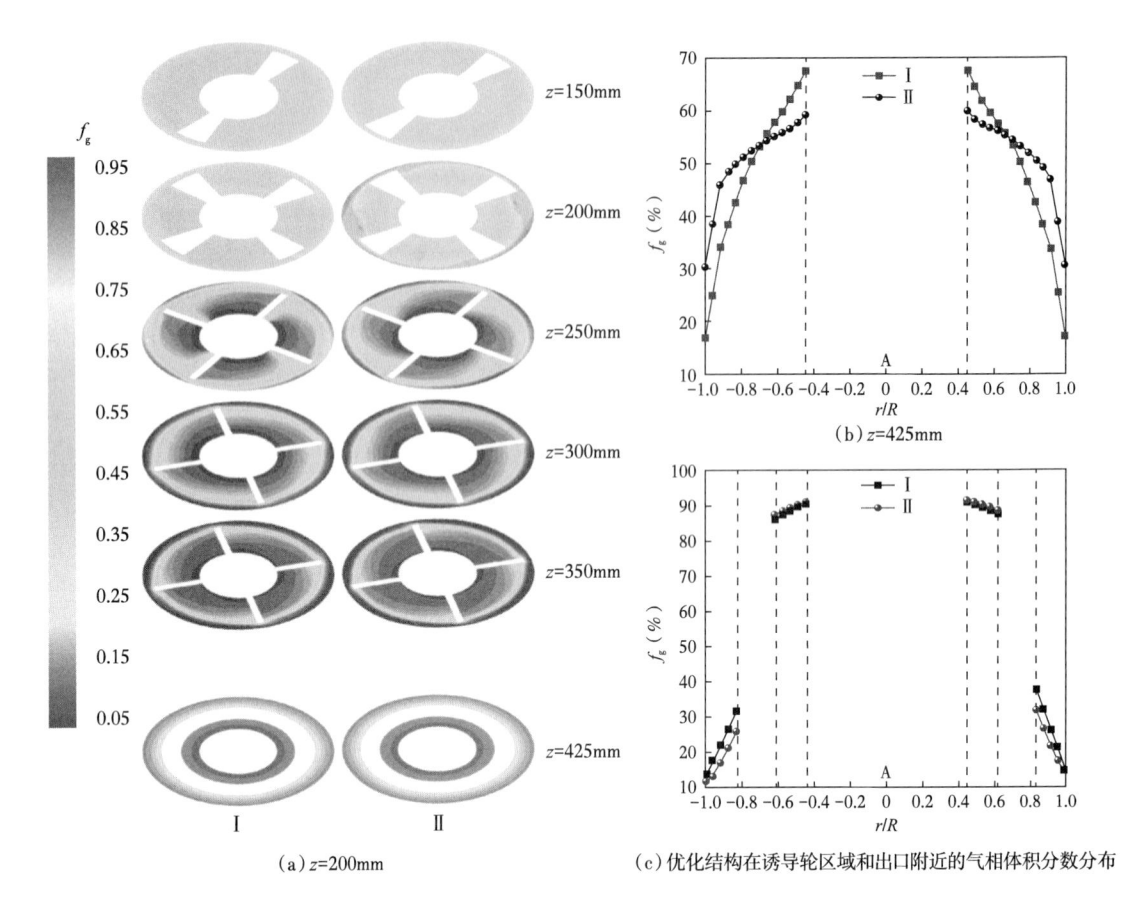

图 17 不同结构的气相体积分数分布云图

Ⅰ：优化前结构；Ⅱ：优化后结构

4 压缩气体处理器结构优化及试验评价

4.1 模型建立和网格划分

通过 Pro-E 进行压缩处理器的三维建模，选取水和空气作为数值模拟的流体介质，其中水为连续相流体，空气为离散相流体。在纯水工况下使用 Fluent Meshing 进行非结构多面体网格划分，而在含气工况下使用 TurboGrid 进行六面体结构化网格，壁面为无滑移壁面条件，旋转域选择 MRF 模型（图 18）。

4.2 模型优化分析

（1）单因素分析。

通过单因素分析手段，分析叶片数、叶轮长度、导叶长度、包角大小、转速对压缩处理器的性能影响，初始参数设置见表 7。

图 18 原型单级气体压缩器装配图

表 7　单因素分析参数设置

序号	叶轮叶片数量	叶轮包角(°)	叶轮高度(mm)	导叶高度(mm)	转速(r/min)
1		170	51	55	1800
2	2	190	56	60	2400
3	3	210	61	65	3000
4	4	230	66	70	3600
5		250	71	75	

分析发现：①随着叶片数增多，扬程和效率呈现先上升后下降的趋势；②随着叶轮长度增加，扬程和效率都逐渐增加；③随着导叶长度增加，整体性能上升，但长度到达65mm后对于性能影响较小；④随着包角增加，扬程会持续下降，效率一直在上升；⑤随着转速增加，扬程急剧增加，而效率是先上升后下降。

根据上述结构影响的规律，将原型两级串联叶轮更改为普通的螺旋轴流叶轮，对原结构进行优化并形成了新设计模型，如图19所示。

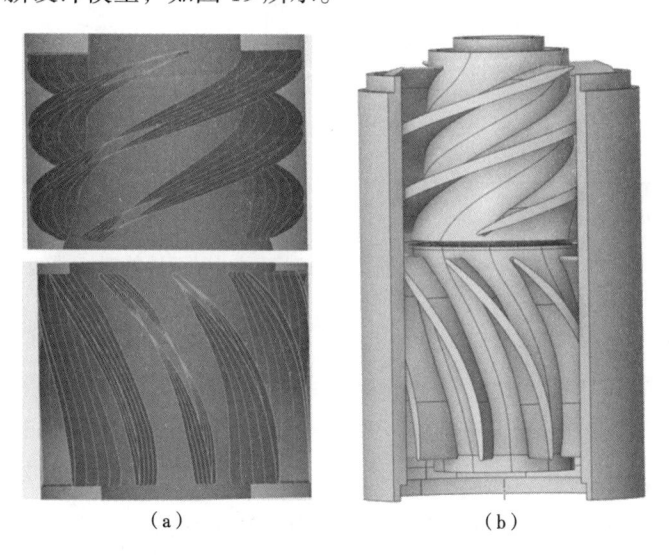

图 19　新设计叶轮导叶设计模型(a)和新设计单级气体压缩器装配图(b)

（2）新设计气体压缩器性能对比。

在纯水、含气率30%、含气率50%、含气率70%工况下对比新设计气体压缩器和原型的性能，无论是从扬程、效率还是高效区覆盖情况，新设计的气体压缩器性能要高于原型，如图20所示。

同时对新设计和原型内部不同流道区域的液体体积分数进行分析，发现原型气液分离现象较为严重，容易发生气堵；新设计的气液分离效果弱于原型，在含气工况下性能优于原型。

（3）气体压缩性能分析。

在含气率50%，流量200m³/d工况下，分别对比原型和新设计泵含气率，其中原型入口含气率由50%下降至46.38%；单级新设计泵含气率由入口50%下降至44.83%；相比可得新设计压缩器的气体压缩性能优于原型。

进而计算了三级压缩器气体可压缩性能，发现泵内含气率由入口50%下降至41.11%，因此可以通过增加气体压缩器级数来进一步降低含气量。

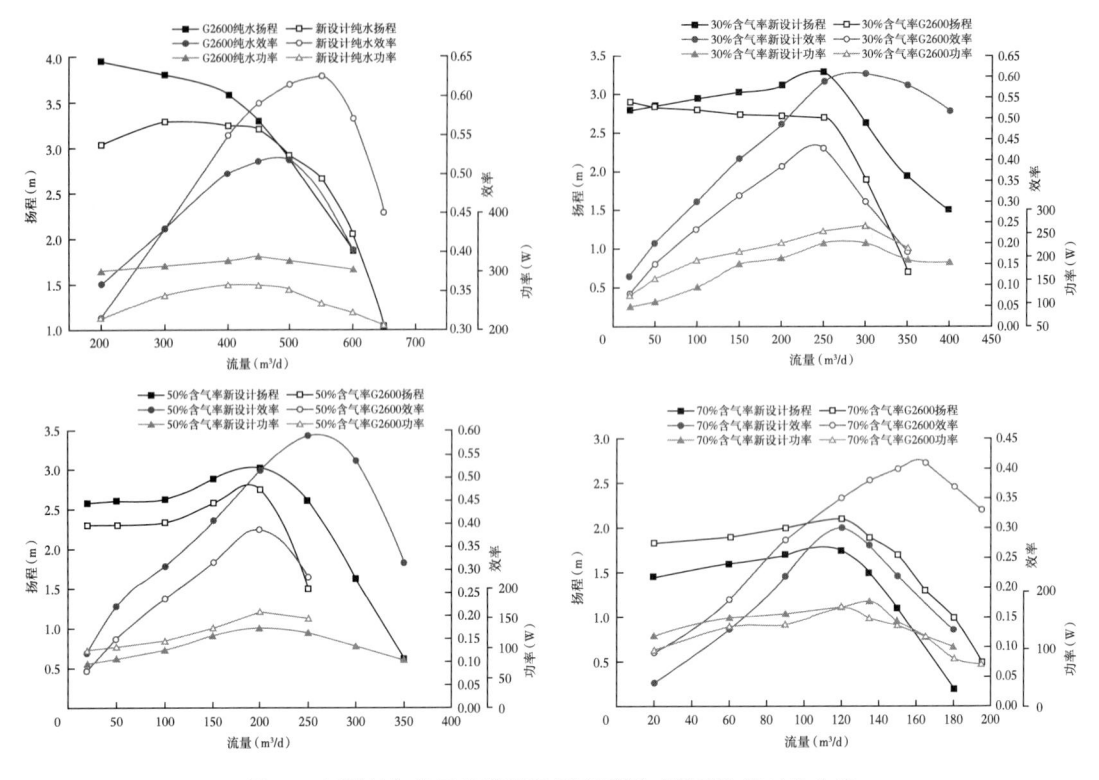

图 20　新设计气体压缩器以及原型不同工况下性能对比曲线

4.3　室内实验分析

在室内标准模拟井开展优化后叶导轮装配的宽幅离心泵性能实验，采用水介质进行实验，换算至额定转速 2917r/min，在流量 199.44m³/d 条件下，单节扬程 35.95m，泵效率达到 27.57%，见表 8。

表 8　50Hz 条件下压缩气体处理器室内性能实验统计表

序号	计算数据（水介质）				换算至额定转速 n_{sp}=2917r/min			
	流量 Q （m³/d）	总扬程 H （m）	水功率 P_{hy} （kW）	轴功率 P_2 （kW）	流量 Q_c （m³/d）	扬程 H_c （m）	轴功率 P_{2c} （kW）	泵效率 η_p （%）
1	0	79.64	0	4.888	0	75.70	4.531	0
2	55.74	69.68	0.441	3.922	54.34	66.21	3.633	11.24
3	106.18	59.96	0.722	3.626	103.48	59.95	3.356	19.92
4	164.62	45.71	0.854	3.252	160.44	43.42	3.011	26.26
5	204.65	37.85	0.879	3.188	199.44	35.95	2.951	27.57
6	252.28	28.36	0.812	3.484	245.91	26.95	3.227	23.30
7	289.36	15.57	0.511	3.610	282.01	14.79	3.342	14.16
8	322.21	3.54	0.130	4.801	314.09	3.37	4.448	2.70

5 气液分离器—气体处理器—宽幅潜油离心泵联合仿真及试验评价

5.1 模型建立及网格划分

该联合仿真系统由气液分离器、气体压缩器、宽幅泵、连接件及出口段五个部分组成，如图21所示。气液混合液从入口进入整个装置，在气液分离器中对气体进行初步分离，分离后的部分气体通过气体出口排出，其余气液混合液经由连接件1进入三级气体压缩器。混合液在气体压缩器中进一步压缩后，通过连接件2进入三级宽幅泵中并最终由宽幅泵出口排出（表9）。

图21 气液分离器—气体压缩器—宽幅泵联合仿真系统示意图

表9 气液分离器—气体压缩器—宽幅泵联合仿真系统装配部件

部件名称	气液分离器	连接件1	气体压缩器	连接件2	宽幅泵	出口段
长度（mm）	455.24	79.00	32.50	47.50	63.50	100.00
数量	1	1	3	1	3	1

本文计算域采用Fluent-meshing进行多面体网格划分。网格数为2502416，边界层5层。为了研究不同含气率及转速对联合仿真系统性能的影响，在边界条件设置中，气相为离散相，以气泡的形式存在，且粒径设为100um。液相入口流量为20~200m³/d，旋转速度为1800~3600r/min，入口气相体积分数为0~90%（0~500m³/m³）。

5.2 气液分离器—气体压缩器—宽幅泵联合仿真和实验

（1）不同含气工况下宽幅泵仿真分析。

在不同含气率条件下对宽幅泵的外特性曲线进行了模拟，由图22（a）发现，宽幅泵的气体耐受能力随含气率上升而下降，最大可达到30%含气率，在该工况下，宽幅泵仍具有一定的扬程。由图22（b）发现，整个宽幅泵效率随含气率上升而下降。因此为保证宽幅泵正常运行，入口含气率需低于30%。

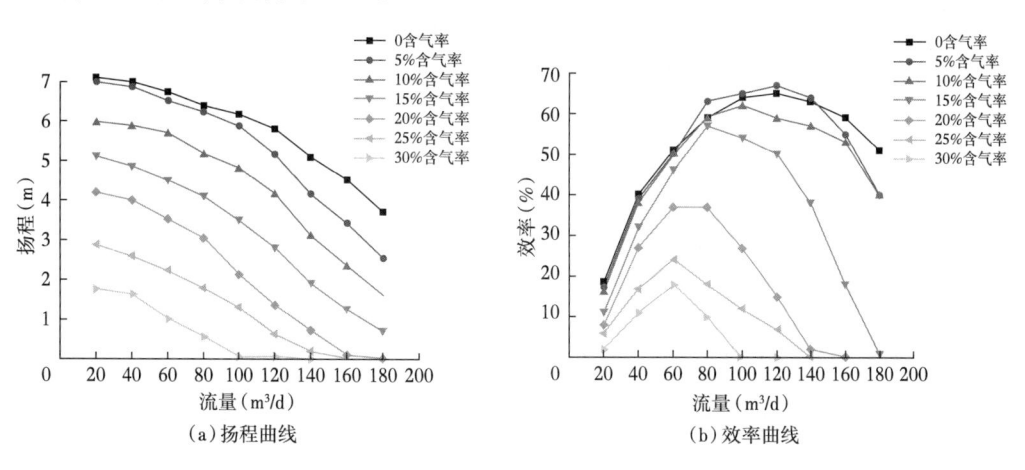

图22 含气宽幅泵外特性曲线

（2）气体压缩器压缩能力分析。

为保证宽幅泵能在高含气条件下运行，并使泵入口处含气率低于30%，需要对多级气体压缩器的压缩能力进行模拟，分析不同含气率所需求的气体压缩器级数。气相体积分数分布如图23所示。可以明显看出，每一级气体压缩器都能有效将气体进行压缩，且出口处含气率均低于每一级入口处含气率，含气率从入口处的50%逐步降至出口处的41.18%。

通过分析压缩率发现，每一级平均能将气体压缩5%左右，且随级数的增加逐渐降低。根据这一数据，可推算约15级气体压缩器能够将50%的入口气体体积分数压缩至30%左右，能够保证宽幅泵可以运行。

（3）联合仿真计算结果分析。

①含气率0~50%工况分析。

在0~50%含气率的条件下，以100m³/d流量为基准，对整个系统的运行情况进行模拟。在50%含气率的条件下，整个系统能够正常运行，气液分离器出口处含气率为1.15%，气体压缩器出口处含气率为0.8%，使得宽幅泵部分含气率仍处在工作区间内。

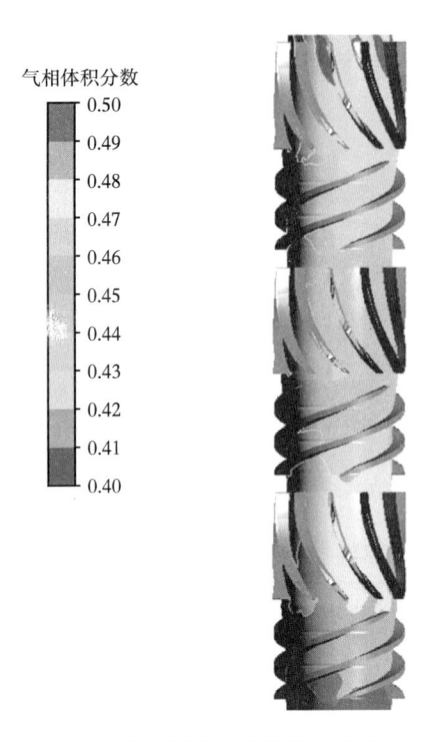

图23 气体压缩器气相体积分数分布

选取纯水和0~50%含气率的条件对整个系统的压力进行统计，整个系统内部压力分布趋势相似，但各级出口压力差别较大。总体而言，在50%及以下的含气率工况下系统均能正常运行，但随着含气率的增加而扬程下降（图24）。

②含气率60%~90%工况分析。

当含气率高于50%时，出口压力小于入口压力，说明当前模拟系统不能正常工作，宽幅泵无法在高含气条件下工作。

根据气体压缩器压缩能力的计算，随着压缩器级数的增加，系统将恢复正常工作。当级数不小于36级时，在气液分离后，可保证宽幅泵在含气90%条件下正常工作。

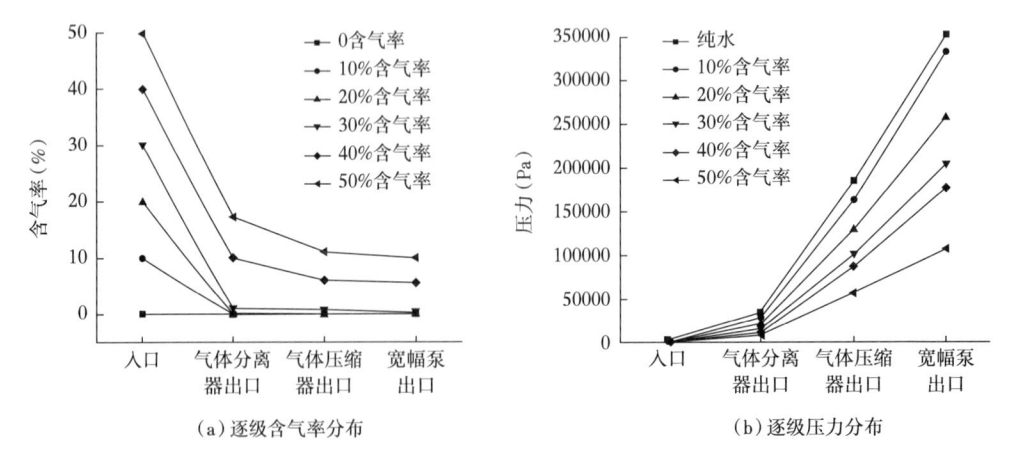

（a）逐级含气率分布

（b）逐级压力分布

图24 不同含气率条件下模拟系统含气率和压力变化

5.3 室内实验分析

针对优化后的宽幅叶导轮和压缩处理器进行了整机试验，实验采用了 2 节电机 + 2 节保护器 + 分离器 + 1 节气体处理器 + 1 节压缩气体处理器 + 3 节宽幅泵，排量满足 20~200m³/d。通过试验，在未加气的情况下，工频额定点泵效不小于 65.6%，满足设计要求。

通过调整空气压缩机和注水泵进行调节井液含气量，完成了宽幅潜油泵举升系统在高含气井液适应性评价。在设置不同进气量和进液量条件下，宽幅潜油离心泵系统试验运行不少于 30min，机组未出现气锁停机现象，油管有液体产出，折算地面大气压 0.1013MPa 条件下，满足在气液比 500m³/m³ 范围内举升需求。实验工艺流程示意图如图 25 所示。

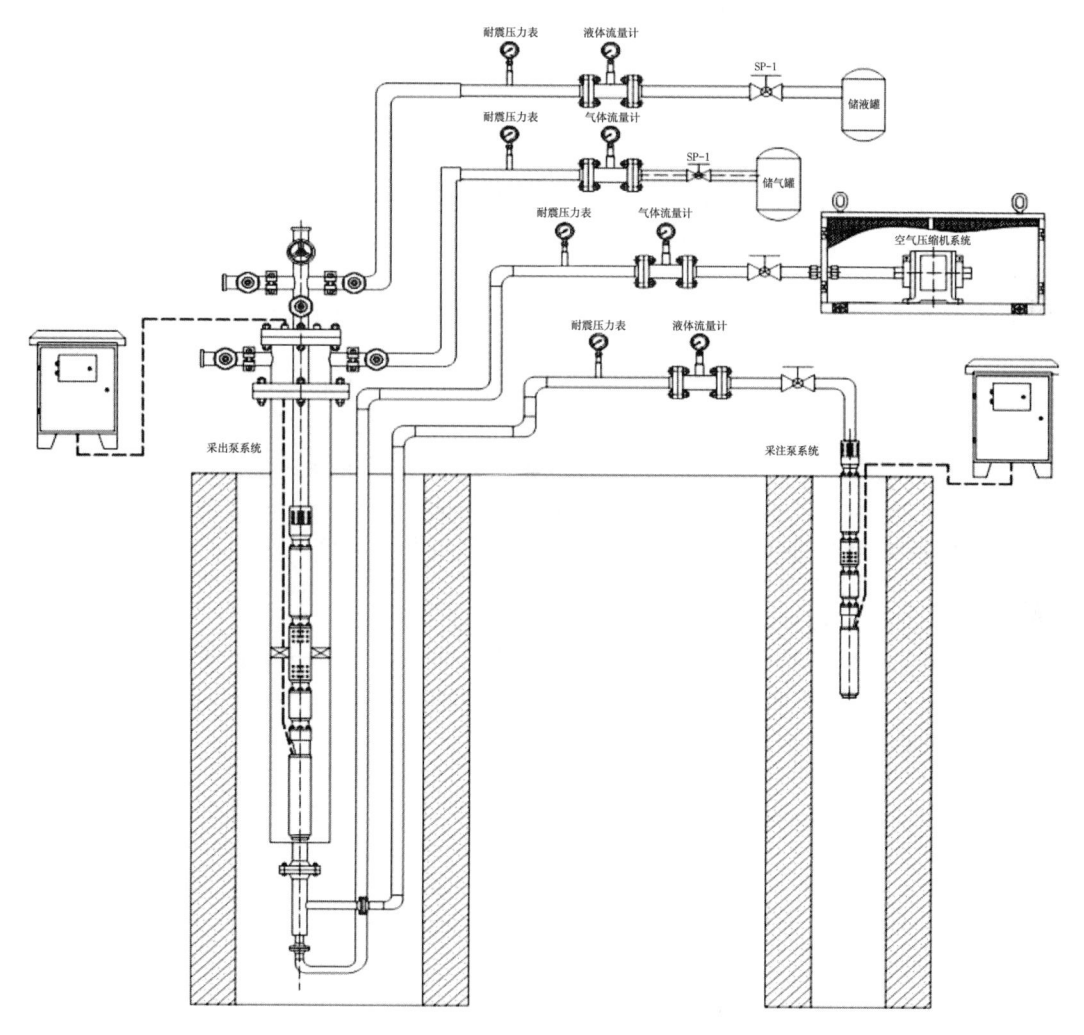

图 25　实验工艺流程示意图

6　现场试验

优化后的宽幅潜油离心泵举升系统在古龙页岩油 5 号试验区开展现场试验，采用压控桥塞封井，机组总长 36.18m，下泵深度 1961m。投产初期，采用 3mm 油嘴放喷，日产液 134.06m³，日产油 15.32m³，日产气 3381m³，宽幅潜油离心泵举升系统正常运行超过 1 个月。

7 结论

（1）形成了一套宽幅电泵基本参数优选的经验方案，建立了一套宽幅电泵优化设计思路，并形成7组基础设计，13组组合方案；采用单因素分析方法分析气液分离器及气体压缩器的结构参数，并通过响应面法优化了分离器分离效率和功率。

（2）实现了基于高精度水力性能仿真的电潜泵系统流场分析和水力优化，产品有效覆盖20~200m³/d应用区间，最高效率达67.29%，并在气液比500m³/m³范围内高效举升。

（3）首次利用增材制造技术实现采油装备的制造，并通过实验验证，率先实现宽幅电泵国产化，建立了满足不同应用环境的系列化宽幅泵产品和配套举升技术。

参 考 文 献

[1] 刘合，刘伟，卢秋羽，等.深井采油技术研究现状及发展趋势[J].东北石油大学学报，2020，44（4）：1-6，29，149.

[2] 刘合，郝忠献，王连刚，等.人工举升技术现状与发展趋势[J].石油学报，2015，36（11）：1441-1448.

[3] 刘合，曹刚.新时期采油采气工程科技创新发展的挑战与机遇[J].石油钻采工艺，2022，44（5）：529-539.

[4] 孙延安，郑东志，钱坤，等.古龙页岩油水平井宽排量潜油电泵举升技术现状[J].采油工程，2022，3：43-49，99-100.

[5] 牛彩云，甘庆明，郑天厚，等.宽幅电潜泵举升工艺在致密油水平井应用分析[J].石油矿场机械，2021，50（3）：69-74.

[6] 韦敏，车传睿，龚俊，等.宽幅电潜泵结构设计与内部流场特性分析[J].水泵技术，2023（5）：11-15.

[7] ZHENG Y，RISA R，IGNACIO M，et al. CFD and FEA-Based, 3D Metal Printing Hybrid Stage Prototype on Electric Submersible Pump ESP System for High-Gas Wells[C]//Day 2 Wed, October 26, 2016. The Woodlands, Texas, USA：SPE，2016：D021S007R001.

[8] 杨阳.潜油电泵叶片参数化设计与内部动静腔不稳定流动特性研究[D].镇江：江苏大学，2021.

[9] FIRATOGLU Z A，ALIHANOGLU M N. Investigation of the Effect of the Stages Number, the Impeller Outlet Width, and the Impeller Outlet Angle on the Performance of an Industrial Electric Submersible Pump[J]. Journal of Fluids Engineering，2022，144（8）：081203.

[10] 张人会.离心泵叶片的参数化设计及其优化研究[D].兰州：兰州理工大学，2011.

[11] 李越，白健华，蒋召平，等.宽幅电潜泵叶导轮设计与性能试验[J].石油矿场机械，2020，49（6）：66-73.

柴达木盆地页岩储层大斜度井体积压裂技术探索与实践

谢贵琪，林 海，刘世铎，万庆阳，蔡 青，张晓莉，郭常炳，杨启云

（中国石油青海油田公司油气工艺研究院）

摘 要：英雄岭构造带石油地质储量丰富，其干柴沟地区古近系下干柴沟组页岩层系是柴达木盆地页岩油勘探的主要领域。由于该地区的复杂地质构造背景，存在空间差异显著的复合形变组合构造形变分区。其中断裂变形区页岩油"甜点"发育最为广泛，需采用大斜度井进行立体勘探开发。本文以英雄岭页岩油大斜度井体积压裂技术需求为研究背景，通过梳理裂缝扩展突破靶层、近井筒缝网过度复杂、裂缝系统挠曲摩阻大、储层识别精准度要求高等压裂难点，针对先导试验井开展裂缝扩展机理和地质工程一体化的立体布缝优化等研究内容，现场试验取得最高日产油22.8m³、212d累计产油1037t的产量突破，确立了柴达木盆地页岩储层大斜度井"精准布缝、缝网调控"体积压裂技术，为该区带巨厚山地式页岩油资源立体勘探开发提供了珍贵的技术储备和实践探索。

关键词：柴达木盆地；页岩油；大斜度井；体积压裂

英雄岭构造带位于柴达木盆地西部，其古近系—新近系含油气系统估算石油资源量 $19×10^8$t，累计探明石油地质储量 $5×10^8$t，占柴达木盆地探明石油地质储量的60%，多年来一直是柴达木盆地油气资源勘探的主要领域[1]。2021年以来，立足源内油气形成机理与系统取心实验研究，引入非常规勘油气探理念，首次明确英雄岭构造带干柴沟地区古近系下干柴沟组上段（$E_3^2Ⅳ—E_3^2Ⅵ$）发育典型的陆相页岩油[2]。通过在该区页岩层系实施40余口井试油，实现油气发现率97.2%、水平井日稳产油100t以上，落实了该区带页岩油资源潜力。英雄岭页岩层系成为柴达木盆地页岩油勘探的主要领域。

英雄岭构造带在阿尔金断裂左旋走滑和盆地晚期近南北向挤压构造应力的双重影响下，内部呈现出反"S"形复杂构造形态，形成空间差异显著的复合形变组合构造形变分区，各变形区发育不同的"甜点"富集模式。其中，断裂变形区基质孔隙与微裂缝复合控制型页岩油"甜点"发育最为广泛，分布面积约为590km²，页岩油资源量约为 $12×10^8$t[3]。由于构造变形强烈，地层受褶皱和断层的影响，断裂变形区"甜点"的平面分布变化较大，且埋深较深，水平井钻井风险大、成本高，难以实施水平井立体井网的部署。中国石油青海油田公司基于英雄岭构造带巨厚沉积的特点，采取大斜度井在平面和纵向动用多个"甜点"层的立体开发理念，充分发挥大斜度井建井成本低、钻井速度快、随钻难度小的优势，明确断裂变形区页岩油资源效益开发的有利方向。本文以英雄岭页岩油大斜度井体积压裂技术需求为研究背景，通过分析压裂难点，围绕先导试验井——C16井，开展裂缝扩展机理和地质工程一体化的立体布缝优化等研究内容，并完成现场试验，明确了柴达木盆地页岩储层大斜度井体积压裂技术路线。

第一作者简介：谢贵琪（1993—），2017年毕业于中国石油大学（北京）石油工程专业，获学士学位，现在中国石油青海油田分公司油气工艺研究院从事油气藏增产改造等方面研究工作，工程师。通讯地址：甘肃省敦煌市七里镇青海油田油气工艺研究院，E-mail：xieguiqi2014@163.com

1 地质概况

柴达木盆地英雄岭构造带位于柴达木盆地西部地区，为喜山晚期隆起带，地面以风蚀山地为主，沟壑纵横，海拔 3000~3900m。该区现今整体为一断鼻构造，地层稳定，表现为向盆地腹部倾斜的宽缓斜坡，主要发育下油砂山组、上干柴沟组、下干柴沟组上段、下干柴沟组下段、路乐河组等 5 套地层，其中古近系下干柴沟组上段（E_3^2）沉积时期，英雄岭整体为大型凹陷，发育浅湖—深湖相沉积，形成大面积分布的咸化湖相页岩，页岩油主要分布在其Ⅳ—Ⅵ油层组，厚度 1000~1300m，划分为 23 个箱体（图 1），是盆地内页岩油勘探开发的优势目标区。

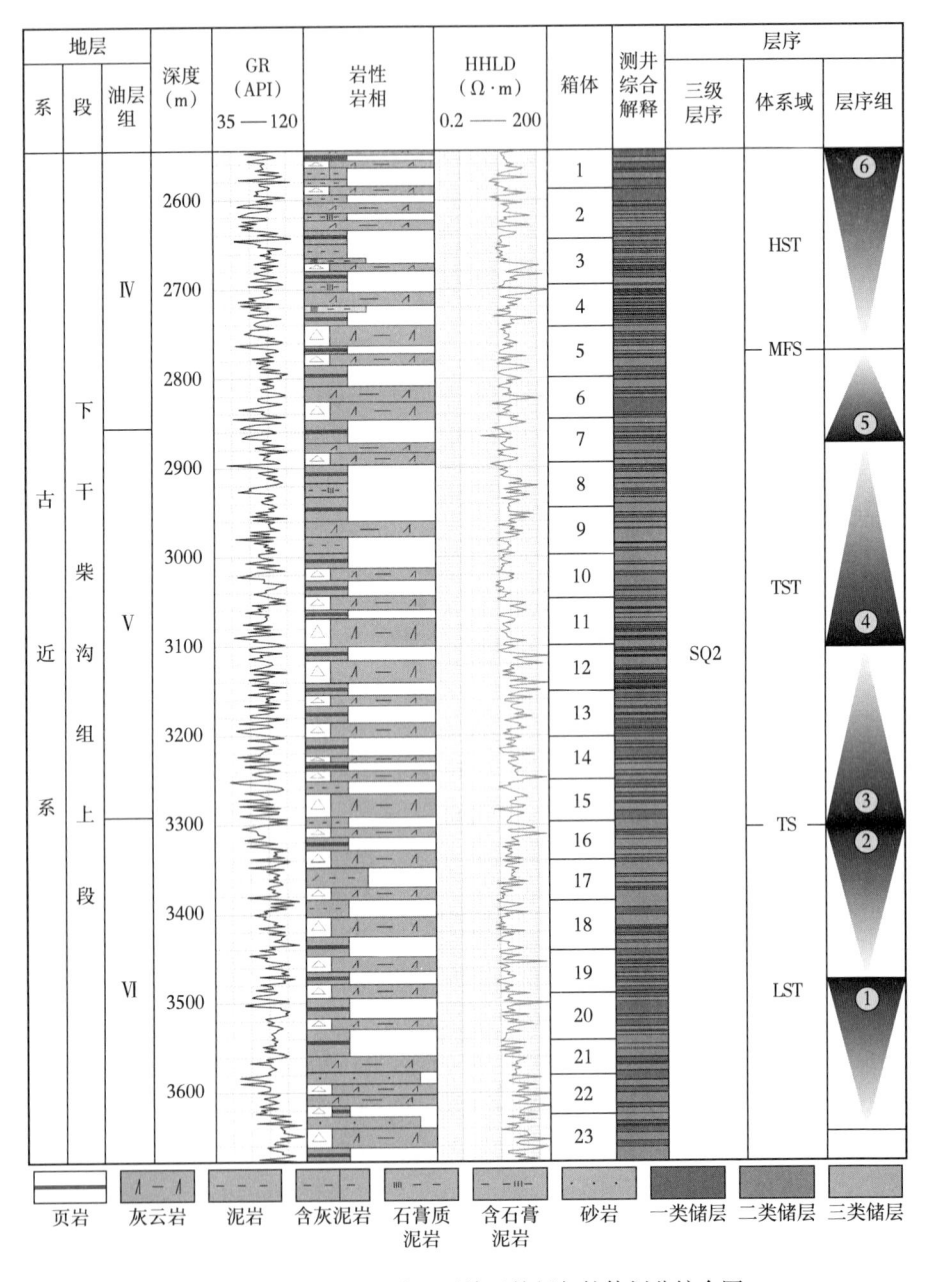

图 1 英雄岭地区页岩地层旋回特征与箱体划分综合图

英雄岭地区下干柴沟组上段页岩有机碳含量多在 0.4%~2.7%，平均 1%，生烃潜量一般在 1~40mg/g，平均 14mg/g，发育水生藻类和细菌双生烃母质，原始生产力高，存在低—高成熟度的"两段式"生烃模式。纵向上识别出 7 套有效烃源岩段（TOC > 0.4%），厚度 600~680m（占地层厚度 56%），分布面积 1370km^2，主体处于生油窗，具备良好的生烃潜力，估算页岩油资源量达到 21×10^8t。下干柴沟组上段沉积时期，英雄岭地区为咸化湖盆沉积，主要形成纹层状灰云岩、纹层状云灰岩、纹层状黏土质页岩、薄层状灰云岩、薄层状云灰岩、薄层状泥岩等 6 种岩相，纵向上呈互层发育，其中纹层状和薄层状灰云岩为最佳储层岩相，薄层状灰云岩孔隙度最高（孔隙度大于 5% 的占比超过 40%），纹层状灰云岩渗透率最高（渗透率大于 0.1mD 的占比超过 45%）。储集空间共发育晶间孔—纹层缝等 5 种，三维连通性好，SEM 与薄片揭示储集空间以白云石晶间孔为主，孔径主体为 100~3000nm，孔喉配位数 1.8，纹层缝可有效提高渗流能力；岩心孔隙度 3.04%~7.12%、平均 5.1%，渗透率 0.01~18.46mD、平均 0.24mD，储层特征整体以低孔、特低渗为主。

2 大斜度井体积压裂技术难点

从压裂增产机理、人工裂缝扩展规律等方面分析，认为大斜度井体积压裂改造的难点在于裂缝不在靶层内延伸、近井筒裂缝过度复杂、裂缝延伸路径挠曲、"甜点"评价的准确性等 4 个方面。

2.1 裂缝扩展可能突破靶层

大斜度井井身轨迹往往与地层倾向倾角、最大水平主应力方向存在夹角，并且人工裂缝起裂初期主要受三向应力控制，主缝沿最大水平主应力方向延伸，若不进行针对性的裂缝扩展调控，人工缝网可能突破靶层界面，在非靶层内扩展，导致靶层的改造程度较低，压裂无法达到预期的增产效果。从压裂增产机理的角度来说，裂缝是否靶层内扩展是大斜度井压裂改造最关键的问题。

2.2 近井筒易形成复杂裂缝

侯冰等[4]针对大斜度井裂缝扩展影响因素进行真三轴水力压裂物理模拟实验，实验结果表明，大斜度井压裂裂缝扩展过程中的扭曲转向、近井筒分支缝的扩展主要受井斜角、方位角（井身轨迹与最大水平主应力的夹角）、水平两向应力差和射孔相位角影响。其中，随着大斜度井井斜角的不断增大，裂缝扭曲程度呈先增大后减小的趋势，在井斜角 40°~60° 时裂缝形态严重扭曲，主缝易停止延伸转而形成多次级缝进行转向扩展，不利于人工缝网在靶层内向远端延伸。

2.3 裂缝系统挠曲摩阻较大

在大斜度井体积压裂施工过程中，由于井斜角、方位角、射孔相位以及地应力间的相互作用[5]，裂缝系统为多裂缝、裂缝面扭曲、窄高缝、非平面缝交错分布的复杂缝网，流体通道挠曲，在压裂施工中表现为近井筒摩阻高、砂浓度敏感、砂堵风险大等问题。因此在压裂设计上需要针对性地在近井段控制多裂缝的形成，采取降低挠曲摩阻的措施，在压裂施工初期低排量泵注高黏液体先形成平滑的大尺度主裂缝，再逐步提高排量泵注低黏液体完成次级缝的破裂。

2.4 要求储层识别准度较高

大斜度井钻遇多套"甜点",且在靶层内钻遇井段较直井更长,因此多采用分段分簇的形式对每一个靶层进行改造,追求在靶层内的改造体积最大化,但受纵向和平面双重的强非均质性影响,在如何设计压裂段簇方面需要对"甜点"的地质潜力、工程条件有较为准确的评价,以确保每簇裂缝均在油气潜力最好、可压裂性最优的位置,实现最充分的体积改造。

基于以上4个方面的改造难点认识,明确了页岩储层大斜度井体积改造需要解决"甜点"精准识别与动用、体积缝网最优化立体展布两大关键问题,其中裂缝扩展调控优化是大斜度井较其他井型差异最大的内容。

3 大斜度井裂缝扩展调控优化

本文将以柴达木盆地英雄岭页岩储层大斜度井立体开发先导试验井——C16井为例,围绕该井的具体空间位置关系、地层条件,开展大斜度井裂缝扩展规律研究并制定针对性的裂缝扩展调控方案。

3.1 先导试验井的基本情况

C16井是部署在英雄岭页岩油开发主体区边缘(断裂变形区)的一口大斜度井,完钻层位E_3^2 Ⅵ6,完钻斜深4905m,造斜点3530m,斜井段总长度945.12m,井斜角60.18°,采用ϕ139.7mm套管完井。C16井共钻遇9套"甜点"箱体,岩性主要以层状灰云岩和纹层状灰云岩。

3.2 建立地质力学研究模型

C16井井身轨迹与最大水平主应力方位接近垂直,与地层倾向的夹角为40°~50°,井周地层倾角为10°~20°。为精确描述C16井井轨迹与地层倾角、倾向间的关系,并为裂缝扩展和压裂参数优化提供研究平台,建立包含地质构造、"甜点"分布、水平层理、地应力、岩石力学等属性的"五位一体"精细三维地质力学模型(图2),模型深度误差小于5m,层位归位误差小于0.5m。

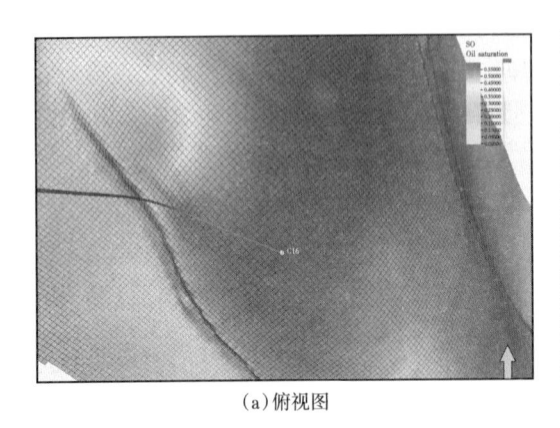

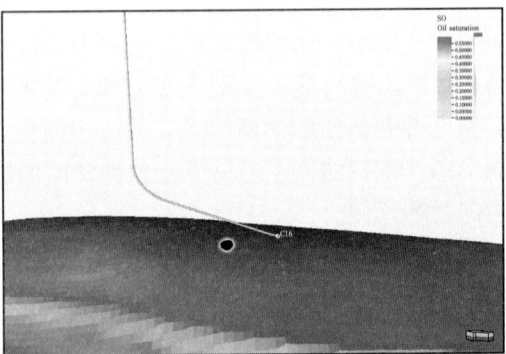

(a)俯视图 (b)侧视图

图2 C16井与井周三维地质力学模型空间位置关系

从C16井和靶层分布的空间整体位置关系(图2)来看,若不调控裂缝沿层理方向进行扩展,容易导致人工缝网突破靶层界面,大大降低靶层内的压裂改造程度,无法实现储层改造预期效果。

3.3 人工裂缝延伸规律研究

大斜度井压裂人工裂缝扩展突破靶层边界的本质是井斜角和地层倾向倾角的相对位置关系与三向应力方向存在夹角，导致人工裂缝沿三向应力方向延伸突破靶层界面。页岩在沉积成岩过程中形成的层理结构是页岩储层最显著的特征之一。层理面之间的胶结强度相对较低，因此很容易使人工裂缝改变原来的扩展路径，沿着层理面延伸。因此，研究人工裂缝与页岩层理面间的相互作用，对于明确裂缝扩展规律、空间展布、指导人工缝网在靶层内充分扩展尤为重要。

（1）人工裂缝与层理面的相互作用。

当井斜角和地层倾向倾角的相对位置关系与三向应力方向存在夹角时，人工裂缝扩展过程遇到层理面时，可能存在3种情形（图3）：人工裂缝直接穿过层理面、层理面张性开启、层里面剪切滑移。

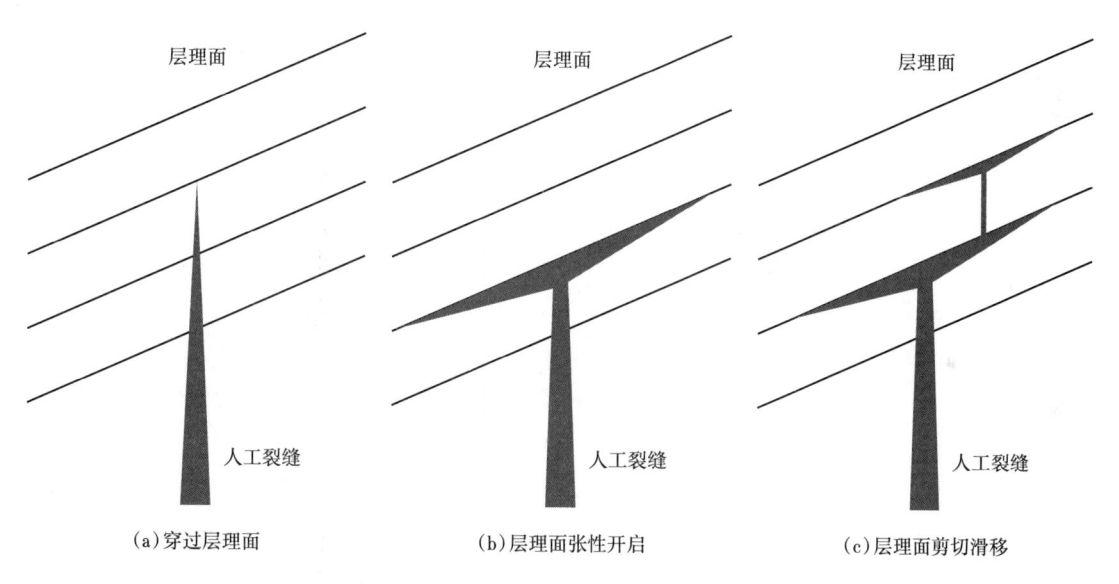

图 3 人工裂缝与层理面的相互作用示意图

人工裂缝穿过层理面时，裂缝内的流体净压力只需要克服岩石基质的抗张强度；层理面发生张性开启时，裂缝内流体压力需要克服作用在层理面上的正应力和层理面的抗张强度；在层理面张性开启的基础上，裂缝内流体净压力进一步克服层理面的抗剪强度，则会发生层理面的剪切滑移。以上人工裂缝与层理面的相互作用机理，正是调控人工裂缝在靶层内"转向"的根本依据。

（2）大斜度井人工裂缝的扩展规律。

在井斜角和地层倾向倾角的相对位置关系与三向应力方向存在夹角（以下简称倾角）情况下，裂缝的扩展模式由地质因素（垂向应力差、地层倾角、层理面强度等）和工程因素（压裂施工排量、压裂液黏度等）共同决定[6]。基于有限元和离散元混合方法建立大斜度井人工裂缝扩展计算模型，模拟各因素对裂缝扩展的模拟。模拟过程输入的主要参数（表1）以C16井实际情况为主，同时进行上下浮动，模拟不同参数影响裂缝扩展的规律。

表1 裂缝扩展模拟计算模型的主要参数

输入参数	取值范围
孔隙压力（MPa）	79
水平最小主应力（MPa）	78.6
垂向应力（MPa）	110
倾角（°）	45
水平方向弹性模量（GPa）	37.7
垂直方向弹性模量（GPa）	28.2
水平方向泊松比	0.24
垂直方向泊松比	0.18
层理渗透率（mD）	0.01
抗张强度（MPa）	8
压裂排量（m³/min）	3~12
压裂液黏度（mPa·s）	5~100

垂向应力差是指垂向应力与水平最小主应力的差值。倾角为45°，排量6m³/min，压裂液黏度5mPa·s时，不同垂向应力差条件下，裂缝扩展形态如图4所示。

(a) 垂向应力为0MPa

(b) 垂向应力为5MPa

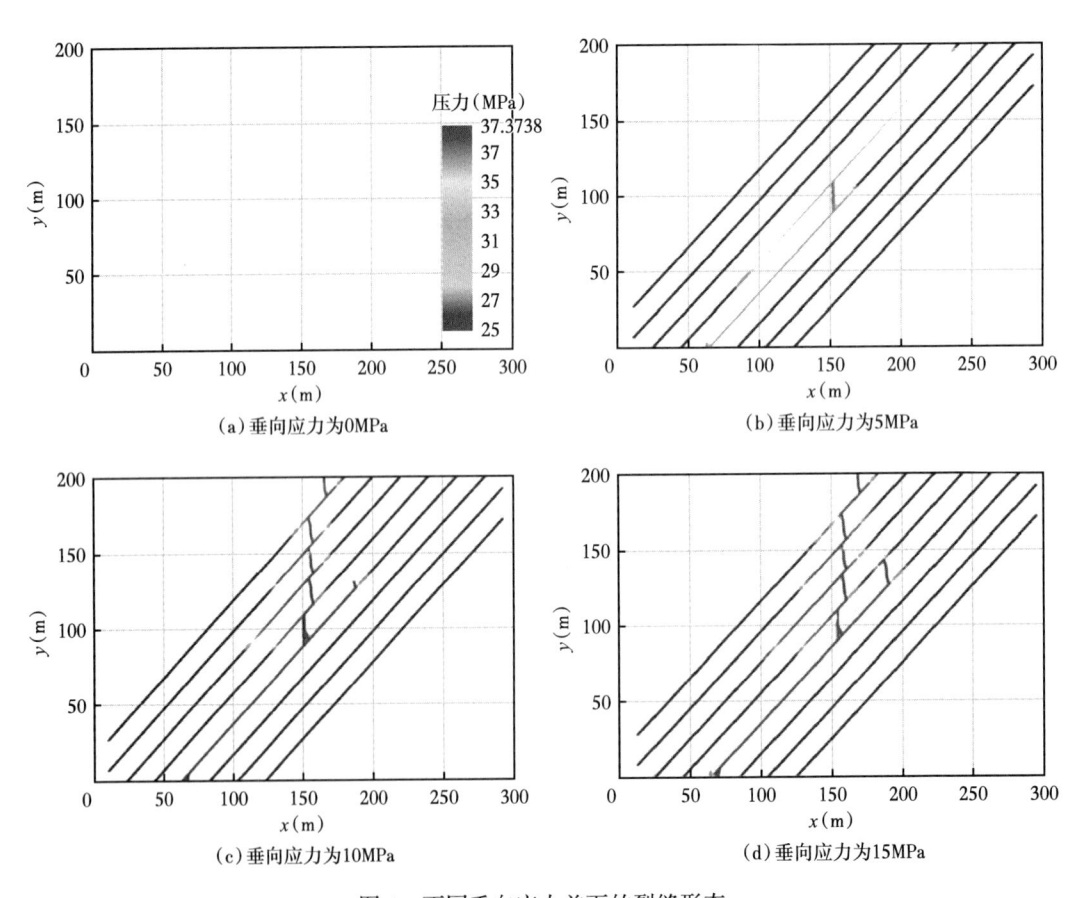

(c) 垂向应力为10MPa

(d) 垂向应力为15MPa

图4 不同垂向应力差下的裂缝形态

垂向应力差为0[图4（a）]和5MPa[图4（b）]时，人工裂缝在垂向扩展过程中遇到倾斜层理面即发生转向，并沿着层理面继续扩展。此时，人工裂缝只能沟通与射孔段相邻的两个层理面，储层垂向上的改造范围有限。当垂向应力差达到10MPa[图4（c）]和15MPa[图4（d）]时，沟通的层理面数量明显增多。地层倾角为45°时，低垂向应力差下的层理面发生典型的张性破裂；高水平应力差下层理面发生典型的剪切破裂。当层理面发生剪切滑移时，很容易在层理延伸方向的前缘位置产生附加张性应力，导致层理面之间岩石的张性破裂，从而沟通更多的层理。同时，对于弱胶结层理面而言，垂向应力差为5MPa、排量6m³/min、压裂液黏度5mPa·s条件下，不同地层倾角的裂缝形态均为层理缝开启（图5）。

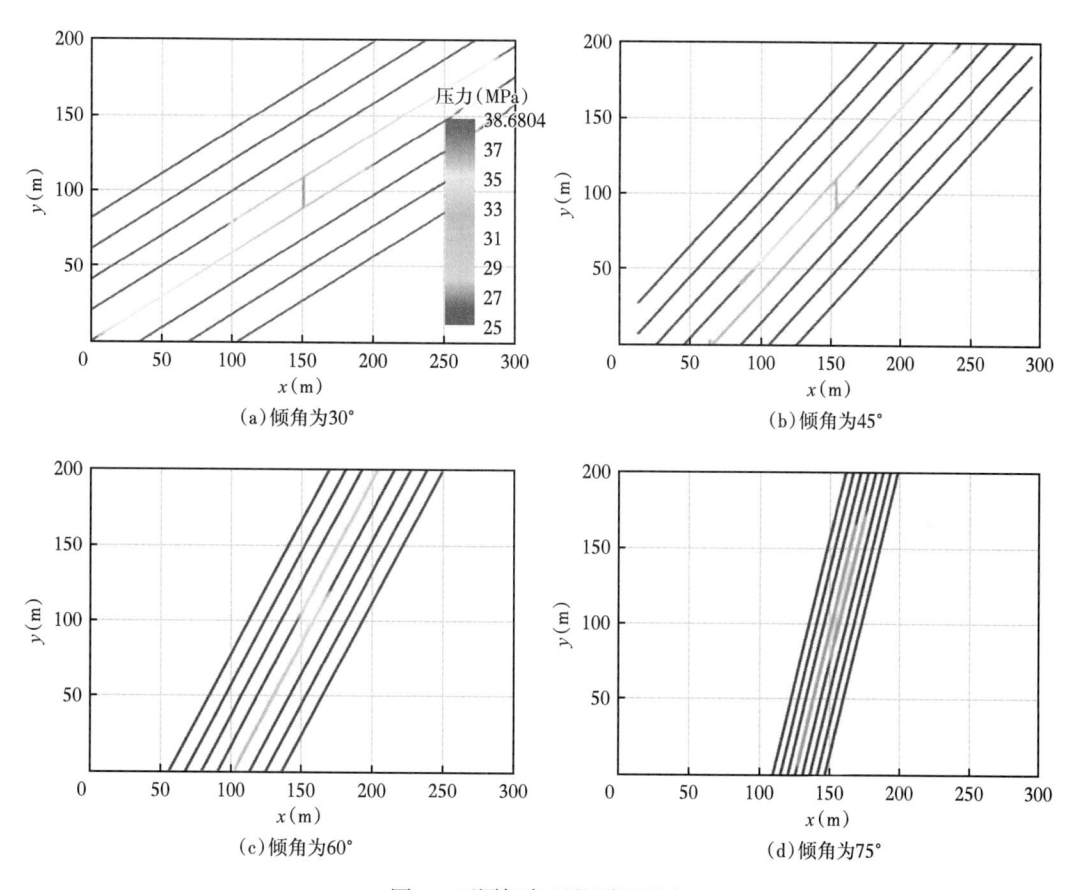

图5 不同倾角下的裂缝形态

排量和压裂液黏度方面，压裂排量主要影响人工裂缝内的净压力是否突破层理的抗张强度和强剪切强度，从而决定裂缝扩展的形态。地层倾角45°，排量6m³/min时，不同压裂液黏度下的裂缝形态如图6所示。一般而言，平行层理方向的渗透率要高于垂直层理方向的渗透率。当压裂液黏度低于20mPa·s时，层理开启数量为2条；当压裂液黏度增大到100mPa·s时，层理面的开启数量增长到4条。

造成这种差异的原因主要为：随着压裂液黏度的增加，压裂液沿着层理面的滤失量降低，裂缝内流体压力能够有效提升；当裂缝内流体压力满足层理面之间基质破裂的条件时，将会产生层理之间垂直方向上的水力裂缝分支。

(a)黏度为5mPa·s

(b)黏度为20mPa·s

(c)黏度为50mPa·s

(d)黏度为100mPa·s

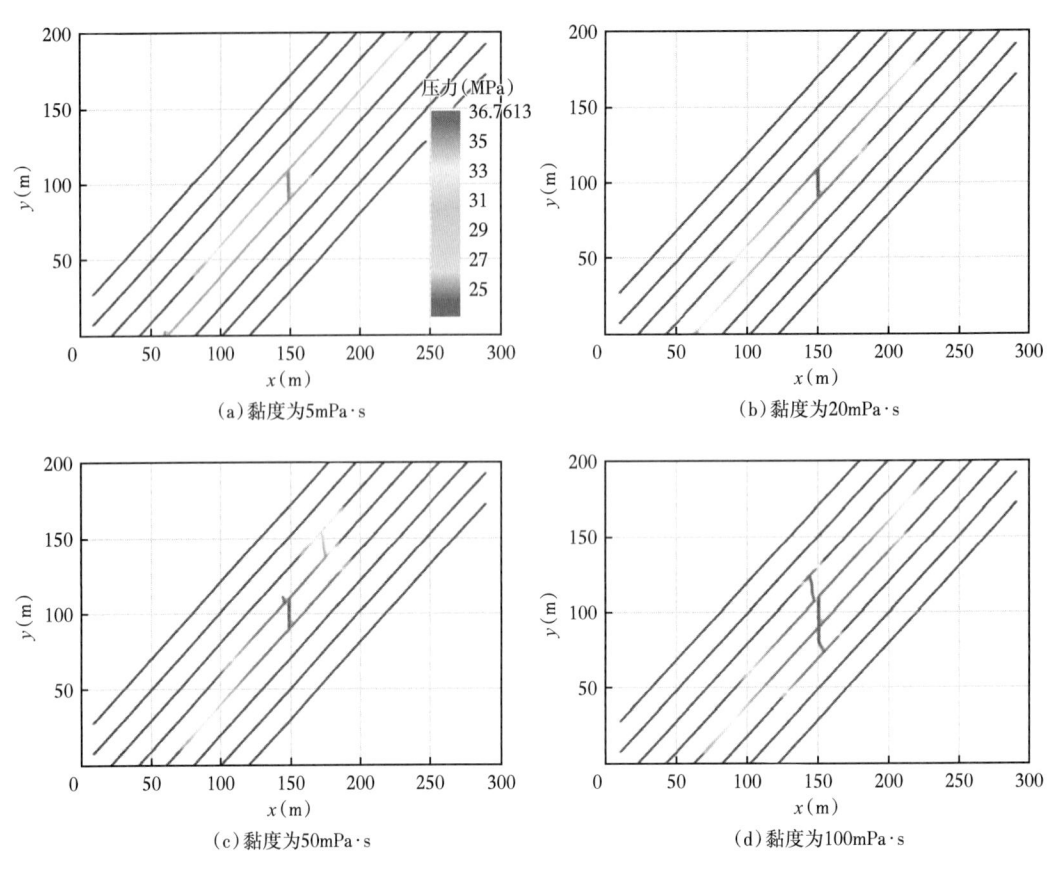

图 6　不同压裂液黏度下的裂缝形态

更高排量（9m³/min）条件下（图7），采用高黏度压裂液（50mPa·s 和 100mPa·s）模拟的裂缝形态。采用 50mPa·s 的压裂液时，排量为 9m³/min［图7（a）］时的层理开启数量明显高于排量为 6m³/min［图6（c）］时的层理开启数量；同样，采用 50mPa·s 的压裂液时，排量越高越倾向于开启更多的层理面；高排量条件下，层理面的开启长度也更长。

(a)黏度为50mPa·s

(b)黏度为100mPa·s

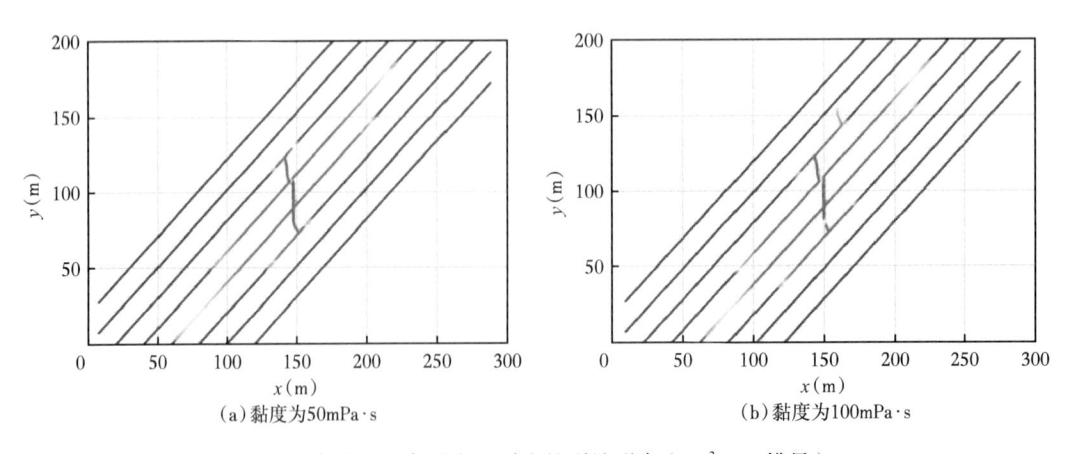

图 7　高排量下高黏度压裂液的裂缝形态（9m³/min 排量）

3.4 人工裂缝调控优化方案

结合C16井的具体情况与裂缝扩展规律的模拟研究结果，对于C16井45°倾角页岩地层，在进行压裂设计时，需要首先逐步提高排量、采用高黏度的压裂液使得人工裂缝突破更多的层理面，后续大排量注入低黏度的滑溜水压裂液激活层理剪切缝，从而建立人工张性裂缝与层理剪切缝交织的缝网系统。

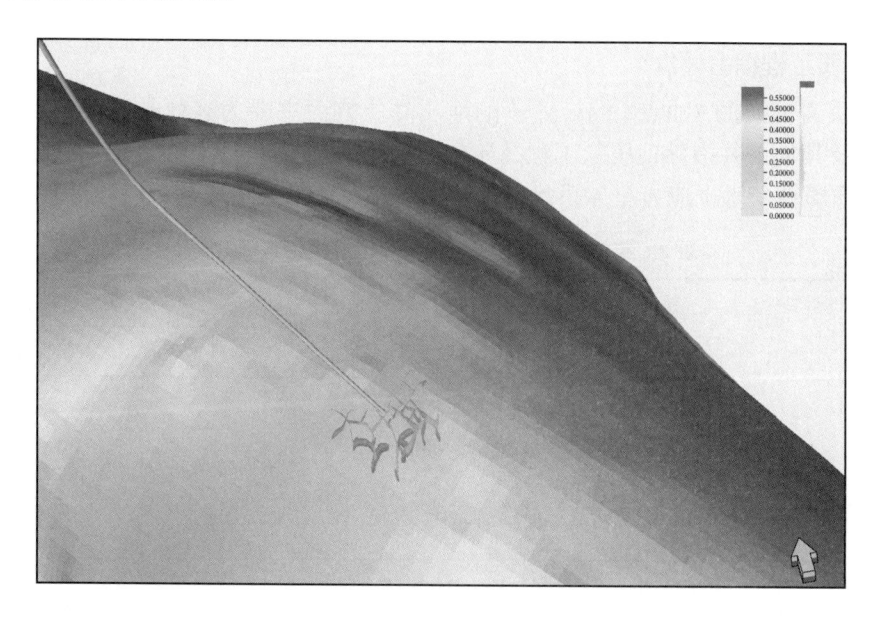

图8 模拟C16井不进行裂缝调控情况下的缝网扩展形态

基于C16井精细三维地质力学模型，对裂缝调控的具体参数进行优化。首先模拟12 m³/min 压裂排量、仅使用低黏度滑溜条件下（图8），水人工裂缝扩展形态，结果表明人工裂缝在近井即形成了复杂缝网、裂缝挠曲严重，且仅沿三向应力方向延伸，人工裂缝对于"甜点"靶层的改造有限。

采用人工裂缝调控方法（图9）进行模拟，在体积改造初期，阶梯式地将压裂排量由 2 m³/min 逐步提高至 12~14 m³/min，泵注 300 m³ 高黏度压裂液，后续注入 800~1000 m³ 低黏度的滑溜水压裂液。结果表明，人工缝网在近井的转向扭曲明显减少，并且缝网系统通过不断激活层理剪切缝在"甜点"靶层内延伸，实现了"甜点"靶层在纵向和横向的改造程度最大化。

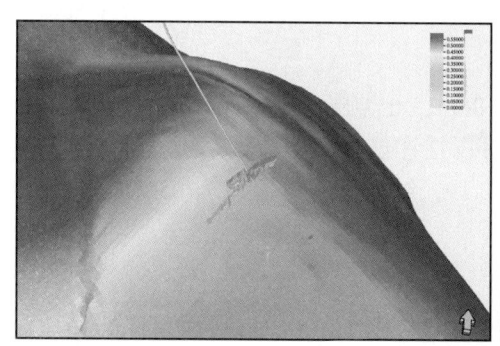

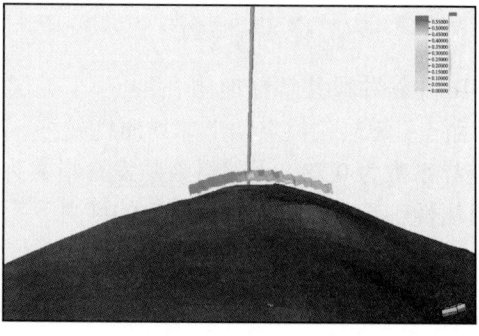

图9 模拟C16井进行裂缝调控后的缝网扩展形态

— 283 —

4 大斜度井体积压裂方案优化

在明确了大斜度井体积改造人工缝网的调控思路与具体做法后，通过对柴C16开展地质工程一体化"甜点"评价并根据评价结果进行具体压裂段、簇的设计，最终采用英雄岭页岩油体积压裂技术在三维地质力学模型进行压裂规模、参数的优化，完成C16井页岩储层大斜度井体积压裂方案优化。

4.1 储层地质工程综合评价

英雄岭页岩储层的"甜点"综合评价的地质品质方面主要为有效孔隙度、含油孔隙度、电阻增大率及其他录井指标；压裂工程品质方面根据可压性量化计算模型（表2）进行评价，包括页岩基质脆性、水平应力差异系数、天然微裂隙发育指数和综合可压性指数[7]。

表 2　英雄岭页岩油可压性量化评价指标与标准表

评价项目	评价指标与计算公式	评价标准 I类	评价标准 II类	评价标准 III类
页岩基质脆性	$B_{Brit}=0.5\{[(E-10)/(-50)]+[(\mu-0.4)/(-0.3)]\}$ $B=\dfrac{W_{石英}+W_{长石}+W_{碳酸盐}}{W_{总}}$ $BI=\dfrac{B_{Brit}+B}{2}$	>0.6	0.4~0.6	<0.4
水平应力差异系数	$K_h=1-\dfrac{\sigma_H-\sigma_h}{\sigma_h}$	>0.7	0.3~0.7	<0.3
天然微裂隙发育指数	$\dfrac{K_0}{K}=1+\rho_c\dfrac{h}{1-2\mu_0}\left(1-\dfrac{\mu_0}{2}\right)$ $h=\dfrac{16(1-\mu_0^2)}{6\left(1-\dfrac{\mu_0}{2}\right)}$ $K=\dfrac{E}{3(1-\mu)}$	>0.25	0.1~0.25	<0.1
综合可压性指数	$FI=\dfrac{1}{3}BI+\dfrac{1}{3}K_h+\dfrac{1}{3}\rho_c$	>0.6	0.4~0.6	<0.4

注：B_{Brit}为模量脆性；E为杨氏模量；μ为泊松比；μ_0为最大泊松比；B为矿物法脆性；$W_{石英}$为岩石中石英石矿物含量；$W_{长石}$为岩石中长石类矿物含量；$W_{碳酸岩}$为岩石中碳酸盐岩矿物含量；$W_{总}$为岩石中黏土矿物与脆性矿物含量；BI为页岩基质脆性；K_h为水平应力差异系数；σ_H为最大水平主应力，MPa；σ_h为最小水平主应力，MPa；K为体积模量，GPa；K_0为最大体积模量，GPa；ρ_c为天然微裂隙发育指数；h为微裂隙密度系数；FI为综合可压性指数。

C16井斜井段共解释地质"甜点"I类层106m、II类层195.6m、III类层831.3m，存在多套"甜点"靶层，但空间上非均质性较强；可压性评价方面，计算基质脆性为0.57，水平应力差异系数为0.78，天然微裂隙发育指数为0.19，综合可压性指数为0.56，整体表现出较好的可压性，具备大规模体积改造的潜力。

4.2 压裂分段分簇优化设计

基于C16井的地质工程一体化"甜点"评价结果（图10），以每段内射孔簇地质品质最优的、工程品质均衡为优选原则，对该井斜井段钻遇的13、14、15三套箱体分4段10簇进行体积改造，促进"甜点"充分释放、射孔簇均衡破裂。

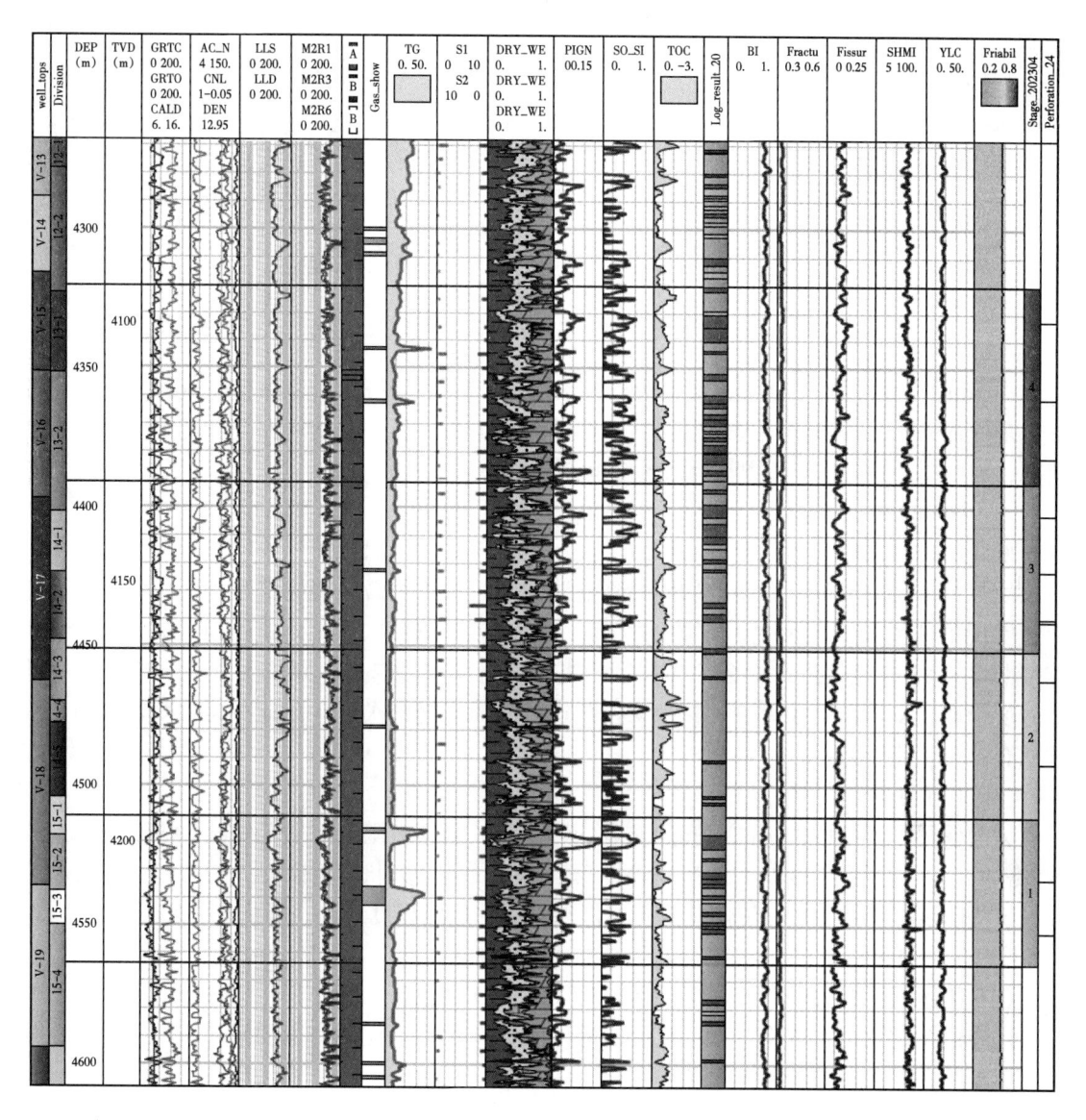

图 10　C16 井分段分簇设计结果

4.3　大斜度井体积压裂方案

（1）压裂排量。

C16 井压裂过程中需要尽可能提高排量以提供足够多的净压力克服层理抗张强度和强剪切强度，因此在压裂井口、井筒的抗内压强度允许范围内（不大于 85MPa），设计压裂施工排量 10~14m³/min。

（2）压裂规模。

在 C16 井地质力学模型内模拟不同压裂规模可达到的主要指标（图 11），以单段缝网的改造体积为目标优化压裂用液量，压裂泵入液量达到 1200m³ 后，人工缝网的改造体积增速开始逐步变缓，因此单段压裂用液量优化为 1200~1400m³。

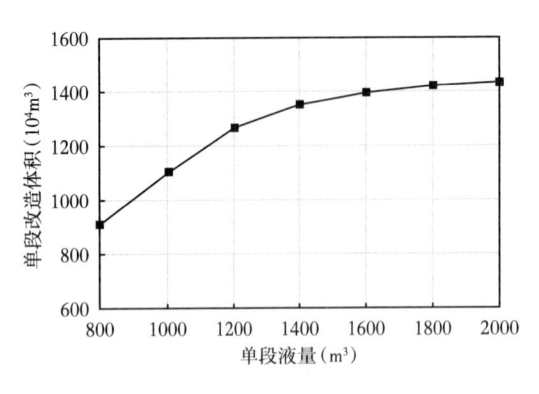

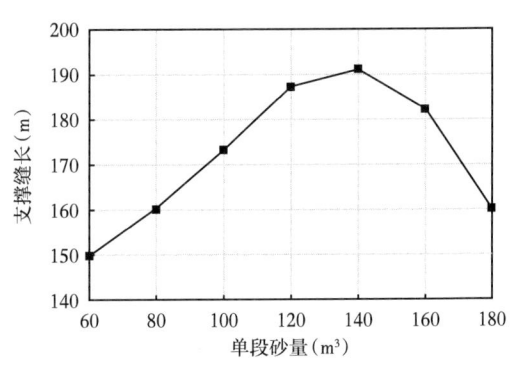

图 11 C16 井压裂单段的用液量与砂量优化曲线

在 14m³/min 排量、1400m³ 泵入液量的条件下，以最优的人工裂缝支撑缝长为优化目标确定最优加砂量，模拟结果发现，当支撑剂量超过 140m³ 后，会出现不同程度支撑剂堆积的情况，因此单段最佳的支撑剂量为 120~140m³。

（3）材料优化。

低黏压裂液采用一体化变黏滑溜水，高黏压裂液采用羟丙基瓜尔胶，所有压裂液均体系均添加纳米渗吸驱油剂，压裂改造同时降低原油通过纳米级微孔喉的阻力，提高相对渗透能力，实现单井采收率最大化。支撑剂方面，70/140 目石英砂、40/70 目石英砂和 30/50 目陶粒按照 5∶4∶1 的比例进行组合，小粒径的支撑剂打磨层理卡点，降低大斜度井施工难度并对微裂缝形成支撑，中粒径、大粒径支撑剂连续支撑主缝与次缝，保证不同尺度裂缝均具有长期有效的导流能力。

（4）射孔优化。

为确保每个压裂段内不同射孔簇实现均匀起裂，采用极限限流射孔做法，单段控制总孔数 30~40 个。由于大斜度井在地层中井壁围岩实际所受应力状态复杂，人工裂缝最初的起裂方位无法确定，采用 60° 相位螺旋射孔确保裂缝近井扭曲程度最小，降低压裂施工难度。

（5）生产制度。

C16 井体积压裂后采用"闷井 + 控压生产"的生产模式。

以降低初期生产含水率，最大化人工缝网支撑有效期，控制支撑剂回流为优化原则，制定压后闷井 7d、初期 2mm 油嘴放喷的生产制度（表 3）。

表 3 C16 井体积压裂后"闷井 + 控压生产"生产制度

阶段	动态特征	要求
闷井阶段	压力下降	闷井达到设计时长后开井
		若闷井期间内井底压力达到闭合压力，选用 2mm 油嘴缓慢返排
返排阶段	未见油，压力下降液量上升	保持 2mm 油嘴返排直至见油，每小时液量控制在 5m³ 以内
	油量逐渐上升，液量、压力逐渐达到峰值	排量逐渐稳定，产油量持续上升，持续排液 3d 以上的情况下，上调 1 级油嘴
	液量、压力下降，油量达到峰值	选用达到峰值时的油嘴作为返排最大油嘴，若井口压力日均压降高于 0.3MPa，则下调 1 级油嘴
生产阶段	液量、压力下降产量保持平稳	以 3 年产出 EUR50% 为目标，保证日均井口压降 0.05~0.1MPa
		避免频繁更改生产制度，包括调产、关井等，保持油井长期、连续、稳定生产

5 现场应用情况

C16 井于 4320~4564m（斜深）、纵向跨度 130.8m 实施体积压裂 4 段 10 簇（表 4），施工最高排量 12m³/min、总液量 6995.4m³、总支撑剂量 487m³，单段液量 1606.3~1914.4m³（包含施工准备等其他工序用液），单段砂量 112.4~131.1m³，整体按照优化方案完成现场应用。

表 4　C16 井体积压裂设计与实施情况对比表

	设计情况	实施情况
段簇	4 段 10 簇	4 段 10 簇
排量（m³/min）	10~14	9.6~12
总液量（m³）	6176.0	6995.4
总支撑剂量（m³）	443.2	487.0

C16 井压裂完成后闷井 7d 开始返排放喷，最高日产油 22.8m³，212d 累计日产油 1037t（图 12），取得了良好的增产效果。

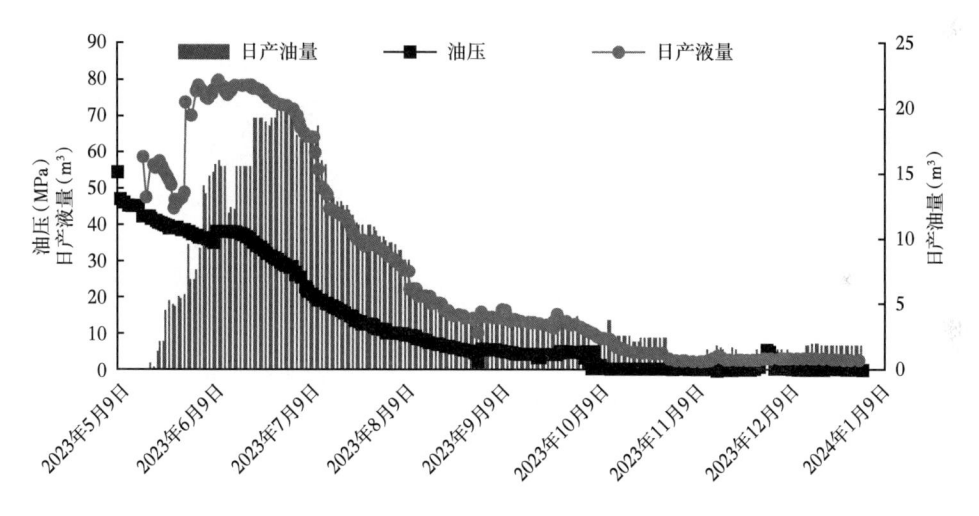

图 12　C16 井体积压裂后生产情况

6 结论与建议

（1）从压裂增产机理、人工裂缝扩展规律等方面剖析页岩储层大斜度井体积压裂存在的缝不在靶层内延伸、近井筒裂缝过度复杂、裂缝延伸路径挠曲、"甜点"评价的准确性等 4 个方面的改造难点，明确了"精准布缝、缝网调控"的研究思路。

（2）以柴达木盆地英雄岭页岩储层大斜度井立体开发先导试验井——C16 井为例，围绕该井的具体空间位置关系、储层地质工程参数，建立精细三维地质力学模型、开展大斜度井裂缝扩展规律研究，最终制定"阶梯式缓提排量、前期高黏液体突破层理面、后续大排量低黏液体激活层理剪切缝"的裂缝扩展调控方案。

（3）以 C16 先导试验井为例，采用地质工程"甜点"综合评价方法确定最优布缝位置，结合页岩储层大斜度井体积改造人工缝网的调控思路与具体做法，在精细三维地质力学模型

（4）页岩储层大斜度井体积压裂技术在柴达木盆地英雄岭断裂变形区页岩油资源勘探开发中具有明显的效益优势，通过先导试验的成功实施，明确了该项技术"精准布缝、缝网调控"的技术模式，在后续深化试验的过程中，将进一步结合裂缝监测、生产监测等压裂评估手段，进一步细化方案优化，持续提高技术的科学性和经济性。

参 考 文 献

[1] 龙国徽，王艳清，朱超，等.柴达木盆地英雄岭构造带油气成藏条件与有利勘探区带[J].岩性油气藏，2021，33（1）：145-160.

[2] 李国欣，朱如凯，张永庶，等.柴达木盆地英雄岭页岩油地质特征、评价标准及发现意义[J].石油勘探与开发，2022，49（1）：18-31.

[3] 李国欣，伍坤宇，朱如凯，等.巨厚高原山地式页岩油藏的富集模式与高效动用方式——以柴达木盆地英雄岭页岩油藏为例[J].石油学报，2023，44（1）：144-157.

[4] 侯冰，崔壮，曾悦.深层致密储层大斜度井压裂裂缝扩展机制研究[J].岩石力学与工程学报，2023，42（S2）：4054-4063.

[5] 侯冰，张儒鑫，刁策，等.大斜度井水力压裂裂缝扩展模拟实验分析[J].中国海上油气，2016，28(5)：85-91.

[6] 李宁.渝东北大倾角页岩储层压裂改造研究[D].北京：中国石油大学(北京)，2016.

[7] 谢贵琪，林海，刘世铎，等.柴达木盆地西部英雄岭页岩油地质工程一体化压裂技术创新与实践[J].中国石油勘探，2023，28（4）：105-116.

济阳页岩油压裂关键技术研究与实践

张 峰[1]，鲁明晶[1,2]，钟安海[1]，张子麟[1]，郑彬涛[1]，苏权生[1]

（1.中国石化胜利油田分公司石油工程技术研究院；
2.中国石化胜利油田分公司博士后科研工作站）

摘 要：济阳页岩油压裂具有改造施工难度大、缝高扩展难、改造体积小等特点，国外现有的页岩储层压裂改造工艺技术难以实现济阳页岩油的高效开发。从地质和油藏认识出发，通过升级和完善压裂工艺技术体系、强化页岩油开发技术理论攻关，并研发关键材料体系，逐步形成了济阳页岩油水平井常规压裂工艺技术体系和立体压裂工艺技术等关键工艺技术体系，并在济阳坳陷BX、BN、NZ、MF等几个洼陷共实施页岩油水平井31口。现场压裂实践表明：针对济阳坳陷不同洼陷特征形成的主导工艺技术，压裂改造效果与国内外同类型储层相比明显改善，开发效果逐步提高。相关技术体系实现了页岩油勘探开发产能突破。

关键词：济阳坳陷；陆相页岩；压裂工艺；立体压裂；开发效果

我国经济发展对能源的需求日益增长，近三年来中国原油、石油对外依存度双破70%，远超过50%的安全警戒线，能源安全供应风险亟须高度关注[1]。陆相页岩油是一种非常规源岩油，2019年底以来胜利油田在济阳坳陷BX、NZ、BN等多个洼陷、多种类型、多套层系相继取得重大战略突破，多口页岩油井峰值油当量超100t、单井累计产油超过1×10^4t，展现了页岩油良好的勘探开发前景[2]。相比于国内其他页岩，济阳页岩具有油埋藏深、温度高、厚度大、压力系数大等特征，造成济阳页岩压裂改造施工难度大、缝高扩展难、改造体积小[3]。2011年引进美国页岩气体积压裂技术进行济阳页岩油压裂开发，现场实施未实现突破，两口典型井累计产油仅达超100t。针对国外技术不适应等困境，胜利油田开展技术攻关，从地质和油藏认识出发、升级和完善压裂工艺技术体系、强化页岩油开发技术理论攻关，以一体化研究理念指导提升页岩油开发效果，形成了压裂技术体系和立体压裂技术等压裂工艺技术体系，实现了济阳页岩油压裂技术突破。

1 济阳页岩油水平井压裂关键工艺技术进展

1.1 济阳页岩油常规压裂工艺技术体系

济阳页岩油基质及夹层型页岩渗流所需压力梯度大于50MPa/m，流体可流动性差，抗压强度高、塑性强，不利于裂缝起裂扩展，加砂困难。针对其特点进行工艺措施改进，以"井控"储量为目标，形成了低浓度酸降破增渗、CO_2增能扩缝、组合缝网强支撑为核心的水平井多级分段压裂完井技术，建立了济阳页岩油压裂工程技术，实现了页岩油勘探开发产能突破。

1.1.1 低浓度前置酸降破增渗压裂技术

前置酸压裂是将酸液在高于破裂压力下泵入地层，使一部分酸液处于裂缝最前缘，一部

第一作者简介：鲁明晶（1986—），男，山东烟台，胜利油田工程技术研究院，副研究员，主要从事页岩油压裂工艺技术研究。通讯地址：山东省东营市东营区西三路306号，E-mail: t-lumingjing.slyt@sinopec.com

分酸液滤失到裂缝壁面两侧，用隔离液将酸液和压裂液隔离，随后开展压裂。压裂前置液注入低浓度酸进行酸蚀蚓孔、增渗降破，可以有效地提高压裂改造效果[4]。济阳页岩油实践证明，低浓度酸促进泥质灰岩形成蚓孔，孔隙度由 0.1251 提高到 0.1344，提高了 18%，渗透率由 5.59mD 提高到 8.46mD，提高了 127%。同时，前置酸压裂可以有效降低施工压力，在高灰质含量的地层，破裂压力可降低 18~23MPa，多级酸交替能够增大缝宽增强支撑剂进入裂缝能力（图1）。

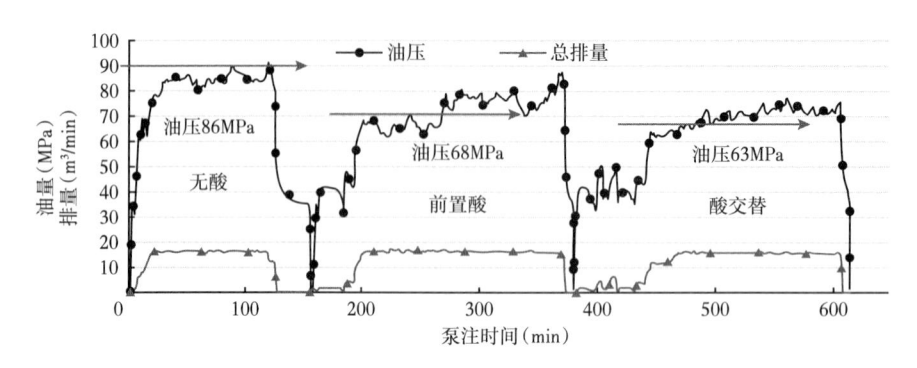

图1 灰质含量大于 80% 地层低浓度前置酸降破增渗现场试验

1.1.2 前置 CO_2 压裂工艺技术

以液态 CO_2 作为压裂前置液，与其他水基压裂液组合进行压裂改造，可以实现储层塑–脆性转换，增加微裂缝，降低主应力差值，大幅复杂化缝网[5]。针对济阳页岩油开展了 CO_2 准干法、伴注、前置 CO_2 压裂试验对比，结果表明前置 CO_2 压裂有利于提高改造体积，相同改造规模下，与水力压裂相比，前置 CO_2 压裂改造体积提高了 21%（图2）。以 BN 洼陷为例，进行水力压裂与前置 CO_2 压裂对比，结果发现当 CO_2 加量为 5~6t/m（单段大于 200t）时，压裂改造体积（加 CO_2）为压裂改造体积（不加 CO_2）的 1.7 倍，有效提高了改造效果。

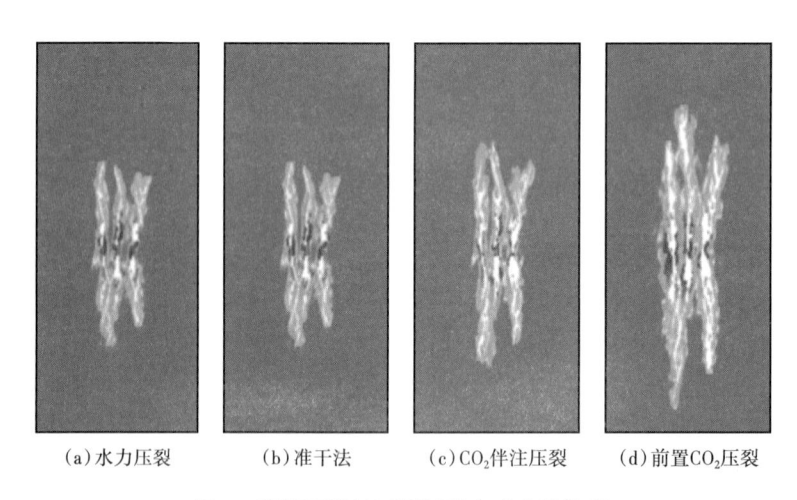

(a) 水力压裂　(b) 准干法　(c) CO_2 伴注压裂　(d) 前置 CO_2 压裂

图2 济阳页岩油不同压裂方式改造体积

1.1.3 水平井组合缝网压裂技术

针对济阳页岩压裂裂缝规律和现场实践认识，以提高缝控储量为出发点，创新提出了"自支撑裂缝—分支裂缝—主裂缝"的组合缝网压裂技术[6]，优化施工程序和支撑剂泵注程序。通过脉冲式交替泵注能形成簇式支撑高导流裂缝，通过交替泵注"纯液"和"砂浆"，纤维聚砂成簇，压裂液边造缝、边充填，能形成簇式支撑高导流裂缝，主缝导流能力可提高5~7倍。在此基础上开展组合缝网多级裂缝优化设计：基于主缝和分支缝造缝效果，建立了多级支撑裂缝导流适应性图版，优化工艺技术参数，矿场试验表明与常规压裂相比，压后供油能力提高1.54倍（图3）。

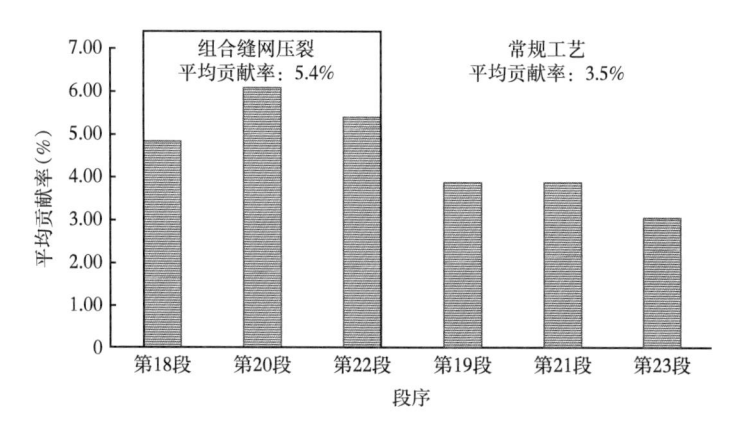

图3 组合缝网压裂与常规压裂供油能力

1.1.4 纵向穿层扩缝高技术

利用济阳页岩高角度缝、超压缝发育的地质条件，形成了大排量、变黏交替注入的穿层扩缝高压裂理念，优化变黏压裂液交替注入扩缝技术，促使纹层灰质页岩压裂形成多期次穿层缝。通过压裂优化控制孔数、短时大排量憋压、胶液扩展缝高，实现富集层理型页岩有效穿层扩缝高，在1HF井得到印证（图4）。实践表明：等效施工排量由 $8m^3/min$ 提高至 $16m^3/min$，剪破坏增加1倍，改造体积增加64%；单簇排量大于 $3m^3/min$，净压力大于8MPa能有效穿层扩缝高。

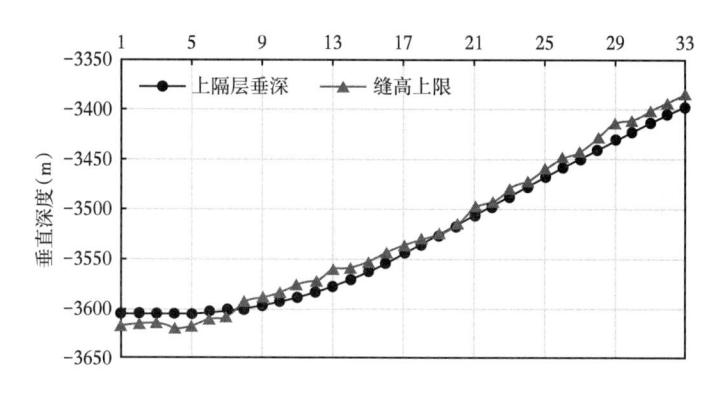

图4 1HF井穿层扩缝压裂监测结果

1.1.5 密切割压裂工艺技术

济阳页岩油密切割压裂实践证明簇间距较小时，裂缝间的干扰严重。随着簇间距的增大，裂缝间的干扰减小，破裂压力减小。密切割应力干扰导致应力转向，有利的一方面是可能带来裂缝转向或天然微裂缝的开启滑移，增加形成体积缝网的可能性，不利的一方面是主裂缝延伸必然受到影响[7]。因此，密切割压裂需要综合考虑改造体积SRV、裂缝带宽、裂缝复杂性指数等因素。根据模拟得到的诱导应力差、净压力、裂缝缝宽、SRV、裂缝带宽，随着簇间距缩小，改造体积和带宽都逐渐趋于稳态，无需加密簇数，结合产能及作业成本，可认为济阳页岩油簇间距7~13m为宜（图5）。

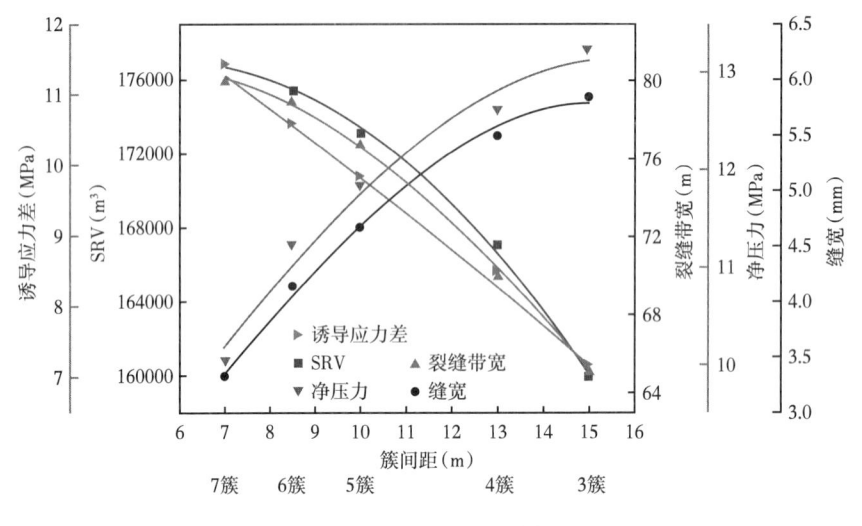

图5 不同簇间距时压裂参数对比

1.2 济阳页岩油立体压裂工艺技术

立体压裂是页岩油一次动用、整体开发、降本增效的关键工艺，物探—地质—工艺—开发一体化建模、评价、设计和实施，是立体压裂优化设计的基础[8]。经过系统攻关，集成地质工程一体化建模、立体井网缝网耦合、同步/异步协同施工和错峰投产优化等技术，形成"促裂缝干扰、避渗流干扰"的立体压裂技术体系。

1.2.1 多井协同的裂缝扩展规律及认识

针对济阳页岩油多层系开发特点，构建了基于岩心—井筒—储层的三维"甜点"评价模型。即采用序贯高斯模拟方法进行岩石物理建模，得到井筒二维"甜点"分布模型，以沉积和岩相分布为约束，运用随机建模技术，建立三维"甜点"评价模型。在此基础上，首先开展了真三轴人工裂缝扩展规律认识。研究表明垂向应力大小影响水平纹层开启宽度，垂向应力差越大水力裂缝越容易纵向穿层扩展，压裂液不易沿层理方向滤失，压裂改造效率高。射孔起裂点相对纹层位置对纹层开启及缝高扩展有影响，在纹层近距离处起裂裂缝穿层效果差。岩样破裂后压力陡降（70.3%、81.8%）反映纹层或微裂缝密度低（1条/cm），延伸压力段整体呈上升趋势则反映最终压裂裂缝形态更加迂曲复杂。在此基础上，建立多井压裂井间裂缝干扰物模实验装置，考察不同簇数/簇间距，压裂液黏度和排量等因素对多井协同压裂裂缝扩展因素的影响。发现簇间距越小，压力曲线波动频率越高；簇间干扰和井间干扰提高裂缝延伸压力，多井协同压裂声发射总事件数增加，剪切破坏型裂缝数量及占比都随之增加，事件增加6倍（图6）。压裂液黏度越小，压力曲线波动频率越高，井间干扰越明显；随着压裂液黏度的增加，声发射总事件数减少，剪切破坏型裂缝数量及占比都随之减少，事件减少2/3（图7）。排量越大，压力曲线波动频率越高，井间干扰不明显；随着排量的提高，声发射总事件数增加，剪切破坏型裂缝数量及占比都随之提高，事件增加1倍。

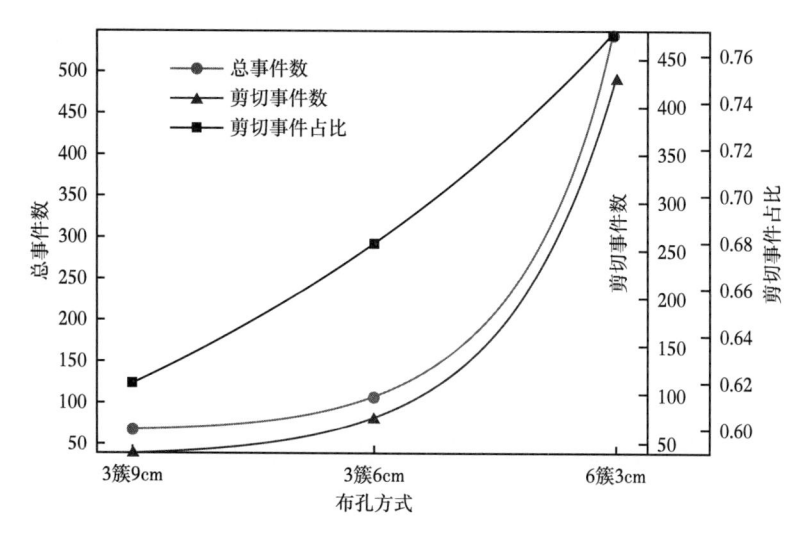

图6 不同簇数对剪切破坏影响

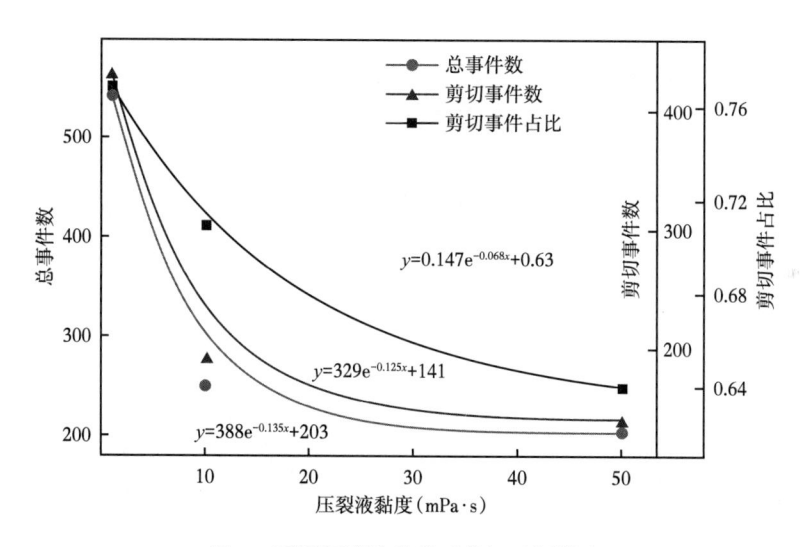

图7 不同压裂液黏度对剪切破坏影响

1.2.2 多井协同压裂多重介质流固耦合模型

基于三维位移不连续法和欧拉法，建立了多井协同压裂模式下三维裂缝扩展与支撑剂运移耦合模型，综合模拟分析多裂缝竞争扩展、缝内流体滤失、孔眼动态磨蚀、缝内支撑剂运移与沉降等关键物理过程。同时分析井距层距对裂缝扩展的影响，发现一层井网条件下，井距由100m增加到200m，储层裂缝面积和支撑剂面积分别增加28%、41%，裂缝两翼面积差异减小；井距大于200m时，储层改造面积增幅减缓。两层井网时，层距由20m增加到50m时，上层井网中裂缝受到的应力干扰作用减弱，且上层井网裂缝起裂点突破高应力夹层限制，储层改造面积增加38%，而支撑面积增加1倍。三层井网时，层距由20m增加到50m时，上层井网裂缝起裂、各簇裂缝扩展以及缝内支撑剂运移受到抑制作用减弱，储层改造面积增加33%，而支撑面积增加82%，说明缝内支撑剂铺置范围更易受到井间干扰作用的影响，如图 8 所示。

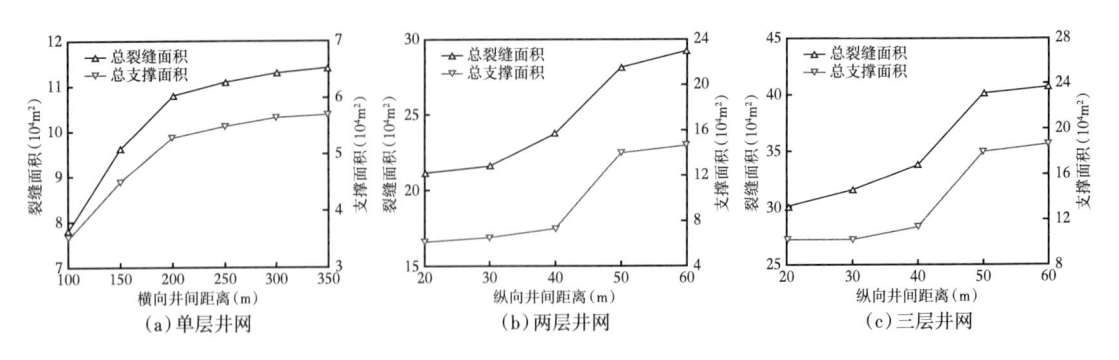

图 8 不同井距 / 层距对储层改造面积的影响

2 济阳页岩油不同洼陷主导工艺技术及实践认识

2.1 复杂断块油藏主要工艺及实践认识

BX 洼陷是济阳页岩油示范区首个立体开发试验井组，在沙三下、沙四纯上 1 层组、2 层组 3 个不同层系设计部署油藏评价井、开发井、小角度试验井（近平行断层）共 8 口。针对 FY1 井组部署 8 口井进行立体压裂实践，兼顾沙三下、沙四纯上 1 层组、2 层组 3 个不同层系。地面、地下统筹考虑分 3 轮次实施，历时 93d 施工 252 段，平均单段液量 2763m³、砂量 164.6m³，平均综合砂比 6.0%。经过两轮次压裂工艺迭代提升，井组压后峰值日油超 500t/d，4 口井峰值日油过 100t，井组开发取得显著效果（图 9）。

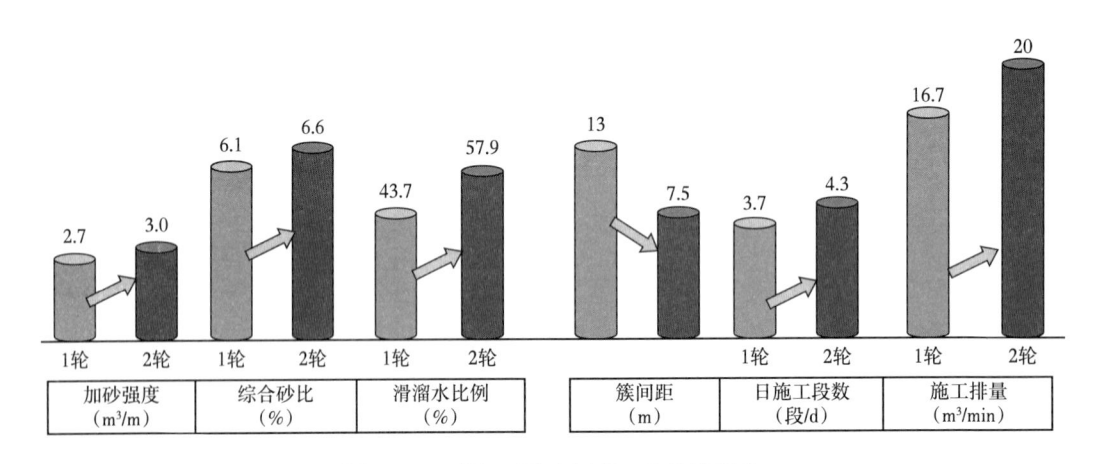

图 9 FY1 井组两轮次压裂工艺迭代提升

2.2 基质型油藏主导工艺及实践认识

NZ 洼陷水平应力差大、成熟度低、泥质含量高、原油黏度高，压裂面临缝高扩展难、缝网复杂化难问题，以"全支撑促渗吸"为理念，完成水平井压裂 4 口。在总结 2HF 井"实现裂缝有效穿层，最大化沟通上下层有利岩相"等认识的基础上，3HF 井采用了大液量、大砂量、暂堵转向、压后闷井等工艺，对二类页岩油实现了充分改造。3HF 于 2022 年 7 月投产，截至目前累计产油较 2HF 同期累计产油提升 0.4×10⁴t，含水率下降 17%，压力提升

17MPa（图10）。

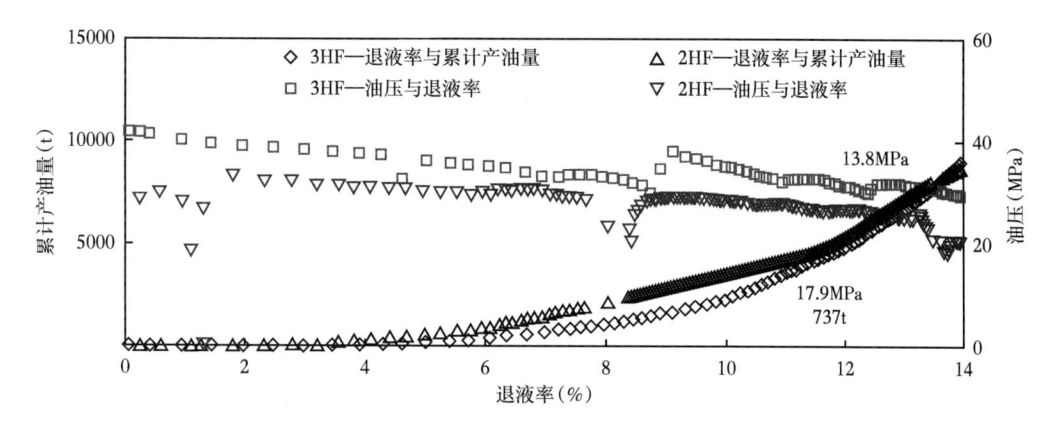

图 10　2HF 和 3HF 井压裂改造生产动态

2.3　复杂构造油藏主导工艺及实践认识

MF 洼陷地处陡坡深陷带，整体南高北低，沙四上地层埋深 2250~4350m，构造起伏大。目前在该洼陷已完成 3 口页岩油水平井压裂。民丰页岩油水平井压裂主要以密切割压裂为原则，不断探索段簇间距下限，缩短段长，强化体积压裂，目前完成 3 口水平井压裂，段长优化至 50~60m，簇间距 6~7m。1HF 水平段长 2042m，2022.1 分 33 段压裂，总簇数 153 簇，平均 4.6 簇/段，排量提高到 20m³/min，施工效率 3.5~4.2 段/d；开展滑溜水、低黏液加砂试验及全程连续加砂试验。目前 3mm 油嘴油压 22.4MPa，累计产油约 3×10^4t。

3　结论与展望

济阳页岩油水平井压裂工艺技术已经逐步完善，同时，还需在以下几个方面开展进一步攻关：

（1）亟待确定不同洼陷页岩油压裂工艺参数技术政策界限。目前，北美某区块 43% 井过度改造，24% 井欠改造，济阳页岩压裂工艺正不断探索以确定工艺参数技术政策界限，做到够用且经济。

（2）亟待完善立体压裂关键工艺技术体系。立体井组压裂裂缝扩展机制复杂，压裂干扰、套变套损风险增大，济阳页岩油独特性暂无成熟经验可借鉴，研究必须超前于实践。

（3）亟待进一步降低工程成本：通过压裂工艺优化、材料体系优化，压裂成本较前期已有大幅度降低，但目前整体工程成本仍偏高，需要进一步优化工艺技术降本增效，实现页岩油效益开发。

参 考 文 献

[1] 杨阳，郑兴范，肖毓祥，等. 中国石油中高成熟度页岩油勘探开发进展 [J]. 中国石油勘探，2023，28（3）：23-33.

[2] 林腊梅，程付启，刘骏锐，等. 济阳坳陷渤南洼陷沙一段页岩油资源潜力评价 [J]. 中国海上油气，2022，34（4）：85-96.

[3] 刘惠民，张顺，包友书，等. 东营凹陷页岩油储集地质特征与有效性 [J]. 石油与天然气地质，2019，40（3）：512-523.

[4] 何火华，黄伟，王鹏.水平井前置酸加砂压裂技术优化研究［J］.非常规油气，2020，7（2）：109-113.

[5] 邹雨时，李彦超，李四海.CO_2前置注入对页岩压裂裂缝形态和岩石物性的影响［J］.天然气工业，2021，41（10）：83-94.

[6] 蒋廷学，苏瑗，卞晓冰，等.常压页岩气水平井低成本高密度缝网压裂技术研究［J］.油气藏评价与开发，2019，9（5）：78-83.

[7] 侯景龙，王传庆，李玉东，等.连续管密切割压裂工艺技术及其应用［J］.钻探工程，2021，48（11）：42-48.

[8] 雷群，胥云，才博，等.页岩油气水平井压裂技术进展与展望［J］.石油勘探与开发，2022，49（1）：166-172，182.

基于有限元方法的页岩油藏水平井同步压裂施工参数优化方法研究

包劲青[1]，张轩哲[1]，陈 凯[2]

（1.西安石油大学；2.中国石油吉林油田油气工艺研究院）

摘 要：水平井同步压裂是目前非常规油气资源开发的重要增产措施，其施工参数的优化设计需要充分考虑井内、井间裂缝的相互干扰作用。基于有限元方法建立了能够同时考虑井内、井间裂缝干扰的水平井多井同步压裂数值分析模型。以改造均匀性和改造强度为优化目标，通过数值模型对某页岩油藏同步压裂井的施工参数进行优化设计，研究了布缝方式、施工参数和用液性质等因素对同步压裂的影响，在对备选方案整体分类的基础上提出了最优施工参数。经过优化的压裂施工参数一方面减低了压裂用液量，另外一方面单井初期产量得到显著提升。井内、井间裂缝干扰作用下两井同步压裂裂缝扩展规律得到了微地震监测数据的验证。

关键词：页岩油藏；水平井；同步压裂；有限元模拟

随着我国经济和工业的高速发展，能源需求量不断增加，原油对外依存度也在快速攀升[1]，导致我国的能源安全形势变得非常严峻。我国有着丰富的页岩油资源，高效开发页岩油资源对缓解石油供需矛盾、保障我国能源安全具有重要的战略意义[2]。水力压裂是页岩油藏增产改造最为重要的举措之一，同时近年来的工程实践表明水平井同步压裂可以提高页岩油储层改造强度、提高开发效益[3]。

页岩油藏水平井同步压裂关键施工参数优化设计的核心要素是需要充分考虑裂缝间的相互干扰作用。这种干扰作用不仅来自井内裂缝，而且还来自井间裂缝。现有以解析解和边界元法为内核的压裂优化设计软件在考虑裂缝间相互干扰方面有待提高，需要发展新的方法以满足工程的需求。

国内外学者在水平井同步压裂方面做了大量研究工作。张烨等[4]进行了大尺寸真三轴水力压裂模拟，分析在不同水平应力差下同步压裂裂缝的扩展。Liu等[5]使用扩展有限元法对比了不同簇间距下的应力分布及其影响。Wong等[6]基于边界元法研究了不同的注入排量、流体黏度等参数下，同步压裂裂缝以及井与井之间的相互作用。Do等[7]的研究表明，减少簇间距或增加簇数会使得裂缝间的相互干扰变强。张家伟等[8]采用离散元讨论了水平井同步压裂过程中应力场的演化规律以及压裂缝的变化。这些研究为页岩油藏水平井同步压裂优化设计提供了重要的理论基础。

与传统的边界元方法相比，有限元法能够自然、充分地考虑裂缝间的相互干扰作用[9]。本文以有限元方法为基础，在建立了充分考虑井内、井间裂缝相互干扰压裂有限元数值模拟方法的基础上，对某页岩油藏水平井同步压裂施工参数进行了优化设计。在对备选方案进行分类的基础上，遴选了该区块合适的压裂施工参数。

第一作者简介：包劲青，西安石油大学石油工程学院教授，从事储层改造方面的研究。通讯地址：陕西省西安市电子二路东段18号，邮编：710054，E-mail：JQBao@xsyu.edu.cn

1 理论模型

如图 1 所示,水平井分段同步压裂是同时对多井泵注大排量压裂液,通过压液进入裂缝时各种摩阻作用促进其有效地分配到各簇裂缝中,从而达到各簇裂缝起裂、扩展的目的。理论模型假设远场最大水平主应力与最小主应力之间差值较大,裂缝扩展的方向始终垂直于远场最小水平主应力 σ_h 的方向[13-14]。

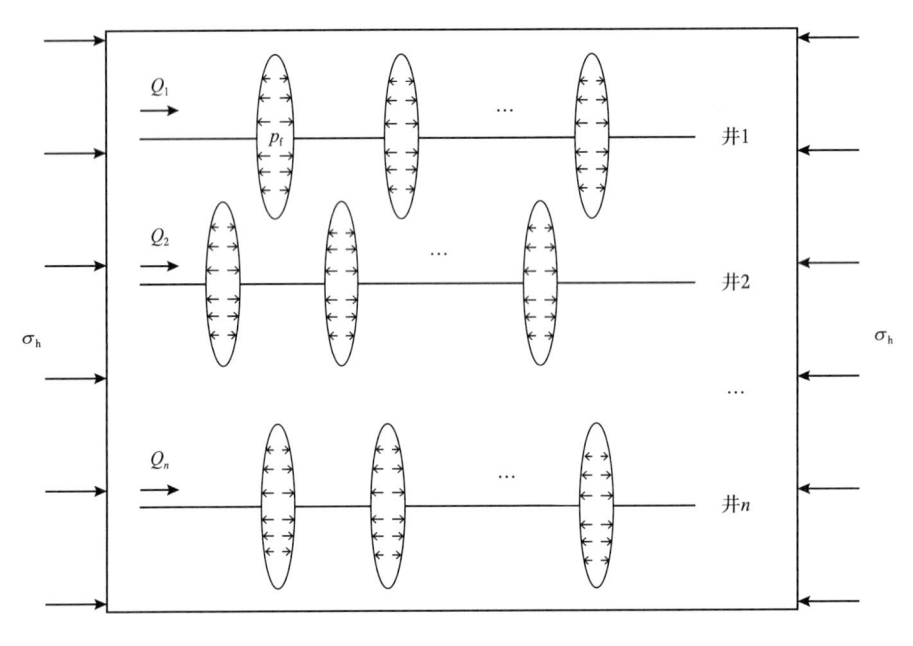

图 1 考虑裂缝相互干扰的水平井同步压裂理论模型

同步压裂理论模型的数学方程包括裂缝宽度与流体压力的全局性关系方程、裂缝扩展准则、每口水平井内流体的质量守恒方程、摩阻方程、裂缝中流体的质量守恒方程、流体的流动和滤失方程。在不考虑流体压缩性和井筒摩阻的情况下,各方程表述如下。

水平井分段同步压裂各裂缝宽度与流体压力全局性关系方程的广义表达式为[15-16]:

$$w(\boldsymbol{x}) = \sum_{i=1}^{n}\sum_{j=1}^{m_i}\int_0^{l_i^j} K(\boldsymbol{y},\boldsymbol{x})p_f(\boldsymbol{y})\mathrm{d}\boldsymbol{y} + C_0(\boldsymbol{x}) \qquad (1)$$

式中:w 为裂缝宽度,m;n 为水平井数目;m_i 为第 i 个水平井同一段内裂缝的数目;p_f 为裂缝内流体的压力,MPa;C_0 为远场最小围压引起的裂缝闭合量,m;K 为裂缝劲度系数,m/MPa。

水平井筒内流体的质量守恒方程为:

$$\sum_{j=1}^{m_i} q_i^j = Q_i \quad (i = 1,2,3,\cdots,N) \qquad (2)$$

式中:q_i^j 为第 i 个水平井第 j 条裂缝分配的排量,m³/s;Q_i 为第 i 个水平井的排量,m³/s;N 为同步压裂井的数目。

射孔摩阻的计算公式为[11, 17]:

$$p_i^{j,p} = \left[\frac{0.807249\rho_{\rm f}}{n_i^j \left(d_i^j\right)^4 \left(c_i^j\right)^2}\right] \left(q_i^j\right)^2 \quad (j=1,2,\cdots,m_i) \tag{3}$$

式中：$p_i^{j,p}$ 为射孔摩阻，MPa；$\rho_{\rm f}$ 为流体密度，kg/m³；n_i^j 为射孔数目；d_i^j 为孔眼直径，m；c_i^j 为孔眼流量系数。

弯曲摩阻表达式为：

$$p_i^{j,t} = \alpha \left(q_i^j\right)^\beta \tag{4}$$

式中：$p_i^{j,t}$ 为弯曲摩阻，MPa；α 为弯曲摩阻系数；β 为弯曲摩阻指数。

流体压力在水平井筒内满足一致性条件。忽略井筒摩阻，压力一致性条件的表达式为：

$$p_i^j + p_i^{j,p} + p_i^{j,t} = p_i^{j+1} + p_i^{j+1,p} + p_i^{j+1,t} \quad (j=1,2,\cdots,m_i-1) \tag{5}$$

式中：p_i^j 为各个裂缝靠近井筒处的流体压力，MPa；m_i 为第 i 口井的射孔簇数。

压裂液在每条裂缝中的质量守恒方程为：

$$\frac{\partial w}{\partial t} = \nabla \cdot q + g + \delta(\boldsymbol{x}) q_i^j \tag{6}$$

式中：q 为流体的流量，m³/s；g 为流体的滤失，m/s；δ 为狄拉克函数。

假设裂缝中的流体处于层流状态，压裂液在流体中的流动方程为[18]：

$$q = \frac{w^3}{12\mu} \nabla p_{\rm f} \tag{7}$$

式中：μ 为流体的动力黏度，MPa·s。

应用 Carter 滤失模型[19]，其滤失表达式为：

$$g = \frac{2C_{\rm L}}{\sqrt{t-t_0}} \tag{8}$$

式中：$C_{\rm L}$ 为流体滤失系数，m/s$^{\frac{1}{2}}$；t_0 为流体前缘达到时间，s。

裂缝的扩展准则为：

$$K_{\rm I} = K_{\rm IC} \tag{9}$$

式中：$K_{\rm I}$ 为应力强度因子，MPa·m$^{\frac{1}{2}}$；$K_{\rm IC}$ 为岩石断裂韧性，MPa·m$^{\frac{1}{2}}$。

2 有限元方法

将研究区域用有限元网格进行离散后可以得到方程[20]：

$$\boldsymbol{K}_{\rm u}\boldsymbol{U} - \boldsymbol{F}_1 - \boldsymbol{F}_2 = \boldsymbol{0} \tag{10}$$

式中：$\boldsymbol{K}_{\rm u}$ 为储层岩体的刚度矩阵；$\boldsymbol{U}$ 为有限元节点位移组成的矢量；$\boldsymbol{F}_1$ 为远场最小围压的等效节点力组成的量；$\boldsymbol{F}_2$ 为流体压力的等效节点力组成的矢量。

在此基础上，使用刚度凝聚技术[21]可推导出：

$$W = KP + C \qquad (11)$$

式中：W 为裂缝宽度组成的矢量；K 为 W 与 P 的关系矩阵；P 为流体压力矢量；C 为远场最小围压引起的裂缝闭合量矢量。

式（11）为式（1）的离散格式。

根据式（6）至式（8）和有限元方法有：

$$B_w W + K_w P + B_q Q = C_w \qquad (12)$$

式中：B_w 为裂缝面积矩阵；K_w 为流体流动的刚度矩阵；B_q 为将各个裂缝分配的流量转换为等效节点流量；Q 为各个裂缝分配的流量组成的矢量；C_w 为缝内流体质量守恒引起的右端项。

根据式（2）有：

$$\bar{B} Q = C_Q \qquad (13)$$

式中：$\bar{B}$ 为质量守恒矩阵，它将每个裂缝的排量转换为等效节点流量；C_Q 为质量守恒方程引起的右端项。

根据式（5）有：

$$B_p P + B_Q Q = C_p \qquad (14)$$

式中：B_p 为井筒压力相关的矩阵；B_Q 为裂缝流量相关的矩阵；C_p 为井筒压力一致性条件引起的右端项。

采用试分配排量的方法求解模型耦合方程式（11）至式（14）。方法首先对每簇裂缝给定满足式（2）的裂缝试分配排量 q_i^j 同时求解耦合方程式（11）和式（12），在求得各裂缝压力的情况下判断水平井筒内各裂缝处的流体压力是否满足下式：

$$\max\left[\frac{p_i^j - p_i^{j+1} - \Delta p_i^j}{\left(p_i^j - p_i^{j+1}\right)/2}\right] < \varepsilon_p \qquad (15)$$

式中：Δp_i^j 为同一水平井筒中两条相邻裂缝因井筒摩阻而导致的压力损失，MPa；ε_p 为流体压力容许差异因子，取 1×10^{-6}。

若式（15）不满足，则重新调整裂缝试分配排量 q_i^j 直至条件满足为止。已知方法中式（14）得到近似满足。

建立的水力压裂数值有限元模型可以模拟同步压裂多井后压裂裂缝的扩展，裂缝间的相互干扰体现在式（11）的 K 矩阵中。有限元模型得到物理实验的充分验证[22]。

3 页岩油区块基本情况

某页岩油区块位于伊通盆地，页岩储层厚度 15 m，纵向上泥岩隔层较薄。芯井资料统计，该区储层孔隙度一般在 10%~15%，平均 13.6%；渗透率一般 1.4~3.4mD，平均 2.0mD；未动用储量区低于平均值，孔隙度为 11%，渗透率为 0.2mD。图 2 为综合岩心室内实验和测井解释获取的压裂地质力学参数。目标储层最小水平主应力为 49~51MPa，弹性模量为 22~35GPa，泊松比为 0.26~0.28（图 2）。目标层上部有明显应力遮挡。

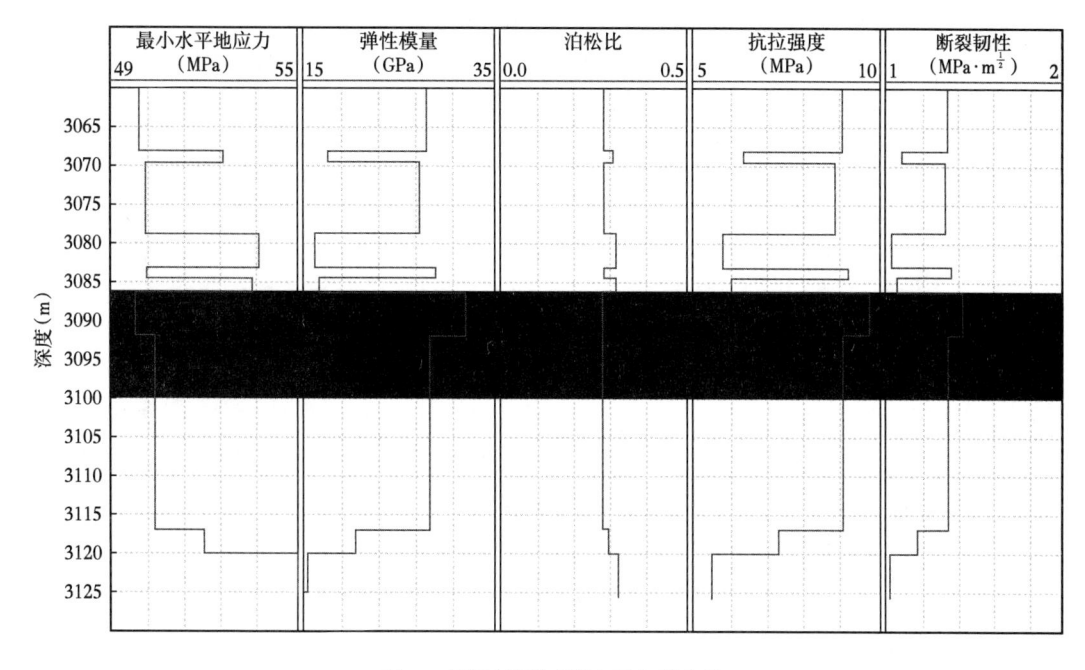

图2 目标储层压裂地质力学参数

4 压裂优化设计

4.1 优化目标

同步压裂对页岩油储层进行立体、均匀化的改造，段内切割程度越大、裂缝总体面积越大、簇间裂缝面积越均匀，改造效果越好。因此，定义压裂优化的目标函数为：

$$F = \frac{N}{N_s} \frac{A}{A_s} \frac{\lambda}{\lambda_s} \times 100 \quad (16)$$

式中：N 为各个方案的裂缝数目；N_s 为标准方案的裂缝数目；A 为各个方案的裂缝总面积，m²；A_s 为标准方案的裂缝总面积，m²；λ 为裂缝面积均匀性系数；λ_s 为标准方案裂缝面积均匀性系数。其中

$$\lambda = \frac{A_{ave}}{A_{max}} \quad (17)$$

式中：A_{max} 为各个方案所有裂缝（射孔簇）面积的最大值，m²；A_{ave} 为裂缝面积的平均值，m²。

4.2 方案设计与优化结果

为了对目标区块的两口同步压裂井选择合适的施工参数，设计了43种模拟方案，见表1，各个方案的单段最大用液量为2000m³。43个方案裂缝间距分为15m、12m、10m和8m 4种情况；排量分为10m³/min、12m³/min、14m³/min、16m³/min和18m³/min 5种情况；井距分为200m、250m、280m和310m 4种情况，压裂液动力黏度分为5mPa·s、20mPa·s和50mPa·s等3种情况；布缝方式（每簇裂缝射孔数目）分均匀射孔和纺锤射孔两种情况。表1中A1方案被定义为式（16）的标准方案。

表1 压裂模拟方案

裂缝间距（m）	簇数	排量（m³/min）	布缝方式（每簇裂缝射孔数目）	井距（m）	压裂液动力黏度（mPa·s）	方案编号
15	4	12	8	250	20	A1
12	5	12	8	250	20	A2
10	6	12	8	250	20	A3
8	8	12	8	250	20	A4
8	8	12	4	250	20	A5
8	8	12	5	250	20	A6
8	8	12	6	250	20	A7
8	8	12	3, 3, 4, 6, 6, 4, 3, 3	250	20	A8
8	8	12	4, 4, 5, 7, 7, 5, 4, 4	250	20	A9
8	8	12	4, 6, 6, 8, 8, 6, 6, 4	250	20	A10
8	8	12	6, 8, 8, 10, 10, 8, 8, 6	250	20	A11
8	8	10	8	250	20	A12
8	8	14	8	250	20	A13
8	8	16	8	250	20	A14
8	8	18	8	250	20	A15
8	8	14	8	200	20	A16
8	8	14	8	280	20	A17
8	8	14	8	310	20	A18
8	8	14	8	250	5	A19
8	8	14	8	250	50	A20
15	4	14	8	250	20	A21
12	5	14	8	250	20	A22
10	6	14	8	250	20	A23
15	4	16	8	250	20	A24
12	5	16	8	250	20	A25
10	6	16	8	250	20	A26
15	4	18	8	250	20	A27
12	5	18	8	250	20	A28
10	6	18	8	250	20	A29
8	8	12	8	200	20	A30
8	8	12	8	280	20	A31
8	8	12	8	310	20	A32
8	8	16	8	200	20	A33
8	8	16	8	280	20	A34
8	8	16	8	310	20	A35
8	8	18	8	200	20	A36
8	8	18	8	280	20	A37
8	8	18	8	310	20	A38
8	8	12	8	250	5	A39
8	8	16	8	250	5	A40
8	8	18	8	250	5	A41
8	8	12	8	250	50	A42
8	8	16	8	250	50	A43

根据式(16)和式(17)可以计算各个方案的目标函数值。根据目标函数值，将43个方案划分为4个梯队，第1梯队目标函数值的范围为200~230，第2梯队目标函数值的范围为180~200，第3梯队目标函数值的范围为150~180，第4梯队目标函数值的范围为100~150。图3为各个方案所在的梯队及其相应的目标函数值。

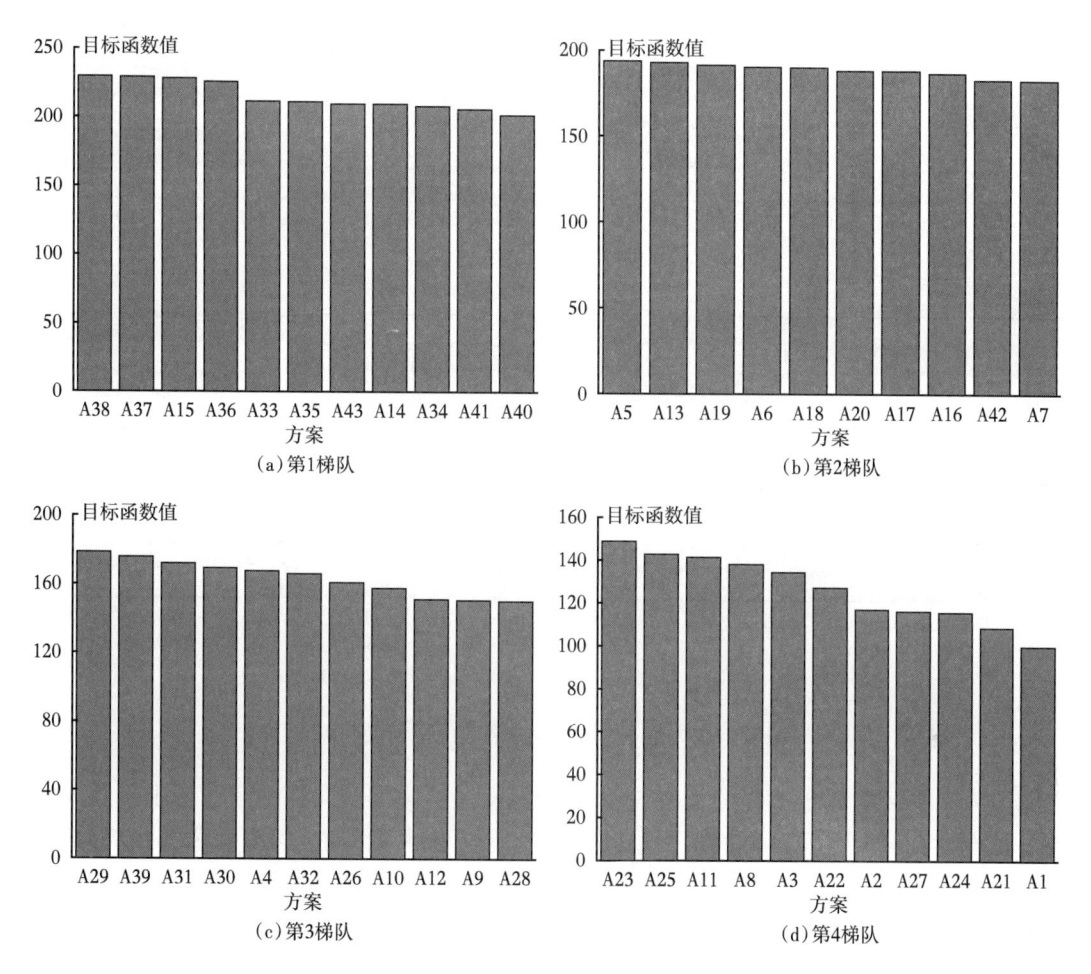

图3　各个方案所在梯队及其目标函数值

根据图3（a）和图3（b）各个方案相关施工参数，建议两水平井的压裂施工参数为：单段用液量1200m³，两井裂缝（簇）间距为8m，采用均匀射孔，每簇射孔数目为4~8孔，排量14~18m³/min，压裂液动力黏度为20~50mPa·s。实际数据表明经过优化的施工参数一方面减少了压裂液，单段用液量从2000m³降低到1200m³，另外一方面初期产量得到显著提升，单井初期原油产量从原来的日产14t提高到日产18t。

4.3 裂缝扩展规律

图4　为A2方案4个不同时刻各裂缝的平面展开图。从图中分析可知，在压裂的初期阶段井内裂缝间的相互干扰起主控作用，裂缝主要沿井两侧交错扩展。随着裂缝的持续扩展，井间裂缝的干扰作用逐步加强，裂缝整体呈现向井外扩展的势态，裂缝很难延伸进入邻井相邻裂缝之间未改造的区域内。这种裂缝扩展现象同样见之于其他方案。

(a) t=501.5s

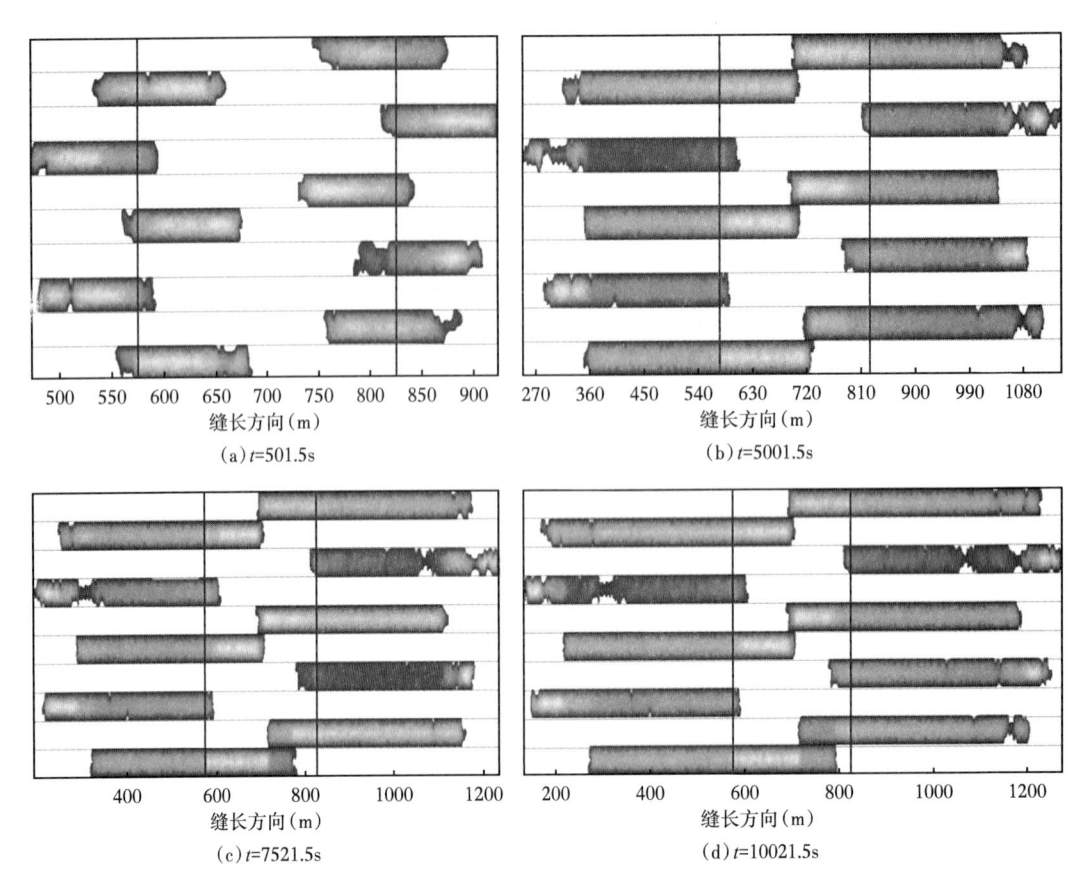

(b) t=5001.5s

(c) t=7521.5s

(d) t=10021.5s

图 4　A2 方案 4 个不同时刻各裂缝平面展开图

图 5 为同一区块同步压裂的 A 井与 B 井微地震监测数据。从图中可以看出裂缝向井外延伸的长度远高于向井间延伸的长度，同时裂缝难以逾越监测井（图中棕色实线部分）。综合分析图 4 和图 5 可知，数值模拟发现的裂缝扩展规律得到微地震监测结果的验证。

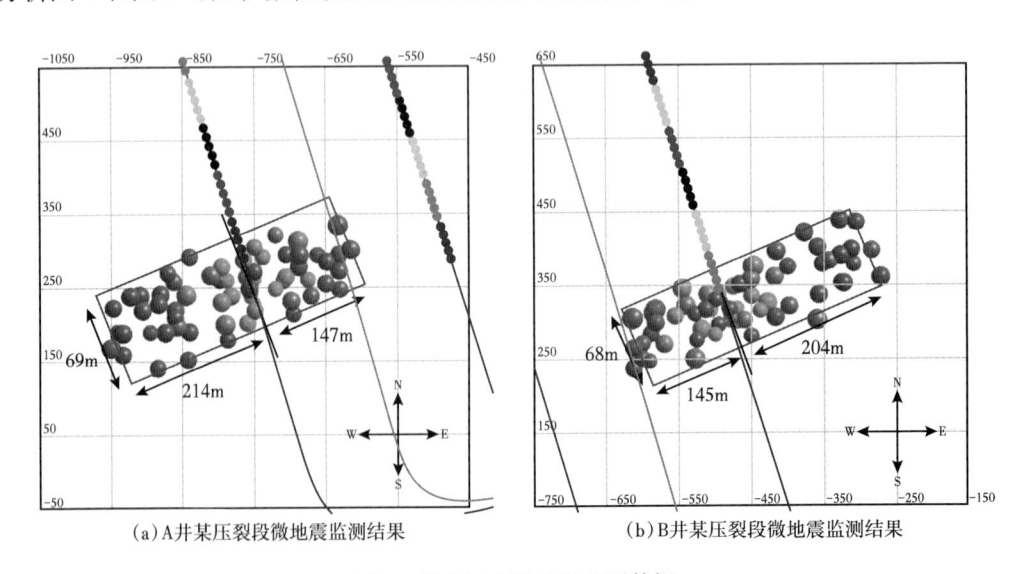

(a) A 井某压裂段微地震监测结果

(b) B 井某压裂段微地震监测结果

图 5　同步压裂微地震监测数据

5 总结

在用有限元方法建立水平井多井同步干扰压裂数值模型的基础上研究了页岩油藏同步压裂的优化设计方法。以改造强度和改造均匀性为优化目标函数,对某区块页岩油同步压裂水平井的施工参数包括布缝方式、排量、裂缝间距、压裂规模和用液性质进行了优化分析。优化后的施工参数在减少用液量的同时提高了单井的初期产量,同时两井裂缝扩展规律得到微地震数据的验证。

参 考 文 献

[1] 田倩茹. 我国能源对外依存度现状分析及对策研究[J]. 行政事业资产与财务, 2020, 12: 33-34.

[2] 李国欣, 雷征东, 董伟宏, 等. 中国石油非常规油气开发进展、挑战与展望[J]. 中国石油勘探铁, 2022, 27(4): 1-11.

[3] RUSSEL D, STARK P, OWENS S, et al. Simultaneous Hydraulic Fracturing Improves Completion Efficiency and Lowers Costs Per Foot[J]. The SPE Hydraulic Fracturing Technology Conference, virtual, May 2021: SPE-204138-MS.

[4] 张烨, 潘林华, 周彤, 等. 页岩水力压裂裂缝扩展规律实验研究[J]. 科学技术与工程, 2015, 15(5): 11-16.

[5] LIU C, WANG X L, DENG D W, et al. Optimal spacing of sequential and simultaneous fracturing in horizontal well[J]. Journal of Natural Gas Science and Engineering, 2016, 29: 329-336.

[6] WONG S, GEILIKMAN M, XU G. Interaction of multiple hydraulic fractures in horizontal wells[C]. The SPE Unconventional Gas Conference and Exhibition, Muscat, Oman, 2013: SPE-163982-MS.

[7] SHIN D, SHARMA M. Factors controlling the simultaneous propagation of multiple competing fractures in a horizontal well[C]. The SPE Hydraulic Fracturing Technology Conference, The Woodlands, Texas, USA, 2014: SPE-168599-MS.

[8] 张家伟, 刘向君, 熊健, 等. 双井同步压裂裂缝扩展规律离散元模拟[J]. 油气藏评价与开发, 2023, 13(5): 657-667.

[9] PEIRCE A, BUNGER A, DETOURNAY E, et al. Hydraulic Fracturing: Modeling, Simulation, and Experiment[DB/OL]. (2018-06-3)[2024-03-23].

[10] PEIRCE A, BUNGER A. Interference fracturing: Non-uniform distributions of perforation clusters that promote simultaneous growth of multiple hydraulic fractures[J]. SPE, 2014, 20(2): 384-395.

[11] LECAMPION B, DESROCHES J. Simultaneous initiation and growth of multiple radial hydraulic fractures from a horizontal wellbore[J]. Journal of the Mechanics and Physics of Solids, 2015, 82(2): 235-258.

[12] DAHI T A. Modeling Simultaneous Growth of Multi-branch Hydraulic Fractures[R]. San Francisco: American Rock Mechanics Association, 2011.

[13] SESETTY V, GHASSEMI A. A numerical study of sequential and simultaneous hydraulic fracturing in single and multi-lateral horizontal wells[J]. Journal of Petroleum Science and Engineering, 2015, 132: 65-76.

[14] KRESSE O, WENG X, GU H, et al. Numerical Modeling of Hydraulic Fractures Interaction in Complex Naturally Fractured Formations[J]. Rock Mechanics and Rock Engineering, 2013, 46(3): 555-568.

[15] ECONOMIDIES M, NOLTE K. Reservoir stimulation[M]. 3rd ed. New York: John Wiley & Sons, 2000.

[16] ADACHI J, SIEBRITS E, PEIRCE A. Computer simulation of hydraulic fractures[J]. International journal of rock mechanics and mining sciences, 2007, 44(5): 739-757.

[17] CRUMP J, CONWAY M. Effects of perforation-entry friction on bottom hole treating analysis[J]. Journal of

Petroleum Technology, 1988, 40（8）: 1041-1048.
[18] BATCHELOR G. An introduction to fluid dynamics[M]. Cambridge: Cambridge University Press, 1967.
[19] CARTER R. Optimum fluid characteristics for fracture extension[M]. Tulsa: American Petroleum Institute, 1957.
[20] BAO J, FATHI E, AMERI S. A unified finite element method for the simulation of hydraulic fracturing with and without fluid lag[J]. Engineering Fracture Mechanics, 2016, 162: 164-178.
[21] BAO J, FATHI E, AMERI S. A coupled finite element method for the numerical simulation of hydraulic fracturing with a condensation technique[J]. Engineering Fracture Mechanics, 2014, 131（1）: 269-281.
[22] 包劲青, 杨晨旭, 许建国, 等. 基于有限元方法的水力压裂全三维全耦合数值模型及其物理实验验证[J]. 清华大学学报（自然科学版）, 2022, 61（8）: 833-841.

吉木萨尔页岩油低成本高效体积压裂技术

鲍 黎,张永国,鲍 磊,蒀尚勇,杨明敏,曹劲杰

(中国石油集团西部钻探工程有限公司吐哈井下作业公司)

摘 要:吉木萨尔页岩油具有地层倾角较陡、储层厚度变薄、非均质性强、储层致密、含油饱和度低及孔喉半径小等特征,对压裂工艺技术提出了更高的要求,进而制约了英雄岭地区页岩油的规模开发。针对区块储层改造难点,通过对吉28块页岩油体积压裂技术攻关与实践,结合该区块页岩油储层地质特征,借鉴北美页岩油先进的压裂技术,形成了以"细密切割+极限限流+高强度改造+低成本材料"技术思路,并综合集成应用可变黏压裂液体系、绳结暂堵、前置CO_2等提高采收率新工艺新技术,从而降低见油返排周期及达产周期,提高页岩油新区产建效益,探寻页岩油科学经济开采技术路线,为后续吉木萨尔页岩油规模有效开发提供理论依据与实践经验。

关键词:吉木萨尔;页岩油;体积压裂;可变黏压裂液;绳结暂堵;前置CO_2

吉木萨尔凹陷是一个东高西低的"箕状"凹陷,吉28区块位于主体区块北部,跟主体区块相比,吉28区块具有地层倾角较陡、储层厚度变薄、非均质性强、储层致密、含油饱和度低及孔喉半径小等特征,前期采用"水平井钻井+体积压裂"改造后,存在以下工艺技术难点:(1)微—纳米级孔喉、原油黏度高、排驱压差大。储层孔隙以微—纳米级孔喉为主,喉道半径多分布在0.1um以下;"下甜点"原油黏度高(50℃,145.8mPa·s),排驱压力要明显高于"上甜点";(2)水平井压后自然递减快、含水下降慢、累计产量低,产量无法达到设计方案要求;(3)压后单产及累计产量较低,影响压裂效果主控因素尚不明确,压裂段长47~81m,簇间距12~16m,加砂强度2.4~3.0t/m,簇间距、入液强度、加砂强度等工艺参数对水平井压后单产及累产影响有待分析研究。针对以上难题,开展吉28区块页岩油储层地质综合特征研究和以"细密切割+暂堵转向+CO_2增能降黏、纳米驱油+高强度改造"为主的高效体积压裂技术、支撑剂导流能力评价及压裂工艺设计优化,提高吉木萨尔页岩油储层压后效果。

1 储层特征分析

通过储层岩性物性特征研究,为压裂工艺技术思路提供依据,提高压裂工艺技术适用性,温度与压力系统、敏感性伤害分析有利于液体体系优选评价,降低储层伤害。

1.1 储层岩性物性特征

芦草沟组发育两个地质"甜点","上甜点"和"下甜点"垂向距离120~150m。岩性主要为砂屑云岩、粉细砂岩、泥晶云岩形成的混积岩;储集空间类型为溶蚀微孔+剩余粒间孔,局部发育溶蚀构造缝,喉道半径分布在0.06~0.6um;"上甜点"储层孔隙度平均8.2%,渗透率中值0.002mD,"下甜点"实测孔隙度平均8.1%,渗透率中值0.009mD,为低孔隙度、特低渗透率储层。

作者简介:鲍黎(1982—),女,工程师,2007年毕业于西安石油大学石油工程专业,目前从事压裂酸化技术研发及推广等相关工作。通讯地址:新疆鄯善县新城东路1967号西部钻探吐哈井下储层改造中心,邮编:838200,E-mail:79082395@qq.com

1.2 储层压力、温度及流体性质

地层压力系统：依据邻井吉 37 井、吉 40 井、吉 25 井等 5 口井的实测压裂资料，预测吉 28 井区块储层压力系数为 1.29~1.32。

地层温度系统：地温梯度 2.56~3.08℃/100m，预测地层温度 95~100℃。

1.3 储层敏感性伤害特征

区块 P_2l 储层全岩 X 衍射分析结果表明，黏土矿物含量较低，黏土矿物以伊/绿/蒙混合层为主，"上甜点"1.79%，"下甜点"2.01%。通过清水浸泡前后扫描电镜图像对比分析，岩石内部结构变化不大；同时储层润湿性实验表明，区块 P_2l 储层表现为亲油特性，综合判断储层弱水敏。

表 1 吉木萨尔油田 P_2l 页岩油黏土矿物相对含量表

层号	样品数（块）	黏土矿物相对含量（%）						伊/蒙混层比（%）	绿/蒙混层比（%）
		蒙皂石	伊/蒙混合层	伊利石	高岭石	绿泥石	绿蒙混层		
P_2l_2	5	100	61	3~39	—	9~44	47~86	85~100	30~40
		20	12	16	—	14	38	37	20
P_2l_1	56	59~100	37~100	3~12	—	31~100	75~100	20~30
		45	40	1	—	—	14	81	6

1.4 储层流体特性

原油具有"上轻下重"特征，吉 2801H（"上甜点"）原油密度 0.865/cm³，黏度 18.0mPa·s（50℃）；吉 2802H（"下甜点"）原油密度 0.876g/cm³、黏度 145.8mPa·s（50℃）。

吉 2801H 井（"上甜点"）水分析总矿化度 7703mg/L，水型为 $NaHCO_3$。

2 吉木萨尔页岩油低成本高效体积压裂技术研究

2.1 压裂工艺技术思路

吉 28 块以体积压裂技术 2.0 为指导，持续坚持"细密切割 + 极限限流 + 高强度改造 + 低成本材料"技术思路与地质工程一体化设计原则，结合 Kinetix 压裂设计软件，持续优化入液强度、加砂强度与缝网改造体积 SRV 关系，强化"甜点"改造，实施差异化设计。同时规模推广一体化可变黏压裂液体系 + 全程石英砂 + 可溶桥塞等低成本技术，采用控液增砂、早加砂、连续加砂及组合粒径支撑剂，实现全裂缝系统有效支撑，提高压后措施效果，并综合集成应用绳结暂堵、前置 CO_2 等提高采收率新工艺新技术，从而降低见油返排周期及达产周期，提高页岩油新区产建效益，探寻页岩油科学经济开采技术路线，为后续吉木萨尔页岩油规模有效开发提供理论依据与实践经验。

2.2 岩石力学实验

影响岩石脆性较大的矿物类型主要是分散状黏土含量和非碎屑状碳酸盐岩含量。岩石的脆性还与所处的应力环境有关，特别是上覆地层压力。建立了吉木萨尔芦草沟组具有岩石结构、应力环境校正的脆性表征方法。

根据吉 33 井 3661.28~3670.28m 段岩石力学实验结果：杨氏模量 25.42~30.83GPa，泊松

比 0.158~0.191，两相应力差 19.87MPa，脆性指数 46%，复杂缝网形成可能性较小。

表 2　吉 33 井岩石力学实验数据

井号	井深（m）	层位	岩心编号	长度（mm）	直径（mm）	密度（g/cm³）	围压（MPa）	抗压强度（MPa）	杨氏模量（GPa）	泊松比	差应力（MPa）	脆性指数（%）
吉33井	3611.28~3670.28	P_2l_2	2-⊥	50.76	25.71	2.52	0	143.06	25.42	0.158	19.87	46
			2-0	50.27	25.74	2.52	10	225.92	28.09	0.167		
			2-45	50.51	25.73	2.54	15	234.09	30.83	0.188		
			2-90	50.39	25.74	2.51	20	245.2	27.59	0.191		

"上甜点"储层脆性指数大于 50，"下甜点"储层脆性指数大于 52，但地层天然裂缝不发育、两向应力差大两向应力差 12~19.8MPa，综合评价不利于形成复杂缝网，需密切割提高近井改造效果（图 1）。

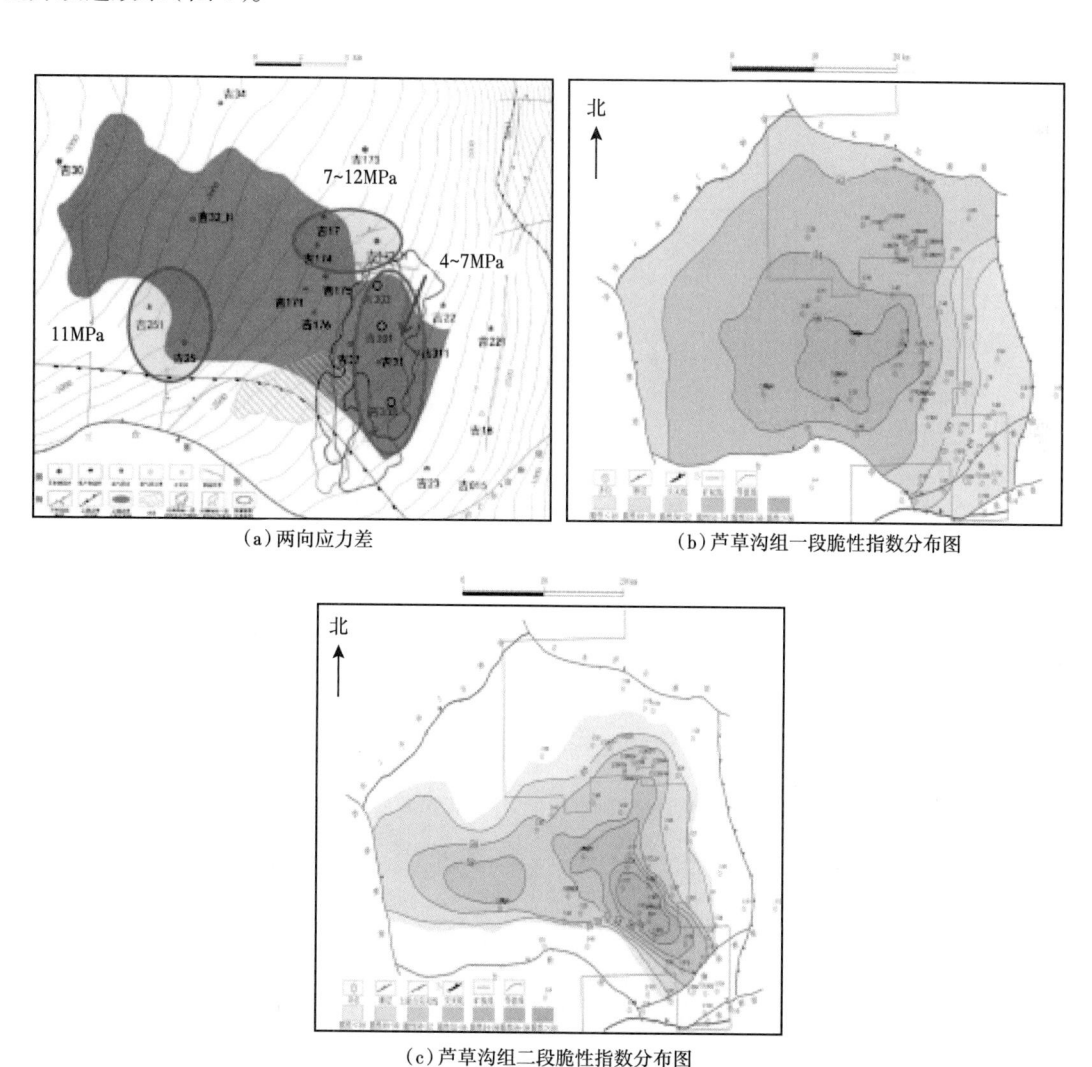

（a）两向应力差

（b）芦草沟组一段脆性指数分布图

（c）芦草沟组二段脆性指数分布图

图 1　应力差及脆性指数分布图

芦草沟 P_2l 岩心观察发育层理缝、构造缝、溶蚀缝等不同成因类型裂缝，但裂缝整体不发育，层理发育。

2.3 支撑缝长及与导流能力优化

2.3.1 裂缝长度优化

模拟考虑 300m 井距对称布缝时，缝长与产量的关系。结果表明：裂缝半长越长，5 年累计产油量越高，裂缝半长较短时，由于长度方向延伸不足，井间区域改造不充分；裂缝缝长超过井间距后，产量有所下降，并且有压窜风险；依据油藏储层特性，模拟优化合理裂缝半长。裂缝半长优化结果表明，累计产量随着裂缝半长的增大而增加，结合井距对裂缝半长进行优化，裂缝半长 150m（图 2 和图 3）。

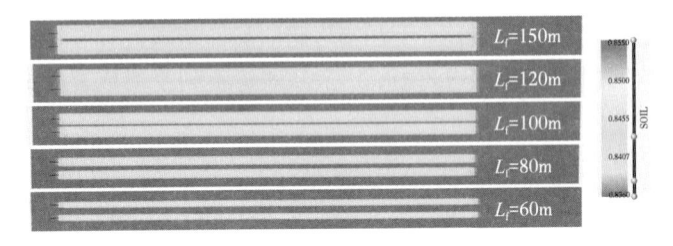

图 2 不同半缝长 5 年含油饱和度分布图

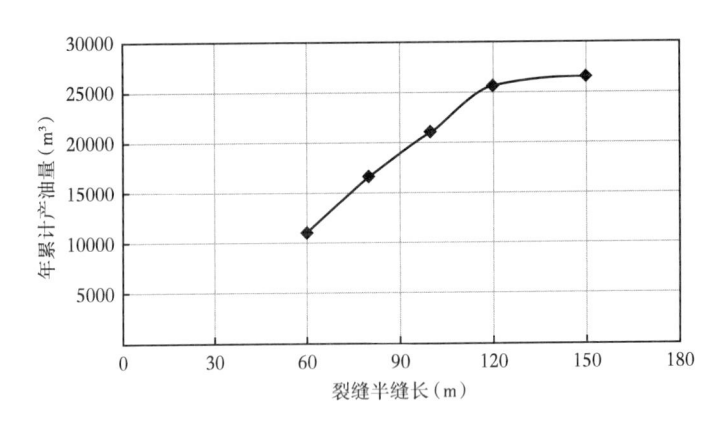

图 3 年累计产油量和半缝长关系图

2.3.2 簇间距优化

模拟结果表明，缝间驱替效率及产量随着裂缝间距减小呈增加趋势，当簇间距 3m，由于缝间干扰严重，累计产油反而低于 10m 簇间距，因此，优化簇间距 10~12m。

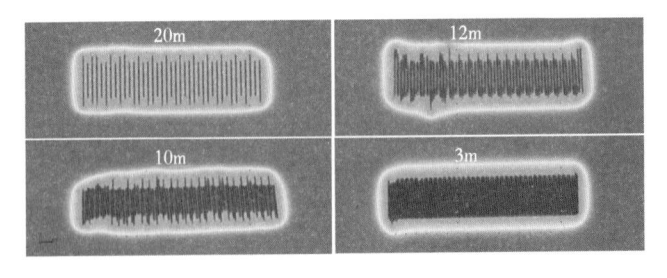

图 4 不同簇间距压力波及图

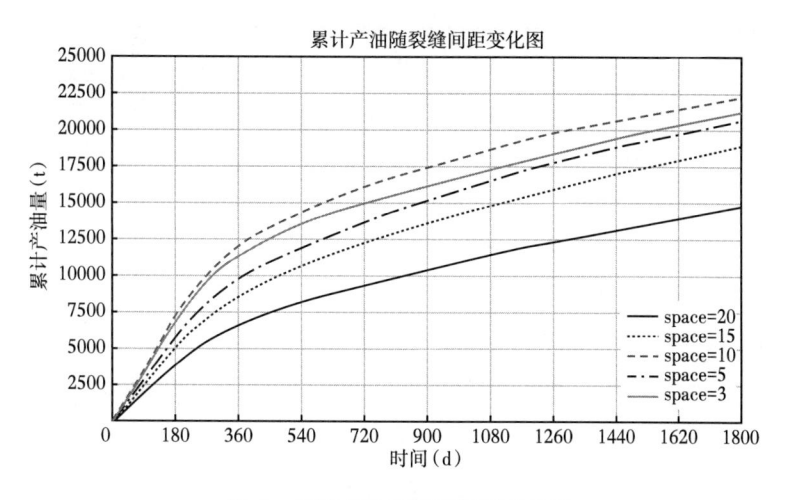

图5 累计产油量随簇间距变化图

2.3.3 裂缝导流能力优化

通过模拟计算，导流能力 20~25D·cm 累产幅度增加变缓，砂比不宜过高。结合区块前期压裂施工总结，优化平均砂比 20% 左右，最高砂比 25%。

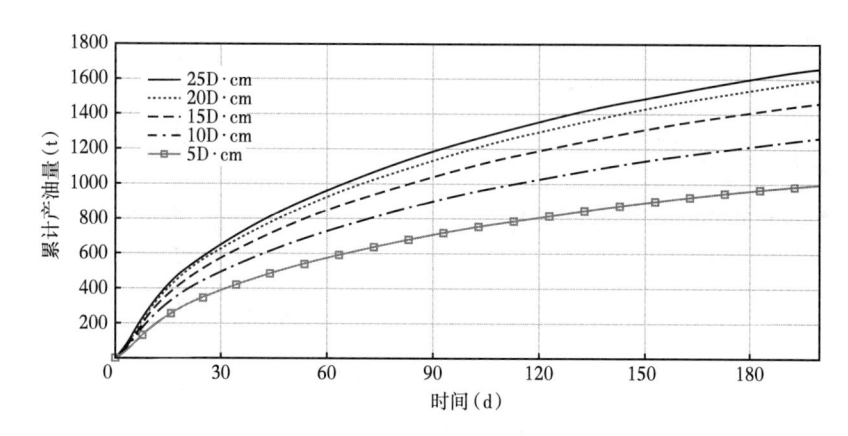

图6 导流能力与累计产油量关系图

2.4 压裂工艺参数优化

2.4.1 压裂规模优化

结合井网部署、井间应力干扰进行裂缝扩展模拟，依据地质工程一体化方法，利用 Kinetix 地质工程一体化软件，通过软件模拟结果，并结合区块前期取得的认识，综合考虑累计产量及经济效益，优化入液强度由 30~35m³/m，加砂强度 3.5~4.2t/m，并开展不同压裂规模对比试验。

2.4.2 压裂排量优化

结合隔夹层应力分析，优化排量与射孔数匹配关系，使每段总孔眼摩阻大于簇间应力差，使更长段更多簇下各簇均匀开启。单段总孔数不大于 40 孔。采用"中间多，两边少"的非均匀布孔方式，裂缝开启更均匀。

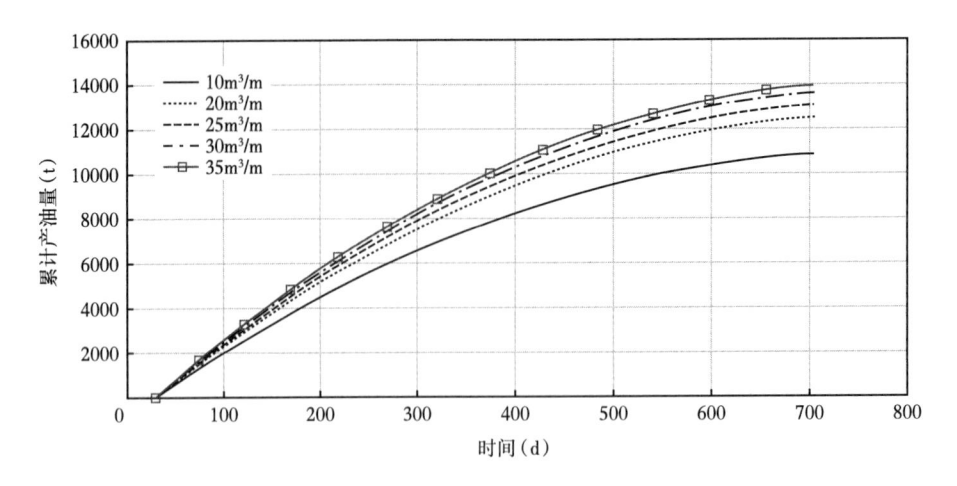

图 7 不同入液强度条件下产量预测结果

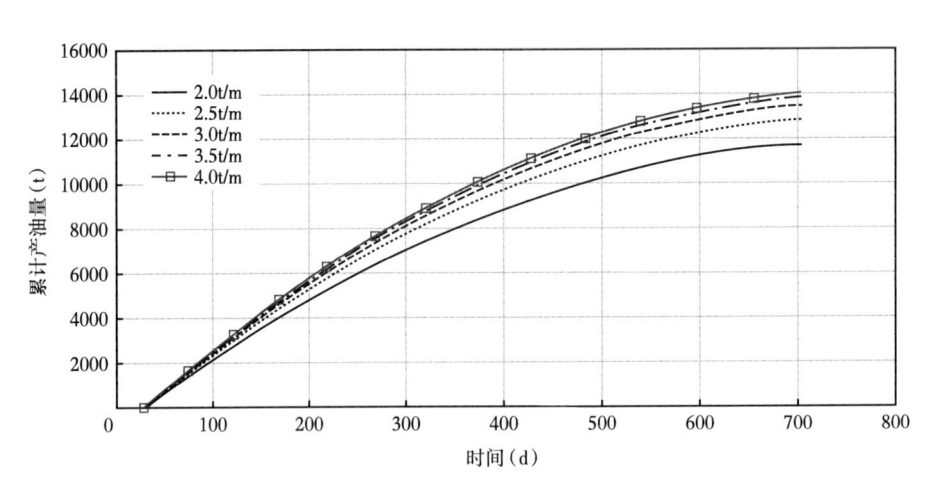

图 8 不同加砂强度条件下产量预测结果

"上甜点"储层较薄(7.3m),避免缝高过度延伸,优化排量 12~14m³/min;"下甜点"多薄层发育,提高排量至 15~16m³/min,提高裂缝纵向改造效果。

2.5 低成本高效压裂工艺技术攻关

2.5.1 压裂液体系优化

储层温度 100℃左右,为降低压裂液对储层伤害,有效保护储层,室内优化评价优选一体化可变黏压裂液体系,该体系具有乳液分散速度快、降阻率高、携砂性能好、浓度调节简单、液体成本低、对储层伤害小等特点(表3和表4)。通过调节乳液浓度实现不同砂比携砂性能,大幅度降低全程加砂全裂缝支撑压裂工艺砂堵风险。

表3 一体化可变黏压裂液配方

序号	液体名称	液体配方
1	低黏滑溜水	0.1%~0.3%FR
2	高黏携砂液	0.3%~0.6%FR
备注		所有添加剂浓度根据现场实际情况进行调整

表 4 压裂液耐温、耐剪切性能试验结果

类别	浓度（%）	溶解时间（s）	黏度（mPa·s）	携砂能力	减阻率（%）	表面张力（mN/m）
低黏滑溜水	0.1~0.3	<30	≥10	200kg/m³	≥70	30.43
高黏携砂液	0.3~0.6	<30	≥40	400kg/m³	≥60	

2.5.2 支撑剂组合优化

结合储层闭合压力和支撑剂导流能力评价，全程采用石英砂，优选 70/140 目 +40/70 目 +30/50 目石英砂组合，在闭合应力 50MPa 内可满足导流能力需求。考虑区块原油具有"上轻下重"特征，"下甜点"适当提高 40/70 目、30/50 目石英砂比例，提高裂缝导流能力。

2.5.3 前置 CO_2 增能降黏压裂技术

为提高储层能量、降低原油黏度及排驱压差，开展前置 CO_2 增能降黏压裂技术试验，每段压前注 CO_2 100~200t，以提高自喷期产量和累计产量。

2.5.4 纳米驱油压裂技术

开展纳米驱油试验，实现基质改性并提升洗油驱油效率，最大限度提高单井产量及 EUR；纳米驱油剂具有胶束粒径小，易进入细吼道、微裂缝，改变岩石润湿性，降低表面张力，减少水锁伤害，降低流动启动压力，提高相渗等作用。通过表界面张力、接触角测试，筛选评价出适用于页岩油储层纳米排驱剂。

表界面张力评价：加入纳米驱油剂后，表界面张力迅速降低，表面张力从 72mN/m 降至 36mN/m，界面张力从 26mN/m 降至 0.5mN/m。纳米排驱剂用量很小时即可显著改善表界面活性（图 9）。

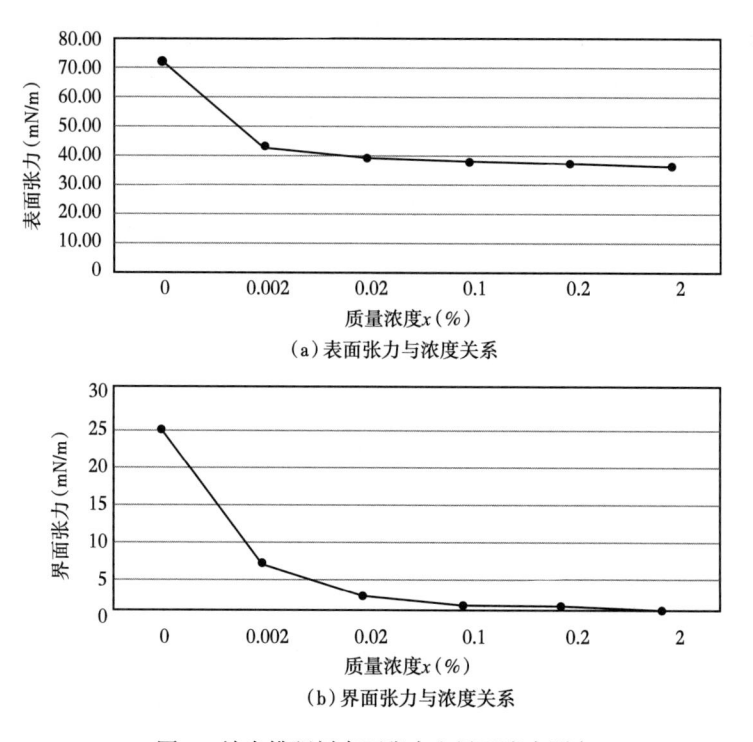

(a) 表面张力与浓度关系

(b) 界面张力与浓度关系

图 9 纳米排驱剂表面张力和界面张力测定

润湿反转实验评价：室内实验评价表明，纳米驱油剂具有润湿反转作用，使岩石表面由油润湿变为水润湿，更有利于油润湿储层提产（图10）。

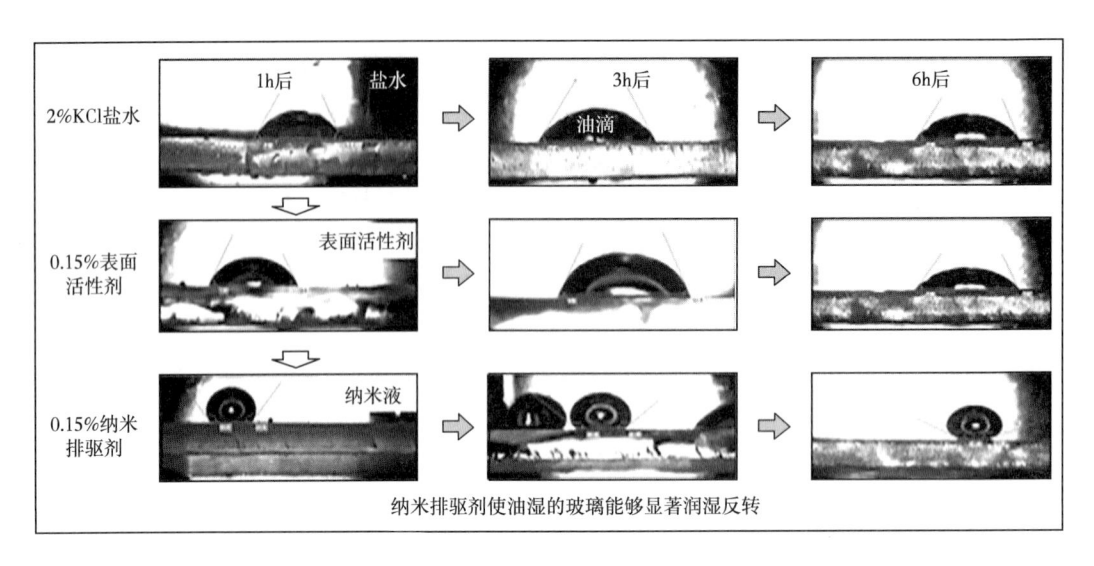

图10 润湿反转实验

2.5.5 多簇射孔＋绳结暂堵组合技术

为使段内各簇均能得到均衡改造，并且压后对产量均有所贡献，压前根据段内各簇物性和应力差，对储层进行暂堵分级评估，通过可降解绳结暂堵剂实现"绳结"架桥，"翼部"随孔形变堵塞射孔孔眼，封堵效率高，特别适合桥射联作多簇射孔分段压裂工艺，可有效提高储层均衡改造程度，增加油藏接触面积，提高单井产量。同时优选18~22mm的绳结式暂堵剂进行暂堵，对射孔孔眼及近井地带裂缝口实施有效封堵，并确保压后暂堵颗粒能完全降解水化，恢复堵塞层段供液通道。

表5 绳结式暂堵剂性能参数表

温度（℃） 指标	40	60	90	120
密度（g/cm³）	1.2~1.6	1.2~1.6	1.2~1.6	1.2~1.6
直径（mm）	14~26	14~26	14~22	14~26
溶解时间（h）	6~60	6~60	6~60	3~16
溶解率（%）	≥95	≥95	≥95	≥95
抗压强度（MPa）	≥70	≥70	≥70	≥70

3 现场应用及效果

吉28块坚持以体积压裂技术2.0为指导，按照地质—工程一体化原则，结合水平段储层评价分类，实施差异化设计，强化"甜点"改造。"上甜点"累计实施压裂14井次，平均入液强度27.9m³/m，加砂强度3.3t/m，平均砂比18.1%；"下甜点"累计实施压裂22井次，平均入液强度30.4m³/m，加砂强度3.9t/m，平均砂比17.3%。

压裂可对比36井次，措施成功率100%，压后初期平均单井日产液量73m³，日产油量26.9t，压后平均单井日产油较区块平均提高10%~15%，措施增产效果显著。

4　认识与结论

（1）采用"细密切割＋极限限流＋高强度改造＋低成本材料"为组合拳的体积压裂技术2.0，对页岩油经济有效开发整体适用。

（2）通过开展前置CO_2、纳米驱油、段内剖面＋缝内平面多级暂堵等新工艺新技术，同时将压裂造缝、地层补能与化学驱等有机结合，达到预期增油效果，最大限度提高单井累计产量及EUR。

（3）强化压裂规模有助于提高首年累计产油量和最终采出程度；"上甜点"：首年每千米累计产液量提升4.7%，首年每千米累计产油量下降32.9%，说明增大规模并不能直接提高"上甜点"产油量，需要结合地质认识，同时配合其他增产措施，比如暂堵工艺、纳米驱油剂等；"下甜点"：首年每千米累计产液量提升7.2%，首年每千米累计产油量提升23.1%，说明增大规模提升了一次改造程度，提高了裂缝换油效率。

（4）提高小粒径支撑剂比例有助于提高支撑缝长及分支缝的支撑效果，"上甜点"自喷返排率高的井，70/140目小粒径支撑剂占比30%左右，30/50目支撑剂占比40%左右；"下甜点"自喷返排率高的井，70/140目小粒径支撑剂占比10%~15%左右，30/50目支撑剂占比50%~55%左右。

参 考 文 献

[1] 吴奇, 胥云, 王晓泉, 等. 非常规油气藏体积改造技术——内涵、优化设计与实现[J]. 石油勘探与开发, 2012, 39（3）: 352–358.

[2] 周福建, 苏航, 梁星原, 等. 致密油储集层高效缝网改造与提高采收率一体化技术[J]. 石油勘探与开发, 2019, 46（5）: 1007–1014.

[3] 梁天博, 苏航, 昝晶鸽, 等. 变黏滑溜水性能评价及吉木萨尔页岩油藏矿场应用[J]. 石油科学通报, 2022, 67（2）: 185–195.

[4] 张治恒, 田继军, 韩长城, 等. 吉木萨尔凹陷芦草沟组储层特征及主控因素[J]. 岩性油气藏, 2021, 33（2）: 116–126.

[5] 雷群, 杨立峰, 段瑶瑶, 等. 非常规油气"缝控储量"改造优化设计技术[J]. 石油勘探与开发, 2018, 45（4）: 719–726.

[6] 张士诚, 王世贵, 张国良, 等. 限流法压裂射孔方案优化设计[J]. 石油钻采工艺, 2000, 22（2）: 60–63.

[7] 李国欣, 朱如凯. 中国石油非常规油气发展现状、挑战与关注问题[J]. 中国石油勘探, 2020, 25（2）: 1–13.

[8] 吴承美, 许长福, 陈依伟. 吉木萨尔页岩油水平井开采实践[J]. 西南石油大学学报（自然科学版）, 2021, 43（5）: 33–41.

[9] 杨丽. 暂堵转向技术在致密油直井缝网压裂中的应用[J]. 西部探矿工程, 2023, 35（1）: 64–66, 71.

[10] 许建国, 刘光玉, 王艳玲. 致密储层缝内暂堵转向压裂工艺技术[J]. 石油钻采工艺, 2021, 43（3）: 374–378.

[11] 孙佳欣. 纳米润湿反转剂及反转机理研究[D]. 北京: 中国石油大学（北京）, 2019.

[12] 赵志恒, 郑有成, 范宇, 等. 页岩储集层水平井段内多簇压裂技术应用现状及认识[J]. 新疆石油地质,

2020，41（4）：499–504.

[13] 雷群，杨立峰，段瑶瑶，等.非常规油气"缝控储量"改造优化设计技术［J］.石油勘探与开发，2018，45（4）：719–726.

[14] 吴奇，胥云，王晓泉，等.非常规油气藏体积改造技术：内涵、优化设计与实现［J］.石油勘探与开发，2012，39（3）：352–358.

[15] 夏海帮.页岩气井双暂堵压裂技术研究与现场试验［J］.石油钻探技术，2020，48（3）：90–96.

页岩油分段多簇压裂水平井簇开启监测新技术

封 猛[1]，宋志同[1]，王 倩[2]，陈超峰[3]，覃建华[2]，李 轶[4]

（1. 中国石油集团西部钻探工程有限公司试油公司；2. 中国石油新疆油田
公司勘探开发研究院；3. 中国石油新疆油田公司勘探事业部；
4. 中国石油新疆油田公司玛湖勘探开发项目部）

摘 要：水平井分段多簇压裂成为页岩油开发的主体技术，它的核心是在储层中形成具有较大波及体积的复杂裂缝网络系统，但由于储层非均质性强，压裂段内的射孔簇选择性开启，有的被过度改造，有的未被改造，需要掌握各簇起裂的均匀程度，以便调整后期压裂井的方案。目前井下电视、多臂井径测井及净压力分析等技术在监测精度、井筒适用条件及监测成本等方面具有一定局限性。本文创新提出储层剩余磁监测技术，通过与井下电视监测结果对比，监测符合率达到86%以上，测试效果较好。该技术对井筒条件要求低、测试费用低、准确度高，对页岩油水平井优化分段分簇方案、提高压裂效果及单井产能具有重要意义。

关键词：簇开启；储层剩余磁；井下电视；分段分簇；压裂暂堵

我国页岩油资源丰富，每年新增探明油气储量中，70%以上的石油储量、90%以上的天然气储量都是页岩油气藏，且比重仍在逐年递增，页岩油气资源已成为我国主要勘探开发对象，对于页岩储层，一般需要体积改造才能获得商业油气流，大规模分段多簇压裂改造已成为提产的主体技术。

分段多簇压裂的核心是在低渗透储层中形成具有较大波及体积的复杂裂缝网络系统，充分改造储层，使地层中的油气能够流入井筒。但在实际压裂过程中，由于井筒摩阻、储层非均质等因素的影响，压裂段内的射孔簇选择性开启，地层被过度改造，而部分射孔簇未开启，储层未被改造，所以监测压裂簇的开启，进而分析影响簇开启的因素，提高簇开启率，对优化分段分簇方案及压裂设计，提高储层改造效果及产能具有重要的意义。

压裂簇开启监测技术可分为间接监测技术和直接监测技术。直接监测技术包括井下电视、多臂井径测井、电磁探伤等技术；间接监测技术包括微地震、净压力分析、停泵压降数据分析等技术。

何封等提出在现场实际排量条件下，应用各簇摩阻计算方法获取沿井筒至缝内水动力压力分布，根据施工总排量守恒，考虑各簇流量与压力相互耦合作用，由系统摩阻与缝内压力平衡关系研判各射孔簇能否有效开启及开启顺序。陈剑等人提出通过多臂井径仪对油套管内径进行测量，通过大量现场应用分析发现，影响多臂井径仪测量准确因素主要有测量是否完全在套管内居中，测量时测量臂本体是否变形，井壁的清洁度以及测速等因素的影响。臧传贞等[1]通过井下成像监测技术直接获得大量高清的孔眼图像，通过计算孔眼的磨蚀面积（孔眼在压裂前后的面积改变量）能反映孔眼的磨蚀程度，判别簇是否开启。对于分段多簇压裂水平井，通过现场压裂施工参数研判簇开启时，需要应用系统水动力平衡数学模型，涉及的

第一作者简介：封猛，高级工程师，2009年毕业于中国石油大学（华东），资源勘查工程专业。中国石油集团西部钻探工程有限公司试油公司。E-mail：1364327472@qq.com

计算参数较难准确获取，预测准确性有偏差[2-3]；而采用机械式测井仪器监测时，仪器在水平段内的居中问题、水平段内套管底部沉沙、沉垢的清洁等问题较难解决，常导致测量精度差；井下成像监测时对井筒内液体的透明度要求高，否则监测视频模糊不清，对于产油井，监测前需要用大量液体洗井，同时视频监测的存储、传输等核心技术被国外垄断，监测成本较高。

目前监测压裂簇的开启方法在适用性、评价精度及监测成本方法存在一定的局限性，亟须建立一种监测水平井压裂簇开启的方法，提高监测精度，降低监测成本。

1 监测原理及测试工艺设计

储层岩石在形成过程中，会被地球磁场磁化，现今岩石中还保留有原生的天然剩余磁[4-5]，而在储层被压裂过程中，压裂液对地层的冷却作用、新造出的压裂缝及缝中被充填人造支撑剂，均会改变岩石的剩余磁（图1），通过压裂前后对比，若某簇位置对应的岩石剩余磁改变，即可判断该射孔簇开启。

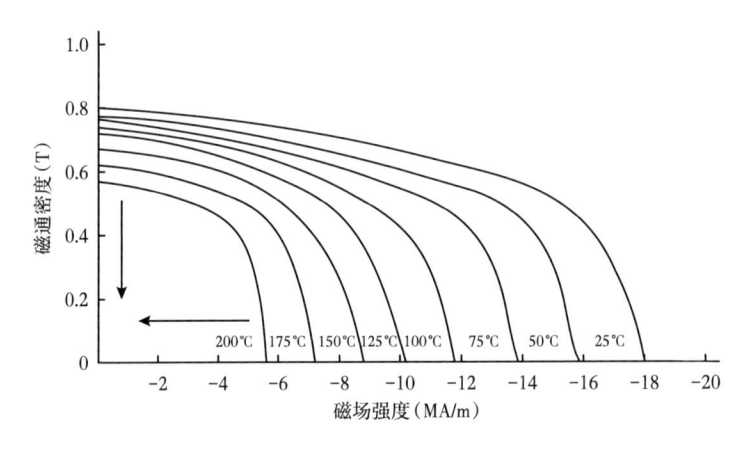

图1 不同温度下磁场强度与磁通密度关系

仪器安装高灵敏磁探头，耐温170℃，耐压100MPa，外径ϕ38mm，内置耐高温电池，监测数据存储在仪器内存中。连续油管钻磨桥塞、冲洗井作业后，钻磨/冲砂的连续油管连接存储式高灵敏磁监测仪器，通过连续油管拖动仪器进行监测，监测时仪器无须居中。

2 现场监测过程

为了验证监测储层剩余磁评价压裂簇开启的效果，选用目前公认的、监测精度高的井下电视监测技术，对同一口井进行监测，对比测试效果。

2.1 MHXX1井基本情况

MHXX1井位于克拉玛依市区东部玛湖油田，构造上位于准噶尔盆地中央坳陷玛湖凹陷南斜坡克81井区，钻井目的是为开发二叠系风城组油藏。

该井完钻井深6233.0m，A点斜深4437.0m，垂深4249.8m，B点斜深6233.0m，垂深4292.8m，油层套管外径ϕ139.7mm，固井质量合格。

采用射孔桥塞联作压裂，共分24级压裂，段内分3~4簇，簇间距20m，总入井液量34081m³，总加砂量：2072m³，第21段、第24段采用暂堵压裂。

压裂后闷井,采用连续油管钻磨桥塞并清洗干净(图2)。

图 2 MHXX1 井钻磨压裂桥塞后井身结构示意图

2.2 MHXX1 井井下电视测试过程

采用 EV-阵列环扫井下成像工具(图3),对压裂后炮眼进行精确测量,现场施工3d,提出工具后对数据回放,数据正常共识别出6种孔型(图4),后期对资料进行精细解释,用时15d。

图 3 MHXX1 井井下电视工具入井图

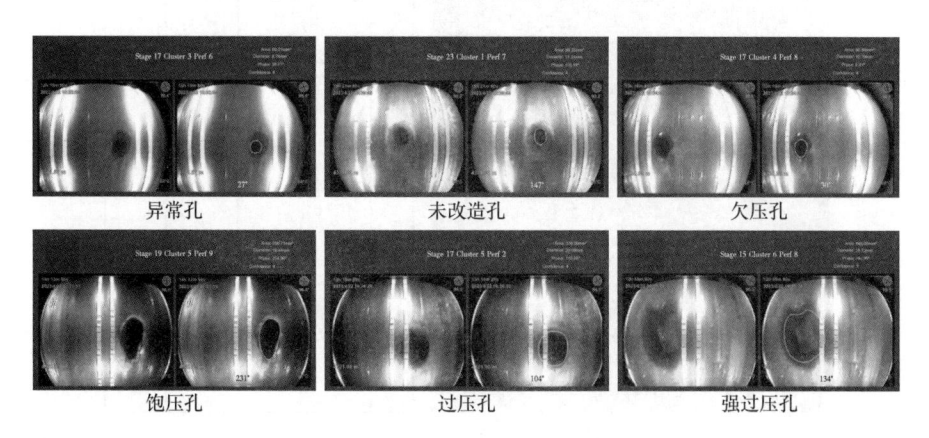

图 4 MHXX1 井井下电视测试图像

2.3 MHXX1井储层剩余磁测试过程

提出井下成像工具后，连续油管连接高灵敏磁监测仪器入井（图5），连续油管进入水平井 A 点后开始测试，下放测试时测速 6m/min，测到 5480m（第 11 压裂段）时上提，上提测速 8m/min，后提出井口完成测试，回放数据正常，对资料精细解释，用时 2d，并将解释结果上报给方案方。

图 5 连续油管连接高灵敏磁监测仪器入井图

3 测试结果对比分析

针对每个射孔簇，两种方法的监测结果进行对比分析，整体符合率 86.7%，其中对于冲蚀严重和未冲蚀的簇的识别，符合率达到 90%。

3.1 冲蚀严重的簇的识别

第 23 段第 3 簇井下电视评价饱压孔（簇开启）；储层剩余磁曲线负异常，评价结果为簇开启，两种方法评价结果一致（图 6）。

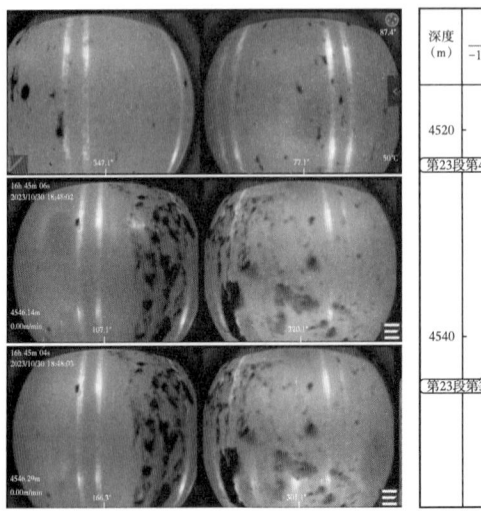

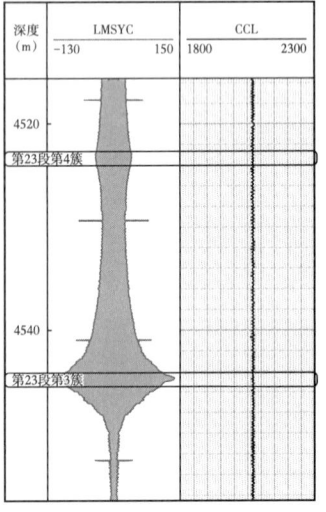

图 6 第 23 段第 3 簇井下电视与剩余磁监测结果对比图

第22段第4簇井下电视评价过压孔（簇开启）；储层剩余磁曲线负异常，评价结果为簇开启，两种方法评价结果一致（图7）。

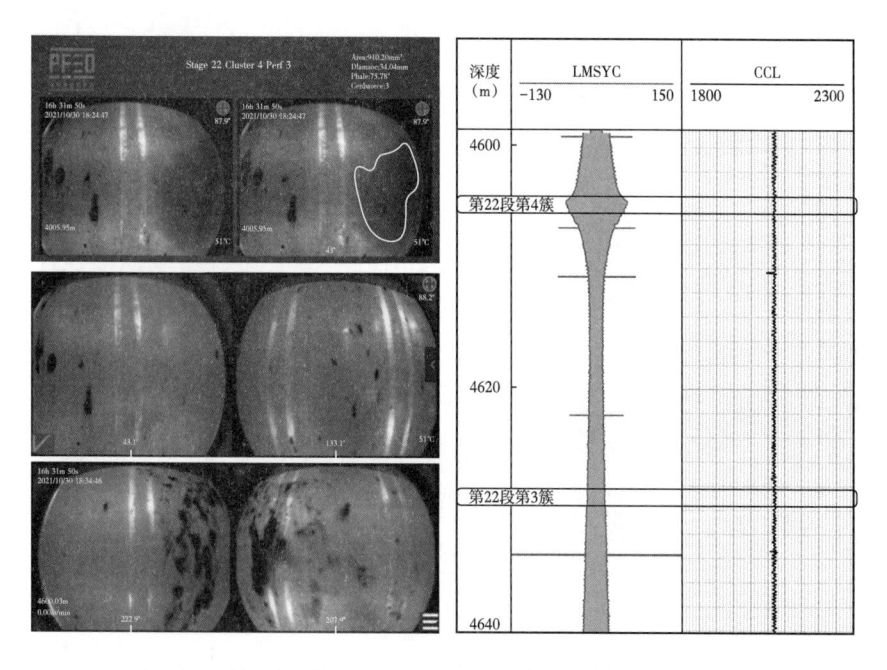

图7 第22段第4簇井下电视与剩余磁监测结果对比图

3.2 中等冲蚀的簇的识别

第21段第1簇井下电视评价欠压孔（簇开启）；储层剩余磁曲线负异常，评价结果为簇开启，两种方法评价结果一致（图8）。

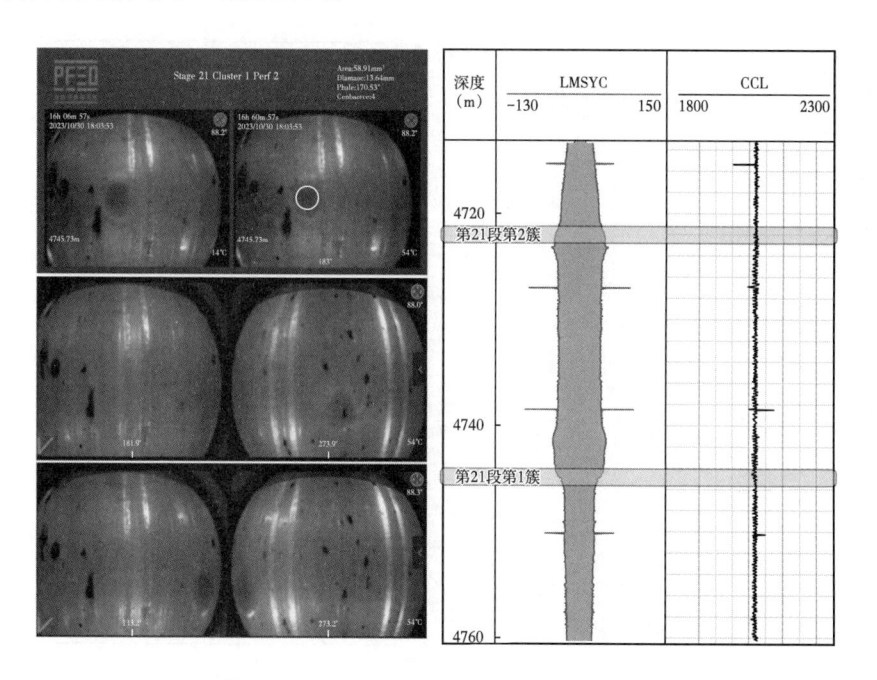

图8 第21段第1簇井下电视与剩余磁监测结果对比图

3.3 未冲蚀的簇的识别

第 16 段第 1 簇井下电视评价为未改造孔（簇未开启）；储层剩余磁曲线未出现异常，评价结果为簇未开启，两种方法评价结果一致（图 9）。

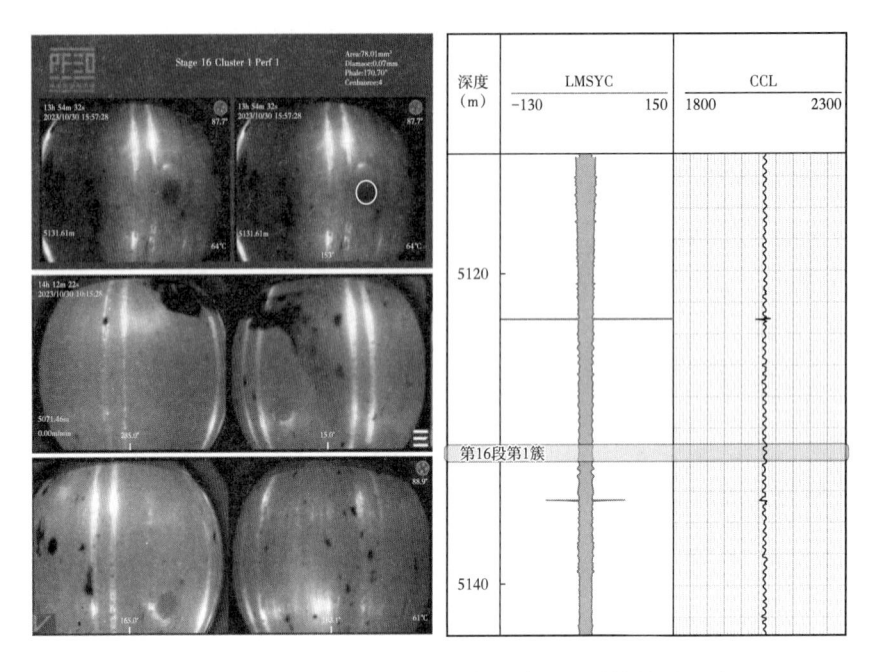

图 9　第 16 段第 1 簇井下电视与剩余磁监测结果对比图

第 14 段第 1 簇井下电视评价为未改造孔（簇未开启）；储层剩余磁曲线未出现异常，评价结果为簇未开启，两种方法评价结果一致（图 10）。

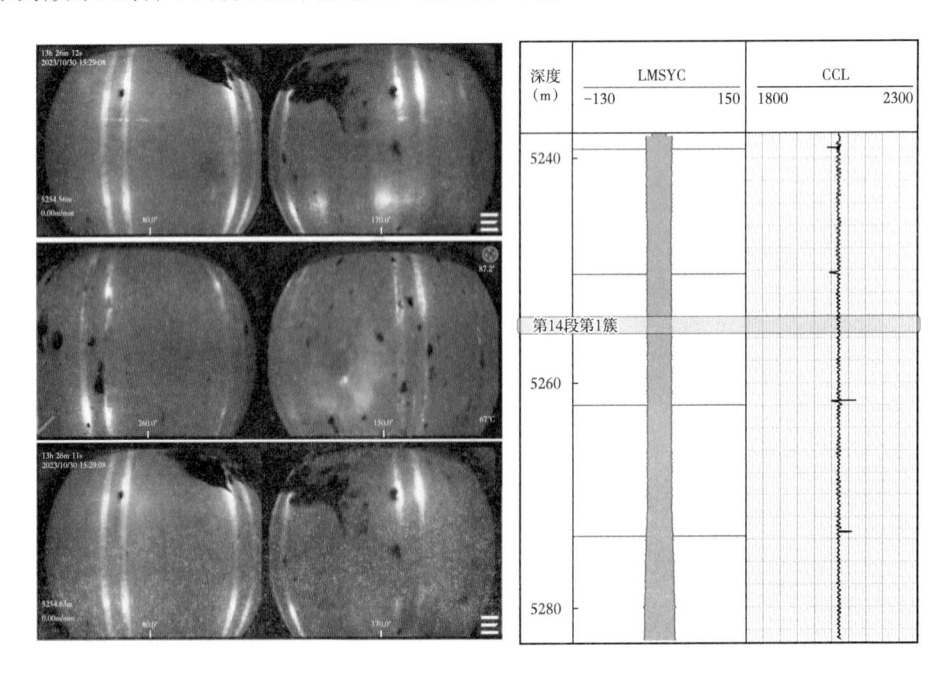

图 10　第 14 段第 1 簇井下电视与剩余磁监测结果对比图

4 测试效果分析

针对 MHXX1 井，通过对 14 个压裂段，56 簇的剩余磁监测，其中有 12 个压裂段，段内 50% 以上的簇开启，但段内均未达到 100% 的开启率，第 16 段和第 22 段，段内仅 1 簇开启（图 11）。通过剩余磁簇开启率监测发现，该井簇开启率较低，尤其对于页岩低渗储层，若射孔簇未压裂开启，储层中的油气较难流入井筒，下步持续优化分段分簇方案，提高射孔簇开启率。

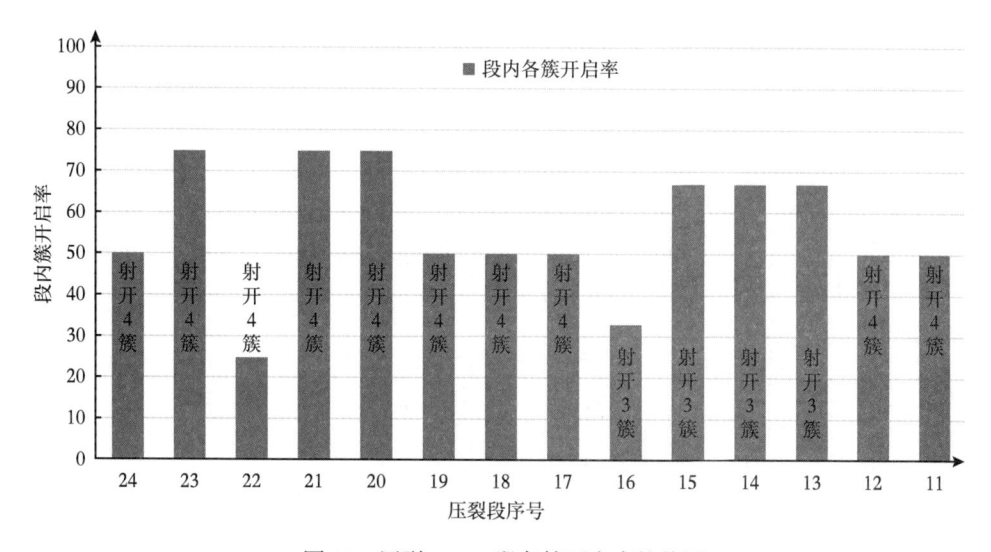

图 11 压裂 11~24 段各簇开启率柱状图

针对 MHXX1 井，各压裂段内，距离上一级桥塞越近的簇，开启率越低（图 12），可能由于沿程摩阻、上级压裂段应力干扰等因素影响，下步通过优化簇间距、射孔密度、排量等措施，提高第一射孔簇、第二射孔簇的开启率。

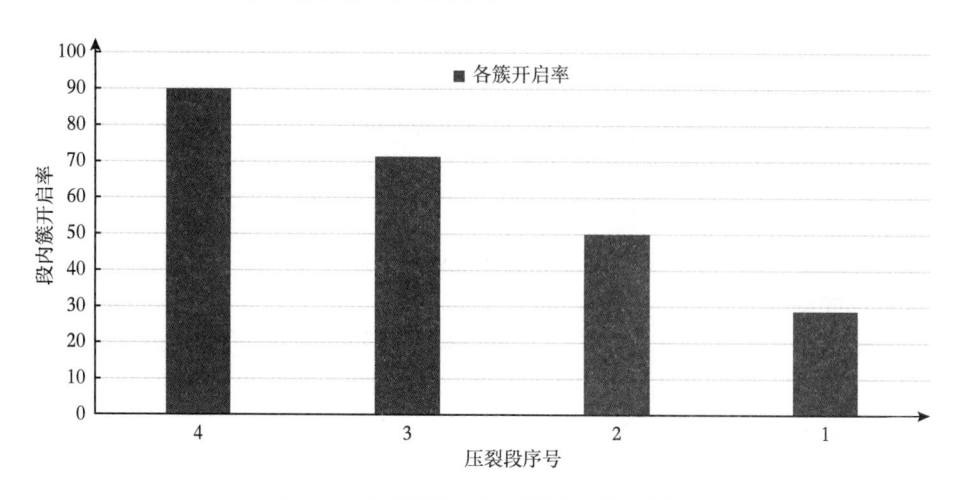

图 12 各压裂段中的各簇开启率对比图

MHXX1 井第 24 段，射开 4 簇，压裂时采用 1~3mm 堵剂颗粒 75kg 进行暂堵，剩余磁监测开启了 2 簇；第 21 段，压裂时采用 1~3mm 堵剂颗粒 200kg 进行暂堵，监测开启了 3 簇

（图13和图14）。下步通过优化暂堵剂颗粒外径和用量，进一步提高暂堵效果。

图13　第24段压裂暂堵簇开启率监测图

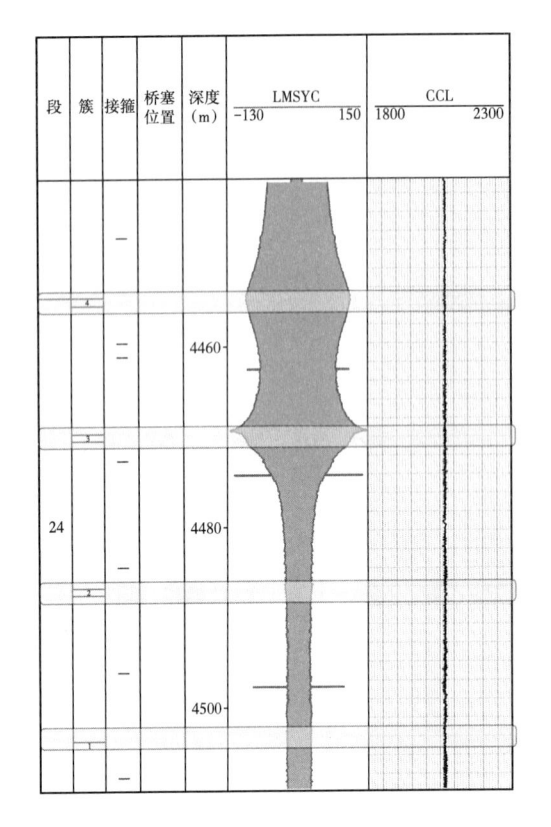

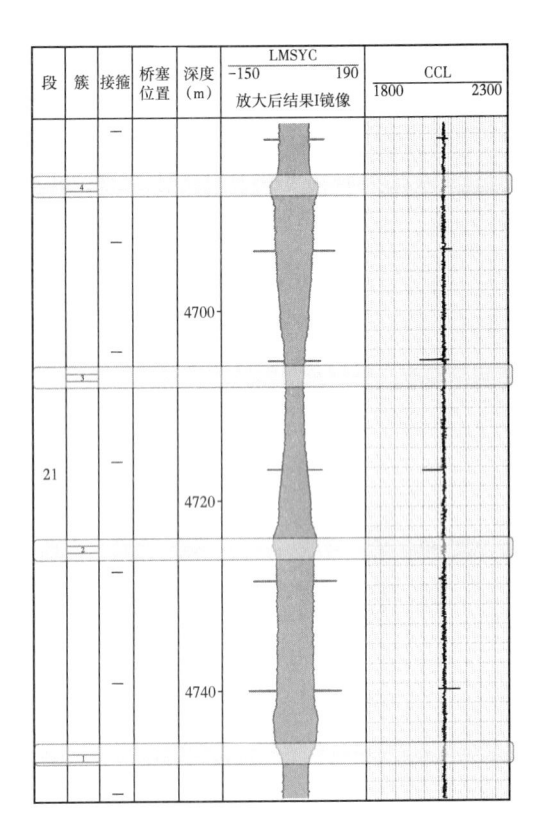

图14　第21段压裂暂堵簇开启率监测图

5　结论

（1）采用连续油管连接存储式高灵敏磁监测仪器，作业及解释效率高，通过与井下电视监测结果验证，储层剩余磁监测技术可以满足对射孔簇是否被压开的判断。

（2）通过储层剩余磁监测技术对射孔簇开启率的监测，可以验证分段分簇是否合理，对后期待压裂的井，提高簇开启率、充分改造地层具有重要意义，对于未开启的簇，在剩余油评价、重复压裂选层具有指导作用。

（3）通过对射孔簇开启率的监测，可以准确判断暂堵效果，对优化暂堵剂类型、颗粒外径、用量具有指导作用。

（4）剩余磁监测工艺成本低，对井筒条件要求低，当连续油管钻塞、冲砂等作业完，连续油管连接仪器即可监测，通过该项技术的应用，对分段分簇优化、压裂精细设计及单井产能提高具有重要意义。

参　考　文　献

[1] 臧传贞，姜汉桥，石善志，等.基于射孔成像监测的多簇裂缝均匀起裂程度分析——以准噶尔盆地玛湖凹陷致密砾岩为例[J].石油勘探与开发，2022，49（2）：394-402.

[2] 赵金洲，陈曦宇，李勇明，等.水平井分段多簇压裂模拟分析及射孔优化[J].石油勘探与开发，2017，

44（1）：117-124.

[3] 刘雁蜀，秦龙，王治国，等.套管压裂过程中射孔孔眼冲蚀数值模拟[J].石油机械，2015，43（9）：66-69.

[4] 胡青华，聂逢君，李满根，等.古地磁学在地层划分中的应用[J].铀矿地质，2006，22（6）：368-374.

[5] 时建民，石绍山，吴新伟，等.重、磁剩余异常组合的地质意义及其在野外路线地质调查中的应用[J].地质与资源，2020，29（1）：53-60.

吉木萨尔页岩油水平井基于物质点法压前模拟研究探索

王 磊，盛志民，徐传友，卞腾飞，李恩耀

（中国石油集团西部钻探工程有限公司井下作业公司（储层改造研究中心））

摘 要：物质点法是一种结合了拉格朗日法和欧拉法优点的数值计算方法，非常适合模拟特大变形和断裂破碎问题。近几年石油领域逐渐应用该方法来模拟水力压裂时，人工裂缝与天然裂缝的相互作用，及压裂液和支撑剂在压裂过程中的浓度变化。本文简述了物质点法的原理和特征，国外近几年的研究成果，在准噶尔盆地吉木萨尔凹陷的应用实例，其预测的人工压裂过程中的岩石应变与微地震监测成果有很好的可对比性，反映通过前期详细的地质研究，明确储层非均质性，应用物质点方法可有效预测水力压裂的人工改造范围，进一步优化水平井压裂段划分，促进吉木萨尔页岩油水平井的高效开发。

关键词：物质点法；非常规油气藏；多级压裂；压裂模拟

非常规油气藏因其极低的渗透率，必须使用水平井+多级压裂方式开发，传统的压裂设计模型多假设地层物性及应力场是均质的，对岩石的弹性参数、天然裂缝及应力场的平面变化进行极大简化，压裂模拟结果往往显示人工裂缝是沿水平井轨迹左右对称的。而在非常规油气藏开发中，大量的微地震监测表明受地层物性、天然裂缝及应力场非均质影响，人工裂缝并不是对称分布的[1-2]。因此，需要在非常规油气藏大规模开发前或随着开发的进行，不断明确地层的非均质性，包括地层的物性、裂缝展布、岩石弹性参数、应力场分布等。同时，也需要有更加合适的方法，在压前就能模拟出人工压裂的改造范围，一方面优化压裂施工，另一方面也为充分动用非常规油气藏储量，合理的井网井距优化奠定基础。

本文介绍了近几年开始应用于石油工业领域人工压裂模拟中的物质点法，及该方法在国内外的部分理论研究和具体应用，并针对准噶尔盆地吉木萨尔凹陷芦草沟组页岩油JHW××1井的实际数据，进行压裂模拟，预测的岩石应变与微地震监测结果吻合很好，进一步应用该方法定量研究了水平段方位和平均压裂段长的优选，可为后期该区块水平井规模效益开发压裂方案优化提供参考。

1 物质点法简介

物质点法（Material Point Method，MPM）起源于20世纪50年代的质点网格（Particle-in-Cell，PIC）方法。质点网格法把材料离散成一组质点，并在质点上储存质量和位置信息，通过质点位置变化来跟踪材料界面，同时以质点位置创建欧拉网格，计算相应的物理量，使用插值函数实现质点与欧拉网格间的信息传递。随后，在80年代，Brackbill等在PIC基础上发展FLIP（Fluid Implicit Particle）方法，此时质点携带更多的物理量。90年代，Sulsky进一

第一作者简介：王磊（1984—），2008年毕业于长江大学资源勘查工程专业，获学士学位，现任中国石油集团西部钻探工程有限公司井下作业公司三级工程师，从事储层改造方案方面研究工作，高级工程师。
通讯地址：新疆克拉玛依市克拉玛依区纬六路571号，E-mail：wanglei_xk@cnpc.com.cn

步改进 FLIP 方法，称为物质点法，应用于固体力学问题[3]。

物质点法类似质点网格法，同样将材料质点离散化，质点上储存材料的所有信息，表征材料的运动和变形状态结合了拉格朗日法和欧拉法优点的数值计算方法，实现质点间的相互作用与联系，同时避免网格畸变问题，非常适合模拟特大变形和断裂破碎问题。

具体到物质点法的进行形变研究，包含 5 个步骤[4]：（1）根据质点位置生成背景网格，使用插值函数把质点上储存的信息（质量、动量等）传递到背景网格结点上；（2）使用背景网格速度场计算应变，并更新应力，赋回到质点上；（3）使用质点积分计算背景网格结点的结点力，积分动量方程；（4）采用背景网格结点的速度场和加速度场更新质点的位置和速度；（5）丢弃变形的背景网格。

单个计算步内，物质点法和拉格朗日显式有限元法非常相似，其主要区别在于物质点法每一步都会根据质点位置重新创建计算网格，每一时间步结束时，丢弃已经变形的网格，有效避免了网格变形导致的误差传递的问题。从以上计算步骤也可看出，每一时间步物质点法需要 5 个计算步骤，比有限元法多 2~3 个计算步骤，即其单个时间步的计算量远大于有限元法。但物质点法特征长度在计算过程中不会改变，整体时间步数比有限元方法少。因此，对于小变形问题，有限元法的时间步长不会过小，其整体计算效率高于物质点法；对于特大变形问题，有限元法的网格畸变导致时间步长过小，会大幅度增加时间步，即有限元法整体计算效率低于物质点法。

随着对物质点法研究的深入，多位专家也进一步改善或扩展物质点法，如 Bardenhagen 等提出广义插值物质点法（Generalized Interpolation Material Point Method，GIMP），有效减弱数值噪声。Nairn 课题组开发的 MPM/CRAMP 程序，基于单背景网格多速度场，快速计算断裂参数，包括 J 积分、应力强度因子、裂纹张开位移等，有效模拟裂纹的动态扩展。Nairn 等在 CRAMP 基础上，模拟不连续面的变化；并使用物质点法研究动态裂纹扩展，以 J 积分作为扩展准则，用内聚力模型描述裂缝扩展区[7]。同时，多位学者、专家对物质点法的边界条件、接触算法、自适应算法、并行算法，及与其他算法的耦合都进行了深入的研究。

2 石油领域应用

Aimenne 和 Nairn 于 2014 年应用 CRAMP 方法，研究人工压裂和天然裂缝的交互作用，是物质点法在石油领域的较早应用之一[9]。通过研究不同各向异性，且天然裂缝与人工裂缝具有不同角度下的应力场变化，分析人工压裂时人工裂缝与天然裂缝的交互作用。应用弹性断裂力学描述物质断裂和裂缝生长，使用 CRAMP 算法计算多级人工压裂和天然裂缝间相互作用，可几乎重现美国桑地亚国际实验室在 20 世纪 80 年代早期对 Coconino 砂岩样本的研究过程和结果[9]。

Raymond 和 Nairn[5] 同样应用物质点法研究了人工压裂与天然裂缝间相互作用，及支撑剂分布的流固耦合地质力学模拟。把支撑剂和压裂液当作流体注入人工裂缝和天然裂缝中，模拟流体在人工裂缝和天然裂缝的作用。

Ahmed Ouenes、Paryani、Nairn[6] 等之后应用 MPM 方法，在北美非常规油气藏中进行多井次的压裂模拟，均与微地震监测结果有很好的可比性。McKetta[7] 等使用物质点法研究 Fayetteville 非常规储层（图 1）。研究中，使用地震曲率属性生成等效裂缝模型，应用物质点法模拟人工压裂后的岩石应变，所得到的岩石应变与微地震监测事件分布有很好的一致性。

(a) 等效裂缝模型　　　　(b) 人工压裂后岩石应变　　　　(c) 微地震监测事件

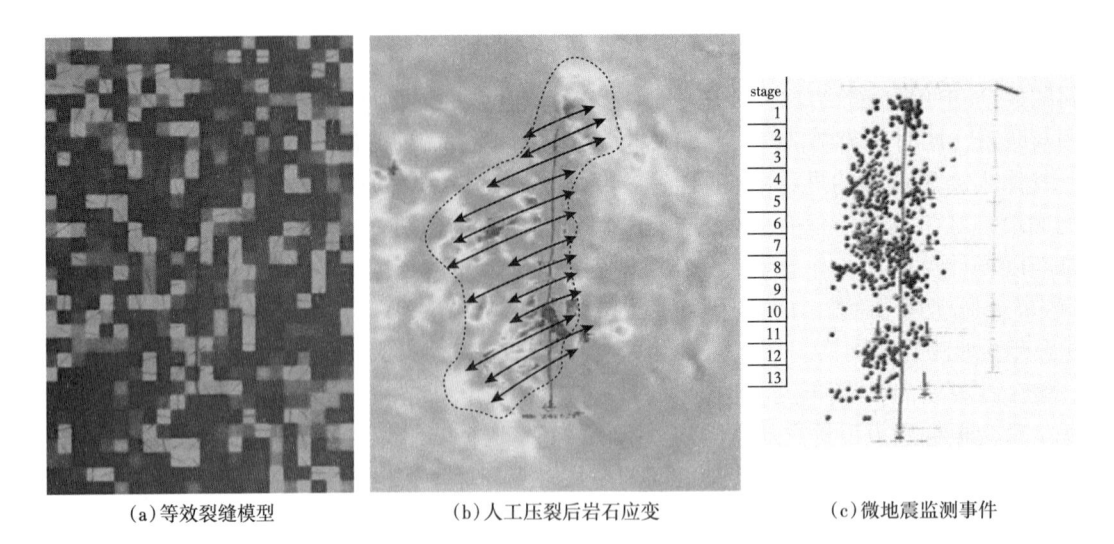

图 1　应用物质点法在北美 Fayetteville 非常规油气藏进行压裂模拟

Paryani 等应用物质点法研究 Eagle Ford 非常规储层（图2），进行压裂模拟，得到不对称裂缝半长，进一步优化压裂设计参数[8]。研究中，从地震相干属性近似得到天然裂缝的分布，使用 MPM 方法模拟人工裂缝与天然裂缝的交互作用，模拟得到压裂后岩石应变，与微地震监测事件分布很接近。

(a) 等效裂缝模型　　　　(b) 人工压裂后岩石应变　　　　(c) 微地震监测事件

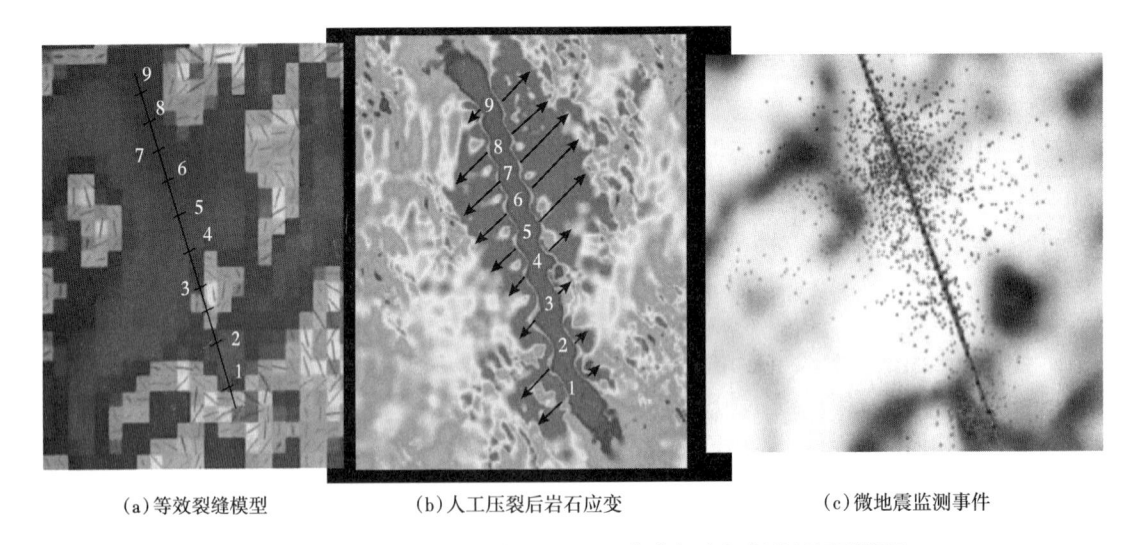

图 2　应用物质点法在北美 Eagle Ford 非常规油气藏进行压裂模拟

国内石油领域也已应用这一技术开展压裂模拟及优化压裂设计工作。Yang 等[9]使用地质学、地球物理学识别龙马溪组"甜点"，并应用物质点法模拟人工压裂和天然裂缝间相互作用得到的岩石应变，解释多井压裂级间的差异。任朝发等[10]在大庆油田某致密油区块，利用地球物理技术建立非均质可压性模型，使用物质点法进行压裂模拟，预测岩石应变与微地震监测结果同样具有很好的一致性，可有效预测裂缝几何参数。韩秀玲等[11]基于钻井数据计算沿井轨迹的岩石力学信息，使用质点法计算人工压裂改造范围，结合生产预测和经济评价，优选不同压裂段长的完井方案[16]。

3 压前模拟探索

吉木萨尔凹陷芦草沟组页岩油储层渗透率在0.01~0.80mD（平均为0.08mD），孔隙结构细小，覆压孔隙度在1.20%~20.40%（平均为7.34%），具有低孔隙度、特低渗透率特征；喉道半径集中分布在0.3μm以下，原油黏度由凹陷中部向东部凹陷边缘逐渐升高，地层原油流动性差，针对此类非常规油气藏，主要采用水平井体积压裂技术进行开发。吉木萨尔页岩油油藏因其独特的地质特征，给水平井体积压裂带来巨大挑战，对技术配套与完善提出了较高的要求[12]。主要表现在以下几个方面：（1）岩性致密，储层属低孔隙度、特低渗透率储层，对人工裂缝依赖程度高；（2）发育微纳米孔喉系统，覆压渗透率极低（小于0.1mD），地面原油质稠，流度低。地层油黏度适中。储层改造需更短的距离降低流动阻力以提高供液能力；（3）岩性多为过渡性岩类，纵向变化快呈薄互层状，受层理及薄互层发育影响，人工裂缝纵向扩展受限，易沿层理扩展并发生转折；（4）储层天然裂缝不发育，水平两向应力差较大（7~12MPa），脆性中等，人工裂缝形态以平面缝为主，难以实现复杂缝网体积改造。

鉴于吉木萨尔页岩油储层非均质性和压裂改造的不均一性，通过地质—工程一体化整体研究，优化井距、缝长、缝高、簇间距以及施工规模等压裂关键参数，使工程技术与储层条件达到最佳匹配，实现高效开发，对页岩油压裂增产对策和合理开发方式进行综合研究，提出合理有效的压裂增产技术对策，为准噶尔盆地非常规致密油藏"有质量、有效益、可持续"开发提供技术支撑。

3.1 优选平均压裂段长

使用物质点法（MPM）模拟不同段长下进行人工压裂的岩石应变，对比岩石应变所反映的压裂改造范围，从而优选出最佳的段长。

当井周围天然裂缝不发育时，完全依据人工压裂扩大水平井的泄油面积，由于不发育天然裂缝，此时就需要更短的段长，才能达到较好的压裂效果。以同样模拟不同段长下人工压裂后的岩石应变，重点分析段长从50m、60m、70m、80m、90m这五个不同的方案，如图3所示。可以看到，随着段长减小，段间改造不充分的现象大为缓解，同时改造面积也在缓慢增加。当段长小于60m之后，预测改造面积增加幅度变缓。因此，针对裂缝不发育，推荐段长为60m（图4）。

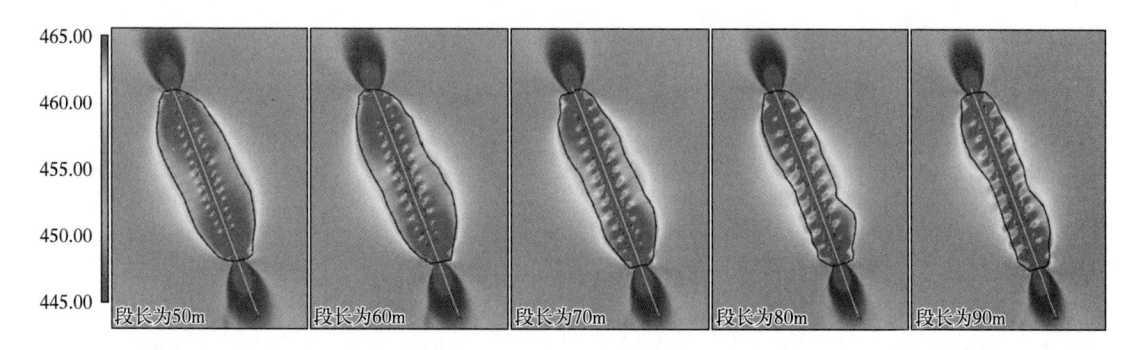

图3 天然裂缝不发育区不同段长预测压裂改造范围

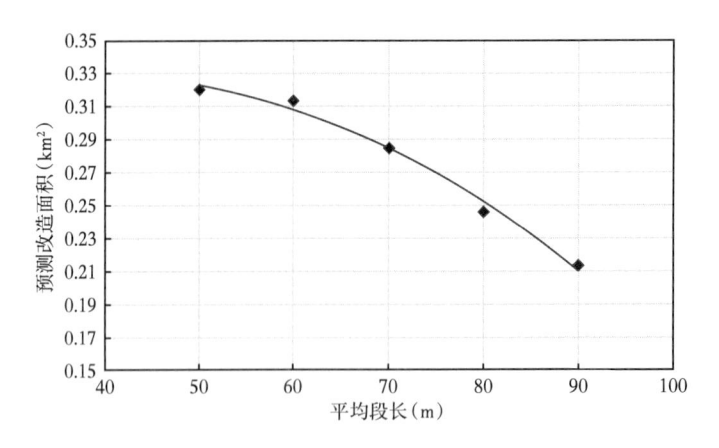

图4 天然裂缝不发育区不同段长预测改造范围与段长交汇图

3.2 压裂模拟

在压裂过程中，根据该井区应用神经网络方法得到的天然裂缝密度平面展布，使用物质点法预测水平段附近的水平应力差，及进行人工压裂后目标储层的岩石应变。图5上图即为该井水平段附近等效裂缝分布，可看出天然裂缝不发育，仅在水平段趾部东西两侧和水平段中部的西侧发育少量天然裂缝。根据天然裂缝密度分布，模拟水平应力差，该井水平段趾部应力差较小，中部及靠近跟部应力差中等及略高，受西侧局部发育天然裂缝影响，中部部分压裂级水平应力差略低。应用物质点法模拟水力压裂后的岩石应变，图5下图中红色部分即为岩石应变较大的区域，与微地震监测事件吻合很好。

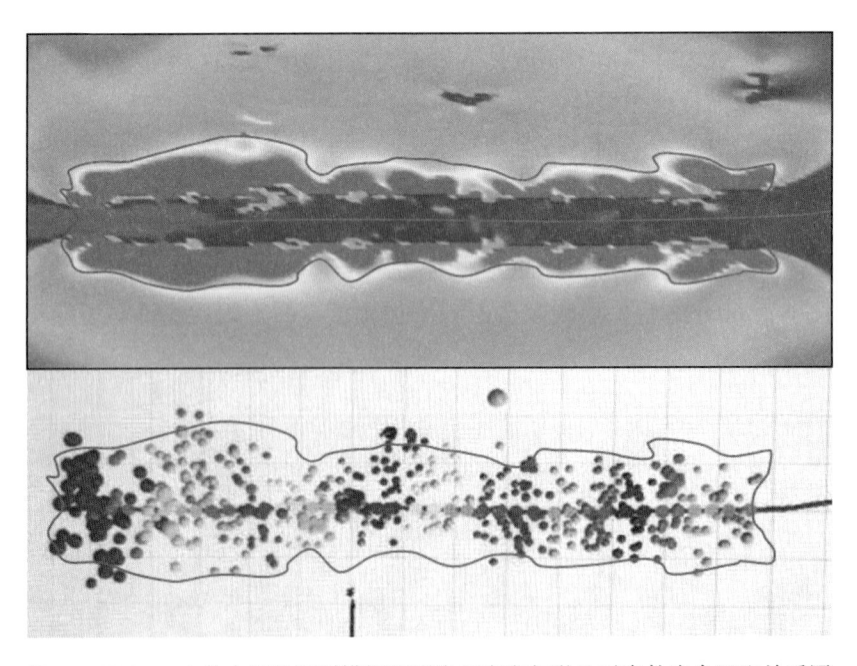

图5 JHW××1井水平段压裂模拟预测岩石应变与微地震事件吻合匹配关系图

以JHW62平台4口井为例进行压前模拟，基于平面上压裂改造面积越大，SRV将越大，产量越高的理论，JHW62平台4口井井距300m、70m段间距顺序压裂、同步拉链压裂模拟，压裂模拟显示，同步拉链式压裂改造面积较顺序压裂改造面积大（图6），改造将越彻底，故该平台优选同步拉链式压裂方式。

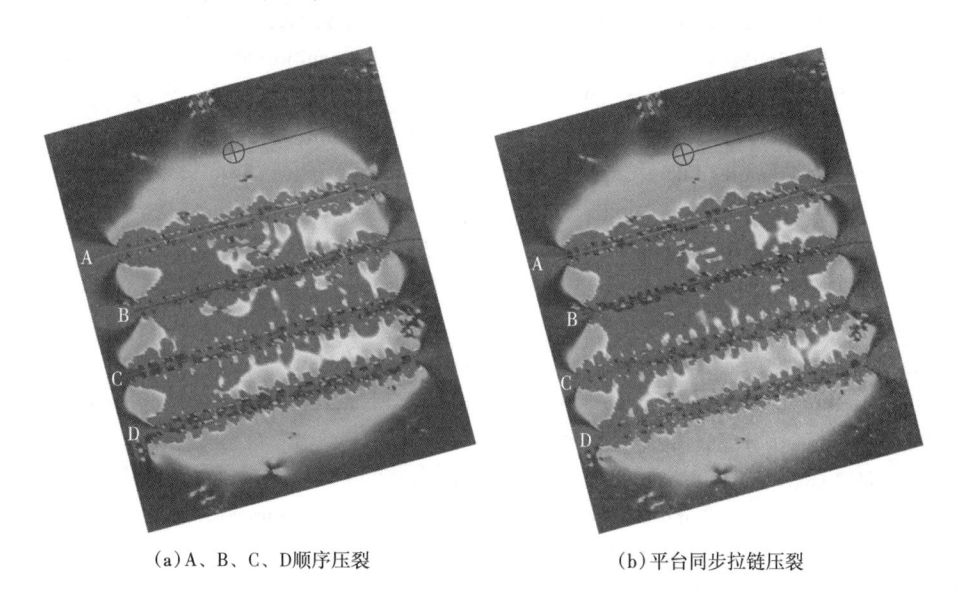

（a）A、B、C、D顺序压裂　　　　（b）平台同步拉链压裂

图6　JHW62平台顺序压裂和同步拉链压裂压前模结果对比图

使用物质点法，模拟了水力压裂后的储层改造范围，确定各级各簇人工裂缝半长，从而确定水平段两侧应力梯度，结合储层属性（杨氏模量、泊松比、渗透率、断裂韧性、孔隙压力等）三维空间的展布，继续进行三维自适应压裂设计，从而取得单井压裂效果的最优化。同时，确定了单井左右两侧的改造范围后，也为后期相邻位置加密井的布署及压裂规模提供依据。

4　结论

（1）物质点法采用拉格朗日和欧拉双重描述，将物体离散为一组在空间网格中运动的质点，便于跟踪材料的界面和引入与变形历史相关的材料模型，非常适用解决材料大规模变形及断裂的数值模拟问题。

（2）结合国内外应用物质点法研究人工裂缝与天然裂缝的相互作用实例，在吉木萨尔页岩油探索应用物质点法进行水平井压裂模拟，模拟水力压裂后的岩石应变与微地震吻合较好，可较好描述压裂后水力裂缝半长。

（3）应用物质点方法可有效预测水力压裂的人工改造范围，进一步优化水平井压裂段划分，促进吉木萨尔页岩油水平井的高效开发。

参　考　文　献

[1] 冯超，隋阳，衡峰，等.微地震监测技术在吐哈油田西山窑油藏蓄能压裂中的应用[J].石油地质与工程，2021，35（2）：103-107.
[2] 林志伟，钟守明，宋琳，等.体积压裂改造非对称性对套管损坏影响机理[J].特种油气藏，2021，28（6）：7.
[3] 李克智，边树涛，郭晓辉，等.应用物质点法实现非常规油气藏水平井压前模拟——以鄂尔多斯盆地杭锦旗区块为例[J].石油地质与工程，2023，37（6）：109-113.

[4] AIMENE Y E, NAIRN J A. Modeling Multiple Hydraulic Fractures Interacting with Natural Fractures Using the Material Point Method[M]. Society of Petroleum Engineers, 2014.

[5] RAYMOND S, AIMENE Y, NAIRN J, et al. Coupled Fluid-Solid Geomechanical Modeling of Multiple Hydraulic Fractures Interacting with Natural Fractures and the Resulting Proppant Distribution[C]// SPE Unconventional Resources Conference, 2015.

[6] OUENES A, AIMENE Y, NAIRN J. Interpretation of Microseismic Using Geomechanical Modeling of Multiple Hydraulic Fractures Interacting with Natural Fractures – Application to Montney Shale[C]// CSEG Recorded, 2013.

[7] MCKETTA S, VARGAS-SILVA S, OUENES A. Improved Frac Design and Reservoir Simulation Using Strain Derived from Geomechanical Modeling – Application to the Fayetteville Shale[C]// SPE Hydraulic Fracturing Technology Conference, 2016.

[8] PARYANI M, POLUDASU S, SIA D, et al. Estimation of Optimal Frac Design Parameters for Asymmetric Hydraulic Fractures as a Result of Interacting Hydraulic and Natural Fractures – Application to the Eagle Ford[C]// SPE Western Regional Meeting, 2016.

[9] YANG X, WANG X, AOUES A, et al. Sweet Spot Identification and Prediction of Frac Stage Performance Using Geology, Geophysics, and Geomechanics-Application to the Longmaxi Formation, China[C]// SPE Asia Pacific Unconventional Resources Conference and Exhibition, 2015.

[10] 任朝发, 赵海波, 陈百军, 等. 地球物理技术在致密油储层压裂设计中的应用[C]// CPS/SEG 北京 2018 国际地球物理会议暨展览.

[11] HAN X L, QIN J H, MU S B, et al. Getting operations down to a geoscience[J]// Oilfield Technology, 2019.

[12] 王磊, 盛志民, 赵忠祥, 等. 吉木萨尔页岩油水平井大段多簇压裂技术[J]. 石油钻探技术, 2021, 49(4): 106-111.

立体全支撑缝网压裂技术在吉木萨尔芦草沟组页岩油藏开发中的研究与应用

肖　雷[1,2]，徐传友[1,2]，梁跃斌[1,2]，徐亚军[1,2]，杨春曦[1,2]，孙建萧[1,2]

（1.中国石油集团西部钻探工程有限公司；
2.中国石油油气藏改造重点实验室页岩油储层改造分研究室）

摘　要：吉木萨尔凹陷芦草沟组页岩油储层埋藏深度大、物性差、非均质性强，通过传统暂堵转向体积压裂难以形成复杂缝网，且传统压裂使用的支撑剂目数较高，对于已经形成的转向微裂缝，不能够得到有效充填，致使改造井初期产量高，但递减速度快。立体全支撑缝网压裂技术依靠"微裂缝网络+主裂缝"的改造模式，采用200目系列微粉+高导流聚合剂混合注入方式，实现微裂缝的有效充填，使普通支撑剂颗粒固结成团，在水力裂缝中非均匀离散化分布，保持长期高导流能力，确保了裂缝三维方位的有效性和高效性，实现了压裂后单井可采缝控储量最大化。2023年7月，在吉木萨尔芦草沟组页岩油JH1井开展立体全支撑缝网压裂试验，共完成26段压裂施工，全井施工顺利。JH1井目前开井自喷生产145d，油压稳定，最高日产油达42t，改造效果较好。该井的成功实施为页岩油藏的有效开发开辟了新路径，提供了新思路。

关键词：页岩油；缝网压裂；立体全支撑；提产

吉木萨尔凹陷芦草沟组页岩油为源储一体页岩油藏，不发育边底水。储层平均埋深3700m，岩性多变，组成岩石的矿物成分多样。根据现有勘探成果[1]，确定芦草沟组优势岩性初步可分为两大类："上甜点"岩性主要为砂屑云岩、岩屑长石粉细砂岩和云屑砂岩；"下甜点"岩性主要为云质粉砂岩，整体潜在敏感性不强。其中，$P_2l_1^{2-2}$段油层跨度3.0~7.1m，单油层厚度大、物性含油性好，孔隙度9.1%~10.4%，含油饱和度76%~85%。区块历经多年技术攻关和现场试验，基本确定了高密度切割+高强度低成本改造理念[2]，主体采用极限限流段内6~8簇改造模式，配合暂堵提升裂缝复杂性，主体采用70/140目+40/70目+30/50目石英砂组合（比例1∶3∶6）多尺度裂缝支撑，生产井基本达到了地质设计产能。

2023年7月，借鉴国内外先进压裂技术[3-4]，为提高吉木萨尔芦草沟组页岩油藏储层动用率，确保单井可采缝控储量最大化，在JH1井开展立体全支撑缝网压裂试验，共完成26段压裂施工，全井施工顺利未出现异常复杂。目前，JH1井开井自喷生产近3个月，日产液量、日产油量均逐步上升并趋于稳定，含水率逐渐降低，JH1井最高日产油量为32t/d，改造效果较好。这是立体全支撑缝网压裂技术在准噶尔盆地的首次成功应用，为吉木萨尔凹陷页岩油藏的有效开发开辟了新路径，提供了新思路！

1　立体全支撑缝网压裂技术原理

立体全支撑缝网压裂技术，又称为"乡村小道+高速公路"压裂技术，首先在页岩等致

第一作者简介：肖雷（1992—），男，大学本科，工程师，主要从事压裂工艺、压裂设计、压后评价以及地质工程一体化等方面研究工作。现就职于西部钻探井下作业公司（储层改造研究中心）。通讯地址：新疆克拉玛依市西南工业园区纬六路571号，E-mail：xiaolei1205@cnpc.com.cn

密储层中形成高效且连通的裂缝网络（乡村小道），再通过高导流的主裂缝（高速公路）把乡村小道的裂缝网络连接起来，形成一个四通八达的复杂裂缝网络系统，为油气提供畅通无阻的通道（图1）。常规压裂支撑剂快速沉降，有效支撑面积较低[5-6]，立体全支撑缝网压裂技术优势在于构建立体全支撑缝网，能够增大有效缝长和有效缝高，可达到90%以上；由于微粉能够深入到主裂缝与多级次生裂缝，形成"高速通道+乡村小道"体系，有效提高裂缝支撑效果和改造体积。

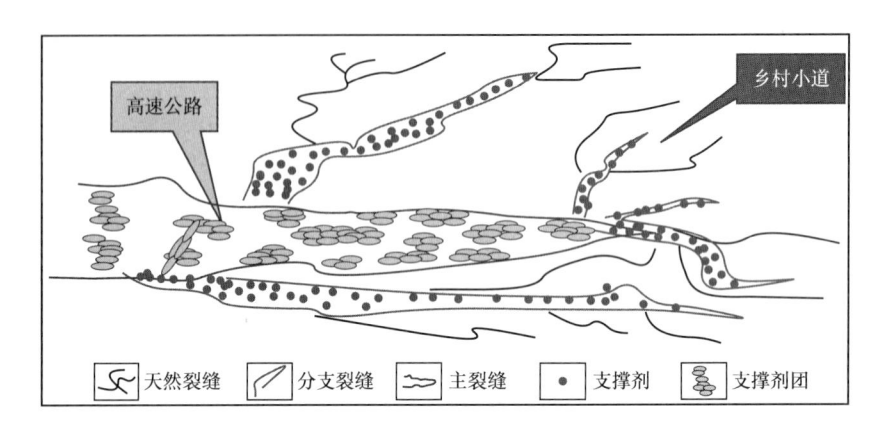

图1 立体全支撑缝网压裂技术示意图

（1）"乡村小道"的构建。

"乡村小道"的构建首先是压裂形成主裂缝，随着前置液（滑溜水）的不断进入、造一级缝，形成部分缝网，加入微粉，充填微裂缝；再加入暂堵剂，使已经形成的裂缝转向，形成次生微裂缝，再次加入微粉，充填次生微裂缝；进而构建具有一定导流能力的次生裂缝网络系统，形成了"乡村小道"。"乡村小道"构建的技术关键是：①形成次生裂缝（或天然裂缝涨开）；②微粉进入到次生微裂缝。

（2）"高速公路"的构建。

充填主裂缝时，采用独特的泵注程序和高导流聚合剂（聚团复合材料），使普通的支撑剂颗粒固结成团，团与团之间实现厘米级的大通道，从而在裂缝内形成高导流能力的通道，比常规压裂要高出10~100倍。主要是由于油气通过支撑剂团之间的大通道流动，而不是依靠支撑剂充填层的孔隙度，并且裂缝大通道可以增加导流能力、减小缝内压降、提高排液能力、增加有效缝长。"高速公路"构建的技术关键是：①使支撑剂固结成团；②点支撑，而非传统的堆积式充填。

2 微裂缝充填技术

研究表明[7]，吉木萨尔芦草沟组页岩油在10~15m簇间距下，页岩油裂缝导流能力需求为5~8mD，为提高单井缝控储量，2023年开始以缩小缝间距来实现对单缝导流能力的需求，同时采用70/140目+40/70目+30/50目石英砂组合支撑多尺度裂缝。微裂缝充填技术则是利用新型微粉复合材料对油气井的微裂缝进行有效填充，使复杂缝网实现了整体连通，真正意义上做到了储层的立体改造，促进了整个区块油气的运移，从而提高单井和区块的产能。

2.1 微粉复合材料

微粉是通过高强度特殊材料复合而成的白色粉末（图2），pH值为8~10，粒径范围200（75μm）~2000目（6.5μm），在压裂过程中用以支撑小于200μm的微观裂缝，体积密度1.05~1.25g/cm³，在低速滑溜水中能长期悬浮，耐压在90MPa以上，具有悬浮性能好，抗压强度高特点，且在清水和滑溜水中可均匀运移，不产生沉砂（表1）。

图2 微粉复合材料实物图

表1 微粉复合材料指标

项目	技术指标	检测结果
外观	白色粉末	白色粉末
白(%)	≥88	89.3
pH值	8~10	9.1
筛余物(%)	全通过	全通过
水分(%)	≤0.5	0.13
体积密度(g/cm³)	1.05~1.25	1.21
承压(MPa)	≥90	93

2.1.1 微粉静态沉降实验

为测试不同目数微粉在清水中的静态悬浮时间，实验选择200目、400目、800目三种规格微粉，按照5%的比例与1L自来水充分搅拌混合，置于1L量筒中，观察微粉沉降到量筒不同刻度的时间（表2）。实验结果表明，沉降到相同刻度时，颗粒越小（目数越大）沉降时间越长（图3）。

表2 微粉静态沉降实验记录表

目数（目）	200		400		800	
沉降到刻度所需时间	500mL	5min39s	500mL	8min05s	500mL	18min
	150mL	10min30s	150mL	17min37s	150mL	25min48s
	100mL	15min26s	100mL	23min48s	100mL	33min50s

图 3　不同目数微粉静态沉降实验（量筒量程：1L）

2.1.2　微粉渗透率测试

实验选择 200 目、400 目、800 目、1200 目和 1600 目微粉，按照 SY/T 5358—2010《储层敏感性流动实验评价方法》标准，做微粉渗透率测试。实验结果表明，随着微粉目数的逐渐增大，在一定条件下，渗透率逐渐减小（表3）。其中，200 目微粉实验平均渗透率可达 62.84mD，1600 目微粉平均渗透率达到 7.45mD，满足吉木萨尔页岩油藏改造需求。

表 3　微粉渗透率测试（平板测试，充填 30%）

粒径（目）	编号	长度（cm）	平均流量（cm³/s）	渗透率（mD）	平均渗透率（mD）
200	1	6	2.00	62.36	62.84
	2	6	2.00	65.21	
	3	6	2.00	60.95	
400	4	6	2.00	44.29	44.81
	5	6	2.00	46.35	
	6	6	2.00	43.79	
800	7	6	2.00	27.56	24.85
	8	6	2.00	21.69	
	9	6	2.00	25.31	
1200	10	6	2.00	16.32	15.78
	11	6	2.00	17.13	
	12	6	2.00	13.89	
1600	13	6	2.00	9.21	7.45
	14	6	2.00	7.69	
	15	6	2.00	5.46	

2.1.3 微粉导流能力测试

实验选择200目、300目、400目、500目微粉,按照SY/T 6302—2019《压裂支撑剂导流能力测试方法》标准,做导流能力测试。实验结果表明:地层温度下,铺砂浓度为0.5kg/m², 在70MPa时,200目微粉导流能力可达5mD·cm以上,400目微粉导流能力可达3mD·cm以上;铺砂浓度为1.0kg/m², 在70MPa时,200目微粉导流能力可达6mD·cm以上, 400目微粉导流能力可达4mD·cm以上(图4)。

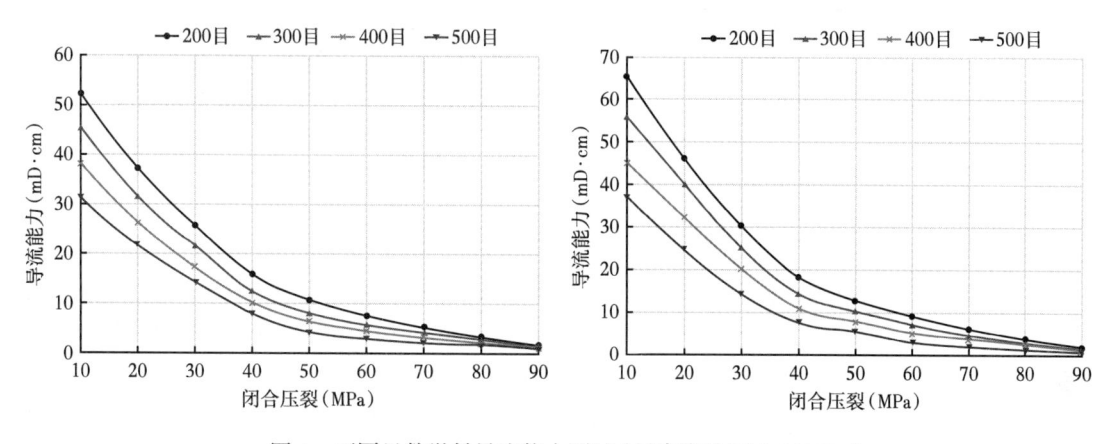

图4 不同目数微粉导流能力测试(最高实验压力90MPa)

2.1.4 微粉岩石充填实验

通过水泥岩心构建微裂缝系统,模拟微粉进入微裂缝的分布(图5)。微粉在滑溜水的携带作用下,可以进入复杂微裂缝网络,起到充填支撑作用。在高压(69MPa)作用下,依然能保持较理想的渗透率。

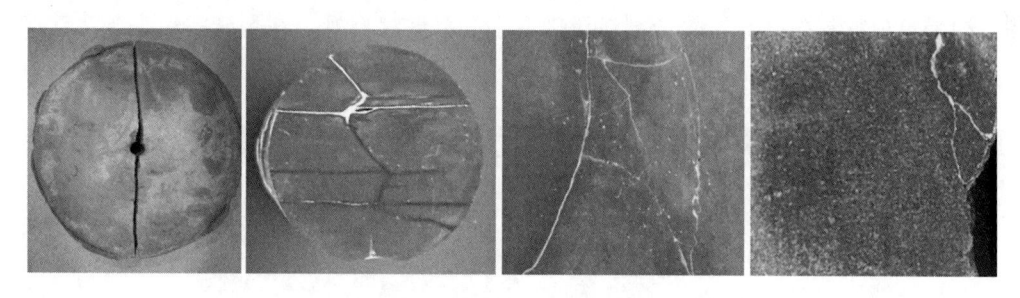

图5 微粉岩石充填实验

2.2 微裂缝充填时机

微裂缝充填通常用于分段多簇、暂堵转向等易产生微裂缝/次生微裂缝压裂中[8-9]。目前,"段内密切割+多簇暂堵转向"压裂技术已经在吉木萨尔芦草沟组页岩油藏开发中广泛应用,目的是形成复杂体积缝网,但形成新裂缝尺寸远远小于主裂缝的微裂缝,宽度一般是微米级别,同时微裂缝起缝角度复杂,这导致常规支撑剂很难进入微裂缝中,微裂缝不能得到有效充填(图6)。而采用高强度微粉材料能够有效解决微裂缝充填难的问题,在页岩油分段多簇改造、多簇暂堵转向过程中,加入微粉支撑剂支撑新开启的微裂缝,提高页岩油藏改造体积。

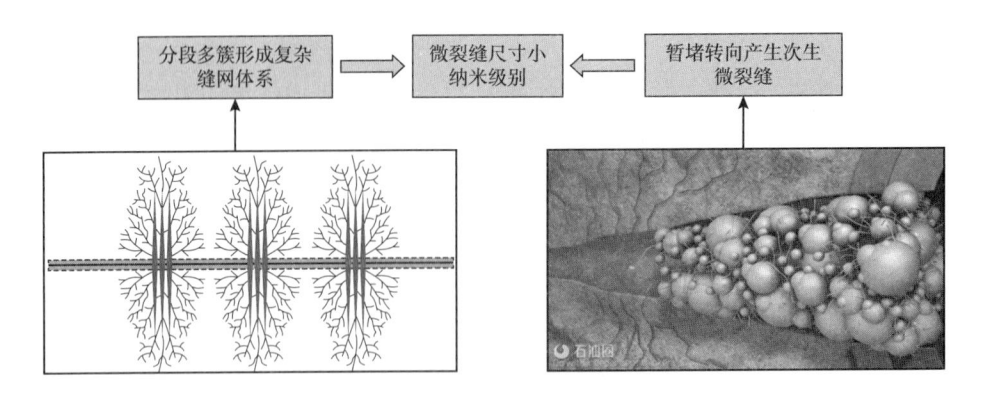

图 6 微裂缝/次生微裂缝示意图

2.3 微粉用量计算

假设某井设计前置液量为 X 方，前置液的造缝效率为 Y（25%~50%），裂缝有效连通率为 a（5%~20%），采用分布式充填（点支撑），建议充填裂缝体积的 15%~30%，即 b=15%~30%，即可实现"乡村小道"的功能。则微粉用量 W 为：

$$W（微粉用量）=XYab \tag{1}$$

3 高导流压裂技术

高导流压裂技术，是通过聚合剂形成支撑剂团，不易沉降，为油气构建厘米级大通道，区别于常规压裂中支撑剂堆积式铺置[10-12]。其中，高导流聚合剂材料是由特种聚合剂与纳米自聚材料通过化学方法复合而成的新型材料，其中纳米自聚材料为一种天然多糖提出物，添加有纳米自聚材料的高导流聚合剂在压裂液中的分散性更好，在裂缝中包裹缠绕支撑剂可形成团状支撑剂团，同时极大提高支撑剂悬浮时间和运移距离（图 7）。

图 7 纳米自聚材料

2021 年开始，高导流压裂工艺技术在玛湖区域 FN1、XH1、XH2 等新投水平井进行首次应用，后期在 DC1、M1 等老井重复改造中尝试应用，均取得较好的生产效果。以夏子街油田 XH1 井为例，全井采用高导流压裂工艺累计施工 18 段，改造后 5mm 油嘴最高日产油 40t，创区块水平井产量新高（图 8）。

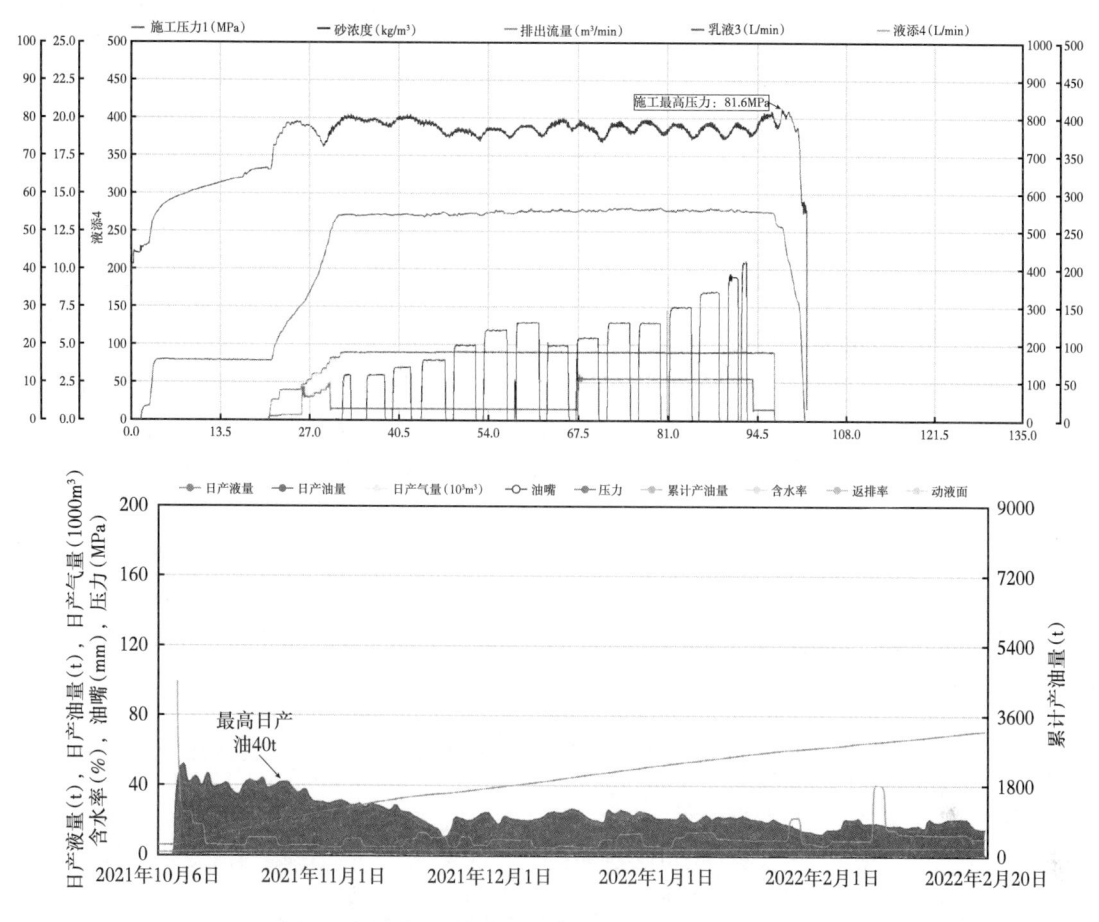

图 8 高导流压裂技术在新疆油田应用（XH1 井为例）

4 立体全支撑缝网压裂技术现场应用

4.1 国内应用情况

立体全支撑缝网压裂技术目前已在国内多个油田进行了施工应用，累计超过 1200 次，取得了良好的增产效果。相比常规压裂，增产 200% 以上的井 98 口，占比 8.17%；增产 100%~200% 的井为 521 口，占比 43.4%；增产 50%~100% 的井为 326 口，占比 27.2%（表 4）。

表 4 国内立体全支撑缝网压裂技术应用统计（油井）

油田/区块	储层岩性	井型/油藏类型	与常规压裂对比增产效果（%）	数量（口）	占比（%）
胜利油田	砂岩	井型（直井，斜井，水平井）	大于 200	98	8.17
延长油田	砂砾岩		150~200	187	15.6
大庆油田	页岩		100~150	334	27.8

续表

油田/区块	储层岩性	井型/油藏类型	与常规压裂对比增产效果（%）	数量（口）	占比（%）
长庆油田	砾岩	油井（稀油，稠油，页岩油）	100~50	326	27.2
吉林油田	细砂岩				
二连油田	火成岩				
江苏油田	凝灰岩	气井（页岩气，天然气，煤层气）	0~50	220	18.3
河南油田	煤岩		与常规相同	35	2.9

4.2 吉木萨尔页岩油藏JH1井现场应用

JH1井是吉木萨尔凹陷吉172区块的一口新井，2022年10月6日完钻，目的层位芦草沟组$P_2l_1^{2-2}$，垂深3791.3m，水平段长度1210.0m。该井采用段内多簇密切割、大规模、大排量的主体改造思路，主体段内6簇射孔，平均簇间距7.90m，加砂强度3.0m³/m，设计排量15~18m³/min，以储层的充分改造为目标。2023年7月，在该井开展200/2000目微粉+聚合剂立体全支撑缝网试验，以实现储层的充分动用。2023年7月27日至8月19日，共完成26段压裂施工，累计使用200/2000目微粉36m³，加入高导流聚合剂11390.4kg，实际最大施工排量15m³/min，最高压力83MPa。除第11—2段因砂堵未完成施工外，其余各段均按照设计要求完成施工，总体施工顺利（图9）。

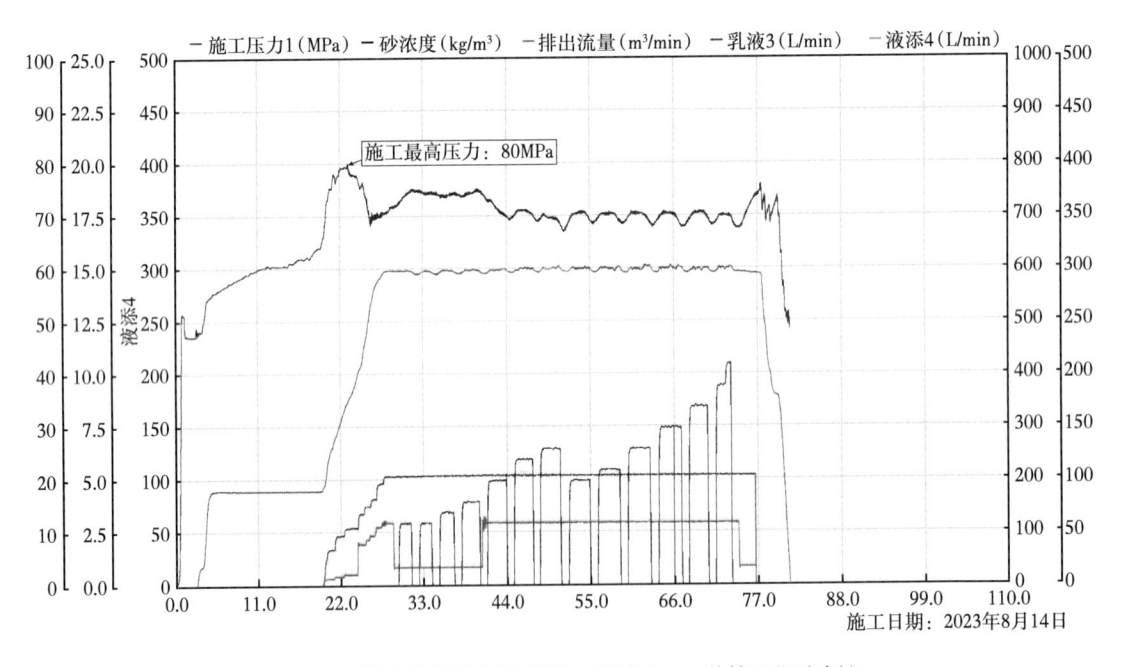

图9 立体全支撑缝网压裂施工曲线（JH1井第8段为例）

JH1井于9月14日开井，开井3d即见油，油压35MPa，生产40d后钻塞。钻塞后油压、日产油量、液量均稳步上升，最高日产油量42t，并且仍在上升期，达到了较好的增产效果（图10）。

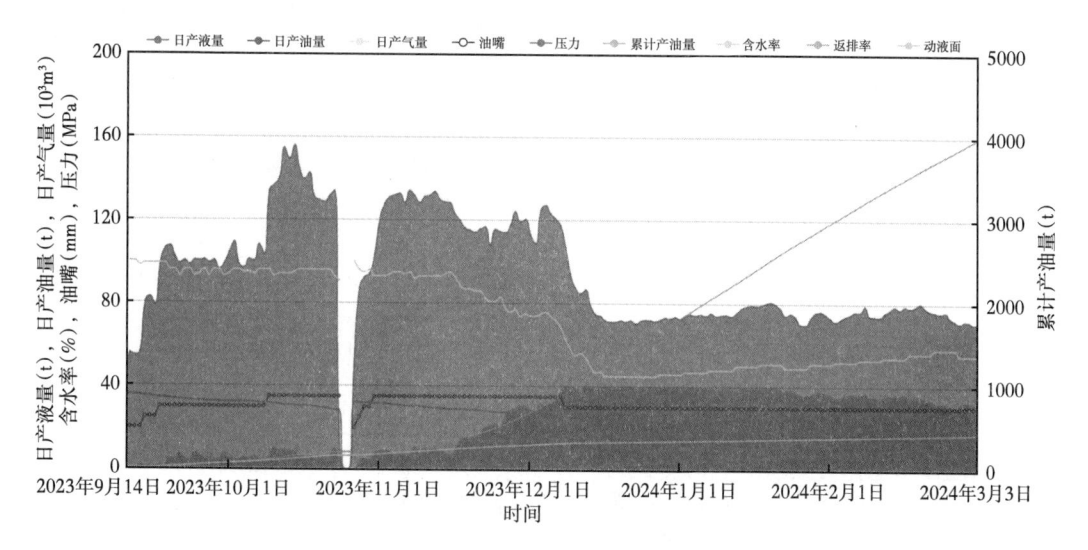

图 10 JH1 井生产曲线（数据日期 2024 年 3 月 3 日）

5 总结

（1）立体全支撑缝网压裂技术利用微粉材料＋高导流聚合剂能够实现全缝网的有效充填，为油气提供畅通无阻的通道，从而达到油气井增产、稳产的目的。

（2）立体全支撑缝网压裂技术与常规压裂相比，具有众多优势（表 5），为吉木萨尔页岩油藏的有效开发提供了新的有效手段。

表 5 立体全支撑缝网压裂技术与常规压裂工艺对比

名称	立体全支撑缝网压裂技术	常规压裂
微裂缝	微粉充填，有效沟通，油气能否流动	少量支撑剂进入微裂缝
主裂缝	支撑剂非连续、不均匀铺置，高导流能力通道是主要流动通道	支撑剂堆积式铺置，孔隙是主要流动通道
泵注程序	脉冲式注入	连续注入
聚合剂（聚团复合材料）	重要材料，支撑剂成团	单纯纤维，用于防支撑剂回流
支撑剂	微粉＋常规支撑剂	常规支撑剂
裂缝排液能力	强，压裂液伤害小	弱，压裂液伤害大
裂缝导流能力	比常规裂缝的导流能力高 10~100 倍	通常低于设计的导流能力

（3）立体全支撑缝网压裂技术施工工艺简单，脉冲时间合理，有利于有效缝高、缝长的延伸，提高裂缝控制面积，配套的控制软件及先进的施工设备，提高了施工安全性及易操作性。

参 考 文 献

[1] 章敬.非常规油藏地质工程一体化效益开发实践：以准噶尔盆地吉木萨尔凹陷芦草沟组页岩油为例[J].断块油气田，2021，28（2）：151-155.

[2] 李宗田，肖勇，李宁，等.低油价下的页岩油气开发工程技术新进展[J].断块油气田，2021，2021，28（5）：577-585.
[3] 陈作，刘红磊，李英杰，等.国内外页岩油储层改造技术现状及发展建议[J].石油钻探技，2021，49（4）：1-7.
[4] 张林晔，李钜源，李政，等.北美页岩油气研究进展及对中国陆相页岩油气勘探的思考[J].地球科学进展，2014，29（6）：700-711.
[5] 杨晓鹏，曾芮.高速通道压裂技术机理研究与应用[J].广东石油化工学院学报，2015，25（1）：8-13.
[6] 曲占庆，周丽萍，曲冠政，等.高速通道压裂支撑裂缝导流能力实验评价[J].油气地质与采收率，2015，22（1）：122-126.
[7] 崔明月，刘玉章，修乃领，等.形成复杂缝网体积（ESRV）的影响因素分析[J].石油钻采工艺，2014，36（2）：82－87.
[8] 宋攀，许莹，赵国立，等.石油压裂支撑剂的研究进展[J].石油石化绿色低碳，2021，6（1）：37-44.
[9] 张威，姚彬，袁慧芹.压裂新工艺的技术分析[J].化工管理，2021，7：166-167.
[10] 刘向军.高速通道压裂工艺在低渗透油藏的应用[J].油气地质与采收率，2015，22（2）：122-126.
[11] 吴顺林，李宪文，张矿生，等.一种实现裂缝高导流能力的脉冲加砂压裂新方法[J].断块油气田，2014，21（1）：110-113.
[12] 戚斌，杨衍东，任山，等.脉冲柱塞加砂压裂新工艺及其在川西地区的先导试验[J].天然气工业，2015，35（1）：67-73.

页岩水平井分段压裂套管变形影响研究
——以井研区块为例

冯欣雨,邓 燕,金浩增

(西南石油大学)

摘 要:川西南井研—犍为区块页岩气储层储量丰富,具有良好的开发前景。但由于该区块复杂的地质条件、压裂时产生的地应力变化以、压裂参数以及固井参数的影响导致了套管变形,将直接影响地层的开发。为此,在井研—犍为区块 X 井的地应力分析结果和地震资料的基础上,建立了有限元模型来研究该区块的套管变形情况。研究内容包括:(1)建立区块尺度的地应力场有限元全局模型,目的是进行初始精细地应力场建模与分析。(2)建立包含地层、水泥环、套管三方面材料属性的子模型,以模拟套管变形。(3)将应力场模型的数值解将作为初始条件传递到子模型中,研究在流固耦合下压裂排量、压裂液量对套管变形的影响,并优选排量和液量。研究表明,套管变形与地层中的天然裂缝存在具有一定的相关性;在施工过程中随着排量的增大,套管变形量也逐渐变大,优选排量为 $16m^3/min$;压裂液量增加,套管变形量也逐渐增加,优选液量为 $1400m^3$。研究结果可对该地层预防页岩油水平井套管变形提供一定的参考。

关键词:套管变形;应力场;有限元模型;压裂参数;水平井

井研—犍为探区位于铁山构造与威远构造之间的鞍部,区内构造较为复杂,断层、天然裂缝多发育在西南部的铁山构造。井研地区含有丰富的页岩气储量,但由于页岩储层埋藏较深,多处于天然断层和裂缝发育的地质环境中,为实现其规模效益化开发,需要借助水平井及分段压裂技术[1]。而在水平井分段压裂过程中,多段多簇裂缝会引起地层蠕变[2],改变套管周围原地应力场大小和方向,从而改变套管受力场造成套管变形[3]。压裂过程中套管变形、损坏情况的突出,不仅提高了开发难度及成本,同时严重制约了该区深层页岩储层的高效开发,给压裂施工和后期生产带来极为不利的影响,直接影响储层效益开发。

关于井研区块 X 井套变,认为复杂的地质条件(天然裂缝、断层的存在等因素)和地应力集中是引起套管变形的主要原因,本文展开了相关调研:袁光杰[4]等认为地应力状态和天然裂缝倾角是影响天然裂缝面滑移错动,从而造成套管变形的主控因素;Gui[5]认为地层孔隙压力越高,应力差越大,裂缝的临界扰动压力越低,套管变形风险越大;Hu[6]等认为应力偏转角度越大,压裂段套管变形的可能性越大。代清[7]等认为天然裂缝与套管夹角越小,套管越容易发生变形,当天然裂缝的角度小于 45° 时,套管极易产生变形。Wei[8]等认为高地应力页岩气区导致水泥环孔隙压力下降可能是该区套管变形的主要原因。

井研区块 X 井套管变形的原因同时还跟压裂参数、固井质量等因素有关。孟胡[9]等认为合理设置避射距离防止套管变形的思路,通过增加压裂参数中的簇数及簇间距,减小最优避射距离总体。王乐顶[10]等认为在泵注排量下,较高的注入速率会增加应力积累的影响,套管的变形风险随着注入速度的增加而增加。Huang[11]等认为降低泵送率可减缓水力压裂过程中的断层活化,进而可防止套管变形。陈志航[12]研究发现射孔爆轰会造成射孔段井筒压力剧烈波动,易导致射孔段以及附近套管强度降低,从而产生变形;王雪刚[13]等认为水泥环缺失位置的应力出现了明显的应力集中,并且与井周最小主应力方向一致时,套管应力集中最明显，此时套管容易发生塑性变形而失效。

以上文献比较深入地分析了套管变形的原因。本文基于前人学者的研究，结合井研—犍为区块 X 井的地质基础数据，针对影响 X 井套管变形损坏的原因，分析套管变形与天然裂缝的相关性，以及该井压裂排量以及液量对套管形变的影响。从压裂过程中的地应力变化入手，通过模型数据传递，得到不同压裂参数下的套管变形量并优选压裂参数。研究结果可为现场作业施工提供一定的指导。

1 筇竹寺 X 井地层概况

1.1 地质及施工条件

根据 LithoScanner 测井解释得出井研—犍为探区筇竹寺组黏土含量约为 25%~45%，硅质矿物含量较高，平均 49.4%，以石英为主；碳酸盐岩矿物含量约 10%~30%，平均 16.8%；黄铁矿有一定富集，含量约 1.8%。测量段 TOC 含量较低，平均仅 0.4%，最高值约 2.6%。裂缝主要发育段为 3351~3367m、3383~3391m、3401~3408m、3477~3481m。大小天然缝共计 56 条，其中高导裂缝 45 条，高阻裂缝 11 条。根据电测井识别裂缝（图 1），得到裂缝以低角度缝为主，其次为斜交缝，裂缝倾角主要集中在 10°~40°，走向主要为北东东—南西西向。

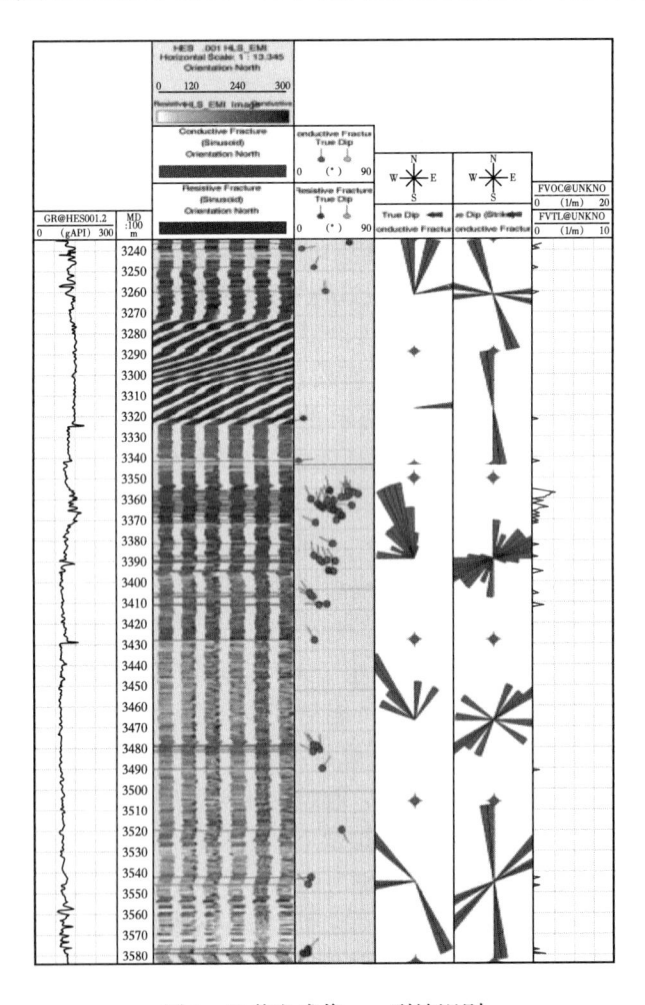

图 1 X 井电成像——裂缝识别

通过取心，自然伽马能谱、偶极声波等测井技术以及录井技术，确定筇竹寺组 X 井 ⑥~⑧号层为目标地层，进行三开侧钻，X 井井身结构如图 2 所示。完钻点垂深 3320.92m，井深 5560.00m。

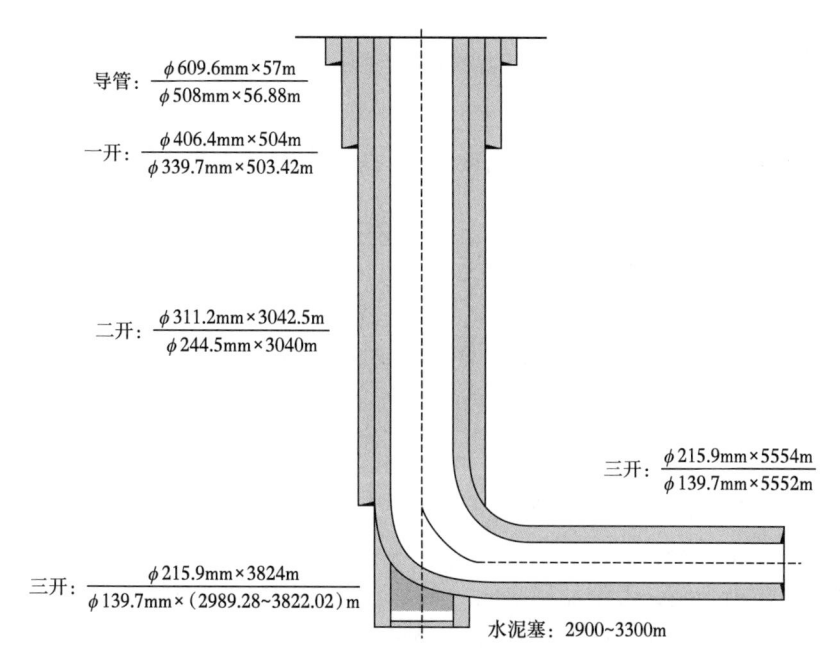

图 2　X 井井身结构示意图

1.2　现场测试变形

通过开展广泛调研、统计分析、技术交流、科研攻关等工作，复杂地质条件和地应力集中是引起地层滑移，套管变形的主要原因。经过现场测试，第一回次 8 段套变 4 次，第二回次 18 段套变 3 次，套变位置约在改造段后 12~60m 左右，现场遇阻情况见表 1；现场套变主要因素可能还跟固井质量差、井眼扩径严重等因素有关。

表 1　现场测试遇阻情况

回次	段	遇阻位置（m）	桥塞设计位置（m）	位置差（m）
第一回次	第 3 段	5262	5310	48
	第 4 段	5163	5200	37
	第 6 段	5051	5094	43
	第 8 段	4891	4903	12
第二回次	第 14 段	4455	4515	60
	第 16 段	4274	4305	31
	第 19 段	4026	4082	56

2 数学方程

2.1 固体力学场模型

（1）本构方程。

本文模型使用的是线弹性材料，岩石材料的应力—应变关系遵循线性孔隙弹性规律，本构方程矩阵形式为[14]：

$$\{d\sigma\} = [D_{ep}]\{d\varepsilon\} = ([D_e] - [D_p])\{d\varepsilon\} \tag{1}$$

式中：$[D_p]$ 为塑性本构矩阵；$[D_e]$ 为弹性本构矩阵，可根据 Hook 定律推导；$[D_{ep}]$ 为弹塑性本构矩阵，可由弹塑性相关联流动法则建立。

（2）几何方程。

基于小变形理论，岩土应变分量 ε 与变形位移 u 之间的关系可用张量形式表示[14]为：

$$\varepsilon_{ij} = \frac{1}{2}(u_{i,j} + u_{j,i}) \tag{2}$$

式中：ε 为岩土应变分量，u 为变形位移。

（3）应力平衡微分方程。

为了达到地应力平衡，考虑储层中任一无限小的单元体的应力状态，结合 Terzaghi 有效应力原理，修正的应力平衡方程张量形式[14]为：

$$\sigma_{ij,j} + f_i - (\alpha \delta_{ij} p_e)_{ij,j} = 0 \tag{3}$$

式中：σ_{ij} 为各应力分量的总应力；f_i 为某一面体力分量，即重力项；α 为 Biot 系数；δ_{ij} 为 Kronecker 数；p_e 为等效孔隙压力；下标 j 表示 j 方向上的分量。

（4）断层与裂缝条件。

对于裂缝，设定一个裂纹面压力为井底流压的面载荷进行压裂。而弹性薄层边界条件适用于模拟包含非常薄的弹性层系统。该边界条件具有弹性和阻尼属性，通过作用于两个零件之间来模拟具有指定刚度和阻尼属性的弹性薄层。断层作为弹性薄层，有方程：

$$F_L = -k_A d(u_u - u_d - u_0) \tag{4}$$

式中：F_L 为单位长度上施加的力；k_A 为单位面积的弹簧常数；u_u 为上侧位移；u_d 为下侧位移；u_0 为初始位移。

（5）定解条件。

把整个致密储层固体骨架所占的空间区域表示为 Ω_e，则：① 位移边界条件为岩土骨架表面位移量已知：$u|_{\Omega_e} = \bar{u}$；② 应力场应力边界条件为岩土骨架表面力已知：$\sigma_{ij} n|_{\Omega_e} = T$[15]。

2.2 流体流动模型

（1）基质—天然裂缝中的流动方程。

基质中流体满足非线性渗流方程[15]：

$$v_m \frac{K_m}{\mu}(\nabla p_m - \chi) \tag{5}$$

式中：v_m 为基岩内流体渗流速度张量，10^{-3}m/s；K_m 为基岩渗透率，D；χ 为基岩启动压力梯度张量，MPa/m；χ 为基岩启动压力梯度，MPa/m；∇ 为哈密顿算子；p_m 为基岩孔隙系统压力，MPa；μ 为流体黏度，mPa·s。

天然裂缝系统满足达西渗流规律，可得到天然裂缝系统的控制方程为[15]：

$$\nabla^2 p_n - \frac{\phi_n \mu C_n}{K_n} \frac{\partial p_n}{\partial t} + \frac{aK_m}{K_n}(p_m - p_n) \frac{q_n \mu}{K_n}(M - M') \quad (6)$$

式中：C_n 为天然裂缝压缩系数，MPa^{-1}；K_n 为天然裂缝渗透率，D；q_f 为单位网络裂缝孔隙体积源/汇处液体的体积流量，s^{-1}；ϕ_f 为网络裂缝孔隙度。

（2）网络裂缝中的流动方程。

网络裂缝作为独立的介质系统，流体在其中的渗流服从达西定律，故其控制方程可表示为[15]：

$$\nabla^2 p_f - \frac{\phi_f \mu C_f}{K_f} \frac{\partial p_f}{\partial t} + \frac{q_f \mu}{K_t}(M - M') \quad (7)$$

式中：C_f 为网络裂缝压缩系数，MPa^{-1}；K_f 为网络裂缝渗透率，D；q_f 为单位网络裂缝孔隙体积源/汇处液体的体积流量，s^{-1}；ϕ_f 为网络裂缝孔隙度。

（3）初始及边界条件。

基质—天然裂缝系统的初始条件及边界条件为[15]：

$$\begin{cases} p_m(x,y,z;t=0) = p_n(x,y,z;t) = p_i \\ p_n(x,y,z;t) = p_f(x,y,z;t=0) \\ \frac{\partial p_m}{\partial x}|_{x=x_e} = \frac{\partial p_m}{\partial y}|_{y=y_e} = \frac{\partial p_m}{\partial z}|_{z=z_e} \\ \frac{\partial p_n}{\partial x}|_{x=x_e} = \frac{\partial p_n}{\partial y}|_{y=y_e} = \frac{\partial p_n}{\partial z}|_{z=z_e} \\ z_e = h_e \end{cases} \quad (8)$$

式中：p_f 为网络裂缝系统压力，MPa。

渗流过程中网络裂缝与基质、天然裂缝组成的连续接触面上压力处处相等。

$$\begin{cases} p_f(x,y,z;t=0) = p_i \\ p_f(x,y,z;t=0) = p_m(x,y,z;t) = p_n(x,y,z;t) \end{cases} \quad (9)$$

2.3 裂缝位移模型

裂缝在压缩下的法向刚度表现为非线性行为[16]：

$$b_n = b_r + (b_0 - b_r)\exp(-\xi \sigma'_n) \quad (10)$$

$$K_n = -\frac{\partial \sigma'_n}{\partial b_n} = \frac{b_0 - b_r}{b_n - b_r} K_{n0}$$

式中：b_n 为法向孔洞；b_0 为初始孔洞；b_r 为残余孔洞；$\sigma'_n = \sigma_n - p$ 为有效法向压应力；σ_n 为总法向应力；p 为流体压力；ξ 为应力—孔洞相关系数，等于 $1/[K_{n0}(b_0-b_r)]$，K_{n0} 为初始法向刚度。

岩石裂缝的剪切行为基于库仑摩擦定律：

$$\tau_s = \begin{cases} K_s u_s, & u_s > u_p \\ \tau_p, & u_s < u_p \end{cases} \quad (11)$$

$$\tau_p = \sigma'_n \tan\phi_f \quad (12)$$

$$u_p = \tau_p / K_s \quad (13)$$

式中：τ_s 为剪切应力；u_s 为剪切位移；K_s 为断裂剪切刚度；τ_p 为峰值剪切应力；ϕ_f 为摩擦角；u_p 为断裂开始滑动的峰值剪切位移。

3 有限元模型建立

本文采用的数据来源于井研区块 X 井实际施工工程实例。根据现场施工情况，综合考虑套变、天然裂缝等影响，调整后共划分 26 段/110 簇，段长 47~118m，平均 67.9m，射孔簇数 3~6 簇，簇间距 5.5~20m，段间距 13~33m，平均 21m（去除丢段层段）。

模型中输入的数据包括：(1) 初始地应力场，包括地层参数、地应力大小、泵注程序等。(2) 地层、水泥环、套管三者的弹性模量、泊松比、密度、屈服强度。

3.1 输入参数

建立全局模型地层尺寸为 3000m×100m×30m，建立子模型为 3000m×1m×1m，整理出工程实际参数（表 2 和表 3）。

表 2 应力场模型建立参数

模拟参数	模拟数据	变化范围
弹性模量 E（GPa）	20	18~23
泊松比	0.24	0.23~0.26
孔隙度	2%	0.9%~2.4%
渗透率（mD）	0.05	0.001~0.1
最大水平主应力（MPa）	85	82~95
最小水平主应力（MPa）	74	70~85
泵注流体黏度（mPa·s）	5	5~20
泵注流体密度（kg/m³）	1000	1000
泵注排量（m³/min）	18	15~25
施工时间（min）	140	120~180

表 3 地层—水泥环—套管模型建立参数

材料	弹性模量 E（GPa）	泊松比	密度（kg/m³）	屈服强度（MPa）
储层	32	0.24	2600	—
水泥环	12	0.16	1950	—
套管	210	0.3	7850	758

3.2 全局模型的边界条件

模型的边界条件设定为：顶面是地面，有大小为68MPa的应力载荷；右侧设定大小为74MPa的应力载荷；正面设定大小为90MPa的应力载荷；其他几个面均设置为辊支撑，没有其他载荷条件。

3.3 有限元网格

本文分别建立了地应力场模型（全局模型）的有限元网格，套管—水泥环—地层模型（子模型）的有限元网格如下。

3.3.1 地应力场模型

根据蚂蚁体分布情况、地层微地震数据[图3(a)和图3(b)]建立断层—天然裂缝—水力裂缝模型，为了展示清晰的裂缝，采用二维的展示图[图3(c)]。如图4所示为地应力场有限元模型与网格划分。模型高度为30m，宽度为100m，长度为3000m。

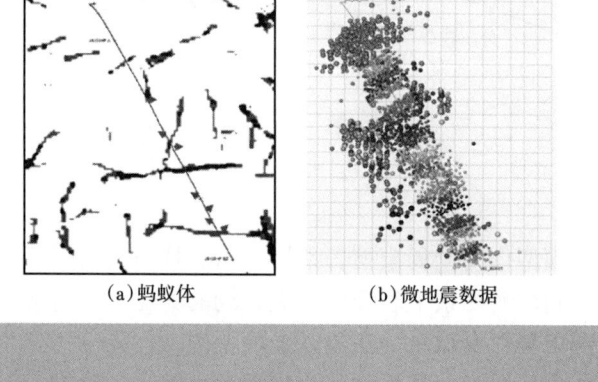

(a)蚂蚁体　　(b)微地震数据

(c)裂缝二维展示图

图3　地层数据

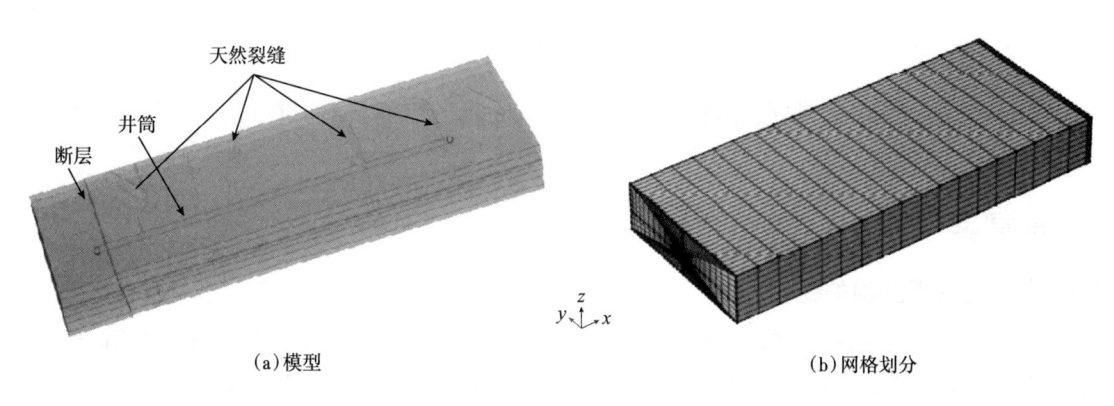

(a)模型　　(b)网格划分

图4　应力场模型

3.3.2 套管—水泥环—地层模型

如图 5 所示为套管—水泥环—地层模型的模型及网格划分。设置地层尺寸为 3000m×1m×1m。套管内径为 0.1m，壁厚为 0.01m，材料密度为 7850 kg/m³；水泥环内径为 0.11m，壁厚为 0.04m，材料密度为 1950 kg/m³。

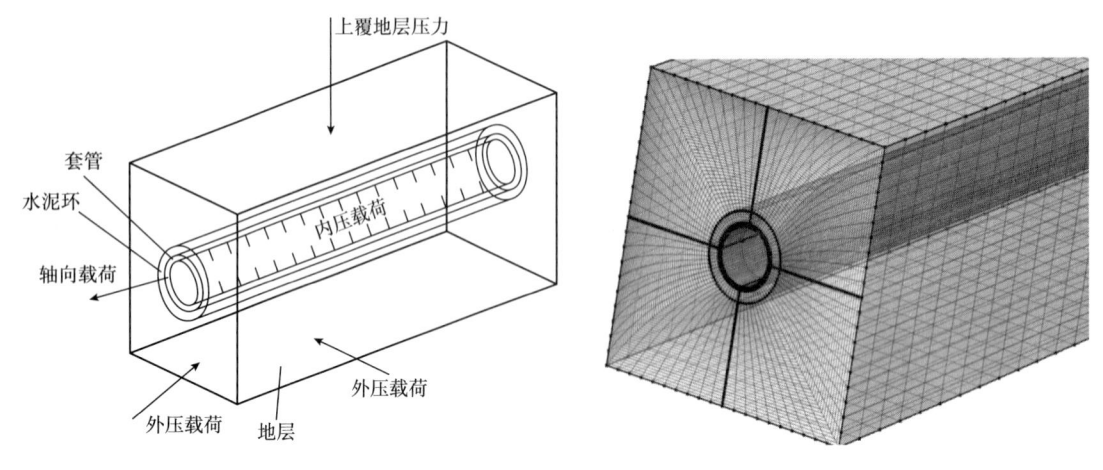

图 5 套管—水泥环—地层模型及网格划分

3.4 模型数据传递

本文将地应力变化模型作为全局模型，地层—水泥环—套管模型作为子模型。通过地应力变化模型计算得出不同影响因素下裂缝周围应力场的变化，再将应力数据传递到地层—水泥环—套管模型中，得出套管变形量。在建立子模型中，首先分析整个模型的行为。通过网格，可以将边界条件和载荷适当地转移到整个模型上。将全局模型中的场变量指定为边界条件，可以将全局模型的结果指定给子模型。

在本文使用的软件中，可以使用广义拉伸算子来完成这个设置。它可以将模拟结果从一个几何体转移到另一个几何体。由全局模型的源点分别对应于子模型的目标点，因此得到：

$$x_s = ax_d \tag{14}$$

$$y_s = by_d \tag{15}$$

$$z_s = cz_d \tag{16}$$

其中 a、b、c 分别为源点与目标点 x、y、z 轴坐标的比值。最后在目标映射的 x、y 和 z 表达式中输入上述等式的右侧（没有下标）即可。

4 套管变形的相关因素分析

4.1 与天然裂缝的相关性

综合测井及地震解释资料，对该区套变井的变形点与天然裂缝的吻合度进行统计分析（表 4），资料表明套变点均位于天然裂缝发育带或较发育带，特别是裂缝沟通水平井筒的地方。

表4 套管与天然裂缝相关情况表

序号	段数	套管变形点天然裂缝发育情况
1	第3段	裂缝较发育
2	第4段	裂缝发育且沟通水平井筒
3	第6段	裂缝较发育
4	第8段	裂缝发育
5	第14段	裂缝较发育
6	第16段	裂缝发育
7	第19段	裂缝发育

同时通过模拟结果，也可以看出在第4段、第6段、第8段、第16段、第19段天然裂缝发育区域产生了套管变形（图6）。这是因为在水力裂缝扩展过程中，由于应力集中效应，在断裂尖端形成裂缝扩展作用区域，当遇到天然裂缝后，天然裂缝面同时受到剪切应力和正应力影响，天然裂缝滑移并产生套管变形。因此天然裂缝与套管变形存在一定的相关性。

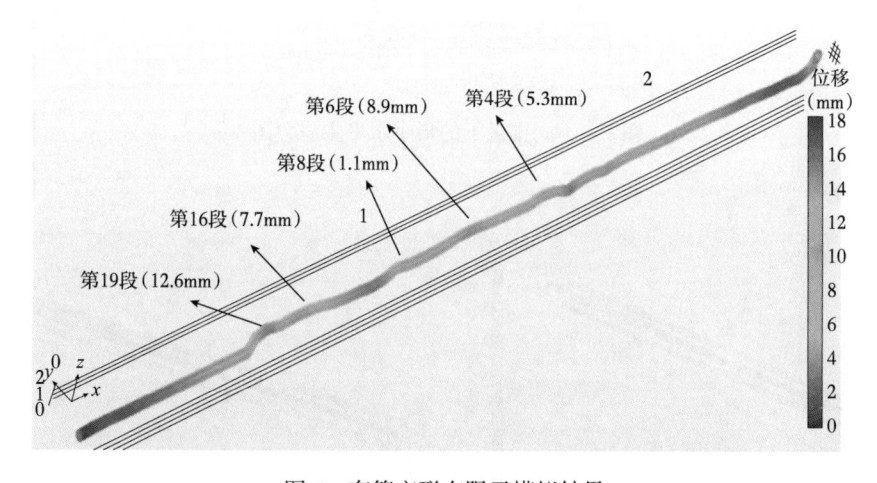

图6 套管变形有限元模拟结果

4.2 压裂排量的影响

为了先对压裂排量对套管变形的影响作简单的认识分析，先建立单段裂缝的小模型进行模拟。由ABAQUS软件模拟了在16m³/min、18m³/min、20m³/min压裂排量下的单段裂缝形态及孔隙压力分布，同时修改该程序文件定义不同排量下的孔隙压力值，得到不同排量下的地应力分布，最后通过模型数据传递作压裂排量对套管变形的影响分析。

可以由图7看出随着排量的增加，压裂出的裂缝长度更长，形态也较为复杂。由裂缝周围的应力场变化也可以看出排量增加，裂缝尖端应力集中更加明显，裂缝周围的最小水平主应力值也逐渐增大，这也意味着对套管变形影响的增大。

模型数据传递后，可以得到不同排量下的套管变形情况如图8所示。压裂时的排量会影响裂缝宽度的扩展和裂缝周围的应力等，从而导致套管变形，排量越大套管的变形程度也就越大。

(a)排量16m³/min　　(b)排量18m³/min

(c)排量20m³/min

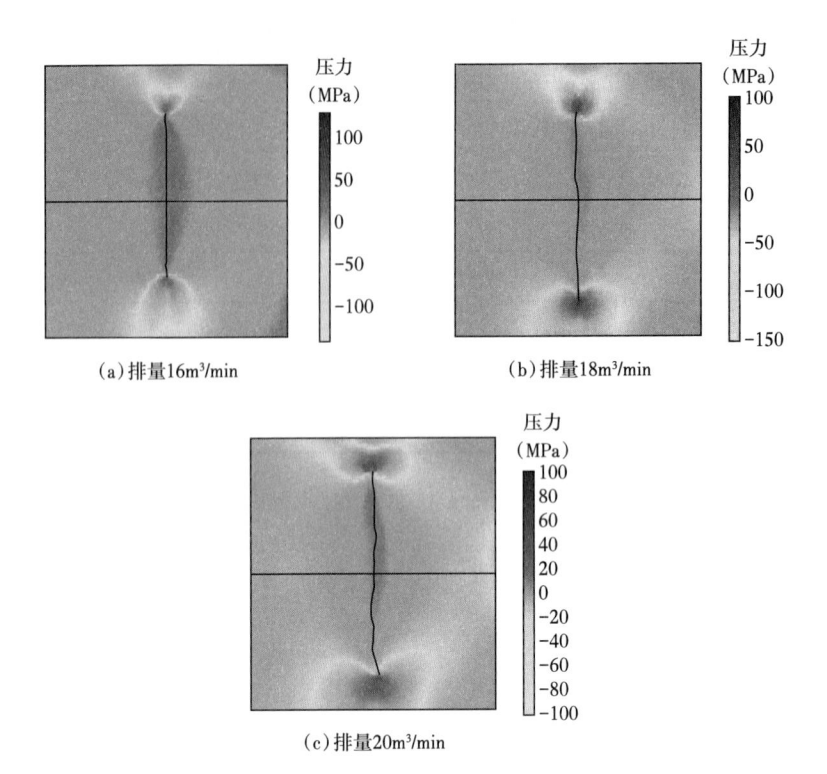

图 7　不同排量下的最小水平主应力图

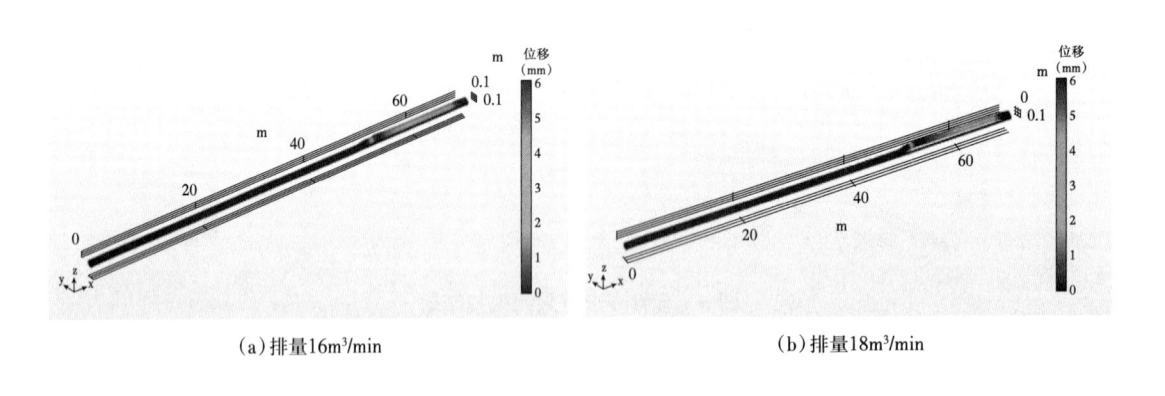

(a)排量16m³/min　　(b)排量18m³/min

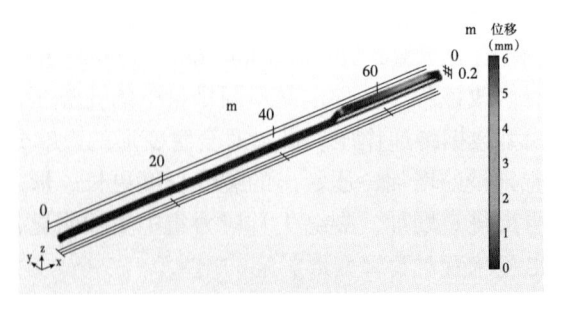

(c)排量20m³/min

图 8　不同排量下的套管变形图

4.3 液量的影响

用前文分析压裂排量影响同样的方法，通过修改该程序文件定义得到1200m³、1400m³、1800m³入地液量下的套管变形量。由结果可以看出随着液量的增大，套管变形量也逐渐增大（图9）。

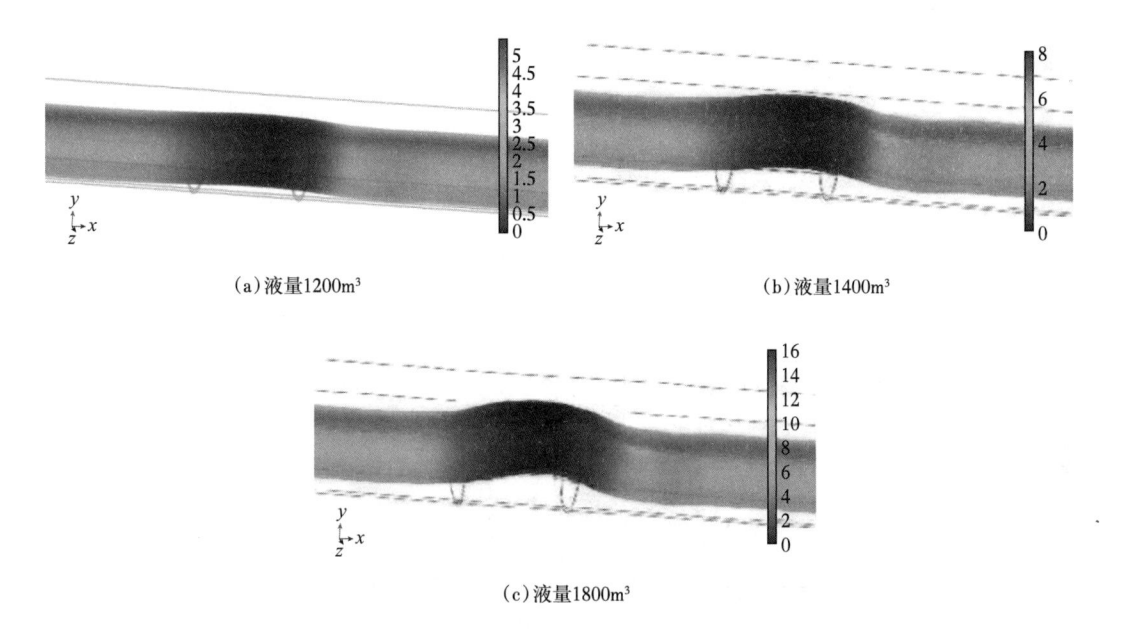

(a)液量1200m³

(b)液量1400m³

(c)液量1800m³

图9 不同液量下的套管变形图

4.4 有限元模拟结果

基于地震反演得到了所有的裂缝形态，根据现场实际施工排量、施工和关井时间分段模拟压裂26段裂缝。第1段裂缝压裂施工4h后，关井1h再进行压裂第二段，直至26段裂缝全部压裂完成。全局模型模拟出的裂缝周围最小水平主应力和孔隙压力如图10所示，随着分段压裂的进行，第1段裂缝周围地应力变化较小，其余压裂段裂缝随段数增加周围地应力增大，且前一级裂缝会对后续裂缝产生诱导地应力作用[17]。全井段压裂施工完成以后，近井筒位置孔隙压力随压裂逐级增加。随着压裂液逐渐滤失，初始段孔隙压力逐渐下降，特别是前八段裂缝周围的孔隙压力几乎降为初始孔隙压力值。

(a)压裂后最小水平主应力图

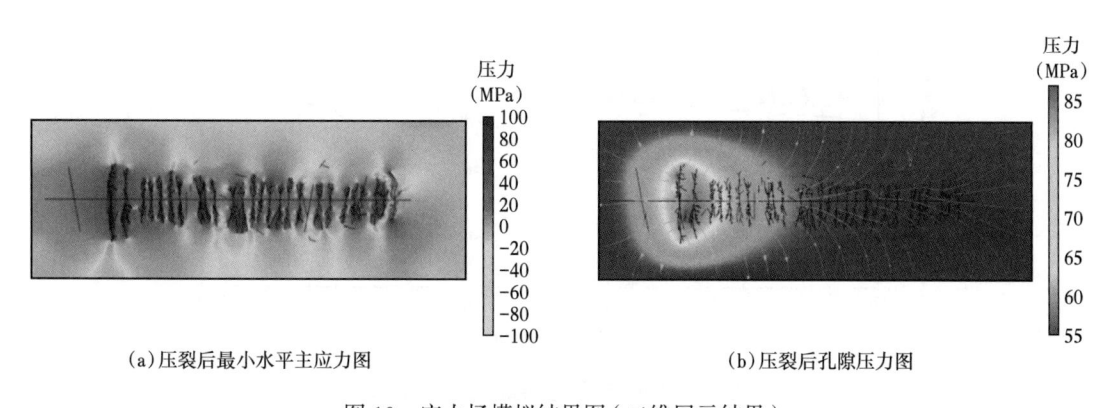

(b)压裂后孔隙压力图

图10 应力场模拟结果图（二维展示结果）

— 353 —

将全局模型的数据传递到子模型，可以得到在 26 段压裂下，套管的变形情况（图 11）。

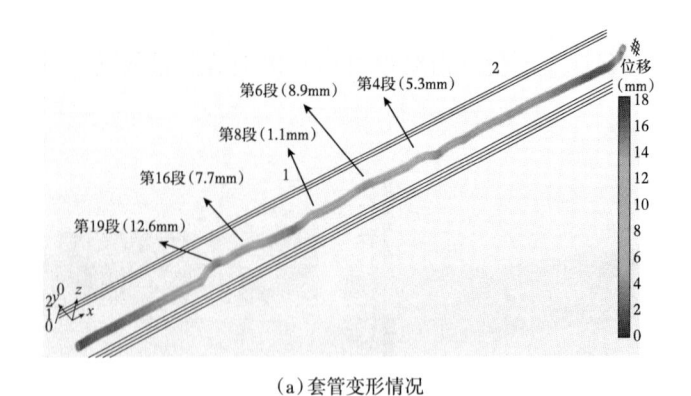

（a）套管变形情况

（b）套管变形量

图 11　模拟出的 X 井套管变形情况

4.4.1　X 井压裂排量的影响

为分析不同压裂排量下对套管变形量的影响，在对每段进行排量的改变后，得到随着排量的增大，套管变形量也逐渐增大，并且在排量超过 16m³/min 后，套管变形的趋势增大（图 12），因此在对 X 井施工时，应控制排量不超过 16m³/min。

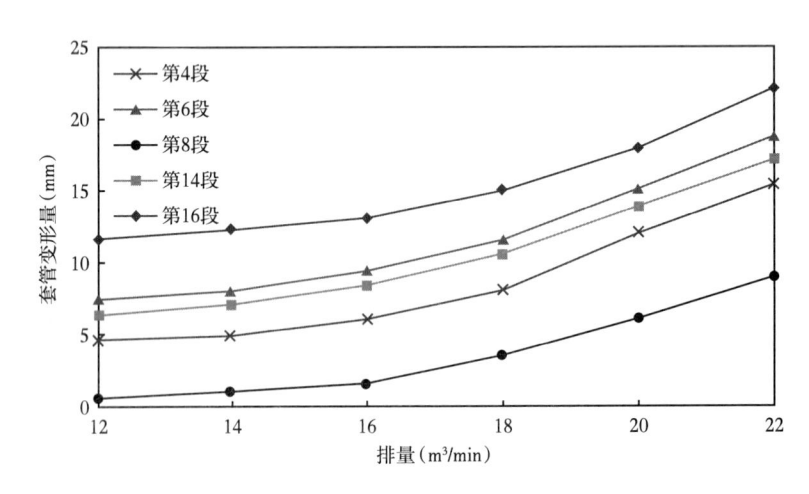

图 12　排量与套管变形的关系曲线图

4.4.2 X井压裂液量的影响

为分析不同压裂液量下对套管变形量的影响,改变压裂液量后,得到随着液量的增大,套管变形量也逐渐增大,并且在排量超过1400m³后,套管变形的趋势增大(图13)。

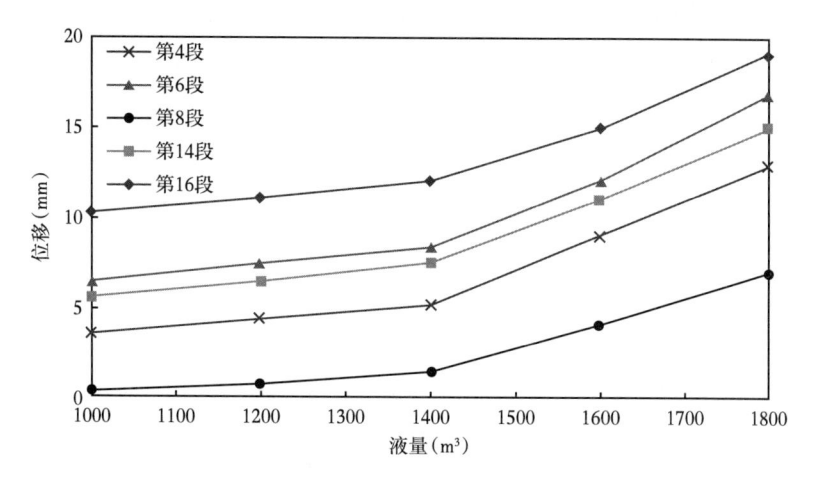

图13 液量与套管变形的关系曲线图

通过现场施工数据来看,用液规模与改造缝长、缝高,以及改造带宽无明显相关性;通过统计分析,液量达到1400m³后,改造体积没有明显增加(图14)。因此在对X井施工时,应控制液量不超过1400m³/min。并且在天然裂缝发育段以及近断层段要注意控制入地液量,以降低套变量和施工风险。

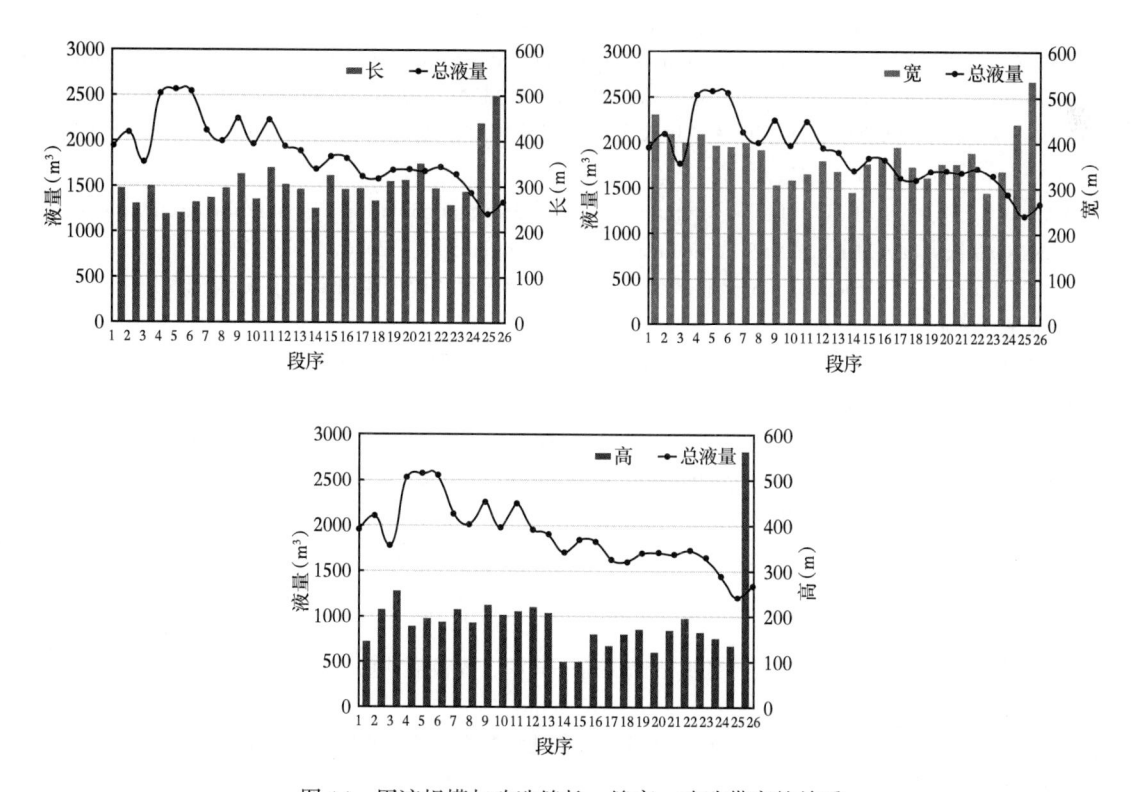

图14 用液规模与改造缝长、缝高、改造带宽的关系

5 结论

（1）通过对井研区块内 X 井的资料分析研究，套变原因与地层中存在的天然裂缝具有一定的相关性，工程因素中的压裂排量、液量也会对套变产生影响。

（2）在水力裂缝扩展过程中，由于应力集中效应，在遇到天然裂缝后，天然裂缝面同时受到剪切应力和正应力影响，天然裂缝滑移并产生套管变形。

（3）施工过程中压裂排量、液量均会对套管变形产生影响。排量优选为 16m³/min，液量优选为 1400m³。

（4）结合地质和工程因素进行地质工程一体化设计，分析评估套变风险带，进一步优化方案，研究结果对深层页岩水平井套变预防具有一定借鉴意义。

参 考 文 献

[1] 林魂，宋西翔，杨兵，等．温—压耦合作用下断层滑移对套管应力的影响[J]．石油机械，2023，6：136-142，158．

[2] LIN H Y，MAO L J，MAI Y．Influence of multistage fracturing in shale gas wells on the casing deformation of horizontal wells[J]．Petroleum Science and Technology，2024，81（1）：11-16．

[3] 王坤，张烈辉，陈飞飞．页岩气藏中两条互相垂直裂缝井产能分析[J]．特种油气藏，2012，19（4）：130-133．

[4] 袁光杰，王向阳，乔磊，等．页岩气井压裂套管变形机理及物理模拟分析[J]．天然气工业，2023，43（11）：137-145．

[5] GUI J C，SANG Y，ZENG B，et al.Casing deformation risk assessment method based on fault-slip theory and its application to shale formations[J]．Applied Geophysics，2024，46（2）：89-93．

[6] HU M，HONGKUI G，YUAN Y，et al.A new insight into casing shear failure induced by natural fracture and artificial fracture slip[J]．Engineering Failure Analysis，2022，137（2）：99-105．

[7] 代清，林颢屿，陈春宇，等．页岩气井水力压裂对水平井套管变形影响分析[J]．机械设计与研究，2022，38（3）：118-121，126．

[8] YAN W，ZOU L Z，LI H，et al.Investigation of casing deformation during hydraulic fracturing in high geo-stress shale gas play[J]．Journal of Petroleum Science and Engineering，2016，150：22-29．

[9] 孟胡，吕振虎，王晓东，等．基于压裂参数优化的套管剪切变形控制研究[J]．断块油气田，2023，30（4）：601-608．

[10] 王乐顶，魏书宝，槐巧双，等．四川页岩气水平井套变机理、对策研究及应用[J]．西部探矿工程，2023，35（2）：44-48，52．

[11] HUANG R，CHEN Z W，ZENG B，et al.Casing Deformation Caused by Hydraulic Fracturing-Induced Fault Slip in Sichuan Basin and Optimization of Treatment Parameters[J]．IOP Conference Series：Earth and Environmental Science，2020，570（2）：022057-022114．

[12] 陈志航．浅谈塔里木盆地 X 井套管变形成因及认识[J]．内蒙古石油化工，2023，7：64-68．

[13] 王雪刚，吴彦先，李世平，等．水平井固井质量对套管变形影响分析[J]．石油机械，2023，10：136-143．

[14] 刘建军，刘先贵，胡雅礽，等．低渗透储层流—固耦合渗流规律的研究[J]．岩石力学与工程学报，2002，21（1）：88-92．

[15] 任龙，苏玉亮，郝永卯，等．基于改造模式的致密油藏体积压裂水平井动态分析[J]．石油学报，2015，36（10）：1272-1279．

[16] RUTQVIST J, WU Y S, TSANG C F, et al. A modeling approach for analysis of coupled multiphase fluid flow, heat transfer, and deformation in fractured porous rock[J]. Int. J. Rock Mech. Min. Sci., 2002, 39(4): 429-442.
[17] 刘爱, 颜廷俊, 魏辽, 等. 济阳页岩油水平井套管变形影响规律研究[J]. 石油机械, 2023, 51(8): 93-99.

页岩油井套管基于应变强度设计完整性研究

张 智，冯潇霄

（西南石油大学油气藏地质及开发工程国家重点实验室）

摘 要：页岩油开发是我国原油增储上产的重要增长极，虽然我国页岩油地质资源量丰富，但是我国页岩油开采难度大，部分页岩油开发需要人工高温加热，其管柱需要承受高温载荷所带来的挑战，因此，研究页岩油井管柱力学对页岩油安全高效开发具有重要意义。为此，本文针对页岩油水平井进行原位开采工况，结合能量守恒定律以及井筒传热学理论，建立了页岩油水平井温度场分布预测模型。根据井间压力、温度响应以及井组热量分配情况，建立页岩油水平井井间温度场分布预测模型。同时通过管材硬化模型，分析套管轴向和径向规律，建立了页岩油井基于应变设计原理的套管强度设计方法。分析结果表明，在页岩油就井水平段，温度逐渐降低，最终稳定在350℃左右。注气井以450℃高温蒸气注入，注气井在井底温度可以达到150℃。注气压力增大降低井深影响，高压力下注入压力主导等效内压。20MPa时井深影响明显，增幅近85%；40MPa时轴向力变化显著，增幅近96%。

关键词：页岩油；套管；温度场；套管应变；完整性

由于我国能源结构问题日益突出，页岩油作为非常规能源能够缓解对外原油的依存度，同时我国页岩油储量丰富，从"十二五"到"十四五"，对陆相页岩油进行了十余年的艰苦勘探和不懈研究，在多个区块成功发现并取得了勘探突破[1-3]。

相较于常规的油气井，页岩油井工作方式较为特别，在高温注采过程中，井筒管柱、水泥环、井壁岩石以及储层都受到高温高压注气、地应力不均匀、温度扰动等多因素共同作用，对页岩油井管柱完整性管理构成了极大挑战，特别是高黏度、低成熟度的页岩油需要高温催化所引起的管柱完整性管理问题更加突出。一旦油气井管柱完整性破坏，引发井筒失效风险，油气井泄漏，极易引起爆炸造成灾难性后果。因此对页岩油井温度场以及套管受力分析，对后续实现页岩油井安全稳产具有重要意义。

通过大量的文献调研，对于页岩油井管柱力学在工程应用领域取得相应的研究进展：2023年，刘爱[4]和张洪峰等[5]，运用有限元的方法分析在固井和压裂阶段页岩油套管形变规律；2022年，闫伟等[6]考虑断层特性利用MIT工具测量套管变形区域得对套管变形进行研究；林鹤等[7]基于压裂微地震结果对套管变形进行预测；徐新纽等[8]依据页岩有水平井特点构建套管组合体的完整性力学模型和对水泥环失效形式进行判断；张丽萍等[9]考虑微地震属性建立在压裂工况下套管变形模型；2021年，何军等[10]利用有限元对高温注气工况下的水泥石进行完整性分析。

结合文献研究结果，研究方向主要集中在不同工况下页岩油井套管变形规律，以及在页岩油井中套管组合体水泥石的完整性，对这几个方面评价和分析套管安全性[11-14]。面对国内低成熟度陆相页岩油，需要人工催熟高温热裂解的开发开采方式，管柱完整性管理方式将

第一作者简介：张智，西南石油大学石油与天然气工程学院，教授，博士生导师。通讯地址：四川省成都市新都区新都大道8号，邮编：610500，E-mail：wisezh@126.com

面临前所未有的挑战。而针对页岩油该种方式开发和开采条件,现有的套管完整性评价理论体系在应用技术和安全评价方面还处于探索阶段。页岩油井管柱完整性影响分析尚未形成系统,相关工作是结合具体区块条件、井下环境、作业工艺及参数进行具体技术研究。

1 页岩油的温度场分析

1.1 页岩油水平井传热模型

(1)造斜段井筒温度计算方法。

将造斜段的水平井进行单元划分由热平衡方程可列出:

$$A = \pi\left[1.5(a_0+b_0) - (a_0b_0)^{1/2}\right]\Delta H / Q\rho_0 C_0 R$$

$$B = \pi a_0 b_0 \Delta H / Q \Delta t \tag{1}$$

$D = 1/(A+B+2)$ 则有:

$$T_{0,j-1/2}^{n+1} = 2DT_{0,j-1}^{n+1} + BDT_{n,j-1/2}^{n} + ADT_{1,j}^{n+1} \tag{2}$$

式中:a_0 为底层温度梯度,℃/m;b_0 为地层恒温点深度,m;ρ_0 为流体密度,kg/m³;R 为井筒半径,m;ΔH 为单元段高度,m;Q 为传热量,J。

在上述数值计算中,初始与边界条件如下:

初始条件,当 $t=0$ 时,$T_{z,0} = T_b + \alpha(z-b)$;

边界条件,当 $r=0$ 时,$T_{0,t} = T_{\text{int}}$;

当 $r=a$ 时,$T_{z,t} = T_b + \alpha(z-b)$。

式中:$T_{z,0}$ 为 $t=0$ 时,深度 z 处的温度,℃;T_{int} 为注入液的地面温度,℃;T_b 为地层恒温点处温度,℃;α 为地层热扩散系数,m²/s。

(2)水平段井筒温度计算方法。

由于水平井井筒的初始温度是导流段最后一点的温度,水平井井筒温度场计算的假设和求解过程与导流段的计算方法基本相同,但其边界条件的温度不同:

初始条件,当 $t=0$ 时,$T_{z,0} = T_h$;

边界条件,当 $r=a$ 时,$T_{z,t} = T_h$。

式中:T_h 为油藏中部温度,℃。

1.2 页岩油井场传热模型

为了实现页岩热裂解,在 MTI 开发模式下,采用对页岩井实施蒸气驱[15-16]。布井方式为反九点方式布井,将采油井布在中间,四周布上 8 口注气井,通过调节注蒸气量、温度、注入压力,建立地层和井底能量场关系模型。图 1 为页岩井反九点法井组示意图。

(1)压力响应分析。

在已形成稳定的温压场情况下,调整注气量,注采井间将产生压力瞬变,生产井可观察到明显的流压变化,由

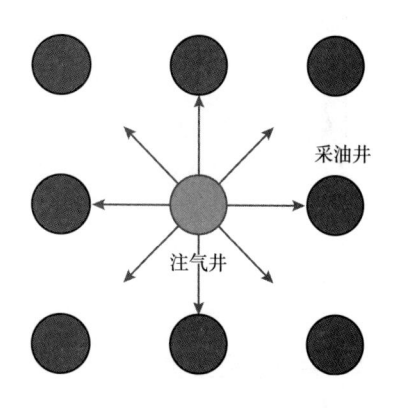

图 1 页岩井反九点井组示意图

此进行地层物性及流体参数计算，包括地层导压系数等。部分井受回压影响较大时，可能影响观察效果。

地层导压系数的理论计算公式为：

$$\eta = \frac{fr^2}{14.3997 t_p} \tag{3}$$

式中：η 为地层导压系数，m²/h；r 为注气井与生产井之间的距离，m；t_p 为压力响应时间，s；f 为关联系数。

（2）温度响应分析。

蒸气在地层条件下的扩散主要表现为热传导，井间流动是热传导的重要过程，因此通过温度的变化评价井间地层流体的流动速度。井间地层流体的流动速度的推算计算公式为：

$$v = r / t_w \tag{4}$$

式中：v 为地层流体的流动速度，m/h；t_w 为温度响应时间，h。

2 页岩油基于应变的套管强度设计

2.1 基本理论

页岩油气井套管载荷复杂，易进入塑性区，应力设计难保安全。需从应变角度校核强度，应变测量更合理但安全窗口窄（图2），需提高设计精度。设计时考虑现场注气、高温开采及载荷导致的塑性变形，应变应控制在硬化阶段，不超图2（b）极限应变，确保管柱正常生产。

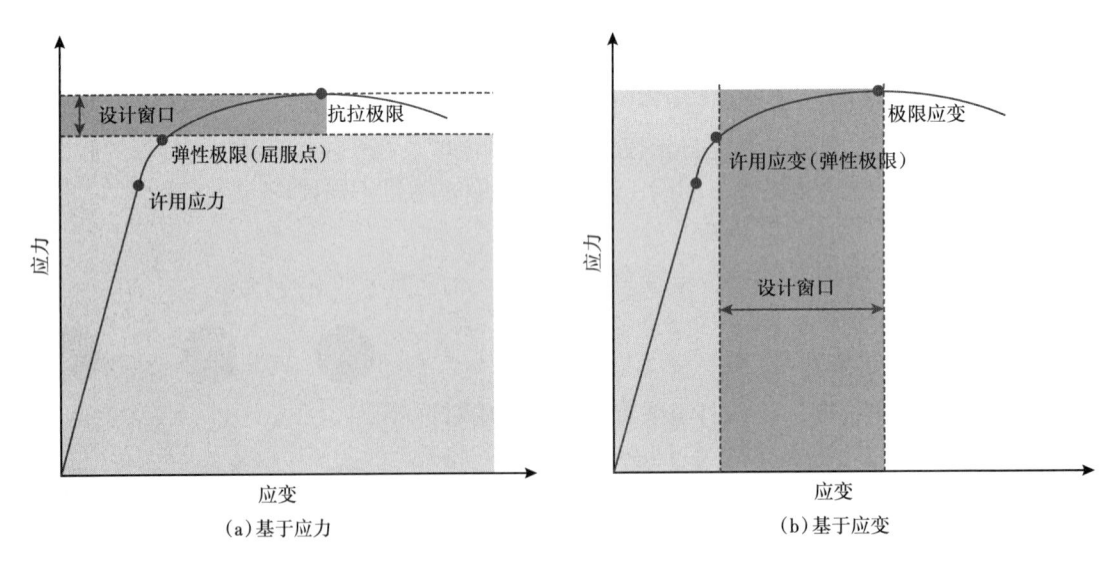

图 2 页岩油井套管设计基本原理

2.2 套管应变分析

套管应变分析可参考弹塑性分析中的厚壁圆筒问题[17]。随外载荷增加，厚壁筒类构件先局部塑性，后形成塑性区，最终整体进入塑性状态[18]。基于应变的套管设计允许应力超屈服点，确定管柱许用应变和设计应变，进行应变设计。

2.2.1 单轴状态下的材料弹塑性模型

（1）弹性—线性硬化模型[19-20]。

弹性线硬化材料的单轴应力应变关系可以表示为：

$$\varepsilon = \begin{cases} \dfrac{\sigma}{E}, & \sigma \leqslant \sigma_0 \\ \dfrac{\sigma_0}{E} + \dfrac{1}{E_p}(\sigma - \sigma_0), & \sigma > \sigma_0 \end{cases} \tag{5}$$

式中：σ_0 为弹性极限应力，MPa；ε 为材料的应变；E 为材料的弹性模量，MPa；E_p 为材料的塑性模量，MPa。

（2）弹性—幂次硬化模型[21]。

将弹性—线性硬化模型的线性硬化阶段用幂次函数代替，得到材料的弹性—幂次硬化模型。简单的幂次表达式可以表达为：

$$\sigma = \begin{cases} E\varepsilon, & \sigma \leqslant \sigma_0 \\ k\varepsilon^n, & \sigma > \sigma_0 \end{cases} \tag{6}$$

式中：k，n 为材料参数必须满足 $\sigma_0 = k(\sigma_0/E)^n$ 的条件。

2.2.2 套管轴向应变计算

在设计中允许套管发生塑性变形，根据线性硬化弹塑性力学模型，当 $\sigma_z \leqslant f_{ymnt}$ 时，套管的变形属于弹性变形范畴，轴向应变：

$$\varepsilon_z = \dfrac{\sigma_z}{E_t} \tag{7}$$

根据幂次硬化弹塑性力学模型[22, 25]，弹性范畴的轴向应变计算与线性硬化弹塑性力学模型一致，不同之处在于塑性变形阶段，即 $\sigma_z \geqslant f_{ymnt}$ 时轴向应变：

$$\varepsilon_z = \dfrac{f_{ymnt}}{E_t} + \sqrt[n]{\dfrac{\sigma}{k}} \tag{8}$$

式中：ε_z 为套管轴向应变；f_{ymnt} 为套管服役温度下最小屈服强度，MPa；E_t 为套管服役温度下弹性模量，MPa。

2.2.3 套管径向应变计算

材料单轴状态下的应力—应变模型主要有理想弹塑性模型、弹性—线性硬化模型、弹性—幂次硬化模型，采用弹性—幂次硬化模型作为套管应变分析的本构方程。可得到套管塑性区的应变分量：

$$\varepsilon_\theta = \dfrac{\sqrt{3}}{2}\varepsilon_s \dfrac{r_c^2}{r^2} \tag{9}$$

$$\varepsilon_r = -\varepsilon_\theta = -\dfrac{\sqrt{3}}{2}\varepsilon_s \dfrac{r_c^2}{r^2} \tag{10}$$

代入几何方程，得位移分量：

$$u = \frac{\sqrt{3}}{2}\varepsilon_s \frac{r_c}{r} \quad (11)$$

式中：ε_s 为套管塑性应变；ε_θ 为套管周向应变；ε_r 为套管径向应变；r_c 为套管半径，m；r 为套管上任意一点半径，m。

当 $n=0$（$n \to 0$）和 $n=1$ 时，即理想弹塑性模型、弹性—线性硬化模型可以作为弹性—幂次硬化模型的特殊形式。

2.2.4 应变设计准则

在页岩油气井套管的应变设计中，分别从管柱的轴向和径向应变的角度对管柱展开安全校核分别为：

$$\begin{cases} \varepsilon_{\Sigma z} = \varepsilon_z + \varepsilon_s \\ \varepsilon_{\Sigma r} = \varepsilon_r + \varepsilon_s \end{cases} \quad (12)$$

式中：$\varepsilon_{\Sigma z}$ 为套管轴向应变；$\varepsilon_{\Sigma r}$ 为套管径向应变。

套管的应变设计将允许管柱发生塑性变形，其设计判据为管材最大均匀延伸率，取管柱材料均匀延伸率的 80% 为管柱的许用应变，即：

$$[\varepsilon] = \delta \times 80\% \quad (13)$$

则管柱的工作应变与许用应变应满足：

$$\varepsilon_\Sigma \leqslant [\varepsilon] = \delta \times 80\% \quad (14)$$

参考基于应力的管柱强度设计，采用安全系数法进行设计，故套管的应变安全系数应满足：

$$S_s = \frac{\delta}{\varepsilon_\Sigma} \geqslant 1.25 \quad (15)$$

式中：S_s 为应变安全系数；$[\varepsilon]$ 为管柱的许用应变；ε_Σ 为管柱的工作应变；δ 为管柱材料的均匀延伸率。

2.2.5 基于应变设计原理的套管强度校核

基于上述应变设计准则，根据材料的应力—应变曲线找到管材的设计应变及许用应变对应的应力值即可展开基于应变设计原理的套管强度校核。如图 3 为材料的弹性—线性硬化模型示意图，该模型将材料塑性阶段用线性硬化描述，其斜率为材料塑性模量 E_p。

根据上图由几何关系可得许用应变 $[\varepsilon]$ 对应的许用应力：

$$[\sigma] = \frac{4E\sigma_b - \sigma_0(E - E_p)}{5E} \quad (16)$$

式中：σ_b 为强度极限，MPa。

如图 4 为材料的弹性—幂次硬化模型示意图，该模型将材料塑性阶段用幂次硬化描述。

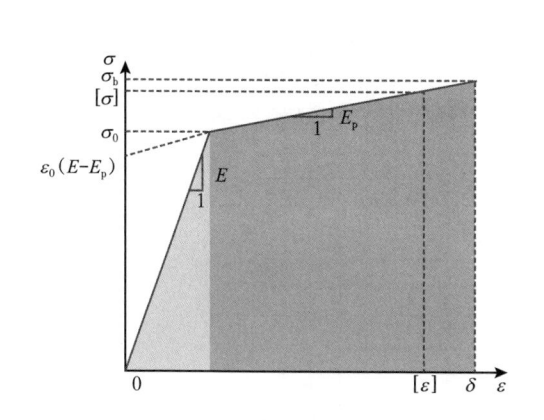

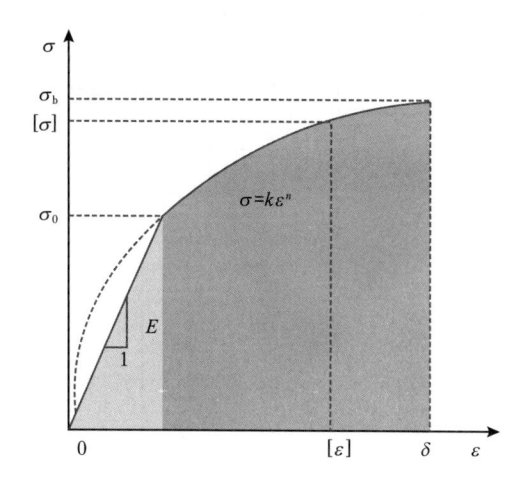

图3 材料的弹性—线性硬化模型参数求取示意图　　图4 材料的弹性—幂次硬化模型参数求取示意图

可得许用应变 $[\varepsilon]$ 对应的许用应力为：

$$[\sigma]=0.8^n\sigma_b \tag{17}$$

3 实例计算

3.1 实例井参数

实例井区块流体性质与扶余油层相近。四口井资料显示，原油密度平均为 0.8011t/m³，黏度平均为 6.01mPa·s，单井日产油量 1.8~4.3t，日产液量 2.8~6.6t，含水量 26.7%~34.8%[20-21]。计算的实例井套程序见表 1。

表 1 套管程序

	开次	钻头尺寸（mm）	套管外径（mm）	套管下深（m）	水泥返深（m）	钢级
套管	一开	444.5	339.7	1000	井口	N80
	二开	311.1	244.5	1985	井口	N80
	三开	215.9	139.7	3600	井口	N80
油管		127.0	114.0	3600	井口	P110

3.2 温度场计算结果

由于在页岩油开采过程中，注气井受热应力相对生产井要大，更容易发生管柱热应力损伤，因此着重对注气井进行温度场预测分析。

（1）水平井温度场网格的划分。

将水平井井筒沿轴线向地层划分为若干个等长网格单元（图5），在 x 方向及 y 方向是各自均分的，温度节点即为 $T(i,j)$。其中，井筒和地层被轴向划分为 n_j 个网格单元，径向划分为 n_i 个网格单元，采用线性插值的方法计算各网格单元在不同空间位置下的任意一点井筒及地层温度。

$T(1,1)$　$T(1,3)$　$T(1,5)$　$T(1,10)$　…

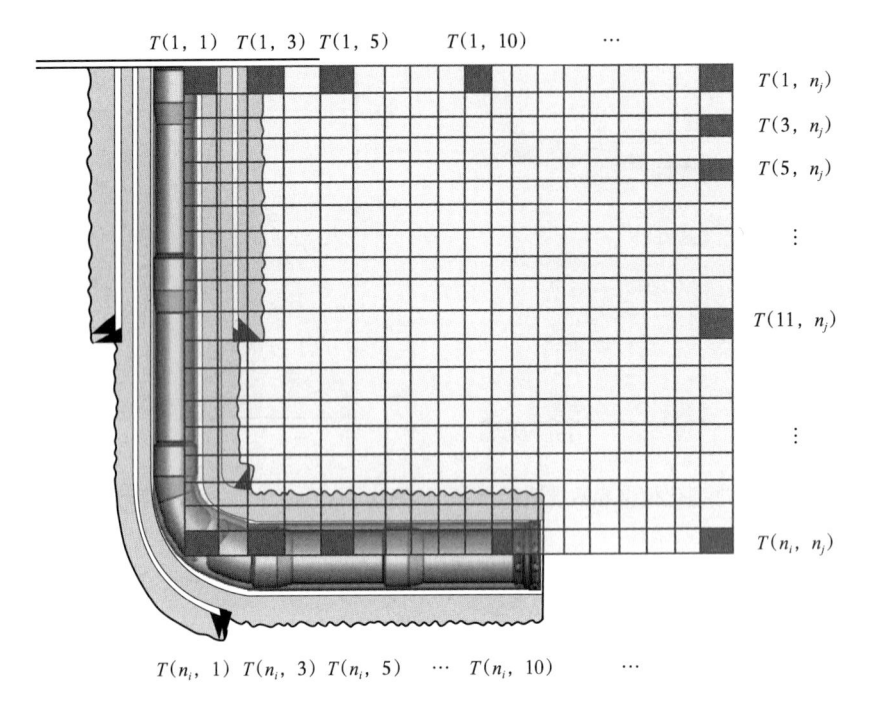

$T(1, n_j)$

$T(3, n_j)$

$T(5, n_j)$

$T(11, n_j)$

$T(n_i, n_j)$

$T(n_i, 1)$　$T(n_i, 3)$　$T(n_i, 5)$　…　$T(n_i, 10)$　…

图 5　水平井二维网格划分

（2）水平井单井温度场计算结果。

对于注气井进行温度场数值计算分析，单井三维温度场和 x—y 剖面如图 6 所示。由图 6 可以看出，在注气情况下井筒和地层的温度场变化规律。在井筒内部纵向分析，温度逐渐降低，特别是从水平段开始，温度降至 350℃。在井筒纵向上分析，由于井筒内注气管柱，套管，以及水泥环的热阻，热量在径向上传递较慢，传热效果较差，最终接近地层温度。

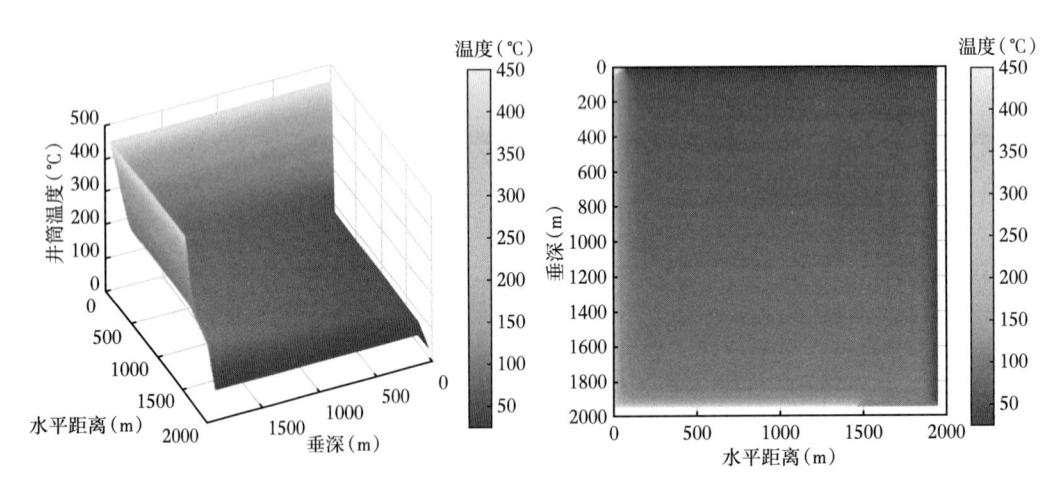

图 6　单井三维温度场和 x—y 剖面

在生产阶段，在不同注入压力（20~40MPa）、不同时间（0~300d）注气井井筒、套管温度和压力与井深分布如图 7 所示。

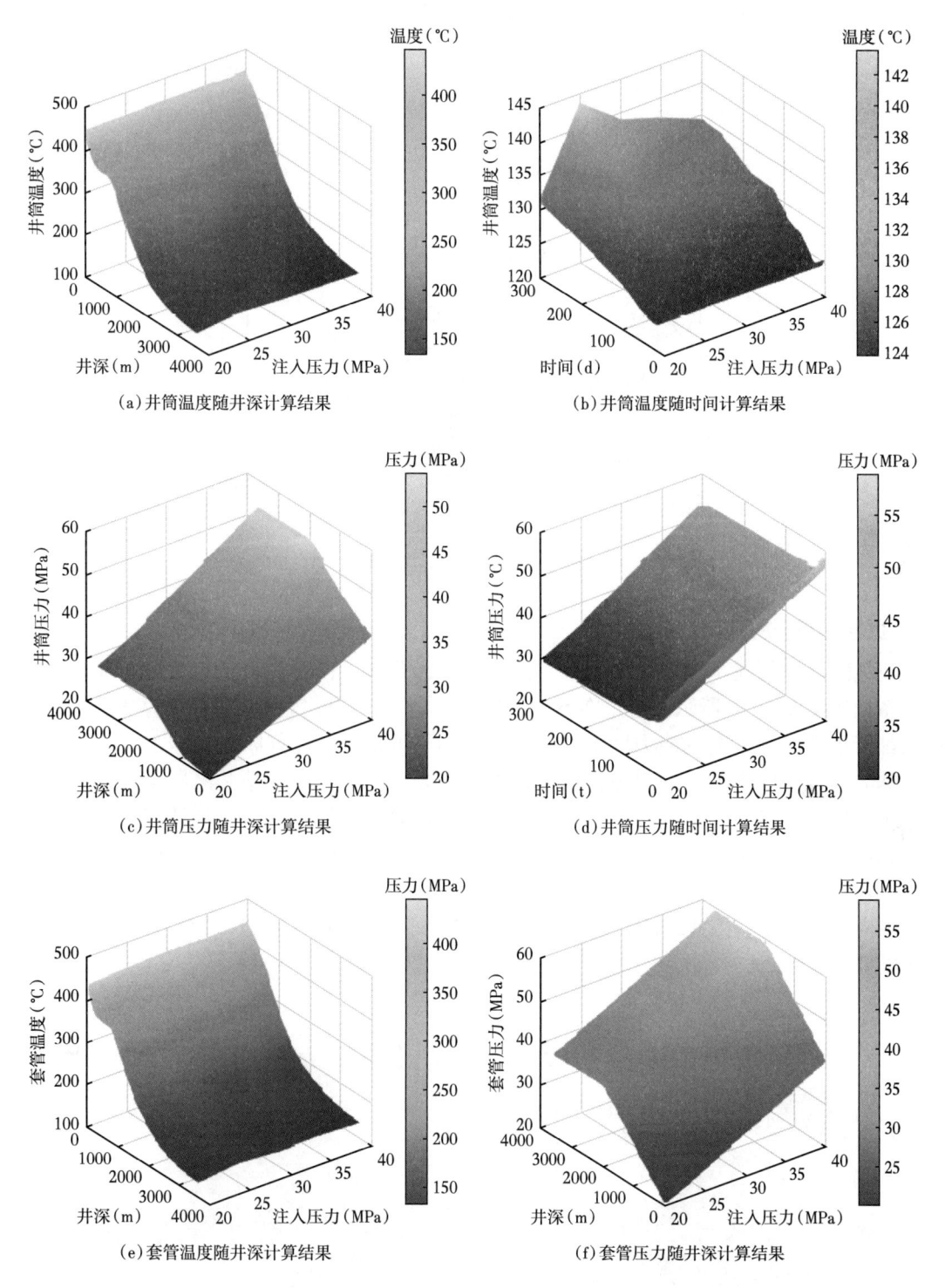

图7 单井注气阶段温度场、压力场关系图

(3)页岩油井间温度场计算结果。

在以反四点注气情况,模拟300d的注气条件下,注气井和生产井以井底为剖面井间温度场情况,井间温度场结果如图8所示。注气井以450℃高温蒸气注入,从四周径向传播至

— 365 —

生产井区域，注气井在井底温度可以达到150℃。

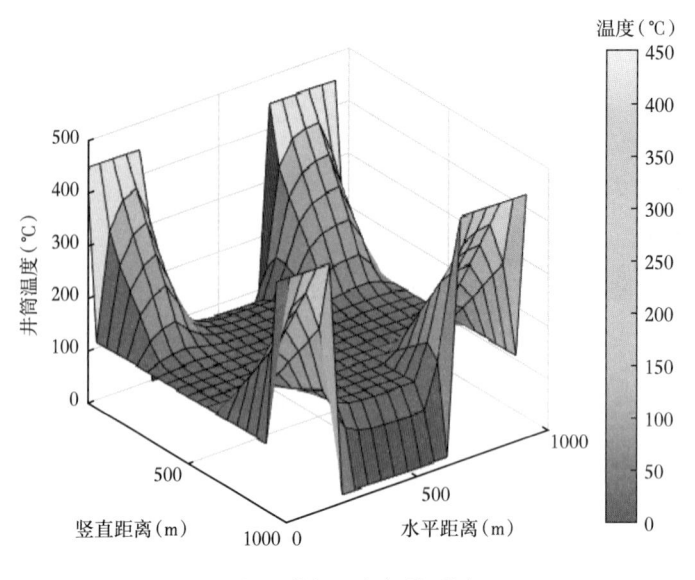

图8 井间温度场关系图

3.3 页岩油基于应变计算结果

注气阶段套管在不同硬化模型下，注入压力、井深、径向安全系数关系和轴向安全系数关系如图9和图10所示。通过在不同的硬化模型下，在注气阶套管基于应变的径向安全系数都能抵抗外部载荷的能力而不致失效。由图9可知，在注气阶段随注入压力增大而在沿井深方向上影响降低，是因为在较低的注气压力，等效内压由钻井液压力和注气压力共同决定，但是在较高的注入压力下，注入压力则在等效内压方面占主导地位。在注入压力为20MPa时在井深方向上最为明显，增幅达到85.5%（线性硬化模型）和85%（幂次硬化模型）。由图10可知，由于在注气阶段都为轴向压力，随着注入压力和井深的增大轴向拉力增大，轴向压力减小，因此，能在注入压力为40MPa时变化最为明显，增幅达到96%（线性硬化模型）和96.7%（幂次硬化模型）。

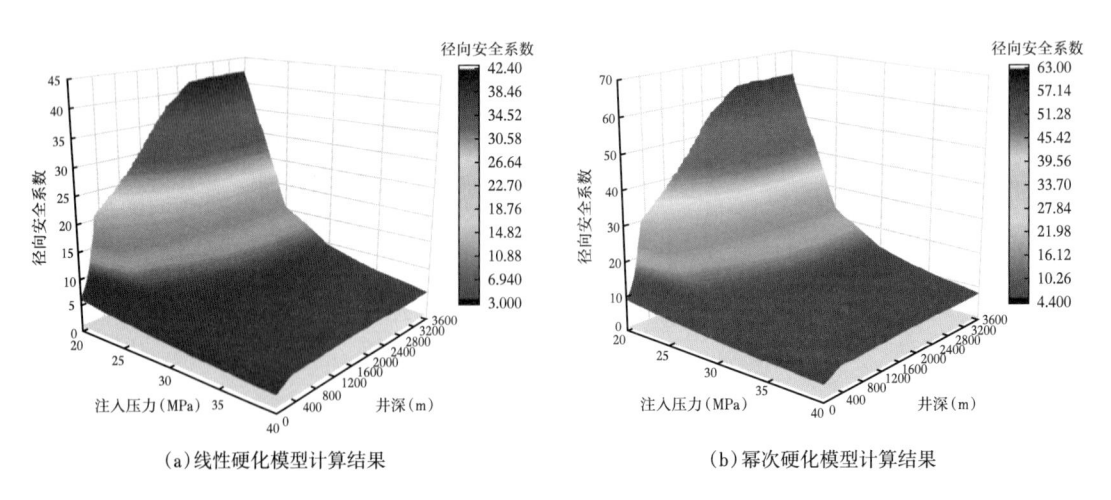

(a) 线性硬化模型计算结果

(b) 幂次硬化模型计算结果

图9 注气阶段套管基于应变的径向安全系数

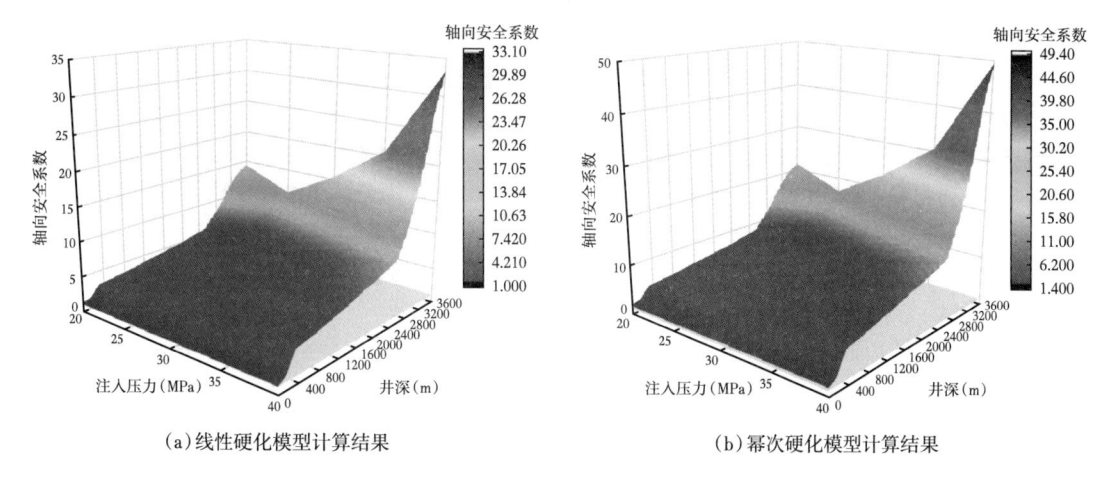

(a)线性硬化模型计算结果　　　　　　(b)幂次硬化模型计算结果

图 10　注气阶段套管基于应变的轴向安全系数

4　结论

本文根据厚壁圆筒理论以、热弹性力学理论和预固井理论,考虑水泥环热损伤的情况,建立深层地热井预应力设计方法。

（1）建立了页岩致密油水平井单井温度场分布预测模型。根据井间压力、温度响应以及井组热量分配情况,建立页岩致密油水平井间温度场分布预测模型。对井筒内部温度从纵向分布分析,在页岩油就井水平段,温度逐渐降低,最终稳定在350℃左右。注气井以450℃高温蒸气注入,注气井在井底温度可以达到150℃。

（2）建立了套管应变设计准则,形成基于应变的页岩致密油油气井套管设计方法；推导了管材基于应变设计准则的线性硬化模型和幂次硬化模型下的许用应力表达式,在此基础之上建立了基于应变设计原理的套管应力设计方法。注气压力增大降低井深影响,高压力下注入压力主导等效内压。20MPa时井深影响明显,增幅近85%；40MPa时轴向力变化显著,增幅近96%。

参 考 文 献

[1] 刘泽宇.油页岩原位开采耦合数值模拟研究[D].长春：吉林大学,2019.
[2] 周庆凡,杨国丰.致密油与页岩油的概念与应用[J].石油与天然气地质,2012,33（4）：541-544,570.
[3] 朱如凯,邹才能,吴松涛,等.中国陆相致密油形成机理与富集规律[J].石油与天然气地质,2019,40（6）：1168-1184.
[4] 刘爱,颜廷俊,魏辽,等.济阳页岩油水平井套管变形影响规律研究[J].石油机械,2023,51（8）：93-99.
[5] 张宏峰.页岩油水平井压裂后变形套管液压整形技术[J].石油钻探技术,2023,51（5）：173-178.
[6] 闫伟,王孔阳,邓金根,等.断层错动型套管变形特征分析——以大港官东页岩油为例[J].石油科学通报,2022,7（4）：543-554.
[7] 林鹤,赵予凤,徐刚,等.吉木萨尔页岩油水力压裂套管变形预测方法[C]// 中国石油学会石油物探专业委员会,中国地球物理学会勘探地球物理委员会.2022年中国石油物探学术年会论文集（下册）,2022：4.
[8] 徐新纽,赵保忠,黄鸿,等.页岩油水平井体积压裂期水泥环失效机理研究[J].石油机械,2022,50（11）：73-80.

［9］张丽萍，杜金玲，田志宏，等．新疆油田利用地震资料预测套管变形技术［J］．新疆石油天然气，2022，18（3）：86-91.

［10］何军，黄昭，张清，等．低熟页岩油高温开采井筒完整性［J］．科学技术与工程，2021，21（5）：1752-1757.

［11］何立成．胜利油田沙河街组页岩油水平井固井技术［J］．石油钻探技术，2022，50（2）：45-50.

［12］刘学伟，田福春，李东平，等．沧东凹陷孔二段页岩压裂套变原因分析及预防对策［J］．石油钻采工艺，2022，44（1）：77-82.

［13］李军，吴继伟，谢士远，等．吉木萨尔页岩油井筒完整性失效特点与控制方法［J］．新疆石油天然气，2021，17（3）：37-43.

［14］叶雨晨，吴德胜，席传明，等．吉木萨尔页岩油超长水平段水平井安全高效下套管技术［J］．新疆石油天然气，2020，16（2）：3，48-52.

［15］马建雄．IFCD 油页岩原位开采的温度场数值模拟与开发方案优化［D］．长春：吉林大学，2019.

［16］DONG K，LIU N，CHEN Z，et al. Geomechanical analysis on casing deformation in Longmaxi shale formation［J］. Journal of Petroleum Science and Engineering，2019，177.

［17］CLERI F. Evolution of dislocation cell structures in plastically deformed metals［J］. Computer Physics Communications，2005，169（1-3）：44-49.

［18］LUDWIK P. Elemente der technologischen Mechanik［M］. Springer Berlin Heidelberg，1909.

［19］BOWEN A W，PARTRIDGE P G. Limitations of the Hollomon strain-hardening equation［J］. Journal of Physics D Applied Physics.，1974，7（7）：969-978.

［20］SWIFT H W. Plastic instability under plane stress［J］. Journal of the Mechanics & Physics of Solids，1952，1（1）：1-18.

［21］RAMBERG W，OSGOOD W R. Description of stress-strain curves by three parameters［R］. National Advisory Committee for Aeronautics，1943.

［22］GARDNER L，NETHERCOT D A. Experiments on stainless steel hollow sections—Part 1：Material and cross-sectional behaviour［J］. Journal of Constructional Steel Research，2004，60（9）：1291-1318.

［23］GARDNER L，NETHERCOT D A. Experiments on stainless steel hollow sections—Part 2：Member behaviour of columns and beams［J］. Journal of Constructional Steel Research，2004，60（9）：1319-1332.

吉木萨尔深层页岩油水平井钻完井技术创新与实践

刘可成[1]，陈　昊[1]，刘颖彪[1]，聂明虎[1]，王战卫[2]，王君山[1]

（1.中国石油新疆油田公司工程技术研究院；2.中国石油新疆油田公司开发公司）

摘　要：吉木萨尔凹陷芦草沟组页岩油水平井钻井难度大、施工成本高，前期3000m以浅区域成功攻关定型二开井身结构，实现钻井周期大幅缩短。但自2019年起，开发区域纵深不断推进、水平段长不断增加，深层区域水平井前期钻井周期长达84d，亟须开展钻完井技术攻关研究。为实现吉木萨尔深层页岩油提速提效提质，首先分析了吉木萨尔深层长段水平井面临的主要技术难点，然后从井身结构优化、高效PDC钻头个性设计、钻井参数智能优化、工程化钻井模式等方面，研究形成了吉木萨尔深层水平井高效钻完井技术。2020—2023年该技术在160口页岩油水平井进行了现场应用，井身结构全面实现"三开"变为"二开"，2023年平均水平段长1850m，平均机械钻速16m/h，平均钻井周期缩短至30d。研究与实践表明，吉木萨尔深层水平井高效钻完井技术能够满足吉木萨尔页岩油高效建产需求，为早日建成国家级陆相页岩油示范区提供工程技术保障，也为国内同类型页岩油水平井高效开发提供了借鉴。

关键词：吉木萨尔；页岩油；水平井；高效钻完井

目前，非常规油气藏资源已逐渐成为勘探开发新增储量的重要目标[1]。中国陆相页岩油资源储量丰富，近年来在准噶尔盆地吉木萨尔凹陷二叠系芦草沟组和玛湖凹陷二叠系风城组、松辽盆地白垩系青山口组、鄂尔多斯盆地三叠系延长组等地区均实现了页岩油重要勘探开发突破[2]。

吉木萨尔二叠系芦草沟组页岩油资源整装、规模大且落实程度高，已获批成为国内首个"国家级陆相页岩油示范区"[3]。该井区整体为东高西低的单斜构造地层，储层埋藏深度差异大（2320~4200m），且纵向发育多套复杂地层。2019年，页岩油开发向3500m以深区域推进，深层水平井主要面临裸眼井段长、井壁易剥落坍塌、机械钻速低等难题，严重制约了该区页岩油的经济高效开发。

针对吉木萨尔深层页岩油开发面临的岩性更复杂、埋藏更深、可钻性更差等技术难题，通过对标国内外页岩油气水平井钻井技术，总结了吉木萨尔深层页岩油水平井面临的主要技术难点，从井身结构优化、高效PDC钻头个性设计、钻井参数智能优化、工厂化钻井模式入手，研究形成了吉木萨尔深层水平井高效钻完井技术，并在现场实施了160口井，2023年平均钻井周期30d，最快实现15d完钻，有效地支撑了吉木萨尔页岩油的效益开发。

1 吉木萨尔深层页岩油地质特点与钻井技术难点

1.1 地质特征

吉木萨尔凹陷自上而下发育有第四系、新近系、古近系、侏罗系、三叠系和二叠系。新

第一作者简介：刘可成（1989—），男，中国石油新疆油田分公司工程技术研究院，三级工程师。
E-mail：liukecheng@petrochina.com.cn

近系和古近系发育灰质、红褐色膏质泥岩，易污染泥浆而导致井眼缩径；侏罗系八道湾组发育多套薄煤层，承压能力低，易造成漏失或井塌；二叠系梧桐沟组地层孔隙压力系数为 1.14~1.18g/cm³，中上部发育深褐色泥岩，井壁稳定性及可钻性较差；目的层二叠系芦草沟组岩性复杂多变，页理发育，且存在泥质粉砂、极细砂、砂屑云岩等，且地层压力系数大于 1.5g/cm³，属异常高压压力系统。

与国内外同类油藏相比，吉木萨尔页岩油地质条件更为复杂（埋深大、单油层厚度薄），效益开发对工程技术提出了更高要求（表1）。

表1 吉木萨尔与国内外页岩油气地质参数对比表

区块	Bakken油田	Eagle Ford油田	大庆油田	吉林油田	吐哈油田	大港油田	新疆油田（深层）
沉积环境	海相沉积	海相沉积	陆相沉积	陆相沉积	陆相沉积	陆相沉积	陆相沉积
含油层	Bakken组	鹰滩组	扶余、高台子	扶余、高台子	条湖组	孔店组	芦草沟组
岩性	含泥白云质粉砂岩、极细砂岩页岩	黑色钙质页岩	泥质粉砂岩含泥粉砂岩和介形虫	泥质粉砂岩含泥粉砂岩和介形虫	沉凝灰岩	长英质页岩混合质页岩、灰云岩	泥质粉砂—极细砂砂屑云岩、云屑砂岩
源储关系	源间	源内	源下	源下	源上	源内	源内
深度（m）	2591~3200	1200~4300	1800~2500	1750~2600	2000~3400	3000~4500	3500~4500
单层厚度（m）	15~25	15~100	2~5	2~10	2~15	15~25	0.5~5.0
地层压力系数	1.6~1.8	1.4~1.7	0.8~1.0	0.9~1.0	0.9~1.46	0.88~1.20	1.50

1.2 钻井技术难点

吉木萨尔深层长段水平井实现优快钻完井，主要存在以下技术难点：

（1）开发区域逐步向深层迈进，裸眼井段更长，井身结构优化设计难度大：新近系—齐古组发育三套膏质泥岩，侏罗系发育多套煤层，井壁稳定性差、易阻卡，前期深层水平井采用三开井身结构：一开采用 ϕ444.5mm 钻头，下入 ϕ339.7mm 表层套管；二开采用 ϕ311.2mm 钻头，下入 ϕ244.5mm 技术套管，封固烧房沟组以上不稳定地层；三开采用 ϕ215.9mm 钻头，下入 ϕ139.7mm 油层套管。该井身结构满足了水平井安全钻完井需求，但存在钻井成本较高，钻井周期长等困扰。

（2）梧桐沟组巨厚褐色泥岩、储层岩性致密、可钻性差、机械钻速低、趟钻进尺短：由于二开裸眼段较长，斜井段及水平段存在摩阻大、机械钻速低、易托压[4]等难题，常规 PDC 钻头对泥页岩地层攻击性差，直接影响水平井施工进度。

（3）优质"甜点"岩性复杂、厚度薄、水平段轨迹调整较多，长水平段安全钻井难度大：钻遇地层多，地质条件较复杂，随着水平段长度增加，对钻井液抑制性、封堵防塌性、井眼净化和润滑防卡能力要求较高。

2 吉木萨尔页岩油深层水平井高效钻完井技术

针对吉木萨尔页岩油钻井技术难点及技术现状，开展了井身结构优化、高效PDC钻头个性设计、钻井参数智能优化、工厂化钻井模式等技术攻关研究，形成了吉木萨尔页岩油深层水平井高效钻完井技术，达到了优快钻井的目的，满足高效建产需求。

2.1 井身结构优化

为降低钻完井成本，简化井身结构，持续开展工区钻前精细地层压力计算及校正方法研究，确定合理必封点，为井身结构优化和合理密度确定提供科学依据。结果表明剖面上梧桐沟组以上地层为正常压力，进入二叠系地层压力逐渐抬升，梧桐沟组坍塌压力较高、井壁稳定性差，芦草沟组坍塌压力低、井壁稳定性较好；平面上随着产能建设区域由浅层走向深层，基本明确平面上地层压力差异不大，表明该地区不存在压力必封点。

北美页岩油气开发时，有60%~70%的水平井段应用油基钻井液[5]。采用油基钻井液体系有利于井壁稳定、降低摩阻，确保生产套管顺利下到位。2020年，基于广义应力—强度干涉理论，构建了吉木萨尔页岩油漏、喷、塌、卡等钻井复杂风险评价模型，模拟计算了全井段钻井风险概率，指导了钻井液体系由水基优化为油基、密度由$1.63g/cm^3$降至$1.55g/cm^3$（图1）。

因此，创新表层套管深下及二开优化为油基钻井液体系，自2020年开始，在页岩油深层水平井全面推广二开井身结构：一开采用$\phi 381.0mm$钻头钻至头屯河组下部，封隔上部膏质泥岩段，下入$\phi 273.1mm$表层套管；二开采用$\phi 215.9mm$钻头钻至完钻井深，下入$\phi 139.7mm$油层套管固井完井。2022年为进一步满足降本需求，试验表层尺寸"瘦身"，一开采用$\phi 311.2mm$钻头，下入$\phi 244.5mm$表层套管，截至2023年，累计成功实施104口井。

与前期三开井身结构相比，井身结构优化后缩小了井眼尺寸，且节约了一层技术套管，节约了套管、水泥浆和钻井液的用量。

2.2 井眼轨道优化

吉木萨尔页岩油开发部署以丛式井为主，目前平台井数以3井或4井为主，三维水平井最大偏移距达到320 m，轨道设计多采用"直—增—稳—增—扭—平"五段制剖面，钻进过程中既要增斜又要扭方位，轨迹控制和下套管作业难度大，尤其是井身结构由"三开"优化为"二开"后，裸眼井段增加，势必导致钻完井难度加大。

为降低三维水平井钻完井作业难题，保障低成本的二开井身结构顺利实施，需要寻求最优的井眼轨道设计[6]。以垂深3500m、水平段长1500m、表层套管下深1500m为例，模拟不同偏移距时的"双二维""空间五段制（边增斜边扭方位）"和"空间六段制[直—增—稳—扭（井斜角15°或20°）—增]"三种轨道剖面下套管剩余钩载，结果如图2所示。

实践表明，剩余钩载越大，套管越易下入。由图2可知，偏移距小于150m时，采用空间五段制轨道剖面最优，即无须提前造斜消除偏移距；偏移距大于150m时，空间六段制（20°井斜角扭方位）剖面最优，即小井斜消除偏移距后，无须降井斜直接扭方位，更利于井眼轨迹控制。

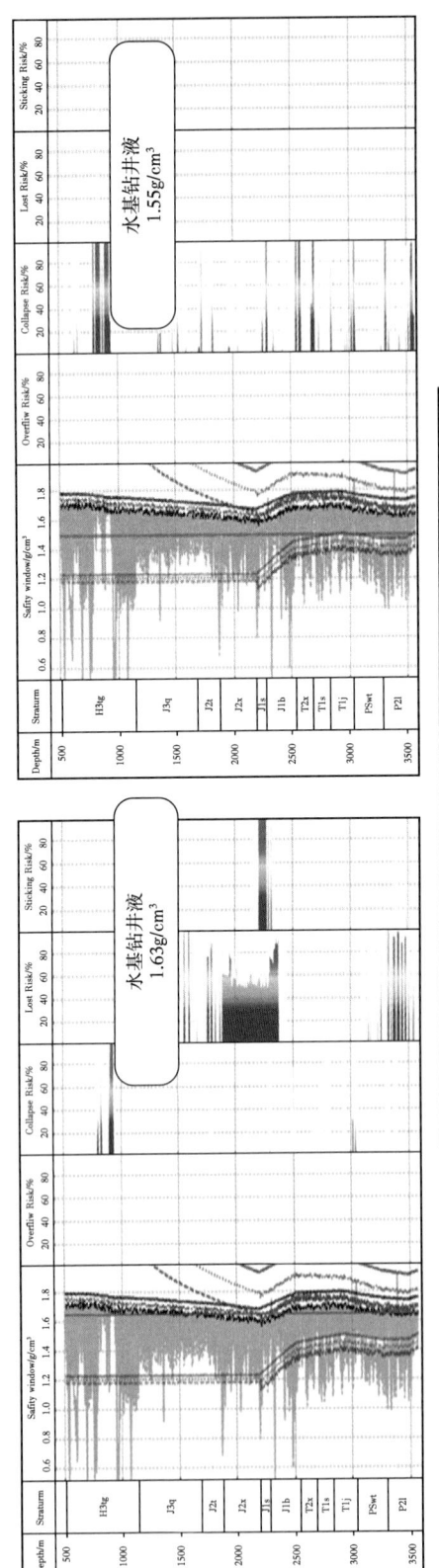

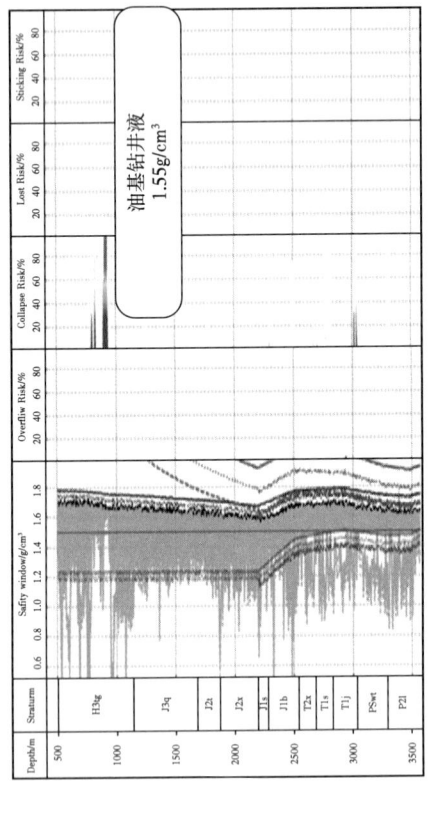

图 1 不同条件下的钻井风险概率计算分布图

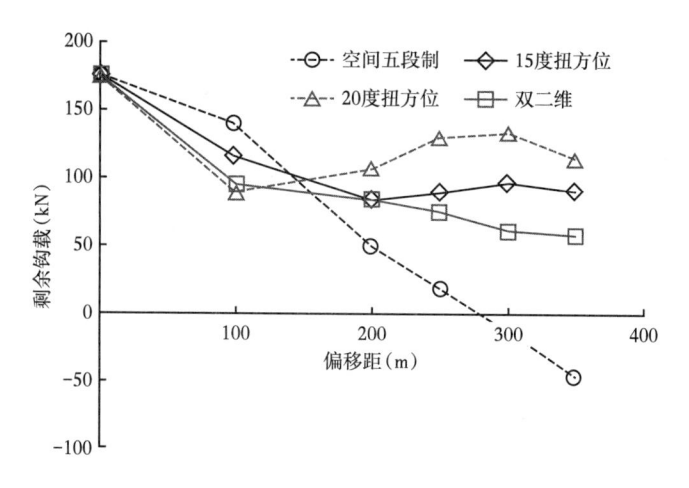

图 2 不同轨道设计方案下套管剩余钩载对比

2.3 一趟钻提速技术集成配套

2.3.1 个性化钻头优化设计

强化分层分段高效破岩机理研究，采用数模和物模相结合的方法，直井段：基于 PDC 钻头与岩石相互作用理论，揭示了塑性泥岩需钻头切削齿先有效吃入、后高效剪切的破岩机理，指导研发了"尖锥齿＋非平面齿混合布齿"的新型钻头；斜井段：基于机械比能和岩屑分形理论，建立了 PDCA 切削齿破坏效率预测模型，指导提高钻头胎体强度，研发了耐研磨"一趟钻"全轨迹适应性钻头（图 3）。

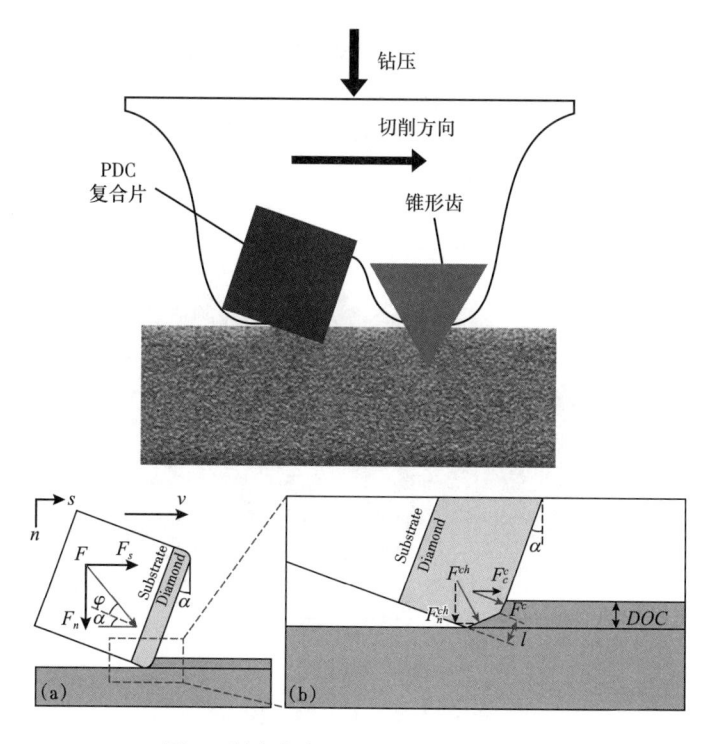

图 3 混合布齿 PDC 钻头破岩示意图

— 373 —

不同井段的地层及优选钻头特征见表2。

表 2　岩石力学参数及 PDC 钻头特征

井段	地层	岩性特点	岩石力学参数	钻头特征
直井段	新近系—韭菜园	灰色泥岩、砂砾岩互层	可钻性 2~5 级 抗压强度 15~45 MPa	四刀翼或五刀翼 19mm 或 16mm 齿 攻击性强，穿夹层能力强
造斜段	梧桐沟	灰色褐色泥岩、砂砾岩（夹层多）	可钻性 4~5 级 抗压强度 30~65 MPa	四刀翼 19 mm 齿 长保径，多喷嘴 工具面稳定
水平段	芦草沟	砂岩、泥岩和白云岩，岩性致密	可钻性 5~6 级 抗压强度 60~120 MPa	五刀翼 16mm 齿 抗冲击性、抗研磨性强

由表可知，直井段以砂泥岩互层为主、砂砾岩夹层多，整体可钻性 2~5 级，优选中等密度布齿的国产刚体四刀翼或五刀翼 19mm 或 16mm 齿 PDC 钻头；造斜段钻遇地层中上部为厚层泥岩，可钻性差，下部砂砾岩夹层多，要求 PDC 钻头兼具攻击性和工具面稳定性，优选进口胎体四刀翼 19mm 齿 PDC 钻头；水平段岩性致密，可钻性 5~6 级、抗压强度 60~120MPa，钻头优选需考虑其抗研磨性以追求更高的趟钻进尺，优选抗冲击、抗研磨强的国产刚体五刀翼 16mm 齿钻头，其趟钻进尺虽低于进口钻头，但水平段综合钻井成本显著降低。

2.3.2 钻井参数智能优化

为充分挖掘历史数据价值，采用相关系数法对钻井参数与机械钻速的相关性进行分析研究，先明确影响机械钻速的主控因素为：垂深、钻压、转速、排量，后基于标准粒子群算法，最终通过建立以最大机械钻速为目标函数、以钻井参数为决策变量的钻井参数智能优化方法，形成了钻井参数优化方案，明确了造斜段和水平段的主体钻井参数强化，斜井段平均钻井周期由 40.8d 降至 18.9d（图4 和图5）。

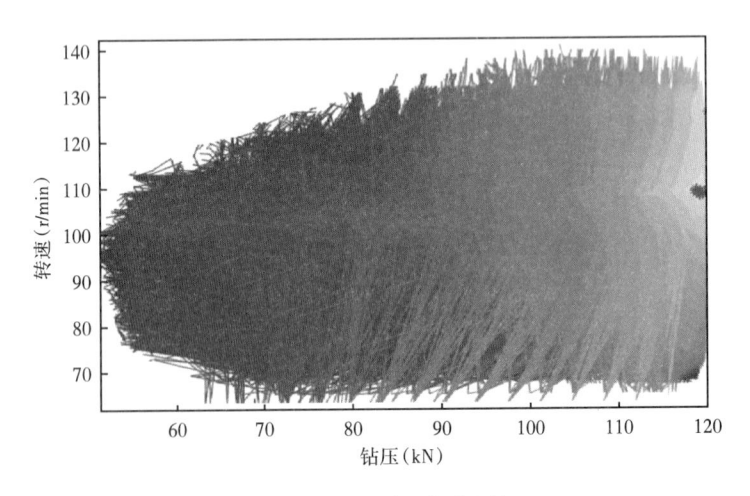

图 4　钻压、转速推荐图版

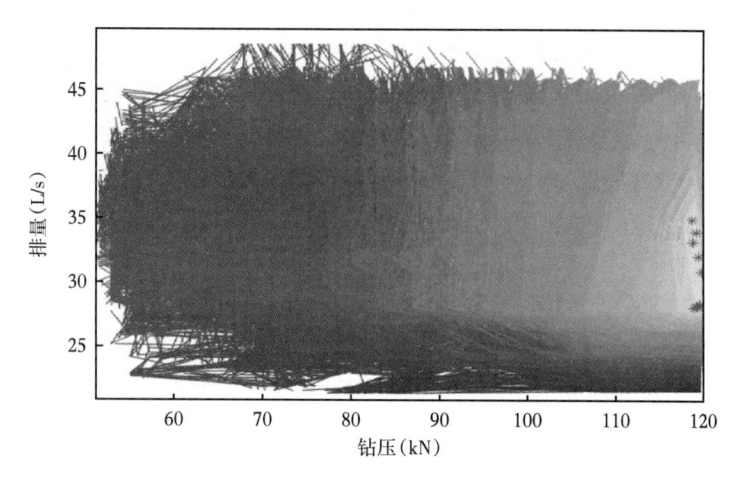

图 5　钻压、排量推荐图版

2.4　井筒高质量完井技术

为保障页岩油水平井大规模体积压裂后的井筒完整性，针对油基钻井液环境，开展多级压裂过程中的地层应力变化规律研究、基于地层应力变化的套管及水泥环失效规律研究及套管安全校核方法和水泥环性能参数优选，形成一套针对吉木萨尔页岩油井井筒完整性的套管安全校核方法与水泥环性能推荐参数，研发了国产化弹韧性水泥浆体系[7-8]。2021年通过推广井壁保护技术与高性能冲洗型隔离液技术，水平段井壁规则程度显著增强，顶替效率大幅提升，2021年至今，固井质量持续保持100%（图6）。

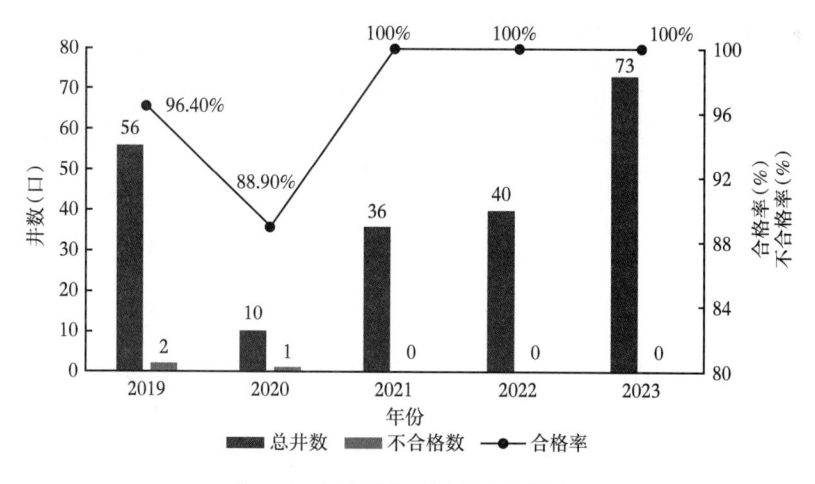

图 6　页岩油固井质量合格率统计图

2.5　工厂化钻井模式

在北美地区，"井工厂"技术已得到大规模的应用，运用工厂化钻井模式可以有效提高钻机作业效率，降低钻井成本，特别适用于页岩油气等低渗透的非常规油气资源开发[9-11]。

历经多年"工厂化"钻井研究和现场试验，吉木萨尔页岩油形成了以平台部署、轨迹优化、钻井液重复利用、批量钻井为核心的作业模式。紧密围绕地质工程一体化模式，以大平

— 375 —

台为基础，优化平台布局设计、节约征地面积，优化作业流程、共享资源配置，持续迭代钻井提速学习曲线，实现机队间资源与保障共享，钻、测、录、固井多专业协同作业。采用批量钻井作业模式，建立钻井作业施工顺序，按小井组各开次顺序作业，可以有效节省倒换钻具和固井候凝时间，提高了钻机作业效率。采用钻井液重复利用的方式可节约钻井液用量，显著节约钻井液费用。

3 现场应用效果

吉木萨尔页岩油深层水平井钻完井技术以安全、优质和低成本为目标，通过多年的持续技术攻关和现场试验，井身结构不断优化、钻井速度和水平段延伸能力不断提高。2020—2022年，页岩油长段水平井钻井已进入"二开井身结构＋分井段一趟钻"高效钻井阶段，1900m水平段、5800m水平井已实现平均钻井周期30d，最快15d完钻。与国内页岩油气田相比，芦草沟组页岩油埋藏最深，平均井深和平均水平段长最长，已处于领先水平。与国外北美非常规油气藏相比，通过钻井装备升级和钻井参数强化，3000m水平段水平井钻井周期已缩短至14~26d，最优钻井周期15d，追赶国际先进指标（图7）。

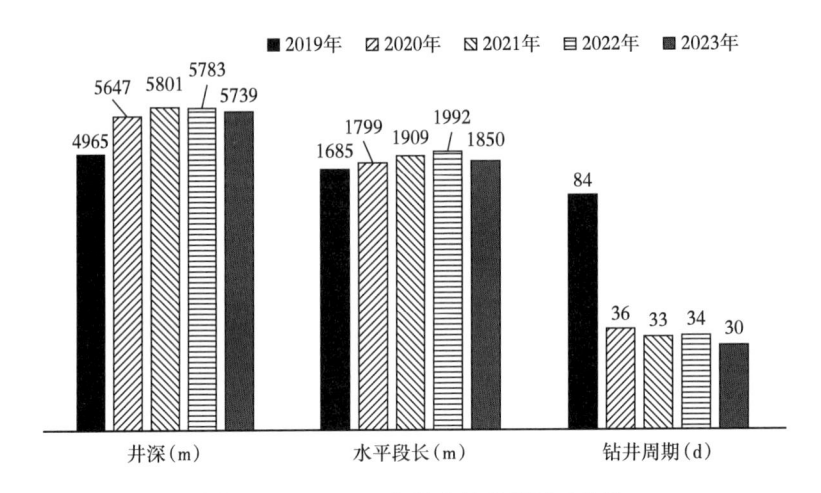

图7 2019—2023年钻井技术指标对比图

4 结论与建议

针对吉木萨尔页岩油深层水平井岩性更复杂、埋藏更深、可钻性更差等难题，从井身结构优化、高效PDC钻头个性设计、钻井参数智能优化、工厂化钻井模式等方面入手，研究形成了吉木萨尔页岩油深层水平井钻完井技术，现场应用取得了显著效果。

（1）基于表层套管深下的二开井身结构能够满足吉木萨尔页岩油水平井安全快速钻井需求，与原三开井身结构相比更利于降低钻井成本。

（2）形成了适用于吉木萨尔深层页岩油不同偏移距下的三维水平井井眼轨道优化设计方法，保障了该区二开井身结构的顺利实施。

（3）通过合理强化钻井参数和钻井液性能、个性化钻头设计、配套工厂化钻井模式，进一步提高机械钻速、降低钻井成本，完善吉木萨尔页岩油深层水平井钻完井技术，以更好地满足吉木萨尔凹陷页岩油效益开发的需求。

（4）吉木萨尔深层页岩油水平井钻完井技术为推动中国陆相页岩油乃至非常规资源效益开发，保障国家能源安全奠定坚实工程技术保障，为国内同类型页岩油水平井高效开发提供了借鉴。

参 考 文 献

[1] 徐长贵，邓勇，范彩伟，等.北部湾盆地涠西南凹陷页岩油地质特征与资源潜力[J].中国海上油气，2022，34（5）：1-12.

[2] 何永宏，薛婷，李桢，等.鄂尔多斯盆地长7页岩油开发技术实践——以庆城油田为例[J].石油勘探与开发，2023，50（6）：1245-1258.

[3] 金之钧，白振瑞，高波，等.中国迎来页岩油气革命了吗？[J].石油与天然气地质，2019，40（3）：451-458.

[4] Joshi S. Cost/benefits of horizontal wells [C]. SPE Western Regional/AAPG Pacific Section Joint Meeting, 2003.

[5] 吴继伟，袁丹丹，席传明，等.吉木萨尔页岩油水平井钻井技术实践[J].钻采工艺，2021，44（3）：24-27.

[6] 李军，吴继伟，谢士远，等.吉木萨尔页岩油井筒完整性失效特点与控制方法[J].新疆石油天然气，2021，17（3）：37-43.

[7] 李鹏飞，张晨，孙新浩，等.吉木萨尔页岩油水平井优快钻完井技术[J].西部探矿工程，2021，33(10)：101-104.

[8] 王典，李军，张伟，等.吉木萨尔页岩油井水泥环性能评价[J].新疆石油天然气，2023，19（4）：49-55.

[9] HUSAMELDIN M, AHMED H, S. N M, et al. Hole cleaning and drilling fluid sweeps in horizontal and deviated wells: Comprehensive review [J]. Journal of Petroleum Science and Engineering, 2020, 186（C）: 1988-1998.

[10] 李振川，姚昌顺，胡开利，等.水平井井眼清洁技术研究与实践[J].新疆石油天然气，2022，18（1）：48-53.

[11] 周庆凡，金之钧，杨国丰，等.美国页岩油勘探开发现状与前景展望[J].石油与天然气地质，2019，40（3）：469-477.

广域电磁法在苏北盆地页岩油压裂监测中的应用

贾金赟，刘 音，范江涛，薛鹏飞

（1. 中国石油浙江油田苏北采油厂；
2. 中国石油集团渤海钻探工程有限公司井下技术服务分公司）

摘 要：苏北盆地海安凹陷阜二段页岩油勘探潜力巨大，属于典型的非常规致密油藏，必须通过水平井和体积压裂才能实现规模效益开发，其中，水力压裂及压裂效果监测为主要技术难点。本文研究了该区块储层物性，对一口评价井进行了大规模体积压裂，采用广域电磁法压裂监测技术实时监测压裂效果。通过对压裂前、压裂中、压裂后监测数据进行定性半定量差分分析，实时分析压裂裂缝形态、压裂液波及范围、层间暂堵效果，及时调整压裂方案。裂缝监测表明，压裂液波及范围较大，波及长度在260~410m，波及宽度在60~120m，平均波及总面积21500m^2，造缝效果较好，达到了充分改造目标储层的目的。研究表明广域电磁法压裂监测技术对于压裂施工具有指导意义。

关键词：广域电磁法；苏北盆地；页岩油；体积压裂；压裂监测

随着油气资源勘探开发技术的发展，中国油气资源开发也由传统高渗透储层转向埋藏更深、压力和温度更高、物性更差的低渗、超低渗致密非常规储层[1-2]。该类储动用难度也更高，必须通过水平井和体积压裂进行储层改造，形成复杂网缝，增大储层渗透率，大幅提高油气开采效率。压裂效果的好坏直接决定单井产能的大小，进而影响编制区块下一步的开发方案工作，因此，如何实时监测压裂过程裂缝形态以及精准评价压裂后改造效果和扩展范围成为当前研究热点[3-4]。

目前，体积压裂常用的监测方法有微地震、测斜仪、可控源电磁法和声波测井技术等[5-8]。其中，微地震凭借操作简单、采集信息多而成为目前最常用的压裂监测手段。但是，由于微地震监测和压裂过程的同步进行，在压裂结束后，部分不含支撑剂的裂缝会发生闭合现象，导致无法有效获取准确的压裂后改造面积，对压裂效果的评价与实际情况出现偏差。可控源电磁法具有工作效率高、信噪比高等优点，但是远区探测信号微弱。广域电磁法采用井下人工场原激发和近地接收方式获取准确的监测信息，拓展了观测适用范围，用较小收发距获得较深探测深度，可实时监测压裂效果以及准确评价压裂后储层改造效果。目前，广域电磁法压裂监测技术正处于探索起步阶段[9-10]，理论方法研究和现场应用技术经验亟须总结。本文在苏北盆地页岩油压裂过程采用广域电磁监测技术，对实时压裂效果、暂堵效果以及压裂后改造效果进行解释评价，进一步总结完善广域电磁法压裂监测现场应用经验，为后期该技术推广应用提供参考。

1 储层特征

苏北盆地近古系阜宁组二段油气资源丰富，页岩油总量超过1940×10^4 t，勘探开发潜力

第一作者简介：贾金赟（1984—），男，大学本科，工程师，现主要从事油气开发管理工作。通讯地址：江苏省东台市开发区纬二路浙江油田苏北采油厂，邮编：224200，E-mail：jiajy85@petrochina.com.cn

巨大[11]。目前，采用水平井和体积压裂技术对储层进行改造，在溱潼凹陷 QY2HF 井、高邮凹陷许 X38 及花 X28 井和海安凹陷曲塘次凹 QZX1、J19 井等多口井阜二段泥页岩储层中获得工业油流[12-16]。

1.1 地质概况

苏北盆地海安凹陷曲塘次凹位于江苏省海安县境内，面积约为 430km², 自晚白垩世以来形成的箕状断陷，具有"北断南超、北陡南缓、北深南浅"等特征。曲塘次凹自下而上发育泰州组、阜宁组、戴南组和三垛组等 4 套地层，主要形成泰二段、阜二段和阜四段等 3 套烃源层。其中，阜二段泥页岩储层埋深约 2500~4500m，厚度约为 100~400m，有机碳平均质量分数为 1.19%。阜二段岩性组合纵向非均质较强，将其划分为泥脖子、王八盖、七尖峰、四尖峰、上山字、中山字以及下山字等七个亚段。上亚段、中亚段处于低熟—早熟期，厚度分别为 42~199m、23~63m，平均生烃率分别为 16.21%、25.93%；下亚段处于成熟期，厚度为 21~179m，生烃率高达 53.26%，属于优质烃源岩。曲塘次凹阜二段泥页岩一般由方解石、石英、白云石、长石、黄铁矿和黏土矿物组成，脆性矿物含量高于 58%，岩石可压裂性好。

1.2 储层特征

J1901 井位于苏北盆地海安凹陷曲塘次凹北斜坡的构造部位，优选阜二段Ⅰ亚段中上部作为水平井箱体，完钻井深 4810m，人工井底 4777m，设计目的箱体位置 A 靶点深度 3900m，B 靶点深度 4770m，水平段长约 870m，A、B 靶点位于阜二段Ⅰ亚段"上山字"层中上部，水平段方位为 152°方向，如图 1 所示。自上而下钻遇地层为东台组（Qd）、盐城组二段（Ny^2）、盐城组一段（Ny^1）、三垛组（E$_2s$）、戴南组（E$_2d$）、阜宁组四段（E$_1f^4$）、阜宁组三段（E$_1f^3$）、阜宁组二段（E$_1f^2$）未见底。根据邻井资料分析，J1901 井区阜二段地层倾向为南西向，地层倾角约 12°，最大主应力方向为北东—南西向。

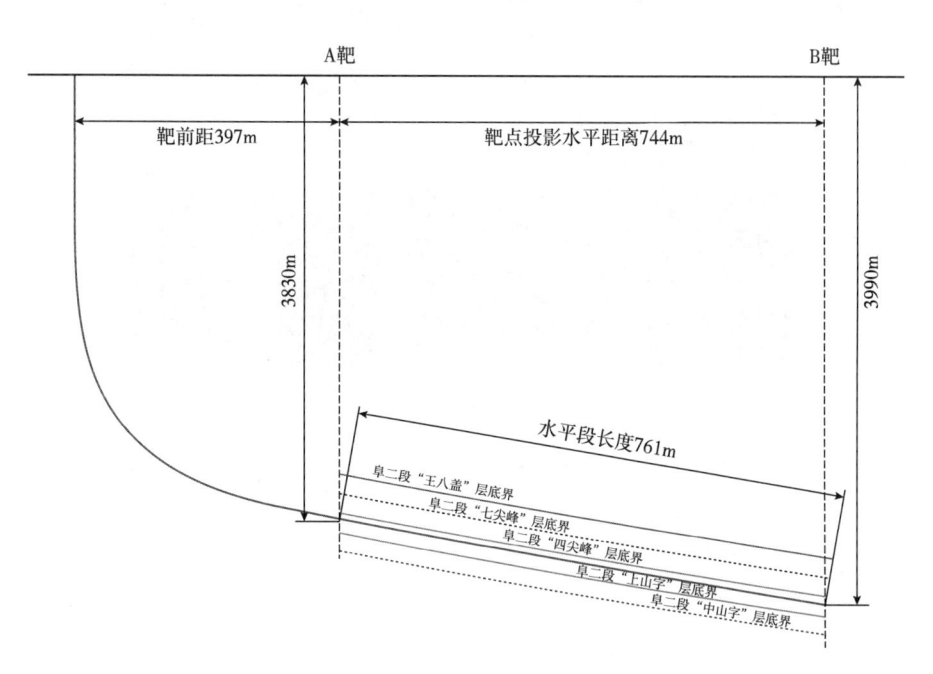

图 1 J1901 井靶区纵向剖面示意图

阜二段拟测试目的层平均泥质含量30%，方解石含量15%，砂质含量26%，白云石含量为29%，储层矿物脆性指数平均65.3%，声波脆性指数52.0%，可压裂指数较高，工程品质较好；试油层段储层物性较差，平均孔隙度5.8%，少量微裂缝发育，总体属于裂缝—孔隙型页岩油藏。表明目的储层少量微裂缝发育，可以用过压裂液注入改变地层渗透率，降低目标储层导电率，从而可以使用广域电磁法监测压裂引起的地球物理异常响应。

2 广域电磁法压裂监测技术

20世纪50年代，Tikhonov[17]和Carniard[18]分别独立地提出测量相互正交的电场和磁场来计算大地的视电阻率，奠定了现代大地电磁法的原理基础，地球物理学界将大地视电阻率命名为卡尼亚（Carniard）电阻率。随着大地电磁法的发展，Goldtein[19]采用人工场源代替天然场源，简化了卡尼亚电阻率计算表达式，提出可控源音频大地电磁法（CSAMT）提高了探测精度和横向及纵向分辨率，但是该方法探测深度较小。广域电磁法继承CSAMT方法的优点，采用不化简全域公式通过计算机迭代反演计算广域电阻率，结合2^n序列伪随机信号，将观测区域推广到非远区及远区（深达10 km），极大地提高了探测范围、速度、精度和野外作业效率。

2.1 基本原理

体积压裂过程中，压裂液注入地层会改变目标储层孔隙度、含水饱和度和导电性等物性，从而引起地球物理响应异常。广域电磁法采用人工场源，通过井筒供入交流电，井筒和压裂液形成一体化的地下导体近场激发，在地表部署测点近场接受，如图2所示。通过监测压裂液入地后产生的电性变化引起的电磁响应，采集压裂前背景场$U_0(M)$、压裂中电场$U_t(M)$，获取电磁时间域差分异常$U_0(M)-U_t(M)$，反映压裂液波及范围，进而分析缝网特征。

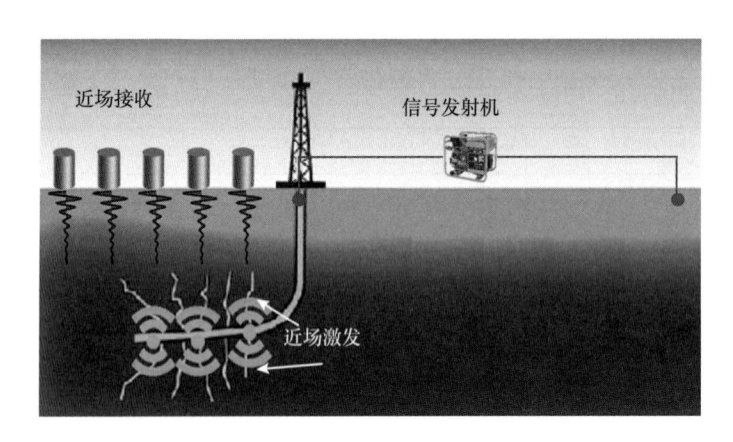

图2 广域电磁法监测示意图

广域电磁法采用1对水平电偶极子形成场源，测量电磁场中某个分量得到广域视电阻率[20]。所谓"广域"指既可以测量非远区也可以测量远区等广大区域的一个或多个电磁场分量，推导出广域测深视电阻率计算公式：

$$\rho = K_{E-E_x} \frac{\Delta V_{\overline{MN}}}{I} \frac{1}{f_{E-E_x}(ikr)}$$

$$K_{E-E_x} = \frac{2\pi r^3}{\mathrm{d}L\overline{MN}} \tag{1}$$

式中：$\Delta V_{\overline{MN}} = E_x \overline{MN}$；$E_x$是电场水平分量；$\overline{MN}$是观测点 M、N 之间的距离；$k$ 为波数；I 为偶极子源电流强度；$f_{E-Ex}(ikr)$ 为电磁效应函数。

式（1）定义的广域视电阻率对观测点到发射源的距离几乎没有限制，可以探测广大区域。将采集到的电位差、电流强度以及相关几何参数代入，采用计算机迭代求解式（1），逐次逼近，即可求出最佳解。通过采集压裂前、压裂中和压裂后数据，数据采集每 32s 更新一次，经过定性曲线对比分析、频率电阻率差分分析和反演差分定量分析，可以实时分析裂缝几何形态、暂堵效果、压裂液波及范围，准确评价压裂后储层改造效果。

2.2 水平井布线与采集方式

J1901 井是一口长段水平井，水平段长 870 m，采用大规模体积压技术对储层进行改造。首先确定压裂监测采集面积 2km²，场源布设近场接收电极（M），埋深 20~30cm，接地电阻小于 3.5KΩ，现场井口连接近场激发电极（N），网格度为 100m×50m，收发距设为 7km，如图 3 所示。供电设备的供电电压不超过 36V，同时采集上百个数据监测点，采用 2^n 序列伪随机信号发送，有效规避现场电磁干扰（图 3）。

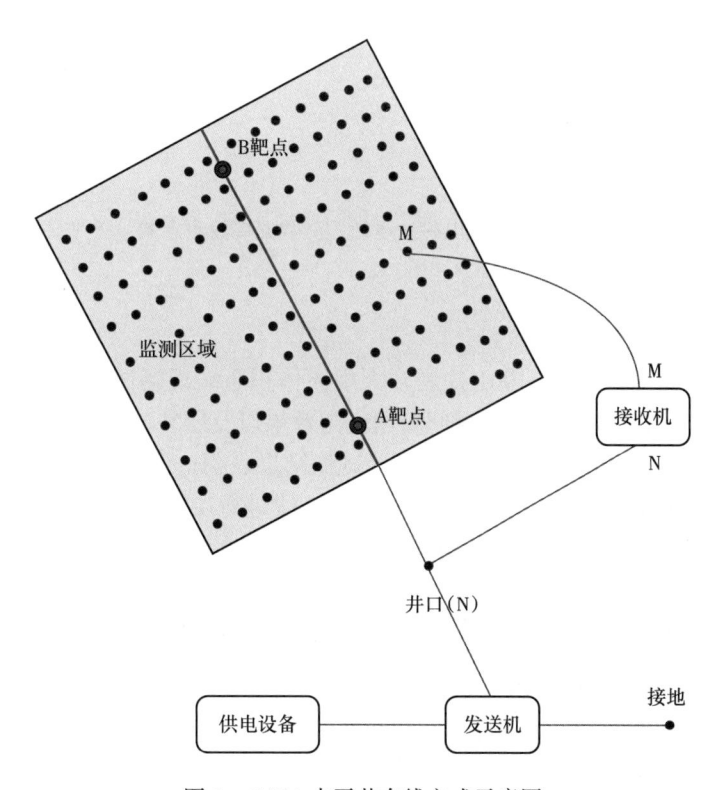

图 3 J1901 水平井布线方式示意图

数据采集前，对（72 通道）设备进行一致性测试，误差小于 0.01%，满足施工要求。未发射信号时，天然场为 15~30μV，发射信号后，人工场为（19~20）×10⁴μV，信噪比测试合格。对伪随机、1/2Hz、1/4Hz、1/8Hz、1/32Hz、1/64Hz 不同频率测试，优选最优频率伪随机 2 频组 5 阶 1000ms。采用 4G 网络实时传输数据终端采集的数据，通过身份认证和云平台远程监控数据，每 32 s 更新一次数据。经过数据处理终端进行数据处理与分析，将数据成图并实时投屏到显示指挥终端，每 10 min 更新一次图像，对压裂效果进行实时监测分析，如

图 4 所示。

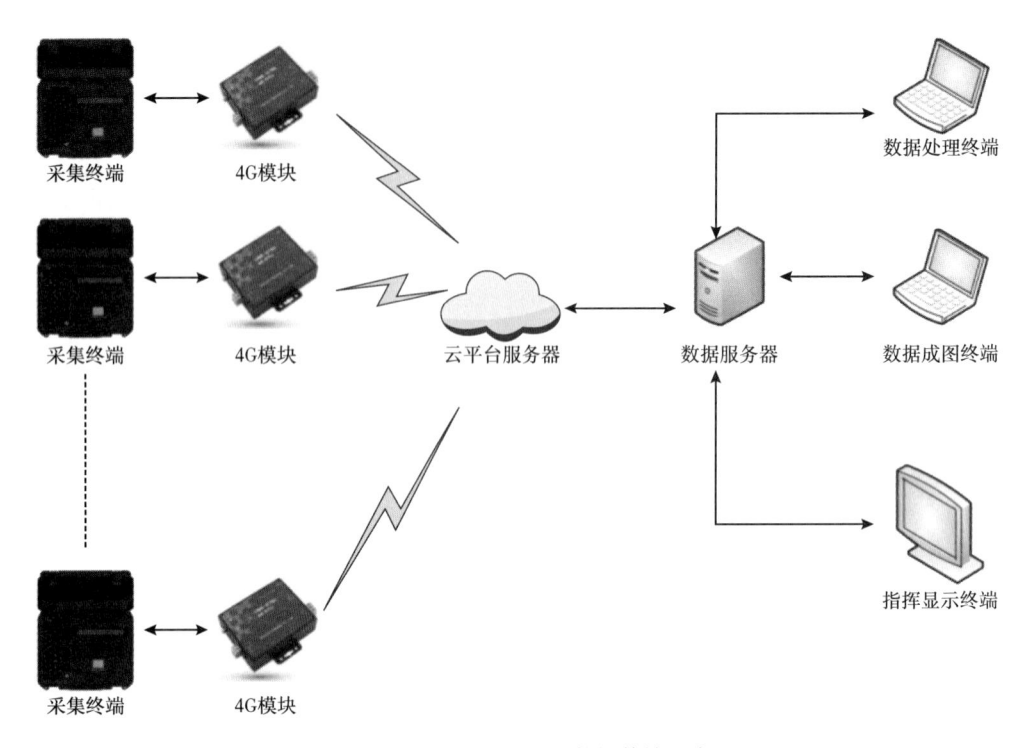

图 4　广域电磁法压裂监测数据传输示意图

3　压裂效果分析

2023 年 9 月，在浙江油田 J1901 井展开大规模体积压裂现场试验，采用广域电磁法进行压裂监测，实时分析裂缝起裂方向、层间暂堵转向效果以及压裂液波及范围，根据数据分析结果指导下一段压裂施工，提高裂缝延展范围，试油结果表明达到了充分改造目标储层的目的。该井总计压裂施工 13 段，第 2~6 段、第 8 段总计 7 段进行层间暂堵，施工排量 18m³/min，最高施工压力 108MPa，总注入液量约 65000m³，总加砂 3043t，注入 CO_2 2600t。压裂液最大波及总面积为 32487m²，平均波及总面积为 21500m²；压裂液最大波及总长度为 408m，平均最大波及长度为 370m；压裂液沿井筒方向最大波及宽度为 118m，平均波及宽度为 77m。

3.1　压裂效果分析

以第 1 段施工为例进行压裂效果分析，施工井段 4699.5~4747.5m，施工压力 87~104MPa，破裂压力 86.5MPa，施工排量 12~18m³/min，加砂 163.55t（100 目粉砂 107.95t，砂比 3%~7%；70~140 目石英砂 42.1t，砂比 4%~8%；40~70 目石英砂 13.5t，砂比 4%~6%），入地净液量 4196m³（滑溜水 4156m³，酸液 40m³）。如图 5 所示，第一次起泵地层破裂后，西侧产生 3 处突进点，东侧产生 2 处突进点，随着压裂的进行，西侧第 1~第 3 簇、第 6 簇附近、东侧第 1~4 簇附近压裂液波及较多，西侧第 4 簇、东侧第 5~6 簇附近波及相对较少；第二次起泵后，仍以西侧第 1~3 簇、第 6 簇、东侧第 1~4 簇为主进液通道，西侧第 4 簇孔及东侧第 6 簇孔进液增加，西侧第 2 簇孔及东侧第 3 簇孔进液减少；第三次起泵后，西侧第 1~3 簇、第 6 簇、东侧第 1~4 簇均继续进液，西侧第 4 簇孔、东侧第 2 簇、第 5~6 簇孔进液加快。整体来看，各簇均有动用，压裂缝受局部发育微细裂缝影响，波及不均匀，局部突进较为明显。两侧地层改造较充分，西侧波及面积和最大波及长度比东侧略大，改造略占优势。压裂液波及总长度400m，其中西侧最大波及长度203m，东侧最大波及长度197m。压裂液沿井筒方向波及宽度69m，超出底部射孔簇9m，超出顶部射孔簇13m。压裂液波及总面积19768m²，其中西侧波及面积9938m²，东侧波及面积9830m²。

(a) 第一次起泵裂缝开启效果

(b) 第二次起泵裂缝开启效果

(c) 第三次起泵裂缝开启效果

(d) 第一段压裂液波及范围

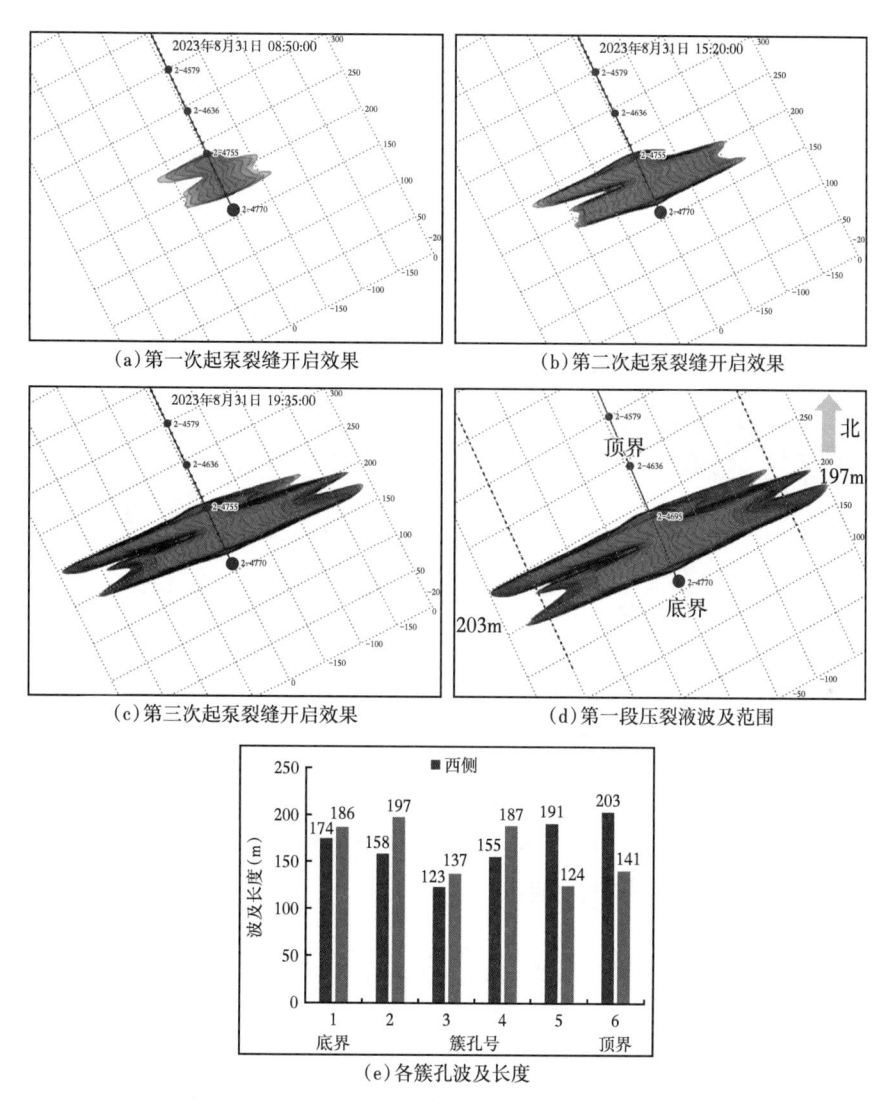

(e) 各簇孔波及长度

图 5　J1901井第一段压裂效果分析

3.2 暂堵效果分析

为了提高裂缝复杂程度和储层泄流面积，对大段内簇间进行充分改造，大段多簇压裂段实行层间暂堵转向。本井第2~6段、第8段采用暂堵转向，暂堵后压力上涨3~5 MPa。以第3段为例分析层间暂堵效果，电磁监测结果分析如图6所示。地层破裂后，西侧产生3处突进点，东侧产生4处突进点。暂堵前压裂液波及主要发生在西侧第1簇、第3簇、第6簇及东侧第1簇、第2簇、第3~4簇、第5簇附近。经过层间暂堵后，施工压力上涨3 MPa，裂缝监测显示原裂缝仍为主要进液通道，裂缝在原有基础上进一步延展，但是西侧第4簇及东侧第2~3簇、第4~5簇附近开启新裂缝，进液速度明显加快。说明暂堵转向有助于增加新裂缝，扩大压裂液波及范围。

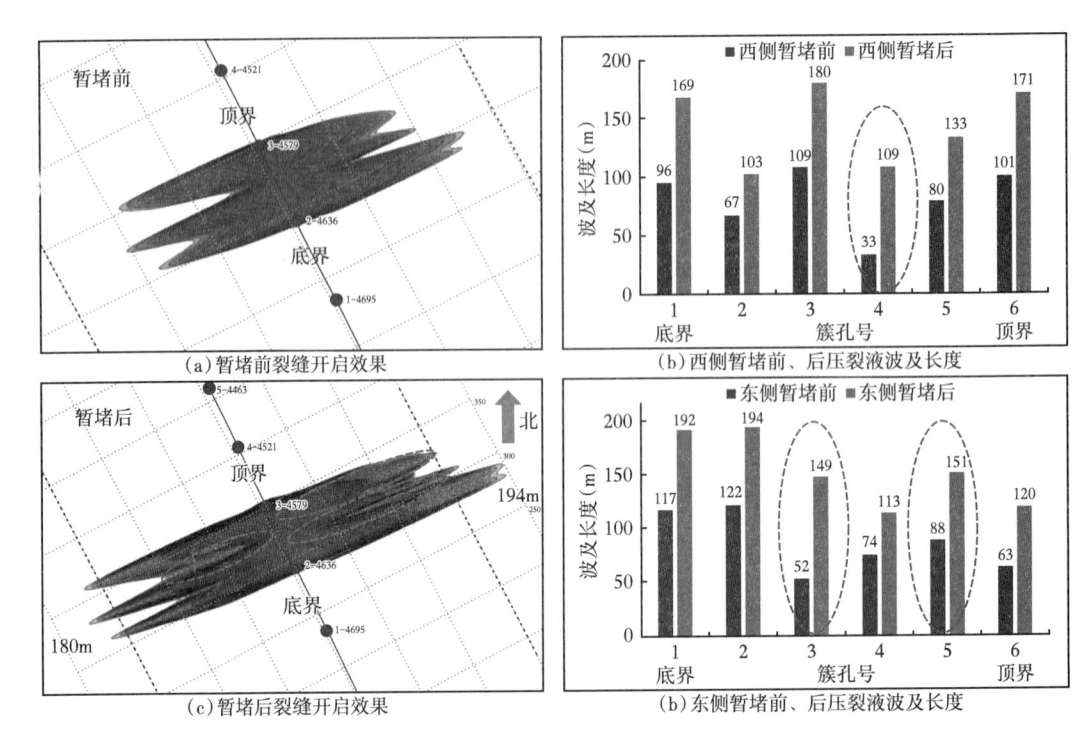

图6 J1901第3段施工暂堵效果分析图

综合结果分析（图7）：（1）压裂液波及范围与进液量成正比；（2）第2~5段，层间暂堵转向效果较好，储层改造面积明显增加；（3）随着储层压裂向A靶点移动，第6段、第8段层间暂堵后，施工压力上涨较快，改造效果明显下降；（4）第9~13段，及时调整压裂方案，取消层间暂堵，压裂液波及面积明显上升，达到最大限度改造储层的目的；（5）地层细微裂缝发育但不均匀，压裂液局部突进现象明显。

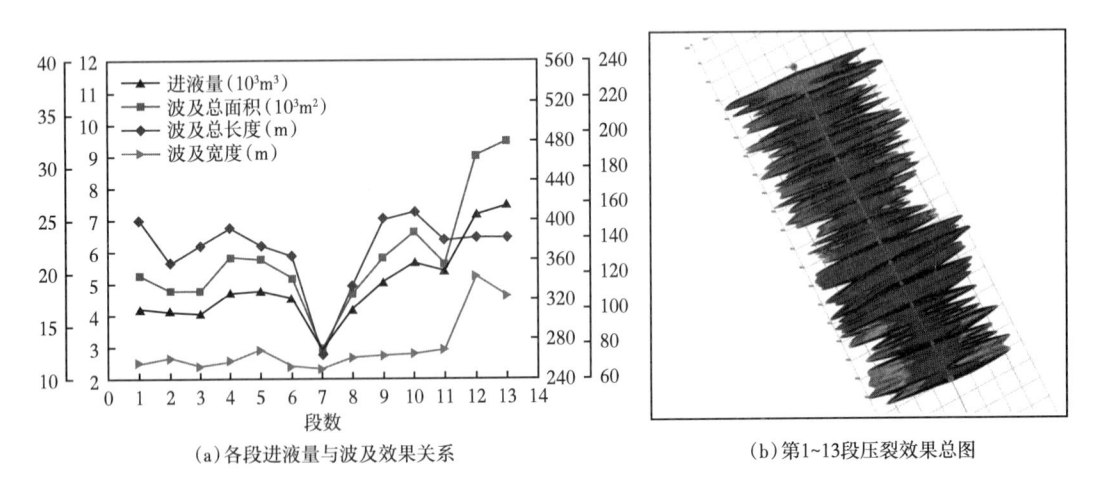

图7 J1901第1~13段压裂波及成果图

3.3 试油结果

J1901井施工结束后闷井15d，充分促进油水渗吸置换，开井前井口压力35 MPa。目前，正处在放喷关键阶段，返排率13.6%，井口压力20.5MPa，含水率65%，折日产油36m³，累计产油981m³，初步试油结果达到工程预期目标。

4 结论

（1）苏北盆地海安凹陷曲塘次凹储层油气资源丰富，平均脆性矿物含量65.3%，平均孔隙度5.8%，总体属于裂缝—孔隙型页岩油藏，可压裂指数较高，具备广域电磁法压裂监测地球物理响应前提。

（2）广域电磁法压裂监测技术与其他监测技术（微地震、CSAMT）相比，监测压裂液波及范围更接近有效改造范围，其探测深度更大，探测精度更高，横向及纵向分辨率更准确，适用于非远区及远区等广大区域。

（3）现场数据采集设备更加安全、高效，抗干扰能力强，数据传输与处理速度更快。结合地质工程资料，进行监测成果综合评价，评估压裂改造效果、地质影响因素、压裂工艺合理性和开发方案合理性。

（4）在J1901井采用广域电磁法压裂监测技术，实时监测压裂裂缝几何形态，分析暂堵效果以及准确压裂改造效果，及时调整压裂方案，减少工程复杂事故发生，表明该技术对压裂工艺具有指导意义。

参 考 文 献

[1] 张抗，张立勤，刘冬梅.近年中国油气勘探开发形势及发展建议[J].石油学报，2022，43（1）：15-28，111.

[2] 郭建春，马葭，卢聪.中国致密油藏压裂驱油技术进展及发展方向[J].石油学报，2022，43（12）：1788-1797.

[3] 王维红，时伟，柯璇，等.松辽盆地北部页岩油水力压裂微地震监测技术及应用[J].地质与资源，2021，30（3）：357-365.

[4] 隋微波，温长云，孙文常，等.水力压裂分布式光纤传感联合监测技术研究进展[J].天然气工业，2023，43（2）：87-103.

[5] 刘家橙，刘家橘，王晓燕，等.微地震技术评价中牟区块体积压裂的效果[J].地质找矿论丛，2019，34（1）：78-83.

[6] 闫鑫，胡天跃，何怡原.地表测斜仪在监测复杂水力裂缝中的应用[J].石油地球物理勘探，2016，51（3）：415，480-486.

[7] 范涛，程建远，王保利，等.应用瞬变电磁虚拟波场成像方法检测井下煤层气水力压裂效果的试验研究[J].煤炭学报，2016，41（7）：1762-1768.

[8] 王涛，王志美，高娜，等.偶极横波测井资料压裂效果检测技术应用研究[J].石油化工应用，2015，34（6）：16-18，25.

[9] 胡志方，罗卫锋，王胜建，等.广域电磁法在安页2井压裂监测应用探索[J].物探与化探，2023，47（3）：718-725.

[10] 杨军，刘娅.广域电磁法在黄202井区深层页岩水平井压裂监测中的应用[J].中国石油和化工标准与质量，2023，43（4）：130-132.

[11] 张廷山，彭志，祝海华，等.海安凹陷曲塘次凹阜二段页岩油形成条件及勘探潜力[J].地质科技情报，

2016，35（2）：177-184.
[12] 胡维强，马立涛，刘玉明，等.苏北盆地海安凹陷曲塘次凹阜宁组二段烃源岩地球化学特征[J].东北石油大学学报，2018，42（5）：9-10，73-81.
[13] 姚红生，云露，昝灵，等.苏北盆地溱潼凹陷阜二段断块型页岩油定向井开发模式及实践[J].油气藏评价与开发，2023，13（2）：141-151.
[14] 孙彪.苏北盆地海安凹陷古近系阜二段页岩油地质甜点评价研究[D].北京：中国石油大学（北京），2023.
[15] 王红科，刘音，靳剑霞，等.苏北盆地页岩油体积压裂技术研究与应用[J].石油化工应用，2021，40（4）：55-59.
[16] 陈挺，邹清腾，卢伟，等.海安凹陷阜二段致密油藏体积压裂技术[J].石油钻采工艺，2018，40（3）：375-380.
[17] TIKHONOV A N. On determining electrical characteristics of thedeep layers of the earth's crust, Geophysics Reprint Series No.5: Magnetotelluric Methods[C]//Vozoff K. Tulsa, Oklahoma: Society of Exploration Geophysicists, 1989: 2-3.
[18] CAGNIARD L. Basic theory of the magneto-telluric method ofgeophysical prospecting[J]. Geophysics, 1953, 18（4）: 605-635.
[19] GOLDSTEIN M A, STRANGWAY D W. Audio-frequencymagnetitellurics with a grounded-electric dipole source[J].Geophysics, 1975, 40（4）: 669-683.
[20] 何继善.广域电磁测深法研究[J].中南大学学报（自然科学版），2010，41（3）：1065-1072.

综 合

非常规高效开发关键技术支撑庆城整装页岩油产量突破 200 万吨

党永潮[1,2]，梁晓伟[1,2]，罗锦昌[1,2]，付继有[1,2]，青钰滨[1,2]，周圣昊[1,2]

（1.中国石油长庆油田公司页岩油开发分公司；
2.低渗透油气田勘探开发国家工程实验室）

摘　要：为解决庆城油田长 7 页岩油储层致密、非均质性强、开发难度大、管理人员少的难题，通过工艺技术攻关、生产资料分析、布站模式创新、数字化建设等手段，形成了地质工程一体化、差异化精细管理、标准化平台建设、智能化管理等一套可复制、可推广的页岩油开发关键技术系列。通过上述技术的推广应用，庆城油田长 7 页岩油开发技术逐步完善，页岩油水平井自然递减由 16.6% 下降至 15.9%，开发形势变好、地层供液能力充足，流饱比基本保持稳定（1.0~1.2），完全成本降低至 51.33 美元/bbl、2023 年庆城油田长 7 页岩油产量突破 $200×10^4$ t。探索、攻关形成的高效开发关键技术，助推庆城页岩油实现规模效益开发，也对我国陆相页岩油规模效益开发起到了良好的引领示范作用。

关键词：鄂尔多斯盆地；长 7 页岩油；开发技术；开发效果；庆城油田

鄂尔多斯盆地是典型的内陆坳陷淡水湖盆[1-5]，是油田二次高质量发展的现实接替资源[6-10]。通过十多年的攻关试验，长庆油田实现了页岩油规模有效开发，率先建成中石油百万吨页岩油开发示范区。但是相比北美致密油、页岩油，长 7 页岩油地层压力系数低、天然能量不足[11-13]，导致在自然能量开发时产量递减快（第一年递减率超过 30%）、采收率低（5%~8%），难以实现经济合理的有效开发，现有稳产技术政策和管理手段相对缺乏，无法满足生产需求。

通过持续攻关，庆城油田形成了完善的页岩油高效开发技术系统，实现了页岩油年产油 $200×10^4$ t 新跨越，建立规模效益开发技术体系。本文从地质工程一体化技术、油藏差异化管理技术、页岩油地面建设新模式、智能化管控模式 4 个方面总结了庆城油田页岩油开发技术体系与实践应用成果，以期为国内外陆相页岩油规模效益开发提供借鉴与参考。

1 高效开发关键技术

1.1 地质工程一体化技术

从人员管理到油藏开发，始终贯彻地质工程一体化思想，形成了以细分切割、CO_2 前置体积压裂为代表的产建技术和精准酸化、重复压裂为代表的储层改造技术，为页岩油规模开发提供了技术储备[14-18]。

1.1.1 细分切割体积压裂技术

通过"固化主体工艺、优化压裂参数、调整压裂液体系"，可溶球座细分切割体积压裂

第一作者简介：党永潮（1972—），1997 年毕业于西南石油学院石油地质专业，现从事页岩油油藏开发生产工作。现就职于长庆油田页岩油开发分公司，高级工程师。通讯地址：甘肃省庆阳市西峰区中国石油长庆油田陇东指挥部，邮编：745000，E-mail：dyc_cq@petrochina.com.cn

广泛应用[19]，与2021年相比油层段长1177m上升至1442m，井距基本持平；压裂段数21.3段上升至25.4段；单段簇数5.5簇下降至3.9簇；进液强度23m³/m下降至18.8m³/m；压裂液由低摩阻可回收压裂液体系优化为纳米渗吸驱油变黏滑溜水防垢压裂液，实现了储层均匀改造、缝控储量的目的。

1-1井在应用细分切割体积压裂技术后（改造38段148簇，入地液38474m³，加砂4904方），日产液184.7m³，日产油105.2t，日产气12620m³，含水33.0%，油气当量115t，超100t累计生产30d以上，累计产油已达7974t。庆H37-9井与同层邻井相比，油层物性相似，高产主控因素：一是改造充分，加砂量和入地液量较高，加砂量3862m³上升至4904m³，入地液3×10^4m³上升至3.8×10^4m³；二是采用细分切割，增加小粒径压裂砂比例更有利于增加储量动用，提高单井产量；20/40目砂与40/70目砂占比1:5升高至1:8（提升5%左右），增产效果明显。同时矿场试验发现，细粒径压裂砂更容易进入地层，其比例增加后，更有利于形成有效渗流裂缝，地层改造更充分。与同平台其他井相比，初期产量和同期累产量均显著增加。

对111平台不同粗粒径压裂砂与细粒径压裂砂占比进行对比，结果如图1所示。111平台20/40目压裂砂与40/70目压裂砂占比从1:1上升1:2再上升至1:4，对应的单井初期日产油量分别为9.4t、10.8t、11.9t，同期累计产油分别为2523t、3318t、3575t，见油周期分别为105d、68d、35d，说明细粒径压裂砂比例增加后，更有利于形成有效渗流裂缝，地层改造更充分。

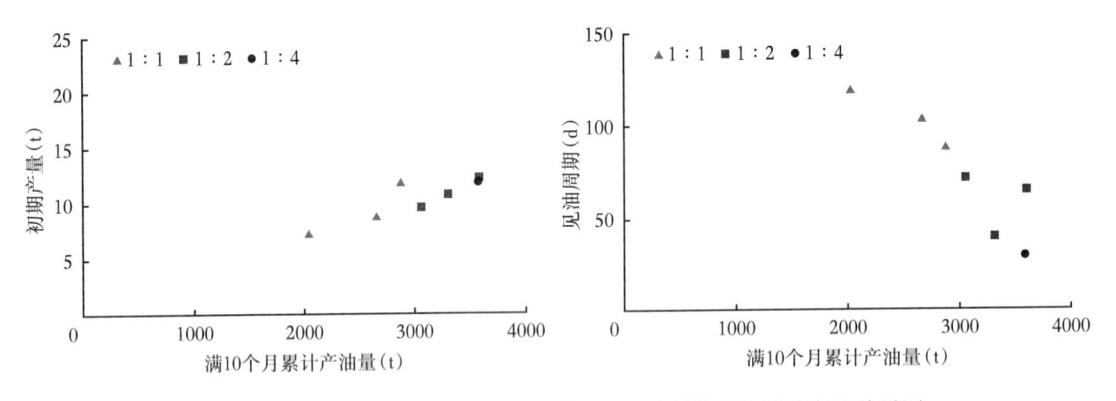

图1 111平台不同加砂占比井初期产量（见油周期）与累计产油关系图

1.1.2 二氧化碳前置体积压裂技术

CO_2因具有黏度低易注入、扩散系数高、溶解性能强、增能效果明显、节约水资源等独特优势，在各大油田广泛应用[20]。2022年，庆城油田在112平台和113平台开展CO_2补能试验7口，目标单井EUR增加10%。

112平台3口井累计注碳1.06×10^4t，总减水量2.78×10^4t，加砂强度3.4t/m，进液强度16.4m³/m。停泵及闷井压力提高1.8~3.7MPa，初期日产油22.5t（增加2.9t），阶段产油（生产前6个月）量增多531t（图2）。与周边邻井相比前置CO_2压裂试验井见油周期缩短至10d，同平台其他井见油周期30d；前置CO_2压裂试验井初期平均液量43.6m³，油量28.1t，含水率24.2%；同平台邻井初期平均液量43.4m³，油量18.4t，含水率50.1%；前置CO_2压裂井具有初期产量高、含水下降快的特点。

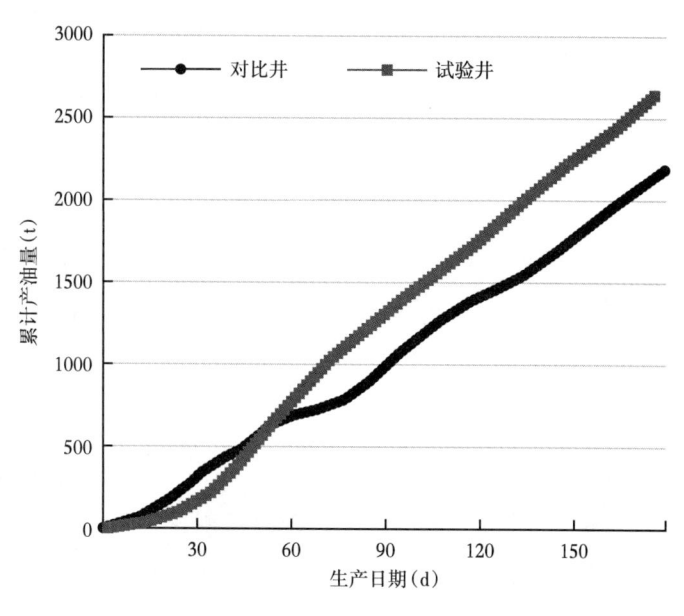

图2 112平台试验井与邻井闷井压力、阶段产油量对比

1.1.3 精准分段酸化技术

与传统笼统酸化相比，精准分段酸化利用光纤产液剖面测试结果，确定各段出液情况，提高低产段酸量、控制高产段酸量（图3），不同位置产液贡献存在差异，针对产液贡献小的位置提高加酸量，产液贡献大的位置减少加酸量，酸化参数更加精确。

同时利用可重复拖动式多级滑套管柱工艺，首次将常规分段工具由"不动"向"拖动"升级，酸化段数由5段上升至10段，实现分段布酸由"大段"向"小段"转变，工具数量及成本降低60%以上，分段酸化更精准，3口井提产效果明显，平均日增油4.85t，平均累计增油896t。

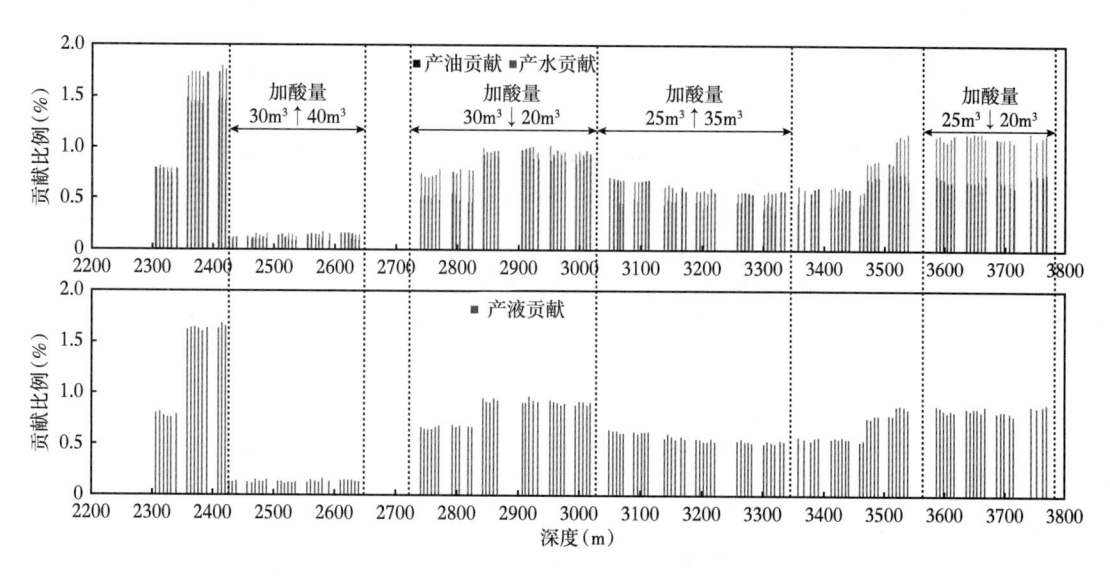

图3 1-2井光纤产出剖面柱状图

1.1.4 重复压裂技术

庆城油田西 X 老区采用水力喷砂分段压裂，整体改造规模偏小，应用重复压裂实现西 X 老区低产井储量再动用。通过数值模拟（图 4），优选"老缝增能＋新缝压裂"模式，对西 X 老区进行重复压裂。

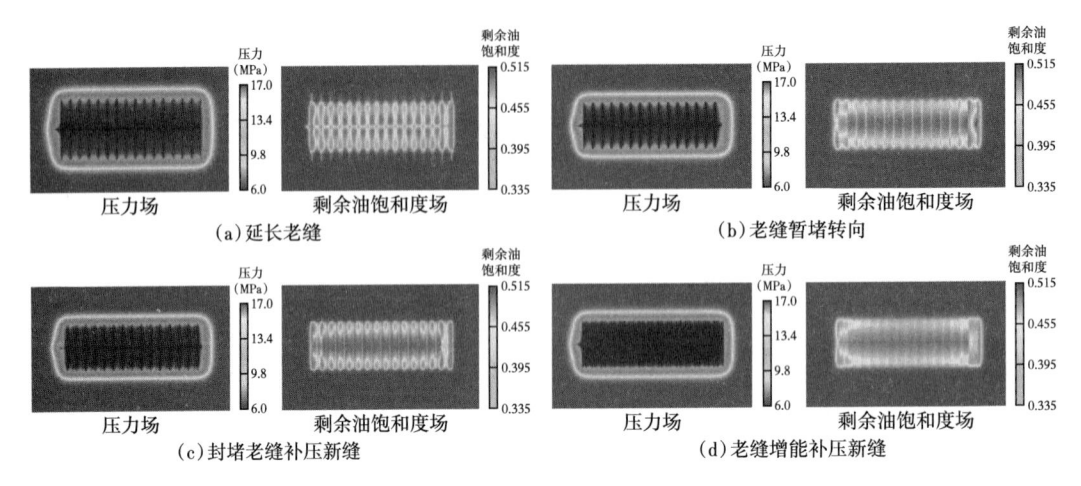

图 4 不同重复压裂模式下压力和饱和度场变化[21]

双封单卡工艺适用于短水平段井筒状况较好油井。西 X 区 1-3 井采用大排量双封单卡压裂工艺进行重复压裂，措施前日产液 2.2m³，日产油 1.3t，含水率 32.9%，目前日产液 10.8m³，日产油 6.5t，含水率 36.4%，初期日增油 9.2t，累计增油量 1965.8t，有效天数 260d，持续稳产效果好。

井筒再造＋桥射连作重复压裂工艺施工效率较高。对比两口长水平井重复压裂工艺，1-3 井筒条件复杂，双封单卡压裂过程中易管外窜和套变，施工风险高。1-3 井集成多裂缝一次复合凝胶降漏、窄间隙小套入井、高强度树脂环空封固和 4½in 套管回接等技术，井筒再造水平段长度达到 1531m，17d 成施工，施工效率高。

1.2 差异化精细管理技术

1.2.1 单井差异化管理

筛查生产满 2 年的水平井 200 口，关联度检查、PCA 主成分析法、聚类分析等手段，筛选出累计产油量、Ⅰ类油层长度、压裂段数、压裂簇数、入地液量、加砂量等 6 个参数对油井进行分类，结果见表 1。

表 1 页岩油投产满 2.0 年水平井累计产量分类表

类型	分类	满 2.0 年平均单井累计产量（t）	Ⅰ类油层长度（m）	段	簇	入地液（m³）	加砂量（m³）
Ⅰ类	高产井	8400	1328	30	161	41750	4737
Ⅱ类	中产井	6800	997	22	121	29194	3081
Ⅲ类	低产井	6000	629	15	79	19138	2035

通过对三类井的累计产液量和动液面数据进行拟合，建立了页岩油水平井"累计产液量—动液面"预测图版，如图 5 所示。通过该图版，可将正常生产中的油井分为 4 类。针对高累计产液—高液面井由于地层能量充足，储层物性好，改造效果好，属于稳产井，可控制其生产参数，实现长期高产稳产；针对高累计产量—低液面井，由于采液强度大，井底流压下降快，属于低流压井，需要优化生产参数，提高流饱比；低累计产量—高液面井具有较好的上产潜力，可以适当提高参数，发挥油井潜力；低累计产量—低液面井很可能是井筒堵塞导致能量传播受阻，可作为下一步的措施储备井[22]。

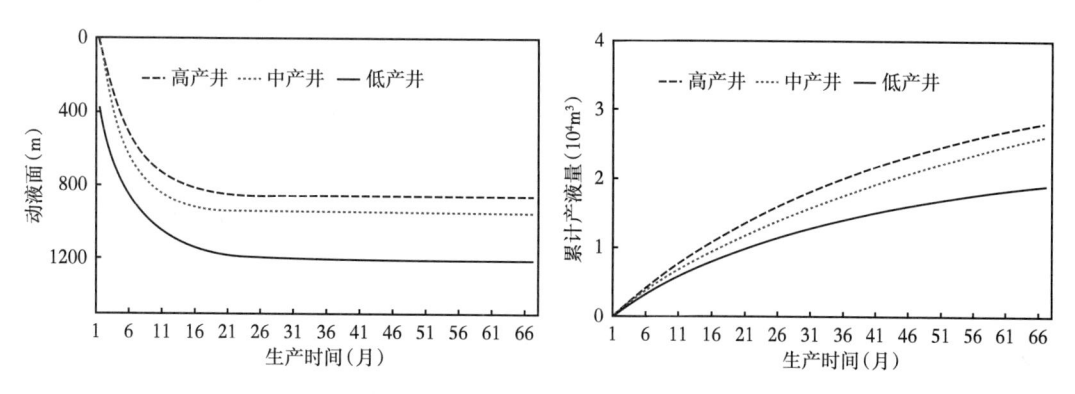

图 5 页岩油水平井"累计产液量—动液面"预测图版

1.2.2 平台差异化管理

与常规油藏相比，页岩油油藏尺度变小，不同平台不同钻井方向均存在明显差异。对 114、115、116 等大平台油井生产数据进行统计（表 2），114、116、117 平台南支水平井开发动态好于北支水平井，而 115 平台、118 平台、119 平台与之相反，北支开发动态好于南支。

表 2 庆城油田大平台产油能力对比

平台	北支			南支		
	日产油量（t）	100m 累计产油量（t）	100m 初期产油量（t）	日产油量（t）	100m 累计产油量（t）	100m 初期产油量（t）
114	6.25	360	0.28	7.67	440	0.38
115	6.77	479.54	0.38	6.69	433.12	0.38
116	6.34	227.97	0.42	12.89	340.28	0.58
117	6.01	789.10	0.45	9.85	1520.39	1.06
118	3.67	226.48	0.24	3.63	165.61	0.11
119	6.58	308.24	0.40	4.00	279.29	0.19

116 平台靶前区日产油 4.84t，100m 累计产油 316.44t，100m 初期产油 0.72t，靶前区相对同平台其他井，单井控制面积大，初期含水下降快，但日产液量在 3 个月后大幅下降，10 个月后单井百米日产油量靶前区低于北支水平井，同时，116 平台由于靶前区两口井的压裂，北支见水，含水率升高（图 6），影响油井产量，因此是否动用靶前区控制储量应慎重考虑。

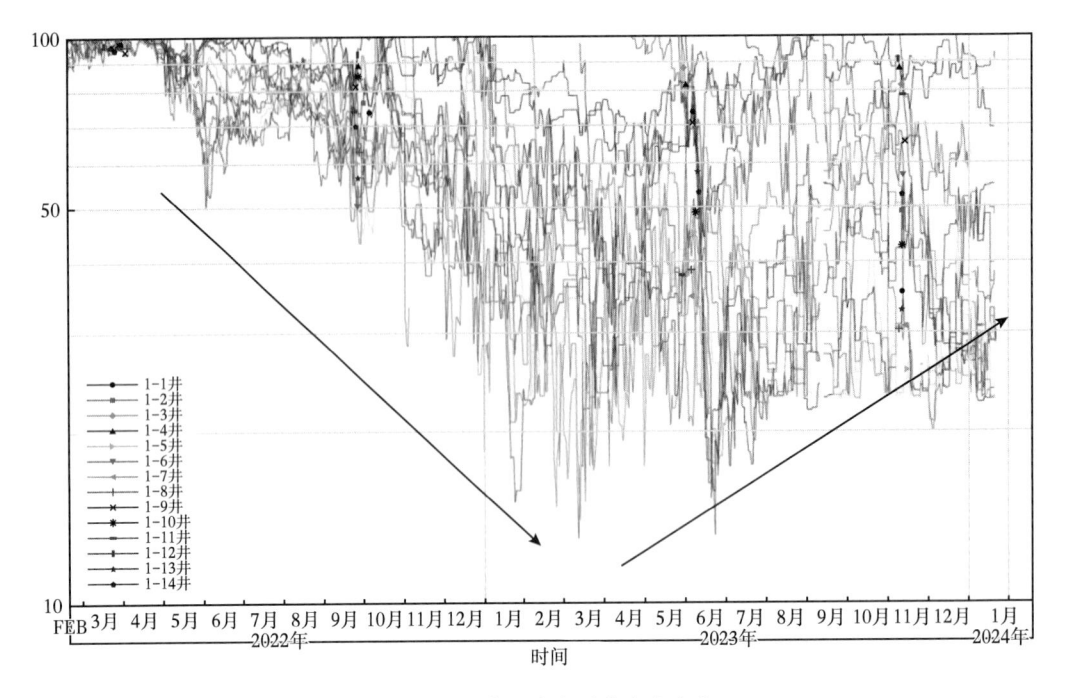

图 6　116 平台北支水平井含水变化

1.3 标准化平台建设

前期，长庆油田针对多井低产、滚动开发、规模建产和地形复杂的特点，推广应用一体化集成增压装置，优化布局、形成了"大井组—增压橇—联合站"的二级布站相结合的布站模式，但页岩油井液量大、伴生气产量高，常规布站模式不能有效利用油气水资源，亟须新的地面建设模式，实现油气水资源高效利用。

116 增通过应用"橇装建站、油气分输、平台增压、智能管控"工艺技术，构建"平台增压—联合站"一级布站[23]，形成"油气水综合利用、全系统资源共享、多功能高效集成、全过程智能管理"的页岩油地面建设模式（图 7），践行"绿色低碳"发展理念，实现全生命周期效益开发，有效减少用地 60%，缩短建设周期 50%，降低投资 20%。

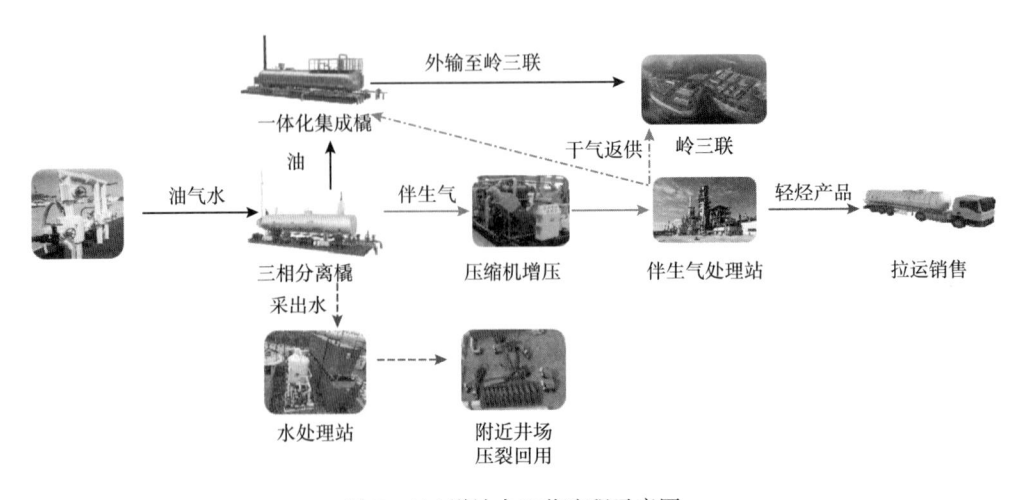

图 7　116 增站内工艺流程示意图

1.4 智能化管理模式

庆城油田创新管理模式，精简组织架构，百万吨用工控制在 300 人以内，人均原油产量贡献值为 4000t/人[24]。为适应在这种"少人多任务"的运行模式，降低员工劳动强度，及时处理异常工况，智能化管理日显重要。

结合水平井"段塞出液、连续出气、间歇出油"特点，以物联网云平台为依托，建立"以分钟为节点、实时在线反馈"资料录取模块，已实现油套压、单量、含水、无杆泵工况等 10 项资料在线实时录取。单量数据上线设备 110 台，覆盖单井 461 口；油套压在线录取覆盖率 100%；含水资料上线覆盖率 25%。

通过数字化建设，流程腐蚀监测、管线泄漏、设备运行监控均可通过网络完成，站点无人值守基本实现[25]。同时，通过参数权重判断，对数据质量、参数功能进行研究，将生产数据报警值及规则，按照不同类别、不同等级存入数据库，构建了多类型，分模块的专业报警数据库。其中最为典型的是利用功图数据，建立井筒工况诊断模型（图 8），开发工况结蜡预警功能，同时融合油井产量、载荷、电流等数据综合算法，形成了以"载荷、周期预警"为核心的高效预警模块，为油井热洗管理增添有力保障。

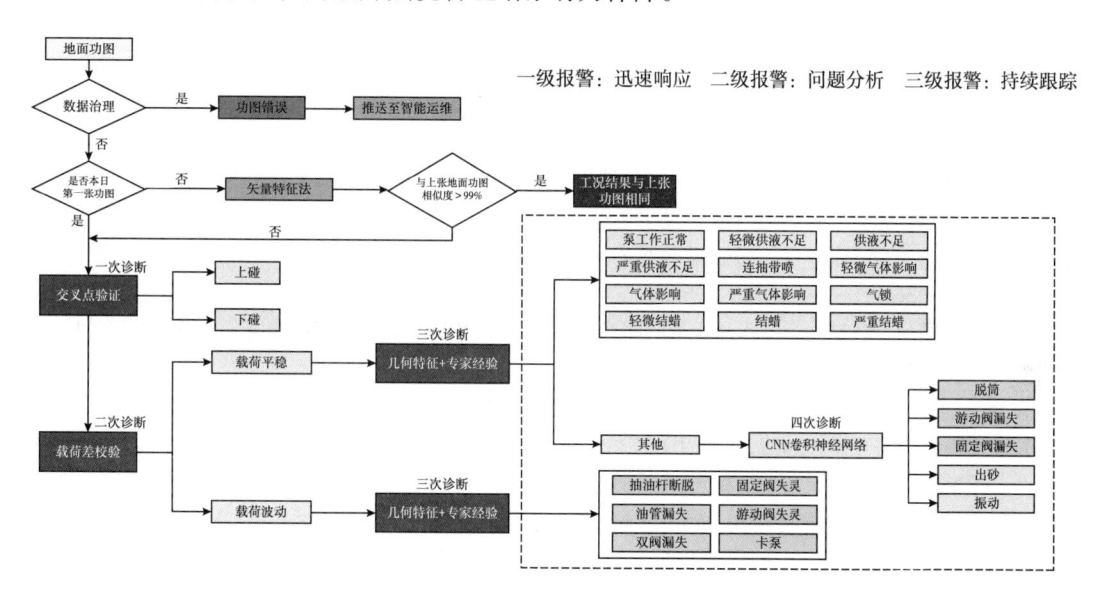

图 8 井筒工况诊断模型

2 应用成效及开发展望

通过贯彻落实合理开发技术政策、加强基础资料提升管理，页岩油水平井自然递减（16.6% 下降为 15.9%），开发形势变好；2023 年新投产油井动液面基本保持稳定，平均泵深 1443m，目前平均沉没度 712m，地层供液能力充足流饱比基本保持稳定（1.0~1.2），生产气油比逐年上升，目前生产气油比 125.3m³/t；改造规模下调，投产后液量得到提升，与 2022 年相比，2023 年井油层段长 1476m 减少 1431m，百米压裂段数 2.5 段下减少为 1.9 段，单段簇数 2.0 簇增加为 3.8 簇，加砂强度 3.4t/m 提高 3.8t/m，整体含水率下降速度快，单井产量较 2022 年实现了大幅提升；完全成本降低至 51.33 美元/bbl，已经实现规模效益开发，带动了主体产业发展，经济社会效益显著。

页岩油水平井准自然能量开发，压力保持水平较差。该套开发技术体系针对前期产建、日常管理、产能恢复等方面的问题均形成了有效指导，但针对老区低产井的补能并未形成成熟技术，注水、注气等补能技术将是下进一步攻关方向。

3 结论

（1）CO_2前置压裂、精准分段酸化等工艺的应用以及单井、平台、油藏差异化管理等政策的实施，推动了地质工程一体化和油藏差异化管理；

（2）创新大平台布站模式，通过橇装化、集成化、数智化探索"油气水综合利用、全系统资源共享、多功能高效集成、全过程智能管控"的页岩油大平台—联合站一级布站地面建设模式；

（3）通过数字化建设，实现了线上资料录取、管线泄漏、设备运行监控线上监控、异常工况报警等功能，形成了页岩油智能化管理模式；

（4）探索、攻关形成的关键技术及管理模式，助推庆城页岩油实现规模效益开发，也对我国陆相页岩油规模效益开发起到了良好的引领示范作用。

参 考 文 献

[1] 付金华，李士祥，郭芪恒，等.鄂尔多斯盆地陆相页岩油富集条件及有利区优选[J].石油学报，2022，43（12）：1702-1716.

[2] 付锁堂，姚泾利，李士祥，等.鄂尔多斯盆地中生界延长组陆相页岩油富集特征与资源潜力[J].石油实验地质，2020，42（5）：698-710.

[3] 杨智，侯连华，陶士振，等.致密油与页岩油形成条件与"甜点区"评价[J].石油勘探与开发，2015，42（5）：555-565.

[4] 邹才能，张国生，杨智，等.非常规油气概念、特征、潜力及技术——兼论非常规油气地质学[J].石油勘探与开发，2013，40（4）：385-399.

[5] 赵俊峰，刘池洋，张东东，等.鄂尔多斯盆地南缘铜川地区三叠系延长组长7段剖面及其油气地质意义[J].油气藏评价与开发，2022，12（1）：233-245.

[6] 杨华，梁晓伟，牛小兵，等.陆相致密油形成地质条件及富集主控因素——以鄂尔多斯盆地三叠系延长组7段为例[J].石油勘探与开发，2017，44（1）：12-20.

[7] 贾承造，郑民，张永峰.中国非常规油气资源与勘探开发前景[J].石油勘探与开发，2012，39（2）：129-136.

[8] 邹才能，张国生，杨智，等.非常规油气概念、特征、潜力及技术——兼论非常规油气地质学[J].石油勘探与开发，2013，40（4）：385-399.

[9] 杨智，侯连华，陶士振，等.致密油与页岩油形成条件与"甜点区"评价[J].石油勘探与开发，2015，42（5）：555-565.

[10] 何永宏，薛婷，李桢等.鄂尔多斯盆地长7页岩油开发技术实践——以庆城油田为例[J].石油勘探与开发，2023，50（6）：1245-1258.

[11] 杨华，李士祥，刘显阳，等.鄂尔多斯盆地致密油、页岩油特征及资源潜力[J].石油学报，2013，34（1）：1-11.

[12] 付金华，李士祥，牛小兵，等.鄂尔多斯盆地三叠系长7段页岩油地质特征与勘探实践[J].石油勘探与开发，2020，47（5）：870-883.

[13] 付金华，喻建，徐黎明，等.鄂尔多斯盆地致密油勘探开发新进展及规模富集可开发主控因素[J].中国石油勘探，2015，20（5）：9-19.

[14] 张云逸.页岩油水平井穿层压裂先导性试验——以鄂尔多斯盆地庆城油田华H100平台为例[J].中国石油勘探，2023，28（4）：92-104.

[15] 梁晓伟，鲜本忠，冯胜斌，等.鄂尔多斯盆地陇东地区长7段重力流砂体构型及其主控因素[J].沉积学报，2022，40（3）：641-652.

[16] 王龙，邓秀芹，楚美娟，等.沉积岩中自生浊沸石的形成、分布及油气意义——以鄂尔多斯盆地中—上三叠统延长组为例[J].地质论评，2022，68（6）：2188-2206.

[17] 薛楠，邵晓州，朱光有，等.鄂尔多斯盆地平凉北地区三叠系长7段烃源岩地球化学特征及形成环境[J].岩性油气藏，2023，35（3）：51-65.

[18] 李明瑞，侯云超，谢先奎，等.鄂尔多斯盆地平凉—演武地区三叠系延长组油气成藏模式及勘探前景[J].石油学报，2023，44（3）：433-446.

[19] 李杉杉，孙虎，张冕，等.长庆油田陇东地区页岩油水平井细分切割压裂技术[J].石油钻探技术，2021，49（4）：92-98.

[20] 张矿生，齐银，薛小佳，等.鄂尔多斯盆地页岩油水平井CO_2区域增能体积压裂技术[J].石油钻探技术，2023，51（5）：15-22.

[21] 任佳伟.致密油藏水平井重复压裂优化设计研究[D].青岛：中国石油大学（华东），2021.

[22] 冯立勇，郭晨光，冯三勇.庆城油田西区长7油藏差异性及稳产对策研究[J].石油化工应用，2023，42（7）：74-78.

[23] 霍富永，王晗，朱国承，等.长庆油田页岩油中心站智能化管控技术研究与应用[J].油气田地面工程，2022，41（2）：1-5.

[24] 胡文瑞，魏漪，鲍敬伟.鄂尔多斯盆地非常规油气开发技术与管理模式[J].工程管理科技前沿，2023，42（3）：1-10.

[25] 郭颖，杨理践，赵佰顺，等.长输油管道泄漏检测技术研究现状[J].辽宁石油化工大学学报，2022，42（4）：25-31.

庆城油田页岩油智能化建设实践与创新

黄战卫[1,2]，贾志鹏[1,2]，宋 创[1,2]，周 婷[1,2]，
余 杰[1,2]，陈 伟[1,2]，蒋勇鹏[1,2]，王家桐[1,2]

（1.中国石油长庆油田公司页岩油开发分公司；
2.低渗透油气田勘探开发国家工程实验室）

摘 要：长庆油田页岩油开发分公司存在作业场站分散、定员任务重、监控管理难度大等问题，亟须通过加快智能化建设推进页岩油规模化效益开发。为此，通过构建全域数据共享机制，形成系列化针对页岩油特定场景应用的算法，前瞻性研究并开发了"运行监控、生产管理、油藏地质、采油工艺、地面集输"等12大功能模块的综合性、一体化、全业务、全流程的页岩油物联网云平台，有效支撑了"分公司—中心站"二级组织架构，打造了页岩油全业务闭环管理模式，实现了将百万吨用工控制在200人之内，人均产量贡献4400t/人，初步建成了页岩油开发生产智能化示范基地。庆城油田智能化建设引领了国内非常规油田数字化转型、智能化发展，为非常规油藏的开发管理提供了借鉴及参考价值。

关键词：页岩油；数字化转型；智能化发展；管理模式；物联网云平台

油气生产是保障国家能源安全的"压舱石"。我国页岩油资源丰富，是国家重要战略接替资源[1]。鄂尔多斯盆地庆城油田是我国发现的首个超10亿吨整装页岩油田，由长庆油田页岩油开发分公司（简称分公司）负责开发实施。2022年长庆油田页岩油产量达到$221×10^4 t$，总产量占国内页岩油产量的三分之二，是页岩油规模化开发的重点区域。

随着庆城油田页岩油规模化开发的不断推进，在"分公司—中心站"二级扁平化组织架构下，现场用工少与工作量逐年增加的矛盾日益凸显，为油田生产运行、精细管理、科学决策带来了极大的挑战。2023年，国家能源局印发了《关于加快推进能源数字化智能化发展的若干意见》，明确提出以数字化、智能化技术助力油气绿色低碳开发利用，全面实现业务平台化，促进业务模式创新以及管理模式变革。中国石油天然气集团有限公司编制了《数字化转型、智能化发展规划》，支撑集团公司"数字中国石油"发展战略，中国石油将进入以智能化为特征的数字化转型新阶段，2025年数字化转型取得实质进展，2035年全面实现数字化转型，21世纪中叶全面实现智能化发展。页岩油作为当前我国油气增储上产的主力军，通过智能化建设加快推进中国页岩油革命是新形势下的内在要求和必由之路[2]，力争通过智能化转型实现组织架构、生产方式以及业务模式的变革，努力建成国家级页岩油智能化开发示范基地。

1 页岩油数字化转型挑战

2008年起北美发起了页岩油革命，通过"甜点"评价、优快钻井、体积压裂等技术实现了页岩油的商业化开发[3]，通过借鉴北美页岩油开发经验，中国掀起了页岩油勘探开发的热

第一作者简介：黄战卫（1976—），毕业于西南石油大学石油工程专业，西北大学获石油与天然气工程硕士学位，现任长庆油田页岩油开发分公司总工程师，从事油田开发、采油工艺、数字化等方面研究工作，高级工程师。通讯地址：甘肃省庆阳市西峰区陇东指挥中心，E-mail：huangzw_cq@petrochina.com.cn

潮。但与北美海相页岩油相比，中国陆相页岩油地质条件更加复杂，具有埋藏深、低孔隙度低渗透率、夹层分布、泥质含量高、压裂难度大、油气比高等特点，导致单井产量低、吨油成本高[4-11]。亟须引入智能化技术实现降本增效，持续稳定推进页岩油规模化开发进程。

非常规油气智能化建设是一项复杂的系统工程，仅凭单独的 AI 模型无法解决复杂的业务问题[7-11]。目前，整个非常规油气智能化领域普遍存在着工业软件国产化率不高、智能装备硬件水平相对滞后、数据采集成本较高、数据质量参差不齐、数据驱动模型尚不完善、合作运维难度较大等问题，智能化转型之路任重而道远[12-13]。陆相页岩油作为全新的开发对象，面临着专业知识壁垒更高、行业标准匮乏、业务场景复杂多样等更大的挑战。因此，如何结合庆城页岩油开发生产特点与业务需求，促进页岩油智能化转型与管理模式创新是全新的挑战和技术革命。

1.1 前端生产设备需要升级

庆城油田生产作业区域多为黄土高原，地势环境恶劣，油井分布分散，井—线—站人工巡检任务重，安全作业风险大。同时，数字化转型的基础之一就是需要依托安全可靠的前端设备，但油田前端环境的复杂性和特殊性给技术实现带来了很大难度。对于常规油田生产方式，井场部分数据采集和维护需要工作人员 24h 驻场；对分公司而言，在新型二级架构的油公司模式下，人员相对较少，传统的数据录取和维护方式已经不能满足生产管理要求，因此应该采取全线上闭环联动的方法对现场进行管理，需要将已开采的油井配套完备的数字化设施，用于实时监控油井工况，掌握页岩油生产实时动态。

首先是井场设备设施配套完善，在油井平台，需要完善井下、井筒、井口三方面的仪表设备设施，通过井口智能 RTU 监控系统统一管理控制，应用边缘分析算法分析生产井工况，对油井生产制度自动调整，异常工况进行联锁保护；其次是场站设备设施配套完善，需要进一步完善来油加热、加药、分离、外输设施等关键工艺的设施及仪表的配套。实现场站平稳运行，异常故障时自动联锁保护并推送预警报警。最后是管线配套设施完善，目前的管线配套泄漏监测系统是独立系统，需构建集群化监控体系，配套集群化设施对管线形成全方位的监测。

1.2 智能化应用业务需要完善

分公司开展相关业务，除使用中国石油长庆油田公司（简称公司）统建系统和局建系统外，基本靠人力手工完成，尤其在产量波动、井筒治理、井口热洗、经营业务、安全环保等方面没有之相关算法和模型，缺少相关管理平台支撑分公司开展智能化决策。

油气生产是一个复杂性、系统性、专业性集中的过程，在生产管理过程中，数据是各项业务应用的生命，而各项业务的数据量非常庞大。在生产运行环节，数据采集和各业务软件相对独立，数据集成量大，尚未实现多功能联动分析的数据共享共用；在安全防控环节，抽油机工作状态监控、管线泄漏预警、生产安全预警等辅助手段有待完善；在技术决策分析方面，尚未开发油藏地质、采油工艺、地面集输等多重数据应用分析诊断与决策功能，人工分析工作量大且难度较高。在经营管理方面，各业务相对独立，运行效率未达预期，对新型二级组织架构的支撑力度有限。

1.3 管理效率有待提升

随着分公司产能建设不断投入，设备设施逐年增加，生产规模逐年增大，用工紧张问题日益凸显；新井产量递减速率快，老井地层能量逐渐衰竭，油田增产稳产形势严峻，面临巨大挑战；重复性劳动多，亟待使用智能化手段盘活人力资源。另外，分公司定员人数少，现场工作人员劳动强度大，容易造成部分工作执行滞后，在扁平化结构下，工作效率和管理都未能达到预期目标。而且在新型二级管理模式组织架构下开展管理工作，没有可参考的成熟经验，经过长时间探索和论证，需要通过智能化手段提升管理效率。

2 庆城油田页岩油数字化转型举措

2.1 数字化建设

2.1.1 仪表及设施配套

对分公司所辖区域的井场、站场、管线开展智能化仪表配套，从生产需求实际出发，单井配套油套压、载荷、电参、智能诊断模块、变频器等设备和仪表，数据接入配套智能RTU。同时，在平台井场完善配套摄像机、含水仪、计量仪、自动投球等设施；场站方面完善油区和水区两大工艺流程仪表及设施，包括加来液流量计、加热炉仪表、加药设施及仪表、事故罐截止阀、三相分离器含水仪及注水变频器等设备及仪表；管线方面持续配套负压波监测设备及传输设备。从数据采集源头，确保井场数据采集齐全、高效、稳定。

2.1.2 控制设备配套

全面升级井场、站场、管线的控制设备，首先是将单井的常规RTU更换为智能RTU，重新对单井生产工艺进行梳理，完善控制逻辑，共计形成数据采集、远程启停、工况分析、报警推送、自动投球、视频AI分析、自动调参和功图计产等8项功能；其次是升级场站控制系统，增压站更换为具备分析功能的PLC控制系统，根据生产工艺，完成了6大联锁控制功能；联合站更换为分布式DCS系统，并依据采集的数据，建立起多项全站工艺流程的联锁控制功能，提升场站运行的安全性和稳定性。其中，联合站配套了智能巡检机器人和巡检无人机，从人工智能方面促进生产安全[20-22]。

2.2 物联网云平台搭建

2.2.1 统一数据监控中心

庆城油田按照全域数据管理的理念，以统一、集约、高效数据管理应用为标准，开发了OPC、s7-1400、ECS-700等14种工业协议[14-16]，研发了数据集中采集、推送、自动归类等15个驱动模型，实现页岩油生产现场油井、平台、场站、管线等生产设备运行数据的实时自动采集和高效处理。建立生产网和办公网同源多向同步存储机制，打通集团、公司统建系统数据接口，并接入个系统

建立起统一的数据监控与共享中心，实现数据跨网传输和高度集成共享（图1）。数据的高效稳定采集、传输和共享是页岩油管理和创新的基础，也是页岩油行稳致远的基础。

2.2.2 平台技术架构

物联网平台采用业界领先的技术架构，具备松耦合、易扩展、轻量化的技术特点，结合面向工业场景的特定环境提供支持，平台包括但不限于边缘采集层、数据处理层、模型算法层、应用开发层和平台管理层等架构支持；平台具有抽象优化，水平解耦、快速复制等功能，具备链接现场生产设备构成物联网，具备边缘侧数据强处理能力，具备对智能工业产品的敏捷开发、迭代提升。平台提供工业组态工具、数据模型化工具、工业算法编排工具、数据报表等工具。平台基于通用PaaS架构，采用容器、微服务框架等先进的互联网技术，各组件相互解耦，构建出灵活开放与高性能分析的工业平台（图2）。平台支持新型API技术、

大数据技术、机器学习、二次开发等技术,具有良好的健壮性、易用性、可维护性以及可扩展性。因此,在分公司搭建的物联网云平台可以为各类扩展提供良好的开发环境。

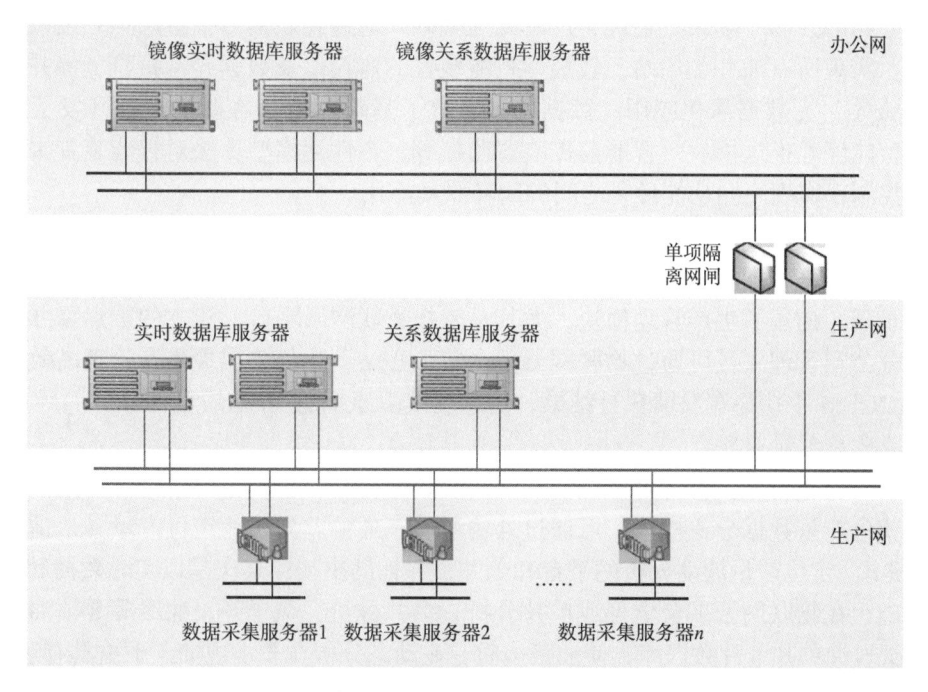

图 1　数据跨网传输架构图

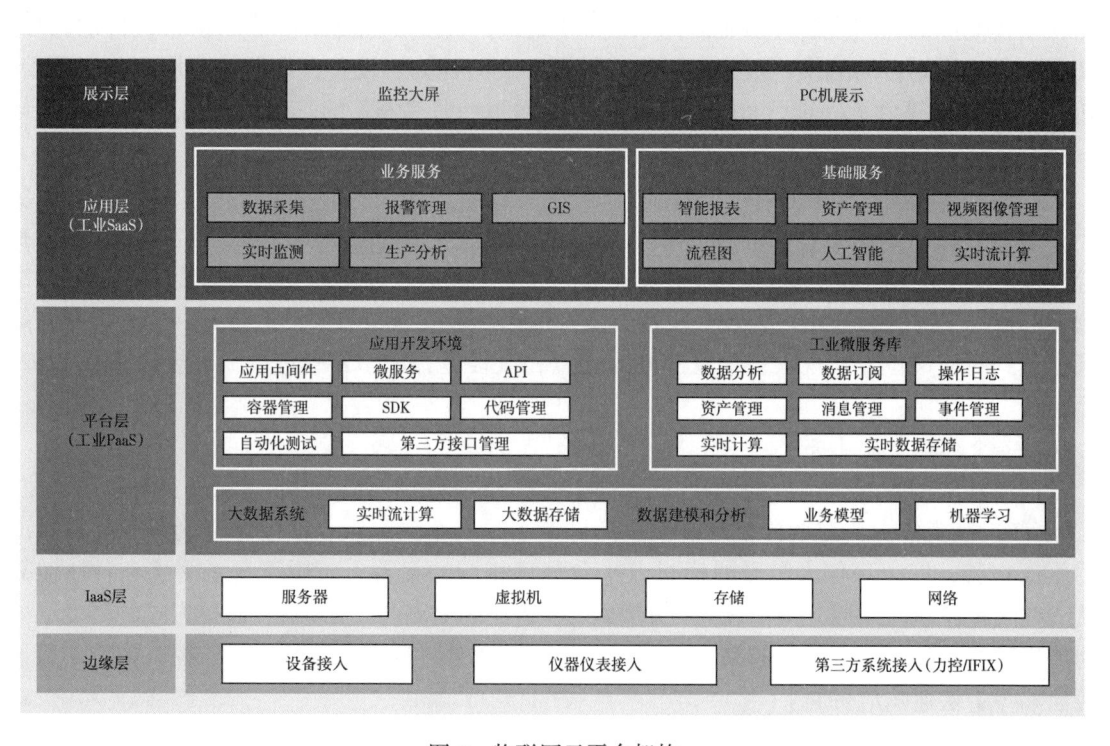

图 2　物联网云平台架构

2.3 智能化业务开发

2.3.1 运行监控智能业务

以分公司的井场、场站、轻烃生产单元为基础,通过物联网云平台采集并接入生产单元全域数据,实现所有油井、场站、轻烃、智能装置的监控以及数据异常报警、停井报警、油套压异常报警,为数据深化应用、数据入湖奠定了基础[17-19]。在智能监控开发了监控的轮巡模块、智能停井推送模块、智能监控装置监控等,个性化模型算法对智能装置实现在线监测优化与控制,实现不同功能设备之间的闭环联动应用。

2.3.2 生产管理智能业务

围绕运行管理、智能库管、应急管理、智能巡检等工作,以智能化装备、三维建模、智能巡检为基础,构建了生产管理模块,尤其是依托物联网云平台,建立的重点督办和日常工作功能,分公司管理人员可通过物联网云平台向中心站下达任务实现生产管理高效管控,中心站利用 OCEM 手持终端反馈执行结果,信息反馈由原来的 3h 缩短至 5min。

2.3.3 油藏地质智能业务

针对油藏地质研究,首先是通过物联网实时数据智能分析和生产数据深入挖掘,建设具有页岩油特色产量数据分析模块,可通过外输波动、外输差异快速定位产量异常情况,云平台可"一键式"定位产量波动分析的平台和单井,并辅助决策;其次是以实时数据和历史生产数据为基础,在物联网云平台上形成单井分析、多井分析、综合开采曲线等 8 项油藏分析工具,建立页岩油单井卡片数据库,使油藏地质专业动态分析在非常规油藏中更具有适应性。

2.3.4 采油工艺智能业务

针对采油工艺业务,应用边缘计算、智能诊断、AI 识别技术,构建"异常预警感知、智能联动控制"场景,并融入智能油井系统 3.0 成果,实现了油井工况诊断预警、自动调参。其次是通过计划自动编排、报表自动生成、资料实时建立、设备在线监控、周期分级预警、效果智能分析等六大功能,健全"日提醒、旬通报、月考核"的热洗管理机制。形成了以"载荷、周期预警"为核心的高效管理模块。

2.3.5 地面集输智能业务

地面集输以场站、管线的实时数据为基础,通过实时数据采集、智能监控、数据分析等技术,实现集输工况分析、场站工况分析、管道工况运行分析以及多参数复合报警、分级预警;根据工况等级、用户分级、设备类型等信息,建立多参数联动的报警功能,将报警结果推送到对应岗位,实现预警信息的高效处置和流程化管理,云平台设置常规报警点 12621 个。

2.3.6 安全环保智能业务

按照互联网+安全生产与数字化转型同部署、同推进的部署要求,通过实时数据采集、AI 预警、智能分析,云平台自动识别生产区域人员、车辆闯入、油区跑冒滴漏等异常情况并推送报警,安全环保人员及时通过云平台处理相应的报警。应用流量平衡法和负压波算法,在线定位泄漏区域,将传统的"分散式"管道泄漏监测向"集群化"监控方式的转变,同时将摄像头,传感器等结合起来,实现可燃气体,压力,温度,流量有效监控,构建两级监控泄漏报警快速响应机制。

2.3.7 协同办公能业务

物联网云平台已经融入公司 31 套统建系统成果,初步解决了"系统多、账号多、密码多"等问题,并以业务为导向,部署了线上两册(操作手册和管理手册)17篇(293节)和标准制度202项,形成线上发布、培训、学习全流程管理。全面实现了管理制度线上发布、线上学习、线上考核、线上维护的一体化管理流程,形成了线上标准管理、制度管理的综合管理制度。

2.4 数智管理措施

2.4.1 大监控管理措施

以生产现场智能化配套为基础,物联网云平台为载体,西峰调控中心为管理中心,建立起一级调度管理模式。相对于传统命令,一级调度管理模式改变了"现场—班组—中心站—分公司"逐级上报的工作流程,变为"现场—分公司"上报流程,极大缩短了中间冗长上报的过程,生产命令也由西峰调控中心直线下达,工作人员可根据调度中心命令指示开展现场工作,极大提升了管理效率和执行效率。

2.4.2 线上运维管理措施

根据分公司两级架构模式,同步建立了两级维护模式,即"分公司—中心站"两级维护管理措施。在物联网云平台,开发了线上运维模型,线上运维会自动统计生产现场仪表故障情况和仪表故障所在的生产区域,维护命令由调度中心发出,中心站根据调度发出的命令执行维护工作;智能化分析模块故障问题,由调度中心负责统计后统一下发至分公司平台维护中心,由分公司负责维护智能化分析模块。此外,运维管理模块还可以统计生产现场仪表数量、设备型号等台账信息,为维护人员提供设备特征,进一步提升维护效率。

2.4.3 闭环管理措施

按照分公司二级管理架构组织,同步建立"分公司大闭环"和"生产小闭环"管理模式。大闭环以在调控中心应用的智能化业务为主,涉及全油田区域的管控和管理,针对不同的业务建立闭环管理措施,闭环管理措施涵盖了运行监控、油藏地质、采油工艺、安全环保、协同办公等全业务。从业务发起开始,推送的预警信息及下步工作,建立跟踪机制,贯通整个业务流程直至结束。小闭环以生产现场独立的生产端单元为目标,从生产单元设备故障或生产异常发出预警,从整个处理过程由中心站全程负责异常管控、异常恢复、处理回复等,生产恢复正常后即完成闭环跟踪和评价。

3 庆城油田页岩油智能化转型成效

3.1 数字化建设成效

通过完善现场前端设施配套,井场、站场、管线等生产单元配备人员大幅度减少,油田生产效率不断提升。其中,中心站人员由原来的105人减少为85人,井场开护人员由103人变为34人,人员角色由驻场开护变为日常巡护,中心站监控岗人员由68人减少为23人。随着数字化配套的日益成熟,现场人员仍在持续优化,生产效率持续向好。

3.2 智能化建设成效

智能化业务的建设应用,工作效率明显提升,七项智能化业务使用效果明显(表1),工况诊断处理效率从85.4%提升至99.3%,形成了"无人值守、集中监控、定期巡检、应急联动"智能化生产组织方式。线上资料录入减少2463次,降低人工取样频次1200余次/a;通过"一键式"定位产量波动,差异对比时间由原来的4h降低为30min。线上视频自动甄别违法违章1302余次，视频监控效率和质量提升86%。协同办公统计分析由原来的1.5h降低为5min。随着智能化业务的不断完善，人员对智能化业务功能不断熟悉，逐步形成了线上智能化应用的良好局面。

表1 智能化业务应用效果

序号	指标类型	变幅情况	效果
1	运行管理	监控效率提升30.2%，预警准确率提升至99.3%，构建"无人值守、集中监控、定期巡检、应急联动"监控模式。	监控效率提升，减少现场用工
2	技术分析	减少人工每月取样频次1200余次，年作业频次减少23井次，热洗效率提升60%，产量差异对比分析时间由4小时下降30min	降低员工取样强度
3	安全管理	监控效率和质量提升86%	安全环保力度提高
4	经营管理	预算工作效率提升70.2%	提高经营效率
5	协同办公	分析筛查量降低60%，资料统计工作量降低40%	降低劳动强度

3.3 措施管理成效

自2021年分公司智能化建设以来，不断扩展油藏地质、工程技术、采油工艺、地面集输、生产运行、安全环保、经营管理方面的智能化功能应用。数智化"四率"显著提升：线上办公率由80%提升至95%，平台兼容率由40%提升至100%，信息准确率由96%提升至98%，全员使用率由75%提升至98%。依托智能成果应用，单井EUR提升到2.6×10^4t以上，自然递减由24.6%降低至16.1%，年产油由74.3×10^4t提升至126.6×10^4t，百万吨用工在200人之内，人均产量贡献4400t/人。近三年各项指标整体向好，一利四率实现"一增一稳三提升"（表2），油田开发、生产管理、成本效益等核心指标居油田公司之首。

表2 "一利四率"表

序号	指标类型	变幅情况	效果
1	利润总额	平均增幅98%	利润增长
2	资产负债率	平均30%	盈利能力保持稳定
3	营业现金比率	平均增幅0.6%	主营业务稳健发展
4	净资产收益率	平均增幅19%	利润创造能力稳步提升
5	劳动生产率	平均增幅42%	管理水平提档升级

4 结论

（1）庆城油田通过数字化建设智能化发展，有效解决了两级管理组织架构下现场用工少与工作量激增的矛盾，提高了油田智能决策与管理水平，推进了页岩油规模化效益开发，初步建成了现代化页岩油智能化示范基地。

（2）庆城油田基于工业互联网架构开发了页岩油物联网云平台，实现了油田全业务、全生命周期生产闭环管理。在油田效益开发、技术创新、管理创效、文化聚力上持续引领行业标杆，对相关油藏及行业智能化建设具有很好的指导和借鉴意义。

（3）下一步分公司将持续推进页岩油智能示范工程建设，深化智能分析与决策，促进智能化转型与生产管理深度融合，力争"十四五"规划期内建成全国首个页岩油智慧油田。

参 考 文 献

[1] 邹才能，潘松圻，荆振华，等.页岩油气革命及影响[J].石油学报，2020，41（1）：1-12.

[2] 李金蔓，周守为，孙金声，等.数字技术赋能海上油田开发——渤海智能油田建设探索[J].石油钻采工艺，2022，44（3）：376-382.

[3] 雷群，翁定为，管保山，等.中美页岩油气开采工程技术对比及发展建议[J].石油勘探与开发，2023，50（4）：824-831.

[4] 付金华，牛小兵，淡卫东，等.鄂尔多斯盆地中生界延长组长7段页岩油地质特征及勘探开发进展[J].中国石油勘探，2019，24（5）：601-614.

[5] 杜晓宇，金之钧，曾联波，等.准噶尔盆地东部双井子地区平地泉组陆相页岩天然裂缝发育模式[J].地球科学，2004，49（9）：3264-3275.

[6] 武晓光，龙腾达，黄中伟，等.页岩油多岩性交互储层径向井穿层压裂裂缝扩展特征[J].石油学报，2024，45（0）：559-573，585.

[7] 何生厚，韦中亚."数字油田"的理论与实践[J].地理学与国土研究，2002，2：5-7.

[8] 章绍龙.基于大数据技术智慧油田的现状及发展思考[J].中国设备工程，2019，3：216-217.

[9] 莫驰，向永胜，梁煜华，等.数智化转型与企业高质量发展研究[J].中国经贸导刊（中），2021，3：136-137.

[10] 赵贤正，王洪雨，计超，等.老油田实施数智油田建设研究与思考——以大港油田为例[J].石油科技论坛，2021，40（5）：1-8.

[11] 孙少波.油气田勘探开发生产中的数据治理方法与技术研究[D].西安：长安大学，2019.

[12] 姚尚林，刘合，苏健，等.智慧油田建设助推油气田企业"油公司"模式改革思考[J].世界石油工业，2021，28（3）：9-16.

[13] 王兴，刘超，张岁盟.大数据时代下数字油田发展思索——智慧油田的现状及发展研究[J].化工管理，2014，35：50.

[14] 邢建春，王平，仲未央，等.工业控制软件互操作标准OPC综述[J].工业控制计算机，2000，1：29-32，37.

[15] 石灵丹，华斌，朱歆州，等.基于OPC技术的PC与西门子PLC的实时通讯[J].船电技术，2011，31（1）：9-12.

[16] 苑明哲，王智，程尚军，等.OPC技术在现场总线控制系统中的应用[J].工业仪表与自动化装置，2000，3：20-23.

[17] 陈玉平，刘波，林伟伟，等.云边协同综述[J].计算机科学，2021，48（3）：259-268.

[18] 司羽飞，谭阳红，汪沨，等.面向电力物联网的云边协同结构模型[J].中国电机工程学报，2020，40（24）：7973-7979，8234.

[19] 张星洲，鲁思迪，施巍松.边缘智能中的协同计算技术研究[J].人工智能，2019，5：55-67.

[20] 孟繁平，丑世龙，魏明，等.长庆油田无人机石油管路巡线论证[J].中国石油石化，2016，24：97-98.

[21] 郝晓平，黄晓雯，高志刚，等.无人机技术在油气管道巡护中的应用[J].油气储运，2019，38（8）：955-960.

[22] 董喜贵，林墨苑，周跃斌.应用智能机器人保障转油站无人值守的探索[J].油气田地面工程，2020，39（9）：64-67.

庆城页岩油"四新三高"开发管理创新与实践

马立军 [1,2]，张西军 [1,2]，王骁睿 [1,2]，姬靖皓 [1,2]，赵倩倩 [1,2]，赵一帆 [1,2]

（1. 中国石油长庆油田公司页岩油开发分公司；
2. 低渗透油气田勘探开发国家工程实验室）

摘　要：我国陆上页岩油资源储量丰富，当前正处于页岩油革命的加速发展阶段。页岩油开发主要面临储层致密储量动用难度大和低成本效益开发模式尚未定型两大难题。长庆油田把页岩油作为油田高质量发展的重要接替资源，率先发现了庆城 10×10^8 t 整装页岩油田，围绕规模效益开发目标，积极开展攻关创新与探索实践，逐步形成庆城油田"四新三高"新型页岩油高效开发管理模式，建成国内最大的百万吨规模页岩油开发示范区，为国内陆相页岩油规模高效开发提供了有益借鉴。"四新三高"管理创新是页岩油革命进程中的"过程解"，要继续探索实践不断向"最优解"靠近，助推中国页岩油革命取得更大进展。

关键词：页岩油革命；高质量发展；四新三高；管理创新

近年来，伴随油气勘探开发技术不断进步，非常规油气开发逐渐成为我国油气行业的重要接替领域和增储上产的"主力军"[1]。非常规油气资源的有效开发对于缓解油气供需矛盾、保障国家能源安全、促进能源结构低碳转型具有十分重要的战略意义。我国页岩油资源储量丰富，在松辽、鄂尔多斯、准噶尔、渤海湾、四川、柴达木等盆地发育16套页岩层系，据中华人民共和国自然资源部预测，中国陆上中—高成熟度页岩油资源量达到了 283×10^8 t [2]。近十年来，我国页岩油勘探开发进程不断加快，中国石油天然气集团有限公司（简称中国石油）在2023年发布实施页岩油革命行动方案，提出要在"十四五"末期打造3~5个整装规模效益开发示范区[3]，掀起了新一轮页岩油革命浪潮。

"十四五"期间，长庆油田将页岩油作为油田高质量发展的重要接替资源之一，发现国内最大的庆城 10×10^8 t 级整装页岩油田，率先建成百万吨规模国家级页岩油开发示范区，2023年页岩油产量达到了 264×10^4 t，占据国内页岩油总产量的2/3。作为国内最大的页岩油开发基地，探索建立符合长庆页岩油特色的开发体系和管理体系是实现长庆页岩油规模效益开发的必然选择。与常规油藏开发相比，页岩油开发主要面临两个方面问题：一是页岩油储层致密，孔喉细小、渗透率低，常规油田开发技术无法获得工业油流，且不同的地质特征对开发技术的适应性提出了更高要求，国内国外已有成熟技术无法简单借鉴应用；二是低成本效益开发与传统油气田企业管理模式之间的矛盾凸显，在大规模投资建产的背景下，只有通过科技创新攻关核心技术，优化企业管理体制机制，探索建立新型管理模式，才能降低运行成本、提升页岩油开发效益。

本文旨在系统分析长庆页岩油规模效益开发面临的突出问题，提出用新技术打造页岩油原创技术"策源地"、用新体制种好现代企业治理"试验田"、用新模式增强生产经营管理

第一作者简介：马立军（1972—），1997年毕业于中国石油大学（华东）采油工程，现从事页岩油开发管理和生产经营管理工作。现就职于长庆油田页岩油开发分公司，正高级工程师，通讯地址：甘肃省庆阳市西峰区中国石油长庆油田陇东指挥部，邮编：745000，E-mail：malj_cq@petrochina.com.cn

"源动力"、用新业态培育高质量发展"新动能"和以高标准建设保障品牌效应、以高水平开发保障行业地位、以高效益经营保障企业价值的"四新三高"新型页岩油开发管理体系，为加快推进我国陆相页岩油规模效益开发提供有益借鉴。

1 "四新"开发体系主要做法

1.1 用新技术打造页岩油原创技术"策源地"

长庆油田页岩油主要分布在延长组长7段，为一套半深湖-深湖相的细粒沉积，长7地层厚度约110m，孔隙度介于7%~10%，平均渗透率仅有0.1mD，纵向上可划分为长7_1、长7_2、长7_3三套小层[4]。长7_1、长7_2（夹层型）为泥页岩夹多期薄层粉细砂岩的岩性组合，是页岩油勘探开发的主要对象。长7_3（页岩型）以泥页岩为主，是风险勘探、原位转化攻关试验的主要目标。

1.1.1 集成多学科"甜点"优选技术提高油层钻遇率

页岩油"甜点"是指在整体含油背景下，相对更富含油、物性更好、更易改造、在现有经济技术条件下具有商业开发价值的有利储层[5]。长7页岩油纵向多期砂体叠置、单砂体薄，横向非均质性强，岩相、岩性变化快，油层连续性较差。综合应用测井、三维地震、分析测试等手段，明确沉积砂体、断裂系统以及流体性质的平面分布，开展空间"甜点"预测，通过井震结合高分辨率储层反演（图1），打造了页岩油井震结合井位部署、轨迹设计及随钻调整新模式，近两年整体油层钻遇率保持在80%左右。

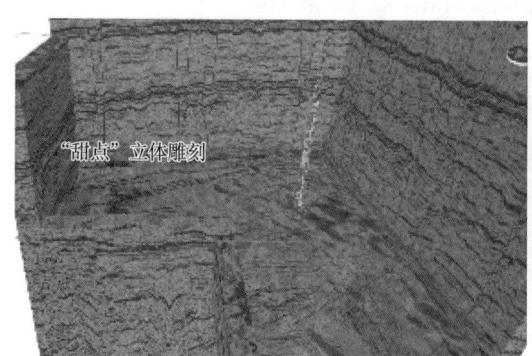

图1 井震结合"甜点"预测

1.1.2 水平井大井丛立体式布井提高储量动用程度

针对庆城长7页岩油纵向多小层叠合特征，形成大井丛、多层系、立体式布井模式（图2），实现纵向上小层一次性动用，储量动用程度由50%上升至85%。典型实例为111平台采用立体布井动用长7_1、长7_2三套小层22口井，水平段长为1500~2000m，同层井距为300m，控制地质储量达到$600×10^4$t[6]。

1.1.3 三维水平井优快钻完井技术提高平台钻井效率

为克服黄土塬地形受限等影响，优化三维井轨迹、简化井身结构、强化钻完井施工参数，攻关大偏移距三维水平井钻井技术（图3），创新"空间圆弧+分段设计"方法，打造了亚洲陆上水平段最长水平井1-1井，完钻井深7339m、水平段长5060m，为动用水源区、林缘区、城镇区等复杂地貌条件下的油气储量提供了有效技术手段。

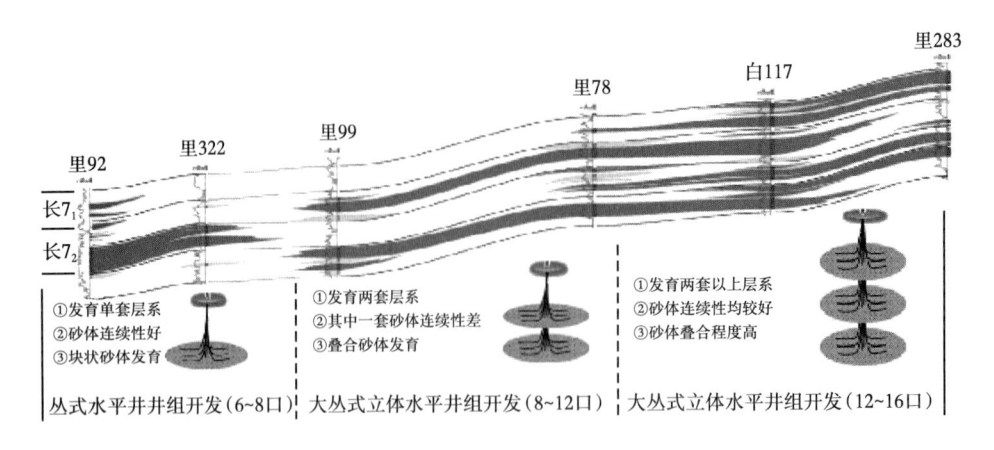

图 2　长水平井大井丛立体式布井模式

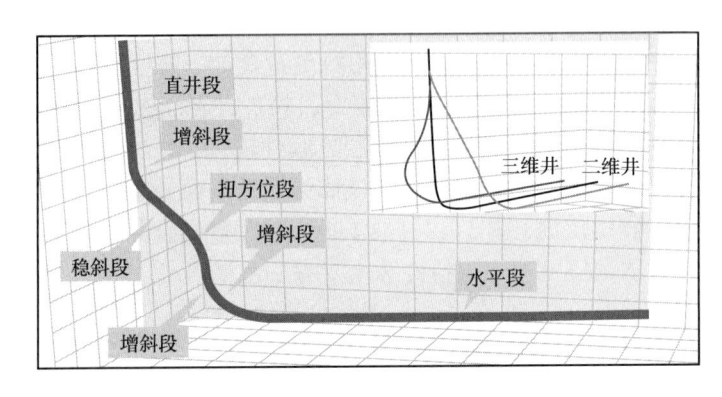

图 3　大偏移距三维水平井剖面设计优化

1.1.4　细分切割体积压裂技术大幅提升水平井单井产量

针对页岩油非均质性强、多层叠置特征，单层布井改造动用程度差、成本高[7]等问题，创新"造缝、补能、驱油"的压裂理念，形成以"多簇射孔密布缝＋可溶球座硬封隔＋暂堵转向软分簇"为核心的体积压裂工艺[8]，实现了长水平井段的细分切割，微地震事件覆盖面积由前期 50%~60% 提升至 90% 以上（图 4），单井产量显著提升。

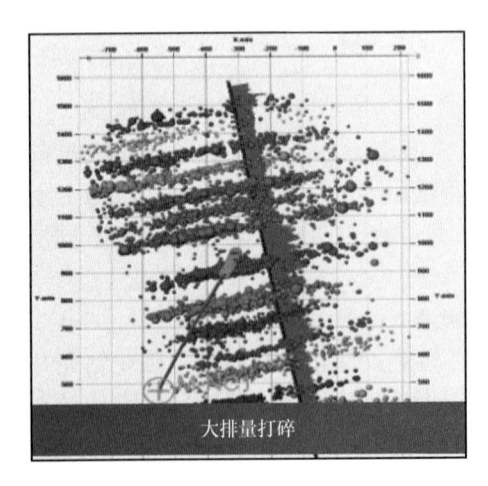

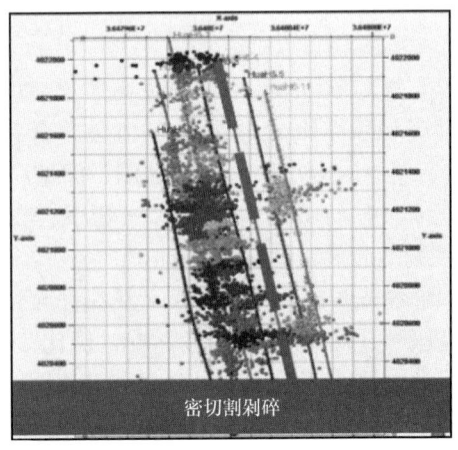

图 4　分段多簇、细分切割裂缝监测对比图

1.2 用新体制种好现代企业治理"试验田"

为探索页岩油开发少人高效管理新机制,建立页岩油开发全生命周期管理运行模式,长庆油田组建成立页岩油开发分公司(以下简称分公司),区别于常规采油开发三级组织架构,以新型两级劳动组织架构运行,管辖矿权面积1173km^2,管辖油气水场站170座,管理用工306人,目前已具备年产150×10^4t 的原油生产能力。

1.2.1 精简组织机构,提升生产运行效率

创新设置"机关直管中心站"两级劳动组织架构,推行"四办四中心"机构改革,在横向上将机关部门及附属单位由传统的14个压减至8个,在纵向上取消作业区管理层级,弱化机关部门与基层生产单元的层级概念(图5),形成横向业务、纵向流程"无边界"管理模式,有效解决了管理信息传递途径长、部门间业务流程复杂效率低和决策落地落实慢等问题,促进生产经营各类业务零界面融合、高效能推进。

图5 页岩油开发分公司与常规采油厂机关基层职能对比图

1.2.2 优化制度流程,增强内部管理质效

依据工作类别、性质对业务部门职责进行优化整合,稳步推行"大部制"改革,例如将计划管理与经营财务业务统一由计划财务办公室管理,实现资源共享、优势互补。纵向上以业务监管分离为原则,最大限度缩短管理流程,例如油维工程审批流程较常规采油单位审批流程减少了3个环节(图6),极大提升了执行力和组织效率。

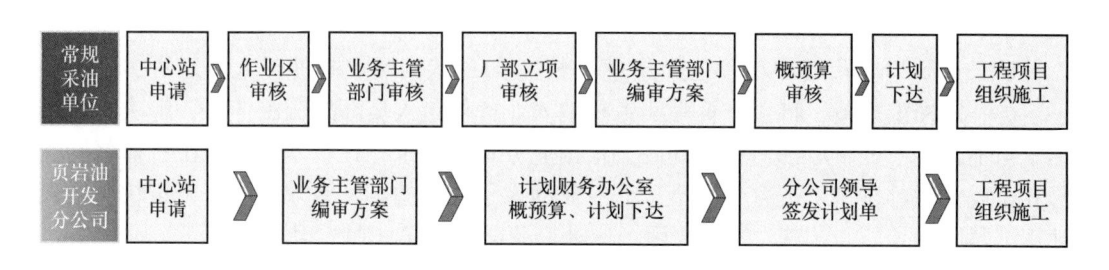

图6 油维工程审批流程对比图

1.2.3 差异薪酬分配,激发干事创业热情

注重关键核心岗位作用发挥,坚持薪酬分配向一线艰苦岗位和专业技术人员倾斜,差异化设置奖金分配系数,基层、机关月度奖金基数最大差距达1295元,技术人员人均薪酬较管理人员多出4.3%。此外,在业绩考核指标设置方面将单位劳效纳入业绩考核体系(图7),

将原油、轻烃、新能源等主营业务任务指标"捆绑运行",内部劳效指标对员工薪酬收入分配影响达到了 2 万元以上。

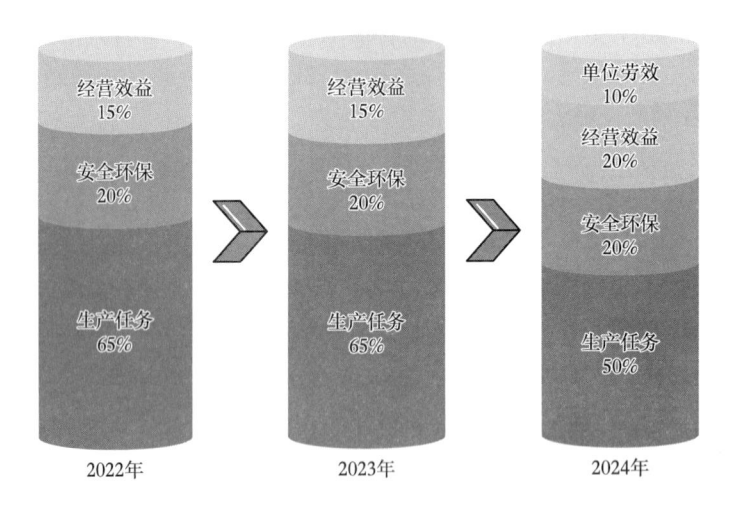

图 7 页岩油开发分公司历年绩效考核指标权重构成图

1.3 用新模式增强生产经营管理"源动力"

长庆页岩油开发管理模式具有高度的市场化和智能化特征。市场化是通过引入市场竞争机制,进行生产关系重组和解放生产力[9],是解决生产规模不断增大和用工总量控制之间矛盾的必然选择。页岩油场站多处于黄土高原地区,沟壑纵横、梁峁交错,生产管理具有点多、线长、面广的特点[10],必须坚定不移走数字化转型、智能化发展道路,全面支撑新型采油管理区少人高效的管理实际。

1.3.1 构建一体式运行新模式

针对建管业务分离导致的需求差异、标准不一等问题,与页岩油产建项目组一体化运行,力求做到高效协调配合,实施重点工作"清单化"管理、"垂直式"落实,推动生产建设工作高效有序运转。发挥两级劳动组织架构贴近一线的优势,领导班子轮驻前指,机关全员驻点帮扶,真正将办公室搬进生产一线,解决生产经营难题、加强现场安全环保管控,实现了机关与基层双向融入、决策与执行有机统一。

1.3.2 构建市场化运作新模式

针对长庆页岩油市场化程度已经超过了 60% 的现状,对业务外包人员定责、定编、定岗、定员、定岗位规范,将工作日写实考核纳入业务外包人员薪酬分配体系,解决了市场化用工干与不干、干好干坏都一样的问题。根据业务运行需求,在技术服务、工程监督、安全监督和合规管理等领域引进合作队伍,让专业的人干专业的事,有效缓解了产量快速增长与劳动用工紧缺的矛盾。构建"核心层用工+社会化骨干用工+社会化普通用工"的"同心圆"用工模式,以绩效量化考核为抓手,督导市场化服务公司加强自身建设,打造形成"利益趋同、同频共振"企业战略合作伙伴。

1.3.3 构建数智化赋能新模式

应用联锁联动、数字孪生、机器人及无人机等先进技术,在中小型场站中应用 6 大联锁控制,在大型场站形成"1127"运行模式(图 8),打造了"无人值守、集中监控、定期巡检、应急联动"的生产链闭环管理。创新打造页岩油首个智能物联网云平台,开发集成生产、技术、安全、经营等多业务、全周期数智管理模块，构建形成两级组织架构模式下的"1+N"数智化业务管理新框架。通过数智化赋能，百万吨规模用工控制在200人以内，人均原油产量贡献值达到5000t。

图8 升级无人值守技术/大型场站"1127"无人值守模式

1.4 用新业态培育高质量发展"新动能"

大力发展新业态、培育新产业是油田企业提升新质生产力的内在要求。长庆页岩油着力推动产业结构优化升级，稳准推进绿色低碳转型发展，积极培育光伏、碳汇林、CCUS、伴生气综合利用等新能源新业态，不断增强绿色低碳发展竞争力。

1.4.1 大力发展光伏发电项目

长庆页岩油结合黄土塬的特殊地貌，在新建平台上布置光伏发电装置（图9），引进智能光伏板清洁设备，并通过应用清洁电力平台、数智化数据采集平台对各发电站进行实时监控，最大限度保障发电时率。截至2023年底，长庆页岩油共建成分布式光伏井站46座，占平台总数的30%，日发电量突破5×10^4kW·h，累计发电量突破1000×10^4kW·h。

图9 利用闲置土地建设分布式光伏发电装置

1.4.2 积极推进负碳业务发展

既做能源开发者也做环境的保护者,严守生态环境保护红线,与地方政府联合打造了企地公益碳汇林500亩,累计投入276万元完成65座场站绿化改造,油区绿化覆盖率达到了80%以上。探索试验CO_2吞吐补能提高采收率技术[11],建成长庆油田首个页岩油CCUS示范区,项目全周期预计埋存二氧化碳$14.4×10^4$t,第一阶段完成注入二氧化碳$6.2×10^4$t,相当于植树130万棵。

1.4.3 规模利用页岩油伴生气资源

长庆页岩油按照"应收尽收、全额回收、消灭火炬、管网互通、产建同步"原则,形成"井口定压集气、油气密闭集输、零散气回收、伴生气集中处理"的综合利用模式(图10),依托已建装置、区域调气、处理湿气、干气联产等措施,综合运用小型撬装集气装置等设备,伴生气综合利用率达到100%,实现了产出伴生气的全部回收利用,目前日回收伴生气$55×10^4 m^3$,年度生产混烃能力达到$15×10^4$t。

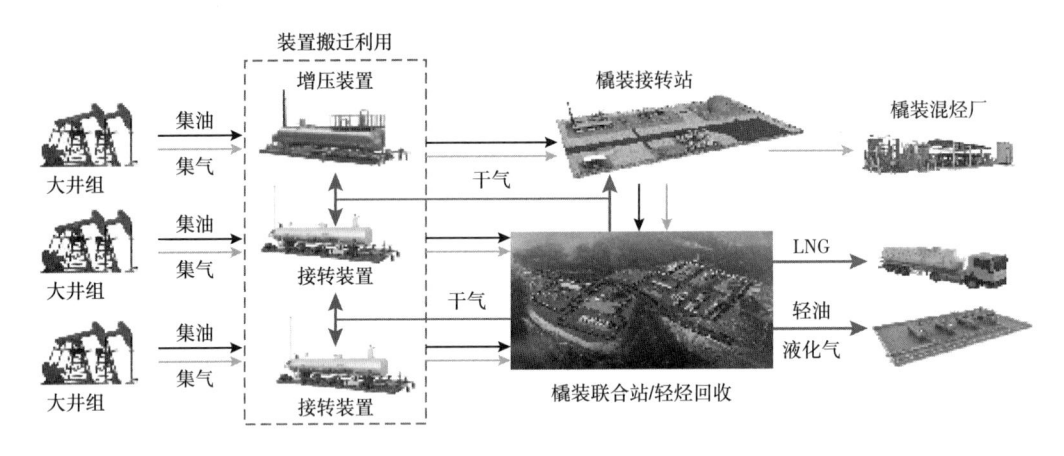

图10 油气密闭综合利用技术流程示意图

2 "三高"管理体系主要做法

2.1 以高质量建设保障品牌效应

油田发展向绿色、智能转型已经成为趋势,作为新兴能源产业,页岩油的建设标准也应当顺应趋势潮流,增加智能、绿色、高效等关键标准要素。同时,页岩油开发管理是一项系统的科研创新项目,源头建设的高质量能够为后续开发管理提供坚实保障。

2.1.1 树立高质量建设理念

秉承"只有建好才能管好"的理念,依托"鄂尔多斯盆地页岩油开发示范工程"国家科技重大专项,注重从源头设计上将创新、智能、高效、绿色等高品质先进要素贯穿其中,提高了页岩油全流程建设的质量和标准。创新上,应用一级布站、撬装化建站等地面新技术,提高了建设质量和效率。智能上,设计配套井、线、站等数智设备,依托智能物联网云平台实现全流程、全链条的智能升级。高效上,构建市场化、扁平化的管理体系,达到减员增效、提升劳效。绿色上,同步建设光伏、CCUS等新能源技术,实现多能互补相辅的综合开发。

2.1.2 推行"六化"建设模式

推行"标准化设计、规模化采购、工厂化预制、模块化建造、信息化管理、数字化交付"的"六化"建设模式。"六化"是全业务链系统工程，以设计为龙头，依托集成设计平台，统一材料编码，通过深度的标准化、模块化设计，实现规模化采购，在建设全过程采用信息化管理，并将设计信息流转到建造环节，最大限度地进行工厂化预制，实施模块化建设，进而实现数字化交付。通过全流程"六化"建设，形成了"油气水综合利用、全系统资源共享、多功能高效集成、全过程智能管理"的页岩油地面建设模式。

2.1.3 实行全周期项目管理

由公司成立由机关部门、研究单位、基层单位、工程服务组成的页岩油区域大项目组（图11），实行产建统一部署、施工统一组织、作业统一标准，构建资源共享、建管分离的集约建设新模式。同时，发挥工程技术和油田企业整体优势，加强与川庆钻探、中油测井以及斯伦贝谢等单位合作，形成平台总包、技术服务、技术引进三种合作模式，实现合作双赢、风险共担、成本共降，探索了全生命周期项目管理新模式。

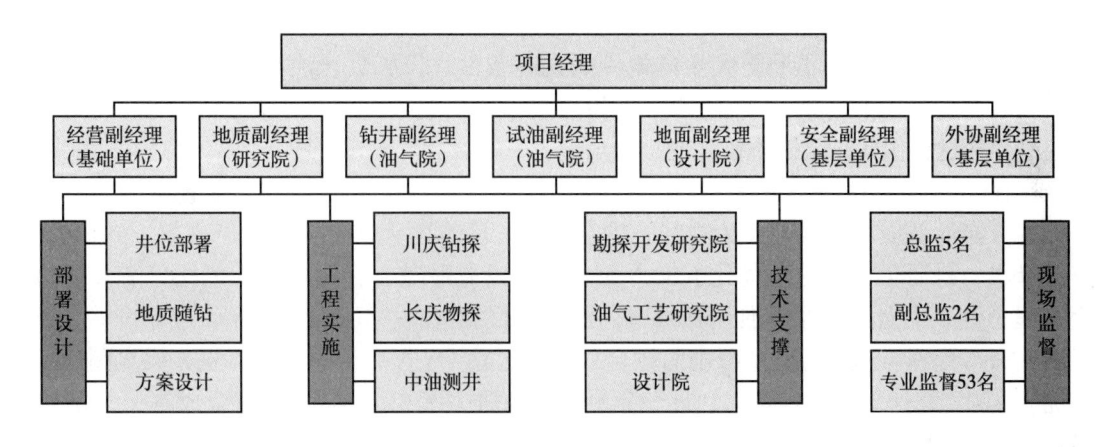

图11 页岩油区域大项目组构成图

2.2 以高水平开发保障行业地位

页岩油准自然能量开发下油藏稳产、井筒治理、系统建设等技术领域存在诸多短板，制约了开发水平的提升，开发指标与常规采油相比仍差距较大。聚焦更高水平、更有效益开发的目标，开展基础研究和重点治理，推动页岩油开发水平逐步提高，单井EUR提升到2.6t以上，非常规开发指标逐步向常规开发靠拢。

2.2.1 深化油藏开发规律研究

注重开发基础资料录取，结合水平井"段塞出液、连续出气、间歇出油"特点，建立"以分钟为节点、实时在线反馈"资料录取模块，实现油套压、单量、含水等10项数据在线实时录取。开展生产大数据规律研究，探索形成页岩油闷井、排液、采油不同阶段稳产技术政策，闷井阶段确定合理闷井时间为30~60d，排液阶段建立"连续、稳定、按量"放喷制度，采油阶段优化"三延伸"产能恢复思路。深化地质规律认识，总结固化水平井递减、含水恢复、动液面3项开发规律认识，探索形成"分类梳理、主因控制、图版跟踪、数智提效"的单井动态分析技术，自然递减持续向好由24.6%下降至16.1%。

2.2.2 分类开展井筒综合治理

针对页岩油井筒"砂、蜡、垢、气、磨"五大矛盾，分类开展综合治理，形成"两清、一控、三优化"适用性清防技术体系，两清：清防蜡、垢；一控：一井一套压控气；三优化：优化防漏失工具配套、防磨治理工艺、油井生产参数，有杆泵井作业频次由0.83下降为0.74次/（口·a）。针对无杆泵运行稳定性不足问题，研发改进无杆泵组件和结构工艺参数，探索"七定"总包服务管理，提升了页岩油复杂井况下无杆泵的工艺适应性，无杆举升规模应用106口，无杆泵作业频次1.31下降为1.00次/（口·a）。

2.2.3 固化地面系统建设模式

围绕优化简化、集成应用、新能源结合、智能管理的思路，突出安全环保、经济效益，固化井口设施、产量计量、管道防蜡、平台集输、集气工艺5项标准，进一步完善了页岩油地面建设模式。聚焦集输系统运行矛盾，集成"油气分混输、简约化一级布站、集成化橇装建站、返排液脱水回用、油气水三相计量、自产液油井热洗、智能化投球清蜡、集群化泄漏报警、新能源光热利用"九大地面建设技术，建成 200×10^4 t 页岩油处理能力的地面集输骨架系统，支撑地面系统安全、平稳、高效运行。

2.3 以高效益经营保障企业价值

效益开发是页岩油不断扩大生产规模的先决条件。长庆页岩油聚焦"低成本、高效益"发展战略，坚持技术赋能、管理创效，将降本增效举措融入页岩油日常经营管理，打造全方位挖潜、全过程优化、全链条创效的提质增效"增值版"。

2.3.1 打造特色经营管理模式

以页岩油低成本效益开发为主线，围绕增收、降本两大环节，从增产创效、绿色经济、控投降本、科研创新、管理优化五大方面入手，以业财融合、物联网为依托打造数智化经营管理平台，建立页岩油标准预算模型，推行项目线上"一事一议"，推动财务核算、资金管理、资产管理与业务运行过程全面融合，逐步建立"先算后干、事前算赢、成本倒逼、效益优先"的"大计划"管理体系，近三年利润总额平均涨幅174.8%，完全成本平均涨幅为93.4%。

2.3.2 提升单井产量摊薄完全成本

牢固树立提升单井产量，摊薄完全成本的理念，构建由分公司牵头、科研院所支撑、工程技术油服企业相互协同的创新联合体，分层分类建立核心技术攻关梯次，巩固提升无杆采油、水平井冲砂酸化、"三压"动态调控、同步回转油气混输等关键技术，逐步形成 CO_2 吞吐补能、水平井重复压裂改造等提高采收率稳产技术体系，水平井单井EUR由 2.6×10^4 t 上升至 2.9×10^4 t，长庆页岩油开发完全成本控降至50美元/bbl。

2.3.3 源头控降资产负担

页岩油投资规模大，降低折旧折耗是控降完全成本的重要抓手。长庆页岩油树立"今天的投资就是明天的成本"的管理理念，坚持总量控制、量效兼顾、效益排队，从新井产量、效益倒逼、投资控制等方面发力，推行产能建设标准化，实施项目全过程效益管控，持续优化资产结构，有效发挥资产管理的正向拉动作用。同时，加大设备设施、废旧物资、油管杆的修旧利废工作力度，以市场化机制引入技术服务的形式减少资产负担，有效降低折旧折耗，完全成本始终保持在国内领先水平。

3 认识与建议

（1）页岩油效益开发涉及多维度、多领域、多学科，是一项系统工程，必须协同各方资源和力量，在更高水平、更高层次上达成深度合作，开展一体化的研究攻关和成果共享，才能推动开发管理多领域取得创新突破，实现革命性变革。

（2）"四新三高"管理创新是在页岩油革命管理变革过程中不断改进优化所形成的，是开发管理的"过程解"而不是"最优解"，下步需要按照这一框架方向持续改进、优化提升。

（3）长庆页岩油已经建成国内最大页岩油开发示范基地，但对标现代化产业体系发展方向、对标常规采油开发、对标国内外先进经验，仍有诸多制约短板，需要通过页岩油革命对整个行业生产力、生产关系、管理方式进行颠覆性的变革。

（4）市场化、数智化、绿色化是现代化企业改革发展的趋势和潮流，对页岩油开发企业来说，在创业和改革初期注重市场化、数智化、绿色化转型是发展必然选择，也是页岩油革命的重要方向。

参 考 文 献

[1] 王建，郭秋麟，赵晨蕾，等.中国主要盆地页岩油气资源潜力及发展前景[J].石油学报，2023，44(12)：2033-2044.

[2] 孙龙德，刘合，朱如凯，等.中国页岩油革命值得关注的十个问题[J].石油学报，2023，44（12）：2007-2019.

[3] 刘斌.我国陆相页岩油效益开发对策与思考[J].石油科技论坛，2024，43（2）：46-57.

[4] 何永宏，薛婷，李桢，等.鄂尔多斯盆地长7页岩油开发技术实践——以庆城油田为例[J].石油勘探与开发，2023，50（6）：1245-1258.

[5] 焦方正，邹才能，杨智.陆相源内石油聚集地质理论认识及勘探开发实践[J].石油勘探与开发，2020，47（6）：1067-1078.

[6] 李国欣，吴志宇，李桢，等.陆相源内非常规石油甜点优选与水平井立体开发技术实践：以鄂尔多斯盆地延长组7段为例[J].石油学报，2021，42（6）：736-750.

[7] 金之钧，朱如凯，梁新平，等.当前陆相页岩油勘探开发值得关注的几个问题[J].石油勘探与开发，2021，48（6）：1276-1287.

[8] 翁定为，雷群，管保山，等.中美页岩油气储层改造技术进展及发展方向[J].石油学报，2023，44(12)：2297-2307.

[9] 袁士义，雷征东，李军诗，等.陆相页岩油开发技术进展及规模效益开发对策思考[J].中国石油大学学报（自然科学版），2023，47（5）：13-24.

[10] 霍富永，王晗，朱国承，等.长庆油田页岩油中心站智能化管控技术研究与应用[J].油气田地面工程，2022，41（2）：1-5.

[11] 李阳.低渗透油藏CO_2驱提高采收率技术进展及展望[J].油气地质与采收率，2020，27（1）：1-10.

大庆西部页岩油效益开发管理探索与实践

王新强，邹兰涛

（大庆油田有限责任公司第九采油厂）

摘　要：面对大庆西部古龙页岩油地质条件复杂、常规开发产量低、经济效益差的实际，按照"系统研究、试验先行、优选目标、重点突破"的思路，建立地质工程一体化模型，创新形成了页岩油高效开发技术系列，集成创新页岩油水平井优快钻井、体积压裂及工厂化钻压作业模式等效益开发配套技术，建立"高效、绿色、智能"页岩油地面建设模式，形成高效开发管理方式和特色开发调整技术"为核心的页岩油效益开发管理模式，解决了困扰储量动用的开发体系及配套技术，提高了油层动用程度，实现了"少井高产"和页岩油规模上产，保障了效益开发建产，实现了松辽盆地陆相页岩油勘探开发的重大战略性突破。

关键词：开发技术；创新管理；效益开发；大庆西部页岩油

1　问题的提出

松辽盆地北部晚白垩世为大型内陆坳陷湖盆，青山口组为最大湖泛期，孕育了广泛分布的富有机质暗色泥页岩沉积，富集了丰富的页岩油资源，主要集中于大庆长垣西部齐家—古龙凹陷地区，是非常规石油勘探的主要对象。开发实践表明，采用常规的井网和压裂技术开发页岩油，产量低，开发效果差。但是，随着钻井、压裂等关键工程技术突破，围绕"资源、技术、效益"三大目标，实施勘探开发一体化，建立地质工程一体化模型，形成创新的管理机制，实现了大庆西部页岩油规模化、效益化开发。

2　开发管理的主要做法

2.1　开展系统工程研究，创新形成页岩油高效开发技术系列

按照古龙页岩油地层分层体系和"甜点"发育状况，综合岩性、电性、含油性特征，将青山口组页岩油划分为三个油层组，厚度在38~58m，进一步可细分为九个油层，单层厚度11~22m。

基于古龙页岩油为原生源储原位油藏、空间上呈大规模立体分布的特点，在开发方式、井网部署、箱体开发和地震预测跟踪上统筹考虑、整体部署，勘探开发一体化实施，确保页岩油有效动用。

2.1.1　优选合理开发方式

岩心力学试验表明，页岩储层中裂缝易扩展延伸，沿层理方向易破裂。储层应力差较小（2~4MPa），易形成复杂网状裂缝。统计试验区目的层可压性参数，储层应力差小于2.5MPa，破裂压力小于50MPa，脆性矿物含量大于41.5%，目标靶层可压性较好。

第一作者简介：王新强（1968—），男，大庆油田有限责任公司九采油厂，高级工程师，主任地质师，主要从事石油地质勘探与开发。通讯地址：黑龙江省大庆市大庆油田有限责任公司第九采油厂，邮编：163853，E-mail：dqwangxq@163.com

参考有利岩性、储集空间、储集性、含油性、流动性和可压性参数，以 Q2、Q3 层的Ⅰ类"甜点层"为目标靶层，考虑水平井体积压裂缝高，Ⅱ类"甜点层"厚度 2.6~3.6m，将 Q1—Q2 层、Q3—Q4 层整体作为两个目标靶层，靶层一动用厚度 19.4m，靶层二动用厚度 21.2m。

可见，针对发育多层厚层的页岩油藏，采用大规模体积压裂后弹性开采开发效果较好。

2.1.2 践行井网部署、设计、实施一体化理念

（1）一体化部署。

按照"逆向设计、正向施工、协同优化"思路，创新形成了"一次井网、平台部署、整体压裂、立体开发"的部署理念，满足箱体整体动用。一是初步形成了"缝网有效匹配"的井网井距优化技术。优化靶层：立足"七性"精细评价细化优质靶层；模拟压裂缝高优化靶层位置以及间距。优化井距：根据经济极限井距、压力传导范围、动态泄油半径和数值模拟方法综合确定，合理井距 300~400m。

二是初步建立了"平台双向交错、纵向 W 井网"的立体布井方式。双向交错布井利于实现大井丛大平台，发挥工厂化作业和实现地面集约化优势；纵向 W 井布井利于实现压裂层间干扰，确保箱体充分改造以及资源动用最大化。

（2）一体化设计。

一是建立"1357"评价制度，快速推进地质评价工作。以测完井结束为时间起点，测井公司 1d 内上传测井数据、3d 内提供测井数据表，录井公司 5d 完成录井资料整理及录井评价，研究院 7d 内完成单井综合评价及地质方案，并同步开展压裂工程方案。

二是立足储层"七性"参数，实现靶层箱体精细刻画。开展完钻水平井"七性"评价，综合地质、工程参数，精细刻画水平段特征，依据地质认识划分差异层段，结合天然裂缝预测以及元素分析等资料，定位差异点，为个性化压裂参数确定提供指导。

三是建立"地质、力学及天然裂缝"三个模型，有效支撑压裂设计优化。基于 Petrel 一体化研究平台，以地质认识为指导，以地震信息和测井参数为约束，建立水平井岩性、S_1、孔渗饱、杨氏模量、泊松比等 11 种地质、力学参数属性模型及天然裂缝模型，支撑压裂设计优化。

（3）一体化实施。

一是搭建一体化导向平台，建立指挥部 + 研究院 + 录井导向三级决策管理模式，推进以专业导向软件 +LWD 仪器 + 测录地震综合分析的地质工程一体化技术体系，前后线实时联动跟踪，及时分析决策，精准控制轨迹。入靶成功率及靶窗钻遇率均为 100%。

二是优化声幅测井流程，突出三个后移，技套声幅后移到三完阶段测井，完井声幅后移到井队搬迁后脱机测井，未测到底则后移到试油队通洗井后补测，缩短了钻井周期，降低了钻井成本。

三是多监测手段联合应用，现场压裂实时调整。地面微地震监测 4 口、井中微地震监测 2 口、电位法监测 3 口，及时调整射孔和布缝方式，段内 7 簇人工裂缝长度较 10 簇增加 29m，平均缝网面积变大。

2.1.3 探索箱体开发水平井设计及导向方法奠定压裂基础

1 号试验井组部署区域构造平缓，断裂发育程度低，地层倾角小于 1°，水平井跟端与指端构造落差一般小于 5m，实施完成的三层立体水平井间距 10~20m，实钻轨迹相对平滑，满

足了开发箱体整体压裂改造的需要。

4号试验井组部署区域受断层切割影响,断层附近逆牵引等特征给水平井设计及导向带来了较大的挑战,导致2口不同层位水平井轨迹交叉,为后期整体压裂施工带来了一定影响。

页岩储层"箱体"开发,无明显的压裂隔层,水平井压裂时将会突破思想中认为的靶层概念。按照常规设计思路,相同层位靶区一致,受断层／大倾角构造影响时,将会导致井间距过近,影响压裂改造规模。

2.1.4 创新完善地震预测技术支撑水平井部署及跟踪

一是基于地质—地震岩石物理分析,建立了页岩层段富集层地震预测技术体系,实现对地质参数(TOC、S_1、孔隙度、富集成厚度)和工程参数(脆性、地应力、页理缝、高角度裂缝)预测,建立三维地质建模,有效支撑了页岩油勘探开发部署。

二是建立高精度构造成图方法及三维地质建模跟踪评价技术。18口实钻井资料表明,目标区直井相对构造误差平均1.2‰、水平井靶点相对构造误差平均0.65‰。

综合考虑经济因素、压裂规模、井控储量及后期补充能量等因素,Q3、Q2层丰度分别为$40.3 \times 10^4 t/km^2$、$47.8 \times 10^4 t/km^2$,考虑优化单井控制储量,设计井距分别为400m、300m。综合考虑拟布井区最大主应力方向为近东西向,因此考虑水平井南北向布井。水平井包干投资4000万元／口(包含钻井、压裂、地面等)时,不同井距下水平段长度应达到1600~2500m。设计5个开发试验井组86口井,动用地质储量$2178 \times 10^4 t$,预计建成产能$31.5 \times 10^4 t$。

2.2 应用数值模拟技术,集成创新水平井钻井、压裂等关键工艺技术

古龙泥级页岩储层呈现"千层饼"状,人工裂缝易沿层理起裂和延伸,导致连续加砂难、压裂液控量难。

2.2.1 创新形成水平井钻井工程关键技术

攻克水平井钻井工程的拦路虎,即:提速、提质。通过"双提"技术试验攻关,创新形成了长水平段井眼清洁的工艺技术,突破了短起下钻清除岩屑床的常规认识。不到一年时间,钻井水平段长度从1500m提高到2500m,钻井周期从113d提速到最短的18.8d,实现了由打不成到打得好、打得准、打得快。

2.2.2 创新形成水平井箱式人造油藏复合压裂技术

一是建立地质工程一体化模型。针对储层特点和实钻情况,进行射孔、压裂工艺、施工参数、规模等多方案精细模拟和个性化设计,建立人工油藏,实现改造体积最大化。

二是优化升级复合压裂技术。初步形成了"六个坚持、四个优化、一个精准"的改造思路,实现了以"控近扩远、二氧化碳蓄能、精细射孔、控液稳砂、滑溜水连续携砂"为核心的工艺技术,优化段内簇数、均衡起裂,精细控制关键压裂参数,形成适应古龙页岩油水平井压裂技术体系。

历时33d完成1号试验井组12口水平井381段压裂,施工参数已达到并超过中石油压裂技术2.0指标。工厂化施工能力、施工规模实现新的提升,日压裂段数从3.5段提高到8.2段,平均泵注效率从41%提升至61%,提效50%,成功赶超北美水平(54%~57%)。

2.3 创新建立"高效、绿色、智能"页岩油地面建设模式

针对地面平台较为分散、油区跨度大和集输难度大的实际,以"高效、绿色、智能"为指导思想,经过三次优化,形成了"丛、树、利、智"的滚动建设模式,推进数字化建设,

支持油田开发智能化和精益生产。

（1）"丛"，即优化丛式平台。

水平井采用常规二维模型和"双二维"模型钻井，按照"大井丛、平台式、工厂化"模式，在试验区 25km² 范围内，设计 4 个区块平台 80 口井，靶前距 300~840m、最大偏移距 800m，减少征地面积。

（2）"树"，即采用树状集油流程。

根据单井产液量及出油温度，GY 1 井区站外集油采用单管集油工艺，井口产液集输到计量阀组间。在站内采用两级"四合一"热化学脱水工艺处理后外输。比采用常规的"三相分离器+加热炉"热化学脱水工艺节省投资 13.7%。

（3）"利"，即利用已有设施，新建中间加热站。

根据开发布井特点，油气集输发挥就近接入优势，减少管线穿跨越和新建设施。油气从 1 号试验站外输—葡西联—葡西二转油站—新肇联—葡北油库原稳装置。依托已建脱水系统、原稳系统，同时兼顾了 GY2HC 井后续产能，构建完成后续产能外部输油系统框架，待后续产能投产后，直接接入输油管网系统，实现产品集中转化。

（4）"智"，即智能化建设。

以井、间、站等基本生产单元的生产监控为主，完成数据的采集、过程监控、动态分析、预警报警，实现生产数据自动采集、物联设备状态采集、生产环境自动监测、生产过程监测、远程控制等功能，与物联网建立统一的数据接口，实现数据的共享，实现了电子巡井、集中监控和远程指挥。

通过方案优化简化，少购买储罐 3 座，减少采伐面积 0.245km²，减少征地 0.173km²，地面建设节省投资 1135 万元。

2.4 创新形成高效开发管理方式，提升运行效率

立足齐家—古龙地区轻质油带勘探开发规划设想，新增石油探明地质储量 $10×10^8$t，2025 年年产油达到 $100×10^4$t 以上，成立大庆古龙陆相页岩油国家级开发示范区，进行总体规划，积极探索页岩油低成本有效开发新模式、新机制和管理方式，明确运行管理工作目标。

2.4.1 构建以市场为导向的一体化组织机构

按照"会战传统+项目管理+市场化模式"，大庆油田有限责任公司于 2020 年 4 月 28 日正式成立页岩油指挥部组织机构，指挥部内设 5 个工作组，下设 4 个专业项目经理部。明确岗位职责、梳理指挥部 1 个一级流程，14 个二级流程，形成指挥部工作运行程序规定（试行）、页岩油项目选商小组相关要求、页岩油投资管理工作方案、指挥部印章使用管理办法、指挥部用车管理暂行规定，加强协同联动、形成工作合力，推动了页岩油高效勘探开发。

2.4.2 突出全生命周期管理体系创新

创新、协调、绿色、开放、共享的新发展理念使我们明确了古龙页岩油要实行全生命周期的管理，即"六化"：项目化管理、市场化运行、平台化布井、工厂化作业、智能化管控、低碳化发展（图 1）。

（1）项目化管理。

对油田开发的各个关键节点实行"项目单设，计划单列，效益单评，单独考核"，统筹协调，推进进度，提高运行效率。

（2）市场化运作。

探索市场定额，严格控制单井投资在 4000 万元以内。推行费用倒逼机制，细化单井的钻井、压裂、射孔和测井等关键节点投资预算，打破关联交易及内部结算价格，组织油田公司内部队伍议价、招标、合同签订，预计单井减少投资 647 万元，节约 16.18%。

项目化管理	项目单设、计划单列、效益单评、单独考核
市场化运行	市场机制、内引外联、优选队伍、同质同价
平台化布井	集中建产、集约用地、集成技术、提升效率
工厂化作业	批量钻井、拉链压裂、地面工厂、效益倒逼
智能化管控	数字孪生、智能调控、远程远维、少人高效
低碳化发展	新评引领、风光联合、多能互补、清洁生产

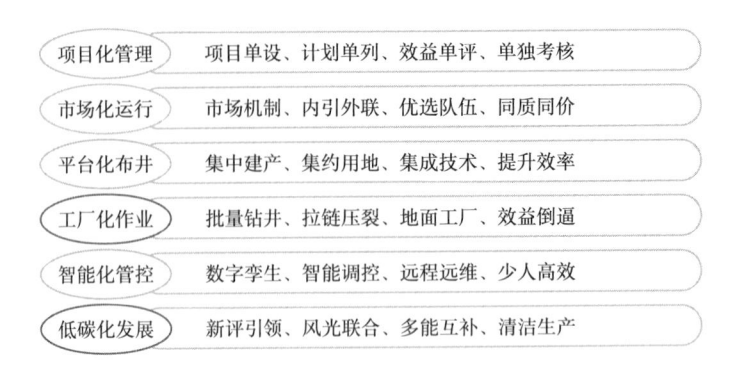

图 1　"六化"全生命周期管理体系

（3）平台化布井。

单平台布井 6~12 口，提升钻机平移能力至 40m 以上，一部钻机施工 3~6 口井；通过大平台工厂化、集约化施工，强化生产提速提效，缩短钻井、压裂施工周期；推行集约化、节约化用地理念。

（4）工厂化作业。

古页油平 1 试验区 8 口井通过平台优化布井，工厂化钻井、电驱代替燃油钻井、油基钻井液重复利用等措施，提速提效降本。平台化钻井施工可缩短钻井周期 56d；拉链式压裂缩短单井施工周期 1 倍以上，节省单井压裂费用 360 万元；按照单井进尺 5000m、油基钻井液重复利用 50% 计算，可节约钻井成本 125 万元；电驱、燃气钻井较燃油钻井比较，节约成本 190 万元。

（5）智能化管控。

数字化采集和远程监控系统集成配套，实现钻井、压裂、潜油电泵实时数据回传和智能化实时报警，以一体化作战室为纽带，建设高效一体化的协同、互动、支持和决策环境，实现辅助决策由现场个体经验判断向远程专家科学研判转变。

（6）低碳化发展。

针对页岩油水平井油基钻井液钻井、大规模压裂环保风险高的实际，优化井场布局缩减占地，加强现场油水不落地管理，开展油基泥浆重复利用，返排液拉运处理等全过程监管，实现绿色生产。

2.4.3 形成"12345"高效生产组织模式

建立"1 项制度"："无缝衔接"管理制度，倒排运行、挂图作战、按表推进、时刻对标，全员、全过程、全天候无条件服从现场运行。

推行"2 个机制"：推行创优达标考核机制，单井考核、完井兑现；推行市场化机制，引入渤海、西部钻探施工队伍，以外促内、降本增效。

打破"3 个常规"：井位、地质、工程设计和现场踏勘由"串联式"变"并联式"；环评征地执行容缺机制，实行承诺制，实现大区块环评；钻机、压裂车组连续施工，人员轮休设备不停。

突出"4个前移":专家、物料、维保、质检前移,施工保障和技术保障能力大幅提高。

实施"5个不等":钻机不等井位、钻井不等钻前、施工不等设计、压裂不等方案、投产不等地面。

通过实施"12345"运行模式,使井位设计、钻井地质和工程设计从25d缩短为5d;试油压裂地质工程方案从13d缩短为5d;部署设计到环评征地常规组织需要3个月,现在最快7d上钻,项目整体向前抢出4个月时间。古龙页岩油1号试验站基建施工仅用98d就投用,创造了油田地面设施全橇装化建设的新速度;1号试验区开发先导试验井组12口水平井完成压裂投产;其他节点工作量全面展开,现场工作井然有序推进。

2.5 形成特色开发调整技术,支撑作用更加靠实

在技术管理上,做到"三个加强"。全面加强动态调整、举升攻关和地面优化,技术支撑作用更加靠实,年增油7754t。

一是加强动态调整。根据页岩油"焖、调、稳、控"四个生产阶段动态特征,实施针对性调整,发出单井地质设计24井次,制定工作制度调整方案40井次,调整后初期日增油7吨。

二是加强举升攻关。探索储层保护、压力测试、举升管柱防砂3项工艺技术,现场试验14口井,实现了页岩油高效举升。推动排采、作业等方面进行优化,提出建议27条,现场应用53口井,4号试验井组采用抽油机后日产由40t上升到120t。

三是加强地面优化。紧跟页岩油开发步伐,改造站场8座,实现气调压、站扩建、油换向,满足页岩油气南北双向外输需求。

3 结论及推广前景

(1)保障了国家能源安全。

建立了大庆古龙陆相页岩油国家级示范区,通过技术攻关和现场试验双轮驱动,实现了松辽盆地开发五大创新突破(创新找油理念、创新理论认识、创新高效开发技术、创新关键技术、创新管理方式),深化了页岩油地质认识,破解工程技术瓶颈,实现了资源向效益储量转化的关键一步,2021年8月在大庆油田第九采油厂区域内古龙页岩油轻质油带核心区古页1井区Q1—Q4油层提交预测储量12.68×10^8t,含油面积1413.2km^2;预计"十四五"末期将新增石油探明地质储量10×10^8t,页岩油年产量达到100×10^4t以上。

(2)增强了油田企业高质量发展后劲。

页岩油开发关键技术获得创新突破,解决了困扰储量动用的开发体系及配套技术,实现了配套技术集成化和管理方式机制化,降本增效成效显著,储量实现了效益规模化动用。钻井基建投产油井86口,动用地质储量2178×10^4t,建成产能31.5×10^4t,当年产油2.02×10^4t。单井投资由4000万元降至3301万元,降幅达17.5%;水平井开发实现了少井高产,投产较早的12口井平均单井日产油达到19.6t,日产气1.13×10^4m^3,是设计产能的1.4倍,采油速度达到2.39%,单井控制储量达到29.4×10^4t,预测单井ERU(评估最终可采储量)产油达到2.1×10^4t,油气当量2.95×10^4t,采收率可达10.04%。

(3)取得了较好的经济效益和社会效益。

经济评价结果表明,油价按50美元/bbl测算,内部收益率将达到6.47%。生产实践也

表明，由于古龙页岩油油质好，属于轻质油，分离后产生的轻烃是必要的化工原料，这必将带动下游相应的原料产业，促进地方产业链的延伸，对大庆市乃至黑龙江省经济发展具有重要的拉动作用。预计到2025年，基建投产400口井，建成产能194.8×10^4t，"十四五"末期，上产到100×10^4t。

参 考 文 献

[1] 朱国文，王小军，张金友，等.松辽盆地陆相页岩油富集条件及勘探开发有利区[J].石油学报，2023，44（1）：110-124.

[2] 孙龙德，刘合，何文渊，等.大庆古龙页岩油重大科学问题与研究路径探析[J].石油勘探与开发，2021，48（3）：453-463.

[3] 金之钧，朱如凯，梁新平，等.当前陆相页岩油勘探开发值得关注的几个问题[J].石油勘探与开发，2021，48（6）：1276-1287.

古龙页岩油区带级模型表征及地质—工程"双甜点"综合评价研究

向传刚 [1,2,3]，迟 博 [1,2,3]，王 瑞 [1,2,3]，
覃 豪 [1,2,3]，杨桂南 [1,2,3]，杨志会 [1,2,3]

（1. 大庆油田有限责任公司勘探开发研究院；2. 黑龙江省油层物理与渗流力学重点实验室；3. 多资源协同陆相页岩油绿色开采全国重点实验室）

摘 要：古龙页岩油是大庆油田资源接替的重要现实领域，储层高黏土、页理发育，地质、工程属性在空间变化大，非均质性强，如何利用海量的地震、测井等资料描述全藏非均质性特征、预测井间和空间的"甜点"分布，是指导页岩有效开发的关键。在前期勘探研究的基础上，通过"岩相控制、井震协同"、有限元模拟及神经网络法等方法，首建岩相及地质—工程参数区带级模型，并补全页理缝密度等参数模型，打造了古龙页岩"透明"油藏，工区面积2778km^2，目标区纵向精度0.48m，实现了储层描述由井间对比向全藏精准表征的突破；在迭代更新模型的基础上，基于"双甜点"评价标准，建立双优"甜点区"分布模型，实现"双优甜点区"由二维推测向三维立体表征的跨域，并创新形成纵向滑动窗口最优靶层确定方法，最优靶窗由笼统"甜点层"聚焦到2~4m的最优靶窗。通过指导Q9层开发井位设计和压裂方案，钻遇"甜点"的符合率92.3%，全面支撑了大庆古龙页岩油Q9层产能建设。

关键词：古龙页岩油；区带级模型；评价标准；"双甜点"评价

随着全球能源消耗需求的增加，页岩油已成为全球在解决能源危机的潜在资源类型。其中，大庆油田中浅层沉积了一套厚度大、分布面积广的深湖—半深湖相页岩，是一套重要的生油源岩。前期在勘探开发领域取得了一些实践性的重大突破，但巨量资源转化为现实产量仍面临着诸多难题与挑战。一方面，该套储层为典型的陆相深湖—半深湖盆页岩沉积，岩石泥质含量高、地质成藏条件复杂，储层非均质性非常强，仅仅依靠井间对比，显然不能描述储层非均质性特征；另一方面，页岩油作为全新的油气资源类型，早期的研究主要以测井关键参数为"甜点"评价基础[1]，难以准确反映出靶层地质—工程属性的空间分布，限制了古龙页岩油页岩油规模上产的推进工作。基于上述问题，本文通过"区带级模型表征"+"双甜点综合评价"为核心的古龙页岩储层描述技术，深化全藏"甜点层"分布认识，为页岩油开发提供可靠的地质依据和基础。

1 区域地质及勘探开发概况

1.1 区域地质概况

古龙页岩油位于松辽盆地北部中央坳陷区齐家—古龙凹陷，主力层系为白垩系下统青山

第一作者简介：向传刚（1982—），2007年毕业于成都理工大学油气田开发工程专业，获硕士学位，现为大庆油田有限责任公司勘探开发研究院开发研究二室二级工程师，从事非常规油藏地质力学、裂缝建模数模等方面研究工作，高级工程师。通讯地址：黑龙江省大庆市让胡路区勘探开发研究院开发研究二室，E-mail：xiangchuangang@petrochina.com.cn

口组一段和二段，页岩油主要发育在青山口组一段至青二段下部，厚度 122~150m。根据岩性、物性、地球化学、含气性、电性等特征的差异，纵向上可划分为 9 个油层，不同小层储层特征存在较大差异。以古页 L 井为例（图 1），Q1—Q4 油层岩性以灰黑色、黑灰色灰质纹层状页岩为主，含纹层状页岩，局部夹灰质云岩、介壳灰岩，碳酸盐岩矿物持续发育。Q5—Q7 油层岩性以灰黑色、黑灰色纹层状页岩为主，含灰质纹层状页岩，局部夹灰质云岩、介壳灰岩，碳酸盐岩矿物局部发育。Q8—Q9 油层岩性以灰黑色、黑灰色纹层状页岩为主，局部夹介壳灰岩，碳酸盐岩矿物局部少量发育。

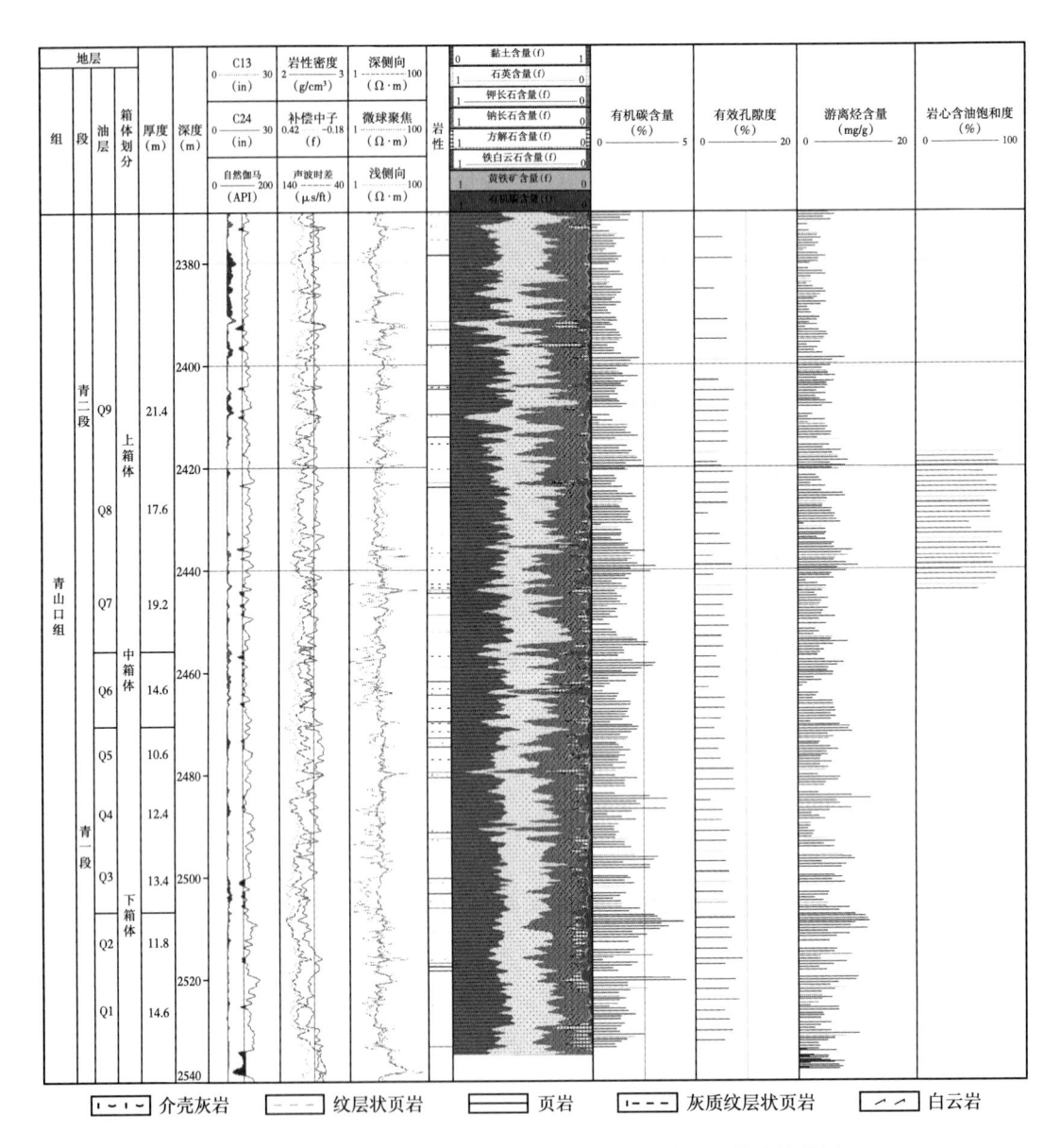

图 1 松辽盆地古龙页岩油古页 L 井青一段—青二段综合柱状图

1.2 勘探开发概况

松辽盆地北部青山口组泥页岩中油气显示最早见于 20 世纪 60 年代，在钻井取心过程中，发现页岩层段有沿着层理面渗油的现象，认识到泥岩裂缝具备含油能力。20世纪80-90年代初期，将泥岩裂缝油藏作为勘探与评价目标，陆续在多口井中获得工业气流。2021年8月，国家能源局批复设立大庆古龙陆相页岩油国家级示范区。通过地质—油藏—实验—地球物理一体化研究，明确了源岩品质好、储层物性好、原油性质好、游离烃含量高、气油比高、压力系数高的地质特征，落实了 $151×10^8 t$ 资源规模。截至2023年9月，古龙页岩油总共完钻水平井130余口，压裂100余口，见油井100余口。其中，Q9油层累计压裂25口井，均已见油生产，22口井试油产量达到23t以上，基本到达效益勘探目标。

2 岩相及地质—工程参数区带级模型

2.1 区带级岩相模型表征

针对传统岩相描述主要是基于铁柱子井的单井相识别和横向对比，不能精细描述全藏范围纵向和横向岩性变化的现状，基于地层格架对比和井震联合，创新形成"数据分析—趋势约束—随机模拟"三步法岩相建模，实现岩相描述由"二维"分布到"三维"全藏的跨越。

首先依据青一段沉积旋回特征，建立油层小层划分标准，完成地层格架对比，结合地震解释成果，井震结合建立了古龙页岩油富集区 $2778km^2$ 区带级构造模型，节点数6028.09万，平均纵向网格高度0.48m，为开展非均质性描述及精细表征提供基础。在此基础上，基于海量的地震、测井数据，形成"数据分析—趋势约束—随机模拟"的岩相建模法，首次构建古龙页岩油区带级岩石矿物组分模型。"数据分析"即是基于148口井的测井精细解释数据及9个地震预测属性体开展相关性分析，对8种矿物组分参数间相关性分析；"趋势约束"即是选取相关性最好的地震属性和已建好的属性作为趋势体进行空间约束，"随机模拟"即是优选模型算法，选取与地震或关联属性趋势一致、标准偏差小的模型作为最终结果。在矿物组构模型基础上，按照古龙页岩5种岩性划分标准，以钙质、黏土、长英质矿物作为三端元进行岩相模型计算，精细刻画9个小层8种矿物组分及岩相展布，揭示了区带级优势岩相和夹层空间分布趋势（图2）。上箱体、中箱体、下箱体表现为不同的岩相分布特征。其中，下箱体富含黏土质，中箱体黏土质和长英质呈脉状分布，上箱体黏土质减少，长英质增多。钙质夹层主要分布在西部和东北部的斜坡带。

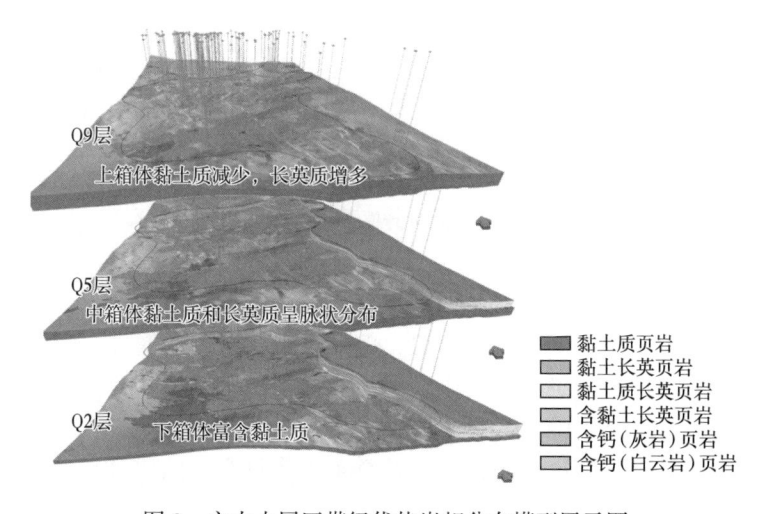

图2 主力小层区带级优势岩相分布模型展示图

2.2 区带级地质—工程属性参数模型表征

传统的建模方法以试验区为目标[2]，工区面积小、导眼井较少，以地震反演预测为主的建模方法不能反映整体上的宏观岩相趋势对地质属性参数属性分布的控制作用，在区带级模型的基础上，通过"岩相控制、井震协同"的区带级参数建模，补全页理缝密度模型，打造了古龙页岩"透明"油藏。

区带级属性建模过程中，以不同属性参数测井解释数据为硬数据，提取密集样本区岩控确定性建模结果揭示的变差函数，即为"岩相控制"，以区带级的地震反演数据作为趋势体，进行协同变量趋势分析，经随机模拟算法优选，建立区带级属性模型（图3）。有机碳TOC模型为例，1号试验区有12口水平井的有机属性和矿物组分的测井解释资料，通过克里金的确定性建模方法建立了有机碳TOC属性分布模型和岩相分布模型，基于模型分岩相进行变差函数的提取，通过高斯、克里金、随机函数等模拟方法进行模型的实现，通过模型与区带级波阻抗属性的相关性优选模型算法和实现。通过优选，有机碳TOC适合井震协同的序贯高斯法进行模拟。通过模型对比，该方法建立的模型与岩相分布剖面、阻抗剖面高度一致，模型较好地反映了属性的空间分布特点。

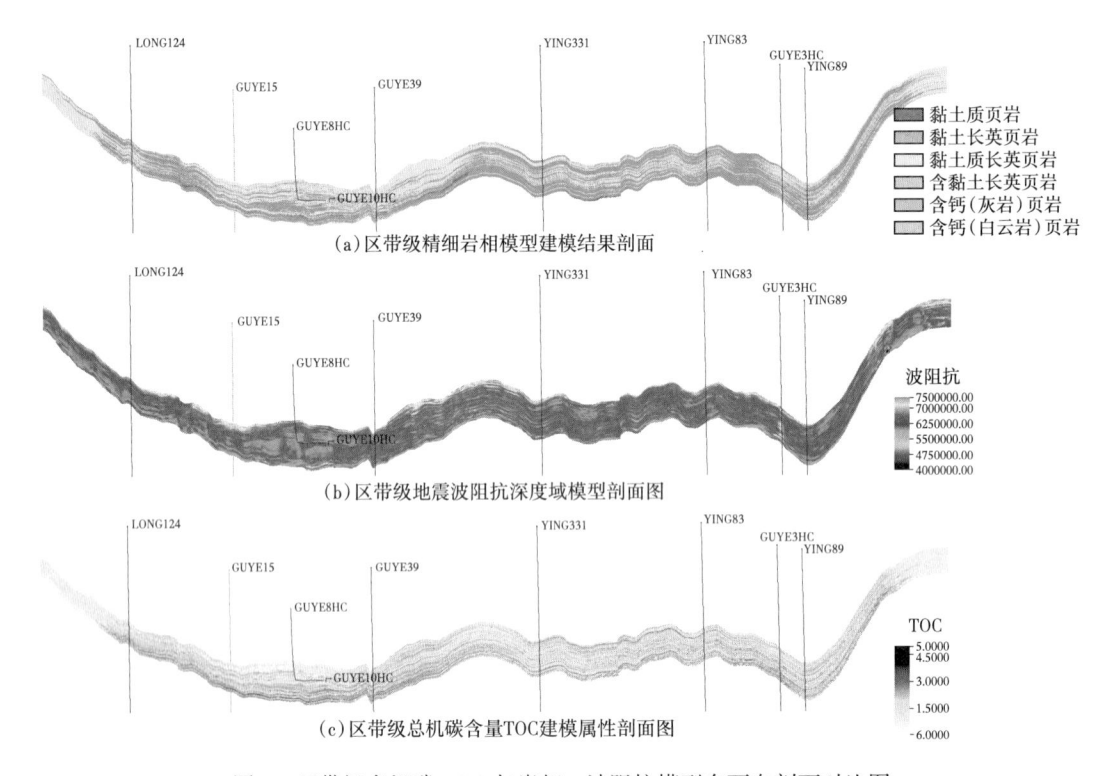

(a) 区带级精细岩相模型建模结果剖面

(b) 区带级地震波阻抗深度域模型剖面图

(c) 区带级总机碳含量TOC建模属性剖面图

图3　区带级有机碳TOC与岩相、波阻抗模型东西向剖面对比图

当然，不同属性应采用不同的属性算法，例如页理缝密度的属性，区内岩心描述的页理缝数据较少，创新采用神经网络页理缝密度属性建模方法，以测井计算的杨氏模量、岩相分布和声波曲线为输入层，再用曲率、断层距离、TOC的参数模型作中间层，神经网络计算得到2778km²区带级页理缝密度分布模型，补全了古龙页岩油储层属性参数模型的最后一环（表1）。

表1 古龙页岩油储层不同属性参数算法优选结果

参数	算法	参数	算法
地质参数	模拟方法优选	有机相模型	按有机相划分标准确定性计算
总孔隙度	井震协同、序贯高斯模拟	工程参数	模拟算法优选
可动孔隙度	井震协同、序贯高斯模拟	脆性指数	基于矿物组分+弹性参数的确定性模型计算
饱和度	岩相控制序贯高斯模拟	泊松比	脆性矿物组分模型约束、协克里金插值
脆性矿物含量	矿物组分含量叠加	杨氏模量	脆性矿物组分模型约束、协克里金插值
镜质反射率	岩相控制序贯高斯模拟	抗拉强度	确定性模型计算
总有机碳	岩相控制序贯高斯模拟	抗压强度	确定性模型计算
氢指数	协模拟计算、确定性建模	垂向应力	密度积分计算
游离烃	协模拟计算、确定性建模	密度	岩控协同克里金模拟
页理缝密度	神经网络随机模拟	孔隙压力	压力系数、深度及重力系数的乘积

根据储层地质参数的物理特征，迭代优化模型算法，选取与地震或关联属性的趋势一致、标准偏差较小的模型，作为区带级地质属性参数的最终建模结果，打造了古龙页岩"透明"油藏，为下一步储层"甜点"评价及开发方案设计提供基础。

2.3 区带级地应力矢量化模型表征

传统的方法多为地震为主，测井为辅的插值算法[3-4]，未开展区带级力学建模，地应力参数模型为定量描述，无法分解不同方向的地应力矢量参数。有限元模拟受到网格精度和计算机算力的限制[5]，无法实现区带级模型的有限元模拟计算，基于试验区采用基于各向异性参数的地应力有限元模拟方法，得到矢量化的地应力参数模型，创新通过有限元与神经网络结合，采用遗传神经网络算法开展区带级有限元模型的矢量化参数计算，实现了应力描述由定量化描述向区带级矢量化描述的进步（图4）。

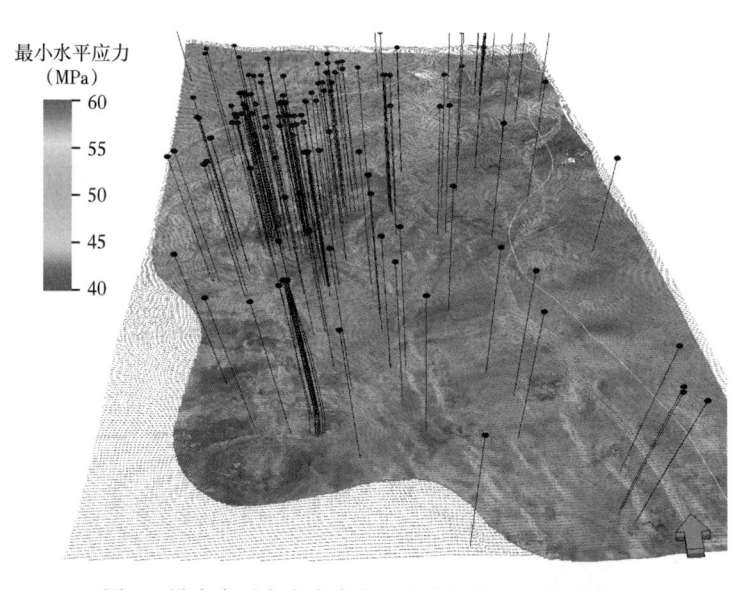

图4 最小水平主应力大小、方向与构造立体叠合图

首先，以一维岩石力学参数为硬数据，采用岩相控制序贯高斯模拟方法，并以岩石组构计算的脆性指数模型为协变量，随机模拟建立各向异性的杨氏模量和泊松比模型。以建立的横向杨氏模量、泊松比模型作为TIV模型初始条件，并通过调试边界载荷直至与实测数据达到拟合，得到试验区原始应力场大小及方向模型，形成了基于各向异性岩石力学参数模型的原始地应力模拟方法。将直井测井解释成果和试验区有限元模拟结果，作为学习样本，其他地质属性作为训练样本，插值计算地应力的力学矢量分量，并对最大水平主应力、最小水平主应力和垂向应力等有限元工程参数进行三维空间力学矢量化计算和描述。

从模拟结果来看，垂向应力值域范围为49~59MPa，空间展布规律与构造匹配较好，随着埋深增加、垂向应力增大，Q1—Q9层纵向上变化范围约为2~3MPa。最大水平主应力值域范围为42~57MPa，空间展布规律与构造匹配较好，随着埋深增加、最小水平主应力增大，Q1—Q9层纵向上变化范围约为2~5MPa。最大水平主应力值域范围为42~57MPa，空间展布规律与构造匹配较好，随着埋深增加、最小水平主应力增大，Q1—Q9层纵向上变化范围约为2~5MPa。水平应力差值域范围为2~3MPa，空间规律变化复杂。应力差随埋深变小，上部箱体应力差大于下部储层箱体。

基于不同的模拟建模方法，共建立了32组区带级地质—工程评价模型，并且可以进行任意过井剖面、区块的各类参数的截取，真正打造了古龙页岩油藏的"透明"油藏。

3 地质—工程"双甜点"综合评价

3.1 区带级模型迭代更新

基于新钻井的矿物组分测井解释成果，实时迭代更新矿物组分模型和精细岩相模型。从不同阶段的岩相模型来看（图5），2021年11月基于118口井的测井资料模拟了岩相模型，2022年11月基于184口井进行了岩相模拟，两个阶段的岩相模型各岩相体积占比变化较大，黏土质页岩体积占比变小，黏土长英页岩体积占比变大，黏土质长英页岩体积占比变小；2023年12月基于240口井进行了岩相模拟，相较于上一阶段模型，各岩相体积占比变化甚微，新迭代的岩相模型的各岩相体积占比逐渐趋于明朗。

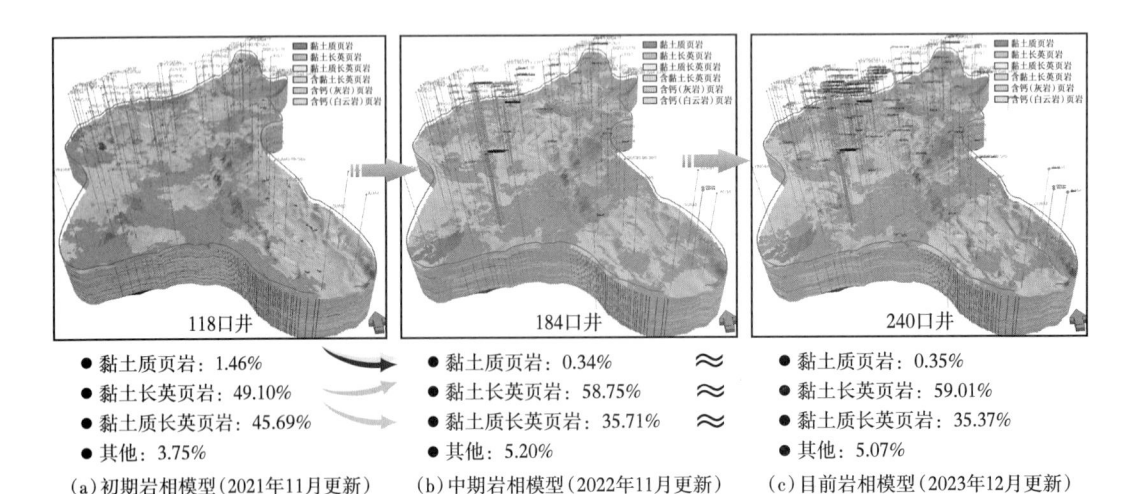

图5 古龙页岩油不同阶段区带级岩相模型及各岩相体积占比对比

在岩相模型的基础上，对地质—工程属性模型迭代优化。地质属性模型更新以高斯模拟为主，根据新钻井资料，更新不同算法的地质"甜点"参数模型实现，以参数模型间相互对应性最优作为最终模型结果，进行迭代优化和质控。工程属性模型以协克里金模拟为主，根据新钻井资料，更新不同算法的地质"甜点"参数模型实现，以参数模型间相互对应性最优作为最终模型结果，进行迭代优化和质控。

3.2 地质—工程分类评价标准

古龙页岩油历经多轮现场试验，地质工程"甜点"分类评价标准是一个逐步迭代更新的过程，产能主控因素逐步趋于明朗。最新的研究表明，高产主控因素受地质－工程双因素综合控制，其中 S_1 与 TOC、孔隙度、页理密度等参数呈良好正相关，反应原位成藏特征；基于直井、水平井产能与地质静态参数相关关系，S_1、8ms 核磁大孔对产能具有控制作用，优选 S_1、核磁大孔为页岩油地质富集核心评价参数；根据古页 1 井纵向压裂效果分析可知，缝高较高的簇普遍具有高杨氏模量、低泊松比、高脆性矿物含量、低页理缝密度、低破裂压力的特征；压后 CT 扫描实验证明，颗粒大小及岩石组构对工程改造具有重要影响，长英质颗粒发育位置易形成复杂缝网。脆性矿物含量、杨氏模量、粒度、页理密度、破裂压力 5 参数表征页岩油工程改造品质，重新建立页岩油"甜点层"定量评价方法，支撑古龙页岩油纵向靶层优选。根据各"甜点"控制参数与产能的关系，可建立关系式：

地质"甜点"指数 = S_1 × 核磁大孔（核磁大于 8ms 孔隙度）

工程"甜点"指数 =（脆性矿物含量 × 杨氏模量 × 粒度）/（页理密度 × 破裂压力）

根据各"甜点"指数与产能的相关性系数之比，确定综合"甜点"指数的权重，其关系式可表达为：综合"甜点"指数 = 0.541 × 地质"甜点"+ 0.459 × 工程"甜点"指数

通过研究与生产实践结合，按照"地质富集、工程可压"的方法，建立了"甜点"靶层分级评价标准（表 2）。其中Ⅰ类和Ⅱ类为优质"甜点区"。

表 2 古龙页岩油"甜点层"评价标准

参数	Ⅰ类	Ⅱ类	Ⅲ类
地质"甜点"	>0.21	0.16 ~ 0.21	<0.16
工程"甜点"	>0.40	0.30 ~ 0.40	<0.30
综合"甜点"	>0.33	0.26 ~ 0.33	<0.26

3.3 地质—工程分类"甜点"刻画

对地质—工程"双甜点"分类标准进行迭代更新，通过考虑工程、地质"甜点"的综合品质计算方法，建立区带级优质靶区模型，实现地质—工程分类"甜点"区带模型立体刻画。基于"双甜点"标准和优质靶区模型，分层计算优质"甜点"厚度，Q2+Q3、Q8+Q9 为优质"甜点"厚度较大的靶层，试验井初期产量情况也证实"甜点"厚度较厚的部位产量较高（图 6），为下步试验区和层位优选提供依据。

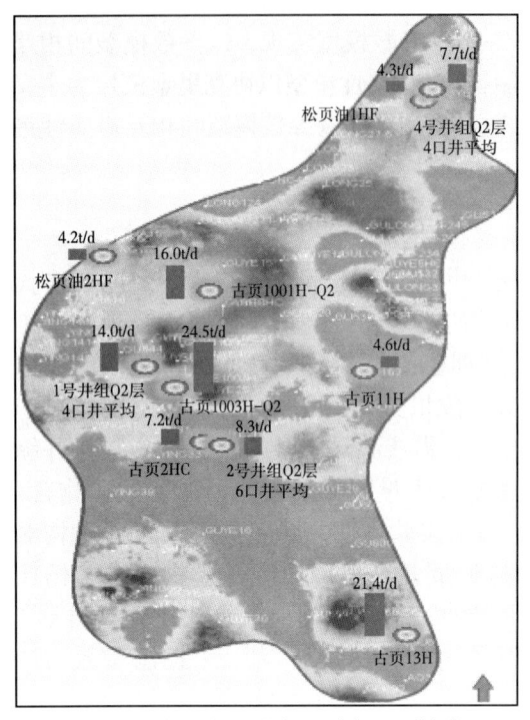

(a)轻质油带Q2油层"甜点"厚度与21口井初期
30d平均日产当量分布图

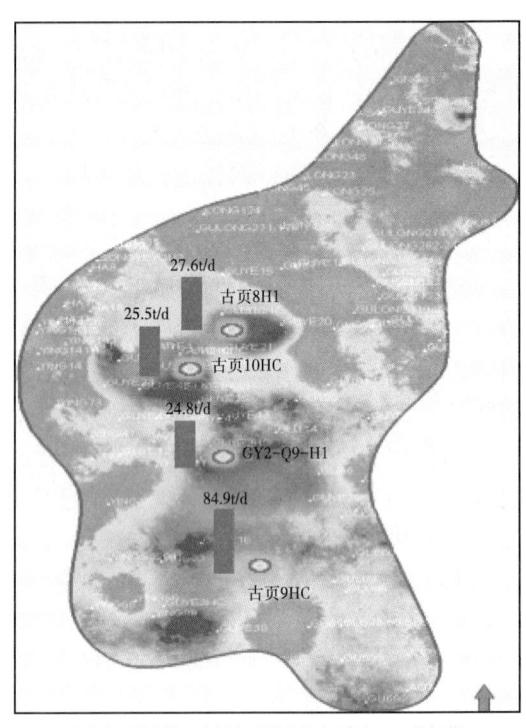

(b)轻质油带Q9油层"甜点"厚度与4口井初期
30d平均日产当量分布图

图6　古龙页岩油区Q2、Q9层"甜点"厚度分布于试验井初期产量情况叠合图

3.4　纵向滑动窗口最优靶层确定

最优靶层确定的常规方法基于测井解释的"甜点段"进行靶层优选[6]，未考虑靶层井周夹层对改造体积的影响，未考虑井轨迹的工程设计情况，靶层厚度比较笼统，不能反映靶层内差异，靶层段厚度5~8m。针对该问题，创新纵向滑动窗口最优靶层确定方法，与井轨迹设计结合，实现最优靶层聚焦。基于"甜点"评价模型，进行靶体储层的纵向扫描滑动，模拟"甜点层"不同位置改造缝控储量，提出GQ储层品质评价方法。按照GQ评价结果，优选钻井最优靶窗。以Q9层下部箱体为例，按照测井解释的"甜点段"，该靶层为5~8m；但如果考虑井轨迹及夹层的遮挡作用，靶层的上部靶点进行井眼设计和压裂时，缝高扩展较好，改造体积较优（图7），这样就将靶层进一步聚焦到2~4m的优质靶层范围。

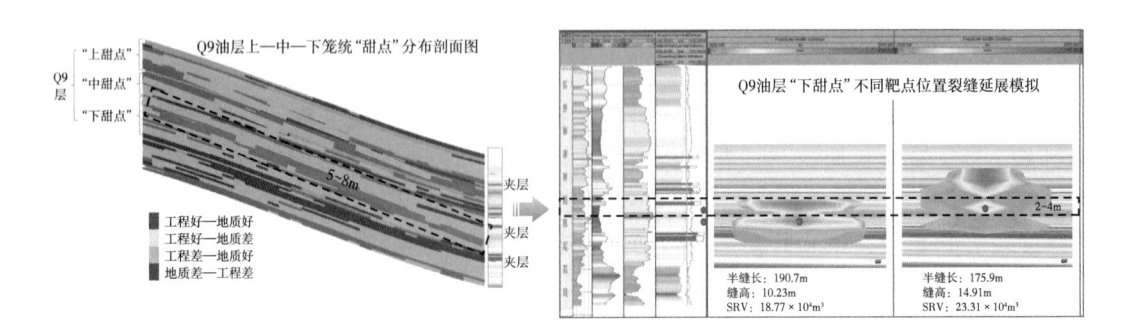

图7　古龙页岩油区某井Q9层下箱体纵向滑动窗口最优靶层确定示意图

结合模拟表明，在保证轨迹平缓的情况下，基于滑动靶窗进行水平井轨迹设计和地质导向，"聚焦"最优靶窗的改造体积和累计产油量均比"笼统"靶窗高。统计 Q9 层最优靶层钻遇率，截至目前，完钻的 Q9 层 32 口井平均钻遇率达到 92.3%，取得较好的指导效果。

4 结论

（1）首建古龙页岩油储层岩相及地质—工程参数区带级模型，形成"区带级模型表征"—"双甜点综合评价"—"动态模型表征"为核心的页岩储层描述技术系列，打造古龙页岩"透明"油藏，实现了储层描述由井间对比向全藏精准表征的突破。

（2）创新建立基于"双甜点"评价模型的滑动窗口靶层拾取技术，实现"甜点"立体刻画，最优靶窗由笼统层聚焦到 2~4m，对指导油田开发方案设计具有重要支撑作用。

（3）古龙页岩油区带级模型表征及地质—工程"双甜点"综合评价较好地支撑了古龙页岩 Q9 层产能建设，可在其他类似页岩储层推广应用，通过"布好井、导好井、压好井和管好井"，具有广阔的应用前景。

参 考 文 献

[1] LIU Y Z, ZENG J H, QIAO J C, et al. An advanced prediction model of shale oil production profile based on source-reservoir assemblages and artificial neural networks [J].Applied Energy, 2022.120604.
[2] 廖东良，路保平，陈延军．页岩气层"双甜点"评价方法及工程应用展望[J]．石油钻探技术，2020，48（4）：94-99.
[3] 张磊夫，董大忠，孙莎莎，等．三维地质建模在页岩气甜点定量表征中的应用——以扬子地区昭通页岩气示范区为例[J]．天然气地球科学，2019，30（9）：1332-1340.
[4] 胡欣芮．储层地质力学建模及地质力学参数场反演方法研究[D]．成都：西南石油大学，2019.
[5] XIANG C G, CHI B, SUN S Y. A Method for Prediction of In-situ stress Based on Empirical Formula and BP Neural Network [J]. IFEDC, 2023：1635-1645.
[6] 曾义金．页岩气开发的地质与工程一体化技术[J]．石油钻探技术，2014，42（1）：1-6.

辽河坳陷页岩油"甜点"叠前地震预测方法及应用

董德胜，邹启伟，郭彦民，陈 昌，蒋学峰，徐振旺

（中国石油辽河油田公司勘探开发研究院）

摘 要：随着非常规油气勘探的不断深入，页岩油已经成为辽河油田重要的接替领域，勘探开发潜力巨大。近年来，辽河坳陷页岩油勘探开发工作主要集中在西部凹陷曙光—雷家地区、大民屯凹陷中央构造带两个地区。主要发育夹层型、混积型、页岩型三种类型，具有岩性复杂、有效厚度薄、横向变化快的特点。针对页岩油"甜点"精细刻画难等问题，从基础研究入手，分析不同类型页岩油主控因素，以岩石物理分析为基础，建立基于叠前反演的"甜点"要素地震预测方法，实现岩性、脆性、裂缝、地应力等多参数预测，为落实页岩油"甜点区"，实现高效勘探开发提供技术支撑。

关键词：页岩油；湖相碳酸盐岩；岩石物理；"甜点"要素；叠前反演；裂缝预测

辽河坳陷页岩油资源丰富，已经成为辽河油田重要的接替领域。辽河页岩油具有类型多、分布散、油藏埋深跨度大、演化程度低的特点，按类型划分夹层型、混积型、页岩型三种类型。近几年，辽河坳陷页岩油勘探开发工作主要集中在西部凹陷曙光—雷家地区、大民屯凹陷中央构造带两个页岩油发育区（图1）。如何实现页岩油"甜点"要素的准确预测，可靠的落实"甜点区"是当前研究的热点及难点问题[1-2]。针对页岩油"甜点"精细刻画难等问题，本

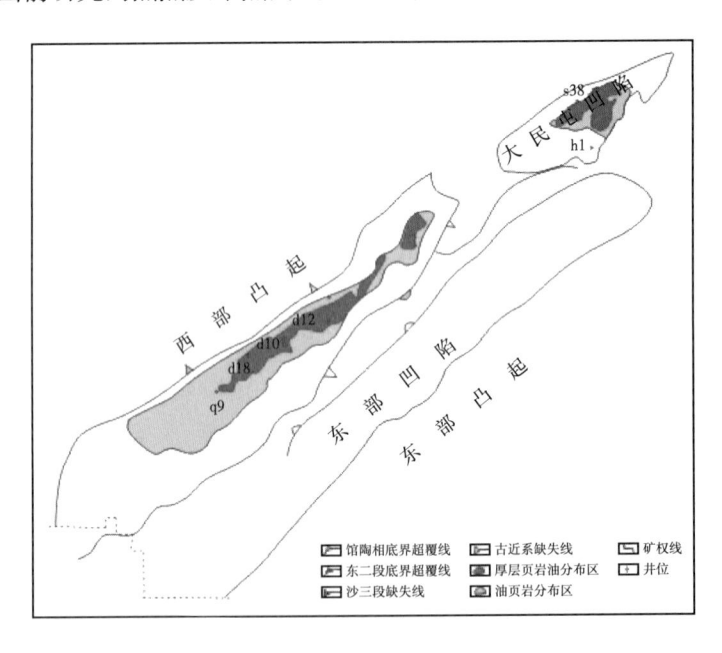

图1 辽河坳陷沙四段页岩油分布图

第一作者简介：董德胜（1983—），汉族，河北滦南，大学本科，主要从事地震解释及勘探部署工作。现就职于中国石油辽河油田分公司勘探开发研究院，高级工程师。通讯地址：辽宁省盘锦市兴隆台区石油大街95号勘探开发研究院，邮编：124010，E-mail：631306572@qq.com

文从不同类型页岩油主控因素分析入手，明确"甜点"要素，开展岩石物理分析与敏感参数优选，建立基于叠前反演的"甜点"要素地震预测方法，实现岩性、脆性、裂缝、地应力等多参数预测，为落实页岩油"甜点区"，实现高效勘探开发提供技术支撑。

1 区域地质概况

辽河坳陷页岩油主要发育在沙四段沉积期，为半深湖—深湖相沉积环境，碳酸盐岩与泥页岩混积沉积[3]。对比西部凹陷曙光—雷家地区与大民屯凹陷中央构造带页岩油地质特征，有以下5方面特点。

（1）沉积环境相似，但受物源供给等因素影响，沉积体存在差异。曙光—雷家地区为相对闭塞的古沉积背景，缺乏碎屑物供给、形成了高升、杜家台两期湖相碳酸盐岩沉积体。大民屯地区为半深湖—深湖相沉积，发育一套碳酸盐岩和油页岩沉积体，纵向可分为三组，Ⅰ组以油页岩为主，Ⅱ组以泥质云岩为主，Ⅲ组为云岩与油页岩互层。

（2）生油条件较好，有机质丰度高，热演化程度均偏低。曙光—雷家地区机碳含量4%~8%，生油潜力大，热演化程度低，R_o在0.3%~0.7%之间，母质类型以Ⅰ—Ⅱa型为主。大民屯地区TOC3%~15%，R_o在0.4%~0.7%之间，母质类型以Ⅰ型为主。

（3）岩性复杂，有效储层识别难度大。雷家地区主要发育混积型页岩油，岩性以白云岩、方沸石岩为主，含夹泥岩；大民屯地区主要发育页岩型和夹层型页岩油，岩性以长英质、混合质页岩为主，含云质泥岩，泥质云岩及少量粒屑云岩。

（4）储层致密，以纳米级孔隙为主。雷家地区储层孔隙度7.2%~13.4%，平均11.6%，孔径集中在10~500nm，50nm以上孔隙空间占比42%。大民屯地区孔隙度4.9%~10.1%，平均7.3%，孔径集中在10~100nm，50nm以上孔隙空间占比34%。

（5）基质及页理缝含油。曙光—雷家地区油气主要赋存于次生溶孔，其次为有机质孔、溶蚀缝及微裂缝；大民屯地区油气以赋存于黏土矿物、白云石晶间孔等微孔为主，其次为成岩缝。对比国内同类型页岩油，辽河坳陷页岩油具有类型多，相对分散、成熟度偏低的特点，但基本指标相当，具备效益建产的潜力。

2 "甜点"特征

辽河坳陷页岩油储层岩性复杂，主要为湖盆内碎屑岩和化学沉积碳酸盐岩的细混积岩。曙光—雷家地区碳酸盐岩类较发育。大民屯地区主要发育油页岩和碳酸盐岩。通过加强页岩油发育区岩心观察、岩石薄片鉴定、测井评价及关键井测试等资料综合分析，明确辽河坳陷页岩油"甜点"特征。研究结果表明，岩性控制储集空间类型、物性、含油性，进而影响油层产能，是沙四段致密油的主控因素，落实有利岩性分布区，即为地质"甜点区"。页岩油储层物性普遍较差，岩石脆性、裂缝发育程度及地应力特征是页岩油储层压裂改造需要考虑的重要参数。脆性越好，裂缝发育，水平主应力差小，更有利于有效地改造储层[4-5]。综合以上分析，辽河坳陷页岩油"甜点"要素有岩性、裂缝、脆性及地应力等4个关键参数，其中岩性为主控因素。

"甜点"预测对页岩油勘探开发至关重要，研究人员加强页岩油"甜点"要素地震预测攻关，形成了配套技术流程与方法。总体思路是针对辽河坳陷页岩油4个"甜点"要素，充分应用井、地震信息，在岩石物理分析基础上，优选出与"甜点"要素相关的敏感弹性参数，再利用叠前反演技术，结合 Rickman 脆性指数法及组合弹簧模型，预测页岩油岩性、裂缝、脆性及地应力等特征，最终综合评价落实"甜点区"。

3 岩石物理分析

曙光—雷家地区沙四段湖相碳酸盐岩可细分为白云岩类、方沸石岩类、泥岩类共 3 类 14 种岩性，其中白云岩类和方沸石岩类为储集岩[6]。基于矿物成分统计分析，优势储层受白云石含量影响，随着白云石含量的增大，储集性能变优，含油性变好，产能变好。统计发现，工业油流井白云石含量大于 40%，高产工业油流井白云石含量大于 50%。针对三大岩类开展纵、横波波阻抗、纵横波速度比、杨氏模量等多弹性参数分析，发现杨氏模量可有效区分云质岩类和泥页岩类。储层白云岩类与方沸石类基本重叠，呈高杨氏模量特征。白云石含量与横波阻抗具有较好相关性，相关系数达到 0.72。在岩性预测的基础上，优选横波阻抗预测白云石含量，为地质"甜点"评价提供依据。

大民屯地区沙四段主要岩性可分为油页岩类、云岩类、砂岩类育三大类 5 种主要岩性。纵向可划 3 个油层组，Ⅰ组以油页岩为主，Ⅱ组以云质泥岩为主，Ⅲ组为泥质云岩与油页岩互层[7]。岩石分析表明，Ⅰ组、Ⅲ组物性、含油性相当，好于Ⅱ组。综合评价，泥质云岩与油页岩"甜点"主控因素不同。泥质云岩岩性越纯，物性越好，含油性越好，体现为"岩性控物性、物性控含油性"特征。油页岩含油性主控因素复杂，TOC 含量越高、脆性矿物含量越高、裂缝越发育，含油性越好。

综合纵波阻抗、横波阻抗、纵横波速度比、杨氏模量等多种弹性参数与主要岩性开展交会，横波阻抗可以区分油页岩、砂岩及白云岩等三大类岩性，V_p/V_s 可有效区分含碳酸盐岩油页岩、粉砂质油页岩。

4 叠前地震预测方法

叠前地震预测方法包括叠前多参数同时反演和叠前各向异性反演。叠前多参数同时反演是利用叠前道集振幅随入射角变化的振幅信息，将叠前共反射点道集按照远、中、近偏移距进行部分叠加，通过求解 Zoeppritz 方程的近似公式，得到纵波速度、横波速度、波阻抗等参数，间接得到杨氏模量、泊松比等参数，进行岩性、物性、脆性等"甜点"要素预测[8]。叠前各向异性反演是利叠前道集的不同方位的振幅或频信息，进行椭圆拟合预测裂缝发育强度和方向。

4.1 岩性预测

雷家地区优势岩性为云质岩，具有高纵波阻抗、低纵横波速度比、高杨氏模量的特征。不同弹性直方图统计分析表明，杨氏模量对云质岩与泥岩区分较好，数据叠置区较小，纵波阻抗、纵横波速度比对云质岩与泥岩区分性较差，数据叠置区较大。结合岩石物理分析，优选杨氏模量作为云质岩预测的弹性参数。基于杨氏模量反演体，选择 18000MPa 作为门槛值，对储层云质岩与泥岩进行区分，得到优势岩性体。进而分别预测了杜三油层组、杜二油层组及高升油层组的优势岩性云质岩分布。杜三油层组是沙四段的主力油层，有利岩性分布面积 87km²[图 2（a）]，厚度 20~100m，检验井预测厚度符合率 77%。利用横波阻抗反演体计算白云石含量数据体，预测各油层组白云石含量的发育特征。从杜三油层组白云石含量预测结果分析，其高值区主要集中 L93、L88、L97、L3、L18 等井区，白云石含量大于 40% 的区域，面积有 55km²[图 2（b）]。

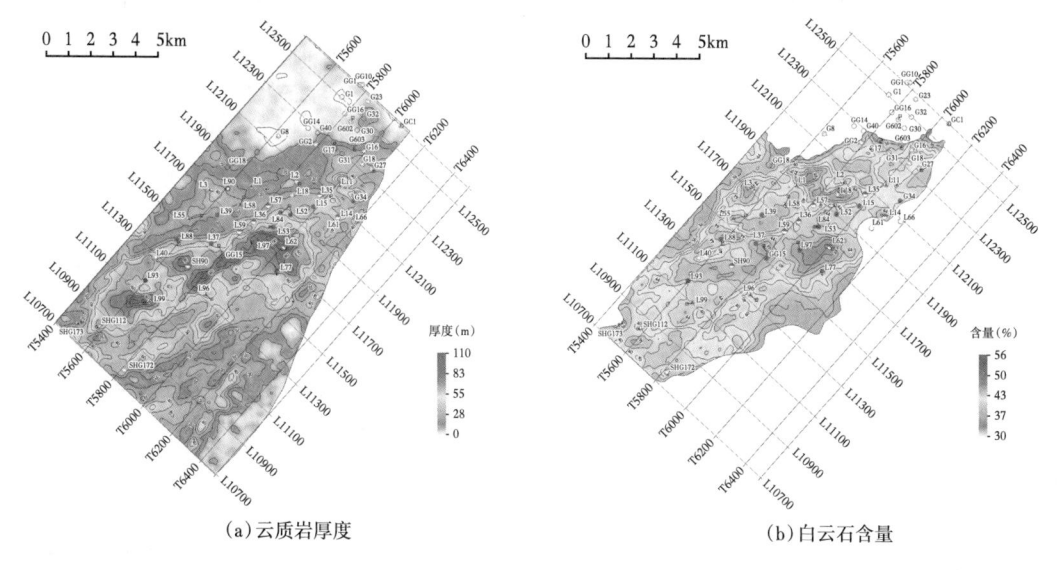

(a) 云质岩厚度

(b) 白云石含量

图 2 杜三油层组云质岩和白云石预测平面图

大民屯地区沙四段三个油层组地质特征存在差异性，Ⅰ组、Ⅲ组钻探效果相关较好。Ⅰ组为页岩型，页理缝发育，含油性好；Ⅱ组为夹层型，页理缝欠发育，含油性差；Ⅲ组为页岩型，页理缝较发育，物性较好，含油性较好，可压性好。综合应用纵横波阻抗、纵横波速度比等反演结果，分层预测各油组优势岩性分布。Ⅰ组预测油页岩厚度 10~60m，厚度大于 20m 面积可达 110km²（图 3）。

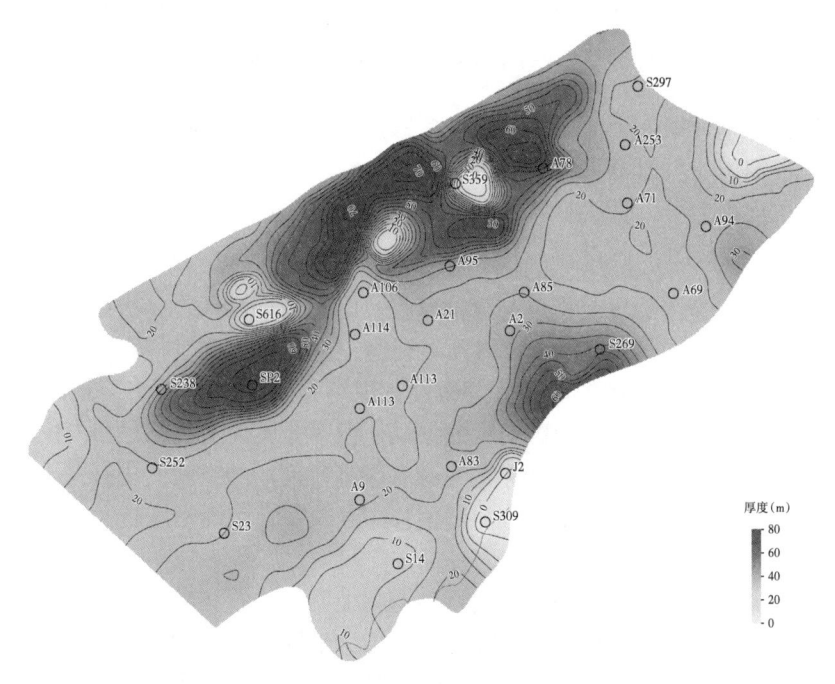

图 3 大民屯地区沙四段Ⅰ组油页岩厚度预测图

4.2 脆性指数预测

岩石脆性预测目前较多的是通过杨氏模量和泊松比的组合关系式进行计算和描述。岩石脆性是储集层改造需要考虑的重要岩石力学参数之一，反映岩石在一定条件下形成裂缝的能力，脆性越强，形成的裂缝越复杂[9]。杨氏模量、泊松比等弹性力学参数能反映岩石的脆性，利用地震与测井方法可快速预测井间的脆性变化情况。利用地球物理测井方法求取杨氏模量、泊松比等弹性力学参数，进而通过 Rickman 脆性指数公式求取岩石脆性指数[10]。

雷家地区从脆性指数预测结果反映了储层的脆性变化。以杜三段为例，雷88井、雷39井均处于杜三油层组脆性指数高值区，在该层段压裂试油均取得较好效果。雷88井压后日产油 27.1m³。L39 井压后日产油 3.82m³。而邻井 L58 井，预测其杜三段脆性指数偏低，压后日产水 0.873m³，为干层（图4）。与白云含量预测结果对比，发现储层的脆性与岩性密切相关，白云石含量越高，脆性指数越高。按照测井评价标准，研究区有利储层脆性指数的下限值为50。杜三油层组脆性指数大于 50 的区域，面积约为 70km²。

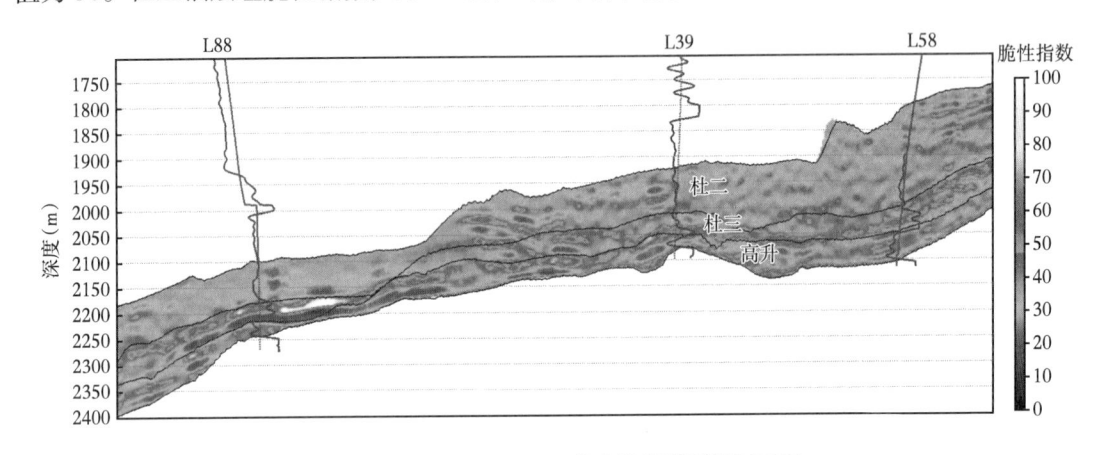

图4 过 L88—L39—L58 井脆性指数预测剖面图

大民屯地区分别开展3个油层组的脆性指数预测，分析表明脆性受岩性控制作用较为明显，Ⅰ油层组以泥岩、页岩沉积为主，脆性矿物含量少，脆性指数最低；Ⅱ、Ⅲ油层组以砂岩、泥质白云岩沉积为主，脆性矿物含量较多，脆性较大。

4.3 裂缝预测

对于页岩油藏，裂缝的发育程度与含油气性具有较大的相关性，裂缝预测对页岩油"甜点"评价非常重要。目前，利用地震资料预测裂缝，主要分为叠前和叠后2种方法。叠后地震预测主要是利用相干、曲率、蚂蚁体等属性，识别大尺度裂缝[11]。叠前地震预测比较常用的叠前各向异性反演，即利用地震资料的振幅、频率等属性随偏移距和方位角变化关系预测裂缝。例如对于 HTI 介质，地震频率的衰减和裂缝密度场的空间变化有关，沿裂缝走向方向随偏移距衰减慢，而垂直裂缝走向方向随偏移距衰减快，裂缝密度越大衰减越快。根据地震属生在不同方位的差异可以预测裂缝的发育方向和强度。

在曙光—雷家地区和大民屯地区原始蜗牛道集上明显的同相轴起伏变化，反映地下介质各向异性引起的不同方位的速度变化。在曙光—雷家地区利用全方位角道集，细分为6个扇区获取部分叠加数据体，采不同方位地震振幅椭圆拟合的方法预测裂缝发育特征。以杜三段为例，裂缝以近东西向为主，密度高值主要分布在北东向和近东西向主干断裂附近 [图5（a）]。

大民屯地区裂缝预测结果也表明，裂缝主要发育主干断裂部位与地层倾角变化大的区域。Ⅰ油组相对裂缝发育较少，Ⅱ油层组、Ⅲ油层组裂缝相对发育［图5（b）］。

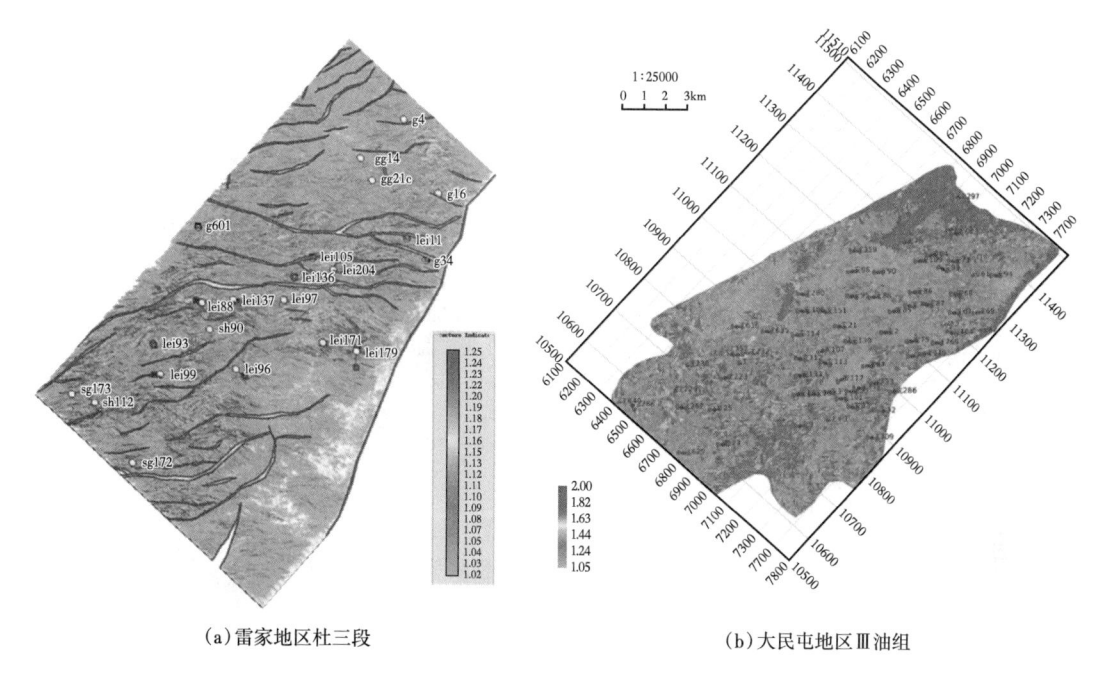

(a)雷家地区杜三段

(b)大民屯地区Ⅲ油组

图5　不同地区裂缝预测平面图

4.4　地应力预测

地应力预测技术大多基于弹性参数反演方法而开展。对于构造运动比较剧烈的区域，水平主应力很大部分来源于地质构造运动产生的构造应力，不同性质的地层由于其抵抗外力的变形特点不同，因而其承受的构造应力也不相同，根据组合弹簧的构造运动模型推导的分层地应力计算模型，为组合弹簧模型[12]。利用组合弹簧模型预测大民屯地区沙四段3个油层组最大水平主应力、最小水平主应力及水平主应力差。从预测结果分析，大断裂附近和地层倾角变化的区域对地应力预测结果影响较大。

5　应用效果分析

在雷家地区，结合湖相碳酸盐岩页岩油"甜点"评价标准，明确优势岩性厚度大于20m，白云石含量大于40%，孔隙度大于6%，脆性指数大于50，裂缝密度较高的区域为页岩油"甜点"。综合"甜点"要素预测结果［图6（a）］，落实沙四段杜三油层组预测"甜点区"的总面积为38km²，为雷家地区混积型页岩油整体评价和水平井部署提供有力支撑。基于优势岩性预测结果，实施L88-H5井油层钻遇率达86%，压后最高日产油35.6t，阶段累计产量1.2×10^4t。

在大民屯地区，以"甜点"测井评价为指导，利用岩性、脆性指数、裂缝、地应力等参数的预测结果，采用多属性融合技术计算得到反映"甜点"分布特征的数据体，综合预测沙四段Ⅰ油层组、Ⅱ油层组、Ⅲ油层组的"甜点"预测分布图，共落实Ⅰ类、Ⅱ类"甜点"面积143km²［图6（b）］。基于叠前地震储层预测的"甜点"预测技术为大民屯地区沙四段页岩油

"甜点"选区、选层提供了有力依据，有效地提高了储层的钻遇率，为后续该区页岩油的经济有效动用打下了良好基础。

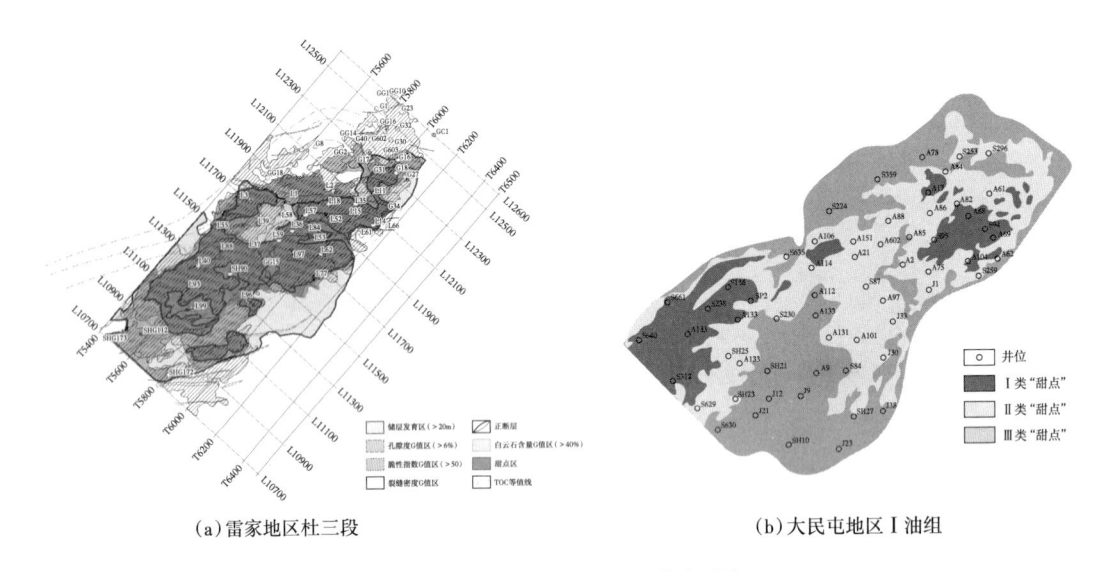

(a) 雷家地区杜三段

(b) 大民屯地区 I 油组

图 6　不同地区"甜点"预测平面图

6　结论

（1）辽河坳陷页岩油岩性复杂、厚度薄、非均质性强，岩性是页岩油"甜点"主控因素，明确岩性、脆性、裂缝发育程度及地应力为页岩油"甜点"评价四要素。

（2）基于叠前多参数反演与叠前各向异性反演，实现辽河坳陷页岩油岩性、脆性、裂缝及地应力预测，探索形成页岩油"甜点"预测技术系列。

（3）页岩油"甜点"要素叠前地震预测成果，为"甜点区"综合落实奠定基础，为井位部署及水平井轨迹的优化设计提供了可靠依据。

参 考 文 献

[1] 孟卫工, 陈振岩, 赵会民. 辽河西部凹陷曙光—雷家地区隐蔽油气藏主控因素及分布规律[J]. 中国石油勘探, 2010, 15（3）: 1-6.

[2] 刘世瑞, 李杨, 张子明. 雷家地区沙四段致密油储层改造因素分析[J]. 特种油气藏, 2016, 23（1）: 58-61.

[3] 单俊峰, 黄双泉, 李理. 辽河坳陷西部凹陷雷家湖相碳酸盐岩沉积环境[J]. 特种油气藏, 2014, 21（5）: 7-11.

[4] 王乔, 李虎, 刘廷, 等. 页岩脆性的表征方法及主控因素[J]. 断块油气田, 2020, 27（4）: 458-463.

[5] 吕照, 刘叶轩, 陈希, 等. 页岩油储层可压性分析及指数预测[J]. 断块油气田, 2021, 28（6）: 739-744.

[6] 蒋学峰. 叠前反演技术在致密油甜点预测中的应用[J]. 石油化工高等学校学报, 2018, 31（3）: 76-80.

[7] 陈昌. 大民屯凹陷沙四段湖相页岩油地震预测关键技术与应用[J]. 特种油气藏, 2022, 29（5）: 28-35.

[8] 陈刚. PP 波和 PS 波联合 AVO 反演方法研究[D]. 青岛: 中国石油大学（华东）, 2015.

[9] 李华阳, 周灿灿, 李长喜, 等. 致密砂岩脆性指数测井评价方法: 以鄂尔多斯盆地陇东地区长 7 段致密砂岩储集层为例[J]. 新疆石油地质, 2014, 35（5）: 593-597.

[10] 于景强，于正军，毛振强，等.陆相页岩油烃源岩总有机碳含量叠前地震反演预测方法与应用[J].石油物探，2020，59（5）：823-830.

[11] 陈守田，宁静，安朝晖，等.基于叠前同时反演的泥页岩脆性指数预测及应用[C].SPG/SEG南京2020年国际地球物理会议论文集（中文），南京，2020：1318-1321.

[12] 赵旭阳，郭海敏，李紫璇，等.基于测井横波预测的地应力场及岩石力学参数建模[J].断块油气田，2021，28（2）：235-240.

柴达木盆地英雄岭页岩油地质工程一体化研究与实践

张庆辉[1]，林　海[2]，伍坤宇[3]，吴松涛[4]，熊廷松[2]，张梦麟[3]，黄星宁[5]

（1. 中国石油青海油田公司勘探事业部；2. 中国石油青海油田公司油气工艺研究院
3. 中国石油青海油田公司勘探开发研究院；4. 中国石油勘探开发研究院；
5. 西南石油大学）

摘　要：柴达木盆地古近系下干柴沟组上段（E_3^2）是我国主要的页岩油目标层系之一，借鉴页岩油勘探理念，积极转变思路，按照"直井控规模、水平井提产"的原则，完井试油的7口直井10个层组全部获工业油流，为实现页岩油高效动用而部署的CP1井，4mm油嘴放喷油压为31.8MPa，日产油124.3m³，日产气15358m³，实现了英雄岭页岩油勘探战略突破，展现了页岩油有效动用的良好前景及巨大的开采潜力。但是英雄岭页岩油存在着"地层巨厚、非均质性强、低含油饱和度"等问题，尚未解决巨厚储层立体开发部署方式和工程技术对策等技术难题。针对以上生产技术需求，通过近几年的研究与生产实践，以地质工程一体化研究思路为核心，积极开展"甜点"分类评价、地质力学研究、人工裂缝扩展规律等研究；研究表明：（1）纹层状和层状灰云岩为最佳岩相组合；（2）岩相和岩性是影响岩石力学性质的重要因素，黏土质矿物含量越高单轴抗压强度越低，纹层越多塑性特征更明显；（3）考虑施工曲线（ISIP点）得到的平均水力裂缝长度144.8m，平均裂缝导流能力166.1mD·m；（4）结合页岩油"甜点"评价和开发评价，优选中"甜点"主力层位14箱体、15箱体开展先导试验攻关。研究成果有效支撑了页岩油藏开发方案设计及优化提供技术支撑，为页岩油藏降本增效及非常规资源规模化动用提供了技术支撑。

关键词：英雄岭；"甜点"综合评价；三维地质建模；靶体优选；裂缝扩展模拟

1　勘探历程及研究现状

柴达木盆地英雄岭区块勘探始于20世纪50年代，经历了浅层到深层、碎屑岩到碳酸盐岩、构造油气藏到岩性油气藏、常规到非常规的发展历程，2019年借鉴邻区英西三维地震成功技术，在干柴沟实施了三维地震，进一步落实了地层展布和圈闭特征；2020年以来根据页岩油勘探理念，积极转变思路，按照"直井控规模、水平井提产"的原则，先后部署直井13口、水平井8口。2021年完试的7口直井10个层组全部获工业油流，日产油12.7~44.9m³。为实现页岩油高效动用而实施的CP1井，水平段长997.3m，分21段124簇压裂，4mm油嘴放喷，油压为31.8MPa，日产油124.3m³，日产气15358m³，实现了英雄岭页岩油勘探战略突破。系统取心证实，英雄岭地区古近系下干柴沟组上段有效烃源岩厚度为600~700m，估算英雄岭地区页岩油资源量达21×10^8t，展现出巨大的勘探开发潜力。

关于非常规油气藏地质工程一体化研究，针对不同的储层特征及生产技术需求开展了大量的矿场试验和生产实践。吴奇等针对钻井技术及工程难度大、建井周期长、建井综合成本高问题，首次提出钻井品质概念，为此引入了地质—工程一体化的理念，在丛式水平井平台

第一作者简介：张庆辉（1984—），男，高级工程师，硕士研究生，2012年毕业于中国石油大学（北京）油气田开发专业，现就职于中国石油青海油田分公司勘探事业部，主要从事非常规油气藏开发、地质工程一体化研究工作。通讯地址：甘肃省敦煌市七里镇，邮编：736200，E-mail：zhang-qhqh@petrochina.com.cn

工厂化开发方案实施过程中,对钻井、固井、压裂、试采和生产等多学科知识和工程作业经验进行系统性、针对性和快速的积累和总结,对工程技术方案进行不断调整和完善。鲜成钢等通过岩心、测井和地震数据,对各类一体化参数进行了精细表征,通过迭代更新和及时应用,充分发挥了提高工程效率和开发效益的作用;赵贤正等在系统梳理面临问题与挑战的基础上,围绕"五场建设"研究形成了具有特色的地质工程一体化模式,在老油田"井丛场"产能建设实践中,做到了地质工程同步优化轨迹、地面地下井筒联动推演,实现集约化建井、简易化配套、工厂化作业;谢军等运用多学科多参数数据分析、应力敏感页岩多场耦合模拟(包括地质力学、水力压裂缝网建模和气藏数值模拟),通过在目前主体技术条件下的多方案对比,确定了最优化箱体位置和优化的生产制度,明确了压裂参数及工艺、井距参数及布井的进一步优化方向。

2 研究区地质概况

古近系下干柴沟组上段(E_3^2)沉积期,柴达木盆地柴西地区呈现"大坳陷、双次凹"的特点,柴西坳陷面积为 1.5×10^4 km²,其中英雄岭地区面积为1500 km²,厚度为1500~2000m。E_3^2 时期有效烃源岩几乎覆盖了整个柴西地区,其中英雄岭地区 TOC 介于0.4%~2.7%,平均为1.0%;R_o 大于0.8%,为柴西地区一套最优质的烃源岩。位于英雄岭地区中心的干柴沟区块,现今构造简单,为向盆内倾没的大型鼻状斜坡,埋深浅、深浅继承性好、断裂不发育(图1),是实现页岩油勘探突破的现实区带。根据区域沉积特征,结合地面地质调查及邻井钻探、地震资料分析,C902 井区共钻遇 5 套地层,自上而下依次为下油

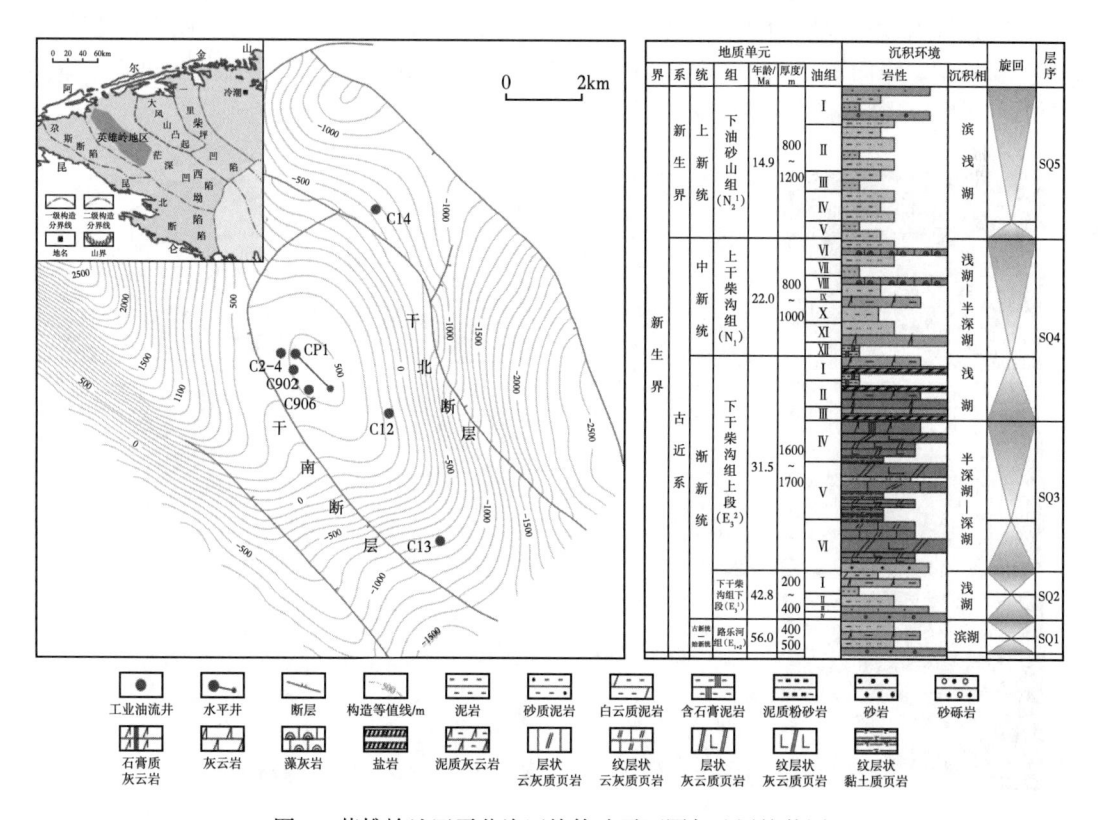

图1 英雄岭地区干柴沟区块构造平面图与地层柱状图

砂山组（N_2^1）、上干柴沟组（N_1）、下干柴沟组上段（E_3^2）、下干柴沟组下段（E_3^1）和路乐河组（E_{1+2}），目标地层为下干柴沟组上段，地层与邻区可对比性强，将 E_3^2 地层在纵向上划分为6个油组（Ⅰ—Ⅵ）（图1），页岩层系主要发育在Ⅳ—Ⅵ油组。英雄岭地区古近系下干柴沟组上段半深湖—深湖相页岩纹层为典型的明暗交互季节性纹层，纹层稳定连续，主要为富碳酸盐纹层与暗色富有机质纹层高频交互，其中富碳酸盐纹层孔隙较为发育，薄层碳酸盐岩厚度一般小于1m。古近纪晚期英雄岭地区为盐湖沉积体系，下干柴沟组上段顶部为盐岩，该套盐岩广泛发育，单层厚1~10m，累计厚度达200~300m，是该区良好的盖层。盐岩的封盖使得下干柴沟组上段形成自封闭系统；优越的盖层条件，致使区域内普遍发育异常高压，压力系数达1.7~1.9。在青藏高原隆升作用下，柴西坳陷新生代沉积速率大。英雄岭地区在古近纪早期经历深埋，形成大规模高成熟油气，原油具有气油比高（40~300m³/m³）、油质轻（密度为0.78~0.85g/cm³）。

3 地质工程一体化研究

3.1 "甜点"综合评价及高分辨率地质建模

英雄岭油田干柴沟地区页岩储层发育不同尺度的多类储集空间，主要包括晶间孔（85%）、纹层缝（10%）、溶蚀孔和微裂缝（5%），其中晶间孔和纹层缝广泛发育；数字岩心揭示储层孔喉连通性好，平均配位数1.8。利用微米CT扫描成像实验可以清楚地识别出在储集空间类型中占比最大的晶间孔和纹层缝在何种岩相类型中最为发育及其孔径大小，其结果显示，晶间孔在层状灰云岩密集发育，孔径30~50μm为主；纹层缝主要在纹层状灰云岩发育，以连续叠置的纹层为特征，孔径为40~60μm，部分可达60μm以上（图2）。扫描电镜微观分析揭示，纵向三个"甜点段"的矿物成分分析，上中下"甜点"矿物组成基本一致，而"中甜点"白云石含量略高（39%），"下甜点"黏土含量略高（31%）。

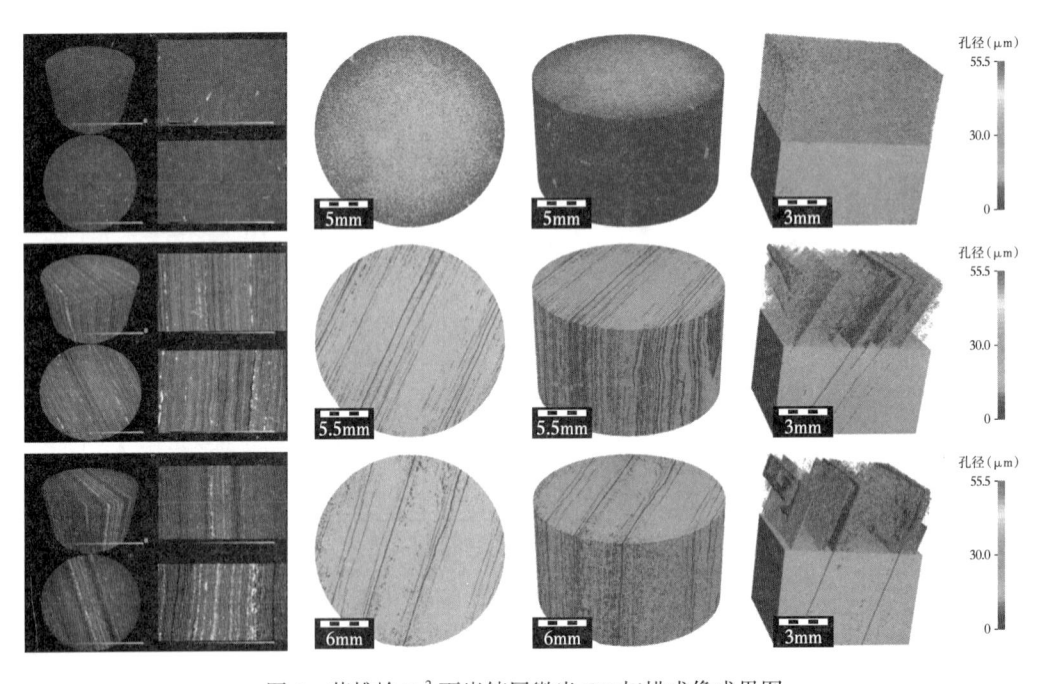

图2 英雄岭 E_3^2 页岩储层微米CT扫描成像成果图

英雄岭油田 E_3^2 页岩储层孔隙结构，压汞实验显示，研究区层状、纹层状灰云岩储层排驱压力最低，门槛压力为 2~10MPa，喉道半径中值在 19~38nm 之间，其孔隙结构要优于云灰岩与黏土质页岩。根据岩心实测孔隙度和渗透率统计表明，层状灰云岩孔隙度最高（$\phi>5\%$超过40%），纹层状灰云岩渗透率最大（$K>0.1mD$ 占45%），孔隙度随白云石含量增加而增大，纹层状和层状灰云岩为最佳岩相组合。

英雄岭地区因为高频旋回巨厚高原咸湖沉积，造成地质条件复杂，强储层非均质性，储层三维定量化表征对于页岩油开发而言十分必要。目前研究区为井控有利区，具有丰富的地震、测井、岩心分析资料，并已实施了近24口钻井、完井作业，这些资料为进行精细储层表征和三维地质建模提供了良好的数据基础。地质建模是承前启后的重要工作，是各种地质认识的综合反映。研究思路是综合单井、测试以及地震资料，通过复核精细小层对比数据和地震解释断层及层面数据建立构造模型，通过常规测井和特殊测井数据建立储层属性模型。

三维属性模型的建立分为四步：

（1）三维网格设计，结合地震面元确定网格横向尺寸，根据测井分辨率确定网格垂向尺寸；

（2）测井曲线粗化，将测井曲线采样到井轨迹穿过的网格；

（3）特殊测井数据（Litho Scanner、NMR 等）重采样，将其采样到井轨迹穿过的网格；

（4）用确定性建模方法，建立研究区岩性和属性参数三维模型。

3.2 高精度一维及三维地质力学研究

对英雄岭地区不同类型页岩进行单轴压缩试验和三轴压缩等岩石力学实验，获得不同类型岩石的抗压强度、弹性模量、泊松比等岩石静态力学参数，对不同类型岩石力学性质进行分析，对不同类型岩石在单轴压缩后的裂缝形态进行表征，评价不同类型岩石的破裂特征。如图3所示为实验仪器及实验样品。

(a) 实验仪器　　(b) 实验样品

图3　实验仪器及样品

英雄岭地区不同类型岩石单轴抗压强度平均值为160.6MPa，岩石强度较高，弹性模量平均值为40.3GPa，弹性模量较低，泊松比平均值为0.3，泊松比偏高的原因在于单轴压缩实验过程中岩石在径向破裂时凸起较大。从不同井的数据来看（表1），柴12井岩石的单轴抗压强度平均值为95.6MPa，弹性模量平均值为27.8GPa，泊松比平均值为0.33；柴13井岩石的单轴抗压强度平均值为143.2MPa，弹性模量平均值为46.2GPa，泊松比平均值为0.34；柴14井岩石的单轴抗压强度平均值为241.1MPa，弹性模量平均值为47.6GPa，泊松比平均值为 0.26。柴 13 井和柴 14 井样品的单轴抗压强度和弹性模量高于柴 12 井的样品，原因在于柴 13 井和柴 14 井的岩心埋深 4000m 左右，而柴 12 井的岩心埋深 3000m 左右。

表 1　单轴压缩实验结果表

井号	样品编号	差应力（GPa）	弹性模量（MPa）	泊松比（MPa）
柴 12	1	97.80	36.81	0.39
柴 12	2	86.60	21.96	0.33
柴 12	3	96.60	31.17	0.32
柴 12	4	111.50	25.8	0.25
柴 12	5	47.30	25.81	0.38
柴 12	6	161.40	24.71	0.30
柴 12	7	50.10	38.67	0.38
柴 12	8	1140	18.09	0.32
柴 13	9	214.29	48.34	0.20
柴 13	10	98.37	52.94	0.25
柴 13	11	123.43	51.40	0.34
柴 13	12	220.14	39.35	0.30
柴 13	13	137.22	42.50	0.21
柴 13	14	125.28	44.32	0.57
柴 13	15	83.71	44.63	0.56
柴 14	16	286.57	65.28	0.29
柴 14	17	271.57	45.11	0.25
柴 14	18	362.20	44.93	0.26
柴 14	19	365.78	57.94	0.27
柴 14	20	186.53	49.25	0.25
柴 14	21	214.55	51.03	0.25
柴 14	22	213.62	47.07	0.29

从图 4 典型样品的应力应变曲线中可以看出，不同类型岩石力学性质差异明显，砂岩因具有均质岩石的特征，其单轴抗压强度最高，层状岩石的抗压强度高于纹层状岩石，灰云质岩石的单轴抗压强度高于黏土质岩石。黏土质页岩在达到抗压强度后应力迅速下降，而灰云质页岩在达到抗压强度后仍具备一定的抗压能力使得其压后曲线出现多个峰值，并且纹层状灰云质页岩的应力跌落速度最慢。与砂岩相比，英雄岭不同类型页岩具有一定的塑性特征，纹层和岩性是影响岩石力学性质的重要因素，纹层越多，岩石的单轴抗压强度越低，达到抗压强度峰值后应力波动更加明显，应力跌落速度更慢，塑性特征更明显；黏土质矿物含量越高，单轴抗压强度越低，塑性特征越明显。

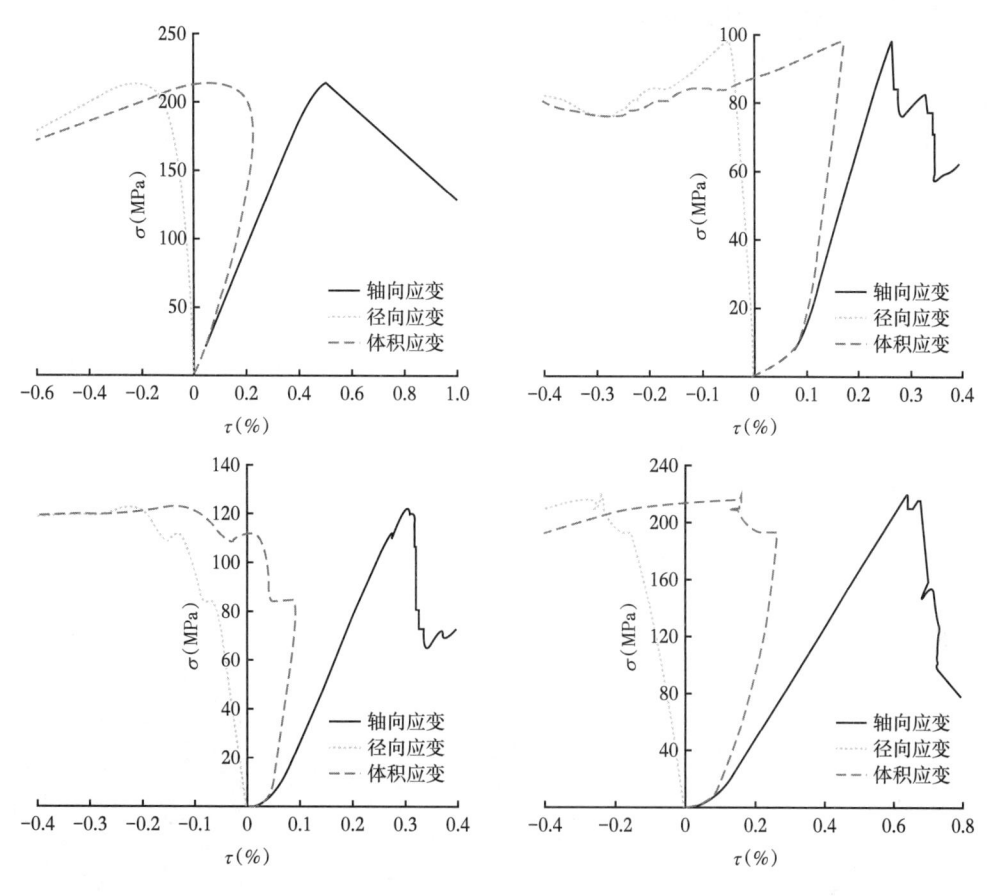

图 4 典型岩石单轴应力应变曲线

在一维地质力学研究的基础上，结合构造模型以及三维地震资料考虑储层空间各向异性建立三维地质力学相关模型，包括：最大主应力、最小主应力、上覆地层压力、水平应力差、杨氏模量、泊松比、单轴抗压强度等。通过岩石力学实验室进行力学参数测试、波速各向异性实验、地磁定向实验以及岩石三轴力学试验等，得到岩石力学参数、应力方位、应力大小以及应力梯度等与储层改造密切相关的数据；在实验室分析的基础上结合测井资料、岩性分布特征、孔隙压力、流体性能等进行一维地质力学分析研究；在此基础上结合构造层面模型、断层空间分布特征以及地震数据等进行区域地质力学特征研究，能较好地反映储层地质力学在三维空间的分布特征，三维地质力学模型如 5 所示。

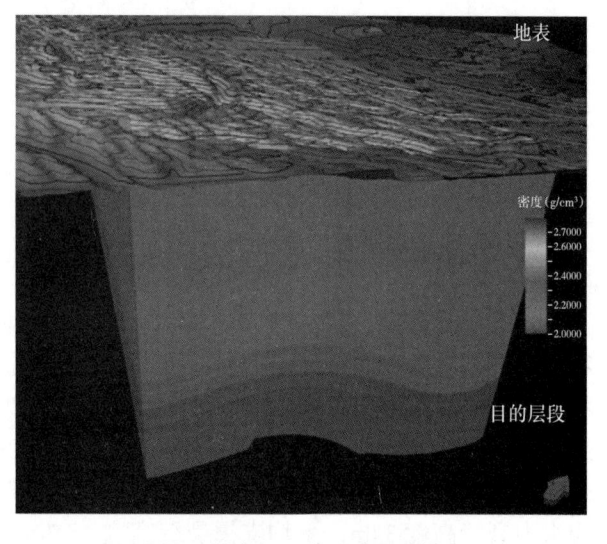

图 5 研究区三维地质力学模型

3.3 全耦合人工裂缝三维扩展模拟

成像测井动静态图像是目前采用测井资料识别裂缝分辨率最高的方法，页岩储层中的天然裂缝与常规砂岩储层以及缝洞型碳酸盐岩储层中的裂缝响应特征有较大的不同。常规砂岩储层和碳酸盐岩储层由于泥浆侵入，导致储层基质部分与裂缝面电阻率出现明显差异，同时与页岩储层相比，常规砂岩及碳酸盐岩成层性并不强，因此裂缝延伸程度较远，容易在成像测井中观察到完整的正弦线。页岩储纵向上成分非均质性和构造非均质性极强，成分变化或沉积构造变化会导致成像测井产生层状明暗相间的细微变化，这使得低角度裂缝和水平缝的识别难度增加。基于"常规＋成像＋岩心"的页岩储集层裂缝测井综合识别方法，建立研究区天然裂缝测井识别图版（图6）。以成像测井资料进行天然裂缝特征识别，定量描述天然裂缝参数，创新构建柴达木页岩油储层天然裂缝数字化表征方法。根据倾角可以将裂缝划分为四类：水平缝（0°~15°），低角度缝（16°~45°），高角度缝（46°~75°），垂直缝（76°~90°）。根据FMI成像测井上识别的裂缝统计结果来看，这四种裂缝均发育。

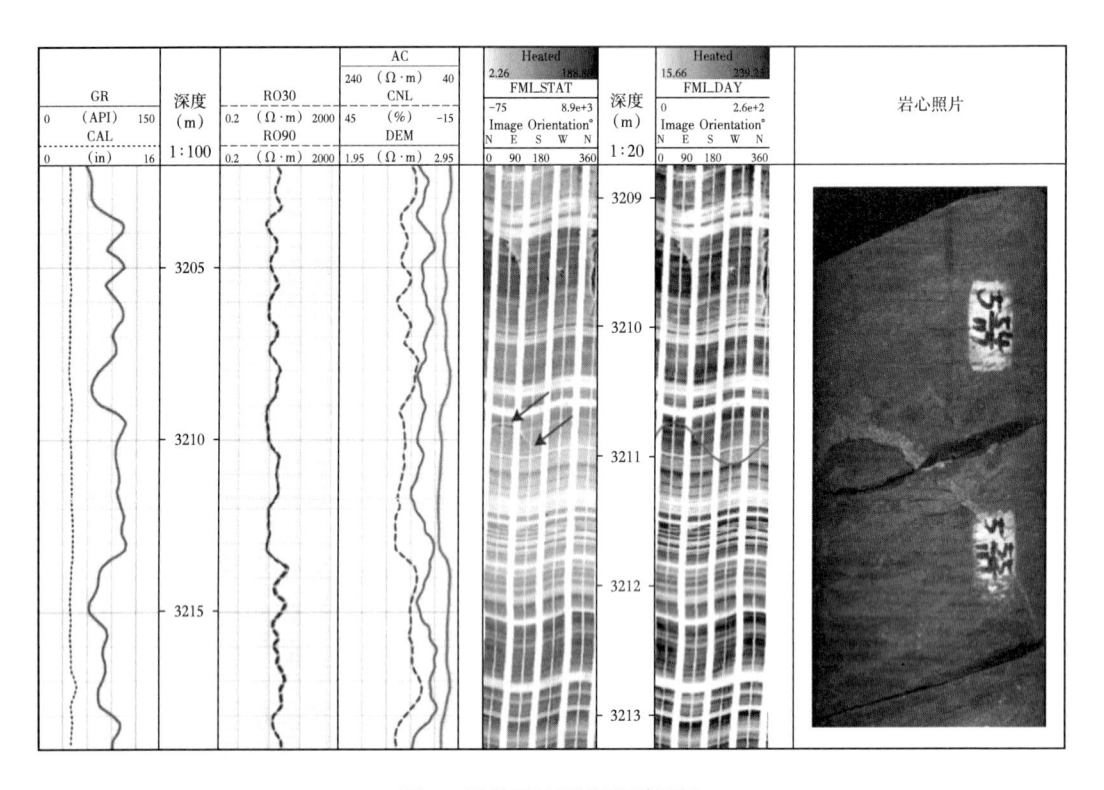

图6 天然裂缝测井识别图版

天然裂缝具备明显的构造裂缝特征，表现出与构造主应变方位（北东走向）相关性较强的特点；背斜核部以北东走向为主，翼部受构造产状变化影响有一定的变化；背斜核部高导缝相对高阻缝而言更偏北东走向，指示裂缝的开启性可能与裂缝应力特征有关（图7）。

结合地质模型、地质力学模型和实际压裂施工曲线对水平井压裂裂缝形态进行模拟并拟合，考虑施工曲线（ISIP点）得到的平均水力裂缝长度144.8m，平均支撑裂缝长度122m，平均水力裂缝高度34m，平均支撑裂缝高度18.7m，平均支撑裂缝面积为16439.25m^3，平均裂缝导流能力166.1mD·m（图8）。

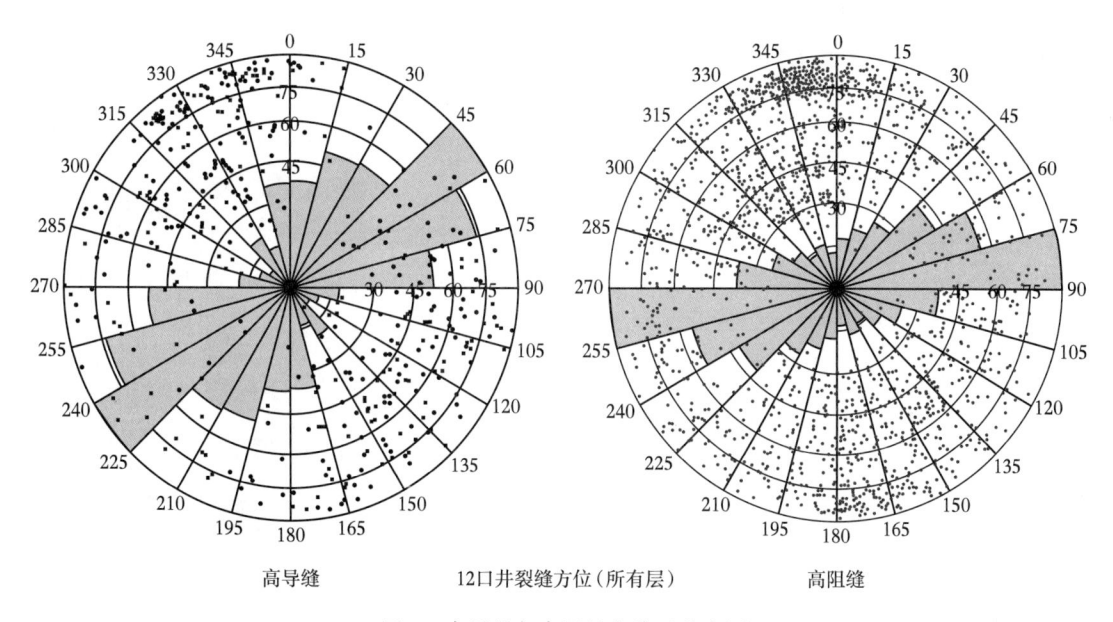

高导缝　　12口井裂缝方位（所有层）　　高阻缝

图7　高导缝与高阻缝方位及分布图

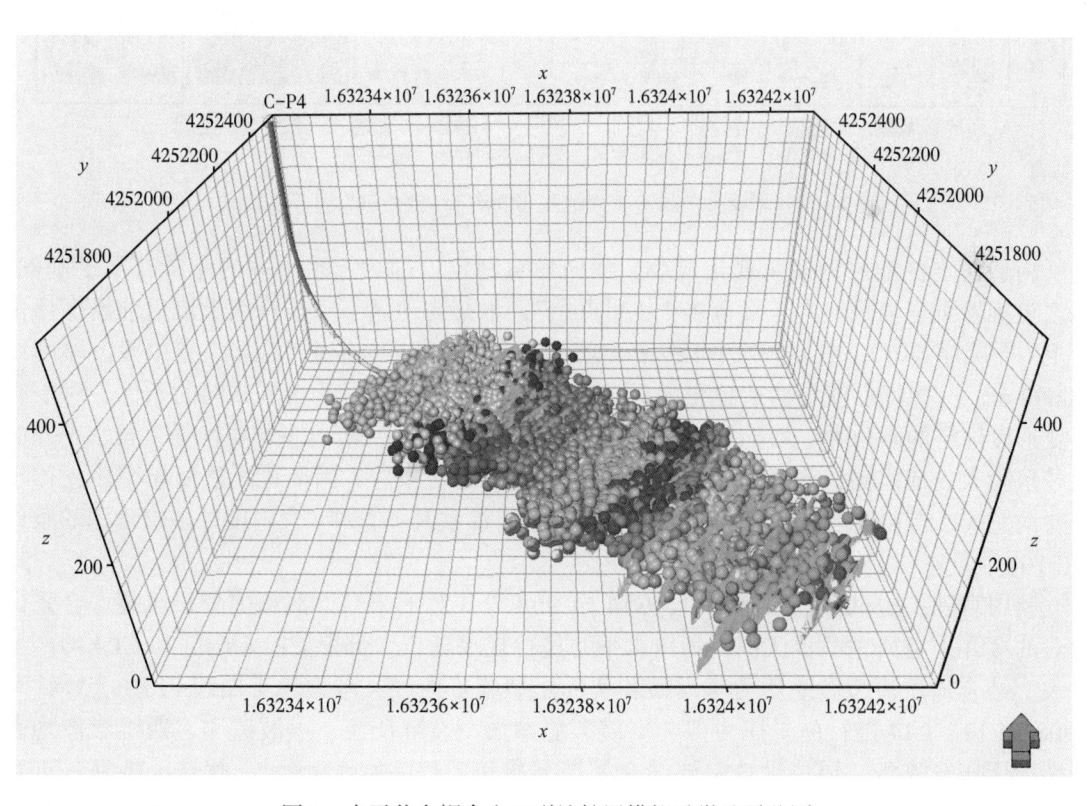

图8　水平井全耦合人工裂缝扩展模拟及微地震监测

3.4 页岩油藏高效开发模式研究

鉴于英雄岭页岩油藏开发中4类"甜点"富集模式的差异，单一布井模式难以满足研究

— 447 —

区内页岩油效益开发的需求，综合考虑构造特征、"甜点"的纵横向发育特征，形成了具有英雄岭页岩油藏特色的布井开发模式（图9）。

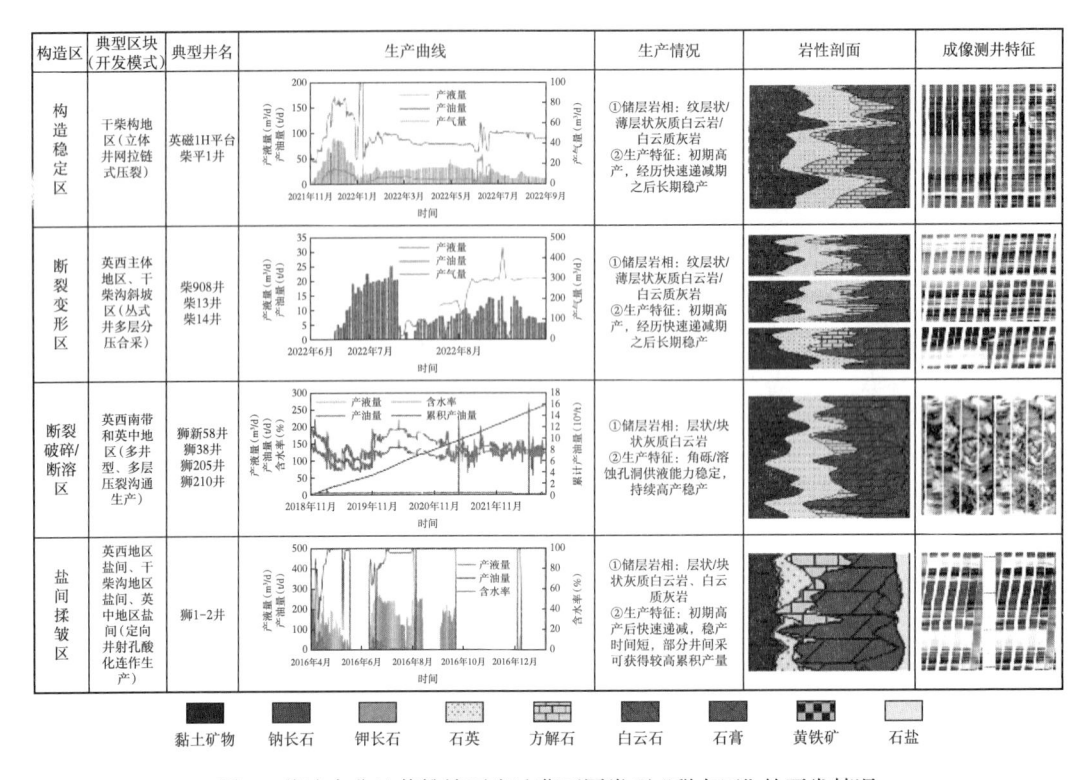

构造区	典型区块（开发模式）	典型井名	生产曲线	生产情况	岩性剖面	成像测井特征
构造稳定区	干柴沟地区（立体井网拉链式压裂）	英磁1H平台柴平1井		①储层岩相：纹层状/薄层状灰质白云岩/白云质灰岩 ②生产特征：初期高产，经历快速递减期之后长期稳产		
断裂变形区	英西主体地区、干柴沟斜坡区（丛式井多层分压合采）	柴908井柴13井柴14井		①储层岩相：纹层状/薄层状灰质白云岩/白云质灰岩 ②生产特征：初期高产，经历快速递减期之后长期稳产		
断裂破碎/断溶区	英西南带和英中地区（多井、多层压裂沟通生产）	狮新58井狮38井狮205井狮210井		①储层岩相：层状/块状灰质白云岩 ②生产特征：角砾/溶蚀孔洞供液能力稳定，持续高产稳产		
盐间揉皱区	英西地区盐间、干柴沟地区盐间、英中地区盐间（定向井射孔酸化连作生产）	狮1-2井		①储层岩相：层状/块状灰质白云岩、白云质灰岩 ②生产特征：初期高产后快速递减，稳产时间短，部分井间采可获得较高累积产量		

图9 柴达木盆地英雄岭页岩油藏不同类型"甜点区"的开发情况

构造稳定区地层的倾角变化较小，横向发育稳定，这为长水平井的布置打下了基础，加之英雄岭页岩油藏纵向上发育多个"甜点层"，干柴沟地区下干柴沟组上段目前勘探评价出上（准层序5~6）、中（准层序12~16）、下（准层序19~21）3个"甜点"集中段，厚度约为600 m，这些特点使得构造稳定区具备在单平台上布置多层系立体井网的条件。对于断裂变形区地层的倾角大（大于15°）、埋藏深（大于4500 m）、横向非均质性强，长水平井的钻井风险大、成本高，难以满足水平井立体井网的部署条件，因此也无法简单套用立体水平井网模式，得益于巨厚沉积的特点，英雄岭页岩油藏具备直井/大斜度井多层动用的条件（图10）。

利用直井扩边试油，部署C13、C14、C908等井对干柴沟下部箱体分层压裂、合采试油对油藏开采特征进一步认识，利用水平井进行规模建产，部署CP1、CP2和CP4均产量可观。结合地质模型、地质力学模型和实际压裂施工曲线，考虑施工曲线（ISIP点）针对C908、C13、C14进行施工压力拟合反演裂缝参数；裂缝反演、声波监测、四维影像均表明裂缝无压窜迹象。层位优选需要结合储层品质和工程品质"双甜点"优选，特别是页岩油的物质基础和流动能力。前期通过直井和勘探评价井压后评估得到的有效支撑缝高对于层系划分具有重要作用。因此，结合页岩油"甜点"评价和开发评价，优选"上甜点"主力层位5箱体，6箱体和4箱体接力开发，优选"中甜点"主力层位14箱体，15箱体和16箱体接力开发。

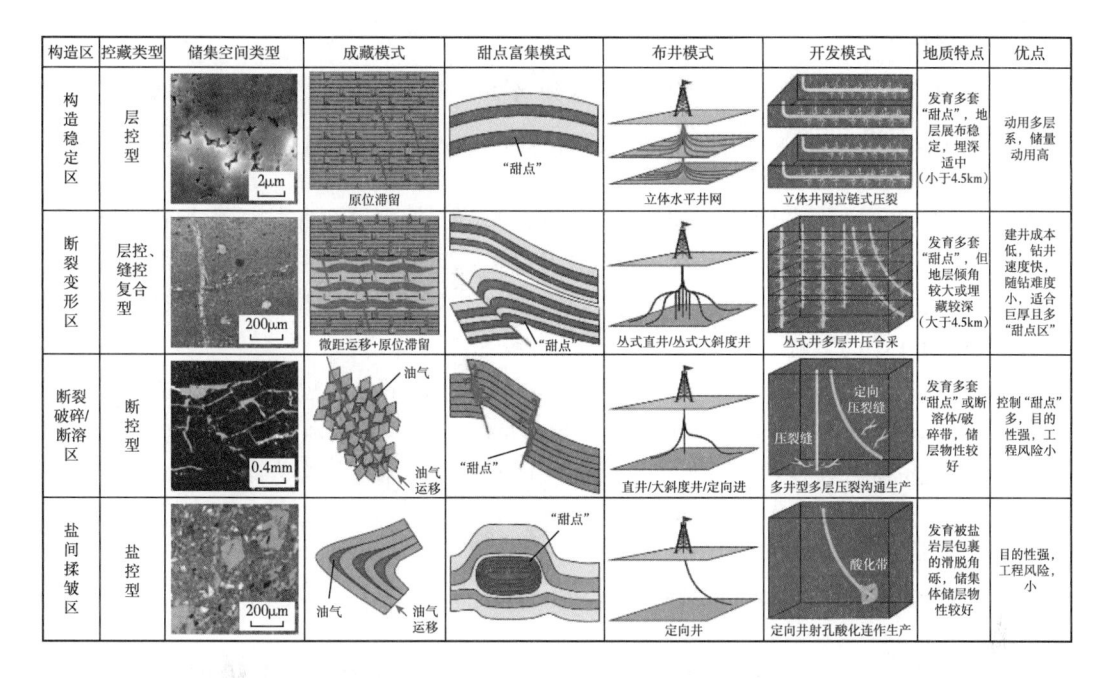

图 10　柴达木盆地英雄岭页岩油藏的控藏类型、富集模式与高效动用模式

4　地质工程一体化开发实践

基于地质工程一体化研究成果，选取 2 号平台开展生产实践，进行了有利"甜点"分布、放大井距、优化压裂、特殊测井、同步拉链压裂、双监测优化压裂施工等 6 方面的攻关，解决问题、验证认识、确保达产。2 号平台压裂前 15d 对柴平 2、柴平 4 井关井蓄能，通过蚂蚁体分析避射天然裂缝发育段 5 个，首次实现了全程监控的同步拉链式压裂，有效提升改造效果、施工效率，避免施工干扰 2023 年，针对"中甜点"实施英页 2H 平台 4 口水平井，合计初期日产油 70t，较 1 号平台见油早、产量高，平均单井日产量提升 6 倍，已生产 200d 以上，合计持续稳定在 65t（图 11）。地质工程一体化研究成果有效支撑了页岩油藏开发方案设计及优化提供技术支撑，为页岩油藏降本增效及非常规资源规模化动用提供了技术支撑。

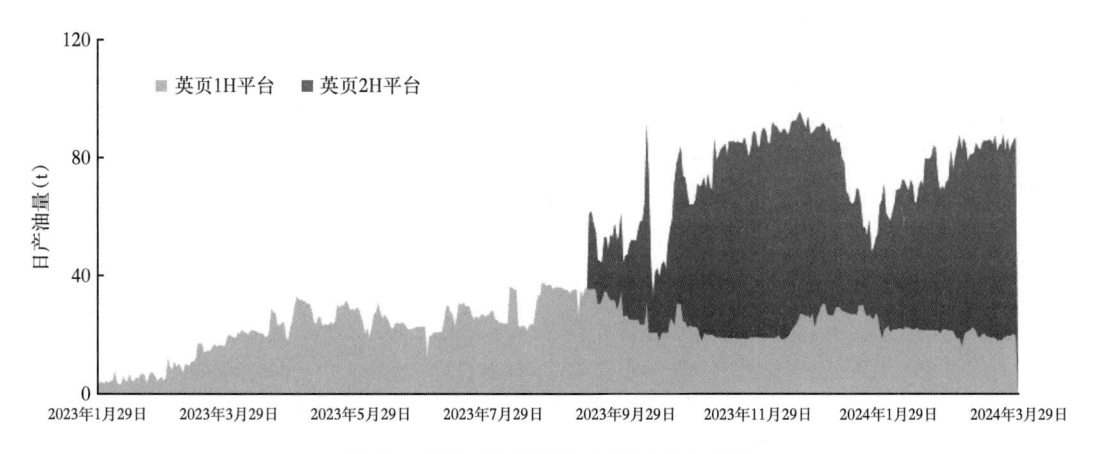

图 11　英页 1H 和英页 2H 平台产量对比

5 结论与建议

（1）为高效规模化开采英雄岭页岩油，亟须形成一套针对英雄岭页岩油巨厚储层的立体开发模式和优化方法，包括"甜点区"优选、靶体优选、改造对策、布井方式等，从而有效指导英雄岭页岩油按计划规模建产。

（2）在地质研究的基础上结合地质力学分析，厘清天然裂缝分布特征及人工裂缝与天然裂缝的耦合规律，从而为页岩油压裂方案设计及井位部署原则提供技术支撑，研究成果可应用于水平井压裂方案优化、井网部署参数优选及页岩油藏开发方案调整，能有效降低压裂窜扰等问题对规模建产的影响。

（3）在页岩油开发过程中需继续贯彻地质工程一体化研究技术思路，加强对地质"甜点"与工程"甜点"识别，加大对天然裂缝及人工裂缝预测精度，夯实地质基础，深化地质认识；创新非常规油气资源开发技术，探索非常规油气资源效益开采可行性方案。

参 考 文 献

[1] 李国欣，伍坤宇，朱如凯，等．巨厚高原山地式页岩油藏的富集模式与高效动用方式［J］. 石油学报，2023，44（1）：145-157.

[2] 吴奇，梁兴，鲜成钢，等．地质—工程一体化高效开发中国南方海相页岩气［J］. 中国石油勘探，2015，20（4）：1-23.

[3] 谢军，张浩淼，佘朝毅，等．地质工程一体化在长宁国家级页岩气示范区中的实践［J］. 中国石油勘探，2017，22（1）：21-28.

[4] 赵贤正，赵平起，李东平，等．地质工程一体化在大港油田勘探开发中探索与实践［J］. 中国石油勘探，2018，23（2）：6-14.

[5] 谢贵琪，林海，刘世铎，等．柴达木盆地西部英雄岭页岩油地质工程一体化压裂技术创新与实践［J］. 中国石油勘探，2023，28（4）：105-116

[6] 鲜成钢，张介辉，陈欣，等．地质力学在地质工程一体化中的应用［J］. 中国石油勘探，2017，22（1）：14.

[7] 郭得龙，申颖浩，林海，等．柴达木盆地英雄岭页岩油 CP1 井压裂后甜点分析［J］. 中国石油勘探，2023，28（4）：117-128.

[8] 许建国，赵晨旭，宣高亮，等．地质工程一体化新内涵在低渗透油田的实践——以新立油田为例［J］. 中国石油勘探，2018，23（2）：37-42.

[9] 杨海军，张辉，尹国庆，等．基于地质力学的地质工程一体化助推缝洞型碳酸盐岩高效勘探——以塔里木盆地塔北隆起南缘跃满西区块为例［J］. 中国石油勘探，2018，23（2）：27-36.

[10] 谢军，鲜成钢，吴建发，等．长宁国家级页岩气示范区地质工程一体化最优化关键要素实践与认识［J］. 中国石油勘探，2019，24（2）：174-185.

[11] 刘乃震，王国勇，熊小林，等．地质工程一体化技术在威远页岩气高效开发中的实践与展望［J］. 中国石油勘探，2018，23（2）：59-68.

页岩油勘探开发管理创新

尹志昊[1]，陈晓冬[2]，郭睿婷[1]

（1.中国石油青海油田公司第三采油厂；2.中国石油青海油田公司第一采油厂）

摘　要：本文深入探讨了页岩油勘探开发的现状、传统管理模式存在的问题以及创新管理策略的必要性和实施方法。页岩油资源作为非常规油气资源的重要组成部分，对全球能源结构的优化和能源供应的多元化具有重要意义。然而，传统的页岩油开发管理模式面临效率低下、环境风险高、技术革新缓慢以及社会接受度低等诸多挑战。针对这些问题，本文提出了基于"一全六化"方法论的页岩油勘探开发管理创新策略，包括全生命周期管理、一体化技术和管理创新、专业化协同以及数字化管理和智能化技术的应用。这些创新策略旨在优化资源配置，提高开发效率，减少环境影响，加速技术创新，并提升社会接受度，为页岩油资源的高效、环保开发提供了系统化的管理解决方案。

关键词：页岩油；全生命周期管理；一体化技术

在当今全球能源结构转型与环境保护双重挑战的背景下，页岩油作为一种重要的非常规能源，其勘探与开发不仅对缓解能源供应压力、促进能源安全具有重要意义，同时也面临着经济效益、技术难题与环境影响等一系列挑战。传统的页岩油勘探开发管理模式已难以满足当前高效、绿色、可持续发展的需求，亟须创新与改进。在此背景下，"一全六化"方法论应运而生，即：全生命周期管理与一体化统筹、专业化协同、市场化运作、社会化支撑、数字化管理及绿色化发展相结合的全新管理策略。这不仅为页岩油勘探开发提供了系统化、综合化的解决方案，也为我国非常规油气资源的高效开发与环境友好型产业的建设指明了方向。本研究旨在深入探讨"一全六化"方法论在页岩油勘探开发管理中的应用，通过创新管理理念和技术方法，提升页岩油开发效率，降低环境风险，实现能源开发与环境保护的双赢目标。

1　页岩油勘探开发概述

页岩油勘探与开发作为当代能源工业的一大革新，不仅极大地丰富了全球的能源储备，也为能源市场带来了前所未有的变革。页岩油，这一藏匿于岩石微细孔隙中的非常规石油资源，因其特殊的地质位置和开采难度，长期以来被认为是难以商业化开发的资源。然而，随着科技的进步和勘探技术的革新，特别是水平钻井和水力压裂等技术的应用，页岩油的勘探与开发变得经济可行，引发了一场能源开采的革命。这一进程不仅推动了能源产业的技术进步，也对全球能源格局产生了深远影响。

尽管页岩油资源的开发为世界能源供应增添了新的活力，但其所面临的挑战也是显而易见的。从技术层面看，页岩油的开发需要高度精细的地质评估、先进的钻探和完井技术，以

第一作者简介：尹志昊（1998—），男，江苏宿迁人，本科，2022年毕业于中国地质大学（北京），助理工程师，现主要从事页岩油的研究工作。通讯地址：青海省海西州茫崖市花土沟镇采油三厂，邮编：816499，E-mail：cyscyzhqh@petrochina.com.cn

及复杂的水力压裂操作，这些都要求投入巨大的资本和技术创新。此外，环境保护也是页岩油开发过程中必须重视的问题。水力压裂技术虽然有效，但也可能对地下水资源造成污染，引起地面震动等环境问题，这要求开发商不仅要注重技术创新，也要加强环境保护措施的实施。

经济因素也是影响页岩油勘探与开发的重要因素。页岩油的开发成本相对较高，对油价的变化极为敏感。因此，油价的波动直接影响着页岩油项目的经济可行性和投资决策。此外，页岩油开发还需要面对政策和社会接受度的挑战，这包括获取开采许可、与地方社区的沟通以及应对公众对环境影响的担忧等。

总的来说，页岩油的勘探与开发是一个技术、经济、环境多方面综合考量的复杂过程。面对挑战，行业内需不断创新技术，优化管理，加强环保措施，以实现页岩油资源的高效、可持续开发，为全球能源安全与经济发展作出贡献。

2 页岩油传统开发管理模式存在的问题

2.1 效率低下

在传统的页岩油开发管理模式中，项目管理采取的是一种线性、分阶段的方法，这种方法在很多情况下已经不适应当前复杂且变化快速的工作环境。这一模式往往忽视了项目之间的相互依赖性，缺少对整个开发流程的全面审视和优化，从而导致了资源配置的不合理。例如不同项目组之间可能会重复购买相同的设备或雇佣相似的专业服务，造成资金的浪费。同时，由于缺乏有效的跨部门沟通和协调，项目进度常常受到影响，导致延期，增加了额外的时间成本。此外，这种传统模式下，决策过程往往较为缓慢，因为它依赖于层层审批和众多部门的协商，这在一定程度上阻碍了快速响应市场变化的能力。在页岩油开发这样高度依赖技术和市场情况的行业中，缓慢的决策过程可能导致错失最佳开发时机，从而影响企业的竞争力。

2.2 环境风险

传统的页岩油开发管理模式在环境保护和可持续发展方面存在显著不足。由于缺乏全面的环境影响评估和长期的环境管理计划，这种开发方式可能对自然环境造成不可逆转的损害。首先，地下水资源受到的威胁尤为严重，开发活动中使用的化学物质和开采过程可能导致有害物质渗入地下水，影响饮用水安全，对人类健康构成威胁。其次，空气质量问题也不容忽视。页岩油开采过程中释放的甲烷等温室气体对气候变化有直接的影响，而挥发性有机化合物（VOCs）的排放则严重影响了周边地区的空气质量，增加了呼吸系统疾病的风险。除此之外，页岩油开发还可能引起土壤污染和生态系统破坏，影响当地生物多样性，破坏生态平衡。

2.3 技术革新缓慢

在传统的页岩油开发模式下，存在一个明显的问题是对技术创新和新方法的应用存在显著的阻碍。这种模式往往依赖于旧有的技术和流程，对新技术的接受度低，创新机制缺乏，导致了技术更新换代速度慢。这不仅限制了开发效率的提升，也加剧了环境风险，因为许多现代技术旨在减少开采活动对环境的影响。由于管理和运作机制的僵化，新技术往往需要经过长时间的审批和试验阶段才能被采纳，这大大延缓了技术创新的速度。在快速发展的能源市场中，这种缓慢的反应速度使得页岩油开发企业无法充分利用最新的科技成果，提高资源开采的效率和安全性，减少对环境的影响。此外，传统模式下的企业文化和组织结构也往往不鼓励创新。在这样的环境中，员工可能缺乏提出和尝试新思路的动力，因为创新被视为风险而非机会。这种文化和结构上的障碍进一步加剧了技术革新的缓慢，限制了企业在技术进步方面的潜力。

2.4 特殊地理位置影响

以英雄岭页岩油为例，由于其处于柴西凹陷英雄岭构造带干柴沟地区，交通不便，离花土沟生活基地约21km，运输装备和水源等就成为一大难题。由于英雄岭页岩油采用"拉链式"压裂，压裂过程中需要大量的水，但压裂现场离生活基地较远，无法从生活基地直接运输水到压裂现场，如果建立输水管线，一是整体施工时间大幅度推迟；二是开发成本直线上升；三是可能造成管理混乱，出现管理空白区域；四是需要和地方政府单位进行协商，是否有资格去建立输水管线。如果采用罐车不停歇拉运水源到现场，一是单个罐车体积较小，用罐车供水可能造成压裂过程中水资源供应断开；二是压裂现场需停靠多辆压裂车，空间位置不能支持停放多辆罐车用于供水保障；三是多辆罐车不停歇拉运，不仅容易发生安全事故，而且开发成本也会大幅增加导致效益下降（图1）。所以，地理位置的制约也可能导致油田暂缓页岩油项目。

图1 页岩油现场

3 页岩油勘探开发管理创新策略

3.1 全生命周期管理

全生命周期管理在页岩油勘探开发中的应用，是一个全方位、多维度的综合管理过程，旨在确保从项目启动到废弃的每一个环节都能实现最优化的资源利用和环境保护。这种管理方法要求项目在其整个生命周期内，包括勘探、钻井、开发、生产，以及最终的关闭和废弃阶段，都必须遵循严格的规划和执行标准。通过全生命周期管理，开发商可以更好地评估和监控项目的环境影响、技术风险和经济效益，从而在确保能源供应的同时，最大限度地减少对环境的负面影响。

全生命周期管理的核心在于实现项目管理的连续性和系统性，通过详细的前期规划、精确的资源评估、严格的施工监控、高效的生产操作以及负责任的关闭和恢复工作，形成一个闭环的管理模式。这不仅涉及技术和操作层面的优化，也包括财务、环境和社会责任等多方面的考量。例如，在勘探和开发初期，通过精确的地质评估和技术选择，可以有效减少不必要的钻探和减轻对环境的影响；在生产运营阶段，通过先进的生产管理和环境监测技术，可以实现资源的高效利用和环境保护的双重目标；在项目末期，通过科学的关闭计划和环境恢复措施，确保遗留问题得到妥善处理，减轻对社区和环境的长期影响。全生命周期管理强调的是一个持续改进的过程，这要求项目团队不仅要具备跨学科的知识和技能，还需要在项目实施过程中不断学习和适应，及时调整管理策略和技术方案，以应对开发过程中可能出现的新情况和新挑战。通过这种全面、系统的管理方法，页岩油开发项目不仅能够实现经济效益的最大化，也能在更大程度上保护环境，实现可持续发展。

3.2 一体化技术和管理创新

一体化技术和管理创新在页岩油勘探和开发中的应用，代表了对传统石油工程管理理念的重大突破。这种创新策略通过将勘探开发一体化、地质—工程一体化、地面地下一体化、科研—生产一体化、设计—监督一体化等多个方面紧密结合，形成了一个高效、协同、灵活的管理体系。在这个体系中，各个环节和专业领域之间的界限被有效地打破，实现了信息、资源和目标的共享和统一，从而大大提升了决策的效率和项目实施的协调性。

在勘探开发一体化方面，通过整合地质勘查与工程设计的过程，可以更准确地评估资源潜力和开发风险，实现更合理的开发方案和投资决策。地质—工程一体化则进一步深化了这一过程，通过跨学科团队的紧密合作，实现了更高效的资源评估和更精确的开发计划。地面地下一体化强调的是表层设施与地下开发活动的协同，确保地面设施的布局和建设最大限度地支持地下开发的需要，同时最小化对环境的影响。

科研—生产一体化则将科研创新的成果快速转化为生产力，实现科研与生产、生产与经营的无缝对接，提升了整个开发过程的科技含量和市场竞争力。设计—监督一体化则通过加强设计阶段与施工监督的联动，确保项目的实施质量和安全标准，减少项目变更和返工率。通过这种一体化的技术和管理创新，页岩油勘探和开发项目能够在复杂多变的地质环境和市场环境中，更加灵活地应对各种挑战，同时提高资源利用效率和环境保护水平。

此外，一体化技术和管理创新还包括强化项目团队之间的沟通与协作机制，确保信息的实时共享和流通。在这个体系中，决策者能够根据来自不同领域专家的即时反馈和建议，做出更加全面和精确的决策。同时，这种一体化管理还强调利用先进的信息技术和自动化技术，如地理信息系统（GIS）、三维可视化模拟和远程监控系统等，以进一步提高项目管理的效率和精度。

3.3 专业化协同

专业化协同在页岩油勘探开发项目中的实施，是对现代工程项目管理理念的一次深刻体现和应用。这种工作模式超越了简单的跨部门合作，形成了一个复杂但高效的网络化合作体系，其中包含了多个不同领域的专业团队，如地质学、工程技术、环境科学、市场分析及政策法规等。这些团队围绕着共同的项目目标展开紧密的合作，每个团队都在自己的专业领域内提供最专业的意见和解决方案，共同推动项目向前发展。

在这种模式下，强大的沟通能力和协作机制是至关重要的。项目管理者需要建立一个高效的信息交流平台，确保项目中的每一个成员都能够及时获取项目进展的实时信息，并能够快速反馈自己的意见和建议。同时，也需要定期召开跨专业协作会议，讨论项目进展中遇到的关键问题和挑战，集中各方智慧，形成解决方案。

此外，专业化协同还意味着对外部资源的有效整合和利用。在页岩油勘探开发项目中，与外部科研机构的合作可以带来新的科研成果和技术突破，与政府机构的沟通协作可以确保项目的政策导向和法律合规性，与第三方服务提供商的合作可以获取专业的技术支持和服务。这些外部资源的整合，不仅可以提升项目团队的整体实力，也可以加快项目的进展速度，提高项目的成功率。

专业化协同的实施，还有助于建立一个持续学习和不断创新的项目文化。在这种文化的影响下，项目团队成员会更加积极地参与到跨专业学习和知识分享中，通过不断学习外部专家的先进知识和技术，不仅能够提升个人的专业能力，也能够为项目带来新的创新思路和解决方案。同时，这种跨领域的知识交流和技能融合，也为应对项目中出现的各种复杂挑战提供了更多的可能性和灵活性。

总之，专业化协同在页岩油勘探开发项目中的应用，通过打破传统的工作界限，建立起一个跨学科、跨领域、跨界别的合作网络，极大地提高了项目管理的效率和质量，为项目的顺利实施提供了有力保障。在这个过程中，有效的沟通和协作机制、外部资源的整合利用以及持续的学习和创新文化，都是确保专业化协同成功的关键因素。

3.4 绿色化发展

绿色化开发是新时期油气行业的重要使命。与常规油气项目相比，页岩油项目由于需要持续高强度钻井和压裂，面临更大的环境和碳减排压力。在碳达峰碳中和的目标下，页岩油项目必须从一开始就建立绿色化发展理念，通过技术进步和管理转型，实现项目与自然环境的和谐统一。

由于英雄岭页岩油的特殊地理位置，导致绿色化发展在英雄岭并不容易实现，但是青海油田通过创新压裂工艺施工管理模式，开垦出一片片青藏高原能源版图新的"希望之地"。

在页岩油现场施工方面，英雄岭页岩油采用了"同步+拉链+整体推进"的压裂施工新模式，实现了英雄岭页岩油两个箱体的"立体"改造。同时，这个平台压裂岩石层首次使用电能替代柴油作为驱动力，让"绿色压裂"首次登陆高原油田，打造了页岩油绿色高效开发的"样板间"。针对风西地质条件的复杂性和储层特性的差异性，压裂施工采用了"井工厂"单箱体同步压裂及"拉链式"压裂作业新模式，最大限度实现了压裂提速、提质、提效目标。在此基础上，建立了柴达木盆地非常规储层高效压裂的9项管理制度，打造流程化施工模式，单日施工效率比前期提升了66%。

页岩油资源的勘探与开发是实现能源结构转型和保障能源安全的关键环节，但其特有的开发挑战要求我们采取创新的管理策略来应对。通过实施全生命周期管理、一体化技术与管理创新、专业化协同以及数字化管理和智能化技术应用等"一全六化"管理创新策略，不仅可以有效解决传统页岩油开发管理中存在的问题，而且能够促进页岩油勘探开发过程的高效、环保和可持续发展。未来，随着技术进步和管理经验的积累，这些创新策略将进一步优化，为全球非常规油气资源的开发提供更加科学、高效和环境友好的管理方案。

参 考 文 献

[1] 林腾飞，王善宇.中国石油勘探开发研究院页岩油地质工程一体化团队青年团队：科技与管理创新，推动中国陆相页岩油革命发展[J].中华儿女，2023，4：3.

[2] 胡文瑞，魏漪，鲍敬伟.鄂尔多斯盆地非常规油气开发技术与管理模式[J].工程管理科技前沿，2023，42（3）：1-10.

[3] 刘惠民.济阳坳陷页岩油勘探实践与前景展望[J].中国石油勘探，2022，27（1）：73-87.

[4] 孙晨，寇园园，路盼盼，等.页岩油勘探开发关键技术综述[J].精细石油化工进展，2023，24（2）：39-43.

[5] 何文渊，蒙启安，冯子辉，等.松辽盆地古龙页岩油原位成藏理论认识及勘探开发实践[J].石油学报，2022，43（1）：14.

[6] 田逢军，王运功，向平虎.陇东页岩油大平台工厂化钻井管理创新模式[J].中文科技期刊数据库（全文版）工程技术，2022，4：7.

[7] 郭旭升，黎茂稳，赵梦云.页岩油开发利用及在能源中的作用[J].中国科学院院刊，2023，38（1）：38-47.

[8] 周雪.美国页岩油勘探开发现状及其对中国的启示[J].现代化工，2022，7：5-9.

[9] 吴裕根，门相勇，王永臻.我国陆相页岩油勘探开发进展、挑战及对策[J].中国能源，2023，45（4）：18-27.

[10] 赵文智，朱如凯，刘伟，等.中国陆相页岩油勘探理论与技术进展[J].石油科学通报，2023，（4）：373-390.

[11] 周立宏，陈长伟，杨飞，等.渤海湾盆地沧东凹陷页岩油效益开发探索与突破[J].中国石油勘探，2023，28（4）：24-33.

[12] 赵文庄，李晓黎，周雄兵，等.陇东页岩油大平台开发钻完井关键技术[J].复杂油气藏，2023，16（1）：7-12.

[13] 赵宗举.《石油学报》页岩油气勘探开发技术论文专辑主编寄语[J].石油学报，2023，1：2.

[14] 孙金凤，盛鸿禧，赵玉霞.基于双层规划的页岩油勘探开发投资决策优化方法研究[J].中国石油大学学报：社会科学版，2023，39（2）：10-21.

"一全六化"系统工程方法论在吉木萨尔国家级陆相页岩油示范区建设中的管理实践

汤 涛，王明星，朱靖生，李文波，马晓月，王 伟

（中国石油新疆油田公司吉庆油田作业区）

摘 要：页岩油开发是保障国家能源安全的有效途径，但中国页岩油多为陆相页岩油，具有分布稳定性差、非均质性强、裂缝发育程度较低、原油黏度较高的共性特征。理念、管理、技术、成本等挑战制约了中国陆相页岩油的规模开发。中国石油新疆油田公司吉庆油田作业区（吉木萨尔页岩油项目经理部）将吉木萨尔国家级陆相页岩油示范区建设作为一个系统工程来审视，以"一全六化"系统工程方法论为指导，在吉木萨尔页岩油推进了页岩油革命举措，即：坚持目标导向，以全生命周期管理保障页岩油革命目标实现；坚持问题导向，以一体化统筹、社会化支持推进管理方式革命，以市场化运作推进生产关系革命，以专业化协同、数字化管理、绿色化发展推进生产力革命，充分运用"六化"方法论解决了页岩油革命中的突出矛盾；同时坚持党的领导，统一思想认识，锤炼过硬作风，强化抓落实能力，在石油精神引领下打造了页岩油革命队伍。通过"一全六化"系统工程方法论的实施，推进了页岩油革命进程，促使吉木萨尔页岩油成为国内首个实现效益开发的页岩油油藏，建成产能 163.1×10^4 t，2023年产量跃升至 63.6×10^4 t，累计产油 216.7×10^4 t。将完钻周期控制到 36d 以内，压裂效率提升到 4.6 级/d，单井投资控制到 4286×10^4 t，单井 EUR 达到 3.5×10^4 t，实现阶梯油价下内部收益率达到 6.23%，为国内陆相页岩油开发形成了示范。

关键词："一全六化"；系统工程；页岩油；效益开发；实践

我国陆相页岩油资源量达 28.3×10^8 t，是保障国家能源安全的重要接替资源，经过十多年的探索，页岩油开发取得了重要突破和长足进展，主体技术与美国的差距迅速缩小并接近，部分单项技术参数或指标已经达到美国主流水平。但我国陆相页岩油与美国海相页岩油相比，具有分布稳定性差、非均质性强、裂缝发育程度较低、原油黏度较高的特征，开发规模与美国相比差距极大，与我国巨大的页岩油资源相比极不匹配，部分页岩油项目单位成本居高不下，亟待提高抗风险能力和可持续发展潜力。

2023年初，中国石油天然气集团有限公司（以下简称集团公司）董事长戴厚良提出"页岩油气革命"战略部署。6月，《中国石油推动页岩油革命行动方案》研讨会在北京召开，集团公司副总经理张道伟提出"新疆油田是国家示范区，170×10^4 t 吉木萨尔必须完成，我们必须要横下一条心来干这个事情"。中国石油新疆油田公司（简称公司）落实国家能源局和集团公司决策部署，聚焦戴厚良董事长"技术可行，经济也必须可行"批示要求，坚持以效益为中心、以市场为导向，制定打造管理、技术、效益、市场化"四个示范"的奋斗目标。

第一作者简介：汤涛（1993—），2016年毕业于中国石油大学（华东）勘查技术与工程专业，获学士学位，现任中国石油新疆油田公司吉庆油田作业区页岩油运行维护中心党支部书记、副主任，从事吉木萨尔页岩油开发现场管理工作。通讯地址：新疆昌吉回族自治州吉木萨尔县吉庆油田作业区，E-mail: zdtangt@petrochina.com.cn

新疆油田公司吉庆油田作业区（吉木萨尔页岩油项目经理部）（以下简称作业区）主要致力于吉木萨尔页岩油开发，矿权面积378km^2，探明储量$1.53×10^8$t，动用地质储量$9286×10^4$t。聚焦吉木萨尔页岩油开发，作业区对"一全六化"系统工程方法论进行了管理实践，实现吉木萨尔页岩油年产量达到$63.6×10^4$t，并逐年上涨，阶梯油价下内部收益率预计可达到6.5%，实现了效益开发，对国内陆相页岩油开发具有指导意义。

1 背景

1.1 页岩油开发是保障我国能源安全的安心工程

2023年中石油评价常规油资源量$469×10^8$t、非常规油资源量$559×10^8$t；非常规油三级储量$106×10^8$t，探明$58.7×10^8$t。其中页岩油资源量$422×10^8$t，三级储量$45.2×10^8$t，探明$14.5×10^8$t。近几年我国油气资源对外依存度逐年提高，国内优质页岩分布面积广，在10大盆地发现18套页岩层系，资源量丰富，中石油各盆地页岩油气均已取得重大突破，呈现星火燎原之势，页岩油气革命时机已经到来。

1.2 吉木萨尔页岩油开发是我国页岩油开发的样板工程

吉木萨尔页岩油物性参数与国内外页岩油相近，具有埋深大、非均质强、含油饱和度高、单层薄、油质稠等特征，开发难度更大，因此，吉木萨尔页岩油的效益开发具有极强示范作用。国家能源局、自然资源部联合复函同意设立"新疆吉木萨尔国家级陆相页岩油示范区"，明确在2025年末探明储量力争达到$1.5×10^8$t，产量达到$170×10^4$t。形成管理、技术、效益、绿色发展等方面示范。

1.3 吉木萨尔页岩油开发是一个复杂的系统工程

梳理吉木萨尔页岩油开发"两上两下"历程，可以看出，吉木萨尔页岩油开发面临着理念、管理、成本、技术四个层次挑战。理念挑战来自顶层设计时，将非常规等同于"低采收率、低效益"，拘泥于还原论层层分解、条块分割方式和传统思维定式，自我限制了发展和创新空间。成本挑战客观存在，国内页岩油开发完全成本高，2017年以来，美国各大主要致密油/页岩油盆地按年产量归一化桶油成本已经降到50美元/bbl以下，但国内页岩油开发桶油成本距离50美元/bbl还有很大差距。管理挑战主要来源于传统常规采油组织模式带来六大问题，即产能建设和生产运行管理相剥离导致责任划分"散"；不同部门和专业的协同难导致业务管理"松"；主要工序单一市场保障带来的技术蜕变"慢"；大而全、小而全的业务设置带来的经营效益"差"；依靠人工劳动力单一带来的劳动效率"低"；不重视绿色环保带来的单位能耗"高"。技术挑战主要是"甜点"识别难、钻井提速难、压裂提效难等。其中，技术挑战是现状、成本挑战是表象、管理挑战是症结、理念挑战是核心。

2 主要措施及做法

面对吉木萨尔页岩油开发系统的复杂性，新疆油田公司将吉木萨尔国家级陆相页岩油示范区建设作为一个系统工程来审视，以"一全六化"系统工程方法论为指导，在吉木萨尔页岩油推进了页岩油革命举措，即：坚持目标导向，以全生命周期管理保障页岩油革命目标实现；坚持问题导向，以一体化统筹、社会化支持推进管理方式革命，以市场化运作推进生产关系革命，以专业化协同、数字化管理、绿色化发展推进生产力革命，充分运用"六化"方法论解决了页岩油革命中的突出矛盾；锤炼过硬作风，强化抓落实能力，在石油精神引领下打造了页岩油革命队伍。全方位页岩油革命实践，推进吉木萨尔页岩油成为国内首个实现效益开发的吉木萨尔油藏，高质量推进了国家级陆相页岩油示范区建设（图1）。

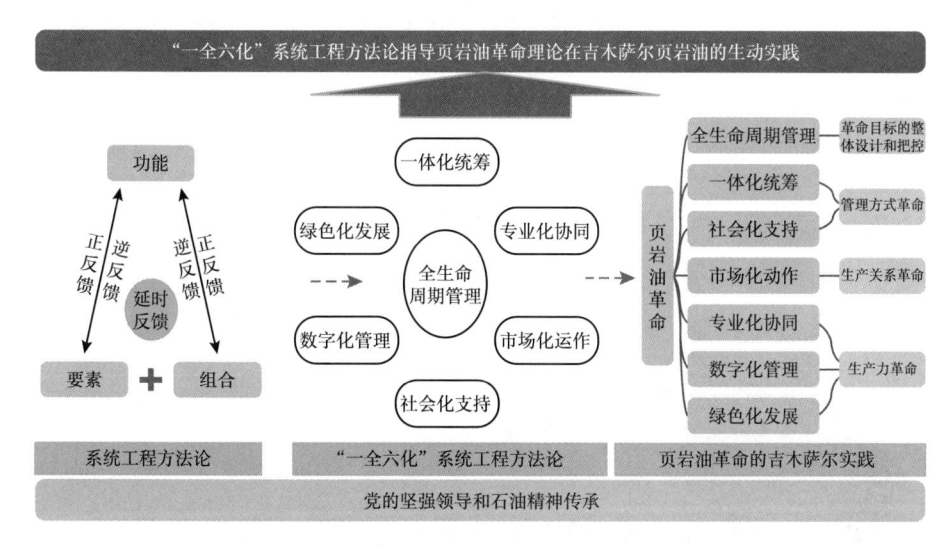

图1 "一全六化"系统工程方法论全方位实践示意图

2.1 坚持目标导向，全生命周期管理保障革命目标实现

针对陆相页岩油储层非均质性强，工程要求高，油井生命周期短，抗风险能力弱等特点，作业区树牢非常规发展理念，以"全生命周期管理"思维，从方案部署、产量运行、单井管理等维度对吉木萨尔页岩油开发进行全生命周期项目管理。

2.1.1 方案部署全生命周期策划

以开发项目为基本单元，项目投资按照全过程详细核算与评价，以追求关键优化指标最大化，将评价部署、方案设计、产能建设、生产运行、管控优化等过程一体化管理，组织多学科融合和多部门协同的项目管理团队，全面负责项目建设、生产运行、投资成本管理等工作，制定了18项管理制度，实现了对页岩油开发从地质研究、井网井距部署、压裂设计的全生命周期策划，从方案源头确保内部收益率达到6%以上，如期建成140×10^4t页岩油开发示范区（图2）。

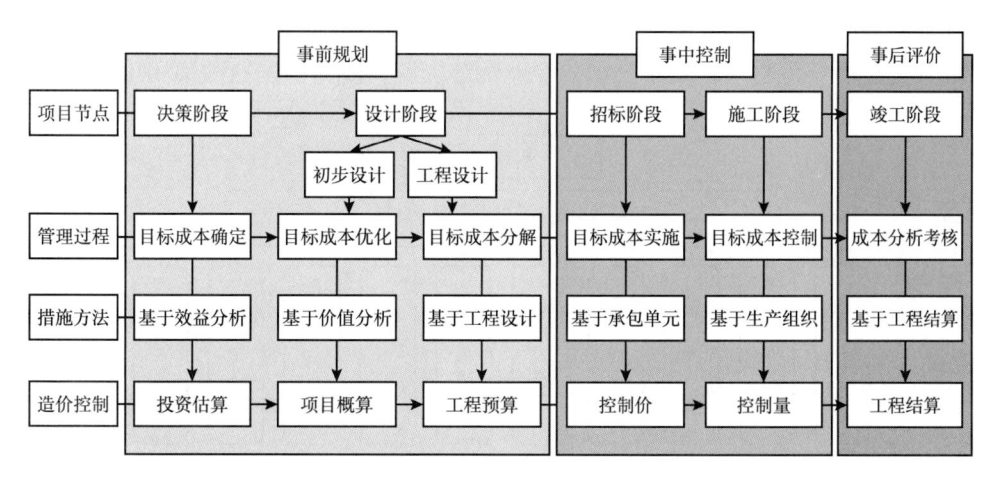

图2 吉木萨尔页岩油全生命周期效益管理

2.1.2 产量运行全生命周期统筹

依据吉木萨尔页岩油生产规律，围绕 2025 年年产 140×10^4t 示范区建设目标，策划整个油藏产量运行计划，对后续年度钻井、压裂、产能建设目标进行统筹规划，实现全生命周期产量运行管理（图3）。

2.1.3 效益管理全生命周期跟踪

对单井实施全生命周期管理，采用"项目单设、投资单列、方案单审、成本单核、产量单计、效益单评"并综合考虑底线成本、收益率和采收率的倒逼机制，从产能建设到产量运行对单井进行全生命周期效益管理，建产环节严格控制单井投资，目前控减到4286万元，产量运行环节注重提升采收率，实现单井 EUR 达到 3.6×10^4t，确保内部收益率达到 6% 以上。

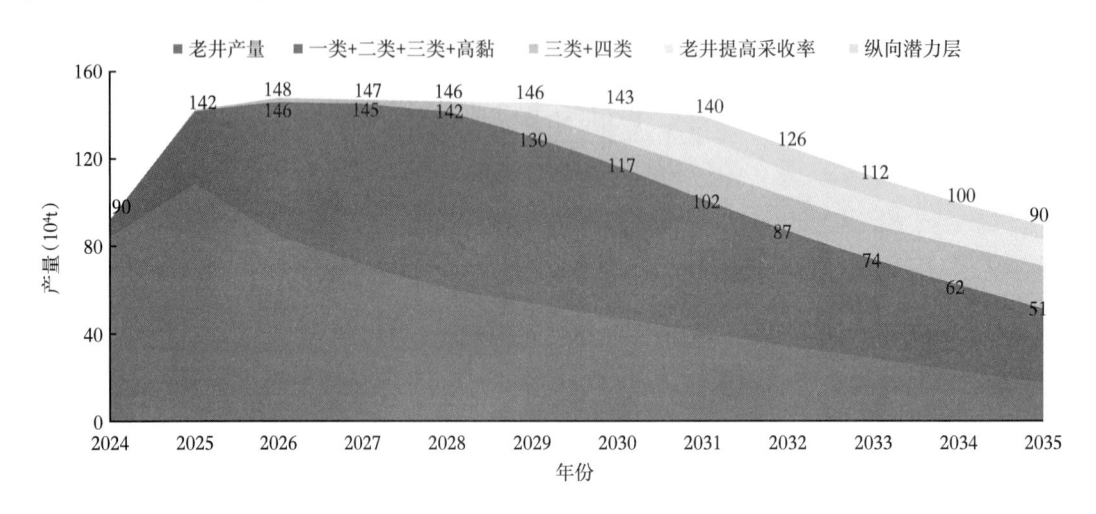

图 3 吉木萨尔页岩油全生命周期产量运行图

2.2 坚持问题导向，以"六化"方法论解决页岩油革命突出矛盾

2.2.1 一体化统筹推进管理方式革命，解决责任划分"散"的问题

生产组织架构上按照一体化统筹理念推进本质性变革，促进跨系统、跨部门、跨学科、跨专业和跨层级的协同。

（1）打造产能建设专班的工作推进模式。

公司成立主要领导担任组长的国家级陆相页岩油示范区建设工作专班（图4），对吉木萨尔页岩油开发进行统筹管理，集中公司各专业优势资源，协调中国石油集团工程技术研究院

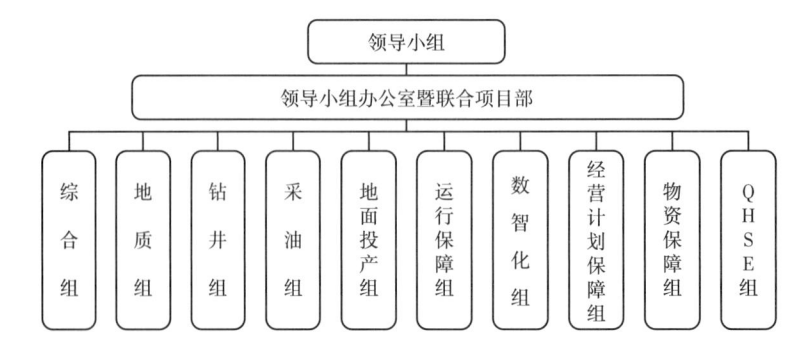

图 4 产能建设专班推进工作示意图

有限公司、公司工程技术研究院、公司勘探开发研究院等11家单位协同作战，一体化统筹方案研究、工程设计和生产管理等，形成非常规效益建产组织模式，实现"一体化全产业链协同创新"的新模式。

（2）打造新型采油管理区的基层组织模式。

聚焦央企改革，探索新型采油管理区建设，按照"如无必要，勿增实体"组织理念，构建侧重于党政经营管理、对上联系、对外协调的"五办"和侧重于科研技术、一体化生产指挥的"六中心"组织架构（图5），压缩管理层级，推动运行机构更加高效，由劳动密集型向技术密集型转型。

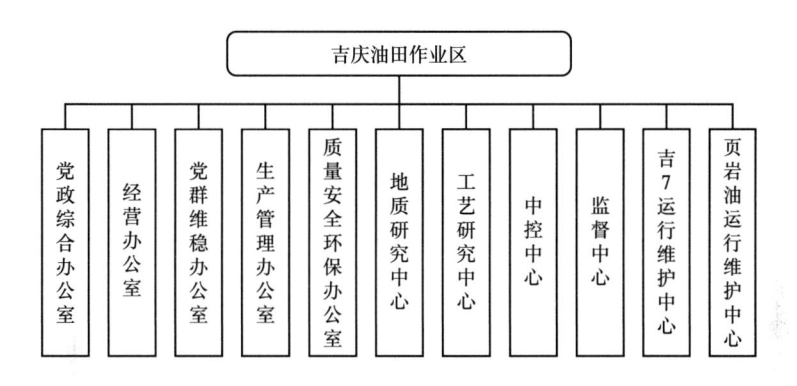

图5 新型采油管理区组织架构图

（3）打造"两体"平台的联合建设模式。

从顶层设计发力，打造创新联合体和命运共同体的"两体平台"（图6）。搭建创新联合体式的交流平台，从方案设计、组织实施、过程跟踪到优化调整全过程合作，坚持一井一复盘，制定措施优化改进，不断提升油层钻遇率、钻井工期、压裂效率。搭建命运共同体式的考核平台，树立"命运共同体"合作关系，制定实施严格的捆绑考核激励机制，压实各方责任，保障目标按期实现。

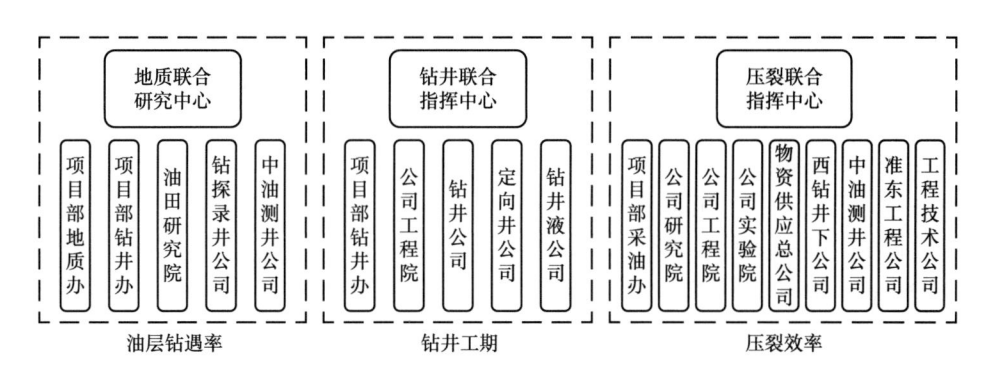

图6 吉木萨尔页岩油产能建设"两体"模式图

工作推进上实施一体化统筹。围绕掌控资源、建设产能和获得产量三大业务主线，以资产项目为单元，通盘考虑内部系统和外部系统，掌握各系统之间、系统内部各子系统及其要素之间的相互联系和相互作用，开展总体设计和流程规划，全面实现勘探开发一体化、地质工程一体化、地面地下一体化、科研生产一体化、生产经营一体化、设计监督一体化（图7）。

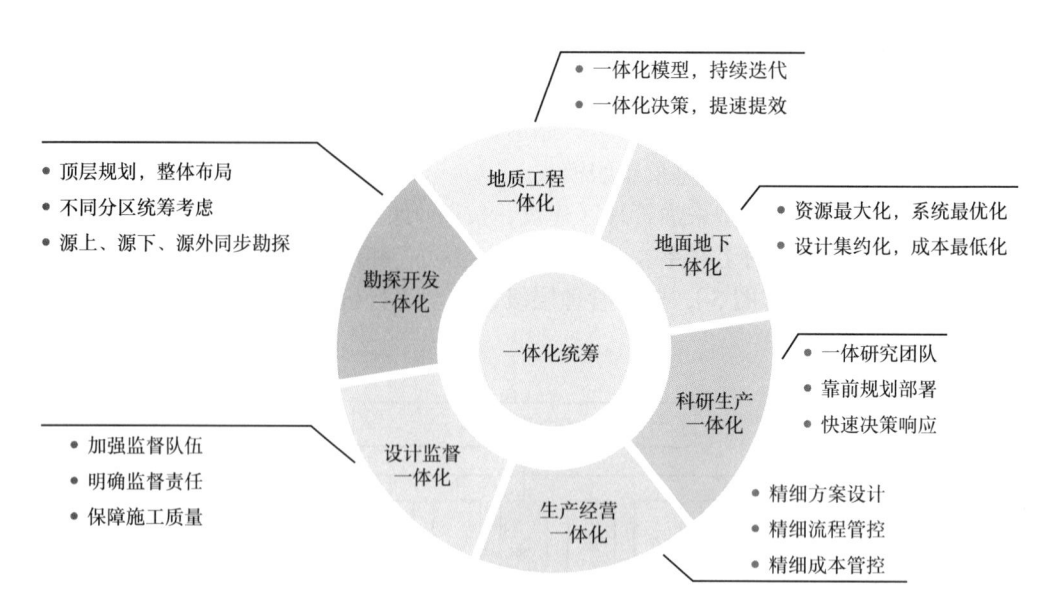

图 7　吉木萨尔页岩油一体化统筹工作内涵

（1）勘探开发一体化。

在开发过程中，推进三四类区、高黏区、源上、源下及源外的勘探评价，部署评价井 8 口，依据勘探评价结果，动态调整开发方案与部署策略，提高决策效率，降低项目技术经济风险，确保 2.13×10^8 t 地质储量的提交。

（2）地质工程一体化。

在钻井、压裂等重点施工方案策划上突出地质工程一体化设计，地质提供全要素地质评价资料，掌握地质条件，结合工程参数，在钻井压裂总体方案下，编制若干保障方案，提高方案符合率、技术有效性和作业效率，从源头上管控地质不确定性。

（3）地面地下一体化。

在规划中充分考虑未来建产规模和地面设施摆布，超前配套输水系统，建设大型人工储水池，便于统一调配，既满足了大规模钻井和压裂施工的生产需要，又有利于返排液的回收和重复利用，提高了水资源重复利用率，实现了前期局部的高投入，换取整体的高效率和高效益。

（4）科研生产一体化。

建立融合地质、钻井、压裂、地面、安全等多学科一体化研究团队，支撑从勘探到开发利用所有阶段的全过程优化。研究人员现场靠前部署、融入生产一线，与各个工程子系统紧密结合，整合内部和外部研究力量开展分阶段攻关，实现钻井轨迹实时跟踪调整，压裂复杂 2h 内响应决策，进一步提高方案部署水平和工程实施效率。

（5）生产经营一体化。

以大基层 ERP 系统为抓手，各阶段从顶层设计、方案部署到各项工程作业，精细化方案设计、流程管控和成本管理，不断提高经济效益、降低成本、提升抗风险能力和盈利能力。

（6）设计监督一体化。

前置安全质量环保管理，用强有力的监督监理手段，严格执行和高质量实施相关技术方案，聘请钻井、压裂、地面建设、运行管理等监督 100 余人·次，强化流程管理与监督监理的掌控，有效跟踪技术方案的落实和质量的提升。

2.2.2 社会化支持推进管理方式革命，解决经营效益"差"的问题

树立"不搞'大而全、小而全'""今天的投资就是明天的成本（折旧）""能靠当期成本解决的绝不发生投资"的理念，从买装备、买产品变为买服务，从全自主变为尽量依托社会，实现了与地方协同发展，和谐共赢。依托当地兵团企业建设 $60×10^4m^3$ 储液池，储存压裂返排液，降低水处理成本、缓解环保压力，以年为单位租用，2022—2023年利用返排液 $100×10^4m^3$，节约供水费用830万元；依托属地团场供水，发挥当地农场现有水资源设施丰富的优势，由自主组织供水改为兵团企业承包供水，综合水价大幅度降低；依托专业企业建设110kV变电站项目，钻、压、采用电利用第三方新建35kV油区分支线路，减少40%电力架设投入费用；创新兵企共建共用新道路模式，与红旗农场协商，完成58号平台道路共建1.1km，节约征地、建设费用40万元。通过社会化支持，既支持了地方经济建设，融洽了企地关系，又节约了建设投资，提升了效益水平，实现了互利双赢。

2.2.3 市场化运作推进生产关系革命，解决技术迭代"慢"的问题

建立了吉木萨尔页岩油产能建设市场化机制，探索"内部扩权放权+市场化运行"机制，下放经营自主权，打造油田开发生产的改革开放"特区"，基层创新创效动力显著提升。按照"同等条件内部优先、价格差异、价优者得"的原则，推行竞争机制，钻井拓宽选商范围，引进渤海钻探、长城钻探、西部钻探3家钻探公司13部钻机，市场活力全面激发，采取钻井米费结算模式和有效钻遇长度结算模式相结合，激发了钻探单位"打好井、快打井"的热情，钻井从"三开"向"二开"迭代，完井工期缩短至36d，倒逼单井钻井投资降幅56%；压裂细分压裂服务，包括施工及准备、压裂液技术服务、支撑剂、射孔及桥塞服务四个标段分别招标，压裂施工效率提升到4.6级/d。通过市场化运作，市场在资源配置中决定性作用和技术迭代关键性作用凸显，推行市场化价格机制和差异化价格标准，压裂成功配置滑溜水压裂液，变可钻桥塞为可溶桥塞，石英砂本地化变成现实，单井综合投资由7527万元控降至4286万元（图8），实现页岩油的效益开发。

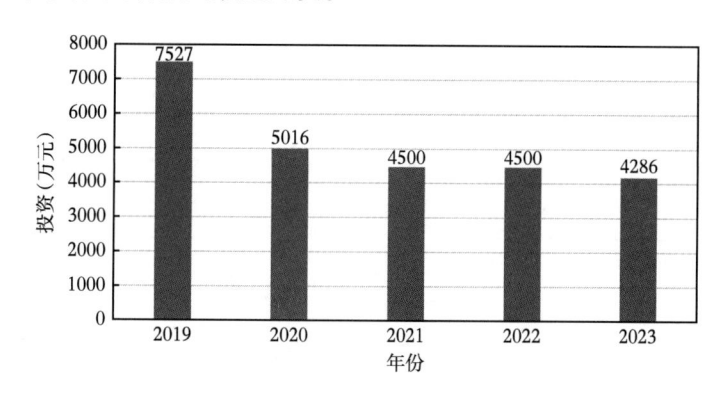

图8 页岩油分年单井投资统计表

2.2.4 专业化协同推进生产力革命，解决业务管理"松"的问题

联合公司工程技术研究院、公司勘探开发研究院、公司开发公司、准东采油厂、公司应急抢险救援中心等11家单位协同作战，形成示范区建设联合攻关模式（图9），从方案编制到各业务实施，组建专业化团队协同攻关，统筹方案研究、工程设计和生产管理等各专业融合，形成非常规效益建产组织模式，实现"全产业链专业化协同创新"的新模式，大幅提高

生产力效率。

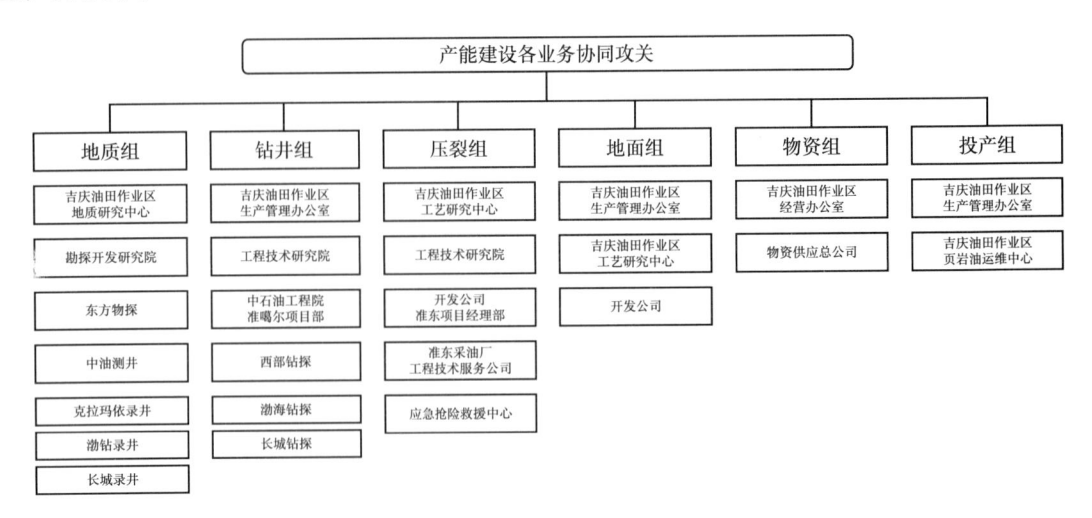

图 9 产能建设专业化协同攻关机构

专业化协同项目实行"靠前指挥，超前决策"，建立以"现场作业指令"为核心的运行管控体系，形成"平台现场＋作业区＋公司"三地统一联动的管理模式，实现从决策层发出指令到执行层最终接受指令严控在2h以内（图10）。项目决策层靠前指挥，指挥全程驻平台现场，掌握第一手信息资料，统筹协调各类资源。监督团队依据施工计划，组织各参与方研究制定统一、准确、规范的作业指令，并保证有效执行落实，关键阶段，监督24h值班，确保安全顺利。

多平台同一平台采用多专业协同模式，大幅度减少大型装备重复配置和人员配比，提高装备利用效率和劳动生产率。58号平台产能建设中，地质、钻井、压裂、地面专业化协同，拉链作业高效精准，创新了多井施工新模式，将280m 5in大通径高压管线、4套高低压管汇撬等部件一次性连接完成，保证高压力、大排量施工需求，减少中间施工环节，通过专业化协同，实现了50d完成312级施工，总施工用液量$55.1 \times 10^4 m^3$，加砂$5.74 \times 10^4 m^3$，平均加砂强度$4.0 m^3/m$，创造了一次性拉链作业井数、单日压裂总段数、单日施工总液砂量、单井加砂强度及加砂量、单支桥塞钻磨时间等纪录，专业化协同产生了"1+1＞2"的好效果（图11）。

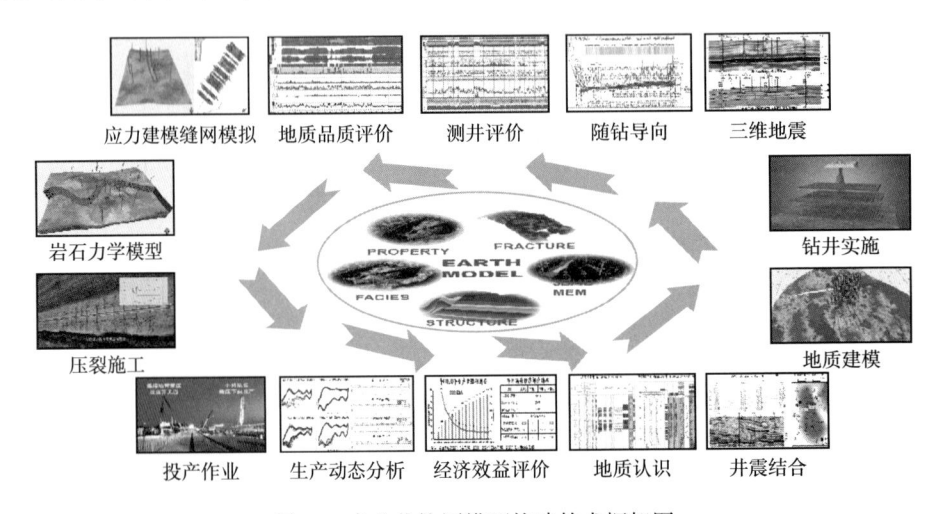

图 10 专业化协同模型构建技术框架图

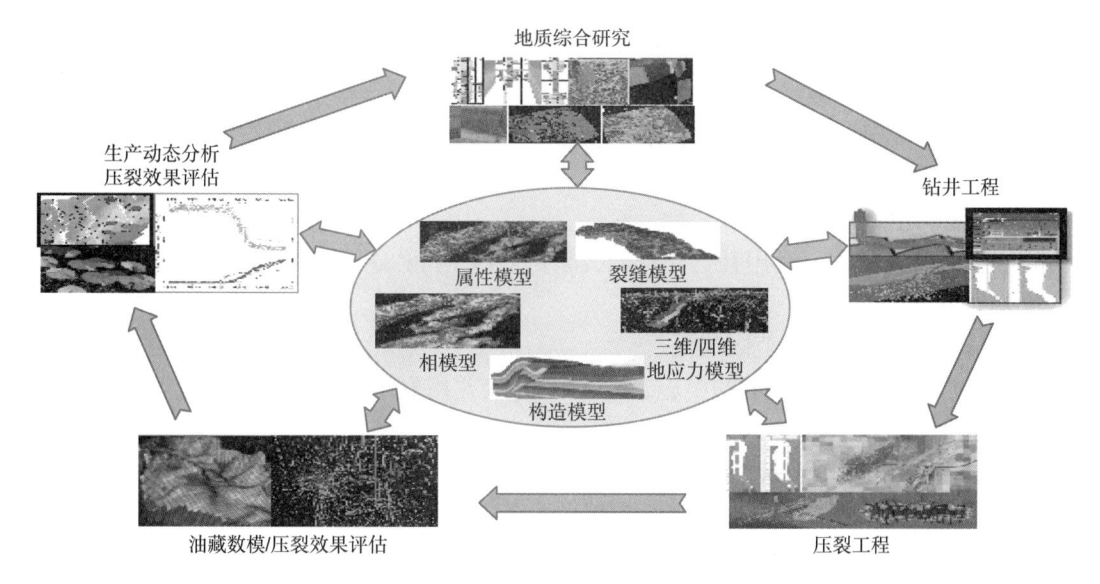

图 11 压裂专业化协同预防

2.2.5 数字化管理推进生产力革命，解决劳动效率"低"的问题

通过数字化管理改变了传统管理模式，听数据说话、用数据决策，实现少人高效。打造物联网系统，让智能采油物联化，实现了生产实时报警，通过油气生产物联网系统，创建单井数据采集、预警分析、动态管理、无人值守、故障巡检、远程调控一体化智能管理平台，有效提高了工作效率和经济效益，操作成本由 2018 年的 15.1 美元 /bbl 降至 2023 年的 8.7 美元 /bbl；预计到 2025 年产量 140×10^4 t、用工人数控制在 120 人以内，实现百人百万吨（图 12）。

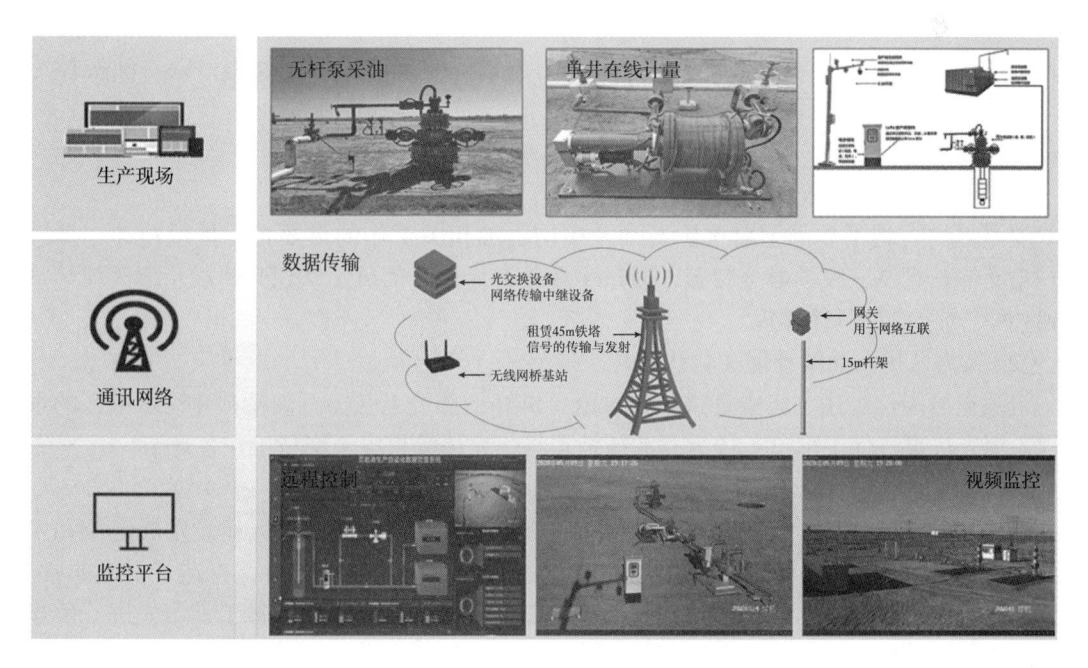

图 12 吉木萨尔页岩油新型智能化采油模式

2.2.6 绿色化发展推进生产力革命，解决单位能耗"高"的问题

践行"在保护中开发、在开发中保护、环保优先"等理念。

（1）电代油实现降碳。

推广钻井压裂电代油，新建110kV变电站一座，实现钻机100%与压裂工作面50%电代油，减少排碳5.37×10^4t。

（2）重复利用降污染。

压裂返排液复配中，利用社会化资源，采用$60 \times 10^4 m^3$储水池实现压裂液循环利用，节约清水$81 \times 10^4 m^3$。

（3）大力实施新能源示范区建设。

推进光伏发电项目在现场的实施，3.5MW光伏并网发电，探索光伏发电等模式的新能源示范区建设。

（4）推进节能设备研发应用。

自主研发井下插接式投捞电缆电潜螺杆泵等节能采油设备，在现场成功实现了无杆泵举升工艺推广应用，吨液耗电降低$8.1 kW \cdot h$，已累计减少用电$1259 \times 10^4 kW \cdot h$。

（5）推进绿色矿山建设。

吉木萨尔油田对标油气田企业绿色矿山创建标准，按照"大井丛、井站一体式采油平台"模式开发建设与管理，减少用地93%，无杆泵开采有效消减了井口环境污染风险，含油污泥处理技术实现资源回收与综合利用，打造了绿色矿山建设支撑技术体系，形成了从顶层设计到管理一体化绿色矿山创建模式。返排液复配技术实现返排液循环利用。

"一全六化"系统工程方法论实施，保障了中国页岩油革命进度的推进和目标的实现，有效解决了页岩油革命中面临的突出问题，打造了高质量发展的名片，促进了投资成本大幅下降、产建周期缩短、单井产量提升、经济效益改善的"两降两升"的好效果。

2.3 坚持党的领导，石油精神引领页岩油革命队伍

坚持和加强党的领导，从政治建设、能力建设、作风建设协同发力，以石油精神为引领，建设了一支坚强的页岩油革命队伍。

2.3.1 政治建设上，以三个举措促进三个认同

（1）扎实开展主题教育促使命认同。

学习贯彻习近平总书记对中国石油及中国石油相关工作的重要指示批示精神，推进党委—党支部—党员三级学习全覆盖，通过主题教育促使干部员工认识到建成示范区就是坚决做到"两个维护"的具体体现。

（2）大力弘扬石油精神促文化认同。

组织党员岗位讲述、集中宣讲、大讨论，讲好干部员工弘扬石油精神建设示范区的艰辛历程，用先进事迹促干部员工传承石油精神，将优良传统贯穿至岗位工作各环节。

（3）积极倡导越渡理念促价值认同。

选树践行"越山渡河、敢为人先"价值观的先进典型，明确示范区建设发展定位和发展理念，形成了创新驱动、量效齐增、绿色和谐、示范引领的发展方针，打造了引领非常规、挑战不可能的发展目标，开展典型选树活动，以先进带动全员，引导员工学习先进、争当先进，形成共同的价值追求。

2.3.2 能力建设上，提升三种能力抓工作落实

（1）提升战略执行力。

形成了第一时间建立落实机制、第一时间传达阐释部署、第一时间部门落实领会、第一时间细化措施督办、第一时间复盘迭代闭环的"五个第一时间"战略规划执行机制，完成示范区建设督办事项200余项，有效推动了各项重点工作落实。

（2）提升服务基层能力。

树立"全力以赴服务基层，以便基层全力以赴创造价值"理念，通过大兴调查研究、建立问题清单、立项推动解决促进化解实际问题，打造"最好一餐在岗位、最安一眠在公寓、最美一境在基地"后勤服务模式，使员工心无旁骛投入生产经营工作。

（3）提升基层战斗力。

打造知行学院，树牢"指战员、教练员、学员"三员合一的队伍建设理念，精心开发课程，开展项目管理、沟通、写作等专业训练营，召开地质、钻井、压裂等专业复盘会迭代经验，员工专业能力、综合能力显著提高。

2.3.3 作风建设上，四个导向锤炼过硬作风

（1）闭环管理。

在队伍内部推行闭环管理，聚焦习近平总书记对中国石油和中国石油相关工作的重要指示批示精神，对各级党委要求，抓落实闭环，做到件件有回音，事事有落实。

（2）守土有责。

推进岗位责任制建设，厘清各岗位职责和责任界限，做到事事有人管，不留责任空白点。

（3）崇尚专业。

建立页岩油开发专项攻关清单，将专业技术发展作为示范区建设的前置措施和保障程序，形成了崇尚专业，尊重人才的良性氛围。

（4）典型引领。

开展典型选树，严肃绩效考核，形成"红黑榜"，打造正反两方面典型，推进队伍作风建设上形成示范。

3 取得的效果

3.1 推进了吉木萨尔页岩油效益开发新阶段

经过对"一全六化"方法论的管理实践，示范区打造了效益建产1.0模式，实现了增储、提产降本、规模建产。

（1）支撑增储。

落实总资源量 2.31×10^8 t，其中一类储量 0.43×10^8 t，二类储量 0.43×10^8 t，三类储量 0.61×10^8 t，四黏储量 0.61×10^8 t。高黏区储量 0.23×10^8 t。

（2）支撑提产降本。

水平井一年期产量提升至8000t以上，单井EUR达到 3.5×10^4 t，单井投资降至4286万元，内部收益率达到6.23%。

（3）支撑规模建产。

累计完钻水平井267口，建产能 163.1×10^4 t，累计产油 216.7×10^4 t。

3.2 构建了陆相页岩油示范区管理新模式

构建国家级陆相页岩油示范区建产模式,形成4个方面管理示范。

(1)创新了产建管理模式。

成了工作专班领导下的项目经理部模式,优化"新型采油管理区+项目经理部"特色管理体系,推动产能建设与产量运行责权利一体化项目经理部模式,实现运营一体化、授权充分、自主经营,按照全生命周期管理,项目单设、投资单列、成本单核、效益单评、严格考核、严格兑现,将部署、方案、产建、运行、管控优化等过程一体化管理。

(2)创新了组织设置模式。

在示范区建设过程中推进现代化企业改革,探索新型采油管理区运行模式,科学设置组织机构和岗位,明确岗位责任制,实现组织机制高效运行。

(3)创新了油藏管理模式。

探索油藏全生命周期管理模式,形成陆相页岩油油藏开发管理经验,持续加强资源勘探与评价工作,建立我国陆相页岩油资源评价体系,预计探明储量将达到21300×10^4t,经济可采储量达到1651×10^4t。

(4)创新了智能采油模式。

以智能化油田建设推进现场管理模式迭代升级,新型智能化采油模式覆盖率达到100%,实现油区"无人值守、故障巡检,集中监控"的自动化运行,实现实物劳动生产率2600t/人。

3.3 建立了陆相页岩油开发技术新标准

构建国家级陆相页岩油示范区建产模式,形成4个方面技术示范。

(1)形成陆相页岩油立体差异化的部署技术。

在地质认识上不断深化,形成了"咸化富烃+异重成储+源储配置"为核心的"甜点"富集机理、"可动油"为核心的"甜点"识别方法、"高精度地质模型+随钻测井+标志矿物"为核心的黄金靶体跟踪方法、"井控储量"为核心的差异化部署等差异化部署评价方法,推进黄金靶体钻遇率达到85%,单井EUR达到3.5×10^4t,采收率达到12%。

(2)形成二开+油基+一趟钻的钻井技术。

地质工程一体化推进钻井底数迭代升级,掌握了"井下安全"为核心的井身结构设计技术、"井壁稳定"为核心的油基钻井液技术、"快速钻井"为核心的一趟钻提速技术、"驱油增韧"为核心的固井质量提升技术,确保"上甜点"完钻周期控制到42d,"下甜点"完钻周期控制到34d。

(3)形成缝藏匹配+精准改造+全域支撑的压裂技术。

压裂上不断迭代升级,形成了高效压裂方法论,实践了"渗流能力"为核心的缝藏匹配设计方法、"均衡起裂"为核心的精准改造技术、"全尺度支撑"为核心的全域支撑技术,实现压裂效率达到4.7级/d,套变丢段率降低到0.2%。

(4)形成全生命周期的科学生产管理技术。运用全生命周期指导思维,探索了"油水置换和温度恢复"的焖井技术、"裂缝+基质有效应力"基础上的百方液压降控制技术、基于"油压+气油比"的日产液和油嘴匹配技术、基于"无杆泵举升"的转抽期宽幅液量调整技术等水平井管理技术,配套单井"在线计量+无线传输"技术、实时"数据采集+智能报警"的生产监控管理技术等。保障单井EUR达到3.6×10^4t,采收率达到13%,井站物联网覆盖率达到100%,数据上线率达到96%,数据准确率达到90%。

3.4 创建了陆相页岩油市场化开发新样板

在吉木萨尔页岩油开发上实现了市场化运作，不断探索迭代成熟了队伍多元化、价格市场化、定额标准化的页岩油开发市场化机制。打造市场化标准平台，规范有序开放服务市场，进一步扩大市场化开放程度，建立集团内部队伍共同竞争的市场化模式，竞争力充分的业务引入集团公司外部队伍参与竞争，在市场化运营上形成了示范。技术迭代上，推动各施工队伍比学赶帮超，不断推进技术迭代，钻进程序变"三开"为"二开"，钻头优选配型成功，钻井周期压缩到 36d 以内，压裂上推动滑溜水配型成功，变可钻桥塞为可溶桥塞，压裂砂本地化实施，压裂效率不断提升。整体建设上，实现市场化有序竞争，通过不同施工队伍的横向对比和迭代升级，推进实施质量不断提升，为实现吉木萨尔页岩油的规模效益开发打开了新路径。开发效益不断提升，钻井拓宽选商范围，引进渤海钻探、长城钻探、西部钻探 3 家钻探公司，以米费制进行计价结算，充分调动钻井队伍的积极性，单井完井工期大幅缩短，钻井成本控降 56%。压裂上，细分压裂服务，分施工及准备、压裂液技术服务、支撑剂、射孔及桥塞服务四个标段分别招标，压裂综合成本控降 46%，推动单井投资从 7500 万元下降到 4286 万元。

以上成效，推进吉木萨尔页岩油开发产生了良好的经济社会效益。近两年销售原油为公司新增净利润 90861 万元。有效探索了绿色矿山建设支撑技术体系，形成了从顶层设计到管理一体化绿色矿山创建模式，按照"大井丛、井站一体式采油平台"模式开发建设与管理，减少用地 93%，无杆泵开采有效消减了井口环境污染风险，含油污泥处理技术实现资源回收与综合利用，返排液复配技术实现返排液循环利用，绿色油田创建工作得到新疆维吾尔自治区绿色矿山评估验收专家组的高度认可，形成了页岩油绿色开采的样板。争取社会化支持的同时推动当地经济发展，积极保障和个改善民生，对社会化程度高的业务依托地方建设，在修路、供水、返排液处理、供电等业务上依托地方支撑极大地推动了地方经济的发展，吸引就业 2000 余人次，贡献地方财政 8.03 亿元，为地方发展创造了社会效益。

近年来，作业区按照"一全六化"系统工程方法论的指导，在吉木萨尔页岩油开发过程中，以全生命周期管理理念，扎实实践了一体化统筹、专业化协同、市场化运作、社会化支持、数字化管理、绿色化发展等方法论，着力在管理变革、质量变革、效率变革、动力变革上下苦功，实现了吉木萨尔页岩油开发系统工程各要素的优化重组，以提升系统功能保障吉木萨尔页岩油效益开发，探索成熟了更高效率、更高标准、更好质量建成国家级陆相页岩油示范区的有效路径。